해사법규

박성일 저

도서출판 두남

머리말

해사법규란 함은 해사(海事)관계에 관한 모든 법규를 의미하므로 그 범위가 매우 넓습니다.

예컨대, 주로 해상에서 전개되는 선박의 항행활동과 관계되는 광범위한 내용으로 선박·선원·항만·해양환경보호 및 어업활동 등에 관련한 모든 법규를 말합니다.

이와 같이 광범위한 해사관계 법규 등이 너무나 빈번한 개정·폐지 및 새로운 규정의 신설 등으로 인하여 그 내용을 업데이트하여 새롭게 정리하기란 정말 쉽지 않습니다. 그러나 대학에서 강의를 하고 있는 입장에서, 개정되지 않은 내용으로 가르칠 수도 없고 하여, 2016년초까지의 개정 내용을 근거로 해사법을 검토·정리할 필요가 있었습니다.

이에 따라 광범위한 해사법규의 내용 중에서도 해기사 교육을 받고 있는 학생들이나 해기사시험을 준비하고 있는 수험생 및 일선 실무자에게 반드시 필요하고 중요한 부분이라고 생각되는 법령을 새롭게 정리한 해사법규를 어렵게 출간하게 되었습니다.

이 책의 내용은 사실 법조문 위주의 분석 나열이나 다름없으며, 총론 부분은 과거 해사법의 바이블과 같았던 임동철 은사님의 저서 해사법규를 많이 참고하였습니다. 한편, 상선 및 어선의 갑판부·기관부 해기사 등의 공통된 내용 부분에도 신경을 썼으며, 짧은 시간 내에 해사법규 전반을 체계적으로 파악할 수 있도록 법조문 위주로 평이하게 해설하고 정리하였기 때문에 앞서의 언급처럼 수·해양계 대학교재로써 뿐만 아니라 해기사시험 등 국가고시를 준비하는 수험생이나 승선 실무 등에 종사하고 있는 분들에게 작은 도움이 되지 않을까 생각합니다.

그러나 정부의 행정규제 완화와 그 철폐 등으로 해사관련 법령이 다시금 개정·재정비될 것이므로 앞으로도 계속적인 수정·보완이 불가피하리라 사료됩니다. 따라서 이 책을 보시다가 필요시에는 법제처에서 제공하는 법과 시행령·시행규칙 등을 참고하셨으면 합니다.

특히 아쉬운 점은 책의 부피 때문에 법조문 위주의 나열과 국제해상충돌방지규칙에 대한 내용을 싣지 못한 점이며 염려되는 것은 내용상 오류가 있을 수 있다는 점입니다.

따라서 보시는 분의 불편과 질책이 이어지리란 생각도 듭니다.

끝으로 강의 등 바쁜 연구 일정에도 많은 시간을 할애하여 정리 작업을 도와 준 김민아 선생과 갑작스런 출판 의뢰에도 불구하고 이 책이 출판되도록 도와주신 도서출판 두남 전두표 사장님과 이승구 상무님께 감사드립니다.

2016. 4

박 성 일

차 례

제7편 선박의 입항 및 출항 등에 관한 법률

제8편 도선법

제9편 해양사고의 조사 및 심판에 관한 법률

제10편 해사안전법

제1편 해사법규 총론

제1절 해사법규의 의의

해사법규 또는 해법・해사법(海事法, marine law, maritime law, law of admiralty)이라 함은 해양에 관한 국제법인 해양법(海洋法, law of the sea)과는 다른 의미로 해사관계에 관한 법규의 전체를 의미한다.

여기에서 「해사관계」라 함은 선박에 의하여 해상에서 전개되는 항행활동에 직접적으로 관련된 생활관계를 말한다. 따라서 선박은 물론이거니와 그것을 운항하는 선원, 선박이 출・입항하는 항구 그리고 선박에 의하여 전개되는 해운(海運) 및 어업활동(漁業活動) 등에 관한 법은 모두 해사법규에 속한다.

제2절 해사법규의 분류

1. 법규의 성질상 분류

해사법규는 해사에 관계되는 각종의 법규(法規)를 총칭하므로 그 법규의 성질이 다름에 따라 이것을 여러 가지로 분류할 수 있다.

우선 국제법인지 또는 국내법인지의 여부에 따라 해사국제법(海事國際法)과 해사국내법(海事國內法)으로 나눌 수 있다. 전자는 해사에 관한 국가간의 관계를 규율하는 법을 총칭하며 주로 국제관습법과 조약으로 이루어지고, 후자는 한 개의 주권이 행사되는 범위 내에서 효력을 가지며 주로 그 나라의 내부관계를 규율하는 것을 목적으로 하는 법의 총칭이다.

2. 공・사법의 분류

해사법규는 또한 공법(公法, public law)인가 사법(私法, private law)인가에 따라 해사공법과 해사사법으로 나눈다. 해사공법은 해사에 관한 공법관계(국민으로서의 생활관계를 말함. 이에 반하여 사법관계란 개인 상호간의 생활관계를 말한다. 전자는 명령・복종의 원리에 지배되나 사법관계는 자유・평등의 원리에 지배된다)의 법이며 이 책에서 해설하고 있는 대부분의 법규는 이 해사공법이다.

해사사법은 실질적인 의미에서 해상법(海商法)을 가리킨다. 종래에는 해사관계의 대부분이 상사(商事)에 관한 것이었기 때문에 해법이라 함은 해상법을 가리키는 경우가 많았다. 그러나 해사법과 해상법은 내용 및 규정상 구분되나, 오늘날에도 독일, 프랑스 등에서는 주로 실질적인 해상법에 해당하는 법을 해법이라 부르고 있다.

1) 해사공법

선박이 해상에서 사실적인 항행활동을 영위함에 있어 가장 먼저 고려되어야 할 사항은 인명(人命)·선박(船舶)·적화(積貨) 등의 안전을 보장하는 것이다. 이를 위하여 각국은 모든 선박에 대하여 행정적 및 법적인 규제권과 감독권을 가지고 있다. 예컨대 선박의 기국(旗國, flag State), 연안국 또는 항만국(港灣國, port state)은 선박의 활동을 직·간접적으로 관리하고 감독하기 위하여 다양한 해사관계 행정법규를 가지고 있다.

(1) 선박관계 법률

선박의 등기·등록과 시설의 안전을 보장하기 위하여 선박법, 선박안전법, 톤수법 및 어선법 등이 있다.

(2) 해상교통관계 법률

해상에 있어서 선박 항행의 안전성을 보장하기 위하여 해사안전법, 선박의 입항 및 출항 등에 관한 법률, 도선법(導船法), 해양사고의 조사 및 심판에 관한 법률 등과 공해(公海, high seas)상의 교통안전을 위하여 국제해상충돌방지규칙이 국제조약으로서 비준되어 법적 효력을 가지고 있다.

(3) 선원관계 법률

선박의 안전항해는 그 항해를 책임지고 있는 선원의 근로조건과 환경의 향상을 필요로 하기 때문에 이를 위한 선원법 및 선장과 직원의 자격과 교육에 대하여 일정한 기준을 정한 선박직원법이 있으며, 그리고 선원과 그 가족의 복리증진(福利增進)에 기여하기 위한 선원보험법 등이 있다. 또한 ILO협약 제147조(선원협약) 및 STCW협약(International Convention on Standard of Training, Certification and Watchkeeping for Seafarers ; 선원의 교육·훈련, 자격증명 및 당직근무 기준에 관한 국제협약) 등이 있다.

(4) 항만 및 항로표지관계 법률

선박의 입출항 표지와 항로의 안전시설을 설치하고 유지하기 위하여 항만법(港灣法)·항로표지법(航路標識法) 및 수로업무법(水路業務法) 등이 있다.

(5) 해운사업관계 법률

해상 및 항만의 운송질서와 건전한 발전을 위하여 해운법, 항만운송사업법, 수산업법 등이 있다.

(6) 출입항관계 법률

외국과의 통상과 관련하여 여객과 화물의 출입을 규제하고 검역하기 위하여 관세법(關稅法), 검역법(檢疫法) 및 출입국관리법(出入國管理法) 등이 있다.

(7) 국가영역관계 법률

영해(領海, territorial seas)의 폭과 거기에서의 무해통항(無害通航, innocent passage) 및 접속수역(接續水域)의 기준을 명시한 영해 및 접속수역법이 있다.

2) 해사사법

해상기업 활동에서 가장 중요한 부분은 해상운송계약이다. 그러므로 상법 제5편의 해상편에서는 이를 중심으로 하고, 이와 관련된 해상위험을 관리하기 위한 규정을 두고 있다.

또한 상법 제4편의 보험편에서는 해상기업을 바다의 위험으로부터 보호하기 위하여 해상보험에 관한 규정을 두고 있다. 우리 나라에서는 상법의 해상법 규정과 해상보험(海上保險) 규정이 해사사법(海事私法)의 가장 대표적인 입법(立法) 예이다.

제3절 해사법규의 연혁

1. 기원전 해법

10세기까지의 유럽에서는 이미 약간의 해법이 존재하여 당시 지중해 연안의 여러 나라와 그 식민지사이에 세계적 관습법(慣習法)으로서 시행되고 있었다고 한다. 후세에 영향을 미친 것으로 알려진 해법은 기원전 300년경의 로드(즈)해법(Rhodian Law)이다.

이 해법은 당시 희랍의 식민지(植民地)로서 동지중해(東地中海)인, 오늘날 터키의 서남해(西南海)인 에게해(Aegean sea, "다도해"란 의미) 동남부의 상업 중심지였던 로드즈(Rhodes) 섬의 법으로 그 원본이 직접 발견된 것은 아니나, 6세기 전반 유스티니아황제의 학설휘집(學說彙集, Digest of Justinian, 로마법 대전)속에 「투하(投荷, jettison)에 관한 로드즈 관습」이라고 적힌 1장을 볼 수 있기 때문에 그것이 존재하였다고 인정할 뿐이다.

물론 기원전 2세기 경의 로마법에도 모험대차(冒險貸借, bottomry), 공동해손(共同海損, general average) 등에 관한 해법 규정이 산재하고 있다.

2. 중세의 해법

중세(中世)의 해법은 중세 초기로부터 15세기 경에 걸쳐 각 항구도시의 해사관습법으로 발달하여 그것이 집성 편찬된 것이다. 이 시대에는 당시의 관습법(慣習法, customary [common] law)과 판례법(判例法, case law)을 수록한 주목할 만한 해법이 많다.

이들은 다음의 중세 3대 해법으로 각국의 해사입법과 판례에 특히 많은 영향을 끼쳤고, 중세의 공유조직에 관한 많은 규정을 두고 있는데, 특수한 해사법원(海事法源)으로서의 기능과 더불어 선원, 선박 등에 관한 행정법규 내용을 내포함으로써 공·사법을 광라한 독자적인 법 영역을 형성하고 있다.

1) 오레롱 해법

프랑스 서해안의 오레롱 섬에서 해사법원(海事法院, Court of Admiralty)의 판결을 수록한 것으로 알려진 것으로는 11·2세기 경의 오레롱 해법(Rules of Orelon)이 있는데, 이것으로 지중해 연안(沿岸)에 존재하였던 해법이 대서양 연안에 파급된 것을 알 수 있다. 이 법은 영국에 소개되어 영·미의 해법에 큰 영향을 주었다.

2) 콘소라또 델 마레

지중해(地中海) 연안에서 시행된 관습법의 집성(集成)인 동시에 스페인의 바르셀로나에서 해사판례에 적용된 법규의 재록(再錄)으로서 13세기에 편찬된 것으로 보이는 콘소라또 델 마레(Consolato del mare)가 있다. 이는 당시에 가장 뛰어난 것이었다고 한다.

3) 위스비 해법

15세기 경 발틱해(Baltic seas)의 고틀랜드(Gottland)섬에 있는 한자(Hansa)동맹의 위스비항을 중심으로 북해(北海)지방에서 시행된 해사관습 규정을 편찬한 것으로 위스비 해법(Laws of Wisby)이 있다.

3. 근세의 해법

근세의 중앙집권국가의 성립과 더불어 대륙법계 여러 나라에서 해법에 관한 법전(法典)이 편찬됨으로 인하여 중세의 많은 지방적 관습법은 거의 자취를 감추게 되었다.

근대의 입법으로서 당시 해법에 많은 영향을 준 것은 1681년 프랑스 루이 14세 때 제정된 해사칙령(海事勅令, Ordonnance de la Marine)이다. 이것은 16세기 말에 루앙(Ruen)에서 북구·지중해 계통의 해사법을 편찬한 기동(Guidon de la mer)을 기초로 중세해법 중 하나인「콘소라또 델 마레」등의 장점을 반영하여 제정한 것인데 713조로 이루어진 통일적·자족적인 대법전(大法典)으로 공·사법(公·私法)에 걸쳐 재판관할권까지도 내포하고 있다.

그 뒤 대륙법계의 여러 나라는 근대적 상법전(商法典)을 편찬할 때에 해상편을 두었다.

한편, 위의 해사칙령은 1807년의 프랑스 상법 중에 거의 그대로 통합되었다. 또한 그에 못지 않게 큰 영향을 각국의 해사입법에 미친 것은 1871년의 독일 상법이다. 이들 두 상법의 제정을 계기로 대륙법계(大陸法系)의 여러 나라는 해사에 관한 사법과 공법을 원칙적으로 구분하는 경향이 생겨 해사사법에 관한 규정만을 상법전 속에 수록하게 되었다.

4. 영국의 상선법

그 동안 영·미의 해법은 해사법원에 의한 판례법(判例法)을 중심으로 독자적인 발전을 하였다. 1854년에는 영국에서도 해사관계의 여러 공사법을 망라한 상선법(商船法, Merchant Shipping Act, 1854)이 제정되었다. 이것은 판례법 구조와의 조화속에서 이루어진 것이다.

그로부터 40년이 지난 1894년 영국은 그 동안에 이루어진 해법의 증보·개정 부분을 전면적으로 정리·통합하여 1894년의 상선법(Merchant Shipping Act, 1894)을 성립시켰다. 이것이 영국의 현행 해법의 기본법인데 총 14편 748조로 이루어져 있다.

이 상선법의 편별 내용을 보면 선박의 등록·선장(船長) 및 해원(海員)·여객선 및 이민선(移民船)·어선·안전·해양사고 심판·화물의 인도·선주의 책임·표류(漂流) 및 해양사고 구조(救助, salvage)·도선(導船)·등대·해사기금·벌칙·보칙 등으로 망라적으로 정연하게 규정되어 있어 세계의 모범해법이라고 한다.

그 밖의 해사에 관한 영국의 법으로는 1906년 해상보험법, 1924년의 해상물건운송법이 있다.

5. 미국의 해법

미국의 해법은 영국 및 기타의 유럽 각국의 관습법을 계수(繼受)하여 발달한 관습법이 중심을 이루고 있었으나, 1879년 경부터 미국 독자의 관습법과 판례 이론이 발달하기 시작하였다.

미국 해법의 경우 연방법(聯邦法)과 연방의 통일적 관습법이 각 주의 입법에 비하여 현저하게 발달하고 있다. 연방법으로서는 선하증권(船荷證券, B/L, Bill of Lading)에 관한 통일조약의 모체가 된 1893년의 해상운송법(Harter Act, 하터법)이 유명하고, 1936년에는 영국법과 비슷한 해상물건운송법이 제정되어 그것을 대체함으로써 하터법은 화물의 선적(船積)전 및 선적 후의 법률관계에만 적용되고 있다.

그 밖에 1851년의 선주유한책임법, 1915년의 선원법, 1916년 선하증권법, 1929년의 해양사고 구조법 및 1929년의 만재흘수선법을 비롯하여 선박의 항행 및 안전관계에 관한 다양한 해사공법을 갖고 있다.

제4절 해사법규의 경향

1. 해법의 국제적 통일화

해법은 앞에서 살핀 것처럼 연혁적(沿革的)으로 볼 때 선박 등의 해상거래활동을 중심으로 발달하였다. 따라서 해법은 발달 초기부터 세계적 관습 즉 보편적 해법(general maritime law)으로서 발생하여 그 자체가 국제적·통일적 내용의 것이었다. 또한 해법은 선박의 해상에서의 항행활동을 법적으로 규제하므로 성질상 다분히 통일화된 내용 및 그 기준을 필요로 한다.

특히 많은 근대 국가들이 국내의 성문법(成文法, written law)으로서 해법을 제정한 후로 각국간에 그 법제의 대립과 충돌이 생겼다. 또한 19세기 후반의 국제무역의 발전과 항해 기술의 진보는 각국간 해법의 통일화를 요구함으로써 해법에 관한 국제적 통일 기운을 환기시켰다.

해법을 통일함에 있어서 가장 큰 공헌을 한 것은 1873년 런던에 설립된 국제법협회, 1896년 안트워프(Antwerp)에서 발족한 국제해사위원회(CMI, Comité Maritime Internationa l ; "국제해법회"라고도 함) 및 영국 정부 그리고 ILO, IMO 등의 국제전문기구를 들 수 있다.

벨기에 브뤼셀(Brussel) 외교회의에서 성립된 국제해법회에서는 세계법으로서의 성격을 갖추고 있는 1910년 선박충돌조약, 1910년 해양사고 구조조약, 1924년 선하증권조약을 비롯한 많은 해사조약(海事條約)을 기초하였다.

또한 영국 정부의 노력으로 성립한 해사공법관계의 통일조약으로서는 1929년 해상에 있어서의 인명안전을 위한 국제협약(SOLAS협약) 및 1930년 만재흘수선조약을 들 수 있다.

선박의 안전한 해상항행, 선박의 적량측도, 선박의 안전항행을 위한 구조설비에 관한 공법적(公法的) 법규정에 있어서는 영국이 해운 왕국으로서 군림하던 과정에 제정 또는 확립한 것을 각국이 채용하였다고 볼 수 있다.

오늘날에 있어서도 해법을 통일함에 있어서는 영・미 양국의 해운력이 막강하므로 영미법(英美法)의 사상이 많이 채택되어 영미법은 통일 운동을 통하여 세계의 해법을 지배해 나간다고 할 수 있다.

ILO는 1920년 이래 선원의 노동조건 향상에 관련된 많은 국제협약(國際協約)을 성립시켰으며 각국의 선원법은 이들 조약의 내용을 채용하고 있다. 또 해상항행의 안전분야에 있어서는 IMO가 각국 해사법규의 실질적인 통일을 위하여 중요한 역할을 하고 있다.

2. 해법의 분화

시대의 흐름에 따라 해법은 분화(分化)하는 경향이 있다. 선박과 관련한 해상거래를 중심으로 발달한 해법이, 해상법으로부터 선박, 선원, 항만 등에 관한 행정감독법 등으로 분화한 것은 그 연혁에 비추어 명백하다.

프랑스, 일본 등이 해상법 속에서 규정하였던 선원관계의 규정을 선원법으로 독립시킨 것은 해법의 이러한 분화경향을 입증하고 있다.

제2편 선박법

제1장 선박법의 내용 등

제1절 선박의 의의 및 선박법의 필요성과 목적

1. 선박의 의의

선박법상 선박의 의의에 관해서는 법률에 특별한 규정이 없으나 한국선박의 국적취득(國籍取得)의 취지 및 선박법 제1조 2의 소형선박(총톤수 20톤 미만의 기선 및 범선, 총톤수 20톤 이상 100톤 미만의 부선)의 예시(例示)로 미루어 사회통념상의 선박을 가리킨다고 볼 수 있다.

사회통념상의 선박이라 함은 물체의 부양성(浮揚性, buoyancy)을 이용하여 수상 또는 수중을 항행하는 데 사용되는 배 종류의 일정한 구조물을 말한다. 따라서 진수(進水, launching) 전의 제조 중의 선박 및 인양이 불가능한 침몰선(沈沒船) 등은 선박이 아니다.

2. 선박법의 필요성과 그 목적

① 선박이 해상을 항행함에 있어서는 해상 특유의 위험이 따를 뿐만 아니라 선박에 대한 국가의 감독이 뜻대로 미치지 않기 때문에, 국가는 인명과 재산의 안전을 도모하고 선박의 질서를 유지하기 위하여 해상을 항행하는 선박에 대하여 각종의 공법적(公法的) 규정을 둘 필요가 있다.

② 이들 해사공법은 선박의 국적, 종류 및 톤수가 다름에 따라 적용을 달리하므로, 선박법은 선박에 관한 기본법으로서 해사 행정상 중요한 의미를 갖고 있다. 또한 선박은 흔히 외국을 왕래하면서 공해(公海, high seas)를 항행하므로 선박의 국적을 규정하는 선박법은 국제법상으로도 중요하다.

③ 전문 39조와 부칙으로 구성된 선박법은 선박의 국적(國籍)에 관한 사항과 선박톤수의 측정 및 선박의 등록에 관한 사항을 규정함으로써 해사(海事)에 관한 제도를 적정하게 운영하고 해상질서를 유지하여, 국가의 권익을 보호하고 국민경제의 향상에 이바지함을 목적으로 한다(법 제1조).

제2절 선박의 종류

선박은 각 법령상의 취급이 다름에 따라 여러 가지 종류로 분류할 수 있으나, 이 법에서 선박이란 수상 또는 수중에서 항행용으로 사용하거나 사용할 수 있는 배 종류를 말하며 그 구분은 다음과 같다.

1. 기선과 범선, 부선

"기선(機船)"이란 기관(機關)을 사용하여 추진하는 선박(선체 밖에 기관을 붙인 선박으로서 그 기관을 선체로부터 분리할 수 있는 선박 및 기관과 돛을 모두 사용하는 경우로서 주로 기관을 사용하는 선박을 포함한다)과 수면 비행선박(표면효과 작용을 이용하여 수면에 근접하여 비행하는 선박을 말한다.

"범선(帆船)"이란 돛을 사용하여 추진하는 선박(기관과 돛을 모두 사용하는 경우로서 주로 돛을 사용하는 것을 포함한다)을 말한다.

"부선(艀船)"이란 자력항행능력(自力航行能力)이 없어 다른 선박에 의하여 끌리거나 밀려서 항행되는 선박을 말한다.

"소형선박"이란 다음의 하나에 해당하는 선박을 말한다.

① 총톤수 20톤 미만인 기선 및 범선

② 총톤수 100톤 미만인 부선

2. 등부선과 부등부선

등부선(登簿船)이란 등기와 등록을 할 수 있고 또 이를 하여야 하는 선박으로 한국 선박의 소유자는 선박의 등기를 한 후 선적항(船籍港)을 관할하는 지방해양수산청장에게 당해 선박의 등록을 신청하여야 한다. 상법상 선박에 관한 관리 이전은 당사자간의 합의만으로써 효력이 생긴다. 그러나 이를 등기하고 선박국적증서에 기재하지 아니하면 제3자에게 대항하지 못한다(법 제8조 제1항, 상법 제743조).

따라서 등부선은 선박대장에 올려야 하는 선박을 말하고, 부등부선은 등기와 등록을 할 수 없는 선박으로 단주(boat) 또는 노(oar)만으로 운전하거나 주로 노도(oar and pole)을 이용하여 운전하는 배를 말한다.

3. 항해선과 내수선

항해선(sea-going vessel)이란 호수・하천・항내・만(灣)・운하(運河) 등 연안국의 영토주권 영역인 내수(內水, internal waters)를 제외한 외양(外洋)을 항해하는 선박을 말하는데, 내수의 범위는 해도(海圖)에 표시된 평수구역(선박안전법시행령 제2조)이다. 내수선은 내수 즉 평수구역만을 항행하는 선박이다.

항해선은 상행위를 목적으로 하지 아니하더라도 항행용으로 사용되는 선박에 관하여는 「상법」 제5편 해상(海商)에 관한 규정을 준용한다. 다만, 국유 또는 공유의 선박에 관하여는 그러하지 아니하다(법 제29조). 예컨대 국유 또는 공유선박으로는 측량선·검역선·감시선·병원선 등을 들 수 있다.

4. 한국선박 및 선박법이 적용되는 선박

1) 한국선박이라 함은 대한민국의 국적 또는 선적을 가진 선박으로, 다음의 선박을 대한민국 선박(이하 "한국선박"이라 한다)으로 한다.
   ① 국유(國有) 또는 공유(公有)의 선박
   ② 대한민국 국민이 소유하는 선박
   ③ 대한민국의 법률에 따라 설립된 상사법인(商事法人)이 소유하는 선박
   ④ 대한민국에 주된 사무소를 둔 제3호 외의 법인으로서 그 대표자(공동대표인 경우에는 그 전원)가 대한민국 국민인 경우에 그 법인이 소유하는 선박
2) 선박법이 적용되는 선박
   ① 선박법은 한국국적을 가진 한국선박에만 적용된다.
   ② 한국선박일 지라도 해군에 소속되어 있는 함정(艦艇)에 대하여는 선박법이 적용되지 않는다고 보아야 한다. 이 점에 관해서는 입법상 명문을 두어야 할 것이다.

제2장 선박의 국적

제1절 선박국적의 의의

선박의 국적(國籍, nationality of ship)이라 함은 선박이 어느 국가에 소속하는 가를 나타내는 것으로, 국적이 한국에 속하면 한국선박이므로 선박의 후미(後尾)에 그 국적기를 게양하므로써 국적을 나타낸다. 또한 선박은 공해상에서 선적국의 배타적 관할권을 갖는다. 선박 자체의 활동이나 그 안의 사람 및 물건에 대하여 선국적의 관할권이 미친다. 따라서 선적은 대단히 중요한 의미를 갖는다.

한국 국적의 선박은 한국선박이 누리는 특권 뿐만 아니라, 국제법(평시의 각국 항구의 출입, 전시에 있어서의 중립선의 취급), 행정법(톤세 등의 부담, 해운보조금의 교부), 국제사법상의 준거법(準據法, applicable law)의 지정에 있어서 기국법(旗國法, flag of law)의 발견 및 상법 제757조(공유선박의 국적상실과 지분의 매수 또는 경매청구)에서 중요한 의미가 있다.

제2절 선박국적에 관한 각국의 태도

국제법상 선박은 반드시 특정한 국적을 가져야 하며, 이중국적(二重國籍)을 가지지 못한다.

예컨대 편의에 따라 2개국 이상의 국기를 게양하고 항행하는 선박은 무국적(無國籍) 선박과 동일시 될 수 있음을 유엔해양법은 규정하고 있다(해양법 제92조 제2항).

국적 취득의 구체적인 조건은 모두 각국의 국내법에 일임되어 있다. 이에 대한 각국의 태도는 자국 해운업의 발달 정도와 국정의 차이에 따라 다르다. 본래 선박 국적 취득 조건에 관한 여러 가지 입법의 출발점을 이룬 것은 영국의 1651년 항해조례(航海條例)이다. 이는 중상주의 영향하에 선박이 세 가지 조건 즉 국민의 소유, 국민의 건조, 국민승조원을 갖추어야 자국선박으로 인정하였다.

그러나 오늘날 자국건조주의를 택하는 나라는 없고 주로 「국민의 소유」를 표준으로 하며, 경우에 따라서는 이와 「국민승조원(國民乘組員)」주의를 병용하는 수가 있다.

① 선박소유권의 전부가 자국민(또는 자국 법인)에 속하는 선박만을 자국선박으로 규정하는 나라 … 일본 · 독일 · 터키 · 러시아 · 영국 · 한국(다만, 외국인은 1등 항해사, 기관장, 선장이 되지 못함)

② 선박소유권의 일부(벨기에 · 네덜란드 · 헝가리 등은 1/2 이상, 스웨덴 · 덴마크 등은 2/3 이상, 노르웨이 · 프랑스 등은 3/5 이상)가 자국민(또는 법인)에 속하면 자국선박으로 규정한다.

③ 선박소유권의 전부가 자국민(또는 법인)에 속하고 승조원의 일정수(선장 및 해원의 3/4 이상)가 자국민이라야 하는 나라 … 미국 · 스페인 · 포르투칼 · 브라질 · 칠레 · 핀란드

④ 선박소유권의 일부가 자국민(또는 법인)에 속하고 승조원의 일정수가 자국민이라야 하는 나라 … 이탈리아(소유권의 2/3 이상이 자국거주자이며, 승조원의 2/3 이상이 자국민) · 폴란드 · 튀니지 · 그리스

⑤ 이상과 같은 요건을 갖추지 않더라도 자국의 국적을 부여하는 나라 … 라이베리아 · 파나마 · 온두라스 · 레바논 · 키프로스 · 코스타리카 · 소말리아 · 싱가포르 · 오만 등의 이른바 편의치적국(便宜置籍國, flags of convenience States)이 이에 속하는데, 누구든지 그 선박을 타국에 등록하고 있지 않으면 선주의 희망에 따라 자국의 선적을 인정해 준다.

한편 선박이 법인에 속하는 경우의 국적취득요건에 관한 각국의 입법례를 보면 다음과 같다.

① 자국 법령에 의해 설립되어 주소 또는 본점의 소재지를 자국령(自國領)내에 둔 법인이 소유할 것을 요건으로 하는 국가(이 경우의 법인을 자국민과 마찬가지로 보고 그 법인의 소유선박에 국적을 준다) … 영국, 벨기에.

② 자국내에 주소를 두고 임원의 전부 또는 일부가 자국민인 법인의 소유를 요건으로 하는 국가 … 이탈리아, 독일, 덴마크, 스웨덴, 프랑스.

③ 자국내에 주소를 두고 그 자본의 일부가 자국민에 속하는 법인의 소유를 요건으로 하는 국가 … 노르웨이, 스페인.

④ 자국 법령에 의하여 설립되어 그의 임원 및 자본의 일부가 자국민에 속하는 법인의 소유를 요건으로 하는 국가 … 미국, 폴란드.

제3장 한국선박의 특권과 의무

제1절 한국선박의 특권

1. 국기 게양권

한국선박이 아니면 한국의 국기(國旗, national flag)를 게양할 수 없다. 다만, 대한민국의 항만에 출입하거나 머무는 한국선박 외의 선박은 선박의 마스트나 그 밖에 외부에서 눈에 잘 띄는 곳에 대한민국 국기를 게양(揭揚)할 수 있다(법 제5조).

한국선박은 선박국적증서 또는 임시선박국적증서(臨時船舶國籍證書)를 선박 안에 비치하지 아니하고는 대한민국 국기를 게양할 수 없다.

국제법상 국기의 게양은 그 선박이 그 나라의 국적을 갖고 있음을 추정하는 효과가 있다.

① 한국선박이 아니면서 국적을 사칭(詐稱)할 목적으로 대한민국 국기를 게양하거나 한국선박의 선박국적증서 또는 임시선박국적증서로 항행한 선박의 선장은 5년 이하의 징역 또는 5천 만원 이하의 벌금에 처한다. 다만, 선박의 포획(捕獲, capture)을 피하기 위하여 대한민국 국기를 게양한 경우에는 그러하지 아니하다(법 제32조).

② 한국선박이 국적을 사칭할 목적으로 대한민국 국기 외의 기장(旗章)을 게양한 경우에도 제1항과 같다.

③ 편의(便宜)에 따라 2개국 이상의 국기를 게양하고 항행하는 선박은 다른 국가에 대하여 그 어느 국적도 주장할 수 없다(유엔해양법 제92조 제2항).

2. 불개항장의 기항권 및 국내연안운송권

1) 한국선박이 아니면 불개항장(不開港場)에 기항(寄港, port of call)하거나, 국내 각 항간(港間)에서 여객 또는 화물의 운송을 할 수 없다. 다만, 법률 또는 조약에 다른 규정이 있거나, 해양사고 또는 포획을 피하려는 경우 또는 해양수산부장관의 허가를 받은 경우에는 그러하지 아니하다(법 제6조). 이를 위반한 선박의 선장은 5년 이하의 징역 또는 5천 만원 이하의 벌금에 처한다. 다만, 소형선박에 대하여는 그러하지 아니하다(법 제33조). 불개항장이란 관세법상 외국과의 무역이 허용되지 아니하는 항구이다.

2) 연안무역은 국제법상 자국선박에 독점시킬 수 있어 대부분의 나라가 자국해운을 보호하기 위하여 이를 외국선박에는 허용하지 않는다. 연안무역(沿岸貿易)을 외국선박에게 무제한으로 허용하는 나라는 네덜란드, 벨기에, 노르웨이 등 몇몇 나라 뿐이다.

3. 예외 및 권한의 위임

1) 외국선박일 지라도 법률(관세법 제52조의 재해 기타 부득이한 경우) 또는 조약에 다른 규정이 있을 때(통상항해조약의 상호주의에 의한 허용), 해양사고 또는 포획(捕獲)을 피하려고 할 때와 해양수산부장관의 허가를 받은 때에는 불개항장에 기항하거나 연안무역에 종사할 수 있다(법 제6조 단서).
2) 우리 나라 국적의 한국선박의 경우라도 외국을 오고 가는 외항선(外航船)이라면 불개항장에 출입시 세관장 등의 허가를 받아야 한다.
3) 해양수산부장관은 다음의 권한을 지방해양수산청장에게 위임한다(영 제12조).
   ① 외국선박의 개항장 외의 항구에의 기항(寄港)이나 국내 각 항간에서의 여객과 화물의 운송허가
   ② 국제총톤수 또는 순톤수의 측정, 국제톤수증서 또는 국제톤수 확인서의 발급
   ③ 법 제29조의2 규정에 의한 대행조치 및 이와 관련된 업무, 대행업무에 관한 보고의 수리, 대행 업무 처리내용의 확인 및 필요한 조치
   ④ 법 제35조 규정에 의한 과태료의 부과 및 징수

제2절 한국선박의 의무

1. 선박톤수측정의 신청 및 등기와 등록의 의무

한국선박의 소유자는 대한민국에 선적항(船籍港, port of registry)을 정하고 그 선적항 또는 선박의 소유지를 관할하는 지방해양수산청장(지방해양수산청출장소장을 포함한다. 이하 "지방청장"이라 한다)에게 선박 총톤수의 측정을 신청한 후(법 제7조 제1항) 다시 관할등기소에 등기(登記)를 마친 다음 그 선적항을 관할하는 지방청장에게 해당 선박의 등록(登錄)을 신청하여야 한다. 즉, 「선박등기법」 제2조에 해당하는 선박은 선박의 등기를 한 후에 선박의 등록을 신청하여야 한다(법 제8조 제1항).

이 절차를 거쳐 선박원부에 등록된 선박국적증서를 발급받아 이를 선내에 비치할 의무가 있다(법 제8조, 제10조, 선원법 제20조). 선박국적증서의 교부에 관하여 필요한 사항은 해양수산부령으로 정한다(법 제8조 제3항).

그러나 외국에서 취득한 선박을 외국 각 항 간에서 항행시키는 경우에는 선박소유자는 대한민국 영사(領事)에게 그 선박톤수의 측정을 신청할 수 있다(법 제7조 제3항).

2. 국기게양과 표시의무

한국선박이 아니면 대한민국 국기를 게양할 수 없다.

한국선박은 해양수산부령이 정하는 바에 의하여 대한민국 국기를 게양하고 또 선박의 명칭, 선적항, 흘수(吃水, draft)의 치수 기타 사항을 표시하여야 한다(법 제11조). 여기에

규정된 사항을 선박에 표시하지 아니한 선박소유자와 국기를 게양하지 아니한 선장은 각각 200만원 이하의 과태료에 처한다(법 제35조).

선박이 대한민국 국기를 선박의 뒷부분에 게양해야 할 경우는 다음과 같다(규칙 제16조).

① 대한민국의 등대(燈臺) 또는 해안망루(海岸望樓)로부터 요구가 있는 경우
② 외국항을 출입하는 경우
③ 해군 또는 해양경찰대 소속의 선박이나 항공기로부터 요구가 있는 경우
④ 지방청장의 요구가 있는 경우

한편 한국선박의 표시사항과 표시방법은 다음과 같다(규칙 제17조 제1항).

① 선박의 명칭 : 선수 양현의 외부 및 선미 외부의 잘 보이는 곳에 각각 10Cm 이상의 한글(아라비아숫자 포함)로 표시하여야 한다.
② 선적항 : 선미외부의 잘 보이는 곳에 10Cm 이상의 한글로 표시하여야 한다.
③ 흘수의 치수 : 선수와 선미의 외부 양측면에 선저로부터 최대 흘수선 이상에 이르기까지 20Cm 마다 10Cm의 아라비아숫자로 흘수의 치수를 표시하되, 그 숫자의 하단은 그 숫자가 표시하는 흘수선과 일치시켜야 한다.
④ 특수한 구조로 인하여 선박의 명칭 등을 위 제1항의 규정에 따라 표시하기 곤란한 선박의 경우에는 당해 선박의 선적항을 관할하는 지방청장이 적절하다고 인정하는 방법에 의하여 이를 표시할 수 있으며, 선적항을 관할하는 지방청장은 필요하다고 인정하는 경우에는 위 제1항의 규정에도 불구하고 선박의 명칭 등을 표시할 장소를 따로 지정하거나 표시장소를 변경하게 할 수 있다.
⑤ 선박에의 표시는 잘 보이고 오래가는 방법으로 행하여야 하며 표시한 사항에 변경이 있는 때에는 지체없이 그 표시를 고쳐야 한다.

제4장 선박의 개성

선박은 그의 성질상 다른 선박으로부터 구별할 수 있는 개성(個性)을 필요로 한다. 선박의 개성은 선박 항행에 대한 국가의 감독·보호에 있어서 뿐만 아니라 사법상(私法上)의 거래관계(상법 제743조)에 있어서도 매우 중요한 의의가 있다.

선박에 개성을 부여하는 것은 선박의 명칭, 선박번호, 선적항, 총톤수 등인데 이들이 서로 어울려 한 선박을 다른 선박과 구별하고 있다. 이리하여 이들 식별사항은 선박법상 선박국적증서 또는 선박증서를 발급받기 위한 전제조건으로 된다.

제1절 선적항

1. 선적항의 의의

선적항(船籍港, port of registry)이란 선박소유자가 선박의 등기 및 등록을 하고 선박국

적증서(船舶國籍證書, certificate of ship's nationality)를 발급받는 곳이다.

이는 주로 선박에 대한 행정 감독상의 편의를 위하여 각 선박에 특정된 항구이지만 상법에서 선장의 대리권 범위를 정하는 표준이 되기도 한다. 상법 제773조에는 대리권(代理權)의 범위로 "선적항 외에서 선장은 항해에 필요한 재판상 또는 재판 외의 모든 행위를 할 권한이 있고, 선적항에서는 선장은 특히 위임을 받은 경우 외에는 해원의 고용과 해고를 할 권한만을 가진다"고 규정하고 있다.

2. 국내선박

한국선박의 소유자는 한국에 선적항(船籍港)을 정하여야 한다(법 제7조 제1항).

선적항은 시・읍・면의 명칭에 따른다(영 제2조 제1항). 선적항으로 할 시・읍・면은 선박이 항행할 수 있는 수면에 접한 곳이라야 한다(영 제2조 제2항). 또 선적항은 선박소유자의 주소지에 정하여야 한다. 다만, 다음의 하나에 해당하는 경우에는 주소지 이외의 곳에 선적항을 정할 수 있다(영 제2조 제3항).

① 국내에 주소가 없는 선박소유자가 국내에 선적항을 정하기 위하여 해양수산부장관의 허가를 받은 경우.

② 선박소유자의 주소지가 선박이 항행할 수 있는 수면에 접하지 않은 경우와, 기타 부득이 한 사유로 인하여 그 주소지 외의 항행 가능한 수면에 접한 시・읍・면에 선적항을 정하기 위하여 해당 선박소유자의 주소지를 관할하는 해양수산관청의 허가를 받은 경우(선적항을 정하고자 하는 곳이 그 주소지를 관할하는 해양수산관청의 관할구역외인 경우에 한한다).

이는 노르웨이의 입법 예에 따른 것이며 영국, 덴마크 등은 선박소유자의 자유의사로 결정할 수 있도록 허용한다.

③ 「제주특별자치도 설치 및 국제자유도시 조성을 위한 특별법」 제443조 제1항에 따라 선박등록 특구로 지정된 개항(開港)을 같은 조 제2항에 따라 선적항으로 정하려는 경우

제2절 선박의 톤수

1. 선박톤수의 의의

선박의 톤수는 선박의 크기 또는 유용능력(有用能力)을 나타내기 위하여 사용되는 지표(指標)로서 그 사용목적에 따라 여러 종류가 있는데 용적(容積)의 개념에 따른 용적톤수와 중량(重量)의 개념에 따른 중량톤수 및 운하(運河) 통과시 요구되는 운하톤수 등으로 크게 나눌 수 있다.

용적톤수는 선박에서 폐위된 장소의 합계 용적을 기초로 하여 선박 전체의 크기를 나타내는 총톤수(Gross tonnage, G/T)와 여객 또는 화물의 운송에 제공되는 장소의 합계 용

적으로서 선박의 유용능력을 나타내는 순톤수(Net tonnage)가 있으며, 중량톤수(Weight tonnage)로는 여객 또는 화물을 만재(滿載)한 상태에서 선박의 중량을 나타내는 만재배수톤수(Full load displacement), 주로 화물의 적재 가능한 중량을 나타내는 재화중량톤수(Dead weight tonnage), 선박자체(船舶自體)의 중량을 나타내는 경하배수톤수(Light load displacement) 등이 있다.

또한 운하톤수로는 선체의 전 내부 용적에서 제외 용적을 뺀 내부 용적 100㎥를 1톤으로 계산하는 수에즈 운하 톤수(Suez canal tonnage) 및 파나마 운하 운영위원회에서 독자적으로 정한 파나마 운하톤수(Panama canal tonnage) 등이 있다.

2. 선박의 톤수측정 및 톤수측정협약의 성립

선박의 톤수측정이라 함은 일정한 기준에 따라 선박의 치수를 재어 그 용적 또는 중량을 산정하고 톤수를 결정하기 위하여 하는 일련의 행위를 말한다.

선박의 톤수는 안전규칙의 적용기준이 되고, 각종 과세(課稅, imposition of tax), 수수료의 징수기준이 되는 등 해사에 관한 제도 전반에 넓게 사용되고 있기 때문에 법령의 공평한 적용을 확보하기 위하여 국가의 책임으로 톤수를 측정하는 것이 세계적인 관행(慣行, custom)이다.

그러나 톤수측정에 관하여 종전에는 국제적으로 통일된 기준이 없었고, 각국이 독자적인 방법을 채용한 결과 톤수가 다르기 때문에 국가간의 공평성과 통일성을 확보하기 어려웠다. 이러한 상황을 개선하기 위하여 국제해사기구(IMO)에서는 1969년 6월에 「1969년 선박의 톤수측정에 관한 국제협약」(International Convention of Tonnage Measurement of Ships, 1969)을 채택하게 되었다.

IMO에서 채택한 이 협약에 따라 각 국간 달랐던 톤수측정방법이 통일됨으로써 톤수에 따라 달라지는 관세·등록세·계선료 및 도선료 등의 국제적 문제점이 해결되었다.

우리 나라는 1980년 1월에 이 협약을 수락하였고, 1982년 7월 18일에 발효하였다.

3. 선박법에 의한 선박톤수

선박법에서 사용하는 선박톤수의 종류는 다음과 같다(법 제3조).

1) 국제총톤수(International gross tonnage)

1969년 선박의 톤수측정에 관한 국제협약(이하 “톤수협약”이라 한다) 및 협약의 부속서(附屬書)에 따라 주로 국제항해에 종사하는 선박에 대하여 그 크기를 나타내기 위하여 사용되는 지표를 말한다.

2) 총톤수(Gross tonnage)

우리 나라의 해사(海事)에 관한 법령을 적용할 때 선박의 크기를 나타내기 위하여 사용되는 지표를 말한다. 총톤수의 적용은 나라에 따라 다소 다르지만 도선료(導船料, pilot charge)・선박검사료・입거료(入渠料, dock charge)・보험료・계선료 등의 기준이 되는 톤수이다.

3) 순톤수(Net tonnage)

협약(協約, convention) 및 협약의 부속서에 따라 여객 또는 화물의 운송용으로 제공되는 선박 안에 있는 장소의 크기를 나타내기 위하여 사용되는 지표를 말한다.

선박의 순톤수란 총톤수에서 기관실・선원실・저하(底荷)탱크(ballast tank) 등과 같이 선박운항에 직접 사용되지 않는 부분을 제외한 용적을 톤수로 환산한 톤수로, 항세・톤세・등대 사용료・항만시설 사용료 등의 기준이 되며 등록시 필요한 등록(登錄)톤수(register tonnage)이다.

4) 재화중량톤수(Deadweight tonnage)

항행의 안전을 확보할 수 있는 한도에서 선박의 여객 및 화물 등의 최대적재량(最大積載量)을 나타내기 위하여 사용되는 지표를 말한다.

이 톤수는 선박이 만재흘수선까지 화물・연료・청수 등을 적재하였을 때의 중량과 경하상태의 중량과의 차이를 나타내는 톤수로, 선박이 화물을 적재할 수 있는 최대중량을 나타내므로 해운업에서는 이 톤수로 화물선(貨物船)의 크기를 평가하기도 하고 선박의 매매 또는 용선료(傭船料, charterage)의 기준으로 하는 등 선박운영의 중요한 톤수이다.

위 각호의 선박톤수의 측정기준은 해양수산부령으로 규정되어 있는데(법 제3조 제2항) 이에 의하여 1983년 "선박톤수의 측정에 관한 규칙"이 제정되었다.

또한 선박톤수의 측정기준에 관하여는 다른 법률에 특별한 규정이 있는 경우를 제외하고는 선박법이 정하는 바에 따른다(법 제4조).

4. 선박총톤수의 측정 및 개측의 신청

① 한국선박의 소유자는 한국에 선적항을 정하고 그 선적항 또는 선박의 소유지를 관할하는 지방해양수산청장(지방해양수산청출장소장 포함, 이하 "지방청장")에게 선박의 총톤수의 측정을 신청하여야 한다(법 제7조 제1항). 이 때에 선적항을 관할하는 지방청장은 선박의 소재지를 관할하는 지방청장에게 선박톤수의 측정을 하게 할 수 있다.

② 외국에서 취득(取得)한 선박을 외국 각 항 사이에서 항행시키는 경우에는 선박소유자는 한국 영사에게 그 선박의 총톤수의 측정을 신청할 수 있다(법 제7조 제3항).

③ 한국선박으로 등록할 목적으로 건조하고 있는 선박에 대하여는 선박소유자가 준공전이라도 당해 건조장소로부터 가장 가까운 거리에 있는 지방청장 또는 영사(領事, consular)에게 총톤수의 부분측정을 신청할 수 있다(규칙 제6조).

④ 선박의 구조변경 등으로 인하여 총톤수가 변경된 선박의 소유자는 해당 선박의 선적

항 또는 소재지를 관할하는 지방청장이나 당해 선박의 소재지를 관할하는 영사에게 선박의 총톤수의 개측(改測)을 신청할 수 있다(규칙 제5조 제1항).

⑤ 선박 총톤수의 측정 또는 개측은 원칙적으로 항만법과 어항법에서 정한 항만구역 또는 어항구역에서 행한다. 다만, 선박의 구조, 항로의 상황 기타의 사유로 선박을 항만구역 또는 어항구역까지 항행시킬 수 없는 경우에는 선박톤수의 측정 또는 개측을 신청하는 자의 신청에 의하여 선박검사장소가 아닌 곳에서도 총톤수를 측정하거나 개측할 수 있다. 외국에서 행하는 경우에는 그 장소를 해양수산부장관 또는 영사가 이를 정한다(규칙 제8조).

5. 선박톤수측정 등의 대행 및 업무의 협의

1) 해양수산부장관 또는 지방해양수산청장은 「선박안전법」 제45조에 따른 선박안전기술공단(이하 "공단"이라 한다) 및 같은 법 제60조 제2항에 따른 선급법인(船級法人, KR)으로 하여금 다음의 업무를 대행하게 할 수 있다(법 제29조의 2 제1항).
   ① 선박톤수의 측정
   ② 국제총톤수·순톤수의 측정, 국제톤수증서 또는 국제톤수확인서의 교부
2) 해양수산부장관이 제1항에 따라 공단 및 선급법인(이하 "대행기관"이라 한다)으로 하여금 그 업무를 대행하게 하는 선박은 다음의 구분에 따른다.
   ① 공단 : 선급법인에 대행하게 하는 선박 외의 선박
   ② 선급법인 : 선급법인에 선급의 등록을 하였거나 등록을 하려는 선박
3) 대행기관은 대행업무에 관하여 해양수산부령이 정하는 바에 따라 해양수산부장관에게 보고하여야 한다. 해양수산부장관은 대행기관이 보고한 대행업무에 관하여 그 처리내용을 확인하고 이 법 또는 이 법에 의한 명령을 위반한 사실이 발견된 때에는 필요한 조치를 하여야 한다.
4) 대행업무의 협의
   ① 해양수산부장관 또는 지방청장이 선박안전법 규정에 의한 선박검사기술협회 또는 선급법인으로 하여금 업무를 대행하게 하고자 하는 때에는 미리 그 업무의 범위를 정하여 검사협회 또는 선급법인과 협의 하여야 한다(영 제11조의 2 제1항).
   ② 해양수산부장관 또는 지방청장이 검사협회 또는 선급법인으로 하여금 업무를 대행하게 하거나 이를 취소한 때에는 고시하여야 한다.
   ③ 검사협회 또는 선급법인이 대행하는 업무의 처리방법 등에 관하여 필요한 사항은 해양수산부장관 또는 지방청장이 이를 따로 정한다.

6. 현존선에 대한 선박톤수에 관한 경과조치

선박법은 선박톤수의 종류를 협약(協約)에 맞추어 새로이 구분하고 그 측정기준을 해양수산부령으로 정하도록 규정하면서 다른 한편으로는 이 법 시행전에 건조되었거나 건

조에 착수된 한국선박(“현존선”이라 한다)에 관한 총톤수 측정 기준에 대하여는 원칙적으로 종전의 예에 의하도록 경과규정을 두고 있다(부칙 제3조).

제5장 선박의 등기와 등록

제1절 선박의 공시제도

선박은 국적증명과 소유권, 저당권, 임차권의 소재를 분명하게 하기 위하여 이를 공시(公示, public notice)할 필요가 있다. 선박법상 공시의 방법으로는 등기와 등록이 있다.

본래 선박에 대한 사법상의 권리관계를 공시하기 위하여 발족한 선박등기제도가 공법적인 목적을 가진 선박등록제도와 결합하게 된 것은 1660년의 영국 항해조례(航海條例)에서 비롯하였다.

오늘날 모든 해운국은 선박의 공시제도를 두고 있으며 법제적으로도 다양하다.

① 영국처럼 공법적인 목적을 주로 하는 등록제도에 등기제(登記制)를 일원화(一元化)하는 것

② 선박의 국적과 무관계로 순사법적인 등기제도를 따르는 것

③ 프랑스와 캐나다처럼 등기와 등록의 이원주의를 인정하는 것 등이 있다.

한국은 등기와 등록의 이원제도를 채용하고, 등기는 순사법적으로 선박의 사권(私權, private rights)의 상태를 공시함을 목적으로 하여 등기소의 관할에 두며, 등록은 공법상의 필요에서 해양수산관청이 관장하도록 하고 있다. 그러나 입법론으로서는 일원주의로 함이 바람직하다.

제2절 선박의 등기

선박은 동산(動産, movable property)이지만 그 형체가 크고 고가이며 동일성의 인식이 용이하다는 점 등으로 볼 때 부동산과 유사한 면이 많다. 즉, 20톤 이상의 선박은 등기를 하여야 하며 등기에 의한 임차권(賃借權, right of lease)과 저당권(抵當權, mortgage)의 설정이 인정된다. 또한 선박에 대한 강제집행과 경매(競賣, auction)는 부동산과 같이 취급하며, 형법에서는 선박에의 침입을 주거침입과 동일시하고 있다(상법 제743조, 제745조, 제776조, 제871조, 제873조, 제874조, 민사소송법 제678조 이하, 형법 제319조).

이처럼 부동산 유사성이 있기 때문에 선박등기에는 부동산 등기법이 준용되나 부동산 등기와 다른 점도 있다. 즉, 20톤 미만의 선박은 등기의 대상이 되지 않고, 상업등기의 일종인 지배인등기와 같은 선박관리인등기가 있다. 또한 선박등기는 선박국적증서의 기재와 같을 때에만 선박소유권 이전의 대항요건이 된다는 점이다.

따라서 선박등기의 종류에는 소유권·임차권·저당권·선박관리인 등에 관한 것이 있다.

① "선박의 등기"란 선박등기부에 선박의 명칭 등 일정한 사항을 기재하는 것을 말하며, 선적항을 관할하는 지방법원, 동지원 또는 등기소를 관할등기소로 한다(선박등기법 제4조).
등기할 선박의 선적항이 수 개의 등기소의 관할구역에 걸쳐 있는 때에는 수 개의 등기소 중 지방법원, 동지원 순으로 이를 관할하고 그 밖의 경우에는 대법원장이 관할등기소를 지정한다.

② 선박등기법은 총톤수 20톤 이상의 기선과 범선 및 총톤수 100톤 이상의 부선(艀船)에 대하여 적용한다. 다만, 「선박법」 제26조 제4호 본문에 따른 부선에 대하여는 적용하지 아니한다(선박등기법 제2조). 즉, 선박등기법은 총톤수 20톤 미만의 기선과 범선 및 100톤 미만의 부선·단주와 노도만으로 운전하는 배를 제외한 선박에 이를 적용한다.

③ 선박등기는 선박등기법의 규정에 따르며 공법의 시행에 관하여 필요한 사항은 대법원규칙으로 정한다.

④ 선박등기부에는 선박의 표시에 관한 사항으로서 선박의 종류와 그 명칭, 선적항, 선질(船質), 총톤수 및 순톤수를 기재한다. 그러므로 선박 소유권 이전등기의 경우 신소유자의 주소가 전소유자의 주소와 동일한 시·읍·면이 아닌 때에는 선적항의 변경 등기를 필요로 한다. 등기소는 선박의 소유권 이전등기를 한 경우 지체없이 그 사실을 선적항을 관할하는 해양수산관청에 통지하여야 한다.

제3절 선박의 등록 등

1. 선박의 등록

① "선박의 등록(登錄, registration)"이란 해양수산관청이 선박원부에 선박에 관한 표시사항과 소유자를 기재하는 것을 말하며, 선박의 국적을 증명함을 목적으로 하는 제도이다.

② 총톤수 20톤 미만의 기선이나 범선·100톤 미만의 부선(艀船)·단주(端舟) 또는 노도(櫓櫂)만으로 운전하는 선박을 제외한 한국선박의 소유자는 선박의 등기를 한 다음 선적항을 관할하는 지방해양수산청장에게 해당 선박의 등록을 신청하여야 한다(법 제8조, 선박등기법 제2조).

③ 선박원부에 등록한 사항이 변경된 경우, 선박소유자는 그 사실을 안 날로부터 30일 이내에 변경등록의 신청을 하여야 한다(법 제18조).

④ 한국선박이 멸실(滅失, 파괴되어 사용 또는 수리가 불능한 상태로 되어 선박으로서의 물리적 존재를 잃은 것)·침몰(沈沒)·해체(解體)되거나 한국의 국적을 상실한 때 또는 법 제26조의 2 선박(적용대상이 아닌 선박)으로 되었을 경우, 선박소유자는 그 사실을 안 날로부터 30일 이내에 선적항을 관할하는 지방해양수산청장에게 말소(抹消)등록의 신청을 하여야 한다. 선박의 존부(存否)가 90일 간 분명하지 아니한 때에도 동일하다(법 제22조 제1항).

⑤ 제1항의 경우 선박소유자가 말소등록의 신청을 하지 아니하면 선적항을 관할하는 지

방해양수산청장은 30일 이내의 기간을 정하여 선박소유자에게 선박의 말소등록신청을 최고(催告)하고, 그 기간에 말소등록신청을 하지 아니하면 직권으로 그 선박의 말소등록을 하여야 한다(법 제22조 제2항).

⑥ 공무원을 속여 선박원부에 부실(不實)등록을 하게 한 사람은 5년 이하의 징역 또는 5,000만원 이하의 벌금에 처하고 미수범도 처벌한다(법 제34조).

2. 선박의 등록사항

지방청장이 선박의 등록신청을 받은 때에 선박원부(船舶原簿)에 등록할 사항은 다음과 같다(규칙 제11조). 따라서 이 사항이 선박국적증서에 기재되는 내용이다.

① 선박번호 · 국제해사기구에서 부여한 선박식별번호(IMO번호) · 호출부호(call sign) · 선박의 종류 및 명칭 · 선적항 · 선질(船質, ship's matter) · 범선의 범장(帆檣) · 총톤수(G/T) · 기관의 및 추진기(推進機)의 종류와 수 · 조선지(造船地) 및 조선자(造船者) · 진수일(進水日)

② 소유자의 성명 · 주민등록번호(법인인 경우에는 그 명칭과 대표자의 성명 · 주민등록번호) 및 주소

③ 선박이 공유(共有)인 경우에는 각 공유자의 지분(支分)

④ 길이(최소형 깊이의 85퍼센트의 위치에서 계획만재흘수선에 평행한 흘수선 전장의 96퍼센트와 그 흘수선상의 선수재 전면으로부터 타두재 중심선까지의 거리 중 큰 것을 말한다)

⑤ 너비(선박의 길이의 중앙에서 금속제 외판이 있는 선박의 경우에는 늑골 외면간의 최대너비를 말하고, 금속제 외판(外板) 외의 외판이 있는 선박에 있어서는 선체 외면간의 최대너비를 말한다)

⑥ 깊이(선박의 길이의 중앙에서 금속제 외판이 있는 선박의 경우에는 용골(keel)의 윗면으로 부터, 금속제 외판외의 기타 외판이 있는 경우에는 용골의 아랫면으로부터 선측에 있어서의 상갑판의 아랫면까지의 수직거리를 말한다)

⑦ 폐위장소의 합계 용적

㉠ 상갑판 아래의 용적

㉡ 상갑판 위의 용적 : 선수루의 용적, 선교루의 용적, 선미루의 용적, 갑판실의 용적 및 기타 장소의 용적

⑧ 제외장소의 합계 용적 : 선수루의 용적, 선교루의 용적, 선미루의 용적, 갑판실의 용적 및 기타 장소의 용적

3. 선박의 등록사항의 변경 및 말소

1) 선박원부 등록사항의 변경등록을 신청하고자 하는 자는 선박원부 변경등록신청서에 다음의 서류를 첨부하여 당해 선박의 선적항을 관할하는 지방청장에게 제출하여야 한

다(규칙 제21조 제1항).

① 선박국적증서
② 선박국적증서 영역서(발급받은 경우로 한정한다)
③ 변경내용을 증명하는 서류

2) 지방청장은 변경등록의 신청을 받은 경우 해당 신청내용 중 선적항을 다른 지방청장의 관할구역(管轄區域)에 위치한 시・읍・면으로 변경하고자 하는 내용이 있는 때에는 해당 선박의 선박원부와 그 부속서류를 새로이 정하고자 하는 선적항을 관할하는 지방청장에게 송부하고 그 사실을 신청인에게 통지하여야 한다.

3) 지방청장은 규정에 의한 신청을 받은 때 또는 선박원부(船舶原簿) 등을 송부받은 때에는 선박원부의 기재사항을 변경하고 선박국적증서 및 선박국적증서 영역서를 다시 작성하여 이를 신청인에게 교부하여야 한다.

4) 지방청장의 관할구역의 변경으로 선적항이 다른 지방청장의 관할에 속하게 된 경우 관할구역 변경전의 지방청장은 지체없이 당해 선박에 관한 선박원부와 그 부속서류를 관할 구역 변경 후의 지방청장에게 송부하여야 한다(규칙 제22조).

5) 법 규정에 의하여 말소등록을 신청하고자 하는 자는 선박말소등록(선적증서원부말소) 신청서를 당해 선박의 선적항을 관할하는 지방청장에게 제출하여야 한다. 선박의 등록을 말소한 때에는 해당 선박의 선박원부에 "말소(抹消)"의 표시를 한 후 이를 따로 보관하여야 한다. 지방청장은 등록을 말소한 선박에 대하여 이해관계인의 신청이 있는 때에는 선박등록 말소 확인서를 교부하여야 한다(규칙 제23조).

4. 선박원부의 등본・초본의 교부신청 등

1) 누구든지 선박의 선적항을 관할하는 지방청장에게 선박원부의 등본 또는 초본의 발급을 신청하거나 선박원부의 열람(閱覽)을 청구할 수 있다(규칙 제13조 제1항).

2) 지방청장은 위 제1항의 규정에 의한 신청을 받거나 청구가 있는 때에는 그 등본 또는 초본을 작성하여 신청인에게 발급하거나 선박원부를 열람하게 하여야 한다.

제6장 선박국적증서와 임시선박국적증서

제1절 선박국적증서

1. 의의와 교부

① 선박국적증서라 함은 그 선박이 한국국적을 갖고 있다는 것과 그 선박의 동일성(同一性)을 증명하는 공문서(公文書, official documents)를 말한다.
② 지방해양수산청장은 등기한 한국선박의 등록신청을 받으면 이를 선박원부에 등록하고 신청인에게 선박국적증서를 발급하여야 한다(법 제8조 제2항).

그러나 다음의 선박들은 선박의 등기와 등록 규정이 적용되지 아니 한다(법 제26조).

㉠ 군함(軍艦), 경찰용 선박

㉡ 총톤수 5톤 미만인 범선 중 기관을 설치하지 아니한 범선

㉢ 총톤수 20톤 미만인 부선

㉣ 총톤수 20톤 이상인 부선 중 선박계류용 · 저장용 등으로 사용하기 위하여 수상에 고정하여 설치하는 부선. 다만, 「공유수면 관리 및 매립에 관한 법률」 제8조에 따른 점용 또는 사용허가나 「하천법」 제33조에 따른 점용허가를 받은 수상호텔, 수상식당 또는 수상공연장 등 부유식 수상구조 물형 부선은 제외한다.

㉤ 노와 상앗대만으로 운전하는 선박(노도선, 櫓櫂船)

㉥ 「어선법」 제2조 제1호 각 목의 어선

㉦ 「건설기계관리법」 제3조에 따라 건설기계로 등록된 준설선(浚渫船)

㉧ 「수상레저안전법」 제2조 제4호에 따른 동력수상레저기구 중 같은 법 제30조에 따라 수상레저기구로 등록된 수상오토바이 · 모터보트 · 고무보트 및 요트

③ 선박국적증서에는 위에서의 나열처럼 다음 사항을 기재한다.

㉠ 번호 ㉡ 신호부자(信號符字) ㉢ 종류 ㉣ 선적항 ㉤ 선질 ㉥ 범선의 범장 ㉦ 기관 종류와 수 ㉧ 조선지 ㉨ 조선자 ㉩ 진수년월일 · 선명 · 치수 · 총톤수 · 기관과 추진기 종류와 수 · 소유자

2. 선박국적증서의 효력

① 한국선박은 법령(法令)에서 따로 규정한 경우를 제외하고는 선박국적증서 또는 임시선박국적증서(소형선박의 경우 선적증서)를 선박 안에 갖추어 두지 아니하고는 대한민국 국기를 게양하거나 항행할 수가 없다. 이에 위반한 선장은 5년 이하의 징역 또는 5,000만원 이하의 벌금에 처한다(법 제10조 제1항, 제32조).

② 법령이 따로 규정한 경우 즉 증서를 선박 안에 비치하지 아니하고 한국 국기를 게양할 수 있는 경우는 다음을 말한다(영 제3조 제1항).

㉠ 국경일 기타 국가적 행사가 있는 날. 다만, 외국의 국가적 행사일에는 그 나라의 항구에 정박한 때에 한한다.

㉡ 위 ㉠의 경우 외에 축의(祝儀) 또는 조의(弔意)를 표할 때

㉢ 임시항행허가를 받아 항행할 때

③ 선박국적증서는 선박의 국적증명과 동시에 선박의 톤수 및 치수를 기재함으로써 이들 사항을 증명하는 공문서로서의 역할을 하고 있다.

④ 선원법에 의하여 선장은 이를 선내(船內)에 비치하여야 한다.

⑤ 한국선박이 아니면서 국적을 사칭할 목적으로 한국의 선박국적증서 또는 임시선박국적증서로써 항행한 선장은 5년 이하의 징역 또는 5,000만원 이하의 벌금에 처하고 죄질이 중한 때에는 그 선박을 몰수할 수 있다(법 제32조 제1항, 제3항).

3. 선박국적증서 등의 영역서 교부

1) 선박국적증서 또는 임시선박국적증서의 영역서(英譯書)를 발급받으려는 자는 별지 제11호 서식의 영역서 발급신청서를 선박국적증서 영역서 발급신청의 경우에는 해당 선박의 선적항을 관할하는 지방청장에게 제출하고, 임시선박국적증서 영역서 발급신청의 경우에는 해당 선박의 소재지를 관할하는 지방청장 또는 영사에게 제출하여야 한다. 이 경우 지방청장 또는 영사는 「전자정부법」 제36조 제1항에 따른 행정정보의 공동 이용을 통하여 신청인의 선박국적증서를 확인(선박국적증서의 영역서 발급신청에만 해당한다)하여야 하며, 신청인이 확인에 동의하지 아니하면 그 사본을 제출하도록 하여야 한다(규칙 제15조 제1항).
2) 지방청장 또는 영사는 제1항에 따른 신청을 받았을 때에는 별지 제12호 서식의 선박국적증서영역서 또는 별지 제13호 서식의 임시선박국적증서영역서를 신청인에게 발급하여야 한다.
3) 선박국적증서 영역서 또는 임시선박국적증서 영역서의 재발급에 관하여는 제7조 제5항부터 제7항까지의 규정을 준용한다. 이 경우 "재화중량톤수증서"는 "선박국적증서 영역서 또는 임시선박국적증서 영역서"로 본다.

제2절 임시선박국적증서

1. 임시선박국적증서의 의의 및 그 효력

1) 임시선박국적증서라 함은 선박국적증서를 발급받기 곤란한 경우 그 선박이 한국 국적을 갖고 있음과 선박의 개성을 일시적으로 증명하는 공문서이다.
2) 임시선박국적증서의 효력은 선박국적증서와 동일하다. 즉, 이를 발급받으면 국기를 게양하고 선박을 항행에 사용할 수 있다.

2. 발급신청의 요건

임시선박국적증서를 발급신청할 수 있는 경우는 다음과 같다.

① 국내에서 선박을 취득한 자가 그 취득지를 관할하는 지방청장의 관할구역에 선적항을 정하지 아니할 경우에는 그 취득지를 관할하는 지방해양수산청장에게 임시선박국적증서의 발급을 신청할 수 있다. 이 때 발급신청자는 임시선박국적증서 발급신청서에 매매계약서 등 선박의 소유권(所有權)을 증명할 수 있는 서류를 첨부하여 해당 선박의 취득지를 관할하는 지방해양수산청장에게 제출하여야 한다(법 제9조 제1항, 규칙 제14조).

② 외국에서 선박을 취득한 자는 지방해양수산청장 또는 그 취득지에서 한국 영사에게 임시선박국적증서의 발급을 신청할 수 있으며, 취득지에서 임시선박국적증서를 발급

신청할 수 없는 경우에는 선박의 취득지에서 출항한 후 최초로 기항한 곳을 관할하는 대한민국 영사에게 발급 신청을 할 수 있다(법 제9조 제2항, 제3항).

제3절 국기게양과 선박국적증서 등의 비치 면제

다음의 하나에 해당하는 선박은, 선박국적증서 또는 임시선박국적증서를 선박 안에 비치(備置)하지 아니하고도, 항행할 수 있다(영 제3조 제2항).

㉠ 선박의 시운전(試運轉, sea trial)을 하고자 할 때,

㉡ 총톤수의 측정을 받고자 할 때,

㉢ 기타 정당한 사유가 있을 때(건조 중 선박이 다른 공장에 회항하여 의장공사를 할 경우 또는 우천 때문에 선박의 계류지를 변경하는 따위)

제7장 국제톤수증서 등

제1절 국제톤수증서

1) 길이 24미터 이상인 한국선박의 소유자[그 선박이 공유(共有)로 되어 있는 경우에는 선박관리인, 그 선박이 대여된 경우에는 선박임차인]는 해양수산부장관으로부터 국제톤수증서(국제총톤수 및 순톤수를 적은 증서)를 발급받아 이를 선박 안에 갖추어 두지 아니하고는 그 선박을 국제항해에 종사하게 하여서는 아니 된다(법 제13조 제1항).
2) 해양수산부장관은 제1항에 따라 국제톤수증서의 발급신청을 받으면 해당 선박에 대하여 국제총톤수 및 순톤수를 측정한 후 그 신청인에게 국제톤수증서를 발급하여야 한다(제2항).
3) 한국선박이 다음의 하나에 해당하게 된 때에는 선박소유자는 그 사실을 안 날부터 30일 이내에 선적항을 관할하는 지방해양수산청장에게 신고하여야 한다(제4항).
   ① 선박이 멸실·침몰 또는 해체된 때
   ② 선박이 대한민국 국적을 상실한 때
   ③ 선박의 존재 여부가 90일간 분명하지 아니한 때
   ④ 국제항해에 종사하지 아니하게 된 때
   ⑤ 선박의 길이가 24미터 미만으로 된 때
   ⑥ 선박이 제26조 각 호에 규정된 선박으로 된 때
4) 길이 24미터 미만인 한국선박소유자가 그 선박을 국제항해에 종사하게 하려는 경우에는 해양수산부장관으로부터 국제톤수확인서(국제총톤수 및 순톤수를 기재한 서면)를 발급받을 수 있다. 위 제2항 내지 제4항의 규정은 국제톤수확인서에 관하여 이를 준용한다. 이 경우에 "국제톤수증서"는 "국제톤수확인서"로 "길이가 24미터 미만"은 "길이

가 24미터 이상"으로 본다(법 제13조 제5항 · 제6항).

5) 국제톤수증서와 국제톤수확인서의 발급에 필요한 사항은 해양수산부령으로 정한다.

제2절 국제톤수증서 등의 교부 및 변경 교부

1) 국제톤수증서 또는 국제톤수확인서를 교부받고자 하는 자는 국제톤수증서 또는 국제톤수확인서 교부신청서에 다음의 서류를 첨부하여 당해 선박의 선적항 또는 소재지를 관할하는 지방해양수산청장에게 제출하여야 한다(규칙 제18조 제1항).

   ① 일반배치도　　② 선체선도　　③ 중앙횡단면도

   ④ 강재(재료)배치도　　⑤ 상부구조도

   ⑥ 기타 국제총톤수 및 순톤수의 계산과 관련된 구조물이 있는 경우 그것을 나타내는 설계도서

2) 지방해양수산청장은 제1항의 규정에 의한 신청을 받은 때에는 선박톤수의 측정에 관한 규칙이 정하는 바에 따라 국제톤수를 측정한 후 해양수산부장관이 정하는 서식에 의한 국제톤수 계산서를 작성하여야 한다. 지방청장은 국제톤수를 측정한 때에는 국제톤수증서 또는 국제톤수확인서를 신청인에게 발급하여야 한다.

3) 국제톤수증서 등의 변경 발급

   ① 선박의 구조변경 등으로 인하여 국제톤수가 변경된 선박의 소유자는 당해 선박의 선적항 또는 소재지를 관할하는 지방청장에게 선박의 국제톤수증서 또는 국제톤수확인서의 변경 발급을 신청할 수 있다(규칙 제19조 제1항).

   ② 국제톤수증서 또는 국제톤수확인서의 변경 발급을 신청하고자 하는 자는 그 변경 발급 신청서에 다음의 서류를 첨부하여 지방청장에게 제출하여야 한다.

   ㉠ 국제톤수증서 또는 국제톤수확인서

   ㉡ 변경된 부분의 구조 및 배치 등에 관한 설계도서

   ㉢ 선박국적증서 사본

제8장 소형선박 등에 대한 특례

제1절 소형선박에 특례를 둔 이유

소형선박(小型船舶)은 국제항해에 종사하는 것이 아니므로, 국적의 증명에 엄격한 절차를 필요로 하지 않을 뿐더러 재산적 가치가 적기 때문에 등기제도(登記制度)도 그 필요성이 적다.

따라서 소형선박에 대해서는 선박법상의 선적항, 선박의 등기와 등록, 총톤수 측정, 등록 및 국적증서 등에 관한 규정을 적용하지 않고, 선적 · 총톤수의 측정 및 표시 등에 관

하여 필요한 사항은 따로 대통령령으로 정하도록 하고 있으며, 선박법시행령에서 이에 관한 규정을 두고 있다.

제2절 선적증서

1. 의의와 적용선박

선적증서(船籍證書)라 함은 소형선박의 선적을 명백히 하기 위한 공문서이다. 말하자면 소형선박의 국적증서라고 하겠다.

다음의 하나에 해당하는 선박(이하 "소형선박"이라 한다)의 소유자는 국내에 선적항을 정하고 당해 선적항을 관할하는 지방청장에게 해양수산부령이 정하는 선적증서원부의 기재를 신청할 수 있다(영 제4조 제1항, 선박등기법 제2조).

① 총톤수 20톤 미만의 기선

② 총톤수 5톤 이상 20톤 미만의 범선

③ 총톤수 20톤 이상 100톤 미만의 부선. 다만, 선박계류용·저장용 등으로 사용하기 위하여 수상에 고정하여 설치하는 부선을 제외한다.

2. 선적증서 원부의 기재신청 및 기재사항

1) 소형선박에 대한 선적증서 원부의 기재를 신청하고자 하는 자는 선박등록(선적증서 원부기재) 신청서에 다음의 서류를 첨부하여 당해 선박의 선적항을 관할하는 지방청장에게 제출하여야 한다(규칙 제24조 제1항).
   ① 선박총톤수 측정증명서(대행기관으로부터 선박총톤수 측정증명서를 교부받은 경우)
   ② 일반배치도, 선체선도 및 중앙횡단면도(선박의 총톤수 측정을 받지 아니한 경우)
   ③ 법인 등기부 등본 등 한국선박을 소유할 수 있는 자 임을 증명하는 서류
   ④ 신조증명서 또는 수입허가서 등 당해 선박의 소유권을 증명하는 서류
2) 지방청장은 위 제1항의 규정에 의한 신청을 받은 때에는 선박톤수의 측정에 관한 규칙이 정하는 바에 따라 소형선박의 총톤수를 측정한 후 총톤수 계산서를 작성하여야 한다. 다만, 선박소유자가 미리 당해 선작의 총톤수의 측정을 받은 때에는 그러하지 아니하다.
3) 선적증서 원부에의 기재사항으로는 선박번호, 선박의 종류, 선박의 명칭, 선적항, 선질(船質), 추진기관이 있는 경우 추진기관의 종류, 진수일(進水日), 소유자의 성명·주민등록번호 및 주소, 치수(길이, 너비 및 깊이), 총톤수가 기재된다(규칙 별지 35호 서식).

3. 효 력

소형선박의 소유자는 선적증서를 발급받아 이를 선박 안에 비치하지 아니하고는 당해 선박을 항행에 사용하여서는 아니 된다(영 제5조 제1항).

또한 선적증서는 톤수증명서로서의 효력이 있다. 즉 선적증서에 기재된 총톤수와 순톤수의 표시는 그 선박의 톤수를 증명하는 기능을 한다.

4. 선적증서 비치 면제

소형선박에서의 선적증서 비치 면제 또한 ① 선박의 시운전을 하고자 할 때, ② 총톤수의 측정을 받고자 할 때, ③ 기타 정당한 사유가 있을 때로 선박법시행령 제3조 제2항의 규정을 소형선박에도 준용한다.

이 경우 "선박국적증서 또는 임시선박국적증서"는 "선적증서"로 본다(영 제5조 제2항).

제3편 국제선박등록법

제1장 총 칙

제1절 국제선박등록법의 목적

전문(全文) 13조와 부칙으로 구성된 국제선박등록법(시행령 · 시행규칙 포함)은 국제선박의 등록과 국제선박에 대한 지원 등에 관한 사항을 규정함으로써 해운산업의 국제경쟁력을 높이고 국민경제의 발전에 이바지함을 목적으로 한다(법 제1조). 즉, 국제선박으로 등록된 선박에 대하여는 관계법령에 의하여 외국인선원(外國人船員)의 승무범위를 확대하고 조세(租稅)를 감면하여 주는 등의 정책적인 지원을 함으로써 우리나라 해운산업의 국제경쟁력을 강화하기 위하여 1997년 8월 22일 법률 제5365호로 제정되었고, 2015년 3월 27일에는 일부 개정되었다.

제2절 용어의 정의

① "국제선박"이란 국제항행(國際航行)을 하는 상선으로서 법 제4조(등록절차)의 규정에 의하여 국제선박 등록부에 등록된 선박을 말한다(법 제2조 제1항).

② "선원(船員)"이란 임금을 받을 목적으로 국제선박에서 근로하기 위하여 고용된 사람을 말한다.

③ "외항운송사업자"란 해운법 규정에 따라 외항 정기여객운송사업 또는 외항 부정기여객운송사업의 면허를 받은 자와 외항 정기화물운송사업 또는 외항 부정기화물운송사업을 등록한 자를 말한다.

④ "국가필수국제선박"란 전시사변(戰時事變) 또는 이에 준하는 비상시(이하 "비상사태"라 한다)에 국민경제에 긴요한 물자와 군수물자를 수송하기 위한 국제선박으로서 제8조 제1항(국가필수국제선박의 지정기준) 규정에 의하여 지정된 선박을 말한다.

제2장 등 록

제1절 국제선박의 등록대상 선박

1) 국제선박의 등록대상이 되는 선박은 다음의 하나에 해당하는 선박으로 한다. 다만, 국

· 공유선박, 어선법 제2조 제1호에 따른 어선은 제외한다(법 제3조 제1항).

① 대한민국 국민이 소유한 선박

② 대한민국 법률에 따라 설립된 상사(商事) 법인이 소유한 선박

③ 대한민국에 주된 사무소를 둔 ②외의 법인으로서 그 대표자(공동대표인 경우에는 그 전원)가 대한민국 국민인 경우에 그 법인이 소유한 선박

④ 외항운송사업자 또는 「해운법」 제33조에 따라 선박대여업을 등록한 자가 대한민국의 국적 취득을 조건으로 임차(賃借)한 외국선박 중 외항운송사업자가 운항하는 선박

2) 제1항에 따라 국제선박으로 등록할 수 있는 선박의 규모·선령 기타 국제선박의 등록에 관하여 필요한 사항은 대통령령으로 정한다(법 제3조 제2항). 즉, 국제선박으로 등록할 수 있는 대상 선박을 국제총톤수 500톤 이상, 선령(船齡) 20년 이하의 선박으로 제한함으로써 국제선박등록제도의 실효성을 확보하고 안전성이 결여된 노후선박의 등록을 방지하도록 하였다(영 제2조 본문).

다만, 선박안전법에 의한 선급법인 기타 해양수산부령이 정하는 선급에 등록을 한 선박으로서 해양수산부령이 정하는 국제협약증서를 구비하고 있는 선박에 대하여는 선령기준을 적용하지 아니한다(영 제2조 단서).

제2절 국제선박의 등록신청 및 등록절차

1. 국제선박의 등록신청

국제선박의 등록신청을 하고자 하는 대한민국 선박의 소유자 또는 대한민국 국적을 취득할 것을 조건으로 임차(賃借, lease)한 외국선박의 임차인은 국제선박 등록신청서에 다음의 서류를 첨부하여 해양수산부장관에게 제출하여야 한다(규칙 제3조).

① 선박국적증서 사본(寫本)

② 국제톤수증서 사본

③ 선박임대차계약서 사본(해당자)

④ 해상여객운송사업 면허증 또는 해상화물운송사업 등록증 사본

⑤ 규칙 제2조 규정에 의한 국제협약증서 사본

⑥ 선박안전법에 의한 선급법인 또는 선급이 발행한 선급증서사본(선령이 20년을 초과하는 선박의 경우)

2. 국제선박의 등록절차

① 국제선박으로 등록하려는 등록대상 선박의 소유자, 외항운송사업자 또는 선박대여업자(이하 "선박소유자 등"이라 한다)는 해양수산부령으로 정하는 바에 따라 해양수산부장관에게 등록을 신청하여야 한다. 이 경우 선박소유자등은 국제선박으로 등록하기

전에 「선박법」 제8조 제1항 및 제2항에 따라 그 선박을 선박원부(船舶原簿)에 등록하고 선박국적증서를 발급받아야 한다(법 제4조 제1항).

한편, 국제선박의 등록신청을 하고자 하는 선박소유자는 국제선박등록신청서에 다음의 서류를 첨부하여 해양수산부장관에게 제출하여야 하고, 등록대상선박 여부에 따라 국제선박등록증을 교부받게 된다(규칙 제3조).

㉠ 선박국적증서 사본(寫本, copy)
㉡ 국제톤수증서 사본
㉢ 선박임대차계약서 사본
㉣ 해상여객운송사업면허증 또는 해상화물운송사업등록증 사본
㉤ 선령기준 비적용선박 규정에 의한 국제협약증서 사본(선령 20년 초과 선박에 한함)
㉥ 선박안전법에 의한 선급법인 또는 선령기준 비적용선박 규정에 의한 선급이 발행한 선급증서 사본(선령 20년 초과선박에 한함)

② 해양수산부장관은 제1항에 따른 국제선박의 등록신청을 받은 경우에는 그 선박이 제3조에 따른 국제선박의 등록대상이 되는 선박인지를 확인한 후, 등록대상인 경우 지체없이 이를 국제선박등록부에 등록하고 신청인에게 국제선박등록증을 발급하여야 한다(제2항).

③ 제2항에 따라 등록된 국제선박의 선박소유자 등은 그 등록사항이 변경된 경우에는 그 사실이 발생한 날부터 1개월 이내에 해양수산부령으로 정하는 바에 따라 해양수산부장관에게 변경등록을 신청하여야 한다(법 제4조 제3항).

제3절 국제선박 등록의 말소

1. 등록의 말소 및 청문

1) 국제선박이 다음 하나에 해당하면 선박소유자 등은 그 사실을 안 날부터 2주일 이내에 해양수산부장관에게 국제선박의 등록말소(登錄抹消)를 신청하여야 한다(법 제10조 제1항).

① 제3조에 따른 국제선박의 등록대상에 해당하지 아니한 경우
② 해당 선박이 멸실·침몰 또는 해체된 경우
③ 선박의 존재 여부가 3개월 이상 분명하지 아니한 경우

2) 해양수산부장관은 국제선박이 다음 하나에 해당하면 국제선박의 등록을 말소(抹消, elimination)하여야 한다. 다만, 제3호의 경우로서 선박소유자 등이 제1항에 따라 등록의 말소를 신청하지 아니한 경우에는 1개월 이내의 기간을 정하여 선박소유자 등에게 말소등록을 신청할 것을 독촉하고, 그 기간 내에 말소등록을 신청하지 아니하면 등록을 말소하여야 한다.

① 선박소유자등이 등록의 말소를 신청한 경우(제1호)

② 거짓이나 그 밖의 부정한 방법으로 국제선박의 등록을 한 경우

③ 제1항 각 호의 어느 하나에 해당하는 경우(제3호)

3) 해양수산부장관은 국제선박의 등록을 말소하고자 하는 경우에는 청문(聽聞, hearing)을 실시하여야 한다(법 제11조).

제3장 선원의 자격과 근로조건

제1절 외국인 선원의 승무

① 선박소유자 등은 국제선박에 「선원의 훈련·자격증명 및 당직근무의 기준에 관한 국제협약」(STCW협약, 이하 "국제협약"이라 한다)에 따라 해양수산부장관이 인정하는 자격증명서(資格證明書, certificate)를 가진 외국인 선원을 승무(乘務)하게 할 수 있다(법 제5조 제1항).

국제선박에 외국인 선원을 승선시킬 수 있게 하여 선원 고용비용을 절감할 수 있게 하고 조세(租稅, tax)의 감면 등 필요한 지원을 할 수 있도록 함으로써 우리 나라 선박의 해외이적(海外移籍, flagging out)을 방지하고자 하였다.

② 제1항에 따라 외국인 선원을 승무하게 하는 경우 그 승무의 기준 및 범위는 선원을 구성원으로 하는 노동조합의 연합단체(이하 "선원노동조합연합단체"라 한다), 선박소유자 등이 설립한 외항운송사업 관련 협회(이하 "외항운송사업자협회"라 한다) 등 이해당사자와 관계 중앙행정기관의 장의 의견을 들어 해양수산부장관이 정한다(제2항).

제2절 외국인 선원의 근로계약 등

① 선원노동조합연합단체와 외항운송사업자협회는 국제선박에 승무하는 외국인 선원에 대하여 적용되는 단체협약의 체결에 관한 권한을 가진다. 또 선박소유자 등이 국제선박에 승무하게 하기 위하여 외국인 선원을 고용하는 경우에는 제1항에 따라 체결된 단체협약(團體協約)에 따라 그 외국인 선원과 근로계약을 체결하여야 한다(법 제6조 제1항, 제2항).

② 선박소유자 등은 제1항에 따른 단체협약을 체결하면 그 단체협약을 체결한 날로부터 15일 이내에 이를 해양수산부장관에게 이를 신고하여야 한다(제3항).

제4장 국가필수국제선박

제1절 국가필수국제선박의 지정 등

1. 국가필수국제선박의 지정 및 운용

국가필수국제선박은 국제선박제도의 도입에 따라 외국인 선원을 승선시켜 선박을 운항함으로써 국가 비상사태 등에 선박을 효율적으로 활용하기가 곤란하여지자 이에 대비하여 고안된 개념이다.

① 해양수산부장관은 비상사태(非常事態)에 대비하여 국제선박과 선원의 효율적 활용을 위하여 필요하다고 인정하면 국제선박으로서 대통령령(大統領令)으로 정하는 기준에 해당하는 선박을 관계 중앙행정기관의 장과 협의하여 국가필수국제선박으로 지정할 수 있다(법 제8조 제1항).

② 해양수산부장관은 비상사태 발생시 국가필수국제선박의 소집을 명령할 수 있다(제2항).

③ 국가필수국제선박의 선박소유자 등은 제2항에 따른 해양수산부장관의 소집명령이 있을 경우 지체없이 이에 응하여야 한다.

④ 해양수산부장관은 제1항에 따라 지정된 국가필수국제선박에는 외국인 선원의 승선을 제한할 수 있다. 이 경우 해양수산부장관은 외국인 선원의 승선을 제한함으로써 그 선박소유자 등에게 임금(賃金) 부담으로 인한 손실이 발생하였을 때에는 그 선박소유자 등에게 손실(損失)을 보상하여야 한다.

⑤ 해양수산부장관은 비상사태 발생시 신속한 국가필수국제선박의 소집과 효율적인 임무수행을 위하여 필요한 경우에는 국가필수국제선박의 선박소유자 등에게 국가필수국제선박의 역할 등에 관한 교육 또는 훈련을 연 1회 이상 실시할 수 있다.

⑥ 해양수산부장관은 국가필수국제선박의 비상사태 발생시 역할 등 대통령령으로 정하는 사항에 관하여 관계 중앙행정기관의 장, 국가필수국제선박의 선박소유자 등 및 대통령령으로 정하는 관련 단체 등의 의견을 들을 수 있다.

⑦ 국가필수국제선박의 지정 · 해제 절차, 외국인 선원의 승선 제한 기준, 선박소유자 등에 대한 손실보상의 기준 및 절차 등에 필요한 사항은 대통령령으로 정한다.

2. 대상 선박

① 국민경제 또는 국가안보에 중대한 영향을 미치는 물자로서 해양수산부령이 정하는 물자를 운송하는 선박 중 국제총톤수 15,000톤 이상, 선령 20년 이하의 선박을 국가필수국제선박의 지정대상으로 하고, 평시에도 국가필수국제선박에 대한 외국인 선원의 승무인원을 척당 6인 이내로 제한함으로써 국가비상시에 있어서 국제선박의 운용이 효율적으로 이루어질 수 있도록 하였다(영 제3조 제1항, 제6조).

② 국민경제 또는 국가안보에 중대한 영향을 미치는 물자(物資)로서 해양수산부령이 정하는 물자라 함은 군수품・양곡・원유・액화가스・석탄 또는 제철원료를 말한다(규칙 제4조).

한편 임금이 낮은 외국인 선원의 승선을 제한함으로써 발생하는 내국인 선원과의 임금 차이에 따른 추가적 임금 부담은 정부에서 선박소유자에게 보상하여 준다.

③ 해양수산부장관은 영 제3조 제1항의 규정에 의한 선박 중 대한민국의 국적을 가진 화주(貨主)와 장기운송계약을 체결한 선박을 우선적으로 필수선박으로 지정할 수 있다(영 제3조 제2항).

3. 국가필수국제선박의 선령기준 비적용 선박

선령 20년 미만의 선박 기준을 적용하지 아니하는 국가필수국제선박은 국제선급연합회의 정회원인 선급(船級)에 등록한 선박으로서 다음의 증서를 구비하고 있는 선박으로 한다(규칙 제2조).

① 국제만재흘수선증서
② 국제기름오염방지증서
③ 여객선안전증서(여객선의 경우)
④ 화물선안전무선증서・화물선안전구조증서・화물선안전설비증서(화물선의 경우)
⑤ 액화가스산적운송적합증서
⑥ 위험화학품산적운송적합증서(위험화학품산적운송적합증서)

4. 국가필수국제선박의 지정신청 및 지정절차 등

1) 국가필수국제선박의 지정신청

국가필수국제선박의 지정신청을 하고자 하는 자는 국가필수국제선박지정신청서에 다음의 서류를 첨부하여 해양수산부장관에게 제출하여야 한다(규칙 제5조).

① 국제선박등록증사본
② 신청일 현재의 승무원명부
③ 선박의 운항계획을 기재한 서류(군수품・양곡・원유・액화가스・석탄 또는 제철원료 등의 운송물자에 관한 사항이 포함되어야 한다)

2) 국가필수국제선박의 지정절차

① 국가필수국제선박의 지정・해제절차, 외국인 선원의 승선제한기준, 선박소유자 등에 대한 손실보상의 기준 및 절차 등에 필요한 사항은 대통령령으로 정한다(법 제8조 제7항).

즉, 대통령령으로 정하는 필수선박의 지정절차 등을 보면 다음과 같다(영 제4조).

㉠ 해양수산부장관은 법 제8조 제1항의 규정에 의하여 관계중앙행정기관의 장과 협

의하여 필수 선박을 지정하기로 한 때에는 당해 연도의 12월 5일까지 다음 연도의 필수선박 지정계획을 확정하여야 한다(영 제4조).

㉡ 해양수산부장관은 제1항의 규정에 의하여 필수선박지정계획을 확정한 때에는 지체없이 그 사실을 법 제4조 제3항의 규정에 의한 선박소유자 등(이하 "선박소유자 등"이라 한다)에게 통지하여야 한다.

㉢ 필수선박의 지정을 받고자 하는 선박소유자 등은 제1항의 규정에 의한 필수선박 지정계획에 따라 해양수산부령이 정하는 바에 의하여 해양수산부장관에게 필수선박의 지정을 신청하여야 한다.

㉣ 해양수산부장관은 제3항의 규정에 의하여 필수선박의 지정신청을 받은 때에는 당해 연도의 12월 말까지 필수선박을 지정하고 지체없이 그 지정사실을 선박소유자 등에게 통지하여야 한다.

㉤ 필수선박은 정부의 1회계 년도를 단위로 하여 지정하며 특별한 사정이 없는 한 계속하여 지정하는 것으로 한다.

㉥ 필수선박의 지정 당시 제6조의 규정에 의한 필수선박에 대한 외국인 선원의 승선 제한 기준을 초과하여 외국인 선원이 승선하고 있는 선박의 선박소유자 등은 지정일부터 6개월 이내에 동 승선제한기준을 이행하고 지체없이 그 사실을 해양수산부장관에게 통보하여야 한다.

② 국가필수국제선박에 대하여 상대적으로 임금수준이 낮은 외국인 선원의 승선을 제한함으로 인하여 당해 선박소유자에게 발생하는 손실을 보상하기 위한 구체적 기준을 정함으로써 손실보상 관련업무에 있어서의 적정을 기하도록 하였다(영 제7조).

4. 국제선박에 대한 지원 및 외국인 선원의 승선제한 기준

1) 정부는 국제선박에 대하여 관계 법령에서 정하는 바에 따라 조세의 감면(減免, reduction)이나 그 밖의 필요한 지원을 할 수 있다. 정부는 국제선박에서 승무하는 한국인 선원을 안정적으로 고용하기 위하여 선원 능력개발 지원사업 등 노사(勞使)가 합의한 사업에 대하여 예산의 범위 안에서 필요한 지원을 할 수 있다(법 제9조).
2) 국가필수국제선박에 대한 외국인 선원의 승선제한 기준은 척당 부원(部員) 6인 이내로 한다(영 제6조).

5. 국가필수국제선박의 지정해제

해양수산부장관은 다음의 하나에 해당하는 경우에는 필수선박지정을 해제하여야 한다(영 제5조).

① 필수선박으로 지정된 선박이 법 제10조(등록의 말소)에 따라 국제선박의 등록이 말소된 경우

② 선박소유자 등이 지정의 해제(解除, withdrawal)를 요청하는 경우

6. 손실보상의 기준 및 절차

1) 손실보상의 기준

① 법 제8조의 규정에 의한 손실보상(損失補償, compensation for loss)의 기준은 법 제5조 제2항의 규정에 의하여 국제선박에 대한 외국인 선원의 승선기준 및 범위에서 정하는 선원수에서 제6조의 규정에 의한 필수선박에 대한 외국인 선원의 승선제한기준에서 정하는 선원수를 뺀 선원수를 대상으로 외국인 선원의 승선제한으로 인하여 필수선박에 승선하는 한국인 선원의 연간 평균임금과 국제선박에 승선하는 외국인 선원의 연간 평균임금의 차액을 기준으로 하여 산정한다(영 제7조 제1항).

② 제1항의 규정에 의한 손실보상의 기준은 선원의 직종 및 등급별, 선박의 종류별과 항로(航路, route)별로 구분하여 산정하여야 한다(제2항).

③ 해양수산부장관은 제1항 및 제2항의 규정에 의하여 산정한 손실보상의 기준을 해당 연도의 12월 말까지 고시하여야 한다(제3항).

④ 필수선박에 대한 손실보상은 연간 운항일수가 320일 이상인 경우에는 연간 보상금액의 전액을 지급하며, 320일 미만인 경우에는 320일을 기준으로 실제 운항일수에 비례하여 지급한다(제4항).

2) 손실보상의 절차

① 법 제8조의 규정에 의하여 필수선박으로 지정된 선박의 소유자 등은 외국인 선원의 승선 제한으로 인한 손실보상을 받고자 할 때에는 손실보상지급신청서에 해양수산부령이 정하는 다음의 서류를 첨부하여 당해 연도의 12월 15일 까지 해양수산부장관에게 제출하여야 한다(영 제8조 제1항, 규칙 제6조).

㉠ 선박의 운항내역을 기재한 서류

㉡ 손실보상의 산정에 필요한 서류

㉢ 해당 연도의 승무원 명부

② 해양수산부장관은 손실보상지급신청을 받은 때에는 영 제7조의 규정에 의한 손실보상의 기준에 따라 지체없이 신청인에게 손실보상금을 지급하여야 한다(제2항).

제5장 벌칙 및 과태료

제1절 벌 칙

① 제8조 제3항을 위반하여 정당한 사유없이 해양수산부장관의 소집명령에 응하지 아니한 자는 5년 이하의 징역 또는 5천 만원 이하의 벌금에 처한다(법 제12조 제1항).

② 제8조 제4항 후단에 따른 손실보상금을 거짓이나 그 밖의 부정한 방법으로 받은 자는

3년 이하의 징역 또는 3천 만원 이하의 벌금에 처한다.

③ 제5조 제1항을 위반하여 국제협약에 따라 해양수산부장관이 인정하는 자격요건을 갖추지 아니한 외국인 선원을 국제선박에서 승무하게 한 자는 500만원 이하의 벌금에 처한다.

제2절 과태료 및 부과 · 징수절차

1. 과태료의 부과

다음의 하나에 해당하는 자에게는 300만 원 이하의 과태료에 처한다(법 제13조 제1항). 제1항에 따른 과태료는 해양수산부장관이 부과 · 징수한다(제3항).

① 제4조 제3항의 규정에 위반하여 변경등록을 신청하지 아니한 자

② 제4조의 2를 위반하여 국제선박을 운항한 자

③ 제6조 제3항의 규정에 위반하여 단체협약을 신고하지 아니한 자

2. 부과 · 징수절차(영 제9조)

① 해양수산부장관은 법 제13조 제3항의 규정에 의하여 과태료를 부과할 경우에는 해당 위반행위를 조사 · 확인한 후 위반사실 · 과태료금액 등을 서면으로 명시하여 이를 납부할 것을 과태료처분대상자에게 통지하여야 한다.

② 해양수산부장관은 법 제13조 제1항의 규정에 의하여 과태료를 부과하고자 할 때에는 10일 이상의 기간을 정하여 과태료처분대상자에게 구술 또는 서면(전자문서를 포함한다)에 의한 의견진술의 기회를 주어야 한다. 이 경우 지정된 기일까지 의견진술이 없는 때에는 의견이 없는 것으로 본다.

③ 해양수산부장관은 과태료의 금액을 정함에 있어서는 당해 위반행위의 동기와 그 결과 등을 참작하여야 한다.

④ 과태료의 징수절차는 해양수산부령으로 정한다.

제4편 선원법

제1장 총 칙

제1절 선원법의 개정경과 및 그 주요 내용

1. 선원법의 개정경과

① 1962년에 공포, 시행된 후 몇 차례 부분적인 개정(改正)을 거친 선원의 근로기준법인 선원법은 1984년 8월 전문개정과 1990년 · 1997년 · 2005년 및 2006년의 일부 개정 등을 거쳐 오늘에 이르렀다.

② 전문 개정된 1984년의 선원법은 동년 4월 28일에 발효한 「1978년 선원의 훈련, 자격증명 및 당직근무의 기준에 관한 국제협약」(International Convention on Standards of Training, Certification and Watch-keeping for Seafarers, 1978. 이하 "STCW 협약")의 일부 내용을 받아들이기 위한 것이었지만 이를 계기로 법의 내용에 관하여도 상당한 개정이 이루어졌다.

③ 또한 1990년 선원법 개정의 핵심은 오랫동안 그 수용여부에 관하여 논의되어온 근로기준법에 준하는 승선평균임금 및 통상임금제를 선원법에 도입한 점이다.

예컨대 승선평균임금 및 통상임금제를 도입하여 퇴직금, 장해보상, 유족보상, 장제비는 승선평균임금을 기준으로 산정하고, 실업수당, 송환수당, 유급휴가급, 상병보상 및 소지품 유실보상은 통상임금을 기준으로 산정하도록 하였다(행방불명보상은 양기준을 병용함).

④ 특히 1997년 8월의 선원법 개정에서는 국제노동기구(ILO)의 관련 협약 등을 수용하여 새로운 규정이 신설되고, 삭제 · 개정되었다.

⑤ 2016.1.10. 시행으로 2011.8.4. 전부 개정된 선원법의 개정이유는 2006년 국제노동기구(ILO)에서 채택한 선원의 근로 및 생활기준을 담은 「2006년 해사노동협약」의 국제발효와 협약비준을 위하여 국내 시행에 필요한 선원의 근로 및 생활기준 등을 정하고, 그 밖에 현행 제도의 운영상 나타난 일부 미비점을 개선 · 보완하는 한편, 법 문장을 원칙적으로 한글로 적고, 어려운 용어(用語)를 쉬운 용어로 바꾸며, 길고 복잡한 문장은 체계 등을 정비하여 간결하게 하는 등 국민이 법 문장을 이해하기 쉽게 정비하려는 것이었다.

2. 개정된 주요 내용

① 이 법의 적용이 배제되었던 총톤수 5톤 미만의 선박이라도 내해(內海, internal waters)나 항만구역 등의 수역 외의 수역을 운항하는 항해선은 이 법을 적용하도록 하는 등 이 법이 적용되는 선박의 범위를 확대한 것

② 공정한 근로계약이 체결되고 불필요한 분쟁의 발생을 방지하기 위하여 선원근로계약 체결 시 또는 체결된 선원근로계약 변경 시 선박소유자는 원하는 선원에게 선원근로계약의 내용에 대하여 검토하고 자문(諮問, counsel)을 구할 수 있는 기회를 주도록 의무화한 것

③ 유기(遺棄)된 선원의 신속한 송환(送還) 또는 자국으로의 송환을 위하여 국토해양부장관은 선원을 송환한 후 그 소요비용을 해당 선박소유자 또는 외국선박의 기국(旗國, flag state)에 구상(求償)할 수 있도록 하고, 송환조치에 든 비용이 변제(辨濟, payment)될 때까지 해당 선박의 출항정지를 명하거나 출항을 정지시킬 수 있도록 한 것

④ 어선을 제외한 선박소유자는 승무 중인 선원이 부상이나 질병으로 직무에 종사하지 못하는 경우에도 부상이나 질병이 선원의 고의에 의한 경우가 아니면 직무에 종사하는 자와 동일하게 임금을 지급하도록 한 것

⑤ 양질의 선내급식(船內給食)을 위하여 대통령령으로 정하는 일정한 자격을 갖춘 선박조리사를 선박에 승무시키거나 선박조리사를 갈음하여 선상조리와 급식에 관한 지식과 경험을 가진 사람을 선박에 승무시키도록 한 것

⑥ 선원에게 보호장구나 방호장치(防護裝置)를 제공하도록 하는 등 선박소유자의 의무를 규정하고, 선원은 방호시설이 없거나 제대로 작동하지 아니하는 기계의 사용을 거부할 수 있도록 한 것

⑦ 대한민국 주변을 항해 중인 외국선박의 선장이 의료조언을 요청하는 경우에는 국토해양부장관은 무선 또는 위성통신으로 무료로 의료조언을 제공하도록 의무화한 것

⑧ 선원구직 · 구인등록기관 등 선원직업소개사업을 영위하는 자는 선원의 직업소개와 관련하여 이 법 및 「해운법」이 정하는 사항과 「2006년 해사노동협약」의 관련 요건을 준수하도록 의무화하고, 직업소개 활동과 관련하여 선원으로부터 불만이 제기되면 국토해양부장관은 즉시 조사하고, 그 조사에 해당 선박소유자 또는 선원대표를 참여시킬 수 있도록 한 것

⑨ 총톤수 500톤 이상의 국제항해에 종사하는 항해선, 총톤수 500톤 이상의 항해선으로서 다른 나라 안의 항 사이를 항해하는 선박 등은 국토해양부장관으로부터 승인받은 해사노동적합선언서와 이 법에 따라 발급받은 해사노동적합증서를 선내의 잘 보이는 곳에 게시하도록 하고, 해사노동적합증서의 인증검사절차 및 발급절차 등을 규정한 것

제2절 선원법의 의의 및 목적

① 전문 17장 180조와 부칙으로 구성된 선원법은 선원의 직무, 복무, 근로조건의 기준, 직업안정, 복지 및 교육훈련에 관한 사항 등을 정함으로써 선내질서(船內秩序)를 유지하고 선원의 기본적 생활을 보장·향상시키며 선원의 자질향상을 도모함을 목적으로 하는 법률이다(법 제1조).

② 근로자에 대한 근로조건의 기준을 정하는 일반법으로는 근로기준법(勤勞基準法)이 있다. 그러나 선원에게는 육상의 일반 근로자에게 적용되는 근로기준법이 아니라 원칙적으로 선원법이 적용된다. 선원법 중 근로조건의 기준에 관한 규정은 해상노동의 특수성을 감안하여 특별히 제정된 선원근로기준법에 해당하기 때문이다.

그러나 선원법은 선원의 근로조건 이외에 근로기준법에서는 찾아볼 수 없는 성질을 가진 선장의 직무·권한과 선내질서의 유지, 선원의 직업안정 및 교육훈련 등에 관한 중요 사항 등을 규정하고 있다. 이 때문에 선원근로기준법이 아니라 선원법이라는 이름을 붙이게 된 것이다.

③ 그런데 선원법으로 하여금 일반 근로자에 대한 근로기준법과는 완전히 분리된 특수한 법규정을 마련하지 않으면 안 되게끔 만든 「해상노동의 특수성」이란 무엇인가.

㉠ 멀리 해양을 항행하고 있는 선박에서 전개되는 선원의 노동은, 해상에서 일어나는 갖가지 모든 위험을 자력(自力)으로 극복해 나갈 수밖에 없고, 국가의 보호감독으로부터 고립된 선내에서 이루어지므로 선박은 하나의 위험공동체를 이루고 있다.

㉡ 선원이 노동을 제공하고 있는 선박은, 전선원이 공동생활을 하는 장소이므로 승무원의 생활 공동체를 형성하고 있다. 이와 같이 선원은 가정생활로부터 분리된 이중생활을 강요받고 있다.

제3절 선원법의 구성과 법원

① 선원법은 총칙, 선장의 직무와 권한, 선내질서의 유지, 선원근로계약, 임금, 근로시간 및 승무정원, 유급휴가, 선내급식과 안전 및 위생, 소년선원과 여자선원, 재해보상, 선원의 직업안정 및 교육훈련, 취업규칙, 감독, 보칙 및 벌칙 등의 17개 장과 부칙으로 구성되어 있다.

② 선원법의 법원(法源, source of law)으로는 선원법과 동법 시행령 및 동법 시행규칙 이외에 선원법 제5조에 의하여 선원의 근로관계에 적용되는 근로조건의 일부 조항이 중요하다.

그 내용을 보면, 근로기준법 제2조(근로자의 정의·사용자의 정의·근로의 정의·임금의 정의), 제3조(근로조건의 기준), 제4조(근로조건의 결정), 제5조(근로조건의 준수), 제6조(균등처우), 제7조(강제노동의 금지), 제8조(폭행의 금지), 제9조(중간착취의 배제), 제10조(공민권행사의 보장), 제22조(강제저금의 금지), 제23조(해고 등의 제한), 제36조(금품청산), 제38조(임금채권 우선변제), 제40조(취업방해의 금지), 제68조(임금청구) 등과 벌칙 규정으로 제110조, 제112조, 제114조 및 제115조의 규정은 선원의 근로관계에 관하여 이를 적용한다.

그 밖에 선원법의 법원으로는 선원보험법, 선원노동위원회규정, 선원근로감독관규칙 등이 있다.

③ 법원(法源)과 관련하여 중요한 것은 단체협약과 취업규칙이다. 근로시간, 휴일 등 근로조건에 관하여 단체협약이나 취업규칙이 선원법과 다른 내용을 규정하였을 경우에 그것이 선원법이 정하는 기준과 비교하여 선원에게 유리할 때에는 이들 규정이 선원법에 우선하여 적용된다. 또한 선원의 교육훈련에 관하여는「근로자직업능력 개발법」을 적용하지 아니한다(선원법 제5조, 근로기준법 제2조 참조).

제4절 선원법의 적용범위 등

1. 적용범위

선원법은 선원근로계약의 당사자인 선원과 선박소유자를 적용대상으로 하는 법률이다.

① 선박법에 따른 대한민국 선박(어선법에 의한 어선을 포함한다)

② 대한민국 국적을 취득할 것을 조건으로 용선(傭船, chartering)한 외국선박

③ 국내항 사이만을 항행하는 외국선박에 승무하는 선원과 그 선박소유자

④ 그러나 다음 하나에 해당하는 선박에 승무하는 선원과 그 선박의 소유자에 대하여는 이 법을 적용하지 아니한다(법 제3조 제1항).

㉠ 총톤수 5톤 미만의 선박으로서 항해선이 아닌 선박

㉡ 호수·강 또는 항내 만을 항행하는 선박(선박의 입항 및 출항 등에 관한 법률 제24조에 따른 예선은 제외)

㉢ 총톤수 20톤 미만의 어선으로서 해양수산부령이 정하는 선박으로 선박안전법 시행령에 의한 평수구역 및 연해구역, 동법 시행규칙에 의한 근해구역에서 어로작업에 종사는 총톤수 20톤 미만의 어선(운반선을 포함한다.)을 말한다(규칙 제2조).

㉣ 자항항행능력이 없어 다른 선박에 의하여 끌리거나 밀려서 항행하는 부선. 다만, 해운법 규정에 따라 해상화물운송사업을 영위하기 위하여 등록한 부선을 제외한다.

⑤ 선원이 될 목적으로 실습(實習)을 위하여 승선하는 실습선원은 아직 선원이 아니지만, 이 사람에 대하여도 해양수산부령이 정하는 바에 따라 이 법 중 선원에 관한 규정인 다음의 규정을 적용한다(법 제3조 제2항, 규칙 제3조).

㉠ 법에 의한 선내질서의 유지에 관한 규정

㉡ 법에 의한 송환, 송환보험가입, 승무원명부, 선원수첩, 선원신분증명서 및 승무경력증명서 등에 관한 규정
㉢ 법에 의한 선내급식·선내급식비 및 건강진단서에 관한 규정
㉣ 법에 의한 소년선원과 여자선원에 관한 규정
㉤ 법에 의한 재해보상에 관한 규정
㉥ 법에 의한 교육훈련에 관한 규정

⑥ 선주(船主), 선박차용인, 선박관리인, 용선인(傭船人, charterer) 등의 명칭에 불구하고 선원을 고용하고 그 선원에 대하여 임금을 지급하는 자에게 이 법 중 선박소유자에 관한 규정을 적용한다.

2. 선박소유자

① 선원법은 선원근로관계를 주로 규율하는 법률이므로 이 법에서 선박소유자라 함은 단지 선박의 소유권을 가진 사람만을 의미하는 것이 아니라 배 안에서 근로의 제공을 받기 위하여 선원을 고용하고 그 근로에 대하여 임금(賃金)을 지급하는 모든 사람을 말한다.

그리하여 이 법에서는 선주·선박차용인·선박관리인·용선인 등의 명칭에 불구하고 선원을 고용하고 그 선원에 대하여 임금을 지급하는 자에게 이 법 중 선박소유자에 관한 규정을 적용한다고 명시하고 있다(법 제3조).

② 따라서 선주, 선박차용인 또는 선박관리인 등 이외의 자가 배안에서 매점, 은행 또는 이발소 등을 운영하면서 점원, 은행원 또는 이발사 등을 고용하는 경우에는 그 사용자에게 선원법의 선박소유자에 관한 규정이 적용된다.

제5절 용어의 정의

1. 선원법상 용어의 정의

1) "선원"이란 이 법이 적용되는 선박에서 근로(勤勞, labor)를 제공하기 위하여 고용된 사람을 말한다. 다만, 대통령령으로 정하는 사람은 제외한다(법 제2조 제1호).

예컨대, 선원이 아닌 사람으로 "대통령령으로 정하는 사람"이란 다음의 하나에 해당하는 사람을 말한다(영 제2조).

① 「선박안전법」 제77조 제1항에 따른 선박검사원(제1호)
② 선박의 수리를 위하여 선박에 승선하는 기술자 및 작업원
③ 「도선법」 제2조 제2호에 따른 도선사
④ 「항만운송사업법」 제2조 제2항에 따른 항만운송사업 또는 같은 조 제4항에 따른 항만운송관련사업을 위하여 고용하는 근로자
⑤ 선원이 될 목적으로 실습을 위하여 선박에 승선하는 사람

⑥ 선박에서의 공연(公演) 등을 위하여 일시적으로 승선하는 연예인(제6호)

⑦ 제1호부터 제6호까지의 어느 하나에 준하는 사람으로서 선박소유자 단체 및 선원단체의 대표자와 협의를 거쳐 해양수산부장관이 정하여 고시하는 사람

또한 "배 안에서" 근로를 제공하기 위하여 고용된 자이어야 하므로 예비원(豫備員)이 아닌 해기사로서 해운기업체 등에서 육상 근무하는 자는 물론 선원이 아니다.

"근로"란 정신노동과 육체노동을 말한다(근로기준법 제16조).

"배 안에서 근로를 제공하기 위하여 고용된 자"라 함은 선내 항행조직의 일원으로서 계속적으로 근로를 제공하기 위하여 고용된 사람을 말한다. 여기서 "선내 항행조직"이라 함은 선박의 운항조직 뿐만 아니라 그 선박의 임무·용도 등을 종합하여 판단해야 하므로 선내의 항행조직에 계속적으로 참가하고 있으면 선의(船醫, ship's doctor) 은행원, 매점의 점원, 어획물의 가공원, 기상관측원 등 그 직무의 종류를 불문하고 모두 선원이다.

그러나 정박 중의 일시적 선박수리 또는 배 안에서의 하역작업에 종사하는 사람이나 실질적인 고용관계가 없는 편승자 등은 선원이 아니다. 도선사 역시 극히 단시간에 걸쳐 배 안에서 근무하는 데 불과하므로 선원법의 적용이 없는 것으로 본다.

2) "선박소유자"란 선주(船主, ship's owner), 선주로부터 선박의 운항에 대한 책임을 위탁받고 이 법에 따른 선박소유자의 권리 및 책임과 의무를 인수하기로 동의한 선박관리업자, 대리인, 선체용선자(船體傭船者) 등을 말한다.

3) "선장"이란 해원(海員)을 지휘·감독하며 선박의 운항관리에 관하여 책임을 지는 선원을 말한다.

4) "해원"이란 선박에서 근무하는 선장이 아닌 선원을 말한다. 해원은 직원과 부원으로 구분한다.

5) "직원(職員)"이란 「선박직원법」 제2조 제3호에 따른 항해사, 기관장, 기관사, 전자기관사, 통신장, 통신사, 운항장 및 운항사와 그 밖에 대통령령이 정하는 해원으로 어로장·사무장·의사 그리고 어로장·사무장·의사 등의 자와 동등 이상의 대우를 받는 해원을 말한다(법 제2조 제5호, 영 제3조).

6) "부원(部員)"이란 직원(職員)이 아닌 해원을 말한다.

7) "예비원(豫備員)"이란 선박에서 근무하는 선원으로서 현재 승무 중이 아닌 선원을 말한다(법 제2조 제7호).

예컨대 자택대기원, 출근대기원, 신조선의 의장원 등이 여기에 포함되며 휴직중인 자, 상병때문에 하선하여 요양중인 자, 관혼상제 때문에 특별휴가를 얻은 자는 선박소유자와의 사이에 선원근로계약이 존속하는 한 예비원이다.

8) "항해선"이란 내해, 「항만법」 제2조 제4호에 따른 항만구역 내의 수역 또는 이에 근접한 수역 등으로서 해양수산부령으로 정하는 수역만을 항해하는 선박 외의 선박을 말한다.

9) "선원근로계약"이란 선원은 승선하여 선박소유자에게 근로를 제공하고 선박소유자는 근로에 대하여 임금을 지급하는 것을 목적으로 체결된 계약을 말한다.
10) "임금(賃金, wage)"이란 선박소유자가 근로의 대가로 선원에게 임금, 봉급, 그 밖에 어떠한 명칭으로든 지급하는 모든 금전(金錢)을 말한다.
11) "통상임금(通常賃金)"이란 선원에게 정기적·일률적으로 일정한 근로 또는 총근로에 대하여 지급하기로 정하여진 시간급금액, 일급금액, 주급금액, 월급금액 또는 도급금액(都給金額)을 말한다.
12) "승선평균임금"이란 산정하여야 할 사유가 발생한 날 이전 승선기간(3개월을 초과하는 경우에는 최근 3개월로 한다)에 그 선원에게 지급된 임금 총액을 그 승선기간의 총일수로 나눈 금액을 말한다. 다만, 이 금액이 통상임금보다 적은 경우에는 통상임금을 승선평균임금으로 본다.
13) "월 고정급"이란 어선소유자가 어선원에게 매월 일정한 금액을 임금으로 지급하는 것을 말한다.
14) "생산수당"이란 어선소유자가 어선원에게 지급하는 임금으로 월 고정급 외에 단체협약, 취업규칙 또는 선원근로계약에서 정하는 바에 따라 어획금액이나 어획량을 기준으로 지급하는 금액을 말한다.
15) "비율급(比率給)"이란 어선소유자가 어선원에게 지급하는 임금으로서, 어획금액에서 대통령령으로 정하는 공동경비를 뺀 나머지 금액을 단체협약, 취업규칙 또는 선원근로계약에서 정하는 분배방법에 따라 배정한 금액을 말한다.
16) "근로시간"이란 선박을 위하여 선원이 근로하도록 요구되는 시간을 말한다.
17) "휴식시간"이란 근로시간 외의 시간(근로 중 잠시 쉬는 시간은 제외한다)을 말한다.
18) "해양수산관청"이란 해양수산부장관, 지방해양수산청장 및 해양사무소장을 말한다.
19) "선원신분증명서"란 국제노동기구의 「2003년 선원신분증명서에 관한 협약 제185호」에 따라 발급하는 선원의 신분을 증명하기 위한 문서를 말한다.
20) "선원수첩"이란 선원의 승무경력, 자격증명, 근로계약 등의 내용을 수록한 문서를 말한다.
21) "해사노동적합증서"란 선원의 근로기준 및 생활 기준에 대한 검사 결과 이 법과 「2006 해사노동협약」(이하 "해사노동협약"이라 한다)에 따른 인증기준에 적합하다는 것을 증명하는 문서를 말한다.
22) "해사노동적합선언서"란 해사노동협약을 이행하는 국내기준을 수록하고 그 기준을 준수하기 위하여 선박소유자가 채택한 조치사항이 이 법과 해사노동협약의 인증기준에 적합하다는 것을 승인하는 문서를 말한다.

2. 선원근로계약

① "선원근로계약"이란 선원은 승선(乘船, boarding)하여 선박소유자에게 근로를 제공하

고 선박소유자는 근로에 대하여 임금을 지급하는 것을 목적으로 체결된 계약을 말한다(법 제2조 제9호).

② 근로기준법 제2조(근로계약의 정의)에 의하면 “이 법에서 근로계약이란 근로자가 사용자에게 근로를 제공하고 사용자는 이에 대하여 임금을 지급하는 것을 목적으로 체결된 계약을 말한다”라고 규정하고 있는데 선원근로계약도 본질적으로 근로기준법상의 근로계약과 다를 바 없다. 다만 “승선하여”라는 제한이 있을 뿐이다.

③ 민법 제655조(고용의 의의)에 의하면 “고용은 당사자 일방이 상대방에 대하여 노무(勞務, labor)를 제공할 것을 약정하고 상대방은 이에 대하여 보수(報酬, salary)를 지급할 것을 약정함으로써 그 효력이 생긴다”라고 규정하고 있다. 따라서 본질적으로는 근로계약이 고용계약과 다른 것이라고 볼 수 없다. 그러나 고용계약이 추상적 · 독립적인 자유인사이의 시민법상의 계약개념인 데 대하여 근로계약은 자본주의 사회에서 노사간의 불균형과 근로자의 종속성에 착안하여 근로자보호법의 발전과 함께 확립된 계약개념이다.

민법에서 노무를 제공하는 계약으로는 위의 고용계약 이외에 어떠한 일의 완성 즉 노무의 제공에 의하여 일정한 일의 완성이라는 결과를 목적으로 하는 도급과 수임자의 재량으로 일정한 방침아래 통일적으로 사무를 처리하게 하는 위임이 있다.

제2장 선장의 직무권한 및 선내질서의 유지

제1절 개 설

선원법에서는 제2장 「선장의 직무와 권한」, 제3장 「선내질서의 유지」의 규정을 두고 있는데, 이들 규정은 노동 보호법적 규정이 아니고 오히려 선박항해의 안전을 위한 해사안전법의 성질을 가지고 있다. 따라서 육상의 근로기준법에서는 그 예를 볼 수 없는 선원법 특유의 규정이다.

선원과 그 밖의 여객(旅客)은 필연적으로 일정한 기간에 걸쳐 선박 내에서 공동생활을 하므로 선박 내에 하나의 사회를 형성한다. 비상시에 선박공동체는 또한 갖가지 해상위험을 독력(獨力)으로써 극복해 나가지 않으면 아니되는 고립적인 존재이다.

그러므로 선원법은 선박공동체의 책임자인 선장에게 공법상의 일정한 권한과 의무를 부과하여 선내의 질서를 유지케 함으로써 선박공동체(船舶共同體)의 안전을 확보하도록 규정하고 있다. 그러나 이는 선박소유자의 이익을 보호하기 위한 것이 아니라 인명 선박, 적하(積荷)의 안전을 도모하려는 공익적(公益的인) 관점에 입각한 것이다. 이러한 의미에서 선장의 직무 · 권한과 선내질서의 유지에 관한 규정은 공법적 규정이다.

제2절 선장의 직무와 권한

1. 지휘명령권

① 선장(船長, Captain, Master)은 해원을 지휘·감독하며, 배 안에 있는 자에 대하여 선장의 직무를 수행하기 위하여 필요한 명령을 할 수 있다(법 제6조).

이 지휘명령권은 이른바 선장의 선박 권력의 핵심이라 할 수 있다. 여기서 선장의 직무(職務, duty)라 함은 선원법에 규정된 직무 뿐만 아니라 상법·호적법·선박안전법·형사소송법 등에 규정하는 것을 모두 포함한다. 다만 배 안에 있는 자에 대하여 선장이 할 수 있는 명령은 공법적인 것에 한하며 사법적인 필요에서 명령권을 행사할 수는 없다.

② 이와 같은 지휘명령권이 선장에게 부여되어 있으므로 배 안의 질서를 어지럽히는 해원에 대하여는 징계권을 행사할 수 있고(법 제22조), 그 밖에 위험물 등에 대한 강제조치 및 행정기관에 대한 원조요청을 할 수 있다(법 제23조, 제24조).

그러나 선장의 지휘명령권은 선장의 직무집행상 필요한 범위에 한정되므로 선장의 권력남용(權力濫用)에 대하여는 벌칙(1년 이상 5년 이하의 징역)의 제재가 있다(법 제160조).

2. 출항전의 검사·보고 의무 등

① 선장은 출항전에 선박이 항해에 견딜 수 있는지와 화물이 실려있는 상태 및 항행에 적합한 장비·인원·식료품·연료 등이 갖추어져 있는지를 검사하여야 한다(법 제7조).

여기서 "항해에 견딘다"함은 보통 해상에서 예상되는 기상 상태하에서 선체, 기관 등에 고장없이 당해 항해를 안전하게 수행할 수 있는 감항능력(堪航能力)을 말한다. 또한 선박의 설비와 속구의 정비, 화물의 안정된 적하상태 및 흘수상황, 항해에 필요한 인원수의 승무원배치와 그들의 양호한 건강상태, 연료·식료·청수·의약품 등 선용품의 준비, 기상통보, 해도·수로도지 등의 비치를 요한다고 본다.

"출항전"이라 함은 발항항(發航港)에서 뿐만 아니라 각 기항지에서의 출항전을 포함한다. 다만, 선박의 설비, 선용품(船用品), 수로도지(水路圖誌)에 대한 것은 전번 검사로부터 24시간 이내라면 검사를 되풀이 할 필요가 없다고 보아야 할 것이다. 검사는 반드시 선장 자신이 직접 행해야 하는 것이 아니라 부하인 직원(예컨대 기관장)에게 시킨 후 이를 확인할 수도 있다. 그러나 이 모든 경우에 선장은 검사의 결과에 대하여 책임을 진다.

② 선박이 항해에 견딜 수 있는지 여부를 판단하는 출항전 검사의무에 위반한 선장은 1년 이하의 징역 또는 1천 만원 이하의 벌금에 처한다(법 제164조).

3. 항로에 의한 항해의무

① 선장은 항해의 준비가 끝나면 지체없이 출항하여야 하며, 부득이한 사유가 있는 경우를 제외하고는 미리 정하여진 항로를 따라 도착항까지 항해하여야 한다(법 제8조).

"항해의 준비"란 사실상의 준비 뿐만 아니라 관청에 대한 출항절차 등 법률상의 준비를 포함한다.

"지체없이 출항한다"는 것은 악천후 등 정당한 사유가 없는 한 지체없이 발항(發航)한다는 것이다. 일단 발항하면 부득이한 경우가 아니면 예정항로를 직항하여야 한다.

"부득이한 사유"란 해상의 위험을 피하거나 인명구조, 연료(燃料, fuel)의 보급을 위하여 필요한 경우 등을 가리킨다. 또 예정항로는 원칙적으로 항해 기술상 가장 안전하고 신속한 항로를 의미한다.

② 규정에 위반하여 예정항로를 변경한 선장은 1년 이하의 징역 또는 1천 만원 이하의 벌금에 처한다(법 제164조).

4. 선장의 직접지휘

① 선장은 다음과 같은 경우에는 선박의 조종을 직접 지휘하여야 한다(법 제9조).

㉠ 선박이 항구를 출입할 때

㉡ 선박이 좁은 수로를 지나갈 때

㉢ 선박의 충돌·침몰 등 해양사고가 빈발하는 해역을 통과할 때

㉣ 그 밖에 선박에 위험이 발생할 우려가 있는 때로서 해양수산부령으로 정하는 때

예컨대 항해상 위험이 생기기 쉬운 경우에는 선장이 직접 선박의 조종을 지휘하여야 하며 다른 사람에게 그 직무를 대행시킬 수 없다.

이에 위반한 선장은 1년 이하의 징역 또는 1천 만원 이하의 벌금에 처한다(법 제164조).

② "그 밖에 선박에 위험이 생길 염려가 있는 때"란 해도(海圖, chart)가 불안전한 미지의 항로를 항행할 때, 황천(荒天)·폭설(暴雪) 또는 무중(霧中)을 항행할 경우 등을 가리킨다. 직접 선박의 조종을 지휘함에 있어서 선장은 전방의 주시(注視)와 선측의 감시(監視)를 철저히 하도록 유의해야 하며 또 도선사가 선박을 향도할 경우에도 선장의 직접 지휘의무는 면제되지 아니한다.

5. 재선의무

① 선장은 화물을 싣거나 여객이 타기 시작할 때부터 화물을 모두 부리거나 여객이 내릴 때까지 선박을 떠나서는 아니 된다. 다만, 기상(氣象) 이상 등 특히 선박을 떠나서는 아니 되는 사유가 있는 경우를 제외하고는 선장이 자신의 직무를 대행할 사람을 직원 중에서 지정한 경우에는 그러하지 아니하다. 예컨대, 질병 또는 부상의 치료가 필요한

경우 등 해양수산부령이 정하는 다음과 같은 부득이한 사유로 직원 중 규정에 의한 선장의 직무를 대행(代行)할 자를 지정한 때에는 그러하지 아니하다(법 제10조, 규칙 제4조).

㉠ 질병 또는 부상의 치료가 필요한 경우

㉡ 선박 외의 장소에서 선박운항과 관련된 업무를 긴급하게 수행하여야 할 필요가 있는 경우

② 선장은 선박공동체의 책임자로서 항행 중이거나 정박 중임을 불문하고 항상 선내에서 선박을 지휘하여야 한다. 따라서 법 제10조의 규정은 정박 중 화물 또는 승객이 탑재(搭載)·탑승(搭乘)하고 있는 동안의 공익상 의무의 중요성을 지시한 것이다. 그러므로 화물 또는 승객이 선내에 없을 경우에도 주위의 사정으로 판단하여 재선의무(在船義務)에 어긋날 우려가 있을 때에는 함부로 이선할 수 없다.

③ 재선의무의 규정에 위반한 선장은 1년 이하의 징역 또는 1천 만원 이하의 벌금에 처한다(법 제164조).

6. 선박위험시의 조치

① 선장은 선박에 급박(急迫)한 위험이 있는 경우에는 인명·선박 및 화물을 구조하는 데 필요한 조치를 다하여야 한다(법 제11조 제1항).

② 선장은 제1항에 따른 인명구조 조치를 다하기 전에 선박을 떠나서는 아니 된다(제2항).

③ 제1항 및 제2항은 해원에게도 준용한다.

"급박한 위험"이란 재해, 충돌, 좌초에 의한 침몰 등 절박한 위험을 말한다. 구조의 순서는 법조문대로 인명, 선박, 화물로 한다.

④ 이 규정에 위반하여 인명과 선박의 구조에 필요한 조치를 다하지 아니한 선장은 다음과 같이 구분하여 처벌한다(법 제162조).

ⓐ 인명을 구조하는 데 필요한 조치를 다하지 아니하여 사람을 사망에 이르게 한 선장은 무기 또는 3년 이상의 징역

ⓑ 인명을 구조하는 데 필요한 조치를 다하지 아니하여 사람을 상해에 이르게 한 선장은 1년 이상 5년 이하의 징역

ⓒ 선박을 구조하는 데 필요한 조치를 다하지 아니한 선장은 1년 이하의 징역 또는 1천 만원 이하의 벌금

7. 선박 충돌시의 조치

① 선박이 서로 충돌하였을 때에는 각 선박의 선장은 서로 인명과 선박을 구조하는 데 필요한 조치를 다하여야 하며 선박의 명칭·소유자·선적항·출항항 및 도착항을 상대방에게 통보하여야 한다. 다만, 자기가 지휘하는 선박에 급박한 위험이 있을 때에는 그러하지 아니하다(법 제12조).

이는 선박이 충돌한 경우 선장의 상호 구조의무와 선명 등의 통보의무를 규정한 것이다. 구조의 대상은 인명과 선박 뿐이며 화물은 포함되지 아니한다.

② 선박 충돌시 선장이나 해원 등이 구조조치 등의 의무를 위반하면 "선박 위험시의 조치"위반과 같이 처벌한다(법 제162조).

8. 조난선박 등의 구조

① 선장은 다른 선박 또는 항공기의 조난(遭難, distress)을 알았을 때에는 인명을 구조하는 데 필요한 조치를 다하여야 한다. 다만, 자기가 지휘하는 선박에 급박한 위험이 있는 경우 등 해양수산부령으로 정하는 다음의 하나에 해당하는 경우에는 그러하지 아니하다(법 제13조, 규칙 제5조 제1항).

㉠ 조난장소에 도착한 다른 선박으로부터 구조의 필요가 없다는 통보를 받은 경우

㉡ 조난장소에 접근하였으나 부득이한 사유로 인하여 구조할 수 없거나 구조할 필요가 없다고 판단되는 경우

㉢ 부득이한 사유로 조난장소까지 갈 수 없거나 구조가 적당하지 아니하다고 판단되는 경우

② 위의 ㉡ 및 ㉢에 해당하여 구조를 하지 아니하는 경우에는 조난선박 또는 조난항공기에 가까이 있는 선박에 그 뜻을 통보하여야 하되, 다른 선박에 의한 조난구조가 행하여지지 아니할 것으로 판단되는 경우에는 해양경찰관서의 장에 통보하여야 한다(규칙 제5조 제2항).

조난이라 함은 선박이 선원의 자력(自力) 만으로는 멸실 또는 훼손을 방지할 수 없는 위험에 빠진 것을 말한다.

③ 조난선박 등의 구조의무에 위반하여, 인명을 구조하는데 필요한 조치를 다하지 않은 선장은 선박을 유기하였을 때나 외국에서 해원을 유기하였을 때 등과 같이 3년 이하의 징역 또는 3천 만원 이하의 벌금에 처한다.

9. 이상기상 등의 통보

① 무선전신(Wireless telegraph) 또는 무선전화(Wireless telephone)의 설비를 갖춘 선박의 선장은 폭풍우 등 기상(氣象) 이상이 있거나 떠돌아다니는 얼음덩이, 떠다니거나 가라앉은 물건 등 선박의 항해에 위험을 줄 우려가 있는 것과 마주쳤을 때에는 해양수산부령으로 정하는 바에 따라 그 사실을 가까이 있는 선박의 선장과 해양경비안전관서의 장에게 통보하여야 한다. 다만, 폭풍우 등 기상 이상의 경우 기상기관 또는 해양경비안전관서(대한민국 영해 밖에 있는 선박의 경우에는 가장 가까운 국가의 해상보안기관을 말한다)의 장이 예보(豫報)한 경우에는 그러하지 아니하다(법 제14조, 규칙 제6조 제1항).

② 위의 경우에 선장이 통보하여야 할 이상한 기상의 종류와 사항은 다음의 표와 같다(규칙 제6조 제2항, 별표 1).

선장이 통보하여야 할 사항(규칙 제6조 제2항 관련, 별표 1)

이상한 기상의 종류	통보하여야 할 사항
1. 열대성 폭풍우 또는 기타 풍속이 매초 24.5 미터 이상의 바람을 동반 한 폭풍우	가. 일시 및 위치 나. 3시간 동안의 기압의 변화 다. 풍향(진방위에 의한다)·풍력 및 풍속 라. 파도의 진행방향(진방위에 의한다)·주기·파장 기타. 해면의 상태 마. 선박의 침로 (진방위에 의한다) 및 속력
2. 배의 상부구조물에 얼음을 얼게 하는 강풍	가. 일시 및 위치 나. 기온 다. 표면 물온도 라. 풍향·풍력 및 풍속
	가. 일시 및 위치 나. 기온
3. 표류물 또는 통상 표류해역 외에 있는 유빙 또는 빙산	다. 표면 물온도 라. 풍향·풍력 및 풍속
4. 침몰물	가. 일시 및 위치 나. 형상 및 심도
5. 기타 선박의 항행에 위험을 줄 염려가 있는 이상한 기상	가. 일시 및 위치 나. 개요

10. 비상배치표 및 훈련

1) 선내 훈련

① 다음의 하나에 해당하는 선박의 선장은, 비상시에 조치하여야 할 해원의 임무를 정한 비상배치표(非常配置表, Station Bill)를 선내의 보기 쉬운 곳에 걸어두고, 선박에 있는 사람에게 소방훈련·구명정훈련 등 비상시에 대비한 선내훈련을 실시하여야 한다.

이 경우 해원은 비상배치표에 명시된 임무대로 훈련에 임하여야 한다(법 제15조 제2항, 규칙 제7조 제1항).

ⓐ 총톤수 500톤 이상의 선박. 다만, 평수구역을 항행구역으로 하는 선박을 제외한다.

ⓑ 「선박안전법」 제2조 제10호에 따른 여객선

② 여객선의 선장은 탑승한 모든 여객에 대하여 비상시에 대비할 수 있도록 비상신호와 집합장소의 위치, 구명기구의 비치 장소를 선내에 명시하고, 피난요령 등을 선내의 보기 쉬운 곳에 걸어두며, 구명기구의 사용법, 피난절차, 그 밖에 비상시에 대비하기 위하여 여객이 알고 있어야 할 필요한 사항을 주지시켜야 한다(법 제15조 제2항).

③ 선장은 제1항에 따라 비상시에 대비한 훈련을 실시할 경우에는 해원의 휴식시간에 지

장이 없도록 하여야 한다.

선장이 비상시에 대비한 훈련을 실시할 경우에는 해원의 휴식시간에 지장이 없도록 하여야 하는데, 이는 국제노동기구(ILO)의 "1996 선원 근로시간 및 정원에 관한 협약"의 내용을 수용한 것이다.

④ 제2항에 따른 비상신호의 방법, 비상시 여객 주지사항의 안내시기 등에 관하여는 해양수산부령으로 정한다.

2) 훈련 시기 및 방법

① 소방훈련(消防訓練, fire drill)·구명정훈련(救命艇訓練, boat drill) 그 밖의 비상시에 대비한 훈련은 매월 1회 선장이 지정하는 일시에 실시하되, 여객선의 경우에는 10일(국내항과 외국항을 운항하는 여객선은 7일) 마다 실시하여야 한다(규칙 제7조 제2항).

② 여객선의 선장은 여객이 비상시에 대비할 수 있도록 비상신호의 위치, 구명기구의 비치장소를 선내에 명시하고, 피난요령 등을 선내의 보기 쉬운 곳에 걸어 두어야 하며, 구명기구의 사용법 그 밖에 비상시에 대비하기 위하여 여객이 알고 있어야 할 필요한 사항에 대하여 출항 후 1시간(국제항해에 있어서는 4시간)이내에 여객에게 주지시켜야 한다(규칙 제7조 제3항).

③ 선장은 해당 선박의 해원 4분의 1이상이 교체된 때에는 출항 후 24시간 이내에 선내 비상훈련을 실시하여야 한다(규칙 제7조 제4항).

④ 선장은 구명정 훈련시에 구명정(救命艇, life boat)을 순차적으로 사용하여야 하며, 가능한 한 2월에 한 번씩 구명정을 바다에 띄워 놓고 훈련을 실시하여야 한다(규칙 제7조 제5항).

⑤ 비상신호방법은 기적(汽笛, whistle) 또는 싸이렌(Siren)에 의한 연속 7회의 단음과 계속 1회의 장음으로 한다(규칙 제7조 제6항). 단음(短音, short blast)은 2초, 장음(長音, prolonged blast)은 4초 정도이다.

⑥ 선장은 선내 비상훈련시마다 훈련내용을 항해일지에 기록하여야 한다(규칙 제8조).

⑦ 선원간 및 선원과 승객간에는 의사소통이 강조되는데, 비상지침서는 모든 선박에서 비상시에 수반되는 명확한 지침들이 승선한 모두에게 제공되어야 하고 선박의 잘 보이는 곳에 배치하여야 한다.

여객선에서는 그 기국(旗國)의 언어와 영어로 작성되어야 한다. 이 규정은 객실(客室)에 부착되어야 하고 집합소 및 다른 승객실에 눈에 잘 띄게 배치해야 하는 적절한 언어로 된 설명 및 지침서를 요구한다. 이것은 집합소의 승객에게 비상시 취하여야 할 필수적인 행동 및 구명동의 입는 방법을 알려 주기 위한 것이다.

11. 선내순시

① 선장 또는 선장이 지정하는 자는 1일 1회 선내를 순시(巡視, round)하여・대피통로 그 밖에 안전에 관하여 필요한 사항을 검사・정비하고 그 사실을 항해일지에 기록하여야 한다(규칙 제9조 본문).

② 그러나 동일 목적지를 1일 2회 이상 운항하는 선박의 경우에는 운항시마다 실시하고 기록하여야 한다(규칙 제9조 단서).

12. 항해의 안전확보

① 선원법 제7조(출항 전의 검사・보고 의무 등)부터 제15조(비상배치표 및 훈련 등)까지 규정한 사항 외에 항해당직, 선박의 화재예방 그 밖에 항해안전을 위하여 선장이 지켜야 할 사항은 해양수산부령으로 정한다(법 제16조).

선원법 제7조 내지 제15조의 규정은 위에서 본 바와 같이 모두 선박의 항해안전을 위한 규정이다. 그런데 여기의 법 제16조는 위의 법 제7조 내지 제15조에서 규정한 사항 외에 항해안전에 관하여 선장이 지켜야 할 사항을 해양수산부령으로 정하도록 위임하고 있다.

② 위의 법 제16조의 규정에 의한 "항해당직, 선박의 화재예방 그 밖에 항해안전을 위하여 선장이 지켜야 할 사항"은 다음과 같다(규칙 제10조).

㉠ 국제해상충돌예방규칙의 준수

㉡ 해상에서의 인명안전을 위한 국제협약의 준수

㉢ 모든 항해장치의 정기적 점검과 그 기록의 유지

13. 수장

① 선장은 항해 중 선박에 있는 사람이 사망한 경우에는 다음의 요건을 갖춘 경우에 한하여 시체를 수장(水葬, water burial)할 수 있다(법 제17조, 규칙 제11조 제1항).

㉠ 선박이 공해(公海, high seas)상에 있을 것

㉡ 사망(死亡) 후 24시간이 경과할 것. 다만, 전염병으로 사망한 경우에는 그러하지 아니하다.

㉢ 위생상 시체를 선내에 보존할 수 없거나 선박에 시체를 싣고 입항함을 금지하는 항에 입항할 예정일 것

㉣ 의사가 승선한 선박에 있어서는 그 의사가 사망진단서를 작성한 후 일 것

㉤ 전염병으로 인하여 사망한 때에는 의사 또는 의료관리자가 적절한 소독을 실시한 후 일 것

② 선장은 수장을 할 때에는 상당한 의식을 갖추되 시체가 떠오르지 아니하도록 필요한 조치를 하여야 하며, 사망한 자의 유발(遺髮) 기타 유품(遺品)을 보관하여야 한다(규칙

제11조 제2항, 제3항).

③ 위의 ① 및 ②의 조건에 위반하여 수장한 선장은 1년 이하의 징역 또는 1천 만원 이하의 벌금에 처한다(법 제164조).

14. 유류품의 처리

① 선장은 선박에 있는 사람이 사망하거나 행방불명된 경우에는 법령에 특별한 규정(예컨대, 사망한 여객의 수하물 처분의무에 관한 상법 제828조 등)이 있는 경우를 제외하고는 해양수산부령으로 정하는 바에 따라 선박에 있는 유류품(遺留品)에 대하여 보관이나 그 밖에 필요한 조치를 하여야 한다(법 제18조, 규칙 제12조).

② 유류품의 처리에 있어 선장은 지체없이 그 선박에 승선 중에 사망 또는 행방불명된 자의 친족(親族, relative) 또는 친지를 참여시켜 그 유류품을 조사하여 유류품 목록을 작성하되, 친족 또는 친지가 없는 경우에는 그 선박에 승선한 다른 2인을 참여시켜야 한다(규칙 제12조 제1항).

③ 위의 유류품 목록에는 다음의 사항을 기재하여 선장과 참여인이 기명・날인하여야 한다(규칙 제12조 제2항).

㉠ 사망 또는 행방불명된 자의 성명・주소

㉡ 사망 또는 행방불명된 일시 및 위치

㉢ 유류품의 품명과 수량

㉣ 유류품의 조사 및 목록을 작성한 일자

㉤ 기타의 처분을 한 경우에는 그 사유 및 처분내용

④ 선장은 유류품 및 그 목록을 사망 또는 행방불명된 자의 유족(遺族, bereaved family) 또는 가족에게 인도 또는 교부하여야 한다(규칙 제12조 제3항).

⑤ 선장이 유류품에 대하여 위와 같은 조치를 하지 아니한 경우에는 200만 원 이하의 과태료에 처한다(법 제179조 제2항).

15. 재외국민의 송환

① 선장은 외국에 주재(駐在)하는 대한민국의 영사가 법령의 정하는 바에 의하여 대한민국 국민의 송환(送還, repatriation)을 명한 때에는 정당한 사유없이 이를 거부하지 못한다(법 제19조 제1항). 이 규정에 위반한 선장은 1년 이하의 징역 또는 1천 만원 이하의 벌금에 처한다(법 제164조).

"대한민국 국민의 송환을 명한 때"란 예컨대 생활이 곤궁하여 귀국을 희망하는 국민・재류국(在留國)으로부터 강제 퇴거명령을 받은 국민・외국에서 선박을 이탈한 선원 등의 송환을 명한 경우를 말한다.

"정당한 사유"란 예컨대 송환될 자가 전염병에 걸리거나 송환될 인원을 수용할 선실(船室)이 없는 경우 등을 말한다.

② 위의 규정에 의한 송환비용은 송환된 자가 부담하며, 송환된 자는 선박소유자 또는 선장이 비용의 지급을 청구하는 경우에는 즉시 이를 상환(償還, refund)하여야 한다. 그리고 여기서 송환비용이라 함은 송환에 쓰인 운임・식비・의료비 기타 비용을 말한다(영 제4조).

16. 선박서류 등의 비치

① 선장은 해양수산부령이 정하는 경우를 제외하고는 다음의 서류를 선내에 갖추어 두어야 한다(법 제20조).

㉠ 선박국적증서(certificate of ship's nationality) 또는 선적증서
㉡ 선원명부(crew's list)
㉢ 항해일지(ship's log book)
㉣ 화물에 관한 서류
㉤ 선박검사증서
㉥ 항행하는 해역의 해도(chart)
㉦ 기관일지(engineer's log book)
㉤ 속구목록(屬具目錄, ship's equipments list)
㉧ 선박의 승무정원증서
㉨ 선원을 피보험자로 한 재해보상보험 가입증서 사본

② 선장은 해양수산부령으로 정하는 서식에 따라 선원명부 및 항해일지 등을 기록・보관하여야 한다.

이들 서류를 배 안에 비치하도록 한 것은 선박의 국적 등을 명백히 하고 선장・해원・여객・화물 등의 보호와 감독을 위한 때문이다.

③ 선장이 위의 서류를 비치하지 아니하거나 거짓 서류를 비치한 때에는 1년 이하의 징역 또는 1천 만원 이하의 벌금에 처한다(법 제164조).

17. 선박운항에 관한 보고 및 조사

① 선장은 다음의 하나에 해당하는 경우에는 해양수산부령이 정하는 바에 따라 지체없이 그 사실을 지방해양수산관청에 보고하여야 한다(법 제21조).

㉠ 선박의 충돌・침몰・멸실・화재・좌초, 기관의 손상 그 밖의 해양사고가 발생한 경우
㉡ 항해 중 다른 선박의 조난을 안 경우(무선통신에 의하여 알게 된 경우를 제외한다)
㉢ 인명(人命)이나 선박의 구조에 종사한 경우
㉣ 선박에 있는 사람이 사망하거나 행방불명이 된 경우
㉤ 미리 정하여진 항로를 변경한 경우
㉥ 선박이 억류(抑留, detention)되거나 포획된 경우

ⓢ 그 밖에 선박에서 중대한 사고가 일어난 경우

② 위의 보고는 소정의 서식에 의하나 긴급한 때에는 구두로 보고할 수 있다(규칙 제15조 제1항). 또 선장은 부득이한 사유가 있는 경우에는 대리인(代理人)으로 하여금 위의 보고를 하게 할 수 있으며, 선장 또는 그 대리인이 보고할 수 없는 경우에는 선박소유자가 보고하여야 한다(규칙 제15조 제2항).

③ 위의 보고를 하는 때에는 지방해양수산관청에 항해일지를 제시하여야 한다. 다만, 해양사고 기타의 사유로 항해일지가 멸실된 때에는 그러하지 아니하다(규칙 제15조 제3항).

④ 이 규정은 해양수산관청이 선장의 직무수행의 상황을 감독하는 한편 선박의 운항에 관한 중대한 사고내용을 알기 위하여 선장에게 부과한 의무이다. 선장이 이 보고를 하지 아니하거나 거짓보고를 한 때에는 1년 이하의 징역 또는 1천 만원 이하의 벌금에 처한다(법 제164조).

18. 호적공무원의 직무

① 항해 중에 출생(出生) 또는 사망(死亡)이 있는 때에는 선장은 24시간 이내에 다음 사항을 항해일지에 기재하고 서명・날인(捺印)하여야 한다(호적법 제54조 제1항, 제94조).

㉠ 자(子)의 성명, 본 및 성별

㉡ 자의 혼인 중 또는 혼인 외의 출생자의 구별

㉢ 출생의 년월일시 및 장소

㉣ 부모의 성명 및 본

㉤ 자가 입적할 가의 호주의 성명 및 본적

㉥ 자가 일가를 창립하는 때에는 그 취지 및 그 원인과 장소

② 선장은 위의 절차를 밟은 후 선박이 대한민국의 항구에 도착하였을 때에는 관계되는 시・읍・면의 장에게, 그리고 선박이 외국의 항구에 도착하였을 때에는 그 지역을 관할하는 재외공관(在外公館)의 장에게 지체없이 위의 출생 또는 사망에 관한 항해일지의 등본을 발송하고 재외공관의 장은 지체없이 외무장관을 경유하여 이를 본적지의 시・읍・면의 장에게 발송하여야 한다(호적법 제54조 제2항 및 제3항, 제94조).

19. 대선장의 선임의 책임

상법 제772조에 의하면 선장이 불가항력(不可抗力, The Act of God, Force Majeure)으로 인하여 그 직무를 집행하기가 불가능한 때에는 법령에 다른 규정이 있는 경우를 제외하고는 자기의 책임으로 타인을 선정하여 선장의 직무를 집행하게 할 수 있다.

선장은 선박의 운항관리에 대하여 책임을 진다. 다만, 부득이한 사유로 선장이 직무를 수행할 수 없을 때에는 자동화선박에서는 1등 운항사(항해전문)가 그 직무를 대행하며 기타의 선박에서는 1등 항해사가 그 직무를 대행한다(선박직원법 제11조 제2항). 이 때

선박의 직무를 대행하는 선장 직무대행자에 대하여도 선장에 적용할 규정이 적용된다(선원법 제147조).

제3절 선내질서의 유지

1. 해원의 징계 및 그 종류

① 선박공동체의 안전을 확보하고 공공적 관점에서 선내질서를 유지하기 위하여 선장은 해원이 다음의 하나에 해당하는 때에는 이를 징계(懲戒, disciplinary action)할 수 있다(법 제22조 제1항). 선장이 해원(海員)을 징계할 수 있는 것은 이 규정에 의한 경우에 한한다.

㉠ 상급자의 직무상 명령에 따르지 아니하였을 경우
㉡ 선장의 허가없이 선박을 떠났을 경우
㉢ 선장의 허가없이 흉기 또는 마약류 불법거래 방지에 관한 특례법 규정에 의한 마약류를 선박 안에 들여왔을 경우
㉣ 선박 안에서 싸움·폭행·음주소란행위를 하거나 고의로 시설물을 파손하였을 경우
㉤ 직무를 게을리하거나 다른 해원의 직무수행을 방해하였을 경우
㉥ 정당한 사유없이 선장이 지정한 시간까지 선박에 승선하지 아니하였을 경우
㉦ 그 밖에 선내질서를 어지럽게 하는 행위로서 단체협약·취업규칙 또는 선원근로계약으로 정하는 행위를 하였을 경우

② 징계는 훈계·상륙금지 및 하선으로 한다.

훈계(訓戒, admonition)는 타일러서 경계한다는 뜻이다. 상륙금지(上陸禁止)는 정박중에 10일 이내로 한다(법 제22조 제2항). 하선(下船)의 징계는 해원이 폭력행위 등으로 선내질서를 어지럽히거나 고의로 선박운항에 현저한 지장을 준 행위가 명백한 경우에만 하여야 한다. 선장은 하선의 징계를 한 때에는 지체없이 선박소유자에게 그 사실을 알려야 한다(제3항).

③ 선장이 해원을 징계하고자 하는 경우에는 미리 5인(해원수가 10인 이내인 경우에는 3인)이상의 해원으로 구성되는 징계위원회의 의결을 거쳐야 한다(제4항).

이것은 선장의 해원에 대한 징계행위의 남용을 방지하기 위하여 해원에 대한 징계시에는 징계위원회의 의결을 거치도록 하여, 선장의 해원에 대한 징계절차를 한층 강화한 내용이다.

징계위원회는 기관장, 운항장, 1등 항해사, 1등 기관사, 1등 운항사, 통신장, 징계 대상자의 소속부원 중 최상위 직책을 가진 자의 순으로 구성하되, 이들에 의한 징계위원회의 구성이 불가능한 경우에는 선장이 정하는 자로 구성한다(규칙 제16조 제1항).

④ 징계위원회는 선장의 요구에 의하여 소집되고, 징계대상 해원을 출석시켜 진술(陳述, statement)할 기회를 주어야 하며, 필요한 경우에는 다른 해원을 출석시켜 그의 진술을 들을 수 있다(규칙 제16조 제2항 및 제3항).

징계위원회가 해원에 대한 징계사항을 심사한 때에는 징계위원회 위원이 날인한 징계심사서류 및 회의록(會議錄)을 작성하여야 한다(규칙 제16조 제4항).

선장은 징계위원회의 자문(諮問)을 받을 뿐이고 징계위원회의 결정에 구속을 받는 것은 아니다.

2. 위험물 등에 대한 조치

① 선장은 배 안에 있는 인명·재산을 포함한 선박공동체의 안전확보를 위하여 선박권력을 행사할 권한이 있는데, 그러한 권한(權限)의 하나로 위험방지를 위하여 필요한 강제조치를 할 수 있다.

② 흉기·폭발하거나 불 붙기 쉬운 물건, 화학물질관리법에 따른 유독물질과 그 밖의 위험한 물건을 가지고 승선한 사람은 즉시 선장에게 신고하여야 하며(법 제23조 제1항), 선장은 그러한 물건에 대하여 보관·폐기 등 필요한 조치를 할 수 있다(제2항).

③ 선장은 해원이나 그 밖에 선박에 있는 사람이 인명이나 선박에 위해(危害, danger)를 줄 우려가 있는 행위를 할 때에는 그 위해를 방지하는 데 필요한 조치를 할 수 있다(제3항).

3. 행정기관에 대한 원조 요청 및 사법경찰관으로서의 직무

① 선장은 해원(海員)이나 그 밖에 선박에 있는 사람의 행위가 인명이나 선박에 위해(危害)를 미치거나 선내 질서를 매우 어지럽게 할 때에는 관계 행정기관의 장에게 선내 질서의 유지 등을 위하여 필요한 원조를 요청할 수 있다(법 제24조 제1항).

② 선장으로부터 제1항에 따른 원조 요청을 받은 관계 행정기관의 장은 이에 협조하여야 한다(제2항).

③ 원양·근해 또는 연해구역을 항행하는 총톤수 20톤 이상인 선박의 선장은 선내에서 발생한 범죄에 대하여 사법경찰관의 직무를, 사무장 또는 갑판부, 기관부, 사무부의 해원 중 선장의 지명을 받은 자는 사법경찰리(司法警察吏)의 직무를 행한다(형사소송법 제197조, 사법경찰관리의 직무를 행할 자와 그 직무범위에 관한 법률 제7조). 따라서 선장은 수사하고 또 범인을 구속할 수 있다.

제4절 쟁의행위

1. 쟁의행위에 대한 제한

선원은 다음의 하나에 해당하는 경우에는 선원근로관계에 관한 쟁의행위(爭議行爲,

strike)를 하여서는 아니 된다.

① 선박이 외국 항구에 있는 경우

② 여객선이 승객을 태우고 항해 중인 경우

③ 위험물운송을 전용으로 하는 선박이 항해 중인 경우로서 위험물의 종류별로 해양수산부령이 정하는 경우로 「위험물 선박운송 및 저장규칙」에 규정된 위험물 중 다음의 하나에 해당하는 위험물을 적재하고 항행 중인 경우를 말한다.

㉠ 고압가스, ㉡ 인화성액체류, ㉢ 방사성물질, ㉣ 화약류, ㉤ 산화성물질류, ㉥ 부식성 물질, ㉦ 유해성물질

다만, ㉠ 내지 ㉢의 경우 당해 위험물을 적재하지 아니하고 항행중인 경우를 포함한다.

④ 선박이 항구를 출입할 때처럼 선장 등이 선박의 조종을 직접 지휘하여 항해 중인 경우

⑤ 어선이 어장에서 어구(漁具)를 내릴 때부터 냉동처리 등을 마칠 때까지의 일련의 어획작업(漁獲作業) 중인 경우

⑥ 그 밖에 선원근로관계에 관한 쟁의행위로 인명이나 선박의 안전에 현저한 위해를 줄 우려가 있는 경우에는 이를 하여서는 아니된다(법 제25조).

2. 쟁의권의 행사

"쟁의행위(爭議行爲, act of dispute)"란 동맹파업(同盟罷業, strike), 태업(怠業, slowdown), 감속(減速, decelaration), 직장폐쇄(職場閉鎖, lockout), 피켓팅(picketing) 기타 근로관계의 당사자가 그의 주장을 관철할 목적으로 한 행위 및 이에 대항하는 행위로서, 업무의 정상운영을 저해하는 것을 말한다.

원래 쟁의권의 행사는 무제한으로 인정하는 것이 아니므로 선원법은 선박의 특수성을 참작하여 선원의 쟁의행위를 선박이 국내의 항구에 정박 중에, 그것도 인명 또는 선박에 위험이 미치지 않을 경우에만 허용하고 있다.

선박이 외국에 있을 때 쟁의행위가 벌어지면 여론의 반향이 불분명하며 공정하고 신속한 쟁의조정이 매우 어렵고 때로는 불가능할 수도 있다. 이 때 선박소유자가 쟁의행위에 직장폐쇄(職場閉鎖, lockout)로 대응하면, 하선할 수밖에 없는 선원의 거주 및 송환문제로 복잡하고 곤란한 문제가 생겨 국제적인 체면과 신용에 관계하게 된다.

인명 또는 선박에 위해를 줄 경우에는 선원이 쟁의행위를 이유로 선장의 직무상 명령에 불복할 수 없다. 쟁의행위가 벌어지는 장소는 선박의 내외부를 불문한다.

3. 쟁의행위 위반자에 대한 벌칙

① 해원이 직무수행 중 상사(上司, senior offcial)에게 폭행이나 협박을 하였을 때에는 3년 이하의 징역 또는 3천 만원 이하의 벌금에 처한다(법 제165조 제1항).

② 제25조를 위반하여 쟁의행위를 한 사람은 다음의 구분에 따라 처벌한다(제2항).
   ⓐ 쟁의행위를 지휘하거나 지도적 임무에 종사한 사람 : 3년 이하의 징역
   ⓑ 쟁의행위 모의에 적극적으로 참여하거나 선동한 사람 : 1년 이하의 징역 또는 1천만원 이하의 벌금
③ 제2항의 경우 해당 쟁의행위가 선박소유자(그 대리인을 포함한다)가 선원의 이익에 반하여 법령을 위반하거나 정당한 사유없이 선원근로계약을 위반한 것을 이유로 한 것일 때에는 벌하지 아니한다.

제3장 선원근로계약

제1절 선원근로계약의 의의와 당사자

1. 의의

① 선원근로계약이란 선원은 승선하여 선박소유자에게 근로를 제공하고 선박소유자는 근로에 대하여 임금(賃金)을 지급함을 목적으로 체결된 계약을 말한다(법 제2조 제9호).
② 1984년 개정전의 선원법에서는 근로기준법상의 근로계약과 같은 의미의 "근로계약"이라는 용어 이외에 "승선계약(乘船契約)"이라는 용어를 사용하고 있었으나, 그에 관한 정의규정은 없었다.

그러나 승선계약은 특정선박에서 근로에 종사할 것을 내용으로 하는 근로계약으로 풀이되었다.

그리하여 선박소유자측이 예비원제를 두고 있는 경우에는 일반적인 근로계약이 체결되었다가 특정한 선박에 승무할 때에 다시 승선계약이 이루어지는 것으로 보았으며(이 때에 승선계약이 끝나는 배에서 내린 선원은 예비원으로 되고 근로계약은 존속하였음), 예비원제도가 없는 중소기업의 경우에는 승선계약만으로 처리되었다.

그러나 1990년 8월 개정된 선원법에서부터는 "승선계약"이라는 용어를 따로 사용하지 않고 "선원근로계약"이라는 용어와 이에 관한 규정을 두고 있다.

2. 당사자 및 그 능력

① 선원근로계약의 당사자는 선박소유자와 선원이다.
② 선원법은 미성년자(未成年者, minor, 만 19세 미만인 자)가 선원근로계약을 체결하는 경우에 관하여는 특별규정을 두고 있다.

즉 선원법은 미성년자를 보호한다는 취지에서 미성년자가 선원이 되고자하는 경우에는 법정대리인(친권자 또는 후견인)의 동의를 받도록 규정하고 있다. 그러나 일단 선원이 되는 데 대한 법정대리인의 동의를 받은 미성년자는 구체적인 계약내용의 합

의 등 선원근로계약에 관하여 성년자와 같은 능력이 인정되므로 다시 법정대리인의 동의가 필요 없다(법 제90조).

제2절 선원근로계약의 신고 및 그 효력

1. 선원근로계약의 신고 및 그 효력

① 선원과 선원근로계약을 체결한 선박소유자가 법 규정에 의하여 지방해양수산관청에 신고하는 선원근로계약서에는 취업규칙(就業規則)의 신고사항이 포함되어야 한다(규칙 제20조).

② 선박소유자는 선원근로계약서 2통을 작성하여 지방해양수산관청에 제출하여 확인을 받고 그 중 1통은 선박소유자가 비치·보관하여야 한다.

③ 선원법에서 정한 임금·근로시간 그 밖의 근로조건의 기준은 선박소유자가 선원을 고용하는 최저의 기준이므로 이 법이 정한 기준에 미치지 못하는 근로조건을 정한 선원근로계약은 그 부분에 한하여 무효(無效)로 하되 당해 무효부분은 이 법이 정한 기준에 따른다(법 제26조).

④ 이 법은 선원의 최저 근로기준을 정한 것이므로 강행규정으로서의 효력을 가지는 것은 당연하다.

민법의 일반원칙에 의하면 계약의 주된 내용이 무효인 경우에는 계약 전체가 무효로 되며 계약의 일부가 무효인 경우에는 그 무효로 된 부분만이 공백으로 되기 때문에(민법 제137조 법률행위의 일부 무효 참조) 선원법 제26조 후단에 무효부분의 보충규정을 둠으로써 위법한 계약에 의하여 근로조건이 불명확하게 되는 것을 입법적으로 해결하고자 한 것이다.

제3절 선원근로계약의 체결과 선원의 보호

1. 근로조건의 명시

① 선박소유자는 선원근로계약을 체결할 때 선원에 대하여 임금, 근로시간 및 그 밖의 근로조건을 구체적으로 밝혀야 한다. 선원근로계약을 변경하는 경우에도 또한 같다(법 제27조 제1항).

선박소유자가 이 규정에서 위반하였을 때에는 1천 만원 이하의 벌금에 처한다(법 제175조).

근로조건은 사실상 선박소유자가 일방적으로 정하고 선원은 다만 이에 따르는 경우가 많으므로 그 내용을 선원에게 충분히 알려서, 선원이 부당한 근로조건 밑에서 어쩔 수 없이 일하는 사례가 생기지 않도록 선박소유자에게 이의 명시의무(明示義務)를 지운 것이다.

명시할 내용에 관한 규정은 특별히 없으나, 근로계약기간・직무에 관한 사항・임금・근로시간・휴가(休暇)・퇴직(退職)・해고(解雇)・예비원제도 등이며 구체적인 내용을 알 수 있도록 해야 할 것이다.

② 선박소유자는 선원근로계약을 체결할 때 선원이 원하는 경우에는 선원근로계약의 내용에 대하여 검토하고 자문을 받을 수 있는 기회를 주어야 한다. 선원근로계약을 변경하는 경우에도 또한 같다.

③ 선원은 선원근로계약에 명시된 근로조건이 사실과 다른 경우에는 선원근로계약을 해지(解止)하고, 근로조건 위반에 따른 손해배상을 선박소유자에게 청구할 수 있다.

제1항에 따라 손해배상을 청구하려는 선원은 선원노동위원회에 신청하여 근로조건 위반 여부에 대하여 선원노동위원회의 인정을 받을 수 있다(법 제28조).

2. 위약금 등의 예정 금지

① 선박소유자는 선원근로계약의 불이행에 대한 위약금(違約金, penalty for breach of contract)이나 손해배상액을 미리 정하는 계약을 체결하지 못한다(법 제29조). 이 규정에 위반한 선박소유자는 1년 이하의 징역 또는 500만원 이하의 벌금에 처한다(법 제177조).

② 이는 자칫하면 선원이 자기의 의사에 반하여 노동을 강제당하거나 선박소유자에게 예속당하는 사태가 생기므로 이것을 방지하기 위한 것이다.

여기의 "위약금(違約金, penalty for breach of contract)"이란 근로계약에 의한 노무의 제공의무를 이행하지 않은 경우 그로 인한 손해의 발생여부에 불구하고 사용자가 근로자 본인, 친권자 또는 신원보증인으로부터 미리 약정한 일정 금액을 지급받는 것이다.

"손해배상액(損害賠償額)의 예정"이란 위약금과는 달리 제재로서가 아니라 손해배상으로서 일정한 금액을 손해의 발생과 손해금액의 증명을 거치지 아니하고 지급받는 것을 말한다.

3. 강제저축의 금지

① 선박소유자는 선원 근로계약에 부수하여 강제저축 또는 저축금의 관리를 약정(約定, agreement)하는 계약을 체결하지 못한다(법 제30조).

② 강제저축은 선원의 저축의 장려, 낭비의 방지 등을 위하여 행하여진다 하더라도 한편으로는 선원의 직장 이동을 어렵게 하고 또 선박소유자가 저축금을 사업에 유용하여 그 반환을 어렵게 하거나 불가능하게 하는 등의 위험이 있으므로 법에서는 위와 같이 원칙적으로 이를 금지하고 일정한 제한 아래 허용하고 있다.

선박소유자가 이 법 제30조 제1항에 위반한 때에는 2년 이하의 징역 또는 2천 만원 이하의 벌금에 처한다(법 제170조).

4. 상계의 제한 및 채권채무의 상계보고

① 선박소유자는 선원에 대한 채권과 임금 지급의 채무를 상계(相計, offset)하지 못한다. 다만, 상계액이 통상임금(通常賃金)의 3분의 1일을 초과하지 아니하는 경우에는 그러하지 아니하다(법 제31조).

선박소유자가 선원에 대한 채권과 임금지급의 채무를 상계한 때에는 지체없이 그 내용을 지방해양수산관청에 보고하여야 한다(규칙 제18조).

② 상계라 함은 채무자가 그의 채권자에 대하여 역시 같은 종류의 채권(예컨대 금전채권 등)을 가지고 있는 경우에 그 채권(債權, claim)과 채무(債務, debt)를 대등액에서 소멸시키는 의사표시이다.

민법 제492조의 상계의 요건을 보면 "쌍방이 서로 같은 종류를 목적으로 한 채무를 부담한 경우에 그 쌍방의 채무의 이행기가 도래한 때에는 각 채무자는 대등액(對等額)에 관하여 상계할 수 있다. 그러나 채무의 성질이 상계를 허용하지 아니할 때에는 그러하지 아니하다"고 되어 있고, 이 규정은 당사자가 다른 의사를 표시한 경우에는 적용하지 아니한다. 그러나 그 의사표시로써 선의의 제3자에게 대항하지 못한다.

근로기준법은 전차금(前借金, wages in advance)과 임금과의 상계를 전면적으로 금지함으로써 금전대차(金錢貸借, cash loan)관계와 근로관계를 완전히 분리하고 있는데 이는 금전대차관계에서 생기는 신분적인 예속의 발생을 방지하는 데 그 목적이 있다.

선원법은 해상노동의 특수성을 고려하여 장기 항해를 시작하는 선원의 출항전의 준비금이나 한꺼번에 지출할 필요가 있는 경비를 고리(高利)의 자금으로부터 조달해야 하는 폐단을 방지하기 위하여 상계를 전면적으로 금지하지는 않고 통상임금의 3분의 1까지 허용하고 있다.

제4절 선원근로계약의 해지 등의 제한 및 해지 예고

1. 선원근로계약의 해지 등의 제한

① 선박소유자는 정당한 사유없이 선원근로계약을 해지하거나 휴직(休職), 정직(停職), 감봉(減俸) 및 그 밖의 징벌(懲罰)을 하지 못한다(법 제32조).

② 선박소유자는 다음의 하나에 해당하는 기간 동안은 선원근로계약을 해지하지 못한다. 다만, 천재・지변이나 기타 부득이한 사유로 인하여 사업을 계속할 수 없는 경우로서 선원근로위원회의 인정을 받은 때와 선박소유자가 규정에 따른 일시보상금(一時補償金)을 한 경우에는 그러하지 아니하다.

㉠ 선원이 직무상 부상의 치료 또는 질병의 요양을 위하여 직무에 종사하지 아니한 기간과 그 후 30일

㉡ 산전 · 산후의 여성선원이 「근로기준법」 제74조에 따라 작업에 종사하지 아니한 기간과 그 후 30일

여기서 이와 같이 선원이 직무상 부상 또는 질병의 요양을 위하여 또는 여자선원이 출산(出産)을 위하여 휴직한 경우에는 휴직기간 중과 회복 휴양 중에는 선원근로계약을 해지하지 못하도록 하고 있다. 이 때에 계약을 해지하면 다시 취직을 하기 어려울 뿐만 아니라 생활의 위협을 받기 때문이다.

한편 천재 · 지변 기타 부득이한 사유로 인하여 사업의 계속이 불가능한 경우 계약을 해지할 수 있으나 그러한 사유의 유무에 대한 판단을 선박소유자 일방에 맡기는 것이 적합하지 아니하므로 이 때에는 선원근로위원회의 승인을 얻어야 하도록 규정하고 있다. 사업의 계속이 불가능한 사유는 천재 · 지변 기타 이에 준하는 불가항력적인 것이어야 하므로, 홍수 · 지진 · 전쟁 · 화재 등 뜻밖의 재난을 말하며 그러한 사유가 아닌 기업경영의 부실 등은 여기에 해당하지 아니한다.

2. 선원근로계약의 해지의 예고

① 선박소유자는 선원근로계약을 해지(解止, expiration)하려면 30일 이상의 예고기간을 두고 서면(書面)으로 그 선원에게 알려야 하며, 알리지 아니하였을 때에는 30일분 이상의 통상임금을 지급하여야 한다. 다만, 다음의 하나에 해당하는 경우에는 그러하지 아니하다(법 제33조).

㉠ 선박소유자가 천재지변, 선박의 침몰재 · 멸실 또는 그 밖의 부득이한 사유로 사업을 계속 할 수 없는 경우로서 선원노동위원회의 인정을 받은 경우

㉡ 선원이 정당한 사유 없이 하선한 경우

㉢ 선원이 제22조 제3항에 따라 하선 징계를 받은 경우

② 선원은 선원근로계약을 해지하려면 30일의 범위에서 단체협약, 취업규칙 또는 선원근로계약에서 정한 예고기간을 두고 선박소유자에게 알려야 한다.

3. 정당한 사유 없는 해지 등의 구제신청

① 선박소유자가 선원에 대하여 정당한 사유 없이 선원근로계약을 해지하거나 휴직, 정직, 감봉 또는 그 밖의 징벌을 하였을 경우에 그 선원은 권익보호를 위해 선원노동위원회에 구제신청(救濟申請)을 할 수 있는 절차로써, 이는 근로기준법 제33조에서 규정하고 있는 정당한 사유 없는 근로계약해지 등에 대한 구제절차내용을 수용한 것이다(법 제34조 제1항).

② 노동조합 및 노동관계조정법 제82조 내지 제86조(제85조 제5항을 제외한다)의 규정은 제1항의 규정에 의한 구제신청 · 심사절차 등에 관하여 이를 준용한다.

제5절 선원근로계약의 종료

1. 개 설

선원근로계약은 계약기간의 만료(滿了, expire), 선원의 사망 등으로 인하여 당연히 종료한다. 선원법은 또 선원근로계약의 성질상 당사자의 의사표시가 없어도 법률의 규정에 의하여 계약이 당연히 종료하는 계약종료의 특례에 관한 규정을 두는 동시에 선박소유자나 선원 등 당사자의 일방적 의사표시에 의하여 선원근로계약을 해지할 수 있는 경우를 한정하고 있다.

2. 선원근로계약의 종료의 특례

상속(相續, inheritance) 등 포괄승계(包括承繼, general succession)에 의한 경우를 제외하고 선박소유자가 변경된 경우에는 옛 선박소유자와 체결한 선원근로계약은 종료하며, 그 때부터 새로운 선박소유자와 선원 간에 종전의 선원근로계약과 같은 조건의 새로운 선원근로계약이 체결된 것으로 본다.

다만, 새로운 선박소유자나 선원은 72시간 이상의 예고기간을 두고 서면으로 알림으로써 선원근로계약을 해지할 수 있다(법 제36조).

상속이나 회사의 합병(合併, consolidation)과 같은 포괄승계의 경우를 선원근로계약의 종료사유에서 제외한 것은, 근로관계는 본래 특정한 선박소유자에 대한 것이라기 보다는 기업 그 자체와 결합한 것으로 보아야 할 것이므로 기업이 실질적으로 동일성을 유지하는 한 근로관계는 새로운 선박소유자와의 사이에 존속한다고 보는 것이 타당하기 때문이다.

상속 또는 포괄승계 이외의 선박의 매각(賣却, disposal)・증여(贈與, donation) 등에 의한 선박소유자의 변경의 경우(이른바 단순승계의 경우)에 민법 제657조(권리의무의 전속성) 제1항에 의하면 사용자는 근로자의 동의없이 그 권리를 제3자에게 양도할 수 없으므로 선원의 동의가 없는 한 신소유자는 선원근로계약을 승계할 수 없다.

그러나 선원법은 선박 항행의 원할한 선원의 고용안전을 도모하기 위하여 민법 제657조 제1항을 배제하고 새로운 소유자와 선원사이에 종전(從前)과 같은 조건의 선원근로계약이 체결된 것으로 본다.

한편 이와 같은 선원근로계약 존속의 의제(擬制, legal fiction)가 반드시 항상 당사자에게 유리하다고 볼 수는 없으므로 법은 이 경우 당사자의 의사를 존중하여 72시간 이상의 예고기간을 두고 각 당사자는 서면으로 통지함으로써 계약을 해지할 수 있다고 규정한다.

제6절 선원근로계약의 존속

앞에서 살펴본 바와 같이 선원근로계약이 종료하는 해상노동의 특수성에 비추어 다음의 경우에는 선원근로계약이 존속(存續, existence)하는 것으로 보거나 존속시킬 수 있다.

① 선원근로계약이 선박의 항해 중에 종료할 경우에는 그 계약은 선박이 다음 항구에 입항하여 그 항구에서 부릴 화물을 모두 부리거나 내릴 여객이 다 내릴 때까지 존속하는 것으로 본다(법 제35조).

② 선박소유자는 승선·하선 교대에 적당하지 아니한 항구에서 선원근로계약이 종료할 경우에는 30일을 넘지 아니하는 범위에서 승선·하선 교대에 적당한 항구에 도착하여 그 항구에서 부릴 화물을 모두 부리거나 내릴 여객이 다 내릴 때까지 선원근로계약을 존속시킬 수 있다.

여기서 적당한 지 적당하지 아니한 지의 여부는 그 항구와 본국(本國)간의 거리, 교통사정, 승선·하선 교대에 소요되는 비용 등 여러 가지 사정을 종합적으로 고려하여 판단해야 할 것이다.

제7절 선원근로계약의 종료에 따른 선원의 보호

선원근로계약이 종료하면 선원은 사실상 실직하게 되므로, 법은 사회정책적인 배려에서 선원에게 책임을 돌릴 수 없는 사유로 계약이 종료 또는 해지된 경우에는 선박소유자로 하여금 실업수당(失業手當)을 지급하도록 하고 또 선원의 송환의무와 송환수당 지급의무를 선박소유자에게 지우고 있다.

그 밖에도 선원이 퇴직하는 경우를 대비하여 법은 선박소유자로 하여금 금품청산(金品淸算)을 하게 하고, 소정의 퇴직금(退職金, retirement payment)을 지급하는 제도를 마련하도록 규정하고 있는데, 퇴직금 제도(법 제55조)에 대하여는 따로 살펴보기로 한다.

1. 실업수당

선박소유자는 다음의 하나에 해당하는 경우에는 선원에게 제55조에 따른 퇴직금 외에 통상임금의 2개 월분에 상당하는 금액을 실업수당(失業手當)으로 지급하여야 한다(법 제37조).

① 선박소유자가 선원에게 책임을 돌릴 사유가 없음에도 불구하고 선원근로계약을 해지(解止, termination)한 경우

② 선원근로계약에서 정한 근로조건이 사실과 달라 선원이 선원근로계약을 해지한 경우

③ 선박의 침몰, 멸실 또는 그 밖의 부득이한 사유로 사업을 계속할 수 없어 선원근로계약을 해지한 경우

이 때에는 선원에게 책임이 없을 뿐만 아니라 선박소유자가 근로조건을 위반하였으므로 선원은 선원근로계약을 해지하는 외에 근로조건의 위반으로 인한 손해의 배상(賠償)을 선박소유자에게 청구할 수 있다(법 제28조 제1항). 그리고 이 경우 손해의 배상을 청구하고자 하는 선원은 선원노동위원회에 신청하여 근로조건의 위반여부에 대한 선원노동위원회의 인정을 받을 수 있다(제2항).

2. 송환 및 송환수당

① 선박소유자는 선원이 거주지 또는 선원근로계약의 체결지가 아닌 항구에서 하선하는 경우에는 선박소유자의 비용과 책임으로 선원의 거주지 또는 선원근로계약의 체결지 중 선원이 원하는 곳까지 지체 없이 송환(送還)하여야 한다. 다만, 선원의 요청에 의하여 송환에 필요한 비용을 선원에게 지급할 경우에는 그러하지 아니하다(법 제38조 제1항).

② 선박소유자는 제1항에도 불구하고 다음의 하나에 해당하는 경우에는 송환에 든 비용을 선원에게 청구할 수 있다. 다만, 선박소유자는 6개월 이상 승무하고 송환된 선원에게는 송환에 든 비용의 100분의 50에 상당하는 금액 이상을 청구할 수 없다(제2항).

㉠ 선원이 정당한 사유 없이 임의로 하선한 경우 선원이 정당한 사유없이 임의로 하선한 경우

㉡ 선원이 제22조 제3항에 따라 하선징계를 받고 하선한 경우

㉢ 단체협약·취업규칙 또는 선원근로계약으로 정하는 사유에 해당하는 경우

③ 제1항에 따라 선박소유자가 부담할 비용은 송환 중의 교통비, 숙박비, 식비 및 그 밖에 해양수산부령으로 정하는 비용을 말한다.

④ 선박소유자는 선원근로계약을 체결할 때 선원에게 송환비용을 미리 내도록 요구하여서는 아니 된다.

⑤ 선박소유자는 제38조 제2항 하나에 해당하는 경우를 제외하고는 하선한 선원에게 송환에 걸린 일수(日數)에 따라 그 선원의 통상임금에 상당하는 금액을 송환수당으로 지급하여야 한다. 송환을 갈음하여 그 비용을 지급하는 경우에도 또한 같다(법 제39조).

선박소유자가 송환수당의 지급에 관한 위의 규정에 위반한 때에는 1년 이하의 징역 또는 1천 만원 이하의 벌금에 처한다(법 제173조).

3. 송환보험 등의 가입과 금품청산

① 대통령령으로 정하는 선박소유자는 제38조 제1항에 따라 선원의 거주지 또는 선원근로계약의 체결지까지 선원을 송환하기 위하여 대통령령으로 정하는 보험이나 공제에 가입하여야 한다(법 제40조).

이 규정에 따라 보험이나 공제에 가입하여야 할 선박소유자의 범위는 대통령령으로 정하도록 되어 있는데, 이것은 국제노동기구(ILO)의 "1987 선원송환에 관한 협약"의 내용을 수용한 것으로, 선박소유자의 도산 등으로 인하여 선원이 외국에서 귀국하지 못하고 방치되는 사례를 방지하기 위한 내용이다.

② 송환보험가입 대상자의 범위

법 제38조 제1항의 규정에 의하여 보험(保險) 또는 공제(共濟, mutual aid)에 가입하여야 할 선박소유자는 다음과 같다(영 제5조).

㉠ 수산업법 규정에 의하여 원양어업의 허가를 받은 자

㉡ 수산업법 규정에 의하여 원양어획물운반업의 허가를 받은 자

③ 선박소유자는 선원이 사망 또는 퇴직한 경우에는 그 지급사유가 발생한 때로부터 14일 이내에 임금·보상금 기타 일체의 금품(金品)을 지급하여야 한다. 다만 특별한 사정이 있을 경우에는 당사자 간의 합의에 의하여 3월을 초과하지 않는 범위 안에서 기일을 연장할 수 있다(근로기준법 제36조, 근로기준법시행령 제13조).

기타 일체의 금품은 적립금, 저축금, 보증금, 퇴직금 등 선원에 귀속하는 모든 금품을 말한다.

제8절 선원근로계약서의 작성 및 신고

해양수산관청은 선원과 선박소유자사이의 선원근로계약의 내용을 파악하고 근로조건이 적법한가를 감독함으로써 선원을 보호하기 위하여 다음과 같이 선원근로계약의 신고를 받고 있다.

① 선원과 선원근로계약을 체결한 선박소유자는 해양수산부령으로 정하는 사항을 적은 선원근로계약서 2부를 작성하여 1부는 보관하고 1부는 선원에게 주어야 하며, 그 선원이 승선하기 전 또는 승선을 위하여 출국하기 전에 해양수산관청에 신고하여야 한다(법 제43조 제1항).

② 제1항의 경우 같은 내용의 선원근로계약이 여러 번 반복하여 체결되는 경우에 미리 선원근로계약의 내용에 대하여 신고하였을 때에는 계약체결을 증명하는 서류를 제출함으로써 신고를 갈음할 수 있다.

③ 선박소유자가 제119조(취업규칙의 작성 및 신고)에 따라 취업규칙을 작성하여 신고한 경우에는 그 취업규칙에 따라 작성한 선원근로계약은 제1항에 따라 신고한 것으로 본다.

④ 위의 규정에 위반하여 선원근로계약의 신고를 거짓이나 그 밖의 부정한 방법으로 한 사람은 1년 이하의 징역 또는 500만원 이하의 벌금에 처한다(법 제174조).

제9절 승무원명부의 공인

1. 공인의 의의

① 승무원명부 및 선원수첩에 대한 공인(公認, official recognition)이란 선원의 승선·하선·직무변경·계약갱신 등이 적법하게 이루어졌음을 해양수산관청이 공적으로 확인하는 행위를 말한다.

그러므로 공인을 받지 아니하였을 때에는 벌칙이 적용되기는 하지만 승선·하선·직무변경·계약갱신 등의 행위의 법률상의 효과는 공인을 받지 않았음을 이유로 무효가 되지는 않는다.

② 승무원명부 등의 공인제도는 국가가 승무계약 등 사인(私人)간의 계약에 간섭하여 그 계약내용을 선원에게 충분히 알림으로써 부당한 구속이 없도록 하는 한편 근로조건이 적법한 지, 안전항해에 지장이 없는 지의 여부를 감독하여 선원보호의 실효(實效)를 거둘 것을 목적으로 하는 제도이다.

2. 공인의 절차 등

① 선박소유자는 해양수산부령으로 정하는 바에 따라 선박별로 선원명부를 작성하여 선박과 육상사무소에 갖추어 두어야 한다(법 제44조 제1항).

② 선박소유자는 선원의 근로조건 또는 선박의 운항 형태에 따라서 해양수산부령으로 정하는 바에 따라 선원의 승선·하선 교대(交代)가 있을 때마다 선박에 갖추어 둔 선원명부에 그 사실과 승선 선원의 성명을 적어야 한다. 다만, 선박소유자가 선원명부에 교대 관련 사항을 적을 수 없을 때에는 선장이 선박소유자를 갈음하여 적어야 한다(제2항).

③ 선박소유자는 제2항에 따른 승선·하선 교대가 있을 때에는 선원 중 항해구역이 「선박안전법」 제8조 제3항에 따라 정하여진 근해구역 안인 선박의 선원으로서 대통령령으로 정하는 사람을 제외한 선원의 선원명부에 대하여 해양수산관청의 공인(인터넷을 통한 공인을 포함한다)을 받아야 한다. 이 경우 선박소유자는 선장에게 자신을 갈음하여 공인을 신청하게 할 수 있다.

여기서 말하는 대통령령이 정하는 승무원명부의 공인면제자(公認免除者)는 ① 수산업법 규정에 의한 근해 또는 연안어업에 사용하는 어선에 승무하는 부원(部員), ② 선박안전법시행령 규정에 의한 평수구역 안을 운항하는 부선에 승무하는 선원 등이다(영 제6조).

④ 선박소유자나 선장은 제44조 제3항에 따라 선원명부의 공인을 받을 때에는 해양수산부령으로 정하는 바에 따라 승선하거나 하선하는 선원의 선원수첩이나 신원보증서(身元保證書)를 선원명부와 함께 해양수산관청에 제출하여 선원수첩이나 신원보증서에 승선·하선 공인을 받아야 한다. 다만, 선박소유자나 선장이 고의로 선원명부의 공인을 받지 아니하거나 행방불명 등 해양수산부령으로 정하는 사유로 선원명부의 공인을 받을 수 없을 때에는 하선하려는 선원이 직접 선원수첩이나 신원보증서에 하선 공인을 받을 수 있다(법 제45조 제3항).

⑤ 제3항에도 불구하고 인터넷을 통하여 승선·하선 공인을 받은 경우 해양수산관청은 선원수첩이나 신원보증서에 대한 공인을 면제할 수 있다(제4항).

⑥ 승무원명부 및 선원수첩 또는 신원보증서에 대한 승선공인, 하선·직무변경 및 계약갱신 공인을 신청하는 경우에는 소정의 공인신청서를 그 사실이 발생한 곳을 관할하는 지방해양수산관청에 제출하여야 한다. 다만, 그 사실이 발생한 곳이 지방해양수산관청과 멀리 떨어져 있거나 선박이 항행중인 때, 또는 당해 선박의 항행구역이 근해

(近海) 이내인 어선의 경우에는 그 후의 도착항을 관할하는 지방해양수산관청에 제출할 수 있다(규칙 제21조).

선박소유자 또는 선장은 선박에 비치한 승무원명부를 잃어버리거나 승무원명부가 헐어 못쓰게 된 때에는 지체없이 승무원명부를 새로 작성하여 선원의 현재의 승선현황에 관한 확인을 지방해양수산관청에 신청하여야 한다(규칙 제27조).

⑦ 선원수첩을 소지한 자가 이를 잃어버리거나 선원수첩이 헐어 못 쓰게 된 때에는 지방해양수산관청에 승하선 공인의 증명을 신청할 수 있다(규칙 제31조).

이 때 신청을 하고자 하는 자는 다음의 사항을 기재한 신청서를 지방해양수산청에 제출하여야 한다.

㉠ 증명을 신청하는 자의 성명 · 생년월일 및 주소
㉡ 선원수첩을 교부한 지방해양수산관청과 수첩번호
㉢ 증명을 받고자 하는 사항
㉣ 증명을 받고자 하는 사유

3. 공인신청에 대한 확인

지방해양수산관청은 선박소유자 또는 선장으로부터 승선공인신청을 받은 때에는 다음의 사항을 확인한 후 공인하여야 한다.

다만, 선원근로계약이 없는 선장의 승선공인신청을 받은 때에는 제4호 및 제6호의 사항을 확인한 후 공인하여야 한다. 또 지방해양수산관청이 여객선 선장의 승선공인신청을 받은 때에는 해양수산부장관이 정한 여객선 선장 기준에 적합한 지의 여부를 심사한 후에 공인한다(규칙 제26조).

① 선원근로계약이 항해의 안전 또는 선원의 근로관계에 관한 법령에 위반되는 지의 여부
② 선박소유자가 선원법령에서 정한 재해보상 및 송환을 위한 보험 또는 공제에 가입하였는지의 여부
③ 선원근로계약 당사자의 합의 여부
④ 법 제87조 제1항의 규정에 의한 건강진단서(외국인 선원의 경우에는 자국에서 받은 건강진단서로 갈음할 수 있다)(제4호)
⑤ 법 제109조의 규정에 의한 구직등록 및 구인등록의 여부(외국인인 경우 제외)
⑥ 법 제110조의 규정에 의한 선원의 교육 · 훈련에 관한 사항(제6호)
⑦ 선원수첩 또는 출입국관리법에 의한 입국사증(入國査證, Visa)발급 여부(국내에서 승선하는 외국인 선원의 경우에 한함)

4. 출입국 확인 및 귀국 후 선원수첩의 공인

① 선원이 국제항해 선박(외국항에 기지를 두고 어업에 종사하는 어선을 포함한다)에 승선하기 위하여 출국하고자 할 때에는 선박소유자가 신청한 소정의 출국확인신청에

의하여 선원수첩에 지방해양수산관청의 출국확인(出國確認)을 받아야 한다(규칙 제29조 제1항).

② 선원이 외국에서 하선공인을 받지 아니하고 귀국한 때에는 선박소유자 또는 선원관리사업자는 20일 이내에 지방해양수산관청에 신고하고 선원수첩의 공인을 받아야 한다(규칙 제30조).

5. 승무원명부의 공인면제

승무원명부의 공인면제를 받는 자는 다음과 같다(영 제6조).

① 수산업법 규정에 의한 근해어업에 사용하는 어선에 승무하는 부원

② 수산업법 규정에 의한 연안어업에 사용하는 어선에 승무하는 부원

③ 선박안전법 시행령 규정에 의한 평수구역 안을 운항하는 부선에 승무하는 선원

제10절 선원수첩 및 선원신분증명서

1. 선원수첩의 의의와 소지

① 선원수첩은 선원의 신분증명서로서 선원의 고용계약관계 · 건강증명 · 선원교육훈련상황 · 자격 및 면허관계 · 승선이력 · 예비선원 근무관계 및 유급휴가관계 등이 기재된 서류이다.

그러므로 선원수첩은 선원의 보호 · 감독을 목적으로 해양수산관청이 해상노동의 실태를 파악하는 데 있어서 중요한 서류이다.

외국항해에 종사하는 선원에게는 선원수첩이 일반인의 여권(旅券)과 마찬가지의 기능을 한다. 따라서 선원수첩은 국제적으로 통일된 것을 사용하는 것이 바람직하므로 1958년의 국제노동기구(ILO) 해사총회에서는 「선원의 신분증명에 관한 조약(제108호)」이 채택된 바 있다.

② 선원이 되고자 하는 자는 대통령령이 정하는 바에 의하여 해양수산관청으로부터 선원수첩을 발급받아야 한다. 다만, 대통령령이 정하는 선원의 경우에는 해양수산부령이 정하는 바에 따라서 선박소유자로부터 신원보증서(身元保證書)를 받음으로써 선원수첩에 갈음할 수 있다(법 제45조 제1항, 영 제10조 제1항, 규칙 제35조의 2).

즉, 신원보증서에 의하여 선원수첩을 갈음할 수 있는 "대통령령이 정하는 선원"이란

㉠ 외국 영토에 기항하지 아니하고 어로작업에 종사하는 선박에 승무하는 부원(다만, 당직 부원의 직무에 종사하는 자와 "해양수산부령이 정하는 자"인 구명정수부원, 의료관리자 또는 원양어선에 승무하는 부원은 제외한다)(규칙 제35조의 2 제1항).

㉡ 국내항 사이만을 운항하는 여객선에 승무하는 부원으로서 "해양수산부령이 정하는 자"(즉, 선박의 운항과 관련되지 아니하는 업무에 종사하는 자로서 사무원 · 매점원 및 안내원 등으로 승무한 자를 말한다)(규칙 제35조의 2 제2항).

㉢ 평수구역 안을 운항하는 부선에 승무하는 선원

또한 선원은 승선하고 있는 동안에는 제1항에 따른 선원수첩이나 신원보증서를 선장에게 제출하여 선장이 보관하게 하여야 하고, 승선을 위하여 여행하거나 선박을 떠날 때에는 선원 자신이 지녀야 한다(법 제45조 제2항). 선원의 승무시 선장에게 선원수첩의 보관의무를 지운 것은 선원수첩의 분실・훼손 또는 해원의 선박이탈・이중고용 등을 방지하기 위한 것이다.

③ 선박소유자나 선장은 선원명부의 공인을 받을 때에는 해양수산부령으로 정하는 바에 따라 승선하거나 하선하는 선원의 선원수첩이나 신원보증서를 선원명부와 함께 해양수산관청에 제출하여 선원수첩이나 신원보증서에 승선・하선 공인을 받아야 한다. 다만, 선박소유자나 선장이 고의로 선원명부의 공인을 받지 아니하거나 행방불명 등 해양수산부령으로 정하는 사유로 선원명부의 공인을 받을 수 없을 때에는 하선하려는 선원이 직접 선원수첩이나 신원보증서에 하선 공인을 받을 수 있다(제3항).

제3항에도 불구하고 인터넷을 통하여 승선・하선 공인을 받은 경우 해양수산관청은 선원수첩이나 신원보증서에 대한 공인을 면제(免除)할 수 있다.

④ 해양수산부장관은 선원의 취업실태나 선원수첩 소지 여부를 파악하거나 그 밖에 필요하다고 인정하는 경우에는 선원수첩을 검사할 수 있다(제5항).

⑤ 선원수첩의 발급 절차 등에 필요한 사항은 대통령령으로 정한다.

2. 발급신청 및 발급의 절차

① 선원수첩의 발급은 본인・선박소유자・법 규정에 따른 선원등록기관의 장・선박직원법시행령 제16조의 규정에 의한 지정교육기관의 장 또는 해양수산부장관이 지정하는 기관이나 단체의 장이 지방해양수산청장(지방해양수산청 출장소장을 포함한다)에게 신청하여야 한다.

② 선원수첩의 발급은 본인・선박소유자・한국해양수산연수원법에 의한 한국해양수산연수원장・법 제112조의 규정에 의한 선원관리사업을 영위하는 자(이하 "선원관리사업자"라 한다)・선박직원법 시행령 제2조 제7호의 규정에 의한 지정교육기관의 장 또는 해양수산부장관이 지정하는 기관이나 단체의 장이 지방해양수산청장에게 신청하여야 한다. 다만, 외국에 거주하는 대한민국 국민인 경우에는 주재국 대한민국 영사를 거쳐 신청하여야 한다(영 제8조 제1항).

③ 외국인이 대한민국 선박에 고용되어 선원수첩을 발급받고자 하는 경우에는 미리 그의 본국 정부(우리 나라에 주재하는 그의 본국 영사를 포함한다)로부터 그가 승선에 적합하다는 사실의 확인을 받아야 한다(제2항).

④ 선원수첩을 소지한 자는 제15조의 규정에 의한 재발급신청의 경우를 제외하고는 선원수첩의 발급신청을 할 수 없다(제3항).

⑤ 미성년자가 선원수첩의 발급을 신청할 때에는 그 신청서에 법정대리인(法定代理人)의 동의서를 첨부하여야 한다(영 제9조).

⑥ 선원수첩을 발급받고자 하는 자는 소정의 선원수첩 발급신청서에 다음의 서류를 첨부하여 지방해양수산관청에 제출하여야 한다(규칙 제34조).

㉠ 병역사항을 확인할 수 있는 서류. 다만, 해당 연도 1월 1일부터 12월 31일까지의 사이에 18세 이상 30세 이하가 되는 남자에 한하며, 선원수첩 발급 관련 행정전산망에 의하여 병적사항이 확인되는 경우와 외국인의 경우에는 그러하지 아니하다.

㉡ 사진 1매(최근 6월 이내에 촬영한 가로 3.5센티미터, 세로 4.5센티미터의 것)

㉢ 외국인의 경우에는 여권 또는 외국인등록증 사본 1통 및 자국정부에서 발행한 선원수첩 또는 영 제8조 제2항 규정에 의한 승선 적합 확인을 받은 경우

⑦ 지방해양수산청장은 선원수첩을 발급함에 있어서 필요하다고 인정할 때에는 해양수산부령이 정하는 바에 의하여, 승선선박 또는 승선구역을 한정하거나 유효기간을 정하여 발급할 수 있다(규칙 제37조 제4항).

㉠ 국외 출입의 제한이 있는 자

㉡ 어선 또는 외국 영토에 기항하지 아니하는 선박에 승무하고자 하는 자

㉢ 기타 지방해양수산관청이 승선선박 또는 승선구역을 제한할 필요가 있다고 인정하는 자

⑧ 지방해양수산관청은 법 규정에 의하여 승선선박이나 승선구역을 제한하여 선원수첩을 발급하는 경우 선원수첩의 관청 기재사항란에 그 제한내용을 기재하고 날인하되, 그 제한사유가 없어진 경우에는 선원의 신청에 의하여 그 제한을 해제한다(규칙 제37조 제5항).

⑨ 선원수첩은 본인에게 직접 발급하거나 영 규정에 의한 발급신청인을 통하여 발급할 수 있다. 선원신분증명서는 본인에게 발급하거나 본인이 지정한 대리인(선장 또는 고용인에 한한다)을 통하여 발급할 수 있다.

⑩ 선원수첩 또는 선원신분증명서를 신청하는 자가 법에서 규정하는 신원이 분명하지 아니한 자에 해당하는지의 여부를 판단하기 위하여 지방해양수산관청에 심사위원회를 둔다.

3. 선원수첩의 발급 제한

① 해양수산관청은 다음의 하나에 해당하는 사람에게 선원수첩을 발급하지 아니할 수 있다(법 제46조 제1항).

㉠ 신원이 분명하지 아니한 사람

㉡ 병역법 제76조(병역의무 불이행자에 대한 제제) 제1항의 하나에 해당하는 사람

즉, a. 징병검사를 기피한 사람

b. 징집·소집을 기피한 사람

c. 군복무 및 공익근무요원 복무를 이탈한 사람

㉢ 수사기관으로부터 수사 중인 사람으로 통보된 사람

② 해양수산관청은 선원수첩을 발급할 때 필요하다고 인정하면 해양수산부령으로 정하는 바에 따라 승선선박 또는 승선구역을 한정하거나 유효기간을 정하여 발급할 수 있다.

4. 외국선박에 승무하는 자에 대한 선원수첩의 발급 등

① 지방해양수산청장은 이 선원법의 적용범위에 해당하지 아니하는 외국선박에 승무하고자 하는 자가 선원수첩 또는 선원신분증명서의 발급을 신청하는 경우 선원수첩을 발급할 수 있다. 이 때에는 선원법시행령 제8조, 제9조 및 제11조 내지 제16조의 규정을 준용한다(영 제54조 제1항). 위의 규정에 의하여 선원수첩을 발급받은 자에 대하여는 선원법시행령 제43조(선원의 교육・훈련)의 규정에 의한 소양교육(素養敎育) 및 연수교육(研修敎育)을 받게 할 수 있다(영 제54조 제2항).

② 외국선박에 승무하고자 하는 자가 선원수첩의 발급을 받아 출국할 때에는 지방해양수산관청에서 선원수첩의 공인을 받아야 한다(규칙 제61조 제2항).

5. 어선원에 대한 선원수첩 교부의 특례

① 외국 영토에 기항하지 아니하고 어로작업에 종사하는 선박에 승무하는 부원은 당직부원의 직무에 종사하는 자와 해양수산부령이 정하는 자인 구명정수 부원(救命艇手 部員)・의료관리자・원양어선에 승무하는 부원을 제외하고는 선원수첩을 발급받아야 할 의무가 없다.

② 그 대신 선박소유자가 발급한 선원의 신분을 보증하는 서류인 신원보증서를 지녀야 한다(법 제45조 제1항, 영 제10조, 규칙 제35조 2).

6. 선원수첩 등의 정정 및 재발급

1) 선원수첩 등의 정정

① 선원은 선원수첩 또는 선원신분증명서에 기재사항의 착오나 변경이 있는 때에는 지체없이 소정의 서식에 의하여 지방해양수산관청에 기재사항의 정정을 신청하여야 한다(규칙 제38조 제1항).

② 선원은 선원수첩 또는 선원신분증명서를 잃어버리거나 헐어서 못쓰게 된 경우 또는 사진이나 주요 기재사항을 알아볼 수 없거나 곤란하게 된 경우 또는 기재사항란의 여백이 없게 된 때에는 지체없이 소정의 서식에 의하여 지방해양수산관청에 선원수첩의 재발급신청을 하여야 한다.

2) 선원수첩 등의 재발급

① 선원수첩이나 선원신분증명서를 발급받은 사람은 선원수첩이나 선원신분증명서를 잃어버린 경우, 헐어서 못 쓰게 된 경우, 그 밖에 해양수산부령으로 정하는 경우에는 재발급 받을 수 있다(법 제49조, 규칙 제38조 제2항).

이 때는 사진 1매(최근 6개월 이내에 촬영한 가로 3.5센티미터, 세로 4.5센티미터의 것) 및 선원신분증명서(선원신분증명서의 재발급에 한정한다) 등이 필요하다.

② 정정 또는 재발급(再發給) 신청은 선원수첩을 발급한 지방해양수산관청에 하는 것이 원칙이나, 정정신청을 하는 경우와 헐어 못쓰게 되거나 기재사항란의 여백이 없어 재발급할 경우로서 원기재시항(原記載事項)을 정확히 확인할 수 있는 경우에는 다른 지방해양수산관청에 신청할 수 있다.

③ 선원이 선원수첩의 재발급을 받은 때에는 현재의 승무공인 사항에 의하여 지방해양수산관청의 확인을 받아야 한다(규칙 제28조).

7. 선원수첩의 실효 및 반환

다음의 하나에 해당하는 선원수첩은 그 효력을 상실한다. 이러한 선원수첩을 가지고 있는 자는 지체없이 이를 지방해양수산청장에게 제출하여야 한다(법 제45조의 3).

① 선원수첩을 발급받은 날 또는 하선한 날로부터 5년(군복무기간 등 해양수산부장관이 인정하는 기간을 제외한다) 이내에 승선하지 아니한 선원의 선원수첩

② 사망한 선원의 선원수첩

③ 선원수첩을 재발급한 경우 종전의 선원수첩

④ 다른 사람의 선원수첩을 가지고 있는 자는 선장이 보관하는 경우를 제외하고는 본인의 요구가 있는 때에는 이를 지체없이 반환하여야 한다(영 제14조).

8. 선원신분증명서의 발급 및 외국인에 대한 선원신분증명서의 발급

① 외국 항을 출입하는 선박에 승선할 선원(대한민국 국민인 선원에 한한다)은 대통령령이 정하는 바에 따라 해양수산관청으로부터 발급일(發給日) 기준 유효기간이 10년인 선원신분증명서를 발급받아야 한다(법 제48조 제1항, 제3항).

이 때 선원신분증명서의 발급은 본인이 지방해양수산청장에게 신청하여야 한다. 미성년자가 이의 발급을 신청할 때에는 그 신청서에 법정대리인(法定代理人, legal representative)의 동의서를 첨부하여야 한다. 따라서 선원신분증명서를 발급받고자 하는 자는 그 신청서에 다음의 서류를 첨부하여 지방해양수산관청에 제출하여야 한다(법 제48조, 영 제13조, 규칙 제34조의 2).

㉠ 병적사항(兵籍事項)을 확인할 수 있는 서류(당해 연도 1월 1일부터 12월 31일 까지의 사이에 18세 이상 30세 이하가 되는 남자에 한하며, 전자정부구현을 위한 행정

업무 등의 전자화촉진에 관한 법률 규정에 따른 행정정보의 공동 이용에 의하여 병적사항이 확인되는 경우와 외국인인 경우를 제외한다)

㉡ 선원수첩 및 외국인등록증(외국인의 경우에 한하며, 해당 원본의 제시로 갈음할 수 있다)

㉢ 선원신분증명서(신규 발급신청의 경우를 제외한다)

② 제1항에도 불구하고 법 제3조 제1항의 본문에 따른 선박에 승선하는 외국인으로서 대통령령으로 정하는 사람과 외국선박에 승선하는 대한민국 국민인 선원은 대통령령이 정하는 바에 따라 선원신분증명서를 발급받을 수 있다(법 제48조 제2항, 영 제14조).

③ 선원은 선장이 안전유지에 필요하여 선원의 서면동의(書面同意)를 받아 보관하는 경우 외에는 선원신분증명서를 지녀야 한다.

④ 해양수산부장관은 선원신분증명서의 제작・보관・발급과정, 데이터베이스 및 정보화 시스템 등과 관련하여 개인정보의 보호수준 및 보안장비의 상태 등에 관한 평가기준을 마련하여 5년 마다 평가하여야 한다(법 제48조 제6항).

⑤ 선원신분증명서를 소지한 자가 기간 만료에 따른 발급신청을 하거나 재발급 신청을 하는 경우 또는 기재사항의 정정신청을 하는 경우에는 소지하고 있는 선원신분증명서를 반납하여야 한다(영 제13조 제3항).

⑥ 선원신분증명서의 규격 및 수록내용

다음의 사항이 표기되어야 하는 선원신분증명서의 규격은 가로 8.6Cm, 세로 5.4Cm로 한다.

㉠ 앞면 : 증명서 번호, 성명, 성별, 국적, 생년월일, 출생지, 주민등록번호, 신체특징, 발급지, 발급일, 기간만료일, 사진, 서명

㉡ 뒷면 : 발급관청, 생체인식정보(지문), 기계 판독자료

9. 신원조사 및 벌칙

지방해양수산관청은 선원수첩 또는 선원신분증명서의 발급신청을 받은 때에는 즉시 선원수첩 또는 선원신분증명서 발급관련 행정전산망으로 선원수첩 또는 선원신분증명서 발급신청자의 신원을 확인하여야 한다.

다음의 하나에 해당하는 자는 1년 이하의 징역 또는 1천 만원 이하의 벌금에 처한다(법 제174조).

① 거짓이나 그 밖의 부정한 방법으로 선원수첩을 발급받거나 선원신분증명서의 발급 또는 정정을 받은 사람

② 다른 사람의 선원수첩이나 선원신분증명서를 대여(貸與, lending)받거나 사용한 사람

③ 선원수첩이나 선원신분증명서를 부당하게 사용하거나 다른 사람에게 대여한 사람

10. 승무경력증명서의 발급

① 선박소유자나 선장은 선원으로부터 승무경력(乘務經歷)에 관한 증명서(승무경력증명서)의 발급 요청을 받으면 발급하여야 한다(법 제51조).

② 선박소유자나 선장이 위의 증명서를 발급함에 있어서는 본인이 요구한 사항만을 기재하여야 하며, 본인에게 불리한 기호나 표시를 하거나 허위사실을 기재하여서는 아니 된다(영 제16조).

③ 선원이 다른 직장에 취직하려고 할 때에 승무경력증명서는 유력한 자료가 되므로 선박소유자나 선장에게 이의 발급의무를 지우는 동시에 선장이 어떤 특정단체에 가입하였던지 또는 어떠한 신조를 가지고 있다는 것을 제3자에게 알려주기 위한 비밀기호나 허위사실의 기재를 금지한 것이다.

제4장 근로조건

제1절 근로조건의 기본원칙

"근로조건(勤勞條件)"이란 임금・근로시간은 물론이고 재해보상・유급휴가・급식과 안전 및 위생 등을 포함하는 직장에 있어서의 근로자의 일체의 대우(待遇)를 말한다.

선원에 대하여는 해상근로의 특수성을 고려하여 원칙적으로 근로기준법을 적용하지 아니하고 선원의 근로기준법이라고 할 수 있는 선원법을 적용하나 선원 역시 종속적(從屬的)인 근로관계에 있어 근로자로서 본질상 육상의 근로자와 다를 바 없다.

그러므로 선원법은 근로기준법 중에서 근로조건에 관한 근로 헌장적(憲章的)인 규정을 선원에게도 적용시켜 선원법의 기본원칙으로 삼고 있다(법 제5조, 근로기준법 제2조 내지 제9조).

1. 근로조건의 기준 및 근로조건의 결정과 준수

① 선원법에서 정하는 근로조건은 선원 및 그 표준가족의 인간다운 기본적 생활을 보장하기 위한 최저기준(最低基準)이므로, 근로관계당사자는 이 기준을 이유로 종래 이보다 나은 조건으로 고용하던 자를 선원법의 기준까지 근로조건을 저하시킬 수 없다(법 제5조, 근로기준법 제3조).

② 근로조건은 근로자(勤勞者)인 선원과 사용자(使用者)인 선박소유자가 동등한 지위에서 자유의사(自由意思)에 의하여 결정되어야 한다(법 제5조, 근로기준법 제4조).

그러나 선박소유자와 개개의 선원은 사실상 사회적・경제적으로 대등한 지위에 놓여 있는 것이 아니므로 노사 대등의 이 이념이 실효를 거두기 위하여는 노동자의 단결권(團結權)・단체교섭권(團體交涉權)이 활용되어야 할 것이다. 이 조의 위반에 대하여는 아무런 규칙도 없다.

따라서 이는 노사(勞使)간의 신분에 차등이 있다는 봉건적 사상에서 벗어나야 한다는 취지를 담은 일종의 훈시규정이다.

③ 선원과 선박소유자는 대등한 지위에 기초를 두고 근로조건을 결정한 이상 양자(兩者) 사이에 맺어진 단체협약, 취업규칙과 근로조건을 지켜야 하며 각자가 성실하게 이행할 의무가 있다(법 제5조, 근로기준법 제5조).

2. 평등대우

① 모든 국민은 법률 앞에 평등하므로(헌법 제10조 참조) 사용자인 선박소유자는 근로자인 선원에 대하여 남녀의 차별적 대우를 하지 못하며 국적, 신앙(信仰) 또는 사회적 신분을 이유로 근로조건에 대한 차별적(差別的) 처우를 하지 못한다(법 제5조, 근로기준법 제6조).

② 남녀의 성별과 국적에 의해서도 차별적 대우를 하지 못하도록 한 규정으로, 남녀의 차별적 대우의 금지와 관련하여 이 법에서 여자선원에 대하여 위험하거나 위생상 유해(有害)한 작업의 제한, 월 1일의 생리휴식, 산전산후(産前産後)보호 등의 특별한 보호규정을 둔 것이 헌법 제10조나 위 ①의 규정과 저촉되는 것이 아닌가 하는 문제가 있다. 그러나 이러한 규정은 여자의 생리적 특수성에 부응하기 위한 것이며 이러한 보호규정을 둠으로써 비로소 실질적인 남녀평등(男女平等) 처우가 실현된다고 보는 것이 타당하다.

3. 강제근로의 금지 및 중간착취의 배제

① 사용자인 선박소유자는 폭행, 협박, 감금(監禁, custody) 기타 또는 신체상의 자유를 부당하게 구속하는 수단으로써 근로자인 선원의 자유의사에 반하는 근로를 강요하지 못한다(법 제5조, 근로기준법 제7조).

② 누구든지 법률에 의하지 아니하고는 영리(營利)로 선원의 취업에 개입하거나 중간인으로서의 이득을 취득하지 못한다(법 제5조, 근로기준법 제8조).

③ 이는 법률의 근거없는 이른바 노동브로커의 존재를 부정하고 또 선원의 취업 후에 자금 기타의 이익이 소개료(紹介料) 등의 명목으로 공제당하는 등 선박소유자 또는 제3자에 의한 선원의 중간착취(中間搾取)를 금지한 것이다.

선원법은 선원의 취업알선·모집 등 선원의 직업안정을 위한 업무를 해양수산부장관이 행하도록 하고, 선원에 관한 구직 및 구인 등록업무를 담당할 선원등록기관을 설립할 수 있도록 규정하고 있다(법 제109조).

4. 공민권행사의 보장

사용자인 선박소유자는 근로자인 선원이 근로시간 중에 선거권 기타 공민권(公民權,

civil rights)의 행사(국회의원의 선거 등) 또는 공적의 직무(증인으로서 법원에의 출두 등)를 집행하기 위하여 필요한 시간을 청구하는 경우에는 이를 거부하지 못한다. 다만, 그 권리행사 또는 공적인 직무를 집행함에 지장이 없는 한 청구한 시각을 변경할 수 있다(법 제5조, 근로기준법 제9조).

제2절 임 금

1. 보수관계 규정의 개정경과

1962년 제정당시의 선원법에서는 따로 "봉급(俸給)"에 관한 정의규정을 두고 각종 재해보상을 비롯한 실업수당, 퇴직수당 등 각종 수당의 산정은 "봉급액" 또는 "월봉급액"을 기준으로 하였었다.

그 후 1984년의 선원법 개정에서는 봉급이라는 개념을 두지 않고 근로기준법상의 "임금(賃金, wage)"의 정의를 그대로 받아들이면서, 임금의 종류는 기본급, 특정수당 및 시간외 수당을 인정하고 기본급을 재해보상・퇴직금・그 밖에 각종 수당 등의 산정기준으로 하였다.

2. 임금의 정의

"임금(賃金)"이란 선박소유자가 근로의 대가로 선원에게 임금, 봉급, 그 밖에 어떠한 명칭으로든 지급하는 모든 금전(金錢)을 말한다(법 제2조).

임금은 근로시간과 함께 근로조건 가운데서 특히 중요한 비중을 차지하고 있으며 근로자에게는 임금이 유일한 생활수단이기도 하다.

따라서 가능한 한 이를 명확하게 규정해야 할 것이나 현실적으로 지급되고 있는 임금의 형태가 가지각색이어서 무엇이 임금인가를 결정하기가 어려운 경우가 많다.

그리하여 법에서의 임금의 정의도 ① 사용자가 지급하는 것으로서, ② 근로의 대가(對價)이면, ③ 여하한 명칭이건 불문한다고 하여 추상적인 규정방식을 취하고 있다. 따라서 근로자인 선원에게 지급되는 것이 임금인 지의 여부는 그것이 위의 세 가지 요건을 구체적으로 충족하고 있는가에 따라서 결정하여야 할 것이다.

3. 임금의 지급방법

1) 매월 1회 이상 통화지급의 원칙

임금은 통화(通貨, currency)로 직접 선원에게 그 전액을 지급하여야 한다. 다만, 법령이나 단체협약에 특별한 규정이 있는 경우에는 임금의 일부를 공제하거나 통화 이외의 것으로 지급할 수 있다(법 제52조 제1항).

임금은 매월 1회 이상 일정한 날짜를 정하여 지급하여야 한다. 다만, 임시로 지급하는 임금 · 수당(手當) 그 밖에 이에 준하는 것 등 대통령령이 정하는 것에 대하여는 그러하지 아니하다(법 제52조 제2항, 근로기준법 제42조).

따라서 월 2회 이상(예컨대 주급 등)의 지급은 상관없으나 한 달씩 걸러서 2월 분의 임금을 지급하는 것 등은 이 원칙에 위반된다. 통화란 강제 통용력이 있는 화폐를 말한다. 이것은 주로 현물급여(現物給與)를 금지하여 통화로 지급토록 함으로써 선원생활의 자유를 확보케 하려는 취지이다.

또한 선원의 임금은 보통 월급제(月給制)로 되어 있기 때문에 임금을 날짜로 갈라서 계산하는 일할계산(日割計算)의 경우에는 30일을 1개월로 본다(법 제52조 제5항). 따라서 월 임금의 30분의 1일을 임금의 일액으로 보게 된다.

2) 임시로 지급하는 임금·수당의 범위

법 제52조 제2항 단서에서 "임시로 지급하는 임금 · 수당 기타 이에 준하는 것 등 대통령령이 정하는 임금"이란 다음의 것을 말한다(영 제17조).

① 1월을 초과하는 일정 기간의 계속 근무에 대하여 지급되는 근속수당
② 1월을 초과하는 기간에 걸친 사유에 의하여 산정되는 장려금 · 능률수당 또는 상여금
③ 기타 부정기적으로 지급되는 각종 수당

또한 선박소유자는 법 제52조에 따라 임금을 지급하는 경우에는 다음의 사항이 포함된 급여명세서(給與明細書)를 선원에게 주어야 한다.

㉠ 임금의 금액에 관한 사항
㉡ 임금의 구성항목에 관한 사항
㉢ 적용환율에 관한 사항

3) 가족 등 지정인에 대한 지급원칙

선박소유자는 선원이 청구하거나 법령(法令)이나 단체협약에 특별한 규정이 있는 경우에는 임금의 전부 또는 일부를 그가 지정하는 가족이나 그 밖의 사람에게 통화로 지급하거나 금융기관(金融機關) 등에의 예금 등의 방법으로 지급하여야 한다(법 제48조 제2항).

선원은 가정을 떠나 장기항해에 종사하는 것이 보통이므로 그가 지정하는 가족 기타의 자도 선원의 임금을 수령(受領)할 수 있도록 규정하고 있다.

임금을 일정 기일(期日)에 지급한다 함은 매월 25일 또는 매월 10일과 25일에 지급한다는 등과 같은 뜻이며, 이는 매월 일정한 기일에 일정한 금액을 선원 및 그 가족에 확보시켜 생활의 안정을 도모하려는 취지이다.

선박소유자가 지급기일을 지키지 않으면 책임을 지게 되지만, 선원도 지급기일 이전에 임금의 지급을 청구할 수 없는 것이 원칙이다.

4) 기일전 지급

선박소유자는 선원 또는 그 가족의 출산(出産)·질병(疾病)·재해 그 밖의 부득이한 비용에 충당하기 위하여 선원이 임금의 지급을 청구하는 경우에는 임금의 지급전이라도 이미 제공한 근로에 대한 임금을 지급하여야 한다(법 제53조). 이른바 임금의 가불제도에 관한 규정이다.

여기서 재해는 기일전(期日前) 지급의 취지로 보아 넓게 해석하여야 하며 홍수·화재 등도 포함된다.

5) 기항지 통화로 일부지급

승선중인 선원은 자기 임금의 일부를 상륙하는 외국의 기항지에서 소비할 수 있도록 할 필요가 있다. 따라서 선박소유자는 승무중인 선원의 청구가 있는 경우에는 선장으로 하여금 임금의 일부를 상륙하는 기항지(寄港地, port of call 등)에서 통용되는 통화로 직접 선원에게 지급하게 하여야 한다(법 제52조 제4항).

6) 벌 칙

선박소유자가 선원의 임금의 지급방법에 관한 법 제48조 제1항 내지 제4항을 위반한 때에는 3년 이하의 징역 또는 3천 만원 이하의 벌금에 처하고(법 제168조) 제49조(기일전 지급)를 위반한 경우에는 1천 만원 이하의 벌금에 처한다(법 제175조).

4. 승무선원의 부상 또는 질병중의 임금

선박소유자는 승무 중인 선원이 부상이나 질병으로 직무에 종사하지 못하는 경우에도 선원이 승무하고 있는 기간에는 어선원 외의 선원에게는 직무에 종사하는 경우의 임금을, 어선원에게는 통상임금(通常賃金, regular wage)을 지급하여야 한다. 다만, 선원노동위원회가 그 부상이나 질병이 선원의 고의로 인한 것으로 인정한 경우에는 그러하지 아니하다(법 제54조).

근로자인 선원이 부상 또는 질병으로 직무에 종사하지 못하는 경우에는 본래 근로의 대가인 임금을 청구할 수 없을 것이다. 그러나 승선 중에는 비록 직무에 종사하지 못하더라도 임금 가운데 기본급과 특정수당을 지급함으로써 선원의 생활보호를 도모하고 있다.

5. 어선원의 임금에 대한 특례

1) 어선원의 월 고정급 및 생산수당

① 어선원의 임금은 월 고정급 및 생산수당으로 하거나 비율급으로 할 수 있다(법 제57조 제1항).

② 제1항에 따라 임금을 받는 어선원에 대하여 제37조(실업수당), 제39조(송환수당), 제54

조(승무선원의 부상 또는 질병 중의 임금), 제55조(퇴직금제도), 제96조(상병보상), 제97조(장해보상) 및 제99조(유족보상)부터 제102조(소지품 유실보상)까지의 규정에 따른 실업수당 등을 산정할 때 적용할 통상임금 및 승선평균임금은 월 고정급에 대통령령으로 정하는 비율(比率)을 곱한 금액으로 한다(제2항).

③ 제1항에 따라 어선원의 임금을 비율급(比率給)으로 하는 경우에 어선소유자는 어선원에게 월 고정급에 해당하는 금액을 미리 지급하여야 한다. 이 경우 비율급의 월액(月額)이 월 고정급보다 적을 때에는 미리 지급한 월 고정급에 해당하는 금액을 비율급의 월액으로 본다.

어선원의 비율급 및 생산수당의 정산(精算)은 첫 출어부터 조업 종료까지의 기간을 단위로 하되, 그 기간이 1월 미만인 때에는 1월 단위로 정산하고, 그 기간이 6월 이상인 때에는 6월 단위로 정산한다. 다만, 그 기간이 6월 이상인 경우에는 단체협약 또는 취업규칙으로 정산기간을 달리 정할 수 있다(영 제19조 제4항).

2) 어선원의 통상임금 및 승선평균임금의 산정기준

① 어선원의 통상임금은 대통령령인 선원법시행령에서 그 산정기준을 규정하고 있는데 그 내용은 다음과 같다(영 제19조의 2 제1항).

㉠ 월 고정급 및 생산수당으로 임금을 지급하되 임금 중 월 고정급의 비율이 큰 업종 또는 선박으로서 어선원과 어선소유자가 합의한 경우에는 월 고정급의 120퍼센트로 한다.

㉡ 월 고정급 및 생산수당으로 임금을 지급하는 경우로서 위 a호 외의 경우에는 월 고정급의 125퍼센트로 한다.

㉢ 위 ㉠ 및 ㉡ 외의 업종 또는 선박의 경우에는 월 고정급의 130퍼센트로 한다

② 어선원의 승선평균임금은 다음의 방법에 의하여 산정한다(영 제19조의 2 제2항).

㉠ 월 고정급 및 생산수당으로 임금을 지급하되 임금 중 월 고정급의 비율이 큰 업종 또는 선박으로서 어선원과 어선소유자가 합의한 경우에는 월 고정급의 150퍼센트로 한다.

㉡ 월 고정급 및 생산수당으로 임금을 지급하는 경우로서 위 ㉠외의 경우에는 월 고정급의 155퍼센트로 한다.

㉢ 위 ㉠ 및 ㉡외의 업종 또는 선박의 경우에는 월 고정급의 160퍼센트로 한다.

③ 어업에서 어획량이나 사업수익(事業收益)은 반드시 어선원의 근로의 양과 비례하지 않고 여러 가지 요인에 의하여 좌우되므로 어선원의 임금은 흔히 비율급으로 정한다.

이것은 어선원이 일정한 기간 근로에 종사한 이상 비록 선박소유자측에 수익이 없는 경우에도 어선원에게는 최소한 매월 일정한 월 고정급을 보장하고자 하는 것으로 이 법에 있어 특례의 취지라고 할 수 있다.

6. 퇴직금제도

① 선원법은 선원의 퇴직(退職) 후의 생활보장을 위하여 근로기준법의 퇴직금제도에 상응하는 선원의 퇴직금제도에 관한 규정을 두고 있다.

예컨대 선박소유자는 계속 근로연수가 1년 이상인 선원이 퇴직하는 경우에는 계속 근로년수 1년에 대하여 승선평균임금의 30일 분에 상당하는 금액을 퇴직금으로 지급하는 제도를 마련하여야 한다. 다만, 이와 동등한 수준을 밑돌지 아니하는 범위 안에서 선원근로위원회의 승인을 얻어 단체협약 또는 선원근로협약에 의하여 퇴직금제도에 갈음하는 제도를 실시하는 경우에는 그러하지 아니하다(법 제55조 제1항).

선박소유자는 제1항의 규정에 의한 퇴직금제도를 시행함에 있어서 선원의 요구가 있을 경우에는 선원이 퇴직하기 전에 당해 선원이 계속근로한 기간에 대한 퇴직금을 미리 정산하여 지급할 수 있다. 이 경우 미리 정산한 후의 퇴직금 산정을 위한 계속 근로년수의 계산은 정산기점부터 새로이 기산한다(제2항).

퇴직금의 산정을 위한 계속 근로년수(勤勞年數)의 계산에 관하여는 따로 규정을 두고 있다. 즉 계속 근로년수가 1년 이상인 선원의 계속 근로년수의 계산에 있어서 1년 미만의 단수가 있는 경우에는 6개월 미만은 6개월로, 그리고 6개월 이상은 1년으로 본다. 다만, 퇴직금을 미리 정산하기 위한 계속 근로연수의 계산에 있어서 1년 미만의 단수가 있는 경우에는 이를 산입하지 아니 한다(제3항).

그러나 단체협약(團體協約) 또는 취업규칙에 달리 정하는 경우에는 그에 따른다(영 제18조 제1항).

또한 선박소유자는 계속 근로기간이 6개월 이상 1년 미만인 선원으로서 선원근로계약의 기간이 끝나거나 선원에게 책임이 없는 사유로 선원근로계약이 해지되어 퇴직하는 선원에게 승선평균임금의 20일 분에 상당하는 금액을 퇴직금으로 지급하여야 한다(법 제55조 제5항).

② 여기서 퇴직은 선원의 임의퇴직 뿐만 아니라 근로계약의 종료에 의한 자연퇴직, 선박소유자나 선원의 근로계약의 해지에 의한 퇴직 또는 징계에 의한 퇴직 등을 모두 포함하므로 선박소유자는 퇴직의 원인을 묻지 않고 항상 퇴직금을 지급하여야 한다.

선박소유자는 선원이 퇴직한 경우에 퇴직금을 지급할 것에 미리 대비하여 적립금(積立金)과 그 관리방법, 퇴직금의 지급조건, 지급액의 계산방법, 지급기일 등 기타 필요한 규정을 취업규칙이나 단체협약 등에 포함시켜서 시행하여야 한다.

따라서 이러한 퇴직금제도나 법에서 정한 이에 갈음하는 제도를 마련하지 않는 것은 이 퇴직금규정의 위반이며 선박소유자를 2년 이하의 징역 또는 2천 만원 이하의 벌금에 처한다(법 제170조).

7. 임금채권보장보험 등의 가입 및 종류

1) 선박소유자(선박소유자 단체를 포함한다)는 선박소유자의 파산(破産, bankruptcy) 등 대통령령으로 정하는 사유로 퇴직한 선원이 받지 못할 임금 및 퇴직금(이하 "체불임금"이라 한다)의 지급을 보장하기 위하여 대통령령으로 정하는 보험 또는 공제에 가입하거나 기금을 조성하여야 한다. 다만, 다른 법률에 따라 선원의 체불임금(滯拂賃金) 지급을 보장하기 위한 기금의 적용을 받는 선박소유자는 그러하지 아니하다(법 제56조 제1항). 제1항에 따른 보험, 공제 또는 기금은 적어도 다음의 모두에 해당하는 체불임금의 지급을 보장하여야 한다.
   ① 제52조(임금의 지급)에 따른 임금의 최종 3개월 분
   ② 제55조(퇴직금제도)에 따른 퇴직금의 최종 3년 분
2) 제1항에 따른 보험업자, 공제업자 또는 기금운영자는 그 퇴직한 선원이 체불임금을 청구하는 경우에는 「민법」 제469조에도 불구하고 선박소유자를 대신하여 체불임금을 지급한다(제3항). 제3항에 따라 선원에게 체불임금을 대신 지급한 보험업자, 공제업자 또는 기금운영자는 그 지급한 금액의 한도에서 해당 선박소유자에 대한 선원의 체불임금 청구권을 대위(代位, subrogation)한다.
3) 「근로기준법」에 따른 임금채권의 우선변제권 및 「근로자퇴직급여 보장법」에 따른 퇴직금의 우선변제권(優先辨濟權, preferential payment right)은 대위되는 권리에 존속한다.
   체불임금의 청구와 지급에 필요한 사항은 대통령령으로 정한다.
4) 선박소유자가 가입하거나 조성하여야 하는 보험(保險)·공제(共濟, mutual aid) 또는 기금(基金, fund)은 다음과 같다(영 제18조의 3 제1항).
   ① 보험업법 규정에 따른 보험회사 및 외국보험회사가 선원의 임금채권보장(賃金債權保障)을 목적으로 영위하는 보험업법상의 손해보험
   ② 선박소유자 단체가 선원의 임금채권 보장을 목적으로 한국해운조합 제6조, 수산업협동조합법 제60조 또는 민법 제40조의 규정에 따라 소속업체 등으로부터 부담금(負擔金, liability amount)을 징수하여 운영하는 공제. 이 규정에 따른 공제업자는 공제금의 조성기준 및 지급 요건 등 그 운영에 관하여 필요한 사항을 정하여 해양수산부장관의 승인을 얻어야 한다.
   ③ 선박소유자 단체가 선원의 임금채권 보장을 목적으로 한국해운조합법 제10조, 수산업협동조합법 제17조 또는 민법 제40조의 규정에 따른 정관에 따라 소속업체 등으로부터 부담금을 징수하여 운영하는 기금. 이 규정에 따른 기금의 조성기준 및 지급요건 등 그 운영에 관하여 필요한 사항은 해양수산부장관이 정한다.

8. 최저임금 및 임금대장

1) 법은 근로자인 선원의 기본적 생활을 보장·향상시키기 위하여 최저임금제도의 설정

을 선언하고 있다. 즉 해양수산부장관은 필요하다고 인정하는 경우에는 선원의 임금의 최저액(最低額)을 정할 수 있다. 이 경우 해양수산부장관은 해양수산부령이 정하는 자문을 거쳐야 한다(법 제59조).

2) 선박소유자는 임금대장을 갖추어 두고, 임금을 지급할 때마다 임금계산의 기초가 되는 사항, 기본급, 그 밖에 다음의 사항을 기재하여야 한다(법 제58조, 영 제20조).
   ① 선원의 성명・주민등록번호・고용년월일 및 직책
   ② 임금 및 가족수당 계산의 기초가 되는 사항
   ③ 근로일 수 및 근로시간 수
   ④ 시간외 근로 및 휴일근로를 시킨 경우에는 그 시간 수
   ⑤ 임금의 내역별 금액
   ⑥ 임금의 일부를 공제한 경우에는 그 사유 및 금액

9. 임금채권의 우선변제

법은 선원의 임금채권의 우선변제(優先辨濟, prior payment)에 만전을 기하기 위하여 근로기준법 제37조(임금채권 우선변제)를 선원의 근로관계에 관하여도 적용하도록 규정하고 있다(법 제5조). 즉 임금・퇴직금・재해보상 기타 근로관계로 인한 채권은 사용자인 선박소유자의 총재산에 대하여 질권(質權, pledge right) 또는 저당권(抵當權, mortgage)에 의하여 담보된 채권을 제외하고는 조세・공과금 및 다른 채권에 우선하여 변제되어야 한다. 다만, 질권 또는 저당권에 우선하는 과세(課稅, taxation)・공과금(公課金, public dues)에 대하여는 그러하지 아니하다(근로기준법 제37조의 2 제1항).

그러나 최종 3월 분의 임금이나 최종 3년 간의 퇴직금 또는 재해보상금 등은 사용자인 선박소유자의 총재산에 대하여 질권 또는 저당권에 의하여 담보된 채권・조세・공과금 및 다른 채권에 우선하여 변제되어야 한다(근로기준법 제37조의 2 제2항).

10. 체불임금 등

1) 체불임금의 지급사유

법 제56조 제1항에서 선박소유자의 파산 등 대통령령이 정하는 사유라 함은 다음의 하나에 해당하는 경우를 말한다.

① 채무자 회생 및 파산에 관한 법률에 따른 파산의 선고 또는 회생절차 개시의 결정
② 지방해양수산청장의 도산(倒産, bankruptcy)) 등 사실인정

2) 도산 등 사실인정의 요건・절차

지방해양수산청장은 선박소유자가 다음의 하나에 해당되는 경우 당해 선박소유자로부터 임금 및 퇴직금(退職金)을 지급받지 못하고 퇴직한 선원의 신청이 있는 때에는 당해

선박소유자가 미지급한 임금 및 퇴직금(이하 "체불임금")을 지급할 능력이 없는 것으로 인정(이하 "도산 등 사실인정")할 수 있다. 이 규정에 따른 도산 등 사실인정의 신청은 선원이 퇴직한 날의 다음날부터 1년 이내에 하여야 한다(영 제18조의 2 제1항 · 제2항).

① 사업이 도산되었거나 다음의 어느 하나에 해당하는 사유로 인하여 사업이 폐지과정에 있을 것
  ㉠ 그 사업 영업활동이 중단된 상태에서 주된 업무시설이 압류 또는 가압류되거나 채무 변제를 위하여 양도된 경우(민사집행법에 의한 경매가 진행 중인 경우를 포함한다).
  ㉡ 그 사업에 대한 인가 · 허가 · 등록 등이 취소되거나 말소된 경우
  ㉢ 그 사업의 영업활동이 1월 이상 중단된 경우

② 체불임금을 지급할 능력이 없거나 다음의 하나에 해당하는 사유로 인하여 체불임금의 지급이 현저히 곤란할 것
  ㉠ 도산 등 사실인정일 현재 선박소유자가 1월 이상 소재 불명인 경우
  ㉡ 선박소유자의 재산을 환기하거나 회수하는데 도산 등 사실인정의 신청일부터 3월 이상이 소요될 것으로 인정되는 경우

③ 도산 등 사실인정의 신청

도산 등 사실인정을 신청하고자 하는 자는 다음의 서류를 첨부하여 당해 사업장의 선원근로감독을 관할하는 지방해양수산관청에 제출하여야 한다. 동일 사업 또는 사업장에서 퇴직한 선원이 2인 이상인 경우에 그 중 1인의 퇴직선원이 도산 등 사실인정 신청서를 제출한 때에는 다른 퇴직선원은 이를 제출하지 아니할 수 있다(규칙 제39조).
  ㉠ 퇴직 당시의 선박소유자가 발행한 퇴직증명서 1부
  ㉡ 당해 선박소유자의 사업활동이 정지중에 있고 당해 선박소유자가 체불임금을 지급할 능력이 없다는 사실을 기재하거나 증명하는 자료 1부

④ 지방해양수산관청은 도산 등 사실인정의 신청에 대하여 도산 등 사실인정의 여부를 결정한 때에는 지체없이 그 내용을 신청인에게 통지하여야 한다.

3) 체불임금의 청구와 지급

① 체불임금을 지급받고자 하는 선원은 당해 선박소유자에 대하여 파산선고 등이 있거나 도산 등 사실인정이 있은 날부터 2년 이내에 보험업자 · 공제업자 또는 기금운영자에게 체불임금의 지급을 청구하여야 한다(영 제18조의 4 제1항).

② 보험업자 · 공제업자 또는 기금운영자가 체불임금 지급청구를 받은 때에는 특별한 사유가 없는 한 체불임금을 청구받은 날부터 7일 이내에 체불임금을 지급하여야 한다.

4) 체불임금 지급사유의 확인 등

① 체불임금의 지급을 청구하는 때에는 다음의 사항에 관하여 지방해양수산청장의 확인

을 받아 함께 제출하여야 한다. 지방해양수산청장은 이 규정에 따른 확인을 위하여 필요한 경우에는 해당 선박소유자·관리인 등에게 파산선고 등과 관련된 사항의 보고 또는 관계 서류의 제출을 요구하는 등 필요한 조치를 할 수 있다(영 제18조의 5).

㉠ 파산선고 등 또는 도산 등 사실인정이 있은 날 및 그 신청일

㉡ 퇴직일

㉢ 최종 3월분의 임금 및 최종 3년분의 퇴직금중 미지급액

② 체불임금 지급사유의 확인을 받고자 하는 자는 다음의 서류를 첨부하여 당해 사업장의 선원근로감독을 관할하는 지방해양수산관청에게 제출하여야 한다(규칙 제39조의 3).

㉠ 퇴직당시의 선박소유자가 발행한 퇴직증명서 또는 도산 등 사실인정통지서 사본 1부

㉡ 당해 선박소유자가 체불임금 등을 증명한 서류 1부(소유자가 발급한 경우에 한한다)

③ 체불임금 지급사유의 확인신청서를 접수한 지방해양수산관청은 사실확인을 한 후 그 결과를 신청인에게 통지하여야 한다(규칙 제39조의 4).

5) 체불임금 청구권의 대위

"임금채권보장보험 등의 종류" 규정에 따른 보험업자·공제업자 및 기금운영자가 선원의 체불임금 청구권을 대위하는 경우에는 청구권의 행사 및 확보 등에 관하여 필요한 조치를 할 수 있다.

제3절 근로시간 및 승무정원

선원법은 선원으로 하여금 건강하고 문화적 생활을 할 권리를 보장하기 위하여 임금과 함께 대표적인 근로조건인 근로시간 및 휴일에 관한 규정을 두고 또 위험화물적재선박 등 일정한 선박에는 안전운항을 위하여 소정의 자격요건을 갖춘 선원이 승무하도록 하고 있다.

또한 법에서는 선원의 근로조건의 개선을 위하여 이러한 근로시간과 자격요건에 관한 규정에 따를 수 있도록 필요한 선원의 정원 즉 승무정원에 관하여도 규정하고 있다.

이러한 규정의 기준이 된 것은 국제노동기구(ILO)의 「1958년 선원의 선내근로시간 및 선박정원에 관한 협약」과 국제해사기구(IMO)의 「1978년 선원의 훈련·자격증명 및 당직근무의 기준에 관한 국제협약」(STCW 협약)(제II/6규칙·제II/7규칙·제II/8규칙·제III/6규칙 등) 등이다.

1. 적용범위 및 특례

1) 적용받지 아니하는 선박

다음의 하나에 해당하는 선박에 대하여는 근로시간, 휴일(休日), 이 법 제64조(자격요

건을 갖춘 선원의 승무)와 제65조(승무정원)에서 정하는 자격요건 및 승무정원에 관한 규정을 적용하지 아니하다(법 제66조).

① 범선

② 어획물 운반선을 제외한 어선

③ 총톤수 500톤 미만의 선박

④ 그 밖에 해양수산부령이 정하는 선박(평수구역을 항해구역으로 하는 선박)

해양수산부장관은 필요하다고 인정하는 경우에는 위 각호의 하나에 해당하는 선박에 대하여 적용할 선원의 근로시간 및 승무정원에 관한 기준을 따로 정할 수 있다.

2) 근로시간 등을 적용받지 아니하는 선원 및 작업

① 다음의 하나에 해당하는 선원에게는 법 제60조(근로시간 및 휴식)과 제62조(시간외 근로수당)에 관한 규정은 이를 적용하지 아니한다(법 제60조 제6항).

㉠ 갑판부·기관부 또는 통신부의 최상위직에 있는 직원으로서 항해당직을 하지 아니하는 자

㉡ 의사, 약사 또는 간호에 종사하는 자

② 해원이 선장의 명령에 의하여 다음의 하나에 해당하는 작업에 종사하는 선원에게는 법 제60조와 제62조에 관한 규정은 이를 적용하지 아니한다.

㉠ 인명·선박 또는 화물의 안전을 도모하거나, 해양오염 또는 해상보안을 확보하거나, 인명이나 다른 선박을 구조하기 위하여 긴급을 요하는 작업

㉡ 소방훈현·구명정훈련 그 밖에 이와 유사한 작업

㉢ 통관절차(通關節次) 또는 검역절차(檢疫節次)를 위하여 필요한 작업

2. 근로시간 및 휴식

① 근로시간(勤勞時間)은 1일 8시간, 1주간 40시간으로 한다. 다만, 선박소유자와 선원 간에 합의하여 1주간 16시간을 한도로 근로시간을 연장(이하 “시간외근로”라 한다)할 수 있다(법 제60조 제1항).

② 선박소유자는 제1항에도 불구하고 항해당직근무를 하는 선원에게 1주간에 16시간의 범위에서, 그 밖의 선원에게는 1주간에 4시간의 범위에서 시간외근로를 명할 수 있다(제2항).

③ 선박소유자는 제1항 및 제2항에도 불구하고 선원에게 임의의 24시간에 10시간 이상의 휴식시간과 임의의 1주간에 77시간 이상의 휴식시간(休息時間)을 주어야 한다. 이 경우 임의의 24시간에 대한 10시간 이상의 휴식시간은 한 차례만 분할할 수 있으며, 분할(分割)된 휴식시간 중 하나는 최소 6시간 이상 연속되어야 하고 연속적인 휴식시간 사이의 간격은 14시간을 초과하여서는 아니 된다(제3항).

이는 국제노동기구의 「1996 선원근로생활 및 선박정원(船舶定員)에 관한 협약」의

내용을 수용하여 선원의 근로환경이 개선된 규정이다.

④ 제2항 및 제3항에도 불구하고 해양수산관청은 입항·출항 빈도, 선원의 업무특성 등을 고려하여 불가피하다고 인정할 경우에는 당직선원이나 단기 항해에 종사하는 선박에 승무하는 선원에 대하여 근로시간의 기준, 휴식시간의 분할과 부여간격에 관한 기준을 달리 정하는 단체협약을 승인할 수 있다. 이 경우 해양수산청장은 해당 단체협약이 해양수산부령으로 정하는 휴식시간의 완화에 관한 기준에 적합한 것에 한하여 승인하여야 한다(제4항).

⑤ 제4항의 단체협약에는 제69조(유급휴가) 제1항에 따른 유급휴가(有給休暇, paid leave)의 부여 간격보다 더 빈번하거나 제70조(유급휴가의 일수) 제1항에 따른 유급휴가일수보다 더 긴 기간의 유급휴가를 부여하는 내용이 포함되어야 한다.

⑥ 선박소유자는 인명, 선박 또는 화물의 안전을 도모하거나, 해양 오염 또는 해상보안을 확보하거나, 인명이나 다른 선박을 구조하기 위하여 긴급한 경우 등 부득이한 사유가 있을 때에는 제1항 및 제2항에 따른 근로시간을 초과하여 선원에게 시간외근로(時間外勤勞, overtime work)를 명하거나 제3항에 따른 휴식시간에도 불구하고 필요한 작업을 하게 할 수 있다.

⑦ 선박소유자는 제6항에 따라 휴식시간에도 불구하고 필요한 작업을 한 선원 또는 휴식시간 중에 작업에 호출되어 정상적인 휴식을 취하지 못한 선원에게 작업시간에 상응한 보상휴식을 주어야 한다.

⑧ 선박소유자는 선박이 정박 중일 때에는 선원에게 1주간에 1일 이상의 휴일을 주어야 한다.

3. 시간외 근로수당 등

1) 선박소유자는 다음 하나에 해당하는 선원에게 시간외근로나 휴일근로에 대하여 통상임금의 100분의 150에 상당하는 금액 이상을 시간외 근로수당으로 지급하여야 한다(법 제62조 제1항).

   ① 제60조(근로시간 및 휴식시간) 제1항·제2항 및 제6항에 따라 시간외근로를 한 선원(같은 조 제7항에 따라 보상휴식을 받은 선원은 제외한다)

   ② 휴일에 근로를 한 선원

2) 선박소유자는 제1항에도 불구하고 단체협약, 취업규칙 또는 선원근로계약에서 정하는 바에 따라 선종(船種), 선박의 크기, 항해구역에 따른 근로의 정도·실적 등을 고려하여 일정액을 시간외근로수당으로 지급하는 제도를 마련할 수 있다(제2항).

선박소유자는 해양수산부령으로 정하는 바에 따라 선원의 1일 근로시간, 휴식시간 및 시간외근로를 기록할 서류를 선박에 갖추어 두고 선장에게 근로시간, 휴식시간, 시간외근로 및 그 수당의 지급에 관한 사항을 적도록 하여야 한다(제3항). 이는 선원의 시간외 근로 및 수당지급 관련사항을 명확히 하기 위함이다.

3) 선원은 선박소유자 또는 선장에게 본인의 기록이 적혀 있는 제3항에 따른 서류의 사본을 요청할 수 있다.

선박소유자는 제1항에도 불구하고 제60조 제1항・제2항 및 제6항에 따른 시간외근로 중 1주간에 4시간의 시간외 근로에 대하여는 시간외 근로수당을 지급하는 것을 갈음하여 제70조(유급휴가의 일수)에 따른 유급휴가 일수에 1개월의 승무기간마다 1일을 추가하여 유급휴가를 주어야 한다(제5항).

선박소유자가 시간외 근로수당을 지급하지 아니하는 때에는 3년 이하의 징역 또는 3천 만원 이하의 벌금에 처한다(법 제168조).

4. 자격요건을 갖춘 선원의 승무

선원법은 STCW협약의 내용에 따라서 일정한 선박에는 법령에서 정하는 자격요건(資格要件)을 갖춘 선원만이 승무할 수 있도록 규정하고 있다.

즉, 선박소유자는 대통령령이 정하는 선박에는 해양수산부령이 정하는 자격요건을 갖춘 선원을 갑판부 또는 기관부의 항해당직 부원으로 승무시켜야 한다(법 제64조 제1항).

1) 항해당직부원의 자격요건

① 총톤수 500톤 이상이나 주기관 추진력 750킬로와트의 선박(평수구역을 항행구역으로 하는 선박을 제외한다)에서 갑판부 또는 기관부의 항해당직선원이 될 수 있는 자는 연령 16세 이상으로 다음의 하나에 해당하는 자격을 갖추어야 한다(법 제64조, 영 제21조 제1항, 규칙 제41조 제1항).

㉠ 총톤수 200톤 이상의 선박에서 갑판부 또는 기관부의 부원으로서 1년 이상 승무한 경력이 있을 것

㉡ 갑판부 또는 기관부의 부원으로서 2개월 이상 승무한 경력을 가지고 소정의 당직부원 교육 과정을 이수하였을 것

㉢ 선박직원법 시행령 제16조 제1항 제1호의 규정에 의한 승무경력이 있을 것

해양수산부장관은 위 ㉠ 및 ㉡에 해당하는 자가 신청하는 경우 그의 선원수첩에 그가 항해당직 부원의 자격이 있음을 증명할 수 있다(규칙 제41조 제2항).

② 그런데 선박직원법 시행령 규정에 의한 자동화선박(自動化船舶)에서 갑판부 및 기관부의 항해당직을 겸하여 행하는 부원(운항당직부원)이 될 수 있는 자는 16세 이상인 자로서 다음의 하나에 해당하는 자로 한다.

㉠ 총톤수 200톤 이상의 선박에서 1년 이상 승무한 경력이 있는 자로서 자동화선박에서 1년 이상 승무한 경력이 있거나 소정의 운항당직부원 교육과정을 이수하였을 것

㉡ 선박직원법시행령 규정에 의한 승무경력이 있을 것. 다만, 운항과 외의 학과를 이수한 자는 소정의 운항당직부원 교육과정을 이수하였을 것

㉢ 총톤수 200톤 이상의 선박의 승무경력이 3년 이상인 자로서 해양수산부장관으로부터 ㉠ 및 ㉡과 동등 이상의 자격이 있다고 인정을 받았을 것

③ 해양수산부장관은 해당자가 당직부원 자격증의 교부를 신청하는 경우에는 그의 선원수첩에 그가 당직부원의 자격이 있음을 증명할 수 있으며, 「전자정부 구현을 위한 행정업무 등의 전자화 촉진에 관한 법률」 규정에 따른 정보통신망(情報通信網)을 통하여 증명서를 발급할 수 있다.

④ 선박소유자는 총톤수 500톤 이상인 선박으로 1일 항해시간이 16시간 이상인 선박에는 제1항의 규정에 의한 자격요건을 갖춘 선원 3인 이상을 갑판부의 항해당직 부원으로 승무시켜야 한다(법 제64조 제2항). 또한 대통령령으로 정하는 선박의 선박소유자는 해양수산부령으로 정하는 구명정 조종사 자격증을 가진 선원을 승무시켜야 한다(제4항).

⑤ 대통령령으로 정하는 선박의 소유자는 해양수산부령으로 정하는 여객의 안전관리에 필요한 자격요건을 갖춘 선원을 승무시켜야 한다.

2) 위험화물적재선박 승무원의 자격요건

대통령령으로 정하는 위험화물적재선박[산적액체화물(散積液體貨物)을 수송하기 위하여 사용되는 선박만 해당한다]의 선박소유자는 해양수산부령으로 정하는 자격요건을 갖춘 선원을 승무시켜야 한다(법 제64조 제3항).

선박소유자는 대통령령이 정하는 위험화물적재선박(통 등에 넣지 아니한 석유류 액체화학물질이나 액화가스를 그대로 싣는데 전용되는 선박을 말한다. 다만, 평수구역을 항행구역으로 하는 선박을 제외한다)에는 소정의 안전교육과정을 이수한 자로서 다음의 자격요건을 갖춘 선원을 승무시켜야 한다(법 제64조 제3항, 영 제21조 제2항, 규칙 제42조 제1항).

① 선장・기관장・운항장・1등 항해사・1등 기관사 또는 1등 운항사로 승무하고자 하는 자는 선박직원법 시행규칙에 규정된 기술반 보수교육과정(1)을 이수하였을 것

② 위 ①의 규정에 의한 직무 외의 항해사・기관사(2등 항해사 또는 2등 기관사 이하) 또는 운항사로 승무하고자 하는 자는 승무하고자 하는 선박과 동종의 선박에서 6월 이상 승무한 경력이 있거나 선박직원법 시행규칙에 규정된 기술반 보수교육과정(1)을 이수하였을 것

③ 갑판부・기관부의 부원 또는 운항당직 부원으로 승무하고자 하는 자는 그 승무하고자 하는 선박과 동종의 선박에서 3월 이상 승무한 경력이 있거나 소정의 탱커기초교육과정을 이수하였을 것

해양수산부장관은 위 제1항 어느 하나에 해당하는 자가 위험물적재선박 승무자격증의 교부를 신청하는 경우 그의 선원수첩에 그가 위험화물적재선박 승무원의 자격이 있음을 증명하여 주어야 하고, 정보통신망을 통하여 증명서를 발급할 수 있다(규칙 제42조 제2항).

3) 구명정수 자격요건 등

① 선박소유자는 대통령령이 정하는 선박에는 해양수산부령이 정하는 구명정 조종사 자격증을 가진 선원을 승무시켜야 한다. "대통령령이 정하는 선박"이라 함은 선박안전법 제2조 규정(구명과 소방의 설비)에 의하여 구명정·구명뗏목·구조정 또는 고속구조정을 비치하여야 하는 선박을 말한다(법 제63조 제4항, 영 제21조 제3항).

② 구명정수 자격증을 발급받고자 하는 자는 소정의 서식에 의한 발급신청서를 지방해양수산청장에게 제출하여야 하며 신청을 받은 지방해양수산청장은 다음의 요건을 갖춘 자에게 구명정수 자격증을 발급하고 선원수첩에 구명정수 자격이 있음을 증명하여 주어야 하며, 정보통신망을 통하여 증명서를 발급할 수 있다(규칙 제43조 제1항 및 제2항).

㉠ 18세 이상일 것

㉡ 12개월 이상의 승무경력이 있거나 또는 6월 이상의 승무경력과 한국해양수산연수원법에 의한 한국해양수산연수원에서 소정의 구명정수 교육과정을 이수하였을 것

③ 선박안전법 규정에 의하여 구명정·구명뗏목·구조정 또는 고속구조정을 비치하여야 하는 선박에는 그 적재하여야 구명정·구명뗏목·구조정 또는 고속구조정(연해구역을 항행구역으로 하는 선박에 있어서는 팽창식 구명뗏목을 제외한다. 이하 "구명정 등"이라 한다)마다 다음의 인원수(연해구역을 항행구역으로 하는 선박에 있어서는 1인)의 구명정수를 승선시켜야 한다.

다만, 최대탑재인원보다 적은 인원을 탑재하고 항해를 할 경우에는 가까운 해양수산관청의 허가를 받아 그 인원수를 감할 수 있다(규칙 제43조 제3항).

㉠ 정원 40인 이하의 구명정 : 2인

㉡ 정원 41인 이상 61인 이하의 구명정 : 3인

㉢ 정원 62인 이상 85인 이하의 구명정 : 4인

㉣ 정원 86인 이상의 구명정 : 5인

㉤ 구조정 또는 고속구조정 : 2인

㉥ 구명뗏목 : 1인

④ 선장은 미리 구명정 등에 그 구명정수(救命艇手)를 배치하고 각기 그 지휘자를 정하여 두어야 하며, 구명정수는 다음의 업무에 종사한다(규칙 제43조 제4항·제5항).

㉠ 식료·항해용구·기타 물품의 구명정 등에의 적재, 구명정 등의 하강과 해원 및 여객의 구명정 등에의 승정지휘

㉡ 구명정 등의 운항지휘 또는 보좌

㉢ 구명정 발사기·구명부환·기타 구명설비의 조작

㉣ 구명정 등과 기타의 구명설비(구명조끼는 제외)의 정비 및 관리

4) 고속구조정수 자격

지방해양수산청장은 구명정수 자격요건을 갖춘 자가 고속구조정수(高速救助艇手) 교육과정을 이수한 경우에는 별지 서식의 고속구조정수 자격증을 발급하거나 선원수첩에 고속구조정수 자격이 있음을 증명하여 주어야 하며, 정보통신망을 통하여 증명서를 발급할 수 있다.

5) 승무원 정원증서의 발급

① 선박소유자가 법 규정에 의하여 선박의 승무정원을 정하여 지방해양수산청장의 인정을 받고자 하는 때에는 별지 서식의 승무정원 인정신청서에 법 규정에 의한 취업규칙을 첨부하여 제출하여야 한다(규칙 제44조 제1항).

② 제1항의 규정에 의한 신청서를 받은 지방해양수산청장은 취업규칙과 당해 선박의 승무정원을 심사하여 적정하다고 인정할 때에는 별지 서식의 승무정원증서를 발급하여야 한다. 승무정원 인정신청 및 승무정원증서 발급은 정보통신망을 통하여 신청 및 발급할 수 있다.

6) 벌 칙

선박소유자가 자격요건을 갖춘 선원의 승무에 관한 법 제64조의 규정을 위반한 때에는 1년 이하의 징역 또는 1천 만원 이하의 벌금에 처한다(법 제173조).

5. 승무정원

① 선박소유자는 제60조(근로시간 및 휴식시간), 제64조(자격요건을 갖춘 선원의 승무) 및 제76조(선내급식)를 지킬 수 있도록 필요한 선원의 정원(이하 “승무정원”)을 정하여 해양수산관청의 인정을 받아야 한다(법 제65조 제1항).

② 해양수산관청은 제1항에 따라 선박의 승무정원(乘務定員)을 인정할 때에는 해양수산부령으로 정하는 바에 따라 승무정원 증서를 발급하여야 한다(제2항).

③ 선박소유자는 운항 중인 선박에는 항상 승무정원 증서에 적힌 수의 선원을 승무시켜야 하며, 결원이 생기면 지체 없이 인원을 채워야 한다. 다만, 해당 선박이 외국 항에 있는 등 지체 없이 인원을 채우는 것이 곤란하다고 인정되어 해양수산부장관의 허가를 받은 경우에는 그러하지 아니하다(제3항).

여기서 승무정원은 직원(職員)과 부원(部員)을 포함한 모든 선원이다. 선장과 직원의 경우는 선박직원법에 의하여 선박의 종류, 항행구역, 총톤수 또는 주기관의 추진력 등에 따라 일정수의 일정한 자격을 가진 자를 승무시켜야 하므로 선원법에 의거한 승무정원은 당연히 선박직원법의 법정 정원과 동수 이상이라야 한다.

④ 제1항을 위반하여 승무정원의 인정을 받지 아니하였을 때 또는 같은 조 제3항을 위반하여 승무정원을 승무시키지 아니하였거나 결원(缺員)을 충원하지 아니하였을 때에는 1년 이하의 징역이나 1천 만원 이하의 벌금에 처한다(법 제173조).

6. 선원의 자격요건 등에 대한 특례

① 선박의 설비가 해양수산부령으로 정하는 기준에 맞는 경우 그 선박에 적용할 선원의 자격요건 및 정원에 관한 사항은 제64조(자격조건을 갖춘 선원의 승무)와 제65조(승무정원)에도 불구하고 해양수산부령으로 정하는 바에 따른다(법 제66조, 규칙 제45조 제1항・제2항).

㉠ 항해사가 기관실의 기관을 원격 조정할 수 있는 설비를 갖춘 선박

㉡ 선박의 항해・정박 등을 위한 자동설비를 갖춘 선박

㉢ 압항부선(押航艀船, pusher-barge) : 기선과 결합되어 밀려서 추진되는 선박

㉣ 해저조망부선(海底眺望艀船) : 잠수하여 해저를 조망할 수 있는 시설을 설치한 선박으로서 스스로 항행할 수 없는 선박

② 지방해양수산청장의 인정을 받고자 하는 자는 일정 서식의 승무정원 완화 허가신청서에 해양수산관청, 선박안전법 규정에 의한 선박검사기술협회나 선급법인 또는 해양수산부장관이 인정하는 국제선급협회가 발급한 당해 선박이 위 제1항의 규정에 해당하는 사실을 증명하는 증서 기타 필요한 증빙서류를 첨부하여 신청하거나 정보통신망을 통하여 신청할 수 있다(규칙 제3항).

7. 여객선선장에 대한 적성심사 기준

① 여객선선장은 해양수산부령으로 정하는 적성심사기준(適性審査基準)에 적합한 사람이어야 한다(제66조의 2).

② 여객선 소유자는 적성심사기준을 충족하지 못한 사람을 선장으로 승무시켜서는 아니된다. 적성심사기준의 충족확인절차 등에 필요한 사항은 해양수산부령으로 정한다.

8. 예비원의 확보 및 임금의 지급

① 선박소유자는 그가 고용하고 있는 총승선 선원 수의 10% 이상의 예비원을 확보하여야 한다.

다만, 항해선이 아닌 선박의 경우에는 선박의 종류・용도 등을 고려하여 대통령령으로 다르게 정할 수 있는데, 다음의 경우에는 그러하지 아니하다(법 제67조, 영 제21조의 2 제1항).

㉠ 선박소유자가 소유하고 있는 선박이 3척 이하인 경우

㉡ 지방해양수산청장의 승인을 얻어 승선할 선박을 특정하여 선원근로계약을 체결한 선원의 경우

② 선박소유자는 유급 휴가자 등 대통령령으로 정하는 사람 외의 예비원(豫備員)에게 통상임금의 70퍼센트를 임금으로 지급하여야 한다.
여기서 "대통령령이 정하는 사람"이란 다음 하나에 해당하는 사람을 말한다(법 제67조, 영 제21조의 2 제2항).
㉠ 선박소유자의 귀책사유(歸責事由, causes)로 인하여 하선한 사람
㉡ 법 제116조(선원의 교육훈련) 또는 다른 법령의 규정에 의하여 의무적으로 교육·훈련을 받는 사람
㉢ 기타 단체협약 또는 취업규칙으로 정한 자
③ 휴직(休職, layoff)한 선원 및 정직중인 선원에 대하여는 예비원의 확보의무 및 임금의 지급의무에 관한 법 제67조(예비원)의 규정을 적용하지 아니한다(영 제21조의 2 제3항).

제4절 유급휴가

1. 유급휴가의 의의와 적용범위

1) 유급휴가제(有給休暇制)는 일정한 요건을 갖춘 근로자인 선원을 일정한 기간에 걸쳐 소정의 보수를 지급하면서 노동으로부터 해방시켜 정신적·육체적인 휴양을 취하게 함으로써 장기간의 승선에서 오는 피로 및 권태를 방지하고 또한 노동력을 유지·배양하여 인간다운 생활을 확보토록 하기 위한 제도이다. 유급휴가를 얻은 선장이나 해원은 예비원으로 된다.
2) 적용 범위에 있어 다음 하나에 해당하는 선박에 대하여는 이 장의 규정을 적용하지 아니한다(법 제75조). 어업은 일반적으로 계절적 산업이며 범선이나 선박소유자와 그 가족만을 사용하는 선박에 대하여는 유급휴가를 법률로 강제할 필요가 없다고 보기 때문이다.
① 어획물 운반선 및 「어선원의 유급휴가에 대한 특례」 규정에 따른 어선을 제외한 어선
② 범선으로서 항해선이 아닌 것
③ 가족만 승무하여 운항하는 선박으로서 항해선이 아닌 것

2. 유급휴가를 부여하기 위한 요건

① 선박소유자(제74조에 따른 어선의 선박소유자는 제외)는 선원이 8월간 계속하여 승무한 경우에는 그 때부터 4개월 이내에 선원에게 유급휴가를 주어야 한다. 수리 중이거나 계류(繫留, mooring) 중인 선박에서의 근무도 승무 중인 것으로 본다. 다만, 선박이 항해 중인 때에는 항해를 마칠 때까지 유급휴가를 연기할 수 있다(법 제69조 제1항).
즉 8개월 이상의 계속적인 승무가 유급휴가 청구권의 발생요건이며 선박소유자가

동일한 한 계속 승무한 선박이 동일한 선박인 지의 여부는 문제가 되지 않는다. 이는 결국 최소한 1년 이내에는 유급휴가를 부여토록 한 내용이다.

② 제1항의 경우 선원이 같은 선박소유자의 다른 선박에 옮겨 타기 위하여 여행하는 기간은 계속하여 승무한 기간으로 본다(제2항).

③ 산전(産前)·산후(産後)의 여성선원이 「근로기준법」 제74조에 따른 휴가로 휴업한 기간은 계속하여 승무한 기간으로 본다.

④ 선원이 8개월간 계속하여 승무하지 못한 경우에도 이미 승무한 기간에 대하여 유급휴가를 주어야 한다(제4항).

선원이 8월간 계속하여 승무하지 못한 경우에도 그 사유가 선원의 고의 또는 중대한 과실(過失, negligence)로 인한 것이 아닌 경우에는 이미 승무한 기간에 대하여 유급휴가를 주어야 한다.

선원의 고의 또는 중대한 과실로 인하지 않은 경우란 당시의 구체적·개별적인 사정을 고려하여 결정해야 할 것이나 보통의 부상이나 질병으로 인한 경우 등이 여기에 해당할 것이다.

또 "중대한 과실"로 인한 것이 아닌 경우이므로 이른바 경과실(輕過失)로 인한 경우가 여기에 해당하여 유급휴가를 받을 수 있음은 물론이다.

이미 승무한 기간에 대하여 유급휴가를 준다 함은 비록 8월 간 승무하지는 못하였다 하더라도 비율로 산정된 일수의 유급휴가를 준다는 뜻이다.

⑤ 선박소유자는 18세 미만의 소년선원 보호를 위하여 해양수산부령으로 정하는 바에 따라 유급휴가를 주어야 한다.

3. 유급휴가를 부여할 시기 및 방법

① 선원이 유급휴가(有給休暇)를 청구할 수 있는 권리가 발생한 경우 선박소유자는 그 때로부터 4월 이내에 그 선원에게 유급휴가를 주어야 한다. 다만, 선박이 항해 중인 때에는 항해를 마칠 때까지 유급휴가를 연기할 수 있다(법 제69조 제1항).

선원이 동일한 선박소유자에 속하는 다른 선박에 옮겨 타기 위하여 여행하는 기간은 이를 계속 승무기간으로 보는데, 이는 4개월 이내에 유급휴가의 전일수(全日數)가 종료해야 한다는 뜻이며, 4월 이내에 부여하기 시작하는 것으로써 족하다는 뜻이 아니다.

따라서 발항(發航) 전에 앞으로 유급휴가를 부여하여야 할 시간인 4개월을 경과하리라는 것이 명백한 경우에는 발항하기 전에 부여하여야 할 것이다.

② 유급휴가를 줄 시기와 항구에 대하여는 선박소유자와 선원의 협의에 따른다. 또 유급휴가는 단체협약에서 정하는 바에 따라 기간을 나누어 줄 수 있다(법 제72조).

그러나 유급휴가는 그 일수를 계산할 때 1개월 미만의 승무기간에 대하여는 비율로 계산하되, 1일 미만은 1일로 계산한다(법 제70조 제5항).

선박소유자와 선원의 협의에서 선박소유자는 정당한 사유가 없는 한, 부여할 항구나 시기 또는 분할 여부 등에 대한 선원측의 요구를 거절할 수 없다. 일정 기간 계속적으로 심신의 휴양을 취하게 한다는 유급휴가제도의 취지에 비추어 유급휴가를 분할하여 부여하는 것은 바람직하지 않기 때문이다. 그러나 선원에게 불리하지 않도록 단체협약에 따라서 분할할 수 있음을 인정하고 있다.

또 차회(次回)의 유급휴가를 위한 4개 월간의 기산점은 전회의 유급휴가가 끝난 때가 아니라 전회의 유급휴가의 기초가 된 계속한 승무기간이 끝난 다음날이다.

그러므로 유급휴가를 분할하여 부여하는 경우에도 분할된 유급휴가의 기초가 된 계속된 승무기간의 나머지 승무기간은 다음회의 4개 월간의 계속승무기간에 포함하여 계산한다.

4. 유급휴가의 일수 및 그 사용일수의 계산

1) 일수 계산

① 제69조(유급휴가) 제1항 · 제2항 · 제4항 및 제5항에 따른 유급휴가의 일수(日數)는, 다음 ②의 경우를 제외하고, 계속하여 승무한 기간 1개월에 대하여 6일로 한다(법 제70조 제1항). 따라서 8월간 계속하여 승무한 경우에는 48일이다.

② 제1항에도 불구하고 「선박안전법」 제8조 제3항에 따라 정하여진 연해구역(이하 "연해구역")을 항해구역으로 하는 선박 또는 15일 이내의 기간마다 국내항에 기항(寄港)하는 선박에 승무하는 선원의 유급휴가 일수는 계속하여 승무한 기간 1개월에 대하여 5일로 한다.

③ 2년 이상 계속 근로한 선원에게는 1년을 초과하는 계속 근로기간 1년에 대하여 제1항 또는 제2항에 따른 휴가 일수에 1일의 유급휴가를 더한다.

④ 제69조 제3항에 따른 휴가로 휴업한 기간에 대한 유급휴가 일수는 「근로기준법」 제60조제1항의 유급휴가 일수 계산방법을 고려하여 해양수산부령으로 정한다.

⑤ 유급휴가 일수를 계산할 때 1개월 미만의 승무기간에 대하여는 비율로 계산하되, 1일 미만은 1일로 계산한다.

2) 유급휴가 사용일수의 계산

선원이 실제 사용한 유급휴가 일수의 계산은 선원이 유급휴가를 목적으로 하선하고 자기 나라에 도착한 날(제38조 제1항에 따라 통상적으로 송환에 걸리는 기간이 도래하는 날을 말한다)의 다음 날부터 계산하여 승선일(외국에서 승선하는 경우에는 출국일을 말한다) 전날까지의 일수로 하되, 다음의 하나에 해당하는 기간은 유급휴가 사용일수에 포함하지 아니한다(법 제71조).

① 관공서의 공휴일 또는 근로자의 날

② 선원이 제116조(선원의 교육훈련) 또는 다른 법령의 규정에 따라 받은 교육훈련기간
③ 그 밖에 해양수산부령이 정하는 다음의 기간
   ㉠ 선박소유자가 인정하는 포상 또는 보상 성격의 휴가기간
   ㉡ 기상악화 · 천재지변 또는 사변으로 인한 정박기간
   ㉢ 정박 중 선장의 허가를 받아 일시 상륙한 기간

이와 같이 유급휴가 사용일수의 계산시 제외되는 기간을 명확히 한 것은 선원에게 충분한 휴식을 부여하고, 선박소유자와 선원간의 분쟁의 소지를 제거하기 위한 것으로 선원이 의무적으로 받는 교육 · 훈련기간과 해양수산부령이 정하는 기간을 유급휴가 사용일수의 계산에서 명확히 제외하고 있다.

5. 유급휴가급

① 선박소유자는 유급휴가 중인 선원에게 통상임금을 유급휴가급으로 지급하여야 한다(법 제73조).
② 선박소유자는 선원이 제69조(유급휴가)부터 제71조(유급휴가 사용일수의 계산)까지의 규정에 따른 유급휴가의 전부 또는 일부를 사용하지 아니하였을 때에는 사용하지 아니한 유급휴가 일수에 대하여 통상임금(通常賃金, regular wage)에 상당하는 금액을 임금 외에 따로 지급하여야 한다.
③ 어선의 소유자는 유급휴가 중인 어선원에게 통상임금을 유급휴가급으로 지급하여야 한다.
④ 어선의 소유자는 어선원이 유급휴가의 전부 또는 일부를 사용하지 아니한 때에는 사용하지 아니한 유급휴가일수에 대하여 임금 외에 유급휴가급을 따로 지급하여야 한다(규칙 제46조의 6 제2항).

6. 어선원의 유급휴가에 대한 특례 등

1) 어선원의 유급휴가

① 해양수산부령으로 정하는 어업에 종사하는 어선(어획물 운반선은 제외)의 선박소유자는 어선원(漁船員)이 같은 사업체에 속하는 어선에서 1년 이상 계속 승무(수리 중 또는 계류 중인 어선에서의 승무를 포함)한 경우에는 유급휴가를 주어야 한다(법 제74조 제1항).

해양수산부령이 정하는 어업에 종사하는 어선이라 함은 다음의 어선을 말한다.

   ㉠ 수산업법에 따른 원양어업에 종사하는 어선
   ㉡ 어업허가 및 신고 등에 관한 규칙에 의한 대형 선망어업에 종사하는 어선 및 대형기선 저인망어업(底引網漁業)에 종사하는 어선

② 어선원이 고의나 중대한 과실 없이 어선에서의 승무를 중지한 경우 그 중지한 기간이 30일을 초과하지 아니할 때에는 계속하여 승무한 것으로 본다.
③ 제1항에 따른 어선원의 유급휴가 일수, 부여방법, 유급휴가급 등 어선원의 유급휴가에 관하여 필요한 사항은 해양수산부령으로 정한다.

2) 어선원의 유급휴가 일수 및 부여방법

① 어선원의 유급휴가의 일수는 계속 승무한 1년에 대하여 15일로 하고, 1년을 초과하여 계속 승무한 매 1월 마다 1일의 유급휴가를 가산한다(규칙 제46조의 4).
② 어선의 소유자는 어선원이 1년간 계속하여 승무한 경우에는 1년이 되는 날부터 3월 이내에 어선원에게 유급휴가를 주어야 한다. 다만, 어획작업 및 항행중인 때에는 해당 항해를 마칠 때까지 휴가를 연기할 수 있다.

7. 벌 칙

유급휴가를 주지 않거나 유급휴가급(有給休暇給)을 지급하지 아니하는 선박소유자는 2년 이하의 징역 또는 2천 만원 이하의 벌금에 처한다(법 제170조).

제5절 선내급식과 급식과 안전 및 보건

선원은 고립된 위험공동체인 선박을 직장으로 하는 해상근로의 특수성에 비추어 영양가가 고려된 충분한 선내급식, 선내작업시의 위험방지를 위한 안전의 유지 및 철저한 위생관리를 필요로 한다.

1. 선내급식

① 선박소유자는 승무 중인 선원을 위하여 해양수산부령으로 정하는 바에 따라 적당한 양과 질의 식료품과 물을 선박에 공급하고, 조리(調理)와 급식(給食)에 필요한 설비를 갖추어 선내급식을 하여야 한다. 이 경우 승무 중인 선원의 다양한 문화와 종교적 배경을 고려하여야 한다(법 제76조 제1항).

이를 위하여 선박마다 선장과 조리책임자를 포함하여 5인 이상의 위원으로 구성하는 급식위원회(給食委員會)를 두어 선원의 식생활을 관리하게 하여야 한다. 다만, 외국영토에 기항(寄港)하지 아니하는 선박 또는 새우 트롤(trawl)어선은 그러하지 아니하다(규칙 제47조 제1항).
② 선박소유자는 제1항에 따른 선내 급식을 위하여 대통령령으로 정하는 자격을 갖춘 선박조리사(船舶調理師)를 선박에 승무시켜야 한다. 다만, 대통령령으로 정하는 선박에 대하여는 이를 면제하거나 선박조리사를 갈음하여 선상 조리와 급식에 관한 지식과 경험을 가진 사람을 승무하게 할 수 있다. 대통령령으로 정하는 자격을 갖춘 선박조리

사란 다음과 같다(법 제76조 제2항, 규칙 제47조 제2항).

㉠ 조리사자격증을 소지하고 선박에서 1년 이상 조리업무에 종사한 경력이 있는 사람

㉡ 선박에서 2년 이상 조리업무에 종사한 경력이 있는 사람

㉢ 기타 위 ① 또는 ②에 규정한 자와 동등 이상의 자격이 있다고 해양수산부장관이 인정하는 사람

③ 선내급식에 관한 위의 규정에 위반한 선박소유자는 1년 이하의 징역 또는 1천 만원 이하의 벌금에 처한다.

2. 선내 급식비

① 선박소유자는 해양수산부장관의 승인을 받아 제76조(선내급식) 제1항에 따른 식료품 공급을 갈음하여 선내급식을 위한 식료품의 구입비용(이하 "선내 급식비")을 선장에게 지급하고, 선장에게 선내급식을 관리하게 할 수 있다. 이 경우 선장은 선원 모두에게 차별없이 선내급식이 이루어지도록 하여야 한다(법 제77조 제1항).

② 선박소유자는 선내 급식비를 지급할 때에는 선원 1인당 1일 기준액을 밝혀야 한다.

③ 선내 급식비는 선내급식을 위한 식료품 구입과 운반을 위한 비용 외의 용도로 지출하여서는 아니 된다.

④ 해양수산부장관은 대통령령으로 정하는 바에 따라 선내 급식비의 최저기준액을 정할 수 있다. 이 경우 선박소유자는 최저기준액 이상의 선내 급식비를 지급하여야 한다(제4항).

③ 선내급식을 함에 있어 선장이 선원에게 차별급식을 한 때에는 200만원 이하의 과태료에 처한다(법 제179조).

3. 선내 안전 · 보건 등을 위한 국가의 책임과 의무

① 해양수산부장관은 승무 중인 선원의 건강을 보호하고 안전하고 위생적인 환경에서 생활, 근로 및 훈련을 할 수 있도록 다음의 사항을 성실히 이행할 책임과 의무를 진다(법 제78조 제1항).

㉠ 선내 안전 · 보건정책의 수립 · 집행 · 조정 및 통제

㉡ 선내 안전 · 보건 및 사고예방 기준의 작성

㉢ 선내 안전 · 보건의 증진을 위한 국내 지침의 개발과 보급

㉣ 선내 안전 · 보건을 위한 기술의 연구 · 개발 및 그 시설의 설치 · 운영

㉤ 선내 안전 · 보건 의식을 북돋우기 위한 홍보 · 교육 및 무재해운동 등 안전문화 추진

㉥ 선내 재해에 관한 조사 및 그 통계의 유지 · 관리

㉦ 그 밖에 선원의 안전 및 건강의 보호 · 증진

② 해양수산부장관은 제1항의 사항을 효율적으로 수행하기 위하여 필요한 경우 선박소유자 단체 및 선원 단체의 대표자와 협의하여야 한다.

③ 해양수산부장관은 선내 안전・보건과 선내 사고예방을 위한 활동이 통일적으로 이루어지고 증진될 수 있도록 국제노동기구 등 관계 국제기구 및 그 회원국과의 협력을 모색하여야 한다.

4. 선내 안전 · 보건 및 사고예방의 기준

① 제78조(선내 안전・보건 등을 위한 국가의 책임과 의무) 제1항 제2호에 따른 선내 안전・보건 및 사고예방 기준(이하 "선내안전보건기준"이라 한다)에는 다음의 사항이 포함되어야 한다(법 제79조 제1항).
   ㉠ 선원의 안전・건강 관련 교육훈련 및 위험성 평가 정책
   ㉡ 선원의 직무상 사고・상해 및 질병(이하 "직무상 사고등"이라 한다)의 예방 조치
   ㉢ 선원의 안전과 건강 보호를 증진시키기 위한 선내 프로그램
   ㉣ 선내 직무상 사고등의 조사 및 보고
   ㉤ 선장과 선내 안전・건강담당자의 직무
   ㉥ 선내안전위원회의 설치 및 운영
   ㉦ 그 밖에 해양수산부령으로 정하는 사항
② 선내안전보건기준의 구체적인 사항은 해양수산부장관이 정하여 고시한다.

5. 선내 안전보건기준의 개정 및 직무상 사고 등의 조사

1) 선내 안전보건기준의 개정

해양수산부장관은 선박소유자 단체 및 선원 단체의 대표자와 협의하여 선내 안전보건기준을 정기적으로 검토하여야 하며, 필요한 경우 검토 결과를 고려하여 선내 안전보전기준(船內安全保全基準)을 개정할 수 있다(법 제80조).

2) 직무상 사고 등의 조사

① 해양수산부장관은 제82조(선박소유자 등의 의무) 제4항에 따라 직무상 사고 등의 발생 사실을 보고받은 경우에는 그 사실과 원인을 조사하여야 한다(법 제81조 제1항).
② 해양수산부장관은 직무상 사고 등을 예방하기 위하여 제1항에 따라 조사한 직무상 사고 등에 관한 통계를 유지 · 관리하여야 하고, 그 통계(統計)를 분석하여 자료집을 발간할 수 있다.
③ 제1항에 따른 조사의 절차 및 내용이나 조사 결과의 조치 등에 필요한 사항은 해양수산부령으로 정한다.

6. 선박소유자 및 선원의 의무 등

① 선박소유자는 선원에게 보호장구(保護裝具)와 방호장치(防護裝置) 등을 제공하여야 하

며, 방호장치가 없는 기계의 사용을 금지하여야 한다(법 제82조 제1항).

② 선박소유자는 해양수산부령으로 정하는 바에 따라 위험한 선내 작업에는 일정한 경험이나 기능을 가진 선원을 종사시켜야 한다.

③ 선박소유자는 감염병(感染病), 정신질환, 그 밖의 질병을 가진 사람 중에서 승무가 곤란하다고 해양수산부령으로 정하는 선원을 승무시켜서는 아니 된다.

④ 선박소유자는 선원의 직무상 사고 등이 발생하였을 때에는 즉시 해양수산관청에 보고하여야 한다.

⑤ 선박소유자는 선내 작업 시의 위험 방지, 의약품의 비치와 선내위생의 유지 및 이에 관한 교육의 시행 등에 관하여 해양수산부령으로 정하는 사항을 지켜야 한다.

⑥ 선장은 특별한 사유가 없으면 선박이 기항하고 있는 항구에서 선원이 의료기관에서 부상이나 질병의 치료를 받기를 요구하는 경우 거절하여서는 아니 된다.

⑦ 대통령령으로 정하는 선박소유자는 선박에 승선하는 선원에게 제복(制服, uniform)을 제공하여야 한다. 이 경우 제복의 제공시기, 복제(服制, dress regulation) 등에 관하여는 해양수산부령으로 정한다.

반면, 선원은 선내 작업 시의 위험 방지와 선내 위생의 유지에 관하여 해양수산부령으로 정하는 사항을 지켜야 한다(법 제83조 제1항).

또한 선원은 방호시설이 없거나 제대로 작동하지 아니하는 기계의 사용을 거부할 수 있으며, 선원은 제82조(선박소유자 등의 의무) 제7항에 따라 선박소유자가 제공한 제복을 입고 근무하여야 한다.

7. 안전 및 위생

1) 선내 위험방지 및 위생유지

선박소유자는 선내작업시에 발생하는 위험의 방지와 선내위생의 유지를 위하여 다음의 사항을 지켜야 한다(선원의 안전 및 위생에 관한 규칙 제2조).

① 선내작업에 필요한 기계 · 기구 · 용구 등의 공급

② 선내위생의 유지에 필요한 의약품 · 위생용품 · 의료서적 등의 공급

③ 작업시 안전을 위한 조명장치 · 안전표시 기타 보조기구의 설치

④ 거주구역 · 기관실 · 조리실 등의 환기 · 채광 · 조명 및 온도의 유지와 소음 및 진동의 방지 등 위생상 양호한 상태를 유지하기 위한 시설의 설치

⑤ 거주지역 및 창고 등에서 쥐 · 벌레 등을 없애기 위한 약품의 공급

⑥ 산소 및 인체에 유해한 기체 등의 측정에 필요한 기구의 공급. 다만, 냉동시설이 설치되어 있지 아니한 연 · 근해 어선은 그러하지 아니하다.

⑦ 화물창에서의 작업, 높은 곳에서의 작업, 용접작업, 무거운 물건을 취급하는 작업, 전기류 사용작업, 어로작업 등 위험작업시의 위해방지를 위한 필요한 보호기구의 공급

⑧ 선내안전 및 위생관리에 필요한 교육
⑨ 선내작업시의 위해방지 및 위생의 유지를 위한 선내안전위생수칙의 제정 및 보급

2) 위험 선내작업

선박소유자는 다음에 해당하는 위험한 선내작업에는 일정한 경험 또는 기능을 가진 선원을 종사시켜야 한다(안전·위생규칙 제3조 제1항).

① 양묘기(揚錨機, windlass)·권양기(捲揚機, capstan)를 조작하는 작업
② 하역용 장비를 조작하는 작업
③ 바닥에서 2미터 이상인 장소에서 보조장비를 사용하여 하는 작업
④ 몸의 중심을 선체 밖으로 내놓고 하는 작업
⑤ 산소 결핍의 우려가 있는 장소에서 하는 작업
⑥ 인체에 유해한 가스를 검지하는 작업
⑦ 위험화물의 상태를 점검하는 작업
⑧ 감전(感電)의 우려가 있는 전기공사 작업
⑨ 금속의 용접(鎔接, welding)·절단 또는 가열작업

3) 위험 선내작업 종사자

위의 2)에서 열거한 위험한 선내작업에 종사시킬 수 있는 경험 또는 기능을 가진 선원이라 함은 다음의 하나에 해당하는 자를 말한다(안전위생규칙 제3조 제2항).

① 위 2)에서 열거한 작업에 6월 이상 근무한 경력이 있는 자 또는 해당 작업을 할 수 있는 자로서 국가에서 인정한 해당 자격증을 소지한 자
② 선원법시행규칙 별표 2(교육과정별 교육대상자·교육내용 및 교육기간)의 규정에 의한 당직부원 교육과정을 수료한 자
③ 선박직원법 제4조의 규정에 의하여 해기사 면허를 받은 자

4) 안전담당자의 선임과 그의 임무 등

① 선박소유자는 선내작업으로 인한 위험을 방지하고 기타(선원의 안전 및 위생에 관한 규칙)에서 정하는 사항을 이행하기 위하여 기관장 또는 2년 이상 승선 근무한 경험이 있는 기관사 중에서 안전담당자 1인을 선임(選任, appointment)하여야 한다. 선원이 10인 이하인 선박의 경우에는 선장을 안전담당자로 할 수 있다(안전·위생규칙 제4조 제1항).
② 위험물 선박운송 및 저장규칙 제2조 제1호의 규정에 의한 위험물(화약류, 고압가스, 부식성물질 등 12종의 위험물)을 항시 운송하는 선박에는 위의 안전담당자 외의 1등항해사를 위험물 안전담당자로 선임하여야 한다. 다만, 선원이 10인 이하인 선박의 경우에는 위험물 안전담당자를 선임하지 아니할 수 있다(안전·위생규칙 제4조 제2항).

③ 안전담당자는 다음의 임무를 수행한다(안전・위생규칙 제5조 제1항).
  ㉠ 선내 작업상의 안전도의 확인 및 적당한 작업인원의 배치
  ㉡ 안전장비・위험탐지기구・소화기구・보호기구 기타 위험방지를 위한 설비・용구 등의 비치 및 점검
  ㉢ 작업 중 위험한 사태가 발생하였거나 발생할 우려가 있을 때의 응급조치 또는 방지조치
  ㉣ 안전장비 및 보호기구 등의 사용방법과 안전수칙 기타 작업의 안전에 관한 교육
  ㉤ 선내 안전관리에 관한 기록의 작성 및 보관
  ㉥ 기타 안전조치에 필요한 사항
④ 위험물 안전담당자는 위험물의 취급과 관련된 위의 임무를 수행하여야 한다(안전・위생규칙 제5조 제2항).
⑤ 안전담당자 및 위험물 안전담당자는 소관업무에 관한 개선 의견을 기록 유지하고 이를 선장에게 보고하여야 하며 선장은 이를 검토하여 선박소유자에게 보고하여야 한다. 그리고 이 때에 보고를 받은 선장이 개선 의견을 선박소유자에게 보고하지 아니한 경우에는 안전 담당자 등이 직접 선박소유자에게 보고할 수 있다. 이와 같이 개선 의견을 보고받은 선박소유자는 개선에 필요한 조치를 하여야 한다(안전・위생규칙 제6조).

5) 선원의 준수사항

선원은 선내 작업시에 발생하는 위험의 방지와 선내위생의 유지를 위하여 다음의 사항을 지켜야 한다(안전・위생규칙 제7조).
① 선내안전위생수칙이 정하는 내용의 숙지(熟知) 및 실행(實行)
② 선내의 위험표시・금지표시 등이 설치된 장소에서의 표지에 따른 행동
③ 화물창 안에서의 작업, 용접작업, 도료작업(塗料作業), 무거운 물건을 취급하는 작업, 전기류(電氣類) 사용작업, 어로작업, 높은 곳에서의 작업, 선체외부작업, 어름을 제거하는 작업 등 위험한 작업을 할 때는 안전벨트・안전 그물망・구명의 등 보호기구의 사용
④ 거주환경의 청결유지 등 철저한 위생의 유지

8. 의사의 승무 및 의료관리자

1) 의사 또는 의료관리자의 승무

① 다음의 하나에 해당하는 선박의 선박소유자는 그 선박에 의사(醫師)를 승무시켜야 한다. 다만, 해양수산부령으로 정하는 바에 따라 해양수산관청의 승인을 받은 경우에는 그러하지 아니하다(법 제84조 제1항).
  ㉠ 3일 이상의 국제항해에 종사하는 선박으로서 최대 승선인원이 100명 이상인 선박(어선은 제외한다)
  ㉡ 해양수산부령으로 정하는 모선식(母船式) 어업에 종사하는 어선

② 한편, 의사를 승무시키지 아니할 수 있는 선박 중 다음의 하나에 해당하는 선박의 선박소유자는 선박에 의료관리자(醫療管理者)를 두어야 한다. 다만, 해양수산부령으로 정하는 경우에는 그러하지 아니하다(법 제85조 제1항).

㉠ 「선박안전법」 제8조 제3항에 따라 정하여진 원양구역을 항해구역으로 하는 총톤수 5천톤 이상의 선박

㉡ 해양수산부령으로 정하는 어선. 즉, 총톤수 300톤 이상의 어선(다만, 평수구역・연해구역 또는 근해구역을 항행구역으로 하는 어선은 제외).

③ 제1항에 따른 의료관리자(醫療管理者)는 제3항에 따라 발급된 의료관리자 자격증을 가진 선원(18세 미만인 사람은 제외) 중에서 선임하여야 한다. 다만, 부득이한 사유로 해양수산관청의 승인을 받은 경우에는 그러하지 아니하다(제2항).

④ 제2항에 따른 의료관리자 자격증은 해양수산부령으로 정하는 바에 따라 해양수산부장관이 실시하는 시험에 합격하거나 시험에 합격한 사람과 같은 수준 이상의 지식과 경험을 가졌다고 해양수산부장관이 인정하는 사람에게 해양수산부장관이 발급한다(제3항). 다만, 18세 미만인 자는 의료관리자가 될 수 없다(규칙 제49조 제1항).

⑤ 의료관리자는 해양수산부령으로 정하는 바에 따라 선박 내의 의료관리에 필요한 업무에 종사하여야 한다.

⑥ 의사를 승무시키지 아니하려고 해양수산관청의 승인을 얻고자 하는 선박소유자는 다음 사항을 기재한 신청서 2통을 지방해양수산관청에 제출하여야 한다(규칙 제48조 제1항).

㉠ 선박의 명칭・종류・총톤수 및 항행구역

㉡ 최대탑재인원 및 승선인원

㉢ 승인을 얻고자 하는 기간

㉣ 승인을 얻고자 하는 사유

2) 의료관리자의 시험 및 업무

① 의료관리자 자격시험은 필기시험과 실기시험으로 구분하여 실시하며, 시험과목은 다음과 같다(규칙 제50조).

㉠ 필기시험 : 의료관계 법규・식품관리・공중보건학 및 환경위생학

㉡ 실기시험 : 구급처치법 및 간호법이다. 다만, 의료관리자 자격시험의 필기시험에 합격한 자로서 「대한적십자사조직법」에 의한 대한적십자사가 시행하는 실기교육과정 중 해양수산부장관이 지정하는 교육과정을 이수한 자에 대하여는 실기시험을 면제한다(규칙 제50조).

② 한국해양수산연수원법에 의한 한국해양수산연수원장은 규정에 의한 의료관리자 자격시험을 실시하고자 하는 경우에는 그 계획을 공고하여야 하며, 시험일시・시험장소 기타 시험에 관하여 필요한 사항을 시험시행 30일 전까지 공고하여야 한다. 시험 후

합격자가 결정된 때에는 한국해양수산연수원의 게시판에 합격자의 명단을 지체없이 공고하여야 한다.

③ 의료관리자 자격시험중 필기시험 합격의 유효기간은 필기시험에 합격한 날부터 2년으로 한다(규칙 제50조 제5항).

④ 의료관리자는 배 안의 의료관리에 필요한 업무에 종사하여야 하는데 그 업무내용은 다음과 같다. 의료기구 및 의약품의 정비・점검은 국제노동기구의 "선내의료함(船內醫療函) 내용물에 관한 권고"에 따른다(법 제85조, 규칙 제52조).

㉠ 선원의 건강관리 및 보건지도

㉡ 선내의 작업환경위생 및 거주환경위생의 유지

㉢ 식료 및 용수(用水)의 위생유지

㉣ 의료기구, 의약품 기타 위생용품 및 의료서적 등의 정비 및 점검

㉤ 선내 의료관리에 관한 기록의 작성 및 관리

㉥ 선내 환자(患者)의 의료관리에 관한 사항

⑤ 해양수산부장관은 의료관리자 자격시험의 시행과 의료관리자 자격증의 교부에 관한 업무를 한국해양수산연수원에 위탁한다. 한국해양수산연수원법에 의한 한국해양수산연수원의 장은 의료관리자 자격시험을 실시하고자 하는 경우에는 그 계획을 공고하여야 하며, 시험일시・시험장소 기타 시험에 관하여 필요한 사항을 시험시행 30일 전까지 공고하여야 한다(영 제52조 제4항, 규칙 제50조 제2항).

⑥ 선박소유자가 이 법에서 정하는 의료관리자를 두지 아니한 때에는 1년 이하의 징역(懲役) 또는 1천 만원 이하의 벌금(罰金)에 처한다(법 제173조).

3) 의료관리자 자격증의 발급

① 의료관리자 자격증을 발급받고자 하는 자는 별지 서식의 발급신청서를 한국해양수산연수원장에게 제출하여야 한다.

② 한국해양수산연수원장은 신청시 의료관리자 자격증을 발급(정보통신망을 통한 발급을 포함한다)하거나 선원수첩에 의료관리자의 자격이 있음을 증명하여 주어야 한다. 이 경우 한국해양수산연수원장은 선원수첩을 발급한 지방해양수산청장에게 그 사실을 통보하여야 한다.

6. 응급처치담당자

① 제84조(의사의 승무) 또는 제85조(의료관리자) 제1항에 따른 의사나 의료관리자를 승무시키지 아니할 수 있는 선박 중 다음의 하나에 해당하는 선박의 선박소유자는 선박에 응급처치(應急處置, first aid)를 담당하는 선원(이하 "응급처치 담당자")을 두어야 한다(법 제86조 제1항).

㉠ 연해구역 이상을 항해구역으로 하는 선박(어선은 제외한다)

㉡ 여객정원이 13명 이상인 여객선

② 선박소유자는 응급처치 담당자를 해양수산부령으로 정하는 응급처치에 관한 교육을 이수한 선원 중에서 선임하여야 한다(제2항).

응급처치담당자 승선의무 규정은 의사나 의료관리자가 승선하지 아니하는 연해구역 이상의 항행선박과 여객선에는 선원 및 승객의 생명과 건강보호를 위하여 소정의 교육을 받은 응급처치담당자를 승선시키도록 할 의무가 있는데, 이는 국제해사기구의 「1978 선원훈련자격증명 및 당직근무의 기준에 관한 국제협약」의 내용을 수용한 규정이다.

7. 건강진단 및 건강진단서

선박소유자는 「의료법(醫療法)」에 따른 병원급 이상의 의료기관 또는 해양수산부령으로 정하는 기준에 맞는 의원의 의사가 승무에 적당하다는 것을 증명한 건강진단서를 가진 사람만을 선원으로 승무시켜야 한다. 건강진단서의 발급 및 그 밖에 건강진단에 관한 사항은 해양수산부령으로 정한다(법 제87조).

1) 일반건강진단

① 평수구역 · 연해구역 또는 근해구역을 항행구역으로 하는 선박에 승무하고자 하는 자는 다음의 검사 항목이 포함된 일반 건강진단을 받아야 한다(규칙 제53조 제1항).

㉠ 감각기 · 순환기 · 호흡기 및 신경계 기타 기관의 임상의학적 검사, ㉡ 시력 · 색각(선장과 갑판부 해원에 한한다) · 청력의 검사, ㉢ 운동기능검사, ㉣ 신장 · 체중 · 흉위 · 흉위차 · 폐활량 · 혈압 및 당(당뇨) · 간장검사(SGOT · SGPT) 및 B형 간염 항원검사, ㉤ 엑스선검사 · 적혈구 침속도검사, 객담검사 및 결핵에 관한 엑스선 흉부검사, ㉥ 매독반응검사, ㉦ 소변 및 대변 검사, ㉧ 전염병검사

② 위 ㉣ 내지 ㉦의 검사 중 해당 의사가 필요없다고 인정하는 것은 그 검사를 받지 아니할 수 있다. 다만, 혈압검사 · 혈당(당뇨)검사 · 간장검사(SGOT · SGPT) · B형 간염 항원검사 · 엑스선검사 및 소변검사는 그러하지 아니하다(규칙 제53조 제2항).

2) 특수건강진단

원양구역을 항행구역으로 하는 선박에 승무하고자 하는 자는 일반 건강진단 외에 다음의 검사항목이 포함된 특수건강진단을 받아야 한다(규칙 제53조 제3항). ① 씨비씨(빈혈)검사, ② 소변검사(특별검사), ③ 매독반응 특별검사, ④ 후천성면역결핍증 항체검사(외국인 선원과 국제항해에 취항하는 선박에 승선하는 선원에 한하되, 외국항에 기지를 두지 아니한 원양어선의 선원의 경우를 제외한다).

3) 건강진단의 판정기준 및 건강진단서 발급

① 일반건강진단의 합격판정기준은 아래의 [별표 3]과 같으며 특수건강진단의 합격 판정

기준(合格 判定基準)은 선원법 시행규칙에 규정된 정상기준치를 참작하여 승선가능여부를 판정하도록 되어 있다(규칙 제53조 제4항).

② 건강진단서의 발급은 별지 서식에 의한다. 다만, 의료기관은 건강진단서의 발급과 동시에 정보통신망을 이용하여 송부하여야 한다(규칙 제54조의 2).

4) 건강진단 유효기간 및 건강진단 비용

① 일반건강진단의 유효기간은 1년(색각검사에 대하여는 3년)이며 특수건강진단의 유효기간은 2년(만 18세 미만인 자는 1년)이나 항해 중 검사유효기간이 만료된 때에는 그 항해가 종료될 때까지로 한다.

② 건강진단의 검진비용(檢診費用)은 국민건강보험법 시행령 규정에 정한 기준에 따르고, 그 검진비용은 선박소유자가 부담한다(규칙 제55조).

5) 벌 칙

건강진단서에 관한 규정에 위반한 선박소유자에게는 500만원 이하의 과태료를 부과한다(법 179조).

8. 건강검진의료기간

① 법 제79조 제1항에서 "해양수산부령이 정하는 기준에 적합한 의원(醫院)"이라 함은 국민건강보험법 시행령 규정에 적합한 검진기관을 말한다(규칙 제52조의 2 제1항).

② 선원의 건강검진을 실시하고자 하는 의원은 제1항의 기준에 적합한 의료기관임을 확인할 수 있는 증빙서류를 첨부하여 관할 지방해양수산관청에 신고하여야 한다.

③ 건강검진 의료기관 신고를 수리한 지방해양수산관청은 이를 다른 지방해양수산관청에 통보(해양수산부장관이 정하여 고시하는 정보통신망을 이용한 통보를 말한다)하여야 한다.

9. 무선 등에 의한 의료 조언 및 외국인 선원에 대한 진료 등

① 해양수산부장관은 대한민국 주변을 항해 중인 선박(외국국적 선박을 포함한다)의 선장이 부상을 당하거나 질병에 걸린 선원(이하 "상병선원"이라 한다)에 대한 의료조언을 요청할 경우에는 무선 또는 위성통신으로 의료조언을 무료로 제공하여야 한다(법 제88조 제1항).

② 해양수산부장관은 제1항에 따른 의료조언을 제공하기 위하여 「응급의료에 관한 법률」 제27조에 따라 응급의료정보센터를 설치·운영하는 보건복지부장관에게 협조를 요청하여야 하고, 보건복지부장관은 특별한 사유가 없으면 협조하여야 한다.

③ 해양수산부장관은 국내 항에 입항한 선박의 외국인 상병선원(傷病船員)이 진료받기를 요청할 때에는 필요한 조치를 하여야 한다(법 제89조).

선원건강진단 판정기준표(규칙 제53조 제4항 관련, [별표 3])

가. 일반건강진단의 합격판정기준

검사항목		판 정 기 준
1.시력	갑판부 선박직원 및 당직부원	만국시력표로부터 5미터의 거리에서 두 눈의 교정시력이 각각 0.5 이상일 것
	기관부선박직원 및 당직부원	만국시력표로부터 5미터의 거리에서 두 눈의 시력을 통합한 교정시력이 0.4 이상일 것
	통신사	만국시력표로부터 5미터의 거리에서 두 눈의 교정시력이 각각 0.4 이상일 것
2. 체격		심한 신체의 박약, 심한 흉곽발육의 불량 기타 선박 내의 노동을 감당하지 못한다고 인정되지 않을 것
3. 질병		「감염병의 예방 및 관리에 관한 법률」 제2조 제1호에 따른 감염병, 「정신보건법」에 따른 정신질환, 폐·늑막·심장 또는 신장의 질환을 앓고 있지 않을 것
4. 청력		선장 및 갑판부 선원에 있어서는 두 귀 모두, 그 밖의 해원에 있어서는 한 귀 이상이 5미터 이상의 거리에서 속삭임을 청취할 수 있을 것. 다만, 선원으로서의 종사경력에 비추어 관련 직무의 수행이 가능하다고 인정되는 사람은 예외로 한다.
5. 색각		선장, 기관사, 통신사, 갑판부 당직자 및 운항부 당직자는 적색, 청색, 황색, 녹색의 구분이 가능할 것(색각 안경 등 교정기구 사용 가능)
6. 운동기능		모든 관절의 움직임이 자유롭고 손가락·손·팔뚝 또는 신체 각 부위의 부분적 또는 전체적인 결손이 없을 것. 다만, 장해의 정도가 경증이거나 보조기를 착용한 경우에 직무수행이 가능하다고 인정되는 사람은 제외한다.
7. 병후쇠약		병후의 쇠약에 따라 일정기간 내의 승선이 부적당하다고 인정되지 않을 것
8. 혈당 공복시 125 mg/dl 이하일 것 9. 간장 - SGOT 50 IU/L 이하일 것 - SGPT 45 IU/L 이하일 것		

※ 비고

(1) 검진의사는 정상기준치 및 질병의 경중(輕重) 등을 종합적으로 고려하여 판정한다.

(2) 위 표의 검사항목 중 시력과 관련하여 두 눈 중 최소한 한쪽 눈의 경우에는 안구질병이 진행되지 않아야 한다.

나. 특수건강진단의 합격판정기준

검 사 종 목	정 상 기 준 치	판 정 기 준
1. C.B.C(빈혈) - RBC - Hb	4.2 ~ 6.3 남자 12.0 이상, 여자 10.0 이상	검진의사는 정상기준치 및 질병의 경중 등을 종합적으로 고려하여 판정한다.
- Hct - MCV - MCH - MCHC - WBC	36.0 ~ 52.0 79.0 ~ 96.0 26.0 ~ 33.0 32.0 ~ 37.0 4.0 ~ 10.0	
2. RPR(VDRL)(매독검사)		
3. 소변검사		
4. 후천성면역결핍증 항체검사		

제6절 소년선원과 여자선원

근로기준법은 역사적으로 연소자(年少者)와 부녀자(婦女子)로부터 시작되었다. 연소선원은 육체적으로나 정신적으로 미숙하여 성장의 과정에 있고 또 근로자로서의 경험도 부족하므로 취업에 있어 특별한 배려가 필요하다. 또한 남자와 달리 여자에게는 생리(生理) · 임신(姙娠) · 출산(出産) · 육아(育兒) 등 특수한 문제가 있으므로 특별히 보호할 필요가 있다.

1. 미성년자의 능력

① 미성년자(만 19세 미만의 자)가 선원이 되려면 법정대리인의 동의를 받아야 한다. 그러나 일단 법정대리인의 동의를 받은 미성년자는 선원근로계약에 관하여 성년자와 같은 능력을 가진다(법 제90조).

"법정대리인(法定代理人)"이란 본인의 의사와 관계없이 정하여지는 대리인을 말하며, 미성년자의 법정대리인은 친권(親權, parental authority)을 행사하는 부 또는 모이고 이러한 친권자(親權者)가 없거나 친권자가 법률행위의 대리권 및 재산관리권을 행사할 수 없을 때에는 후견인(後見人, guardian)이다.

② 따라서 일단 법정대리인의 동의를 얻은 미성년자는 선원수첩을 발급받거나 선원근로계약을 체결하거나, 변경 또는 해지할 수 있는 능력이 있다.

2. 사용제한과 여성선원의 보호 등

① 선박소유자는 16세 미만인 사람을 선원으로 사용하지 못한다. 다만, 그 가족만 승무하는 선박의 경우에는 그러하지 아니하다(법 제91조 제1항).

② 선박소유자가 18세 미만인 자를 선원으로 사용하고자 하는 경우에는 해양수산관청의 승인(承認, approval)을 얻어야 하는데, 이러한 연소선원(年少船員)의 사용승인을 얻고자 할 때에는 해당 선원의 승선공인 신청서에 당해 선원이 18세에 달하는 연월일을 빨간색 글씨로 기재하여 지방해양수산관청에 제출하여야 한다(법 제91조 제2항, 규칙 제56조).

③ 선박소유자는 18세 미만의 선원을 해양수산부령으로 정하는 위험한 선내 작업과 위생상(衛生上) 해로운 작업에 종사시켜서는 아니 된다(제3항).

㉠ 다음의 작업을 18세 미만의 선원에게 시켜서는 아니된다(안전 · 위생규칙 제8조 제1항).

a. 부식성 물질, 독물 또는 유해성물질을 제거하기 위한 화물창 또는 탱크안의 청소작업

b. 유해성의 도료(塗料, paint) 또는 용제(溶劑, solvent))를 사용하는 작업

c. 직접 햇빛을 받으며 장기간 하는 작업

d. 추운 장소에서 장기간 하는 작업

e. 냉동고(冷凍庫) 안에서 장기간 하는 작업

f. 수중에서 선체 또는 추진기를 검사·수리하는 작업

g. 선체의 전부 또는 상당부분이 물에 잠긴 상태에서 탱크 또는 보일러의 내부에서 행하는 수리작업

h. 먼지 또는 분말(粉末)이 발생하는 장소에서 장기간 하는 작업

i. 30킬로그램 이상의 물건을 다루는 작업

j. 알파선·베타선·중성자선 기타 유해한 방사선에 노출될 우려가 있는 작업

㉡ 위 ㉠의 내용 중 제a호, 제b호, 제i호 및 제j호의 작업을 여성선원에게 시켜서는 아니된다(안전·위생규칙 제8조 제2항).

④ 선박소유자는 여성선원을 해양수산부령으로 정하는 임신·출산에 해롭거나 위험한 작업에 종사시켜서는 아니 된다.

⑤ 선박소유자는 임신 중인 여성선원을 선내 작업에 종사시켜서는 아니 된다. 다만, 다음의 하나에 해당하는 경우에는 그러하지 아니하다.

㉠ 해양수산부령으로 정하는 범위의 항해에 대하여 임신 중인 여성선원이 선내 작업을 신청하고, 임신이나 출산에 해롭거나 위험하지 아니하다고 의사가 인정한 경우

㉡ 임신 중인 사실을 항해 중 알게 된 경우로서 해당 선박의 안전을 위하여 필요한 작업에 종사하는 경우

⑥ 선박소유자는 산후 1년이 지나지 아니한 여성선원을 해양수산부령으로 정하는 위험한 선내 작업과 위생상 해로운 작업에 종사시켜서는 아니 된다(제6항).

⑦ 가족만 승무하는 선박의 경우에는 제4항부터 제6항까지의 규정을 적용하지 아니한다.

⑧ 선박소유자는 여성선원에 대하여는 월 1일의 생리휴식을 주어야 한다(법 제93조).

위 사용제한 등의 규정에 위반한 선박소유자는 징역 또는 벌금에 처한다(법 제168조, 제170조).

3. 야간작업의 금지

① 선박소유자는 18세 미만의 선원을 자정(子正, midnight)부터 오전 5시까지를 포함하는 최소 9시간 동안은 작업에 종사시키지 못한다. 다만, 가벼운 일로서 그 선원의 동의와 해양수산부장관의 승인을 받은 경우에는 그러하지 아니하다(법 제92조 제1항).

② 제60조(근로시간 및 휴식시간) 제6항에 따른 작업에 종사시키는 경우나 가족만 승무하는 선박에 대하여는 제1항 본문을 적용하지 아니한다.

그러나 법 제60조 제6항에 따라 선박소유자는 인명, 선박 또는 화물의 안전을 도모하거나, 해양 오염 또는 해상보안을 확보하거나, 인명이나 다른 선박을 구조하기 위하여 긴급한 경우 등 부득이한 사유가 있을 때에는 근로시간을 초과하여 선원에게 시간외근로를 명하거나 휴식시간에도 불구하고 필요한 작업을 하게 할 수 있다.

③ 선박소유자가 야간작업의 금지에 관한 규정에 위반한 때에는 2년 이하의 징역 또는 2천 만원 이하의 벌금에 처한다(법 제170조).

제7절 재해보상

1. 재해보상제도의 의의

① 선원의 재해보상제도는, 선원이 직무상 부상·질병·행방불명 또는 사망 등의 재해(災害, disaster)를 당하였을 경우에 선박소유자에게 그 선원의 요양(療養, medical treatment)을 명하거나 그 선원 또는 그의 유족이나 피부양자(被扶養者) 등에게 일정한 금액을 지급할 의무를 부과하는 제도이다.

② 오늘날 산업은 고도로 기계화·자동화되어 있어 관계 기관이나 선박소유자 등이 아무리 선박 등 산업설비의 안전유지 및 재해방지 등에 힘쓴다 하더라도 산업재해를 완전히 방지하기란 거의 불가능하다.

그런데 근대 민법의 일반원칙인 이른바 과실책임(果實責任)의 원칙에 따르면 해상근로자인 선원에게 직무상의 재해(災害)가 발생하더라도 사용자인 선박소유자에게 고의 또는 과실이 없으면 선박소유자에게 책임을 지우기란 쉽지 않다. 더구나 이러한 재해가 생길 경우에 고의·과실 등 책임원인을 입증(立證)하기는 매우 어렵다. 그렇다면 재해를 입은 선원의 구제가 힘들고 그 희생이 너무 크다.

여기서 선원법은 선원의 직무상의 재해가 생길 경우 선박소유자측의 고의·과실 등을 요건으로 하지 아니하고 선박소유자에게 재해를 보상할 의무를 지우고 있다. 뿐만 아니라 선원법은 선원이 승무 중에는 물론 직무 외의 원인으로 부상하거나 질병에 걸린 경우에도, 그것이 선원의 고의 또는 중대한 과실로 인한 것이 아닌 한, 선박소유자로 하여금 일정한 기간동안 요양을 시키거나 요양에 필요한 비용을 지급하도록 하고 있다.

2. 요양보상 및 요양의 범위

1) 요양보상

① 선박소유자는 선원이 직무상 부상을 당하거나 질병에 걸린 경우에는 그 부상이나 질병이 치유될 때까지 선박소유자의 비용으로 요양(療養)을 시키거나 요양에 필요한 비용을 지급하여야 한다. 직무상 질병의 범위에 관하여는 근로기준법 시행령 제40조 규정을 준용한다(법 제94조 제1항, 영 제24조).

② 선박소유자는 선원이 승무(기항지에서의 상륙기간, 승선·하선에 수반되는 여행기간을 포함한다) 중 직무 외의 원인에 의하여 부상이나 질병이 발생한 경우 다음에 따라 요양에 필요한 3개월 범위의 비용을 지급하여야 한다(제2항).

㉠ 선원이 「국민건강보험법」에 따른 요양급여의 대상이 되는 부상을 당하거나 질병에 걸린 경우에는 요양을 받는 선원의 본인 부담액에 해당하는 비용을 지급하여야 하고, 같은 법에 따른 요양급여의 대상이 되지 아니하는 부상을 당하거나 질병에 걸린 경우에는 그 선원의 요양에 필요한 비용을 지급하여야 한다.

㉡ 국제항해에 종사하는 선박에 승무하는 선원이 부상이나 질병에 걸려서 승무 중 치료받는 경우에는 ㉠에도 불구하고 그 선원의 요양에 필요한 비용을 지급하여야 한다.

③ 선박소유자는 제2항에도 불구하고 선원의 고의에 의한 부상이나 질병에 대하여는 선원노동위원회의 인정을 받아 제2항에 따라 부담하는 비용을 부담하지 아니할 수 있다.

여기의 선원에는 물론 예비원도 포함된다. 이 조항에서 "직무상(職務上)"이라 함은 "직무를 원인으로 하여"라는 취지이므로 직무와 부상 또는 질병과의 사이에 인과관계가 있어야 한다. 먼저 "직무상"의 직무에는 담당작업 뿐만 아니라 선원근로계약 본래의 취지에 따라서 인정되는 행위를 포함한다고 보아야 하므로, 예컨대 통근 도상, 작업의 준비 또는 뒤치닥거리 등의 행위에 대하여는 직무와 관련이 있는 행위로 보아야 할 것이나 그 전부를 직무상의 행위로 다룰 수는 없을 것이다. 이들의 행위에 대하여는 선원근로관계에 있어서의 행위 즉 선박소유자 또는 선장의 지휘감독하에 행하여지는 행위만을 직무상의 행위로 보아야 할 것이다.

직무상의 부상이 되기 위하여는 그것이 "직무에 기인하여" 생긴 것이어야 한다. 부상이 직무에 기인(起因)한다 함은 일반적으로 부상과 직무사이에 상당한 인과관계(因果關係)가 있는 경우를 말한다. 즉 일반적으로 말하면 부상이 그 직무행위로부터 사회통념상 보통 생길 수 있는 경우에는 인과관계가 있다고 할 것이다. 직무상의 부상은 그 직무와의 인과관계가 비교적 분명하므로 별로 문제될 것이 없다.

질병(疾病, disease)은 그 성질상 발생 과정면에서 부상과는 다르므로 직무에 기인한 것인 지의 여부가 분명하지 않은 경우가 많다. 그러므로 직무상의 것인 지의 여부는 역시 질병과 직무와의 사이에 상당한 인과관계가 있었는 지의 여부에 따라 판단하여야 한다.

그러나 개개의 질병에 대하여 이러한 판단을 한다는 것은 부상의 경우와 달라 매우 어렵고 불필요한 다툼을 유발하여 선원 보호의 실효를 거두는데 지장이 있을 우려가 있으므로 직무상의 질병의 범위에 관하여는 근로기준법시행령 제40조(업무상 질병의 범위)의 규정을 준용하여 38종에 이르는 직무상의 질병을 명확하게 규정하고 있다(영 제24조).

2) 요양의 범위

요양(療養, medical treatment)에 따른 다툼을 피하기 위하여 법에서는 그 범위를 정하고 있다. 법 제95조에 따른 요양의 범위는 다음과 같다. 물론 이러한 요양의 내용은 요양보상제도의 취지에 비추어 보통 일반적인 환자에게 필요한 수준의 내용이어야 할 것이다.

① 진찰(診察, diagnosis)
② 약제(藥劑)나 치료 재료와 의지(義肢, artificial limb) 그 밖의 보철구(補綴具)의 지급
③ 수술 및 그 밖의 치료
④ 병원 · 진료소 및 그 밖에 치료에 필요한 자택 외의 장소에 수용(식사의 제공을 포함한다)
⑤ 간병(看病). 이 때 간병의 범위는 산업재해보상보험법 시행령 규정에 의한 간병의 범위에 따른다.
⑥ 이송(移送)
⑦ 통원치료에 필요한 교통비

3. 상병보상

① 선박소유자는 제94조(요양보상) 제1항에 따라 요양 중인 선원에게 4개월의 범위에서 그 부상이나 질병이 치유(治癒)될 때까지 매월 1회 통상임금에 상당하는 금액의 상병보상(傷病補償)을 하여야 하며, 4개월이 지나도 치유되지 아니하는 경우에는 치유될 때까지 매월 1회 통상임금의 100분의 70에 상당하는 금액의 상병보상을 하여야 한다(법 제96조).
② 즉, 선박소유자는 제94조 제2항에 따라 요양 중인 선원에게 요양기간(3개월의 범위로 한정) 중 매월 1회 통상임금의 100분의 70에 상당하는 금액의 상병보상을 하여야 한다.
이는 직무상의 부상이나 질병으로 인하여 요양보상을 받고 있는 선원이 노동을 하지 못하고 따라서 임금을 받지 못하는 경우에도 그의 최저생활을 보장하고 생활안정을 도모하기 위한 규정이다.

4. 재해보상시의 통상임금 및 승선평균임금

① 상병보상 또는 소지품 유실보상(遺失補償)의 규정에 의한 상병보상 등 재해보상을 지급할 선원에 대하여 적용할 통상임금 및 승선평균임금은 그 선원이 소속한 사업장에서 동일한 직무에 종사하는 선원에게 지급된 통상임금의 1인당 1월 평균액이 그 부상 또는 질병이 발생한 날이 속하는 달에 동일한 직무에 종사하는 선원에게 지급된 통상임금 평균액의 100분의 105이상이 되거나, 100분의 95이하로 된 경우에는 그 변동 비율에 의하여 인상 또는 인하된 금액으로 하되, 그 변동사유가 발생한 달의 다음 달부터 이를 적용한다. 다만, 제2회 이후의 통상임금 및 승선평균임금의 증감을 위한 개정은 직전회의 변동사유가 발생한 달의 통상임금을 산정기준으로 한다(영 제3조의 4 제1항).
② 위 제1항의 경우 그 선원이 소속한 사업장이 폐지된 경우에는 그 선원의 부상 또는 질병이 발생한 당시의 같은 규모의 업종 · 사업장 및 선박을 기준으로 하여 위의 규정을 적용한다(영 제3조의 4 제2항).
③ 위 제1항 및 제2항의 경우에 그 선원과 동일한 직무에 종사하는 선원이 없는 때에는 그와 유사한 직무에 종사하는 선원에게 지급된 통상임금의 평균액의 변동비율에 의

한다(영 제3조의 4 제3항).

④ 요양보상 규정에 의한 직무상 부상 또는 질병에 걸린 선원에 대한 선원법상의 실업수당 및 퇴직금제도를 산정함에 있어서 적용할 통상임금 및 승선평균임금은 위 제1항 내지 제3항의 규정에 의하여 개정된 통상임금 및 승선평균임금으로 한다(영 제3조의 4 제4항).

5. 장해보상 및 일시보상

① 선원이 직무상 부상이나 질병이 치유된 후에도 신체에 장해(障害, disability)가 남는 경우에는 선박소유자는 지체 없이 「산업재해보상보험법」에서 정하는 장해등급(제1급 내지 제14급)에 따른 일수에 승선평균임금을 곱한 금액의 장해보상을 하여야 한다(법 제97조).

선박소유자는 제94조(요양보상) 제1항 및 제96조(상병보상) 제1항에 따라 보상을 받고 있는 선원이 2년이 지나도 그 부상이나 질병이 치유되지 아니하는 경우에는 「산업재해보상보험법」에 따른 제1급의 장해보상에 상당하는 금액을 선원에게 한꺼번에 지급함으로써 요양보상, 상병보상 또는 장해보상 등의 규정에 따른 보상책임(補償責任)을 면할 수 있다(법 제98조).

② 선원이 직무상 부상하거나 질병에 걸린 경우에 선박소유자는 요양보상을 하여야 하지만 그 부상, 질병이 너무 장기(長期)에 걸쳐서 치료가 끝나지 않는 경우에도 무한정 선박소유자에게 요양보상의 의무를 부과하는 것은 선박소유자에게 지나친 부담을 주는 경우도 있기 때문에 2년이 지나도 부상 또는 질병이 치유되지 않는 경우에는 산업재해보상보험법에 의한 제1급의 장해보상에 상당하는 금액을 일시에 지급하도록 함으로써 선박소유자가 요양보상을 하고 상병보상 또는 장해보상을 지급해야 하는 책임을 면제하고 있다.

6. 행방불명보상 및 소지품 유실보상

① 선박소유자는 선원이 해상에서 행방불명(行方不明, missing)된 경우에는 대통령령으로 정하는 피부양자에게 1개월 분의 통상임금과 승선평균임금의 3개월 분에 상당하는 금액의 행방불명보상을 하여야 한다(법 제101조 제1항).

② 선원의 행방불명기간이 1개월을 지났을 때에는 제99조(유족보상)와 제100조(장제비)를 적용한다.

그리고 여기서 행방불명보상을 받을 수 있는 피부양자의 범위 및 순위는 유족수당(遺族手當)을 받을 수 있는 유족의 범위 및 순위에 관한 규정을 준용한다(영 제31조).

육상노동과는 달리 해상노동의 경우에는 선박이 침몰(沈沒)하거나 선원이 바다에 떨어지는 등의 사고로 해상에서 선원이 행방불명으로 되는 경우도 있다. 이러한 경우에 선원은 노동의 제공이 없으므로 임금청구권이 생기지 않는다고 보아야 할 것이나 선원법은 피부양자인 가족의 정신적 고통을 위로하고 행방불명 기간 중의 생활을 보장하기 위하여 행방불명보상의 제도를 두고 있다.

③ 선박소유자는 선원이 승선하고 있는 동안 해양사고로 소지품(所持品)을 잃어버린 경우에는 통상임금의 2개월 분의 범위에서 그 잃어버린 소지품의 가액(價額)에 상당하는 금액을 보상하여야 한다(법 제102조).

7. 유족보상 및 유족의 범위와 순위

1) 사망 등의 유족보상

① 선박소유자는 선원이 직무상 사망(직무상 부상 또는 질병으로 인한 요양 중의 사망을 포함)하였을 때에는 지체없이 대통령령으로 정하는 유족(遺族, bereaved family)에게 승선평균임금의 1,300일분에 상당하는 금액의 유족보상을 하여야 한다(법 제99조 제1항).

② 선박소유자는 선원이 승무 중 직무 외의 원인으로 사망(제94조 제2항에 따른 요양 중의 사망을 포함)하였을 때에는 지체없이 대통령령으로 정하는 유족에게 승선평균임금의 1,000일분에 상당하는 금액의 유족보상을 하여야 한다. 다만, 사망 원인이 선원의 고의에 의한 경우로서 선박소유자가 선원노동위원회(船員勞動委員會)의 인정을 받은 경우에는 그러하지 아니하다(제2항).

2) 유족의 범위

① 유족의 범위와 유족보상(장제비를 포함)을 받을 순위는 다음의 순위와 같으며, 여기에 규정된 자 사이에 있어서는 그 기재된 순위에 의하되, 배우자에 있어서는 자녀 또는 부모가 있는 경우에는 그 자녀 또는 부모와 같은 순위로 하며, 부모에 있어서는 양부모(養父母)를 선순위로 실부모(實父母)를 후순위로 하고, 조부모에 있어서는 양부모의 부모를 선순위(先順位)로 실부모의 부모를 후순위(後順位)로 부모의 양부모를 선순위로 부모의 실부모를 후순위로 한다(영 제29조 및 영 제30조 제1항).

㉠ 선원의 사망당시 그에 의하여 부양되고 있던 배우자(사실상 혼인관계에 있던 자를 포함한다. 이하 같다)・자녀・부모・손 및 조부모

㉡ 선원의 사당당시 그에 의하여 부양되고 있지 아니한 배우자・자녀・부모・손 및 조부모

㉢ 선원의 사망당시 그에 의하여 부양되고 있던 형제자매

㉣ 선원의 사망당시 그에 의하여 부양되고 있지 아니한 형제자매

㉤ 선원의 사망당시 그에 의하여 부양되고 있던 배우자의 부모, 형제자매의 자녀 및 부모의 형제자매

㉥ 선원의 사망당시 그에 의하여 부양되고 있지 아니한 배우자의 부모, 형제자매의 자녀 및 부모의 형제자매

② 선원이 유언 또는 선박소유자에 대한 통보로서 위의 하나에 해당하는 자를 지정한 경

우에는 그 순위에 따른다(영 제30조 제2항). 또 태아(胎兒)는 위 ③의 ㉠ 및 ㉡을 적용함에 있어서는 이미 출생한 것으로 한다(영 제30조 제3항). 유족보상을 받을 수 있는 같은 순위의 자가 2인 이상이 있는 경우에는 유족보상은 그 지급받을 사람의 수에 의하여 등분(等分)하여 지급한다(영 제30조 제4항).

유족보상을 받을 수 있었던 자가 사망한 경우에는 유족보상을 받을 권리를 상실하고 같은 순위의 자가 있는 경우에는 같은 순위의 자가, 같은 순위가 없는 경우에는 다음 순위의 자가 이를 승계한다(영 제30조 제5항).

8. 장제비

① 선박소유자는 선원이 사망하였을 때에는 지체없이 대통령령으로 정하는 유족에게 승선평균임금의 120일분에 상당하는 금액을 장제비로 지급하여야 한다. 그러나 장제비를 지급하여야 할 유족이 없는 경우에는 실제로 장제(葬祭)를 행하는 자에게 장제비를 지급하여야 한다(법 제100조).

② 장제비의 지급을 받는 유족의 범위와 순위는 유족수당을 받는 유족의 범위 및 순위와 같다(영 제29조, 제30조).

9. 다른 급여와의 관계

① 선원에 대한 사회보험제도를 확립하기 위하여 1962년 선원보험법(1962.1.10 법률 제964호)이 제정된 바 있으며, 이 선원보험법에도 선원법에 규정된 재해보상적 보험급여가 포함되어 있다.

② 선원법의 규정에 따라 요양비용, 보상 또는 장제비의 지급(이하 "재해보상")을 받을 권리가 있는 자가 그 재해보상(災害補償)을 받을 수 있는 같은 사유로 「민법」이나 그 밖의 법령에 따라 이 법에 따른 재해보상에 상당하는 급여를 받았을 때에는 선박소유자는 그 가액의 범위에서 이 법에 따른 재해보상의 책임을 면한다(법 제103조).

이는 재해보상제도의 취지에 비추어 동일한 재해에 대하여 선박소유자에게 이중의 부담을 과하는 것은 타당하지 않기 때문에 둔 규정이다. 따라서 민법상의 손해배상액 등 급여가 선원법상의 보상액을 초과하는 경우에는 그 초과하는 금액에 대하여는 이를 다시 청구할 수 있는 것으로 본다.

10. 선박소유자의 보험의 가입

① 선박소유자는 해당 선박에 승무하는 모든 선원에 대하여 이 법에서 정한 재해보상을 완전히 이행할 수 있도록 대통령령으로 정하는 보험(이 보험에는 한국해운조합법 및 수산업협동조합법에 의한 공제를 포함한다) 또는 공제(控除, mutual aid)에 가입하여야 한다(법 106조 제1항, 영 제32조).

② 선박소유자는 제1항에 따른 보험 또는 공제에 가입할 경우 보험가입 금액은 승선평균

임금 이상으로 하여야 한다.

이에 따라 재해보상의 실효를 거둘 수 있도록 하기 위하여 선박소유자로 하여금 선원을 피보험자(被保險者, the insured)로 하는 책임보험(예컨대, P&I보험 등)에 가입하도록 강제하고 있다.

11. 해양수산관청 등의 심사 · 조정 및 중재

선원에 대한 재해보상은 그 제도의 목적에 비추어 가급적 간이한 절차로 신속하고 적정하게 행할 필요가 있다. 그러므로 선원법은 선원의 재해보상의 실시에 관하여 분쟁이 생긴 경우에는 일반적으로 많은 시간과 비용이 드는 민사소송 이외에 특히 감독기관인 해양수산관청과 선원노동위원회에 의하여 간소하게 해결될 수 있도록 다음과 같이 심사와 조정(調整) 또는 중재(仲裁)에 관한 제도를 두고 있다.

1) 해양수산관청의 심사·조정

① 선원의 직무상 부상 · 질병 또는 사망의 인정, 요양의 방법, 재해보상금액의 결정 및 그 밖에 재해보상에 관하여 이의(異議)가 있는 자는 해양수산관청에 심사나 조정을 청구할 수 있다(법 제104조 제1항).

이 경우 심사(審査)란 당사자 사이에 다툼이 있는 문제점을 조사하여 사실에 대한 판단을 내림으로써 분쟁의 해결을 용이하게 하는 것을 말한다. 예컨대, 선원의 부상 · 질병 등의 재해가 직무상의 것인 지의 여부에 대하여 선박소유자와 선원사이에 다툼이 있는 경우 재해발생 당시의 사정을 조사하여 사실을 객관적인 입장에서 명백히 가려주는 것을 말한다.

또한 조정(調整)이란 당사자간 이해관계를 달리하는 행위나 상태사이에 객관적 관점에서 타당한 해결을 발견하는 것을 말한다.

그러나 심사 또는 조정의 결과로서 어떤 결정이 이루어지거나 조정안이 제시되어도 당연히 법적 구속력이 있는 것은 아니며 당사자에 대한 권고적 성질을 가질 뿐이라고 본다.

② 해양수산관청은 제1항에 따른 심사 또는 조정의 청구를 받으면 1개월 이내에 심사나 조정을 하여야 한다(제2항).

③ 해양수산관청은 제1항에 따른 심사 또는 조정의 청구가 없어도 필요하다고 인정하면 직권으로 심사 또는 조정을 할 수 있다(제3항).

④ 해양수산관청이 제2항 및 제3항에 따라 심사나 조정을 할 경우에는 선장이나 그 밖의 이해관계인의 의견을 들어야 한다.

⑤ 해양수산관청은 제2항 및 제3항에 따라 심사나 조정을 할 경우 필요하다고 인정하면 의사에게 진단이나 검안(檢案, autopsy)을 시킬 수 있다. 또한 제1항에 따른 심사나 조정의 청구는 시효의 중단에 관하여 재판상의 청구로 본다.

2) 선원노동위원회의 심사와 중재

① 해양수산관청이 제104조(해양수산관청의 심사 · 조정) 제2항에 따른 기간에 심사나 조정을 하지 아니하거나 심사나 조정의 결과에 이의가 있는 자는 선원노동위원회에 심사나 중재를 청구할 수 있다(법 제105조 제1항).

② 선원노동위원회는 제1항에 따라 심사나 중재의 청구를 받으면 1개월 이내에 심사나 중재를 하여야 한다.

중재(仲裁, arbitration)라 함은 다툼이 있는 문제점을 해결하도록 중개를 하여 화해시키는 것을 말한다. 예컨대, 요양의 방법에 관하여 선원은 입원치료를 원하고 선박소유자는 통원요양(通院療養)을 주장하여 다툼이 있는 경우에 그 분쟁을 해결하기 위하여 양자 사이를 중개하여 화해하도록 이끄는 것이라고 볼 수 있다.

13. 벌 칙

선박소유자가 재해보상에 관한 규정에 위반하여 보상을 하지 않거나, 재해보상을 완전히 이행할 수 있도록 보험에 가입하지 아니한 때에는 2년 이하의 징역 또는 2천 만원 이하의 벌금에 처한다(법 제170조).

제5장 복지와 직업안정 및 교육훈련

1. 선원정책기본계획의 수립 등

1) 해양수산부장관은 선원정책의 효율적 · 체계적 추진을 위하여 선원정책위원회의 심의를 거쳐 5년 마다 선원정책에 관한 기본계획(이하 "선원정책기본계획")을 수립 · 시행하여야 한다. 선원정책기본계획에는 다음의 사항이 포함되어야 한다(법 제107조).

① 선원복지에 관한 사항

가. 선원복지 수요의 측정과 전망

나. 선원복지시설에 대한 장기 · 단기 공급대책

다. 인력 · 조직과 재정 등 선원복지자원의 조달, 관리 및 지원

라. 선원의 직업안정 및 직업재활

마. 복지와 관련된 통계의 수집과 정리

바. 선원복지시설 설치 항구의 선정

사. 선내 식품영양의 향상

아. 선원복지와 사회복지서비스 및 보건의료서비스의 연계

자. 그 밖에 해양수산부장관이 선원 복지를 위하여 필요하다고 인정하는 사항

② 선원인력 수급(需給)에 관한 사항

가. 선원인력의 수요 전망 및 양성

나. 선원의 구직·구인 및 직업소개 기관의 운영
다. 외국인 선원의 고용
라. 그 밖에 해양수산부장관이 선원인력의 수급관리에 필요하다고 인정하는 사항

③ 선원인력의 교육훈련에 관한 사항
가. 선원 교육훈련의 중장기 목표
나. 선원 교육훈련의 장기·중기·단기 추진계획
다. 선원 교육훈련 기관 및 운영방식
라. 그 밖에 해양수산부장관이 선원의 교육훈련을 위하여 필요하다고 인정하는 사항

2) 선원에 관한 다음의 사항을 심의하기 위하여 해양수산부에 선원정책위원회를 둔다(제3항).
① 선원정책기본계획의 수립·변경에 관한 사항
② 선원정책의 성과평가 및 개선에 관한 사항
③ 국제기구 등으로부터 요청된 선원정책에 관한 사항
④ 그 밖에 선원복지·선원인력의 수급 및 교육훈련에 관한 사항으로서 해양수산부장관이 필요하다고 인정하는 사항

3) 선원정책위원회는 위원장 1명을 포함한 20명 이내의 위원으로 구성하되, 위원장은 해양수산부장관이 된다. 이 경우 위원 중 3분의 1 이상은 선원 관련단체의 대표자나 전문가로 한다.
그 밖에 선원정책위원회의 구성·운영 등에 필요한 사항은 대통령령으로 정한다(법 제107조 제4항, 제5항).

2. 선원의 직업안정업무

근로자에게 그의 능력에 적합한 직업에 취업할 기회를 부여함으로써 각 산업에 필요한 노동력을 충족시켜 직업의 안정을 도모하는 것은 국민경제의 발전을 위하여 매우 중요하다.

선원법은 육상근로자의 직업안정을 위한 직업안정법과는 별도로 선원의 직업안정을 위한 특별규정을 두고 있다.

① 해양수산부장관은 필요한 선원인력을 확보하고 선원의 직업안정을 도모하기 위하여 다음의 업무를 수행한다(법 제108조 제1항).
㉠ 선원의 효과적인 취업 알선·모집 및 지원에 관한 업무
㉡ 선원인력 수요·공급의 실태 파악을 위한 선원의 등록과 실업 대책에 관한 업무
㉢ 선원관리사업에 대한 지도·감독에 관한 업무
㉣ 선원의 적성검사에 관한 업무

② 해양수산부장관은 국제노동기구 등 관련 국제기구·단체 및 그 회원국과의 협력과 관련된 업무로서 해양수산부령으로 정하는 업무를 수행한다.

3. 선원의 구직 및 구인등록 · 불만제기와 조사

① 선박에 승무하려는 사람은 해양수산부장관이 정하는 바에 따라 한국선원복지고용센터 또는 구직(求職) · 구인(求人) 관계기관으로서 대통령령으로 정하는 기관(이하 "구직 · 구인등록기관")에 구직등록을 하여야 하며, 선원을 고용하고자 하는 자는 구직 · 구인 등록기관에 해양수산부장관이 정하는 바에 의하여 구인등록을 하여야 한다(법 제109조 제1항, 제2항).

여기서 구직 · 구인 관련기관은 지방해양수산청장, 한국해양수산연수원장, 해양수산부장관이 지정하는 선박소유자단체 또는 선원을 구성원으로 하는 노동조합을 말한다.

이 규정에 위반한 자는 500만원 이하의 과태료에 처한다(법 제179조).

② 구직 · 구인 등록기관은 선원의 직업소개사업을 할 때에는 선박소유자 단체나 선원관리사업을 영위하는 자의 단체에 대하여 협조를 요청할 수 있다(법 제109조 제3항).

③ 선원의 불만제기와 조사 규정으로, 해양수산부장관은 구직 · 구인등록기관, 선원관리사업자, 해양수산부령으로 정하는 해양수산 관련 단체 또는 기관의 직업소개 활동과 관련하여 선원으로부터 불만이 제기되면 이를 즉시 조사하여야 하고 필요한 경우에는 해당 선박소유자와 선원대표를 조사에 참여시킬 수 있다(법 제114조).

4. 선원공급사업의 금지와 금품 등의 수령의 금지

선원공급사업의 금지 규정으로, 구직 · 구인등록기관, 선원관리사업자, 해양수산부령으로 정하는 해양수산 관련 단체 또는 기관 외에는 선원의 직업소개사업을 할 수 없다(법 제110조).

또한 선원을 고용하려는 자, 선원의 직업소개 · 모집 · 채용 · 관리에 종사하는 자 또는 그 밖에 선원의 노무 · 인사 관리업무에 종사하는 자는 어떠한 명목으로든 선원 또는 선원이 되려는 사람으로부터 그 직업소개 · 모집 · 채용 등과 관련하여 금품 그 밖의 이익을 받아서는 아니 된다(법 제111조).

5. 선원관리사업

① 해양수산부장관은 선원관리사업제도를 수립 또는 변경하려면 관련 선박소유자 단체 및 선원 단체와 협의하여야 한다(법 제112조 제1항).

② 해운법 제33조(사업의 등록)에 따라 선박관리업을 등록한 자가 아니면 선원의 인력관리업무를 수탁(受託, consignment)하여 대행하는 사업(이하 "선원관리사업")을 하지 못한다(제2항).

③ 선원관리사업을 운영하는 자(이하 "선원관리사업자")는 선박소유자의 인력관리업무 담당자로서 수탁한 업무를 성실하게 수행하여야 하며, 수탁한 업무 중 대통령령으로 정하는 업무에 관하여는 이 법을 적용할 때 선박소유자로 본다(제3항).

예컨대, 다음과 같은 업무에 관하여는 이 법의 적용에 있어서 선박소유자로 본다(법 제112조 제3항, 영 제38조 제1항).

㉠ 승무원명부의 작성·비치 및 공인신청
㉡ 승하선 공인신청
㉢ 승무경력증명서교부
㉣ 임금대장의 비치 및 기재
㉤ 건강진단에 관한 사항
㉥ 구인등록
㉦ 교육훈련에 필요한 경비의 부담
㉧ 수수료 납부

④ 선원관리사업자는 선원관리업무를 위탁받거나 그 내용에 변경이 있을 때에는 해양수산관청에 신고하여야 한다. 또한 선원관리사업자는 수탁한 업무의 내용을 선원근로계약을 체결하기 전에 승무하려는 선원에게 알려주어야 한다.

⑤ 선원관리사업자는 선박소유자(외국인을 포함)로부터 선원의 인력관리업무를 수탁한 경우에는 다음의 사항을 그 업무에 포함시켜야 한다.

㉠ 근로조건에 관한 사항
㉡ 재해보상에 관한 사항

⑥ 국민건강보험법, 국민연금법 및 고용보험법에 따른 보험료 또는 부담금의 의무에 관하여는 선원관리사업자를 사용자로 본다.

⑦ 해양수산부장관은 선원관리사업자가 선박소유자(외국인을 포함)로부터 선원의 인사관리업무를 위탁받은 경우에 근로조건에 관한 사항, 재해보상에 관한 사항, 국민건강보험법 및 국민연금법에 의한 보험료 및 부담금의 사용자 부담에 관한 사항 등 위탁받은 업무에 포함되어야 할 사항을 정하여야 하며 또한 이와 같이 정한 사항을 선원관리사업자가 성실하게 수행하도록 지도·감독하여야 한다(영 제38조 제2항·제3항).

6. 국제협약의 준수 등

① 구직·구인등록기관, 선원관리사업자 또는 해양수산부장관의 허가를 받아 공적 업무를 수행하는 해양수산 관련 단체나 기관은 선원의 노동권을 보호하고 증진하는 방식으로 선원의 직업소개사업을 운영하여야 하고, 선원의 직업소개와 관련하여 이 법, 해운법 및 해사노동협약(海事勞動協約)으로 정하는 사항을 준수하여야 한다(법 제113조 제1항).

② 선박소유자는 해사노동협약이 적용되지 아니하는 국가의 선원직업소개소를 통하여 선원을 고용하려는 경우에는 해양수산부령으로 정하는 바에 따라 해사노동협약의 기준을 충족하는지를 확인한 후 해사노동협약의 기준을 충족하는 선원직업소개소로부터 소개받은 선원을 고용하여야 한다.

7. 선원인력 수급관리

① 해양수산부장관은 선원의 자질향상 및 선원인력 수급(需給)의 균형을 도모할 수 있도록 선원인력 수급관리에 관한 제도(이하 “선원인력수급관리제도”)를 마련할 수 있다

(법 제115조). 이러한 선원인력의 수급관리제도의 실시를 위하여는 다음의 사항에 관한 계획을 수립·시행하여야 한다(영 제39조 제1항).

㉠ 선원의 양성

㉡ 선원의 외국선박에의 취업조정 또는 제한

㉢ 선원실습생의 승선 배정

㉣ 외국인 선원의 고용에 관한 기준

㉤ 기타 선원의 원활한 수급을 위하여 필요한 조치

또한 해양수산부장관은 위 ㉠ 내지 ㉣의 규정에 의한 외국인 선원의 고용에 관한 기준을 정할 때에는 관계 중앙행정기관의 장과 협의하여야 한다(영 제39조 제2항).

② 해양수산부장관은 선원인력의 수급이 균형을 잃어 수급의 조정이 불가피하다고 인정하는 경우에는 제107조(선원정책기본계획의 수립 등) 제3항에 따른 선원정책위원회의 심의를 거쳐 선원인력 공급의 우선순위를 정하는 등 필요한 조치를 할 수 있다.

③ 선원인력수급관리제도를 시행하기 위하여 필요한 사항은 대통령령으로 정한다.

8. 선원의 교육훈련과 그 위탁 및 경비 부담

① 선원 및 선원이 되고자 하는 자는 교육 및 훈련을 받아야 한다. 선원의 교육·훈련은 기초안전교육·상급안전교육·여객선교육·당직부원교육·탱커기초교육·의료관리자교육 및 고속선교육 등으로 구분한다.

선원과 선원이 되려는 사람은 대통령령으로 정하는 바에 따라 해양수산부장관이 시행하는 교육훈련(教育訓練)을 받아야 한다(법 제116조 제1항).

② 해양수산부장관은 제1항에 따른 교육훈련을 이수(履修)하지 아니한 선원에 대하여는 특별한 사유가 없으면 승무를 제한하여야 한다.

③ 해양수산부장관은 대통령령으로 정하는 바에 따라 제116조(선원의 교육훈련)에 따른 교육훈련 업무를 한국해양수산연수원법에 따라 설립된 한국해양수산연수원(이하 "한국해양수산연수원")이나 그 밖의 선원교육기관에 위탁할 수 있다(법 제117조 제1항).

④ 선원을 고용하고 있는 선박소유자 또는 제116조에 따른 교육훈련을 받는 사람은 대통령령으로 정하는 바에 따라 교육훈련에 필요한 경비를 부담한다. 다만, 선박 승선을 위한 안전교육 등 해양수산부령으로 정하는 교육에 관하여는 그 경비의 일부를 감면받을 수 있다(제2항).

⑤ 법 제117조 제1항에 따라 해양수산부장관으로부터 교육훈련 업무를 위탁받은 자의 감독에 필요한 사항은 대통령령으로 정한다.

⑥ 해양수산부장관은 선원의 교육훈련에 관한 업무를 한국해양수산연수원이나 해양수산부령이 정하는 선원교육기관에 위탁한다(법 제117조, 영 제43조 제1항, 영 제52조 제3항).

그 교육과정별 교육대상자·교육내용·교육기간은 다음 시행규칙 [별표 2]와 같다(참고로 선박직원법시행규칙 [별표 1]도 배열한다).

⑦ 선원(외국인선원 포함)이 「선원의 훈련·자격증명 및 당직근무의 기준에 관한 국제협약」에서 정하는 교육훈련을 받은 경우 그 교육과정이 ①의 규정에 의한 교육과정과 동등 이상의 수준이라고 해양수산부장관이 인정하는 경우에는 ①의 규정에 의한 교육 및 훈련을 이수한 것으로 본다(영 제43조 제4항).

⑧ 선원교육훈련 경비의 부담

선박소유자 또는 교육훈련을 받는 자(이하 "피교육자"라 한다)는 다음의 구분에 따라 교육훈련에 필요한 경비(經費)를 부담한다(영 제45조).

㉠ 피교육자가 선박소유자에게 고용되어 있는 경우 : 선박소유자

a. 선박직원법 제5조 제1항 후단 및 동법시행령 제5조 제1항의 규정에 의한 면허교육을 받는 경우

b. 선박직원법 제7조 제3항 제2호의 규정에 의한 면허갱신교육과정의 교육을 받는 경우

c. 선박직원법시행령 제14조 제1항의 규정에 의한 응시자격취득교육과정의 교육을 받는 경우

㉡ 피교육자가 선박소유자에게 고용되어 있지 아니한 경우 : 피교육자

[별표 2] 교육과정별 교육대상자 · 교육내용 및 교육기간

(제42조 제5항 · 제43조 제2항 · 제43조의 3 제1항 · 제43조의 2 · 제47조의 2 및 제57조 제1항 관련)

교육과정		교육대상자	교육내용	교육기간	유효기간
기초안전교육		1. 여객선 또는 연해구역 이상을 항행구역으로 하는 상선에 승무하고자 하는 사람. 다만, 선박의 안전 또는 오염방지 임무를 담당하지 아니하고 비상배치표상 비상 시 여객보조업무를 담당하지 아니하는 사람으로서 비고란 제10호에 따른 선상훈련을 받은 자는 제외한다. 2. 어선의 선박직원, 원양어선의 갑판장 또는 조기장으로 승무하고자 하는 사람	친숙훈련, 개인의 안전 및 사회적 책임, 개인의 생존기술, 방화 및 소화, 기초응급처치, 해난방지에 관한 사항	4.5일 (재교육의 경우에는 2일)	5년
		연해구역 이상을 항행구역으로 하는 어선(20톤 이상 25톤 미만 어선을 제외한다)의 부원으로 승무하고자 하는 사람(원양어선의 갑판장 또는 조기장으로 승무하고자 하는 사람을 제외한다)	친숙훈련, 개인의 안전 및 사회적 책임, 개인의 생존기술, 방화 및 소화, 기초응급처치, 해난방지에 관한 사항	2일 (재교육의 경우에는 1일)	5년
상급안전교육	구명정 조종사 교육	1. 구명정, 구명뗏목 또는 구조정이 탑재되어 있는 선박(어선을 제외한다)에서 선장·항해사·기관장·기관사·운항장·운항사 또는 구명정 조종사로 승무하고자 하는 사람 2. 여객선의 선박직원 또는 구명정 조종사로 승무하고자 하는 사람	「선원의 훈련·자격증명 및 당직근무의 기준에 관한 국제협약」의 구명정 조종사에 관한 교육내용	3일 (재교육의 경우에는 0.5일)	5년
	상급	여객선 선박직원 및 5급항해사, 5급기관	「선원의 훈련·자격증명 및	3일	5년

	소화 교육	사, 4급운항사 이상의 해기사면허 소지자로서 연해구역 이상을 항행구역으로 하는 상선의 선박직원으로 승무하고자 하는 자	당직근무의 기준에 관한 국제협약」의 상급소화에 관한 교육내용	(재교육의 경우에는 1일)	
	응급 처치 담당자 교육	1. 5급항해사, 5급기관사, 4급운항사 이상의 해기사면허 소지자로서 연해구역 이상 을 항행구역으로 하는 상선의 선박직원으로 승무하고자 하는 사람 2. 응급처치담당자로 승무하고자 하는 사람	「선원의 훈련·자격증명 및 당직근무의 기준에 관한 국제협약」의 응급처치담당자에 관한 교육내용	3일 (재교육의 경우에는 0.5일)	5년
	고속 구조정 조종사 교육	구명정 조종사 교육 이수자로서 고속구조정이 탑재된 선박에서 고속구조정 조종사로 승무하고자 하는 자	「선원의 훈련·자격증명 및 당직근무의 기준에 관한 국제협약」의 고속구조정 조종사에 관한 교육내용	1일	5년
여객선 교육	여객선 기초 교육	여객선에 부원으로 승무하고자 하는 사람(선박의 안전 또는 오염방지 임무를 담당하지 아니하고 비상배치표상 비상 시 여객보조업무를 담당하지 아니하는 사람으로서 비고란 제10호에 따른 선상훈련을 받은 사람은 제외한다)	「선원의 훈련·자격증명 및 당직근무의 기준에 관한 국제협약」의 교육내용(친숙훈련, 여객선 안전훈련)	2일(재교육의 경우에는 1일)	5년
	여객선 상급 교육	여객선에 선박직원으로 승무하고자 하는 사람 또는 여객의 안전관리 업무를 담당하기 위하여 승무하려는 사람	「선원의 훈련·자격증명 및 당직근무의 기준에 관한 국제협약」의 교육내용(여객선의 특성, 군중관리, 여객과 화물의 안전, 선박의 복원성, 위기관리 및 인간행동의 특수성)	4일(재교육의 경우에는 2일)	5년
당직부원 교육		2월 이상 갑판부 또는 기관부에 승무한 자로서 항해당직부원이 되고자 하는 자(기초안전교육 이수자에 한한다)	항해당직 요령 및 정박당직 요령	5일	없음
		3년 이상 갑판부 또는 기관부의 부원으로 승무한 경력이 있는 자로서 자동화선박의 운항당직부원이 되고자 하는 자	선박의 운항, 기관의 운전 및 운항당직 요령	1월 이상	없음
탱커기초 교육		유조선 또는 케미칼탱커에 선장, 항해사, 기관사, 운항사 또는 갑판부·기관부의 부원 또는 자동화선박의 부원으로 승무하려는 사람	유조선 및 케미컬탱커의 화물특성·독성·위험·인명보호 및 오염방지 등	3일	없음
		액화가스탱커에 선장, 항해사, 기관사, 운항사 또는 갑판부·기관부의 부원 또는 자동화선박의 부원으로 승무하려는 사람	액화가스탱커의 화물특성·독성·위험·인명보호 및 오염방지 등	3일	없음
선 박 조리사 교 육		영 제22조제1항제1호 또는 제2호에 따라 선박조리사가 되려는 사람	○ 집단급식 및 위생관리 ○ 식중독 예방 및 관리 ○ 그 밖에 선박조리사의 자질 향상 및 식품위생과 관련하여 필요한 사항	「국가기술자격법」에 따른 조리기능사 이상의 자격증을 취득한 사람 또는 선박에서 3년 이상 조리업무에 종사한 경력이 있는 사람: 1일 그 밖의 사람: 3일	없음

의료관리자교육	자격취득교육	의료관리자 자격시험에 합격한 자와 동등한 자격을 취득하고자 하는 자	「선원의 훈련·자격증명 및 당직근무의 기준에 관한 국제협약」에서 규정한 의료관리자 교육내용	5일	없음
	보수교육	의료관리자자격증 취득 또는 보수교육을 이수한 날부터 5년이 경과하여 의료관리자 자격을 유지하려는 사람	「선원의 훈련·자격증명 및 당직근무의 기준에 관한 국제협약」에서 규정한 의료관리자 교육내용	2일	5년
고속선교육		국제항해에 종사하는 고속선에 승무하고자 하는 선원	1. 탈출설비, 배수설비, 구명설비 및 소방설비의 조작에 관한 사항 2. 여객의 소집 및 유도, 구명동의 착용의 지원, 기타 비상시에 있어서의 여객의 안전확보에 관한 사항 3. 선박의 복원성을 확보하기 위해 필요한 사항	2일	없음
		국제항해에 종사하는 고속선에 승무하고자 하는 선장 및 갑판부 직원	1. 선박의 특성 및 항행상의 조건에 따른 조선방법에 관한 사항 2. 조타시설, 기타 선박의 항행을 위해 필요한 설비(기관을 제외한다)의 조작에 관한 사항	1일 (재교육의 경우에는 0.5일)	2년
		국제항해에 종사하는 고속선에 승무하고자 하는 기관부 직원	기관의 조작에 관한 사항	1일 (재교육의 경우에는 0.5일)	2년
선박보안교육	선박보안상급교육	「국제항해선박 및 항만시설의 보안에 관한 법률」 제8조에 따라 선박보안책임자로 지정받으려는 사람	선박보안계획, 선박보안등급, 선박보안장비 및 시설, 선박보안점검 및 평가, 선박보안위험 및 대응에 관한 사항	2일	없음
	선박보안중급교육	「국제항해선박 및 항만시설의 보안에 관한 법률」 제8조에 따른 선박보안책임자를 보조하려는 사람	선박보안계획, 선박보안점검, 선박보안장비 및 시설, 선박보안 위험 및 대응에 관한 사항	1일	없음
	선박보안기초교육	국제항해에 종사하는 선박에 승무하려는 사람	선박보안장비, 선박보안 위험 및 대응에 관한 사항	0.5일	없음

〈비 고〉

1. 「선박직원법 시행령」 제2조제7호의 규정에 따른 지정교육기관에서 이수한 교육과목에 대하여는 당해 과목을 면제할 수 있다.
2. 연해구역 이상을 항행구역으로 하는 선박으로서 국제항행에 종사하지 아니하는 선박에 대하여는 다음 각 목의 규정을 적용한다.
   가. 상급안전교육을 이수한 경우에는 기초안전교육을 면제한다.
   나. 1997년 12월 15일부터 5년 이내에 1년 이상의 승무경력이 있는 부원은 기초안전교육의 교육기간을 3일로 할 수 있다.

다. 상급안전교육과정 중 구명정 조종사 교육 · 상급소화교육 및 응급처치담당자교육을 통합하여 교육을 실시할 경우 교육기간을 5일(재교육의 경우는 2일)로 할 수 있다.

3. 삭제 <2015.1.6.>
4. 1월 이상의 승무경력이 있는 자 또는 1999년 6월 24일 이전에 신규교육을 이수한 자가 어선의 부원(원양어선의 갑판장 및 조기장을 제외한다)으로 승무하고자 하는 경우에는 기초안전교육을 면제한다.
5. 기초안전재교육대상자가 상급안전재교육을 받는 경우 기초안전교육의 재교육을 면제한다.
6. 유사한 과목이 중복되는 경우 지정교육기관의 장은 해양수산부장관의 승인을 얻어 중복된 과목에 대해서는 해당교육과목의 이수를 면제할 수 있다.
7. 삭제 <2012.5.18>
8. 기초안전교육을 이수한 연해구역 이상을 항행구역으로 하는 어선의 부원(원양어선의 갑판장, 조기장을 제외한다)이 여객선 또는 연해구역 이상을 항행구역으로 하는 상선 및 어선의 선박직원(원양어선의 갑판장, 조기장을 포함한다)으로 승무하고자 하는 경우에 기초안전교육기간은 2일로 한다.
9. 고속선이라 함은 최대속력이 3.7×▽ 0.1667 이상인 선박으로서 해양수산부장관이 정하여 고시하는 선박을 말한다. 이 경우 ▽는 계획 흘수선에 있어서의 배수용적(㎥)을 말한다.
10. 기초안전교육, 선박보안기초교육 및 여객선교육 대상에서 제외되는 자의 선상훈련 내용 및 실시 방법 등은 다음 각 목에 따른다.
    가. 선상훈련은 「선원의 훈련 · 자격증명 및 당직근무의 기준에 관한 국제협약」에 따른 친숙훈련 내용을 포함하여야 한다.
    나. 선상훈련은 선박승선 시부터 1주일 내에 실시하여야 한다.
    다. 선상훈련은 선장 또는 상급안전교육 등을 이수한 선박직원 등이 시켜야 한다.
11. 삭제 <2012.5.18>
12. 탱커기초교육 중 유조선 및 케미칼탱커와 액화가스탱커 기초교육을 통합하여 교육을 실시할 경우 교육기간을 5일로 할 수 있다.

[별표 4] 선내교육훈련 및 평가계획의 수립기준

(제40조의 2 제1항 관련)

구분			주기	대상자
선내숙지훈련			수시	모든 선원
해상인명 안전훈련	소화훈련		매월 (여객선은 10일, 국제항해여객선은 7일)	모든 선원
	단정훈련	퇴선훈련	매월 (국제항해여객선은 출항 후 24시간 이내)	모든 선원
		구명정 강하	3개월	모든 선원
		진수훈련	1년	모든 선원
해양사고 대응훈련	선체손상 대처훈련 - 충돌 및 좌초 - 추진기관 고장 - 악천후대비 등		6개월 (국제안전관리규약을 따르는 경우에는 그에 의함)	모든 선원
	인명사고시 행동요령	해상추락	6개월 (국제안전관리규약을 따르는 경	모든 선원

			우에는 그에 의함)	
		밀폐공간에서의 구조	6개월 (국제안전관리규약을 따르는 경우에는 그에 의함)	모든 선원
	비상조타훈련		3개월	모든 선원
기름유출 대처훈련			매월 (국제안전관리규약을 따르는 경우에는 그에 의함)	모든 선원
선박보안 숙지교육			선상직무 수행전 및 필요시	국제항해에 종사하는 선박의 모든 선원

9. 정부의 보조

① 해양수산부장관은 제117조(선원의 교육훈련 위탁) 제1항 및 제158(권한의 위임·위탁) 조 제1항에 따라 업무를 위탁받은 한국해양수산연수원 및 한국선원복지고용센터에 대통령령으로 정하는 바에 따라 필요한 경비를 보조하거나 국유재산 또는 항만시설을 무상으로 대부할 수 있다(법 제118조 제1항).

② 해양수산부장관은 선원의 복지 증진과 기술 향상을 위하여 필요하다고 인정하면 해당 사업을 수행하는 자에게 그 사업비를 보조하거나 국유재산 또는 항만시설을 무상(無償)으로 대부할 수 있다.

제6장 취업규칙

1. 취업규칙의 의의

① 취업규칙(就業規則)이란 일반적으로 다수의 근로자를 고용하고 있는 사용자(예컨대, 선박소유자 등)가 근로자 일반이 취업상 준수하여야 할 공통된 근로조건과 복무규율(服務規律) 등에 관하여 구체적 항목을 정한 규칙으로 사칙(社則)이나 종업원규칙 등 명칭의 여하를 불문한다.

② 선원법은 선박소유자(대통령령이 정하는 어선소유자를 제외)가 선원을 고용하는 경우에 그에게 취업규칙의 작성과 신고의무를 부과하고 있다.

이 때에 선원근로계약은 원래 선박소유자와 선원이 개별적으로 체결하는 것으로 보아야 할 것이나, 사실상 선박소유자가 다수의 선원과 개별적으로 계약내용을 협정(協定)하기가 번잡하므로 미리 공통된 것을 취업규칙에 정하여 두고 근로계약을 체결할 때에 "취업규칙에 따른다"고 함으로써 그 내용을 이용하는 것이 일반적이다.

그러나 취업규칙은 선박소유자가 일방적으로 정한 규칙이므로(이 점이 이른바 단체협약과 다르다) 선원에게 불리하게 정하여질 우려가 있다. 따라서 이러한 폐단을 방지하기 위하여 선원법은 취업규칙의 내용과 작성절차 등에 간섭함으로써 선원을 보호하고 있다.

③ 취업규칙의 성질에 관하여는 계약설(契約說), 사실규범설(事實規範說) 등의 견해도 있으나 이는 법령과 마찬가지로 법적 효력을 가진 사회규범으로 보는 법규범설(法規範說)이 타당하다.

따라서 고용당시에 근로자가 취업규칙의 내용을 알았거나 또는 승낙여부에 관계없이 취업규칙의 구속을 받게 된다. 실정법상으로도 법규범설이 타당하다.

2. 취업규칙의 작성과 신고

① 선박소유자(소유하고 있는 어선의 총톤수의 합계가 50톤 미만인 자를 제외)는 해양수산부령으로 정하는 바에 따라 다음 사항이 포함된 취업규칙(就業規則)을 작성하여 해양수산관청에 신고하여야 한다. 취업규칙을 변경한 경우에도 또한 같다(법 제119조 제1항, 영 제48조).

㉠ 임금의 결정・계산・지급 방법, 마감 및 지급시기와 승급에 관한 사항
㉡ 근로시간, 휴일, 선내 복무 및 승무정원에 관한 사항
㉢ 유급휴가 부여의 조건, 승선・하선 교대 및 여비에 관한 사항
㉣ 선내 급식과 선원의 후생・안전・의료 및 보건에 관한 사항
㉤ 퇴직에 관한 사항
㉥ 실업수당, 퇴직금, 재해보상, 재해보상보험 가입 등에 관한 사항
㉦ 인사관리, 상벌 및 징계에 관한 사항
㉧ 교육훈련에 관한 사항
㉨ 단체협약이 있는 경우 단체협약의 내용 중 선원의 근로조건에 해당되는 사항
㉩ 산전・산후 휴가, 육아휴직 등 여성선원의 모성 보호 및 직장과 가정생활의 양립 지원에 관한 사항

② 선박소유자는 제1항에 따라 취업규칙을 신고할 때에는 노동조합 및 노동관계조정법 제31조에 따른 단체협약(단체협약이 제출되어 있는 경우는 제외)의 내용을 적은 서류를 함께 제출하여야 한다(법 제119조 제2항).

이는 취업규칙의 내용이 단체협약의 내용에 위반되는지 여부를 확인하기 위하여 의무화한 것이다.

③ 선박소유자가 취업규칙을 신고하고자 할 때에는 취업규칙 2부 또는 취업규칙의 전자문서 파일(정보통신망을 이용하는 경우에 한한다)을 작성하여 지방해양수산청장에게 제출하여야 한다. 다만, 자동화선박의 취업규칙에는 선박의 정박 중 선박설비의 점검・정비 및 하역 등의 작업에 대한 육상지원체제와 자동화선박의 승무자격이 잇는 운항사의 확보에 관한 사항이 명시되어야 한다. 지방해양수산청장은 취업규칙의 내용이 법령 또는 단체협약에 위반되는지의 여부를 확인하여야 한다(규칙 제52조의 2).

④ 취업규칙을 작성하지 아니하거나 거짓 취업규칙을 작성하여 신고를 한 자는 500만 원의 이하의 벌금(罰金)에 처하고, 취업규칙의 신고를 하지 아니한 자는 500만 원 이하의 과태료에 처한다(법 제177조, 제179조).

3. 취업규칙의 작성절차

① 취업규칙의 작성 및 신고 규정인 제119조 제1항에 따라 취업규칙을 작성하거나 변경하려는 선박소유자는 그 취업규칙이 적용되는 선박소유자가 사용하는 선원의 과반수(過半數)로써 조직되는 노동조합이 있는 경우에는 그 노동조합의 의견을 들어야 하며, 선원의 과반수로써 조직되는 노동조합이 없는 경우에는 선원 과반수의 의견을 들어야 한다. 다만, 취업규칙을 선원에게 불리하게 변경하는 경우에는 그 동의를 받아야 한다(법 제120조 제1항).

② 제119조(취업규칙의 작성 및 신고) 제1항에 따라 취업규칙을 신고할 때에는 제1항에 따른 의견 또는 동의의 내용을 적은 서류를 붙여야 한다.

즉 선박소유자가 선원 측의 의견을 들어야 하나 그 의견을 취업규칙의 내용에 반영시키는가의 여부는 선박소유자의 결정에 달려 있으며, 의견을 받아들이지 않는 경우에도 취업규칙의 작성 또는 변경의 효력에는 영향이 없다.

③ 취업규칙의 작성 또는 변경에 있어 선원 측의 의견을 듣거나 동의를 얻어야 할 절차를 위반한 자는 500만원 이하의 벌금에 처한다(법 제177조).

4. 취업규칙의 감독 및 그 효력

① 해양수산관청은 법령 또는 단체협약에 위반되는 취업규칙에 대하여는 그 변경을 명할 수 있다(법 제121조). 법령 또는 단체협약에 위반되는 취업규칙이 있는 경우에 이를 바로잡지 아니하면 선원의 처우가 사실상 그 취업규칙에 따라서 행하여질 위험이 있으므로 이를 방지하기 위하여 해양수산관청이 이의 변경을 명할 수 있도록 하였다.

② 취업규칙과 단체협약과의 관계를 보면 양자(兩者)는 모두 개별적 근로계약의 당사자를 구속하는 점에서는 같으나 작성절차가 다르다.

즉 취업규칙은 작성절차에 있어 선박소유자가 선원의 과반수로 조직되는 노동조합(그러한 노동조합이 없는 경우에는 선원의 과반수를 대표하는 자)의 의견을 들어야 하지만 그 의견에 구속되는 것은 아니므로 이는 어디까지나 선박소유자가 일방적으로 작성한 것이다.

그러나 이와는 달리 단체협약은, 법령이 규정하는 근로조건에 위반하지 않는 범위 안에서 노동조합과 선박소유자(또는 선박소유자를 구성원으로 하는 단체)사이에 근로조건의 기준 기타에 관하여 합의한 협정문을 말한다.

그러므로 선원법은 당사자의 합의로 이루어진 단체협약의 효력이 취업규칙에 우선한다고 규정한다. 따라서 취업규칙 중에 단체협약에 위반하는 근로조건 등의 규정이 있는 경우에는 그 위반되는 부분은 무효이다.

③ 취업규칙의 변경명령에 위반한 자는 500만원 이하의 벌금에 처한다(법 제177조).

④ 취업규칙에서 정한 기준에 미치지 못하는 근로조건을 정한 선원근로계약은 그 부분만 무효로 한다. 이 경우 그 무효 부분은 취업규칙에서 정한 기준에 따른다(법 제122조).

이는 근로계약에 대한 취업규칙의 우선적 효력을 명문으로 인정한 것이다. 예컨대, 취업규칙에서 일반적으로 기본급을 100만원으로 정한 경우에 특정한 어느 선원과의 근로계약에서 기본급을 80만원으로 산정하였다 하더라도 이는 무효이며, 선원은 그 차액 20만원에 대한 청구권을 갖는다는 취지이다.

제7장 감독 등

선원법은 선원의 근로보호를 위하여 근로조건의 최저기준을 정하고 그 이행을 확보하려는 강행법규이다. 또한 선원법은 행정상 선원의 보호·구제를 위하여 감독 규정을 두고 있다.

선원법의 규정이 선박소유자, 선장 및 해원의 3자에 의하여 올바로 준수되도록 그 시행을 감독하는 감독기관으로는 해양수산부장관, 선원근로감독관 및 선원노동위원회가 있다.

그리고 선원법은 「1978년 선원의 훈련·자격증명 및 당직근무의 기준에 관한 국제협약」(STCW협약)의 관계 규정을 수용하여 외국 선박의 감독에 관한 규정을 두고 있으며, 그 밖에 감독(監督)의 수단으로 선원의 신고제도와 선박소유자의 보고제도를 두고 있다.

1. 행정처분 및 분쟁의 주선

선원법의 감독기관으로는 해양수산부장관·지방해양수산청장 및 지방해양수산청 출장소장 등이 있다. 해양수산관청은 선원법의 감독기관으로 다음과 같은 행정처분을 하거나 또는 분쟁을 주선할 권한이 있다.

1) 행정처분

① 해양수산부장관은 선박소유자나 선원이 이 법, 근로기준법(제5조 제1항에 따라 선원의 근로관계에 관하여 적용하는 부분만 해당한다) 또는 이 법에 따른 명령을 위반하였을 때에는 그 선박소유자나 선원에 대하여 시정(是正, correction)에 필요한 조치를 명할 수 있다(법 제124조 제1항).

② 해양수산부장관은 선박소유자나 선원이 제1항에 따른 명령에 따르지 아니하는 경우로서 항해를 계속하는 것이 해당 선박과 승선자에게 현저한 위험을 불러일으킬 우려가 있는 경우 그 선박의 항해정지(航海停止)를 명하거나 항해를 정지시킬 수 있다. 이 경우 선박이 항해 중일 때에는 해양수산부장관은 그 선박이 입항하여야 할 항구를 지정하여야 한다(제2항).

③ 해양수산부장관은 제2항에 따라 처분을 한 선박에 대하여 그 처분을 계속할 필요가 없다고 인정하면 지체없이 그 처분을 취소하여야 한다.

항해정지(航海停止)의 명령 등 위의 처분에 위반한 자는 1년 이하의 징역 또는 1천만원 이하의 벌금에 처한다(법 제174조).

2) 분쟁의 주선

해양수산관청은 선박소유자와 선원 간에 생긴 근로관계에 관한 분쟁(紛爭, 노동조합 및 노동관계조정법 제2조 제5호에 따른 노동쟁의는 제외)의 해결을 주선(周旋, mediation) 할 수 있다(법 제130조).

여기의 근로관계에 관한 분쟁(紛爭, dispute)에서는 노동쟁의조정법상의 노동쟁의(즉 임금・근로시간・후생・해고 기타 대우 등 근로조건에 관한 근로관계 당사자간의 주장의 불일치로 인한 분쟁상태)와 같은 집단적 근로관계의 분쟁은 제외되므로 이 조항의 분쟁은 주로 선박소유자와 선원사이의 근로조건에 관한 개인적인 다툼을 말한다. 또 여기의 주선은 강제력이 있는 것이 아니기 때문에 당사자를 구속하지는 않는다.

2. 외국선박에 대한 점검 등

1) 외국선박에 대한 점검

① 해양수산부장관은 소속 공무원에게 국내항(정박지를 포함한다. 이하 같다)에 있는 외국선박에 대하여 다음의 사항을 점검하게 할 수 있다(법 제132조 제1항).

㉠ 기국(旗國)에서 발급한 승무정원증명서와 그 증명서에 따른 선원의 승선 여부

㉡ 선원당직국제협약의 항해당직 기준에 따른 항해당직의 시행 여부

㉢ 선원당직국제협약에 따른 유효한 선원자격증명서나 그 면제증명서의 소지 여부

㉣ 해사노동협약에 따른 해사노동적합증서 및 해사노동적합선언서의 소지 여부

㉤ 해사노동협약에 따른 선원의 근로기준 및 생활기준의 준수 여부

② 해양수산부장관은 제1항에 따라 점검을 할 경우 소속 공무원으로 하여금 그 선박에 출입하여 장부・서류 및 그 밖의 물건을 점검하고, 해당 선원에게 질문하거나 선원의 근로기준 및 생활기준 등에 대하여 직접 확인하게 할 수 있다.

③ 제1항 ㉠부터 ㉢까지의 규정에 해당하는 사항에 대한 점검은 「선박안전법」 제68조에 따른다.

2) 외국선박의 점검절차 및 선원 불만처리 절차

① 제132조(외국선박에 대한 점검) 제1항 제4호(㉣) 및 제5호(㉤)에 따른 외국선박의 점검절차는 다음 각 호와 같다(법 제133조 제1항).

(1) 기본항목의 점검(제1호)

가. 해사노동협약에 따른 해사노동적합증서와 해사노동적합선언서의 적절성과 유효성 확인
나. 선원의 근로기준 및 생활기준이 해사노동협약의 기준에 맞는지 여부
다. 선박이 해사노동협약의 준수를 회피할 목적으로 국적을 변경하였는지 여부
라. 선원의 불만 신고가 있었는지 여부

(2) 제1호에 따른 기본항목의 점검 결과 다음에 해당하는 경우 상세 점검의 시행. 이 경우 담당 공무원은 선장에게 상세점검을 한다는 사실을 알려야 한다(제2호).
가. 선원의 안전, 건강이나 보안에 명백히 위해를 끼칠 수 있는 사실이 발견된 경우
나. 점검결과 해사노동협약의 기준을 현저하게 위반하였다고 믿을만한 근거가 있는 경우

② 제1항 제2호에 따른 상세점검 범위에 관하여는 대통령령으로 정한다. 다만, 제1항 제1호 라목에 따라 불만사항이 신고되었을 때의 점검범위는 해당 신고사항으로 한정한다.

③ 해양수산부장관은 제1항 제2호에 따른 상세점검 결과 선원의 근로기준 및 생활기준이 해사노동협약의 기준에 맞지 아니한 것으로 밝혀진 경우에는 기국에 통보하는 등 대통령령으로 정하는 조치를 하여야 한다.

④ 제1항 제2호에 따른 상세점검 결과 그 선박이 다음의 하나에 해당할 경우에는 그 선박의 출항정지를 명하거나 출항을 정지시킬 수 있다(제4항).
㉠ 선원의 안전, 건강 및 보안에 명백히 위해가 되는 경우
㉡ 해사노동협약의 기준을 현저하게 위반하거나 반복적으로 위반하는 경우

⑤ 해양수산부장관은 제4항에 따른 처분을 한 경우에는 기국(旗國)에 통보하는 등 대통령령으로 정하는 조치를 하여야 한다.

⑥ 제4항에 따른 처분에 불복하는 자의 이의신청(異議申請)과 그 처리 절차에 관하여는 「선박안전법」 제68조 제5항부터 제7항까지의 규정을 준용한다.

⑦ 외국선박의 선원 불만 처리절차로, 해양수산부장관은 국내항에 정박 중이거나 계류 중인 외국선박이 해사노동협약의 기준을 위반하였다는 신고를 선원 등으로부터 받은 경우 제132조(외국선박에 대한 점검)에 따라 점검을 시작하는 등 대통령령으로 정하는 조치를 하여야 한다(법 제134조).

3. 선원근로감독관

선원근로감독관이란 근로기준법상의 근로감독관에 해당하는 공무원으로, 해상근로의 특수성을 고려하여 선원법 및 선원의 근로관계에 적용되는 근로기준법의 시행에 관한 사항을 관장하기 위하여 특별히 마련된 집행기관(執行機關)이다.

1) 선원근로감독관의 자격 등

① 법 제123조(선박의 근로기준 등에 대한 검사)에 따른 검사와 선원의 근로감독을 위하

여 해양수산부에 선원근로감독관을 둔다. 그의 자격·임명 및 직무에 관하여 필요한 사항은 대통령령(선원근로감독관규정)으로 정한다(법 제125조).

② 선원근로감독관은 해양수산관청에 근무한 소정의 경력이 있는 자 중에서 해양수산부장관이 임명하여 해양수산부 및 지방해양수산청(지방해양수산청 출장소를 포함한다)에 배치한다(선원근로감독관규정 제2조 및 제3조 제1항).

③ 해양수산부장관은 감독관을 배치할 때에는 미리 그 근무지를 관할하는 지방검찰청 검사장으로부터 사법경찰관리(司法警察官吏)의 직무집행을 위한 지명을 받도록 하여야 한다(동규정 제3조 제3항).

2) 선원근로감독관의 권한 및 비밀유지의 의무

① 선원근로감독관(船員勤勞監督官)은 이 법에 따른 선원근로감독을 위하여 선박소유자, 선원 또는 그 밖의 관계인에게 출석을 요구하거나 장부나 서류의 제출을 명할 수 있으며, 선박이나 그 밖의 사업장을 출입하여 검사하거나 질문할 수 있다(법 제126조 제1항).

② 제1항에 따라 출입·검사를 하는 경우에는 검사 개시 7일 전까지 검사 일시, 검사 이유 및 검사 내용 등에 대한 검사계획을 조사대상자에게 알려야 한다. 다만, 긴급히 검사하여야 하거나 사전에 통지하면 증거인멸 등으로 검사 목적을 달성할 수 없다고 인정하는 경우에는 그러하지 아니할 수 있다.

③ 제1항에 따라 출입·검사를 하는 선원근로감독관은 그 권한을 표시하는 증표를 지니고 이를 관계인에게 보여주어야 하며, 출입시 성명·출입 시간·출입 목적 등이 표시된 문서를 관계인에게 내주어야 한다.

④ 선원근로감독관은 승무를 금지하여야 할 질병에 걸렸다고 인정하는 선원의 진찰을 의사에게 위촉할 수 있다(제4항). 또한 제4항에 따라 위촉받은 의사는 해양수산부장관의 진찰명령서(診察命令書)를 선원에게 보여주어야 한다.

⑤ 선원근로감독관이거나 선원근로감독관이었던 사람은 직무상 알게 된 비밀을 누설하여서는 아니 되고, 직무를 공정하고 독립적으로 수행하여야 한다. 또한 선원근로감독관은 선원근로감독과 관련하여 직접적 또는 간접적인 이해관계가 있는 업무를 수행하여서는 아니 된다(법 제128조).

3) 선원근로감독관의 사법경찰권

① 선원근로감독관은 「사법경찰관리의 직무를 수행할 자와 그 직무범위에 관한 법률」에서 정하는 바에 따라 사법경찰관의 직무를 수행한다.

② 이 법, 「근로기준법(勤勞基準法)」 및 그 밖의 선원근로관계 법령에 따른 서류의 제출, 심문(審問, interrogation)이나 신문(訊問, examination) 등 수사는 오로지 검사(檢事)와 선원근로감독관이 수행한다. 다만, 선원근로감독관의 직무에 관한 범죄의 수사에 대하

여는 그러하지 아니하다(법 제127조 제2항).

③ 사법경찰관의 직무는 검사의 지휘를 받아 범인, 범죄사실과 증거를 수사하는 것이다. 이를 위하여 체포, 압수, 수색, 검증 등의 강제처분을 할 권한이 인정된다. 해상근로관계의 범죄에는 기술적으로 복잡한 것이 많고, 그 수사에 특별한 지식 · 경험이 필요하기 때문에 이와 같은 규정을 두고 있다.

④ 선원근로감독관의 출석요구에 따르지 아니하거나 선박 또는 사업장 출입을 거부 · 기피 · 방해한 사람, 장부나 서류의 제출명령을 따르지 아니하거나 거짓 장부 또는 서류를 제출한 사람 또는 거짓 진술을 한 사람은 500만원 이하의 과태료에 처한다(법 제179조).

4. 선원노동위원회

① 노동위원회법은 노동관계에 있어서 판정(判定, judgment) 및 조정업무(調整業務)의 신속 · 공정한 수행을 위하여 노동위원회를 설치하고 그 운영에 관한 사항을 규정함으로써 노동관계의 안정과 발전에 이바지함을 목적으로 하는데(노동위원회법 제1조), 선원노동위원회는 노동위원회법 제2조 제3항의 규정에 따라 해양수산부장관소속하에 설치된 특별노동위원회이다(선원법 제4조 제1항).

특별노동위원회는 특정한 사항을 관장하기 위하여 필요한 경우에 당해 특정사항을 관장하는 중앙행정기관의 장 소속하에 둔다(노동위원회법 제2조 제3항). 선원노동위원회는 각 지방해양수산청 소재지에 설치되어 있고, 관할구역은 그 소재지를 관할하는 지방해양수산청의 소재지와 같다(선원노동위원회규정 제3조). 또 선원노동위원회에는 근로자를 대표하는 근로자위원, 사용자를 대표하는 사용자위원 및 공익(公益, public interest)을 대표하는 공익위원 각 4인을 두며(선원노동위원회규정 제4조 제1항) 각 위원은 소정의 절차에 따른 해양수산청장의 제청으로 해양수산부장관이 임명한다(동규정 제4조 제2항).

② 선원노동위원회의 설치와 그 명칭 · 위치 · 관할구역 · 소관사무 · 위원의 위촉 그 밖에 선원노동위원회의 운영에 관하여 필요한 사항은 선원법 및 노동위원회법이 정한 것을 제외하고는 대통령령으로 정한다(선원법 제4조 제2항).

5. 감독기관 등에 대한 선원의 신고

선원법의 시행에 관하여는 해양수산관청, 선원근로감독관 또는 선원노동위원회 등에서 감독하고 있으나, 선박은 해상을 이동하고 있는 관계로 실태파악이 곤란하다. 그러므로 직접 당사자인 선원으로 하여금 다음과 같이 실태(實態)를 신고할 수 있도록 함으로써 선원법의 충실한 시행을 도모하고 있다.

① 선원은 선박소유자나 선장이 이 법, 「근로기준법」 또는 이 법에 따른 명령을 위반한 사실이 있다고 판단하는 경우에는 선박소유자나 선장에게 그 불만을 제기하거나, 대

통령령으로 정하는 바에 따라 해양수산관청, 선원근로감독관 또는 선원노동위원회에 그 사실을 신고할 수 있다(법 제129조 제1항).

② 선박소유자는 선원이 제1항에 따라 불만을 제기하거나 신고한 것을 이유로 그 선원과의 선원근로계약을 해지하거나 불리한 처우를 하여서는 아니 된다. 또한 제1항에 따라 신고된 사항에 대한 처리 절차는 해양수산부령으로 정한다(제2항).

③ 선박소유자는 제1항에 따라 제기되는 선원의 불만사항을 처리하기 위하여 대통령령으로 정하는 바에 따라 선내 불만 처리절차를 마련하여 선박 내의 보기 쉬운 곳에 게시하여야 한다.

이 때에 신고를 하는 선원은 선박소유자가 선원법·근로기준법 또는 선원법에 의하여 발하는 명령에 위반한 사실을 증명하는 서류나 기타 자료를 제출하여야 한다(영 제49조).

④ 선박소유자가 제2항을 위반하여 선원근로계약을 해지하거나 불리한 처우를 하였을 때에는 2년 이하의 징역 또는 2천 만원 이하의 벌금에 처한다(법 제170조).

6. 외국에 있어서의 행정관청의 업무

외국에서 선원법상 해양수산관청이 행할 사무는, 선원수첩·선원신분증명서의 교부 및 정정 사무를 제외하고는 대한민국 영사(領事, consular)가 법령에 의하여 지방해양수산청장이 행하는 모든 업무를 행한다(법 제131조 및 영 제50조).

제8장 해사노동적합증서와 해사노동적합선언서

1. 적용범위 및 해사노동적합증서 등의 선내 비치 등

① 다음의 하나에 해당하는 선박(어선은 제외)에 대하여 이 장의 규정을 적용한다(법 제135조).

㉠ 총톤수 500톤 이상의 국제항해에 종사하는 항해선(제1호)

㉡ 총톤수 500톤 이상의 항해선으로서 다른 나라 안의 항 사이를 항해하는 선박(제2호)

㉢ 제1호 및 제2호에 해당하는 선박 외의 선박소유자가 요청하는 선박

② 제135조에 해당하는 선박의 선박소유자는 제138조(해사노동적합증서의 발급 등)에 따라 발급받은 해사노동적합증서 및 해양수산부령으로 정하는 절차에 따라 승인받은 해사노동적합선언서를 선내에 갖추어 두어야 하며, 그 사본 각 1부를 선내(船內)의 잘 보이는 곳에 게시하여야 한다(제136조 제1항).

③ 제1항에 따른 해사노동적합선언서의 형식과 내용은 해양수산부령으로 정한다.

2. 해사노동적합증서의 인증검사

① 제135조에 해당하는 선박의 선박소유자는 제138조 제1항에 따라 해사노동적합증서를 발급받으려는 경우에는 다음의 구분에 따른 인증검사(認證檢査)를 받아야 한다(법 제137조 제1항).

㉠ 최초인증검사 : 이 법과 해사노동협약의 기준을 충족하는지 확인하기 위한 최초검사(제1호)

㉡ 갱신인증검사 : 해사노동적합증서의 유효기간이 끝났을 때에 하는 검사

㉢ 중간인증검사 : 최초인증검사와 갱신인증검사 사이 또는 갱신인증검사와 갱신인증검사 사이에 해양수산부령으로 정하는 시기에 하는 검사

② 선원의 근로기준 및 생활기준 등 인증검사의 구체적인 기준은 대통령령으로 정한다.

③ 선박소유자는 제1항 제1호의 최초인증검사를 받기 전에 선박의 국적 변경 등 해양수산부령으로 정하는 사유로 선박을 항해에 사용하려는 경우에는 임시인증검사를 받아야 한다(제3항).

④ 해양수산부장관은 선박 거주설비의 주요 개조(改造)나 선박에서 노동분쟁이 발생하는 등 해양수산부령으로 정하는 사유가 있을 경우에는 특별인증검사를 시행할 수 있다.

⑤ 제1항, 제3항 및 제4항에 따른 인증검사의 내용, 절차 및 검사방법 등에 필요한 사항은 해양수산부령으로 정한다.

⑥ 제135조(적용범위)에 해당하는 선박의 선박소유자는 해당 인증검사에 합격하지 아니한 선박을 항해에 사용하여서는 아니 된다. 다만, 선박의 시운전(試運轉) 등 해양수산부령으로 정하는 경우에는 그러하지 아니하다.

3. 해사노동적합증서의 발급 등

① 해양수산부장관은 제137조(해사노동적합증서의 인증검사) 제1항 제1호 또는 제2호에 따른 최초인증검사나 갱신인증검사에 합격한 선박에 대하여 해양수산부령으로 정하는 바에 따라 해사노동적합증서를 발급하고, 그 발급사실을 발급대장에 기재하며 이를 공개하여야 한다(법 제138조 제1항).

② 외국선박의 경우에는 제1항에도 불구하고 기국(旗國) 정부나 그 정부가 지정한 대행기관에서 이 법의 기준과 같거나 그 이상의 기준에 따라 최초인증검사나 갱신인증검사를 받고 해사노동적합증서를 발급받아 유효한 증서를 선내에 갖추어 둔 경우 그 해사노동적합증서는 이 법에 따라 발급한 증서로 본다.

③ 해양수산부장관은 제137조 제1항 제3호 및 같은 조 제4항에 따른 중간인증검사나 특별인증검사에 합격한 선박에 대하여 제1항에 따라 발급된 해사노동적합증서에 해양수산부령으로 정하는 바에 따라 그 검사 결과를 표시하여야 한다(제3항).

④ 해양수산부장관은 제137조 제3항에 따른 임시인증검사에 합격한 선박에 대하여 해양

수산부령으로 정하는 바에 따라 임시해사노동적합증서를 발급하여야 한다.

⑤ 제1항에 따라 발급된 해사노동적합증서의 유효기간은 5년의 범위에서 대통령령으로 정한다. 다만, 제4항에 따라 발급된 임시해사노동적합증서의 유효기간은 6개월을 넘을 수 없다(제5항).

⑥ 제5항에 따른 유효기간의 계산방법 등에 관하여 필요한 사항은 해양수산부령으로 정한다.

⑦ 선박소유자가 제137조 제1항 제3호에 따른 중간인증검사에 합격하지 못한 경우에는 합격할 때까지 제1항에 따라 발급된 해사노동적합증서의 효력은 정지된다.

⑧ 해양수산부장관은 해사노동적합증서를 발급받은 선박이 특별인증검사를 통하여 제137조 제2항의 기준을 충족하지 못한 사실이 발견된 경우에는 선박소유자에게 기간을 정하여 필요한 시정조치를 명할 수 있으며, 이에 따르지 아니한 경우에는 해사노동적합증서를 되돌려 주도록 명할 수 있다.

4. 해사노동인증검사관

해양수산부장관은 해양수산부령으로 정하는 자격을 갖춘 소속 공무원 중에서 다음의 업무를 수행할 해사노동인증검사관(이하 "인증검사관")을 임명할 수 있다(법 제139조).

① 제132조(외국선박에 대한 점검)부터 제134조(외국선박의 선원 불만처리 절차)까지의 규정에 따른 외국 선박에 대한 점검 등의 업무

② 제136조(해사노동적합증서 등의 선내비치 등) 제1항에 따른 해사노동적합선언서의 승인에 관한 업무

③ 제137조(해사노동적합증서의 인증검사) 제1항, 제3항 및 제4항에 따른 인증검사, 임시인증검사 및 특별 인증검사에 관한 업무

④ 제138조(해사노동적합증서의 발급 등)에 따른 해사노동적합증서의 발급 등에 관한 업무

5. 인증검사업무 등의 대행 및 이의신청

1) 해양수산부장관은 필요하다고 인정하는 경우에는 제139조(해사노동인증검사관) 제2호부터 제4호까지의 규정에 따른 업무를 해양수산부장관이 지정하는 기관에서 대행하게 할 수 있다. 이 경우 해양수산부장관은 지정된 대행기관(이하 "인증검사 대행기관")과 대통령령으로 정하는 바에 따라 협정을 체결하여야 한다(법 제140조 제1항).

2) 인증검사 대행기관(代行機關)의 지정기준, 인증검사업무에 종사할 수 있는 사람의 자격 등에 필요한 사항은 해양수산부령으로 정한다.

3) 제1항에 따라 인증검사 대행기관에서 인증검사 등을 받으려는 자는 해당 인증검사 대행기관이 정하는 수수료를 내야 한다(제3항).

4) 인증검사 대행기관은 제3항에 따른 수수료를 정할 때에는 해양수산부장관의 승인을 받아야 한다. 승인받은 수수료를 변경할 때에도 또한 같다.

5) 인증검사 대행기관은 인증검사 대행업무에 관하여 해양수산부령으로 정하는 바에 따라 해양수산부장관에게 보고하여야 한다.
6) 해양수산부장관은 인증검사 대행기관이 다음의 하나에 해당하는 경우에는 그 지정을 취소하거나 6개월 이내의 기간을 정하여 그 업무를 정지할 수 있다. 다만, 제1호 및 제6호에 해당하는 경우에는 그 지정을 취소하여야 한다(제6항).
   ㉠ 거짓이나 그 밖의 부정한 방법으로 지정을 받은 경우
   ㉡ 인증검사 대행기관의 지정기준을 충족하지 못하게 된 경우
   ㉢ 인증검사에 관한 업무를 수행할 능력이 없다고 인정된 경우
   ㉣ 제4항을 위반하여 수수료의 승인 또는 변경승인을 받지 아니하고 수수료를 징수한 경우
   ㉤ 제5항을 위반하여 인증검사 대행업무에 관한 보고를 하지 아니한 경우
   ㉥ 업무정지처분을 받고 업무정지처분 기간 중에 인증검사 대행업무를 계속한 경우
7) 제6항에 따른 업무정지 등 처분절차 등에 관하여는 해양수산부령으로 정한다.
8) 해양수산부장관은 제6항에 따라 인증검사 대행기관의 지정을 취소하려는 경우에는 청문을 실시하여
9) 인증검사에 불복하는 자는 검사결과를 통지받은 날부터 30일 이내에 그 사유를 적어 해양수산부장관에게 이의신청을 할 수 있다(법 제141조 제1항). 해양수산부장관은 제1항에 따른 이의신청이 있을 때 해양수산부령으로 정하는 바에 따라 필요한 조치를 하여야 한다. 또한 제1항에 따른 이의신청에 필요한 사항은 해양수산부령으로 정한다.

제9장 한국선원복지고용센터

1. 설립 및 사업

① 해양수산부장관은 선원의 복지(福祉) 증진과 고용 촉진 및 직업안정을 위하여 한국선원복지고용센터(이하 "센터"라 한다)를 설립한다. 센터는 법인으로 하며, 그 주된 사무소의 소재지에서 설립등기를 함으로써 성립한다. 센터는 정관을 변경하려면 해양수산부장관의 인가를 받아야 한다(법 제142조).
② 센터는 다음의 사업을 한다(법 제143조 제1항).
   ㉠ 선원복지시설의 설치·운영(제1호)
   ㉡ 국내외 선원의 취업 동향과 고용 정보의 수집·분석 및 제공
   ㉢ 선원의 구직 및 구인 등록
   ㉣ 국가로부터 위탁받은 선원의 직업안정업무(제4호)
   ㉤ 국가, 지방자치단체, 그 밖의 공공단체 또는 민간단체로부터 위탁받은 선원 관련 사업

ⓗ 제1호부터 제5호까지의 규정에 따른 사업의 부대사업

③ 센터는 해양수산부장관의 승인을 받아 제1항에 따른 사업과 관련된 사업으로서 그 목적을 달성하기 위하여 필요한 수익사업을 할 수 있다(제2항).

2. 임원 및 이사회

① 센터에는 임원(任員)으로 이사장 1명을 포함한 13명 이내의 이사와 1명의 감사를 두며, 이사장을 제외한 이사와 감사는 비상임으로 한다. 이사장과 감사는 정관으로 정하는 바에 따라 이사회에서 선임하되, 해양수산부장관의 승인을 받아야 한다. 임원의 자격, 선임, 임기, 직무 및 그 밖에 필요한 사항은 정관으로 정한다(법 제144조).

② 센터의 업무에 관한 중요한 사항을 심의 · 의결하기 위하여 센터에 이사회(理事會, board of directors)를 두며, 이사회에 관하여 필요한 사항은 정관(定款, bylaw)으로 정한다(법 제145조).

3. 국유재산의 대부 및 사업계획의 승인 등

① 국가는 센터의 사업을 효율적으로 수행하기 위하여 필요하다고 인정하면 「국유재산법」에도 불구하고 센터에 국유재산을 무상으로 대부(貸付, loan)하거나 사용 · 수익하게 할 수 있다(법 제146조 제1항). 제1항에 따른 대부 또는 사용 · 수익에 관하여 필요한 사항은 대통령령으로 정한다.

② 센터의 사업연도는 정부의 회계연도에 따른다. 센터는 대통령령으로 정하는 바에 따라 회계연도마다 사업계획서 및 예산서를 작성하여 해양수산부장관의 승인을 받아야 한다. 이를 변경할 때에도 또한 같다(법 제147조).

③ 센터는 회계연도마다 사업실적과 공인회계사 또는 회계법인의 감사를 받은 결산서를 다음 연도 2월 말까지 해양수산부장관에게 제출하여야 한다.

4. 지도 · 감독

① 해양수산부장관은 필요하다고 인정하는 경우에는 센터의 업무 · 회계 및 재산에 관한 사항을 보고하게 하거나 소속 공무원으로 하여금 센터의 장부, 서류, 시설 및 그 밖의 물건을 검사하게 할 수 있다(법 제148조 제1항).

② 해양수산부장관은 제1항에 따른 보고 또는 검사의 결과 다음의 하나에 해당하는 경우에는 센터에 대하여 그 시정을 요구하거나 그 밖에 필요한 조치를 명할 수 있다.

ⓐ 승인을 받은 사업계획과 다르게 예산을 집행한 경우

ⓑ 회계 관계 법령을 위반하여 예산을 집행한 경우

ⓒ 제143조(사업) 제2항을 위반하여 승인을 받지 아니하고 수익사업을 한 경우

5. 민법의 준용 및 벌칙 적용 시의 공무원 의제

① 센터에 관하여 선원법에서 규정한 사항을 제외하고는 민법(民法, civil law) 중 재단법인에 관한 규정을 준용한다(법 제149조).

② 센터의 임직원은 형법 제129조(수뢰, 사전 수뢰)부터 제132조(알선 수뢰)까지의 규정을 적용할 때에는 공무원으로 본다(법 제150조).

제10장 보칙 및 벌칙

제1절 보 칙

1. 취업규칙 등의 공시 등

① 선박소유자는 이 법 또는 이 법에 따른 명령, 단체협약 및 취업규칙을 적은 서류를 선박 내의 보기 쉬운 곳에 걸어 두어야 하며, 제43조(선원근로계약서의 작성 및 신고) 제1항에 따라 작성된 선원근로계약서 사본 1부를 선내에 갖추어 두어야 한다(법 제151조 제1항).

이는 근로조건 등에 대한 선원의 부지를 이용하여 선박소유자가 부당한 처우를 하지 않도록 선원에게 근로조건의 내용에 관하여 주지시킬 필요가 있기 때문이다.

② 선박소유자(국내 항 사이를 항해하는 선박과 「어선법」에 따른 어선의 선박소유자는 제외한다)는 선원의 근로기준 및 생활기준에 관한 내용을 해양수산부장관이 정하는 바에 따라 한글과 영문으로 작성하여 선내에 갖추어 두어야 한다.

2. 양도 또는 압류의 금지 및 서류의 보존

① 실업수당 · 퇴직금 · 송환비용 · 송환수당 · 상병보상 또는 재해보상을 받을 권리는 이를 양도(讓渡, transfer)하거나 압류(압류, attachment)할 수 없다(법 제152조).

이는 고용관계가 소멸하거나 상병(傷病, injury and disease) 등 재난을 당했을 때에도 가급적 선원의 생활을 보장하려는 사회정책적 성격을 가진 규정이다.

② 선박소유자는 승무원명부 · 선원근로계약서 · 취업규칙 · 임금대장 및 재해보상 등에 관한 서류를 작성한 날로부터 3년 간 이를 보존하여야 한다(법 제153조).

3. 외국정부에 대한 협조

해양수산부장관은 외국정부가 다음의 하나에 해당하는 사유로 대한민국의 선박소유자나 선원과 소송(訴訟, lawsuit) 절차를 진행하는 경우에는 선원당직국제협약에서 정하는 바에 따라 협조하여야 한다(법 제154조).

① 선박소유자나 선장이 선원당직국제협약에서 요구하는 자격증명서를 지니지 아니한

선원을 승무시킨 경우

② 선원당직국제협약에 따라 적합한 선원자격증명서를 지닌 사람이 수행하여야 할 임무를 선원자격증명서를 지니지 아니한 사람이 수행하도록 해당 선장이 허용한 경우

③ 선원당직국제협약에 따른 적합한 선원자격증명서를 지니지 아니한 사람이 그 선원자격증명서를 지닌 사람이 수행하여야 할 임무를 수행하기 위하여 거짓이나 부정한 방법으로 승무한 경우

4. 수수료 및 시효의 특례

1) 수수료

① 이 법에 따른 증서의 발급, 공인, 인증검사 등을 신청하거나 제76조(선내급식) 제2항·제85조(의료관리자) 제3항에 따른 선박조리사 및 의료관리자 시험에 응시하려는 자는 해양수산부령으로 정하는 수수료를 내야 한다. 이 때 수수료는 선원수첩의 교부 및 재교부, 각종 공인·증명 및 확인, 신청인 책임에 속하는 선원수첩 정정, 승무정원증서 발급, 의료관리자시험 응시수수료, 각종 자격증 발급 등 대상자별로 각기 달리 정하여져 있다(법 제155조 제1항, 영 제59조).

② 제1항에도 불구하고 제44조에 따라 선박소유자가 인터넷으로 승선·하선 공인을 받은 경우에는 수수료를 면제할 수 있다.

2) 시효의 특례 등

① 시효(時效, limitation)의 특례로 선원의 선박소유자에 대한 채권(재해보상청구권을 포함)은 3년간 행사하지 아니하면 시효(時效)로 소멸한다(법 제156조).

시효는 일정한 사실상태(예컨대 어떤 사람이 소유자같은 사실상태)가 일정한 기간 계속한 경우에 이 상태가 진실의 권리관계에 합치하는가 아닌가를 묻지 않고 법률상 이 사실상태에 대응한 법률효과를 인정하는 제도로, 민법의 규정에 의하면 채권(債權, claim)은 원칙적으로 10년 간 행사하지 아니하면 시효에 의하여 소멸하고, 그 밖에 3년의 단기 소멸시효와 1년의 단기 소멸시효를 각각 인정하고 있는데, 임금채권에는 1년의 단기 소멸시효가 적용된다.

그러나 선원법은 선원의 선박소유자에 대한 채권은 모두 3년 간 행사하지 아니하면 시효로 소멸하도록 하고 있다.

② 한국선원복지고용센터와 한국해양수산연수원 등이 행하는 업무의 경우에는 그 수수료를 현금으로 납부하여야 하며, 이는 두 기관의 수입으로 한다(영 제59조).

5. 국가 또는 공공단체에 대한 적용

선원법 또는 이 법에 의한 명령(선원법시행령, 선원법시행규칙 등)은 해군함정·경찰

용 선박 기타 해양수산부장관이 따로 정하는 선박을 제외하고는 국가나 지방자치단체에 대하여도 이를 적용한다(법 제157조, 영 제51조).

6. 권한의 위임 · 위탁 및 민원사무의 전산처리

① 이 법에 따른 해양수산부장관의 권한은 그 일부를 대통령령으로 정하는 바에 따라 그 소속기관의 장에게 위임하거나 한국해양수산연수원, 센터 또는 대통령령으로 정하는 기관에 위탁할 수 있다. 예컨대 해양수산부장관은 의료관리자 자격시험의 시행과 의료관리자 자격증의 발급에 관한 업무를 한국해양수산연수원에 위탁한다. 해양수산부장관은 필요하다고 인정하는 경우 한국해양수산연수원 또는 해양수산부령이 정하는 선원교육기관에 위탁한 업무에 대하여 그 추진사항을 보고하게 하거나 업무의 개선을 요구할 수 있다.

또한 해양수산부장관은 다음의 권한을 지방해양수산청장에게 위임한다(법 제158조 제1항, 영 제52조 제1항).

㉠ 행정처분에 관한 권한

㉡ 외국선박의 감독에 관한 권한

② 제1항에 따라 업무를 위탁받은 법인은 해양수산부령으로 정하는 바에 따라 위탁받은 업무와 관련된 수수료를 징수할 수 있다.

③ 이 법에 따른 민원사무의 전산처리 등에 관하여는 「항만법」 제89조(항만물류통합정보체계의 구축 · 운영)를 준용한다(법 제159조). 즉, 항만법에는 해양수산부장관은 항만이용 및 항만물류와 관련된 정보관리와 민원사무 처리 등을 위하여 필요하면 항만물류통합정보체계를 구축 · 운영할 수 있고, 항만물류통합정보체계의 구축 · 운영 및 이용 등에 필요한 사항은 대통령령으로 정한다고 규정하고 있다.

제2절 벌칙 중 양벌규정

① 선원법의 규정은 일반적으로 강행규정(强行規定)이므로 위 각 장의 내용에서 살펴본 바와 같이 벌칙에 의한 제재규정을 둔 경우가 많다. 그리고 대부분의 경우 범죄행위자를 벌하는 근대 형법(刑法, criminal law)의 원칙에 따르고 있으나 선박소유자에 대한 경우는 이 원칙에 대한 예외를 인정하고 범죄행위자 이외에 선박소유자를 벌하는 양벌규정을 두고 있다.

② 선박소유자의 대표자나 대리인, 사용인, 그 밖의 종업원이 선박소유자의 업무에 관하여 제167조부터 제170조까지, 제172조, 제173조, 제174조제1호 · 제2호, 제175조 또는 제177조의 위반행위를 하면 그 행위자를 벌하는 외에 그 선박소유자에게도 해당 조문의 벌금형을 과(科)한다. 다만, 선박소유자(선박소유자가 법인인 경우에는 그 대표자를, 선박소유자가 영업에 관하여 성년자와 같은 능력을 가지지 아니한 미성년자 · 한

정치산자(限定治産者, quasi-incompetent person) 또는 금치산자(禁治産者, incompetent person)인 경우에는 그 법정대리인을 말한다)가 그 위반행위를 방지하기 위하여 해당 업무에 관하여 상당한 주의와 감독을 게을리하지 아니한 경우에는 그러하지 아니하다(법 제178조).

제5편 선박직원법

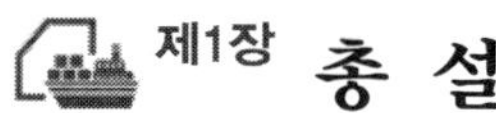

제1장 총 설

제1절 STCW협약과 선박직원법

선원의 훈련·자격·지식·기능 등에 관한 국제적인 통일기준을 작성할 필요성은 오래전부터 인정되었으나 이를 위한 국제협약(國際協約, international convention)의 채택은 각국의 선원관계제도에 서로 다른 점이 많아 용이한 일이 아니었다.

그러나 1960년대 이후의 세계 선복량(船腹量)의 급증과 선박의 대형화·고속화가 이루어지고, 이른바 편의치적선(便宜置籍船)의 증가로 엄격한 법의 규제를 받지 않는 저질 선원의 승무기회가 늘어난 데다가 1967년의 「토리 캐년」(Torry Canyon)호 사건에서 보는 바와 같은 대형 유조선(油槽船)의 빈번한 해양사고가 해양환경을 크게 파괴하기에 이르자 국제조약의 성립을 위한 분위기가 고조되었다.

그리하여 UN의 전문기구의 하나인 국제해사기구(IMO)가 1971년 경부터 선원의 훈련과 자격을 국제적으로 통일하기 위한 활동을 개시한 후 오랜 작업 끝에 1978년 7월 「선원의 훈련·자격증명 및 당직근무의 기준에 관한 국제협약」(International Convention on Standard of Training, Certification and Watch-keeping for Seafarers, 1978 줄여서 "STCW협약"이라 한다)이 성립하였다. 이 협약은 1984년 4월 28일에 발효(發效)하였다.

우리 정부에서는 이 협약의 발효에 대비한 관계 법령의 개정을 서둘러 1983년 12월에 개정된 선박직원법을 공포(公布, publication)한데 이어 1984년 7월에는 동법 시행령(施行令, enforcement decree)을 그리고 1984년 9월에는 동법 시행규칙을 각각 개정·공포하였다.

또한 1990년에는 자동화선박의 출현 등 해운환경의 변화로, 1991년과 1995년에는 전파법과 항만법의 개정으로, 1997년에는 국제해사기구에 의하여 1995년 7월 7일 개정된 STCW협약의 내용을 수용하고 해기사면허에 대한 관리를 강화하기 위하여 선박직원법(1997.8.22, 법률 제5367호) 및 동법시행령(1998.2.24, 대통령령 제15678호)이 개정되었다.

1997년의 개정에서는 해기사의 교육과정을 동협약의 내용에 맞게 정비하여 해기사에게 필요한 교육이 적기(適期)에 이루어질 수 있도록 하고, 해기사면허증의 기재사항 변경 및 갱신업무를 모든 지방해양수산청에서 행할 수 있도록 하는 등 해기사면허(海技士免許)를 위한 절차를 개선하여 해기사 또는 해기사가 되고자 하는 자의 편의를 도모하였다.

한편, 해기사 교육기관·해기사시험기관 및 해기사면허기관에 대한 품질평가의 방법 및 평가결과의 처리에 관한 사항을 정함으로써 동기관의 내실(內實)을 기하고 자질을 향상시키려는 것이 그 개정이유이다.

이어 2015년까지 일부 개정이 이루어지고 있는데, 이 일부 개정에서는 벌금이 현실화되었다. 예컨대 벌금형은 징역형과 함께 형사처벌(刑事處罰, criminal punishiment)의 대표적 수단으로서 누구나 인정할 수 있는 공정성과 합리성을 지니고 있어야 하는데, 우리나라가 고도 경제성장을 이루던 시기에 마련된 처벌 규정들이 그 당시의 물가수준을 반영한 것으로서 그 후 오랜 세월이 흐르면서 우리의 경제 환경이 변함에 따라 위반행위의 불법성(不法性)에 비례하는 처벌로서의 의미가 퇴색된 채 오늘에 이르고 있었다.

이에 따라 벌금액(罰金額)을 국민권익위원회의 권고안 및 국회사무처 법제 예규의 기준인 징역 1년당 1천 만원의 비율로 개정함으로써 벌금형을 현실화하고, 형벌로서의 기능을 회복시켜 범죄 억지력을 확보하고자 하였다.

제2절 선박직원법의 목적

전문 5장 31조 및 부칙으로 구성된 선박직원법은 선박직원으로서 선박에 승무할 자의 자격을 정함으로써 선박 항행(航行)의 안전을 도모함을 목적으로 하는 법이다(법 제1조).

선박직원법은 선박항행의 안전을 도모하기 위한 법규로서 선원법, 선박안전법, 국제해상충돌방지규칙, 선박의 입항 및 출항에 관한 법률, 해사안전법, 항로표지법, 도선법, 해양사고의 조사 및 심판에 관한 법률 등과 궁극적으로는 목적을 같이 한다고 볼 수 있다.

그러나 이들 법률이 선박, 항법(航法), 항로표지(航路標識), 도선(導船), 해양사고 등을 직접의 대상으로 하는데 대하여 선박직원법은 해기사인 간부 선원을 직접의 대상으로 하는 점에서 이들 법률과 그 성질이 조금 다르다.

제3절 선박직원법의 적용범위 및 용어의 정의

1. 선박직원법의 적용선박(기국주의의 원칙)

1) 한국선박 등

이 법은 한국선박 및 그 선박소유자, 한국선박에 승무하는 선박직원에 대하여 적용한다. 다만, 이 법에 특별한 규정이 있는 경우에는 외국선박 및 그 선박소유자, 외국선박에 승무(乘務)하는 선박직원에 대하여도 적용한다. 그러나 한국선박일 지라도 다음의 선박은 적용대상에서 제외된다(법 제3조 제1항 및 선박법 제2조).

① 총톤수 5톤 미만의 선박. 다만, 총톤수 5톤 미만의 선박이라 하더라도 다음의 하나에 해당하는 선박에 대하여는 이 법의 규정을 적용한다(법 제2조).
 ㉠ 여객정원이 13인 이상의 선박
 ㉡ 낚시 관리 및 육성법 규정에 따라 낚시어선업을 하기 위하여 신고된 어선

㉢ 유선 및 도선사업법 규정에 따라 영업구역을 바다로 하여 면허를 받거나 신고된 유・도선

㉣ 수면비행선박

② 주로 노와 상앗대로 운전하는 선박(노도선)

③ 기타 대통령령이 정하는 선박으로 부선(艀船, barge)과 계류(繫留, mooring)된 선박 중 총톤수 500톤 미만의 선박(시행령 제3조)

2) 나용선으로 차용한 외국선박

외국선박에는 이 법이 적용되지 않는다. 그러나 한국선박을 소유할 수 있는 자가 외국선박을 차용(借用)한 경우에 만약 그 외국이 기국주의(旗國主義)를 취하지 않는다면 그 선박에는 적용법규의 공백이 생길 우려가 있으므로, 우리 선박직원법은 한국선박을 소유할 수 있는 자가 차용한 외국선박의 승무원에게 이를 준용하도록 규정하고 있다(법 제25조 제1항). 여기서 차용한 외국선박이라 함은 나용선(裸傭船, bare boat charter vessel)을 말한다.

3) 선박직원법의 면허를 받은 해기사가 외국선박에 승무하는 경우

이 법 제9조(면허의 취소 등), 제14조(해기사의 승무범위), 제15조(면허증 등의 비치) 및 제22조(면허증 등의 부당사용 금지)의 규정과 각 해당 조에 해당하는 벌칙 또는 과태료(過怠料, fine for negligence)의 규정은 제4조(면허의 직종 및 등급)의 규정에 의한 면허를 받은 해기사가 외국선박에 승무하는 경우에 이를 준용한다(법 제25조 제2항).

4) 선박소유자에 관한 규정의 적용

선박직원법에서 선박소유자에 관한 규정은 선박을 공유(共有)하여 선박관리인을 둔 경우에는 선박관리인에게 적용하고, 선박임대차(나용선)의 경우에는 선박차용인(船舶借用人)에게 적용한다(법 제3조 제2항).

국내의 조선소에서 건조 또는 개조되는 선박을 진수(進水) 시부터 인도 시까지 시운전(試運轉, sea trial)하는 경우에는 제11조(승무기준 및 선박직원의 직무) 및 제13조(허가에 의한 승무기준의 특례)부터 제15조(면허증 등의 비치)까지의 규정만 적용한다(법 제3조 제3항).

2. 용어의 정의

1) 해기사와 선박직원

① "해기사"(海技士)란 제4조(면허의 직종 및 등급)에 따른 면허를 받은 사람을 말한다(법 제2조 제4호). 즉, 해기사란 면허의 직종 및 등급 법규정에 따라 해양수산부장관의 해기사 면허를 받은 자를 말한다.

② “선박직원(船舶職員)”이란 해기사(제10조의 2에 따라 승무자격인정을 받은 외국의 해기사를 포함)로서 선박에서 선장 · 항해사 · 기관장 · 기관사 · 전자기관사 · 통신장 · 통신사 · 운항장(運航長) 및 운항사의 직무를 수행하는 사람을 말한다(제3호). 선박직원이 되려면 해기사이어야 하나 해기사의 전원이 선박직원인 것은 아니고 그 중 일부의 사람만이 현실적으로 선박에서 선장 이하의 선박직원으로 근무하는 것이 보통이다.

따라서 이 법의 적용을 받지 아니하는 선박에서 사실상 이러한 명칭을 쓰고 그러한 직무를 행하는 사람이 있어도, 이들은 이 법에서 말하는 선박직원이 아니다.

2) 선박 · 한국선박 · 외국선박 및 자동화선박 · 승무경력

① “선박”이란 「선박안전법」 제2조 제1호에 따른 선박과 「어선법」 제2조 제1호에 따른 어선을 말한다(법 제2조 제1항). 다만, 제외되는 선박은 바로 위에서 살펴본 것과 같다.

또한 “한국선박”이란 선박 중 다음의 하나에 해당하는 선박을 말한다.

㉠ 국유(國有) 또는 공유(公有)의 선박

㉡ 대한민국 국민이 소유하는 선박

㉢ 대한민국의 법률에 따라 설립된 상사법인(商事法人)이 소유한 선박

㉣ 대한민국에 주된 사무소를 둔 ㉢의 상사법인 외의 법인으로서 그 대표자(공동대표자인 경우에는 그 전원)가 대한민국 국민인 경우 그 법인이 소유하는 선박

② “외국선박”이란 한국선박 외의 선박을 말한다.

③ “자동화선박”이란 대통령령으로 정하는 자동운항설비를 갖춘 선박을 말한다.

④ “승무경력”이란 선박에 승선하여 복무한 경력을 말한다.

3) 연안수역과 원양수역 및 무제한수역 등

① “연안수역(沿岸水域)”이란 선박안전법시행령의 규정에 의한 평수구역과 연해구역을 말한다. 또한 근해구역 중 제주도 남단 20마일의 지점으로부터 북위 29도 40분, 동경 122도의 교차점에 이르는 선 이북의 해역을 말한다(영 제2조 제1호 및 선박안전법시행령 제2조).

② “원양수역(遠洋水域)”이란 선박안전법시행령의 규정에 의한 모든 해역을 말한다. 한편, “무제한수역(無制限水域)”이란 「원양산업발전법」 제2조 제5호에 따른 해외수역을 말한다. 또한 “제한수역”이란 제2호의 2에 따른 무제한수역 외의 수역을 말한다(영 제2조 및 선박안전법시행령 제9조 제4호).

4) 상선, 어선, 소형선박 및 함정

① “상선(商船)”이란 다음 ②의 어선이 아닌 선박을 말한다(영 제2조 제3호).

② “어선(漁船)”이란 어선법 제2조 제1항의 규정에 의한 어선(국내항과 외국항간을 또는

외국항간을 운항하면서 어획물운반업에 종사하는 선박을 제외)을 말한다(영 제2조 제4호).

③ "소형선박(小型船舶)"이란 총톤수 25톤 미만의 선박을 말한다(영 제2조 제5호).

참고로, 선박안전법상 "소형선박"이란 규정에 따른 측정방법으로 측정된 선박길이가 12미터 미만인 선박을 말한다.

④ "함정(艦艇)"이란 군용선박 및 경찰용 선박을 말한다(영 제2조 제6호).

5) 지정교육기관 및 졸업예정자·이수예정자

① "지정교육기관"이라 함은 해양수산부령이 정하는 바에 의하여 해양수산부장관의 지정을 받아 선원이 되고자 하는 자 또는 선원에게 교육을 실시하는 대학 · 전문대학 또는 고등학교(이들에 준하는 각종 학교를 포함한다)와 그 밖의 교육기관을 말한다(영 제2조 제7호).

② "졸업예정자"라 함은 지정교육기관에서 관계법령의 규정에 의한 수업연한의 최종학년에 재학중인 자를 말한다(영 제2조 제8호).

③ "이수예정자"라 함은 지정교육기관에 설치한 전교육과정 · 학년별 또는 과정별 교육기간의 100분의 80 이상을 이수한 자를 말한다(영 제2조 제9호).

6) 주 기관 추진력

"주 기관(機關) 추진력"이라 함은 선박의 모든 주 기관의 총 최대연속정격출력을 말한다(영 제2조 제10호).

7) 자동화선박 및 그 설비 등

① "자동화선박(自動化船舶)"이라 함은 자동화선박의 종류에 따라서 [별표 1]의 규정에 의한 자동운항설비를 갖춘 선박을 말한다(법 제2조 제5호, 영 제3조의 2 제1항).

② 선박소유자는 위 ①의 규정에 의한 자동화선박의 설비를 갖추었거나 그 설비가 변경된 때에는 해양수산부령이 정하는 바에 따라 관할 지방해양수산청장에게 자동화선박의 인정을 신청하여야 한다(영 제3조의 2 제2항).

③ 위 ②의 규정에 의하여 자동화선박 인정의 선청을 받은 지방해양수산청장은 당해 자동화선박의 설비를 확인한 후 [별표 1]의 규정에 의한 설비에 적합하다고 인정하는 때에는 해양수산부령이 정하는 자동화선박의 종류별 인정서를 교부한다(영 제3조의 2 제3항).

④ 선박소유자는 위 ②의 규정에 의하여 인정을 받은 자동화선박의 설비가 기준에 미달되게 된 때에는 이를 인정한 지방해양수산청장에게 위 ③의 규정에 의한 인정서를 반납하여야 한다(영 제3조의 2 제4항).

8) 국가간 협력 및 지원

해양수산부장관은 해사기술(海事技術)의 국가 간 교류·협력을 촉진하기 위하여 필요하다고 인정하면 「선원의 훈련·자격증명 및 당직근무(當直勤務)의 기준에 관한 국제협약」 또는 「어선 선원의 훈련·자격증명 및 당직근무의 기준에 관한 국제협약」의 당사국 중 개발도상국가에 다음의 하나에 해당하는 지원을 할 수 있다(법 제3조의 2).

① 해기사 교육(실습교육을 포함한다)을 위한 기관의 설립 지원
② 해기사 교육과 관련한 행정·기술 요원의 교육 및 훈련 지원
③ 해기사 교육을 위한 장비·시설의 무상 지원
④ 해기사 교육을 위한 계획의 수립·개발 지원
⑤ 그 밖에 해기사의 능력개발을 위하여 필요하다고 인정되는 조치로서 해기사 교육과 관련된 지원

제2장 해기사의 자격과 면허 등

제1절 면허의 직종 및 등급 등

1. 면허와 그 직종 및 등급

① 이 법에 선박직원이 되고자 하는 자는 해양수산부장관의 해기사 면허(免許)를 받아야 한다고 규정함으로써 해기사 면허를 가진 자만이 선박직원이 될 수 있도록 하였다.
② 해양수산부장관은 규정된 면허의 요건을 갖춘 사람에 대하여 다음의 직종(職種)과 등급별(等級別)로 면허를 한다. 이 경우 해양수산부장관은 대통령령이 정하는 바에 의하여 선박의 종류·항행구역 등에 따라 한정면허를 할 수 있다(법 제4조 제2항).
    ㉠ 항해사 : 1급 항해사, 2급 항해사, 3급 항해사, 4급 항해사, 5급 항해사, 6급 항해사
    ㉡ 기관사 : 1급 기관사, 2급 기관사, 3급 기관사, 4급 기관사, 5급 기관사, 6급 기관사, 전자기관사
    ㉢ 통신사(전파통신급과 전파전자급으로 구분한다) : 1급 통신사, 2급 통신사, 3급 통신사, 4급 통신사
    ㉣ 운항사 : 1급 운항사, 2급 운항사, 3급 운항사, 4급 운항사
    ㉤ 수면비행선박 조종사
        · 중형 수면비행선박 조종사[최대 이수중량(離水重量) 10톤 이상 500톤 미만의 선박만 해당한다]
        · 소형 수면비행선박 조종사(최대 이수중량 10톤 미만의 선박만 해당한다)
    ㉦ 소형선박 조종사

③ 운항사(運航士)는 대통령령으로 정하는 전문분야별로 해당 등급과 같은 등급의 항해사(한정면허의 경우에는 상선에 한정된 면허만 해당) 또는 기관사로 보며, 소형선박 조종사는 6급 항해사 또는 6급 기관사의 하위등급의 해기사로 본다(법 제4조 제4항).

2. 한정면허

해양수산부장관이 해기사 면허를 하는 경우에는 대통령령이 정하는 전문분야별로 선박의 종류·항행구역 등에 따라 한정면허(限定免許)를 할 수 있는데(법 제4조 제2항), 그 내용은 다음과 같다.

① 법 제4조 제2항 각 호 외의 부분 후단에 따른 한정면허는 다음의 구분에 따른다(영 제4조).

㉠ 다음의 어느 하나에 해당하는 해기사면허(이하 "면허"라 한다)에 대하여 상선으로 한정하여 승무하도록 하는 상선면허 및 어선으로 한정하여 승무하도록 하는 어선면허

· 1급부터 6급까지의 항해사면허. 다만, 항해선(「선원법」 제2조 제8호에 따른 항해선을 말한다. 이하 같다)에 승무하는 경우에 한정한다.

· 5급·6급의 기관사면허(제16조 제5항 또는 제6항에 따라 취득하는 면허로 한정한다)

· 6급의 기관사면허(총톤수 100톤 이상의 선박에서 1년 이상 승선한 승무경력으로 취득하는 면허로 한정한다)

㉡ 5급·6급의 항해사면허 또는 기관사면허에 대하여 해저자원굴착선·해양자원탐사선·준설선 등 특수한 용도에 사용되는 선박으로 한정하여 승무하도록 하는 특수선박면허

㉢ 5급·6급의 항해사면허 또는 기관사면허에 대하여 호수·하천 또는 국제통신이 필요하지 아니하는 국내항 등 특정수역 만을 운항하는 선박으로 한정하여 승무하도록 하는 특정수역면허

㉣ 6급의 항해사면허 또는 기관사면허에 대하여 「수상레저안전법」에 따른 동력수상레저기구 중 총톤수 55톤 미만의 모터보트 또는 동력요트에 한정하여 승무하도록 하는 모터보트·동력요트면허

㉤ 소형선박 조종사면허(「수상레저안전법」에 따른 동력수상레저기구조종면허 소지자에게 교부되는 것으로 한정한다)에 대하여 요트로 한정하여 승무하도록 한정하는 요트면허 및 요트를 제외한 동력수상레저기구로 한정하여 승무하도록 한정하는 동력수상레저기구면허

㉥ 수면비행선박 조종사면허에 대하여 표면효과(表面效果)가 발생하는 높이(수면비행선박주 날개의 종방향 평균폭을 말한다) 이하에서만 운항하는 선박으로 한정하여 승무하도록 하는 표면효과 전용선면허(專用船免許)

ⓢ 소형 수면비행선박 조종사면허에 대하여 자가운전(自家運轉) 등 비사업용으로 한정하여 승무하도록 하는 비사업용조종사면허

② 제1항 제1호 나목 및 다목에 따라 발급받은 상선면허 및 어선면허는 해당 한정면허(限定免許)를 소지한 자가 해당 선박에서 실제 승무하는 1년의 기간 동안 유효하며, 그 이후에는 선박의 종류별 승무 제한이 없는 면허를 받은 것으로 보고 해당 한정면허를 소지한 자는 해양수산부령으로 정하는 바에 따라 면허증 기재사항의 변경을 신청하여야 한다.

3. 운항사면허의 전문분야 부여

운항사(運航士)는 대통령령이 정하는 전문분야별로 당해 등급과 같은 등급의 항해사(한정면허의 경우에는 상선에 한정된 면허에 한한다) 또는 기관사로 보며, 소형선박 조종사는 6급 항해사 또는 6급 기관사의 하위등급의 해기사로 본다(법 제4조 제4항).

이 규정에 의한 운항사면허의 전문분야는 항해전문과 기관전문으로 부여한다(영 제4조의 2).

제2절 면허의 요건 등

1. 면허의 요건

① 해양수산부장관은 다음의 요건을 갖춘 사람에게 면허를 한다(법 제5조 제1항). 이 경우 해양수산부장관은 대통령령이 정하는 면허의 직종별 등급에 대하여는 해양수산부령이 정하는 바에 의하여 필요한 교육과정을 미리 이수(履修)하게 하거나 승선하여 실습(實習)하게 할 수 있다. 예컨대 해기사 면허에 합격하고 3년 이내에 면허발급에 필요한 경력을 채우면 면허를 발급받을 수 있다(법 제5조).

㉠ 해양수산부장관이 시행하는 해기사시험에 합격하고, 그 합격한 날부터 3년이 경과하지 아니할 것

㉡ 등급별 면허의 승무경력 또는 「수상레저안전법」에 따른 조종면허 등 승무경력으로 볼 수 있는 것으로서 대통령령으로 정하는 자격·경력이 있을 것

㉢ 선원법에 따라 승무에 적당한 건강상태가 확인될 것

㉣ 등급별 면허에 필요한 교육·훈련을 이수할 것

㉤ 통신사의 면허의 경우에는 전파법 제70조 규정에 따른 무선종사자의 자격이 있을 것

② 제1항 ㉠, ㉡ 및 ㉣에 따른 해기사 시험, 승무경력 및 교육·훈련에 관하여 필요한 사항은 대통령령으로 정한다(뒤 쪽 별표 1의 3 해기사 면허를 위한 승무경력 등 참조).

③ 해양수산부장관이 제1항에 따라 면허를 할 때에는 해양수산부령으로 정하는 바에 따라 해기사 면허증(이하 "면허")을 발급하여야 한다.

④ 해기사는 다음의 하나에 해당할 때에는 해양수산부령으로 정하는 바에 따라 면허증의 재발급 또는 기재사항의 변경을 신청할 수 있다(제4항).

㉠ 면허증을 잃어버렸을 때

㉡ 면허증이 헐어 못쓰게 되었을 때

㉢ 면허증의 기재사항이 변경되었을 때

2. 자료의 보관 및 이용

해양수산부장관은 해양수산부령으로 정하는 바에 따라 면허의 발급·갱신(更新)·취소 등에 관한 자료를 유지·관리하고 「선원의 훈련·자격증명 및 당직근무의 기준에 관한 국제협약」 또는 「어선 선원의 훈련·자격증명 및 당직근무의 기준에 관한 국제협약」의 당사국 및 선박소유자가 그 자료를 이용할 수 있도록 통보 등 필요한 조치를 하여야 한다(법 제5조의 2).

즉, 해양수산부장관은 국제협약당사국 및 선박소유자 등이 자료를 이용할 수 있도록 필요한 조치를 하여 정보를 공유하도록 한 것이다.

3. 결격사유

다음의 하나에 해당하는 자는 해기사가 될 수 없다(제6조).

① 18세 미만인 사람

② 면허가 취소된 날부터 2년(수산업법 제71조 제1항에 따라 면허가 취소된 경우에는 1년)이 지나지 아니한 사람

4. 부정행위자에 대한 제재

① 해양수산부장관은 해기사 시험에서 부정(不正)한 행위를 한 응시자에 대하여는 해당 시험을 정지시키거나 합격 결정을 취소하고, 그 정황에 따라 처분을 한 날부터 2년 이내의 기간을 정하여 이 법에 따른 시험의 응시자격을 정지할 수 있다(법 제5조의 3 제1항).

② 제1항에 따른 부정한 행위의 유형 등에 대하여는 대통령령으로 정한다.

5. 면허를 위한 승무경력

법 제5조(면허의 요건) 제1항 제2호 및 제2항의 규정에 의한 직종 및 등급별 해기사 면허 및 해기사 시험을 위한 승무경력(외국선박의 승무경력을 포함한다)은 [별표 1의 3]과 같다(영 제5조의 2).

제3절 면허증의 발급신청, 비치 등

1. 면허증의 발급신청

① 해기사면허증을 발급받고자 하는 사람은 별지 서식의 해기사면허증발급(재발급)신청서에 다음의 서류를 첨부하여 지방해양수산청장에게 제출하여야 한다(규칙 제14조 제1항).

㉠ 건강진단서. 다만, 선박에 승무중인 경우에는 선박소유자가 발급한 신청인이 승무중임을 증명하는 서류로써 이에 갈음할 수 있으며, 선원법 시행규칙 제53조의 규정에 의한 건강진단을 받고 그 유효기간 내에 있는 자의 경우에는 선원수첩의 제시로써 이에 갈음할 수 있다.

㉡ 면허취득교육과정을 이수한 사실을 증명하는 서류(면허취득교육과정을 이수하여야 하는 자에 한한다).

㉢ 영 별표 1의 3 제3호의 규정에 의한 자격을 증명하는 서류(통신사면허를 받고자 하는 자에 한한다).

㉣ 영 제9조의 규정에 의하여 면허를 위한 승무경력이 있음을 증명하는 서류. 다만, 지방해양수산청장이 그 승무경력을 확인할 수 있는 경우에는 그 제출을 생략하게 할 수 있다.

㉤ 사진 1매(최근 6개월 이내에 촬영한 가로 3.5센티미터, 세로 4.5센티미터)

㉥ 영 제13조 제2항에 따라 필기시험을 면제받은 경우 : 해당 승무경력을 증명하는 서류와 해당 교육과정 이수증

㉦ 영 제13조 제4항에 따라 필기시험과목의 전부 또는 일부를 면제받은 경우

- 해당 승무경력을 증명할 수 있는 서류
- 위의 승무경력 증명서류와 관련된 어선원부 등본(어선의 승무경력을 증명하는 경우로 한정한다) 또는 수산업협동조합 등 해양수산부장관이 정하여 고시하는 기관에서 발행한 서류로서 그 선박소유자 및 선박제원을 확인할 수 있는 것(승무한 선박이 감척(減隻)되거나 폐선(廢船)된 경우로 한정한다).

㉧ 영 제14조 제1항에 따라 필기시험을 면제받은 경우 : 응시하려는 면허와 같은 직종, 같은 등급의 면허를 소지하였음을 증명할 수 있는 서류

㉨ 영 제14조 제3항에 따라 필기시험과목의 일부를 면제받은 경우 : 해당 승무경력을 증명할 수 있는 서류

㉩ 영 제16조 제4항에 따라 필기시험을 면제받은 경우 : 해당 승선실습 프로그램을 이수하였음을 증명할 수 있는 서류

㉪ 영 별표 2 제5호 비고 및 제6호 비고에 따라 관련 자격증 소지를 이유로 필기시험의 일부과목을 면제받은 경우 : 해당 면허 또는 자격을 증명할 수 있는 서류

② 제1항에 따른 첨부서류를 제출하는 경우 담당공무원은 「전자정부법」 제36조 제1항에 따라 행정정보의 공동이용을 통하여 다음의 서류를 확인하여야 한다. 다만, 신청인이 확인에 동의하지 아니하는 경우에는 이를 첨부하도록 하여야 한다.

㉠ 주민등록표등(초)본 또는 병적증명서(승무경력 증명기간 안에 군에 복무한 사실이 있는 사람으로 한정한다)

㉡ 선박원부(제1항 제7호에 해당하는 사람이 상선의 승무경력을 증명하는 경우로 한정한다)

③ 「수상레저안전법」에 따른 동력수상레저기구조종면허 소지자는 별지 제7호 서식의 해기사면허증 발급(재발급) 신청서에 다음의 서류를 첨부하여 지방해양수산청장에게 제출하여야 한다.

㉠ 동력수상레저기구조종면허증 사본 1매

㉡ 사진 1매(최근 6개월 이내에 촬영한 가로 3.5센티미터, 세로 4.5센티미터의 것)

2. 면허증의 발급 및 재발급

1) 면허증의 발급

지방해양수산청장이 해기사면허증발급(재발급)신청서를 받은 때에는 별지 제8호 서식의 해기사면허증발급대장에 다음의 사항을 기재하고, 신청인에게 별지 제9호 서식의 해기사면허증을 발급하여야 한다(규칙 제15조 제1항).

① 면허번호 · 발급일 · 유효기간 만료일 등 면허에 관한 사항

② 면허를 받은 사람의 성명 · 주민등록번호 · 주소 및 전화번호

③ 시험실시기관의 명칭 및 시험합격일

또한 제1항의 해기사면허증 발급대장은 전자적(電子的)처리를 할 수 없는 특별한 사유가 있는 경우를 제외하고는 전자적 방법에 의하여 국문 · 영문을 포함하여 작성 · 관리하여야 한다(제2항).

2) 면허증의 재발급

면허증을 재발급받고자 하는 자는 별지 제7호 서식의 해기사면허증발급(재발급)신청서에 다음의 서류를 첨부하여 지방해양수산청장에게 제출하여야 한다(규칙 제16조).

① 면허증(면허증이 헐어 못 쓰게 되어 재발급을 신청하는 경우에 한정한다)

② 면허증을 잃어버린 경위를 기재한 서류(면허증을 잃어버려 재발급을 신청하는 경우에 한정한다)

③ 사진 1매(탈모 정면 상반신 반명함판)

3. 면허증의 기재사항의 변경

면허증의 기재사항을 변경하거나 정정하고자 하는 자는 별지 제10호 서식의 해기사면허증기재사항변경(정정)신청서에 다음의 서류를 첨부하여 지방해양수산관청에 제출하여야 한다(규칙 제17조).

① 면허증
② 변경 또는 정정(訂正)하고자 하는 내용이 사실임을 증명하는 서류

4. 면허증 등의 비치

해기사가 선박직원으로 승무할 때에는 면허증이나 승무자격증(乘務資格證)을 선장에게 제출하여야 하며, 선장은 이를 선박에 갖추어 두어야 한다(법 제15조).

제4절 면허의 유효기간 및 갱신 등

1. 면허의 유효기간

① 면허의 유효기간은 5년으로 하고, 제2항에 따른 면허 갱신을 받지 아니하고 면허의 유효기간이 지나면 면허의 유효기간이 끝나는 날의 다음 날부터 면허의 효력이 정지된다(법 제7조 제1항).
② 면허를 받은 사람으로서 그 면허의 효력(效力)을 계속 유지시키려는 사람 또는 면허의 유효기간이 지나서 면허의 효력이 정지된 경우 면허의 효력을 되살리려는 사람은 해양수산부령으로 정하는 바에 따라 면허 갱신을 받아야 한다.
③ 해양수산부장관은 제2항에 따라 면허 갱신(更新)을 신청한 사람이 다음의 하나에 해당하는 경우에는 이를 갱신하여야 한다.
   ㉠ 면허 갱신 신청일 전부터 5년 이내에 선박직원으로 1년 이상 승무한 경력이 있거나 대통령령으로 정하는 바에 따라 이와 동등한 수준 이상의 능력이 있다고 인정되는 경우
   ㉡ 면허의 유효기간이 지나지 아니하고 면허 갱신 신청일 직전 6개월 이내에 선박직원으로 3개월 이상 승무한 경력이 있는 경우. 다만, 「어선법」 제2조 제1호에 따른 어선에 승무한 경력은 제외한다.
   ㉢ 해양수산부령으로 정하는 교육을 받은 경우

2. 면허의 갱신 신청서류

면허를 갱신하고자 하는 자는 별지 서식의 해기사면허증 갱신신청서에 다음의 서류를 첨부하여 지방해양수산청장에게 제출하여야 한다(규칙 제18조 제1항).

① 면허증. 다만, 선박에 승무중인 자는 승무중임을 증명하는 서류를 말한다.

② 법 제7조 제3항 제1호 또는 제2호의 규정에 해당함을 증명하는 서류
③ 영 규정에 의한 자격을 증명하는 서류(통신사면허를 갱신하고자 하는 자에 한한다)
④ 건강진단서. 다만, 선박에 승무중인 경우에는 선박소유자가 교부한 신청인이 승무중임을 증명하는 서류로써 이에 갈음할 수 있으며, 선원법시행규칙 제53조의 규정에 의한 건강진단을 받고 그 유효기간 내에 있는 자의 경우에는 선원수첩의 제시로써 이에 갈음할 수 있다.
⑤ 사진 1매(최근 6개월 이내에 촬영한 가로 3.5센티미터, 세로 4.5센티미터)

3. 면허의 갱신 신청기간 및 그 유효기간

① 위 규칙 규정에 의한 면허의 갱신신청은 면허의 유효기간 만료일(滿了日) 1년 이전부터 유효 기간 만료일 전까지 할 수 있다. 다만, 면허의 유효기간 만료일 1년 이전부터 유효기간 만료일 전까지의 기간에 장기승선(長期乘船) 또는 해외체류(海外滯留) 등으로 우리나라 이외의 지역에 체재할 것으로 예상되는 경우에는 면허의 유효기간 만료전 1년 전에 면허의 갱신을 신청할 수 있다(규칙 제18조 제2항). 따라서 승선 중 해가사면허의 효력이 정지되지 않도록 5년 이내에 갱신할 필요가 있다.
② 법 제7조 제3항 제2호의 규정에 의한 교육을 받은 경우에는 그 교육기간이 종료(終了)된 날로부터 1년 이내에 면허의 갱신신청을 하여야 한다(제3항).
③ 「수상레저안전법」에 따른 동력수상레저기구조종면허 소지자는 별지 제11호 서식의 해기사면허증 갱신신청서에 제14조 제3항 각 호의 서류를 첨부하여 지방해양수산청장에게 제출하여야 한다.
④ 갱신되는 면허의 유효기간은 다음의 구분에 따른다. 다만, 제4항에 따라 동력수상레저기구조종면허를 가지고 있는 사람이 소형선박 조종사면허를 갱신하는 경우 그 면허의 유효기간은 해당 동력수상레저기구조종면허의 유효기간으로 하되, 그 유효기간은 5년을 초과할 수 없다.
  ㉠ 종전 면허의 유효기간 만료일 6개월 이전부터 유효기간 만료일 전까지 갱신을 신청한 경우 : 종전 면허의 유효기간 만료일부터 5년(제1호)
  ㉡ 제1호 외의 경우 : 갱신되는 날부터 5년

4. 면허의 갱신

면허의 갱신에 있어, 법 제7조 제3항 제1호에서 “대통령령으로 정하는 바에 따라 이와 동등한 수준 이상의 능력이 있다고 인정되는 경우”란 다음의 어느 하나에 해당하는 경우를 말한다(영 제20조).

① 면허 갱신 신청일 전날부터 5년 이내에 외국선박 또는 함정(艦艇)에서 선박직원 또는 그 면허에 적합한 직무로 1년 이상 승무한 경력이 있는 경우

② 면허 갱신 신청일 전날부터 5년 이내에 선박(함정을 포함한다)에서 선박직원이 아닌 자격으로 2년 이상 승무한 경력이 있는 경우
③ 면허 갱신 신청일 전날부터 6개월 이내에 외국선박(어선을 제외한다) 또는 함정에서 선박직원 또는 그 면허에 적합한 직무로 3개월 이상 승무한 경력이 있는 경우(면허 갱신 신청일을 기준으로 면허의 유효기간이 지나지 아니하는 경우에 한정한다)
④ 다음의 어느 하나에 해당하는 직무에 3년 이상 종사한 경력이 있는 경우
가. 「도선법」 제2조 제2호에 따른 도선사
나. 「선박안전법」 제76조에 따른 선박검사관 또는 같은 법 제77조 제1항에 따른 선박검사원
다. 「해양사고의 조사 및 심판에 관한 법률」 제9조의 2에 따른 심판관, 같은 법 제16조에 따른 수석조사관 또는 조사관
라. 「해운법(海運法)」 제22조에 따른 운항관리자
마. 지정교육기관에서 선박의 운항 또는 기관의 운전에 관한 교육을 담당하는 전임교원
바. 그 밖에 가목부터 마목까지에서 규정한 사람이 종사하는 직무와 유사(類似)한 직무로서 해양수산부장관이 지정하는 직무에 종사하는 사람

제5절 면허증의 제출

해기사는 다음의 하나에 해당하는 경우에는 행정처분(行政處分)의 통지를 받거나 잃어버린 면허증을 발견한 날 또는 하선한 날부터 30일 이내에 면허증(제②의 경우에는 잃어버린 면허증, 제④의 경우에는 갱신하기 전의 면허증)을 지방해양수산청장에게 제출하여야 한다(규칙 제19조).
① 면허의 취소 또는 업무의 정지처분을 받은 경우
② 면허증을 잃어버려 면허증을 재발급 받은 후에 잃어버린 면허증을 발견한 경우
③ 해양사고의 조사 및 심판에 관한 법률 규정에 의하여 면허의 취소 또는 업무의 정지처분을 받은 경우
④ 영 제18조 제1항 제1호 단서의 규정에 의하여 선박에 승무(乘務)중임을 증명하는 서류를 제출하고 면허를 갱신한 경우

제6절 면허의 실효 및 취소 · 청문 등

1. 면허의 실효 및 청문

1) 면허의 실효

다음의 하나에 해당하는 면허는 효력을 잃는다(법 제8조).

① 상위등급(上位等級) 면허를 받았을 때의 그 동일 직종의 하위등급 면허. 다만, 제4조 제2항 후단에 따라 한정된 상위등급 면허를 받은 경우 그 한정된 상위등급 면허로 한정되지 아니한 하위등급 면허는 효력을 잃지 아니한다.

② 전파법(電波法) 제70조에 따른 무선종사자의 자격을 잃었을 때의 통신사 면허

2) 면허의 취소 등

① 해양수산부장관은 해기사가 다음의 하나에 해당할 경우에는 면허를 취소하거나 1년 이내의 기간을 정하여 업무정지를 명하거나 견책(譴責, reprimand)을 할 수 있다. 다만, 해당 사유와 관련된 해양사고에 대하여 해양안전심판원이 심판을 시작하였을 때에는 그러하지 아니하다(법 제9조 제1항).

㉠ 해기사의 승무범위 규정을 위반하여 승무한 때.

㉡ 제15조(면허증 등의 비치)를 위반하여 선박직원으로 승무할 때에 면허증이나 승무자격증을 제출하지 아니하거나 이를 선박에 갖추어 두지 아니한 경우

㉢ 제22조(면허증 등의 부당사용금지)를 위반하여 면허증이나 승무자격증을 다른 사람에게 빌려 주거나 부당(不當)하게 사용한 경우

㉣ 선박직원으로서 직무를 수행할 때 비행(非行)이 있거나 인명 또는 재산에 위험을 초래하거나 해양환경보전에 장해(障害)가 되는 행위를 한 경우

㉤ 업무정지처분을 받고 제4항에 따른 기간 내에 면허증을 제출하지 아니한 경우

㉥ 업무정지기간 중에 선박직원으로 승무한 경우

㉦ 해사안전법 제42조 제1호 또는 제2호에 해당하여 국민안전처장관이 요청하는 경우

② 해양수산부장관은 해기사가 거짓이나 그 밖의 부정한 방법으로 면허를 받은 경우에는 그 면허를 취소하여야 한다(제2항).

③ 해양수산부장관은 제1항이나 제2항에 따라 면허취소, 업무정지처분 또는 견책을 할 때에는 해양수산부령으로 정하는 바에 따라 그 처분 내용을 해당 해기사에게 통지하여야 한다. 이 경우 해양수산부장관은 그 해기사가 선박직원으로 승무 중일 때에는 선박소유자에게도 통지하여야 한다(제3항).

④ 제3항에 따른 면허취소 또는 업무정지처분의 통지를 받은 해기사는 통지를 받은 날부터 30일 이내에 면허증을 해양수산부장관에게 제출하여야 한다. 이 경우 업무정지기간이 끝나면 그 해기사에게 면허증을 되돌려 주어야 한다(제4항).

⑤ 제1항에 따른 업무정지기간은 해양수산부장관이 면허증을 제출받은 날부터 기산(起算)한다.

⑥ 제1항 및 제2항에 따른 행정처분의 세부 기준은 그 위반행위의 유형과 위반의 정도 등을 고려하여 해양수산부령으로 정한다.

[별표 2] 행정처분의 기준(제20조제1항 관련)

1. 일반기준

가. 위반행위가 둘 이상인 경우로서 그에 해당하는 각각의 처분기준이 다른 경우에는 그 중 무거운 처분기준에 따른다. 다만, 둘 이상의 처분기준이 모두 업무정지인 경우에는 각 처분기준을 합산한 기간을 넘지 아니하는 범위에서 무거운 정지처분기간에 각각의 정지처분기준의 2분의 1 범위까지 가중할 수 있되, 그 가중한 기간을 합산한 기간은 1년을 초과할 수 없다.

나. 위반사항의 횟수에 따른 처분의 기준은 해당 위반행위가 있는 날 이전 최근 1년간 같은 위반행위로 인하여 처분을 받은 경우에 적용한다.

다. 처분권자는 위반행위의 동기·내용·회수 및 위반의 정도 등 아래에 해당하는 사유를 고려하여 그 처분을 감경할 수 있다. 이 경우 그 처분이 업무정지인 경우에는 그 처분기준의 2분의 1 범위에서 감경할 수 있고, 면허취소인 경우(법 제9조제2항에 해당하는 경우에는 제외한다)에는 1년의 업무정지 처분으로 감경할 수 있다.

1) 위반행위가 고의나 중대한 과실이 아닌 사소한 부주의나 오류로 인한 것으로 인정되는 경우
2) 위반의 내용·정도가 경미하여 인명 또는 재산에 미치는 피해가 적다고 인정되는 경우
3) 위반 행위자가 처음 해당 위반행위를 한 경우로서 3년 이상 해기사 직무를 모범적으로 해온 사실이 인정된 경우
4) 위반 행위자가 해당 위반행위로 인하여 검사로부터 기소유예 처분을 받거나 법원으로부터 선고유예의 판결을 받은 경우

2. 개별기준

위반사항	근거법령	행정처분		
		1차 위반	2차 위반	3차 위반
가. 법 제14조를 위반하여 승무한 때	법 제9조 제1항제1호	경고	업무정지 1개월	업무정지 3개월
나. 법 제15조를 위반하여 선박직원으로 승무하는 때에 면허증 또는 승무자격증을 제출하지 아니하거나 이를 선박 안에 비치하지 아니한 때	법 제9조 제1항제2호	경고	업무정지 15일	업무정지 1개월
다. 법 제22조를 위반하여 면허증 또는 승무자격증을 다른 사람에게 대여하거나 부당하게 행사한 때	법 제9조 제1항제3호	업무정지 6개월	업무정지 1년	면허 취소
라. 선박직원으로서 직무를 수행함에 있어 비행이 있거나 인명 또는 재산에 위험을 초래하거나 해양환경보전에 장해를 미치는 행위를 한 때	법 제9조 제1항제4호	업무정지 3개월	업무정지 1년	면허 취소
마. 법 제9조제4항 전단을 위반하여 업무정지처분의 통지를 받은 날부터 30일 이내에 해기사면허증을 지방해양수산청장에게 제출하지 아니한 때	법 제9조 제1항제5호	업무정지 1개월	업무정지 2개월	업무정지 4개월
바. 업무정지기간 중에 승무한 때	법 제9조 제1항제6호	면허 취소	-	-
사. 「해상교통안전법」 제8조의2제1호 또는 제2호에 해당하여 국민안전처 장관의 요청이 있는 경우	법 제9조 제1항제7호	업무정지 3개월	업무정지 1년	면허취소
아. 거짓이나 그 밖의 부정한 방법으로 면허를 받은 때	법 제9조 제2항	면허 취소	-	-

3) 청문 및 자료의 유지·관리

“청문(聽聞, hearing)”이란 행정기관이 규칙 제정이나 행정처분 등을 함에 있어서 그 필요성·타당성 등을 판단하기 위하여 상대방·이해관계인·증인(證人) 등의 변명이나 의견 등을 청취하고 증거를 제출하게 하여 사실조사를 하는 행정절차이다.

선박직원법에서는 해기사의 권리가 부당하게 침해되는 일이 없도록 하기 위하여 해양수산부장관이 면허를 취소하고자 하는 경우에는 미리 청문을 행하도록 규정하고 있다(법 제10조).

지방해양수산청장은 면허의 교부·갱신·취소 등에 관한 자료를 전산화(電算化)하여 유지·관리하여야 한다(규칙 제20조의 2).

제7절 승무경력기간의 계산 및 증명 등

1. 승무경력기간의 계산

① “승무경력(乘務經歷)”이란 선박에 승선하여 복무한 경력을 말한다. 승무경력기간은 승선한 날로부터 하선한 날까지의 기간으로 하되, 승선한 날로부터 기산한다. 그리고 이때에 1월에 미달되는 승무경력기간은 합산(合算)하여 30일을 1월로 하고, 1년 미달되는 승무경력기간은 합산하여 12월을 1년으로 한다(법 제2조 제6호, 영 제7조).

② 승무경력기간을 계산함에 있어서 다른 직무로 승무한 기간이 있는 경우에는 [별표 1의 3]에 의한 직무별 기간의 비례에 따라 이를 환산하여 서로 합산할 수 있다(영 제8조 제1항).

③ 전파법시행령 제10조 제4호의 규정에 의한 해안국(海岸局)에서 무선통신에 관한 업무를 담당(실습을 포함한다)한 경력은 3월 이내의 범위내에서 [별표 1의 3] 제3호 가목의 규정에 의한 직무별 기간에 합산할 수 있다(영 제8조 제3항).

2. 승무경력의 증명

① 승무경력은 다음의 하나에 해당하는 서류에 의하여 증명되어야 한다(영 제9조 제1항).
   ㉠ 선원수첩(船員手帖, seaman’s passport)
   ㉡ 선원수첩을 가진 자가 이를 잃어버렸거나 헐어 못쓰게 된 경우에는 선원수첩을 교부한 지방해양수산청장·지방해양수산청 해양수산사무소장·한국해양수산연수원장 또는 한국선원복지고용센터 이사장이 증명하는 서류

② 함정 및 그 밖의 선박으로서 선원수첩을 가지지 아니하고 승무할 수 있는 선박에 승무한 경력의 증명방법은 해양수산부장관이 정하는 바에 의한다(제2항).

③ 제2항의 규정에 의하여 승무경력을 증명하는 경우에는 다음의 사항을 명시하여야 한다. 다만, 함정의 경우에는 ㉠, ㉥ 및 ㉦의 사항을 제외한다(제3항).

㉠ 선박번호 · 선종(船種) 및 선명(船名)
㉡ 총톤수 또는 배수(排水)톤수
㉢ 기관의 종류 및 주기관 추진력
㉣ 직무 및 승무기간
㉤ 무선통신설비의 유무
㉥ 선박의 용도 및 항행구역
㉦ 선박소유자의 성명 또는 명칭과 선박의 국적

④ 지정교육기관의 해기사양성 교과과정 이수자(이수예정자 포함)로서 해기사면허를 받고자 하는 자는 다음에 해당하는 서류에 의하여 승무경력을 증명하여야 한다(제4항).

㉠ 지정교육기관의 교육과정 이수자 등에 대한 특례 규정에 따른 교육기간 및 실습기간은 그 소속기관의 장 또는 대표자가 증명하는 서류

㉡ 신규로 다음의 하나에 해당하는 해기사면허를 받고자 하는 자의 승무경력(승선실습을 포함하며, 항해분야 및 운항분야는 1년 이상, 기관분야는 6월 이상의 경력에 한한다)은 해양수산부장관이 정하는 바에 따른 지정교육기관의 장 또는 선박소유자가 증명하는 훈련기록부

a. 3급 항해사 내지 5급 항해사(어선면허를 제외한다)
b. 3급 기관사 내지 5급 기관사
c. 3급 운항사 및 4급 운항사

㉢ 지정교육기관의 상선교육과정을 이수한 자가 3급 항해사 또는 5급 항해사 등의 해기사 면허를 받고자 하는 승무경력을 증명하는 경우에는 상선의 훈련기록부를 제출하여야 한다.

해기사면허를 위한 승무경력(영 제5조의 2 관련, [별표 1의 3])

1. 항해사

받고자 하는 면허	승무경력			
	자격	선박	직무	기간
1급 항해사	2급 항해사 또는 2급 운항사	연안수역 또는 원양수역을 항행구역으로 하는 총톤수 1,600톤 이상의 상선(자동화선박을 포함한다) 또는 총톤수 200톤 이상의 어선	선장 · 1등 항해사 또는 1등 운항사	2년
			선장 · 1등 항해사 및 1등 운항사를 제외한 선박직원	4년
		연안수역 또는 원양수역을 항행구역으로 하는 총톤수 500톤 이상 1,600톤 미만의 상선	선장 또는 1등 항해사	3년
			선장 및 1등 항해사를 제외한 선박직원	5년
		배수톤수 1,600톤 이상의 함정	함장 또는 부함장	2년
2급 항해사	3급 항해사 또는 3급 운항사	연안수역 또는 원양수역을 항행구역으로 하는 총톤수 1,600톤 이상의 상선(자동화선박을 포함한다), 총톤수 500톤 이상의 여객선 또는 총톤수 200톤 이상의 어선	선박직원	2년
		연안수역 또는 원양수역을 항행구역으로 하는 총톤수 500톤 이상 1,600톤 미만의 상선	선장 또는 1등 항해사	3년
			선장 및 1등 항해사를 제외한 선박직원	4년
		배수톤수 1,a600톤 이상의 함정	함장 또는 부함장	2년
			함정의 운항	3년

<table>
<tr><td rowspan="7">3급 항해사</td><td rowspan="4">4급 항해사 또는 4급 운항사</td><td>연안수역 또는 원양수역을 항행구역으로 하는 총톤수 500톤 이상의 상선, 총톤수 50톤 이상의 여객선 또는 총톤수 50톤 이상의 어선</td><td>선박직원</td><td>2년</td></tr>
<tr><td rowspan="2">연안수역 또는 원양수역을 항행구역으로 하는 총톤수 100톤 이상 500톤 미만의 상선</td><td>선장 또는 1등 항해사</td><td>3년</td></tr>
<tr><td>선장 및 1등 항해사를 제외한 선박직원</td><td>4년</td></tr>
<tr><td>연안수역 또는 원양수역을 항행구역으로 하는 총톤수 500톤 이상의 상선, 총톤수 200톤 이상의 여객선 또는 총톤수 100톤 이상의 어선</td><td>선박의 운항</td><td>5년</td></tr>
<tr><td rowspan="3">4급 항해사</td><td rowspan="2">배수톤수 500톤 이상의 함정</td><td>함장 또는 부함장</td><td>2년</td></tr>
<tr><td>함정의 운항</td><td>3년</td></tr>
<tr><td>배수톤수 500톤 이상의 함정</td><td>함정의 운항</td><td>5년</td></tr>
<tr><td rowspan="5">4급 항해사</td><td rowspan="5">5급 항해사</td><td>총톤수 100톤 이상의 상선, 총톤수 30톤 이상의 여객선 또는 총톤수 30톤 이상의 어선</td><td>선박직원</td><td>1년</td></tr>
<tr><td>총톤수 100톤 미만의 상선, 총톤수 5톤 이상 30톤 미만의 여객선 또는 총톤수 5톤 이상 30톤 미만의 어선</td><td>선박직원</td><td>2년</td></tr>
<tr><td>총톤수 100톤 이상의 상선, 총톤수 30톤 이상의 여객선 또는 총톤수 30톤 이상의 어선</td><td>선박의 운항</td><td>4년</td></tr>
<tr><td>배수톤수 100톤 이상의 함정</td><td>함정의 운항</td><td>1년</td></tr>
<tr><td>배수톤수 500톤 이상의 함정</td><td>함정의 운항</td><td>4년</td></tr>
<tr><td rowspan="5">5급 항해사</td><td rowspan="5">6급 항해사</td><td>총톤수 30톤 이상의 선박</td><td>선박직원</td><td>1년</td></tr>
<tr><td>총톤수 5톤 이상 30톤 미만의 선박</td><td>선박직원</td><td>2년</td></tr>
<tr><td>총톤수 30톤 이상의 선박</td><td>선박의 운항</td><td>3년</td></tr>
<tr><td>배수톤수 30톤 이상의 함정</td><td>함정의 운항</td><td>1년</td></tr>
<tr><td>배수톤수 30톤 이상의 함정</td><td>함정의 운항</td><td>3년</td></tr>
<tr><td rowspan="4">6급 항해사</td><td rowspan="4"></td><td>총톤수 100톤 이상의 선박</td><td>선박의 운항 또는 기관의 운전</td><td>1년</td></tr>
<tr><td>배수톤수 100톤 이상의 함정</td><td>함정의 운항</td><td>1년</td></tr>
<tr><td>총톤수 5톤 이상 100톤 미만의 선박</td><td>선박의 운항 또는 기관의 운전</td><td>2년</td></tr>
<tr><td>배수톤수 5톤 이상 100톤 미만의 함정</td><td>함정의 운항</td><td>2년</td></tr>
</table>

<비 고>

1. 5급 항해사 이상 3급 항해사 이하의 면허(어선면허는 제외한다)를 위한 승무경력 중에는 6개 이상의 항해당직근무(실습을 포함한다)경력이 포함되어야 한다.
2. 받으려는 면허가 3급 항해사 이상의 면허 중 상선면허인 경우의 승무경력은 상선에 승무한 경력만 해당하며, 어선면허인 경우의 승무경력은 어선에 승무한 경력만 해당한다. 다만, 함정에 승무한 경력은 상선면허 또는 어선면허를 위한 승무경력에 포함된다.
3. 여객선이란 여객정원이 13명 이상인 선박을 말한다(이하 이 표에서 같다).
4. 함정의 운항이란 함정에 승선하여 기관의 운전과 조리업무를 제외한 직무를 수행하는 것을 말한다(이하 이 표에서 같다)
5. 자격란 중 운항사는 항해전문의 운항사를 말한다.
6. 5급 이상의 면허를 가지고 있는 사람은 6급 이하의 면허를 취득하기 위한 승무경력이 있는 것으로 본다(이하 이 표에서 같다)
7. 선박의 운항이란 선박직원이 아닌 자로서 선박에 승선하여 선박직원의 기관업무 보조 및 조리업무를 제외한 나머지 직무를 수행하는 것을 말한다(이하 이 표에서 같다)

2. 기관사

받고자 하는 면허	승무경력			
	자 격	선 박	직 무	기간
1급 기관사	2급 기관사 또는 2급 운항사	연안수역 또는 원양수역을 항행구역으로 하는 선박 중 주기관 추진력이 3,000킬로와트 이상의 선박	기관장 · 운항장 · 1등 기관사 또는 1등 운항사	2년
			기관장 · 운항장 · 1등 기관사 및 1등 운항사를 제외한 선박직원	4년
		연안수역 또는 원양수역을 항행구역으로 하는 선박중 주기관 추진력이 1,500킬로와트 이상 3,000킬로와트 미만의 선박	기관장 또는 1등 기관사	3년
			기관장 및 1등 기관사를 제외한 선박직원	5년
		주기관 추진력이 3,000킬로와트 이상의 함정	기관장	2년
2급 기관사	3급 기관사 또는 3급 운항사	연안수역 또는 원양수역을 항행구역으로 하는 선박 중 주기관 추진력이 1,500킬로와트 이상의 선박	선박직원	2년
		연안수역 또는 원양수역을 항행구역으로 하는 선박 중 주기관 추진력이 750킬로와트 이상 1,500킬로와트 미만의 선박	기관장 또는 1등 기관사	3년
			선박직원	4년
		주기관 추진력이 1,500킬로와트 이상의 함정	기관장	2년
			기관의 운전	3년
3급 기관사	4급 기관사 또는 4급 운항사	연안수역 또는 원양수역을 항행구역으로 하는 선박중 주기관 추진력이 750킬로와트 이상의 선박	선박직원	2년
		연안수역 또는 원양수역을 항행구역으로 하는 선박중 주기관 추진력이 350킬로와트 이상 750킬로와트 미만의 선박	기관장 또는 1등 기관사	3년
			기관장 및 1등 기관사를 제외한 선박직원	4년
		연안수역 또는 원양수역을 항행구역으로 하는 선박중 주기관 추진력이 750킬로와트 이상의 선박	기관의 운전	5년
	4급 기관사	주기관 추진력이 750킬로와트 이상의 함정	기관장	2년
			기관의 운전	3년
		주기관 추진력이 750킬로와트 이상의 함정	기관의 운전	5년
4급 기관사	5급 기관사	주기관 추진력이 350킬로와트 이상의 선박	선박직원	1년
		주기관 추진력이 350킬로와트 미만의 선박	선박직원	2년
		주기관 추진력이 350킬로와트 이상의 선박	기관의 운전	4년
		주기관 추진력이 350킬로와트 이상의 선박	기관의 운전	1년
		주기관 추진력이 350킬로와트 이상의 선박	기관의 운전	4년
5급 기관사	6급 기관사	총톤수 30톤 이상의 선박	선박직원	1년
		총톤수 5톤 이상 30톤 미만의 선박	선박직원	2년
		총톤수 30톤 이상의 선박	기관의 운전	3년
	6급 기관사	배수톤수 30톤 이상의 함정	기관의 운전	1년
		배수톤수 30톤 이상의 함정	기관의 운전	3년
6급 기관사		총톤수 100톤 이상의 선박	선박의 운항 또는 기관의 운전	1년
		배수톤수 100톤 이상의 함정	함정의 운항 또는 기관의 운전	1년
		총톤수 5톤 이상 100톤 미만의 선박	선박의 운항 또는 기관의 운전	2년
		배수톤수 5톤 이상 100톤 미만의 함정	함정의 운항 또는 기관의 운전	2년

<비 고> 자격란 중 운항사는 기관전문의 운항사를 말한다.

2의 2. 전자기관사

받으려는 면허	승무경력			
	자 격	선 박	직 무	기간
전 자 기관사	4급 기관사 이상의 기관사 또는 4급 운항사 이상의 운항사	연안수역 또는 원양수역(어선의 경우에는 제한수역 또는 무제한수역)을 항행구역으로 하는 선박 중 주기관 추진력이 750킬로와트 이상의 선박	기관부 선박직원	1년
		연안수역 또는 원양수역(어선의 경우에는 제한수역 또는 무제한수역)을 항행구역으로 하는 선박 중 주기관 추진력이 350킬로와트 이상 750킬로와트 미만의 선박	기관장 또는 1등 기관사	1년
			기관장 및 1등 기관사를 제외한 기관부 선박직원	2년
	4급 기관사 이상의 기관사	주기관 추진력이 750킬로와트 이상의 함정	기관장	2년
	5급 기관사	연안수역 또는 원양수역(어선의 경우에는 제한수역 또는 무제한수역)을 항행구역으로 하는 선박 중 주기관 추진력이 750킬로와트 이상의 선박	기관부 선박직원	2년
		연안수역 또는 원양수역을 항행구역으로 하는 선박 중 주기관 추진력이 350킬로와트 이상 750킬로와트 미만의 선박	기관장 또는 1등 기관사	2년
			기관장 및 1등 기관사를 제외한 기관부 선박직원	3년
		연안수역 또는 원양수역(어선의 경우에는 제한수역 또는 무제한수역)을 항행구역으로 하는 선박 중 주기관 추진력이 750킬로와트 이상의 선박	기관의 운전	5년
		주기관 추진력이 750킬로와트 이상의 함정	기관의 운전	5년

3. 통신사

가. 전파통신급

받고자 하는 면허	승무경력			
	자 격	선 박	직 무	기간
1급 통신사	전파통신기사 이상	연안수역 또는 원양수역을 항행구역으로 하는 무선통신설비를 갖춘 선박	무선통신의 담당 또는 실습	6월
		함정		
2급 통신사	전파통신산업기사 이상	연안수역 또는 원양수역을 항행구역으로 하는 무선통 신설비를 갖춘 선박	무선통신의 담당 또는 실습	6월
		함정		
3급 통신사	전파통신기능사 이상	무선통신설비를 갖춘 선박	무선통신의 담당 또는 실습	없음
		함정		
4급 통신사	제한무선통신사 이상	무선통신설비를 갖춘 선박	무선통신의 담당 또는 실습	없음
		함정		

나. 전파전자급

받고자 하는 면허	승무경력			
	자 격	선 박	직 무	기간
1급 통신사	전파전자기사 이상	연안수역 또는 원양수역을 항행구역으로 하는 세계해상조난 및 안전제도(GMDSS) 관련 설비를 갖춘 선박	통신의 담당 또는 실습	3월

2급 통신사	전파전자 산업기사 이상	연안수역 또는 원양수역을 항행구역으로 하는 세계해상조난 및 안전제도(GMDSS) 관련설비를 갖춘 선박	통신의 담당 또는 실습	3월
3급 통신사	전파전자기능사 이상	세계해상조난 및 안전제도(GMDSS) 관련설비를 갖춘 선박	통신의 담당 또는 실습	없음
4급 통신사	해상무선통신사 이상	세계해상조난 및 안전제도(GMDSS) 관련설비를 갖춘 선박	통신의 담당 또는 실습	없음

<비 고>

① 가목 및 나목의 자격은 전파법의 규정에 의한 자격이어야 한다.

② 무선통신 또는 통신의 실습은 선장·항해사 또는 운항사의 직무와 병행하여 할 수 있다.

4. 소형선박조종사

받고자 하는 면허	승무경력			
	자 격	선 박	직 무	기간
소형선박 조종사		총톤수 5톤 이상의 선박 또는 여객선	선박의 운항 또는 기관의 운전	2년
		배수톤수 2톤 이상의 함정	함정의 운항 또는 기관의 운전	2년

<비 고>

「낚시 관리 및 육성법」에 따라 낚시어선업을 하기 위하여 신고한 낚시어선 및 「유선 및 도선사업법」에 따라 면허를 받거나 신고한 유선 및 도선에 승무한 경력은 톤수의 제한을 받지 아니한다.

5. 운항사

받고자 하는 면허	승무경력			
	자 격	선 박	직 무	기간
1급 운항사	2급 운항사, 1급 항해사 또는 1급 기관사	연안수역 또는 원양수역을 항행구역으로 하는 총톤수 1,600톤 이상의 자동화선박	선장·운항장 또는 1등 운항사	2년
			선박직원	4년
		연안수역 또는 원양수역을 항행구역으로 하는 총톤수 1,600톤 이상의 상선	선장·기관장·1등 항해사 또는 1등 기관사	3년
			선박직원	5년
		배수톤수 1,600톤 이상의 함정	함장 또는 부함장	3년
2급 운항사	3급 운항사, 2급 항해사 또는 2급 기관사	연안수역 또는 원양수역을 항행구역으로 하는 총톤수 1,600톤 이상의 자동화선박	선장·운항장 또는 1등 운항사	2년
			선박직원	3년
		연안수역 또는 원양수역을 항행구역으로 하는 총톤수 500톤 이상의 상선	선장·기관장·1등 항해사 또는 1등 기관사	3년
			선박직원	4년
		배수톤수 500톤 이상의 함정	함장 또는 부함장	3년
			함정의 운항	4년
3급 운항사	4급 운항사, 3급 항해사 또는 3급 기관사	연안수역 또는 원양수역을 항행구역으로 하는 총톤수 1,600톤 이상의 자동화선박	선박직원	2년
		연안수역 또는 원양수역을 항행구역으로 하는 총톤수 500톤 이상의 상선	선장·기관장·1등 항해사 또는 1등 기관사	2년
			선박직원	3년
		배수톤수 200톤 이상의 함정	함장 또는 부함장	2년
			함정의 운항	3년
4급 운항사	4급 항해사 또는 4급 기관사			

<비 고>

1. 받고자 하는 면허가 항해전문의 운항사인 경우의 자격은 항해사 또는 항해전문의 운항사에 한하며, 받고자 하는 면허가 기관전문의 운항사인 경우의 자격은 기관사 또는 기관전문의 운항사에 한한다.
2. 운항사면허를 취득하기 위해서는 표에 의한 승무경력에 등급별로 각각 다음 각 목의 1에 해당하는 항해당직근무경력 또는 기관당직근무경력이 있어야 한다. 이 경우 항해당직근무경력 또는 기관당직근무경력을 산정함에 있어서는 위 표의 승무경력기간외에 행한 항해당직근무경력 또는 기관당직근무경력을 합산한다.
   가. 1급 운항사(항해전문)는 24월 이상의 항해당직근무와 6월 이상의 기관당직근무
   나. 1급 운항사(기관전문)는 24월 이상의 기관당직근무와 6월 이상의 항해당직근무
   다. 2급 운항사(항해전문)는 12월 이상의 항해당직근무와 6월 이상의 기관당직근무
   라. 2급 운항사(기관전문)는 12월 이상의 기관당직근무와 6월 이상의 항해당직근무
   마. 3급 운항사 또는 4급 운항사는 6월 이상의 항해당직근무(실습을 포함한다)와 6월 이상의 기관당직근무(실습을 포함한다)

6. 수면비행선박 조종사

<table>
<tr><th rowspan="2">받으려는 면허</th><th colspan="5">승무경력</th></tr>
<tr><th>자격</th><th>선박 또는 항공기</th><th>직무</th><th>기간</th><th>승선 시간</th></tr>
<tr><td rowspan="5">중형 수면 비행 선박 조종사</td><td rowspan="4">4급 항해사 또는 4급 운항사 이상</td><td>연안수역 또는 원양수역을 항행구역으로 하는 총톤수 500톤 이상의 상선, 총톤수 50톤 이상의 여객선·어선</td><td rowspan="2">선박 직원</td><td>2년</td><td rowspan="2">-</td></tr>
<tr><td>연안수역 또는 원양수역을 항행구역으로 하는 총톤수 100톤 이상 500톤 미만의 상선</td><td>3년</td></tr>
<tr><td rowspan="2">배수톤수 500톤 이상의 함정</td><td>함장 또는 부장</td><td>2년</td><td>-</td></tr>
<tr><td>함정의 운항</td><td>3년</td><td>-</td></tr>
<tr><td>소형수면비행선박조종사</td><td>최대 이수중량 10톤 미만의 수면비행선박</td><td>선박 직원</td><td>-</td><td>200시간</td></tr>
<tr><td rowspan="5">소형 수면 비행 선박 조종사</td><td rowspan="4">5급 항해사 이상</td><td>연안수역 또는 원양수역을 항행구역으로 하는 총톤수 100톤 이상의 상선 또는 총톤수 30톤 이상의 여객선·어선</td><td>선박 직원</td><td>1년</td><td>-</td></tr>
<tr><td>연안수역 또는 원양수역을 항행구역으로 하는 총톤수 100톤 미만의 상선 또는 총톤수 5톤 이상 30톤 미만의 여객선·어선</td><td></td><td>2년</td><td></td></tr>
<tr><td rowspan="2">배수톤수 100톤 이상의 함정</td><td>함장 또는 부장</td><td>1년</td><td rowspan="2">-</td></tr>
<tr><td>함정의 운항</td><td>2년</td></tr>
<tr><td></td><td>수면비행선박</td><td>수면비행선박의 운항</td><td>2년</td><td>-</td></tr>
</table>

<비 고>

항해사 또는 운항사 자격과 그에 따른 승무경력을 갖춘 사람이 수면비행선박 조종사 면허를 받으려는 경우 해당 승무경력 외에 「항공법」에 따른 경량항공기 조종사 이상의 면허를 가지고 있어야 한다.

제3장 해기사시험

제1절 해기사시험의 의의

선박직원법은 해양수산부장관의 해기사면허를 받은 자만이 선박직원이 될 수 있도록 하고 해기사면허를 취득하기 위하여는 반드시 해기사시험에 합격해야 하도록 규정하고 있다(법 제4조 제1항, 제5조 제1항).

한편 이러한 해기사 시험·승무경력 및 교육 훈련에 관하여 필요한 사항은 대통령령으로 정한다(법 제5조 제2항).

제2절 시험의 시행시기, 시험과목 및 시험방법 등

1. 시행 및 그 시기

① 시험은 해양수산부장관이 해양수산부령이 정하는 바에 의하여 정기시험(定期試驗)·임시시험(臨時試驗) 및 상시시험(常時試驗)으로 구분하여 시행한다(영 제10조).

② 한국해양수산연수원장은 정기시험의 직종별 등급·시험일시·시험장소 그 밖에 필요한 사항은 매년 1월 10일까지 관보(官報) 및 주요 일간지(日刊紙)에 게재하여 이를 공고(정보통신망을 통한 공고를 포함한다)한다(규칙 제9조 제1호).

③ 임시시험은 한국해양수산연수원장이 필요하다고 인정하는 때에 수시로 시행하며, 그 직종별 등급·시험일시·시험장소 그 밖에 필요한 사항은 시험시행 15일 전까지 한국해양수산연수원의 게시판에 이를 공고한다(규칙 제9조 제2호·제3호).

2. 시험위원의 위촉 등

① 한국해양수산연수원장은 다음의 하나에 해당하는 자 중에서 시험위원을 위촉하여야 한다 (규칙 제10조 제1항).

㉠ 지정교육기관에서 선박의 운항관리·기관운전 또는 통신에 관한 교육과정을 담당하는 전임교원(專任教員)으로 3년 이상 근무한 자

㉡ 3급 항해사 이상·3급 기관사 이상·3급 운항사 이상 또는 2급 통신사 이상의 해기사면허를 받고 3년 이상 승무한 경력이 있거나 선박검사관 또는 선박검사원으로 근무하고 있는 자로서 당해 시험등급 이상의 면허를 받은 자

㉢ 해사(海事)에 관한 영어 회화능력을 갖춘 자(영어 면접시험의 경우에 한한다)

㉣ ㉠ 및 ㉡에 해당하는 자와 동등 이상의 자격이 있다고 인정되는 자

② 한국해양수산연수원장은 제1항의 규정에 의하여 위촉된 시험위원에 대하여 예산의 범위 안에서 수당과 여비를 지급할 수 있다(제2항).

3. 시험의 신청

시험에 응시하고자 하는 자는 별지 서식의 응시원서(전자문서로 된 원서를 포함)를 한국해양수산연수원장에게 제출하여야 한다. 이 경우 다음의 1에 해당하는 자는 해당 각호의 서류를 첨부하여야 한다(규칙 제11조).

① 영 제13조 제2항 · 제4항 및 영 제14조 제1항 · 제3항의 규정에 의하여 필기시험의 일부 또는 전부를 면제받고자 하는 자 : 그에 해당하는 자격이 있음을 증명하는 서류

② 영 제13조 제4항 단서의 규정에 의하여 면접시험에 응시하고자 하는 자(선원수첩에 의하여 승무경력을 증명할 수 있는 경우를 제외한다)

㉠ 선박별 선박원부(船舶原簿) 또는 어선원부 등본

㉡ 승무경력 증명기간 내의 국민연금 또는 직장의료보험 가입사실 확인서

㉢ 승무경력 증명기간 내의 봉급지급대장 및 소득세 납세필증명서(㉢에 의하여 승무경력을 증명할 수 없는 경우에 한한다)

4. 시험과목 및 시험방법

① 시험과목 · 과목내용별 출제비율은 해양수산부장관이 정하여 고시한다(영 제11조 제1항).

② 제4조 제2항의 규정에 의한 항해사 또는 기관사의 한정면허시험에 응시하는 자에 대하여는 해양수산부장관이 고시하는 바에 의하여 승무하고자 하는 선박의 특성에 적합한 다른 과목으로 변경하거나 일부 과목의 시험을 면제할 수 있다(영 제11조 제2항).

③ 해양수산부장관은 국가기술자격법 등 다른 법령에 의한 자격을 가진 자가 시험에 응시하는 경우에는 해기사 면허를 받은 자가 국가기술자격법 등 다른 법령에 의한 자격시험에 응시하는 경우에 그 법령의 규정에 의하여 필기시험의 면제를 받는 과목과 같은 필기시험의 해당과목을 면제할 수 있다. 또한 시험과목의 내용을 세부적으로 구분하여 정할 수 있다(영 제11조 제4항 · 제5항).

④ 항해사 · 기관사 및 운항사의 시험은 필기시험과 면접시험으로 구분한다. 이 때에 면접시험은 필기시험에 합격한 자 또는 필기시험이 면제된 자에 대하여 실시한다. 다만, 필기시험과 면접시험을 함께 실시하는 경우에는 그러하지 아니하다(영 제12조 제1항, 제4항).

⑤ 통신사의 시험은 면접시험으로 한다(영 제12조 제2항).

⑥ 소형선박조종사의 시험은 필기시험 · 면접시험 또는 실기시험으로 한다. 이 때에 제1항 내지 제4항의 규정에 의한 면접시험 또는 실기시험의 시행방법 기타 시행에 관하여 필요한 사항은 해양수산부장관이 정한다(영 제12조 제3항, 제5항).

시험과목(영 제11조 제1항 관련, [별표 2])

1. 항해사

시 험 과 목		과 목 내 용	시험응시대상 면허등급
1. 항 해		1. 항해계기	6급 항해사 이상
		2. 항로표지	3급 항해사 이하
		3. 해도(수로도지)	3급 항해사 이하
		4. 조석 및 해류	3급 항해사 이하
		5. 지문항법	6급 항해사 이상
		6. 천문항법	5급 항해사 이상
		7. 전파 및 레이더항법	6급 항해사 이상
		8. 항해계획	4급 항해사 이상
		9. 국제해사기구의 표준해사통신영어	5급 항해사(국내항 한정)
2. 운 용		1. 선박의 구조 및 설비	2급 항해사 이하
		2. 선박의 이동 및 조종	6급 항해사 이상
		3. 선박의 복원성	6급 항해사 이상
		4. 당직근무	3급 항해사 이하
		5. 기상 및 해상	6급 항해사 이상
		6. 선박의 동력장치	6급 항해사 이상
		7. 비상조치 및 손상제어	6급 항해사 이상
		8. 선내의료	3급 항해사 이하
		9. 수색 및 구조, 해상통신	6급 항해사 이상
		10. 승무원의 관리 및 훈련	3급 항해사 이상
		11. 선내의 의료제공에 관한 조직과 관리	2급 항해사 이상
3. 법 규		1. 선박의 입항 및 출항 등에 관한 법률	6급 항해사 이상
		2. 선원법 및 선박직원법	5급 항해사 이상
		3. 선박안전법	6급 항해사 이상
		4. 해양사고의 조사 및 심판에 관한 법률	4급 항해사 이상
		5. 해양환경관리법	6급 항해사 이상
		6. 상법(해상편)	3급 항해사 이상
		7. 해사안전법	6급 항해사 이상
		8. 국제해상충돌예방규칙	6급 항해사 이상
4. 영 어		1. 국제해사기구의 표준 해사통신영어	5급 항해사 이상[5급 항해사 (국내항 한정)를 제외한다]
		2. 해사영어	3급 항해사 이상
5. 전 문	상 선	1. 화물의 취급 및 적하	4급 항해사 이상
		2. 선박법	3급 항해사 · 4급 항해사
		3. 해운실무(보험편 포함)	3급 항해사 이상
		4. 해사관련 국제협약(상선)	4급 항해사 이상
	어 선	1. 어획물의 취급 및 적하	4급 항해사 이상
		2. 수산관련법	3급 항해사 · 4급 항해사
		3. 수산실무	3급 항해사 이상
		4. 해사관련 국제협약(어선)	4급 항해사 이상

2. 기관사

시 험 과 목	과 목 내 용	시험응시대상면허등급
1. 기 관(1)	1. 내연기관	6급 기관사 이상
	2. 외연기관	6급 기관사 이상
	3. 추진장치 및 동력전달장치	6급 기관사 이상
	4. 연료 및 윤활제	6급 기관사 이상
2. 기 관(2)	1. 유체기계 및 환경오염방지기기	6급 기관사 이상
	2. 냉동공학 및 공기조화장치	6급 기관사 이상
	3. 기계공작법	3급 기관사 내지 5급 기관사
	4. 열역학 및 열전달	3급 기관사 이상
	5. 기계역학 및 유체역학	3급 기관사 이상
	6. 재료역학 및 금속재료학	3급 기관사 이상
	7. 조선학(5급 기관사의 경우는 선체구조에 한한다)	2급 기관사 내지 5급 기관사
	8. 설계제도	3급 기관사 내지 5급 기관사
3. 기 관(3)	1. 전기공학 및 전기기기	6급 기관사 이상
	2. 전자공학 및 전자회로	6급 기관사 이상
	3. 공업계측 및 전기・전자계측	3급 기관사 이상
	4. 제어공학 및 제어기기	3급 기관사 이상
4. 직무일반	1. 당직근무 및 직무일반	3급 기관사 이하
	2. 선박에 의한 환경오염방지	3급 기관사 이하
	3. 응급의료	3급 기관사 이하
	4. 비상조치 및 손상제어	6급 기관사 이상
	5. 방화 및 소화요령	3급 기관사 이하
	6. 해사관계 법령	3급 기관사 이하
	7. 기관관리	2급 기관사 이상
	8. 승무원관리 및 훈련	3급 기관사 이상
	9. 해사관련 국제협약	3급 기관사 이상
	10. 기관영어	5급 기관사(국내항 한정)
5. 영 어	1. 기관영어	5급 기관사 이상[5급 기관사(국내항 한정)를 제외한다]
	2. 해사영어	3급 기관사 이상

2의 2. 전자기관사

시험과목	과 목 내 용	
전자기관(1)	전기공학	전자기기
	전자공학 및 전자회로	공업계측 및 전기・전자계측
	제어공학 및 제어기기	
전자기관(2)	선박자동화 및 선내컴퓨터 네트워크 시스템	
	전자 분사제어 시스템	전자항해 시스템
	무선통신 시스템	갑판기기와 하역기기 제어 시스템
	전력변환 시스템	
직무일반	당직근무 및 직무일반	선박에 의한 환경오염 방지
	응급의료	비상조치 및 손상제어
	방화 및 소화 방법	해사관계 법령
	승무원관리 및 훈련	해사관련 국제협약
영어	기관영어	해사영어

<비 고>

3급 기관사 또는 3급 운항사(기관전문) 이상의 면허를 가진 사람(3급 기관사 이상 또는 기관전문 3급 운항사 이상의 시험에 합격한 사람을 포함한다)이 전자기관사 시험에 응시하는 경우에는 직무일반 및 영어 과목의 시험을 면제한다.

3. 통신사

시험과목	과 목 내 용	시험응시대상 면허등급
1. 선박통신 운용	1. 선박통신설비의 보수 관리 2. 수색과 구조 무선통신 3. 허위의 조난경보 방지와 취소절차 4. 선박보고시스템 5. 무선통신 의료서비스 6. 국제신호서와 표준해사항해용어의 이용	2급 통신사 이상 4급 통신사 이상 4급 통신사 이상 4급 통신사 이상 4급 통신사 이상 3급 통신사 이상
2. 비상무선 통신	1. 퇴선, 화재 및 통신설비 고장시의 비상무선 통신에 관한 규정 2. 무선통신의 취급 안전	4급 통신사 이상 4급 통신사 이상

4. 소형선박조종사

가. 소형선박 조종사의 필기시험 및 면접시험

시 험 과 목	과 목 내 용
선박의 운항 및 기관의 운전	(1) 항해 (가) 항해계기 (나) 항로표지 (다) 해도 (라) 조석 및 해류(海流) (마) 선위결정법 (2) 운용 (가) 선체·설비 및 속구(屬具) (나) 선박조종 (다) 기상 (라) 선체안전 및 트림 (마) 신호 (3) 기관 (가) 내연기관 및 추진장치 (나) 보조기기 및 전기설비 (다) 기관에 관한 기초지식 (4) 법규 (가) 해사안전법 (나) 선박의 입항 및 출항 등에 관한 법률 (다) 해양환경관리법

나. 소형선박 조종사의 실기시험

시험과목	과목내용
(1) 소형선박의 취급	(가) 출항의 준비 및 점검 (나) 출항 준비작업 및 계류(繫留) (다) 결삭(結索) (라) 방위측정
(2) 기본조종	(가) 안전 확인 (나) 발진 · 직진 · 정지 (다) 후진 (라) 변침(變針) · 선회 및 연속 선회(旋回)
(3) 응용조종	(가) 인명구조 (나) 피항(避航) (다) 이안(移岸) 및 착안(着岸)

5. 운항사

시험과목	과목내용	시험응시대상 면허등급	
		항해전문	기관전문
1. 항해	1. 항해계기	4급 운항사 이상	4급 운항사 이상
	2. 항로표지	3급 운항사 이하	4급 운항사 이상
	3. 해도(수로표지를 말한다)	3급 운항사 이하	4급 운항사 이상
	4. 조선 및 해류	3급 운항사 이하	4급 운항사 이상
	5. 지문항법	4급 운항사 이상	4급 운항사 이상
	6. 천문항법	4급 운항사 이상	4급 운항사 이상
	7. 전파 및 레이다 항법	4급 운항사 이상	4급 운항사 이상
	8. 항해계획	4급 운항사 이상	4급 운항사 이상
2. 운용	1. 선박의 구조 및 설비	2급 운항사 이하	4급 운항사 이상
	2. 선박의 이동 및 조종	4급 운항사 이상	4급 운항사 이상
	3. 선박의 복원성	4급 운항사 이상	4급 운항사 이상
	4. 기상 및 해상	4급 운항사 이상	4급 운항사 이상
	5. 비상조치 및 손상제어	4급 운항사 이상	4급 운항사 이상
	6. 선내의료	3급 운항사 이하	4급 운항사 이상
	7. 수색 및 구조	4급 운항사 이상	4급 운항사 이상
	8. 승무원의 관리 및 훈련	3급 운항사 이상	3급 운항사 이상
3. 전문	1. 화물의 취급 및 적하	4급 운항사 이상	4급 운항사 이상
	2. 선박법	3급 운항사 이하	4급 운항사 이상
	3. 해운실무(보험편을 포함한다)	3급 운항사 이상	-
	4. 해사관련 국제협약(상선의 경우에 한함)	4급 운항사 이상	4급 운항사 이상
	5. 상법(해상편에 한한다)	3급 운항사 이상	-
4. 기관(1)	1. 내연기관	4급 운항사 이상	4급 운항사 이상
	2. 외연기관	4급 운항사 이상	4급 운항사 이상
	3. 추진장치 및 동력전달장치	4급 운항사 이상	4급 운항사 이상
	4. 연료 및 윤활제	4급 운항사 이상	4급 운항사 이상
5. 기관(2)	1. 유체기계 및 환경오염방지기기	4급 운항사 이상	4급 운항사 이상
	2. 냉동공학 및 공기조화장치	4급 운항사 이상	4급 운항사 이상
	3. 기계공작법	4급 운항사 이상	3급 운항사 이하
	4. 열역학 및 열전달	-	3급 운항사 이상
	5. 기계역학 및 유체역학	-	3급 운항사 이상
	6. 재료역학 및 금속재료학	-	3급 운항사 이상
	7. 조선학(造船學)	4급 운항사 이상	2급 운항사 이하
	8. 설계제도	4급 운항사 이상	3급 운항사 이하
6. 기관(3)	1. 전기공학 및 전기기기	4급 운항사 이상	4급 운항사 이상
	2. 전자공학 및 전자회로	4급 운항사 이상	4급 운항사 이상
	3. 공업계측 및 전기 · 전자계측	-	3급 운항사 이상
	4. 제어공학 및 제어기기	-	3급 운항사 이상
	5. 선박자동화 시스템	4급 운항사 이상	4급 운항사 이상
7. 법규 및 직무 일반	1. 해사안전법 및 선박의 입항 및 출항에 관한 법률	4급 운항사 이상	4급 운항사 이상
	2. 국제해상충돌예방규칙	4급 운항사 이상	4급 운항사 이상
	3. 선박안전법	4급 운항사 이상	4급 운항사 이상
	4. 해양환경관리법	4급 운항사 이상	4급 운항사 이상
	5. 선원법 및 선박직원법	4급 운항사 이상	4급 운항사 이상
	6. 자동화선박의 운항당직에 관한 사항	4급 운항사 이상	4급 운항사 이상
	7. 자동화선박의 직무일반	4급 운항사 이상	4급 운항사 이상
	8. 기관관리	4급 운항사 이상	2급 운항사 이상

8. 영어	1. 국제해사기구의 표준해사통신 영어 2. 해사영어 3. 기관영어	4급 운항사 이상 3급 운항사 이상 4급 운항사 이상	4급 운항사 이상 - 4급 운항사 이상

<비 고>

① 항해사의 면허를 가진 자(항해사시험에 합격한 자를 포함한다)가 운항사시험에 응시하는 경우에는 시험문제의 출제는 4급 기관사의 수준으로 하고, 항해 · 운용 및 전문의 시험과목을 면제한다.

② 기관사의 면허를 가진 자(기관사시험에 합격한 자를 포함한다)가 운항사시험에 응시하는 경우에는 시험문제의 출제는 4급 항해사의 수준으로 하고, 기관(1) · 기관(2) 및 기관(3)의 시험과목을 면제한다.

③ 운항사의 면허를 가진 자가 1등급 상위의 동일전문분야의 운항사시험에 응시하는 경우 항해전문은 기관(1) · 기관(2) 및 기관(3)의 시험과목을 면제하고, 기관전문은 항해 · 운용 및 전문의 시험과목을 면제한다.

6. 수면비행선박 조종사

과목명	과목내용명	시험 응시대상 면허등급
항 해	항해계기	중형 수면비행선박 조종사
	항로표지	소형 수면비행선박 조종사 이상
	해도(수로도지)	소형 수면비행선박 조종사 이상
	조석 및 해류	소형 수면비행선박 조종사 이상
	지문항법	중형 수면비행선박 조종사
	천문항법	중형 수면비행선박 조종사
	전파 및 레이더항법	소형 수면비행선박 조종사 이상
	항해계획	중형 수면비행선박 조종사
운 용	수면비행선의 구조, 설비 및 기능	소형 수면비행선박 조종사 이상
	수면비행선의 조종	소형 수면비행선박 조종사 이상
	복원성	중형 수면비행선박 조종사
	비상조치 및 손상제어	소형 수면비행선박 조종사 이상
	당직근무	중형 수면비행선박 조종사
	기상 및 해상	중형 수면비행선박 조종사
	선내의료	중형 수면비행선박 조종사
	수색 및 구조, 해상통신	소형 수면비행선박 조종사 이상
	승무원의 관리 및 훈련	중형 수면비행선박 조종사
법 규	「개항질서법」	소형 수면비행선박 조종사 이상
	「선원법」 및 「선박직원법」	소형 수면비행선박 조종사 이상
	「선박안전법」	소형 수면비행선박 조종사 이상
	「해양사고의 조사 및 심판에 관한 법률」	중형 수면비행선박 조종사
	「해양환경관리법」	소형 수면비행선박 조종사 이상
	「상법」(해상편)	중형 수면비행선박 조종사
	「해사안전법」 및 「1972년 국제해상충돌예방규칙 협약」	소형 수면비행선박 조종사 이상
	「선박법」	중형 수면비행선박 조종사
	해운실무	중형 수면비행선박 조종사
	해사관련국제협약	중형 수면비행선박 조종사
	항공법규 개론	소형 수면비행선박 조종사 이상
영 어	국제해사기구의 표준해사통신영어	소형 수면비행선박 조종사 이상
	해사영어	중형 수면비행선박 조종사
수면비행 선박공학	공기역학	소형 수면비행선박 조종사 이상
	유체역학	소형 수면비행선박 조종사 이상

	제어시스템	소형 수면비행선박 조종사 이상
	공기조화	소형 수면비행선박 조종사 이상
	비행이론	소형 수면비행선박 조종사 이상
	동력장치	소형 수면비행선박 조종사 이상
	연료 및 윤활제	소형 수면비행선박 조종사 이상
	전기전자공학 기초	소형 수면비행선박 조종사 이상

<비 고>

① 응시자가 5급 항해사 자격을 가진 경우에는 항해의 시험과목을 면제하고, 4급 항해사 이상의 자격을 가진 경우에는 항해 및 영어의 시험과목을 면제한다.

② 응시자가 「항공법」에 따른 사업용 조종사 자격을 가진 경우에는 운용의 시험과목을 면제하고, 같은 법에 따른 운송용 조종사 자격을 가진 경우에는 운용 및 수면비행선박공학의 시험과목을 면제한다.

③ 응시자가 수면비행선박 조종사 자격(한정면허를 포함한다)을 가진 경우에는 운용과 수면비행선박공학의 시험과목을 면제한다.

[별표 1] 해기사시험과목 내용별 출제비율

1. 항해사

※ 단위는 백분율(%), X는 출제되지 않는 과목임

시험과목	과 목 내 용	1급	2급	3급	4급	5급	5급 (국내 항한정)	6급
1. 항해	1. 항해계기	20	20	16	12	12	X	12
	2. 항로표지	X	X	12	12	12	12	16
	3. 해도(수로도지)	X	X	8	16	16	16	16
	4. 조석 및 해류	X	X	8	8	12	16	12
	5. 지문항법	12	16	20	20	24	20	32
	6. 천문항법	8	16	12	8	4	X	X
	7. 전파 및 레이더항법	36	32	20	20	20	20	12
	8. 항해계획	24	16	4	4	X	X	X
	9. 국제해사기구의 표준해사 항해영어	X	X	X	X	X	16	X
	합 계(%)	100	100	100	100	100	100	100
2. 운용	1. 선박의 구조 및 설비	X	12	12	16	20	X	24
	2. 선박의 이동 및 조종	24	16	16	16	20	28	28
	3. 선박의 복원성	12	16	12	12	8	12	8
	4. 당직근무	X	X	8	12	12	16	12
	5. 기상 및 해상	16	12	12	12	12	16	8
	6. 선박의 동력장치	8	8	8	8	8	X	4
	7. 비상조치 및 손상제어	12	12	8	8	8	12	4
	8. 선내의료	X	X	8	8	4	X	4
	9. 수색 및 구조·해상통신	12	8	8	8	8	16	8
	10. 승무원의 관리 및 훈련	12	8	8	X	X	X	X
	11. 선내의 의료제공에 관한 조직과 관리	4	8	X	X	X	X	X
	합 계(%)	100	100	100	100	100	100	100
3. 법규	1. 선박의 입항 및 출항 등에 관한 법률	4	4	4	4	8	16	8
	2. 선원법 및 선박직원법	8	8	8	8	8	X	X
	3. 선박안전법	8	8	8	8	8	8	8
	4. 해양사고의 조사 및 심판에 관한 법률	4	4	4	4	X	X	X

		5. 해양환경관리법	8	8	8	8	8	8	8
		6. 상법(해상편)	8	8	8	X	X	X	X
		7. 해사안전법	8	8	8	8	8	8	8
		8. 국제해상충돌예방규칙	52	52	52	60	60	60	68
		합 계(%)	100	100	100	100	100	100	100
4. 영어		1. 국제해사기구의 표준해사 항해영어	40	40	40	100	100	X	X
		2. 해사영어	60	60	60	X	X	X	X
		합 계(%)	100	100	100	100	100		
5. 전문	상선	1. 화물의 취급 및 적하	28	52	28	60	X	X	X
		2. 선박법	X	X	24	24	X	X	X
		3. 해운실무(보험편포함)	36	28	24	X	X	X	X
		4. 해사관련 국제협약(상선)	36	20	24	16	X	X	X
		합 계(%)	100	100	100	100			
	어선	1. 어획물의 취급 및 적하	36	40	36	48	X	X	X
		2. 수산관련법	X	X	12	28	X	X	X
		3. 수산실무	36	32	28	X	X	X	X
		4. 해사관련 국제협약(어선)	28	28	24	24	X	X	X
		합 계(%)	100	100	100	100			

2. 기관사 시험

※ 단위는 백분율(%), X는 출제되지 않는 과목임

시험과목	과 목 내 용	1급	2급	3급	4급	5급	5급 (국내 항한정)	6급
1. 기관(1)	1. 내연기관	40	40	44	44	60	60	64
	2. 외연기관	16	16	16	16	8	X	8
	3. 추진장치 및 동력전달장치	24	24	20	20	20	20	16
	4. 연료 및 윤활제	20	20	20	20	12	20	12
	합 계(%)	100	100	100	100	100	100	100
2. 기관(2)	1. 유체기계 및 환경오염방지기기	20	24	20	40	40	48	80
	2. 냉동공학 및 공기조화장치	20	20	20	20	20	28	20
	3. 기계공작법	X	X	12	20	20	24	X
	4. 열역학 및 열전달	20	16	12	X	X	X	X
	5. 기계역학 및 유체역학	20	16	12	X	X	X	X
	6. 재료역학 및 금속재료학	20	16	8	X	X	X	X
	7. 조선학(5급기관사의 경우는 선체구조에 한함)	X	8	8	12	12	X	X
	8. 설계제도	X	X	8	8	8	X	X
	합 계(%)	100	100	100	100	100	100	100
3. 기관(3)	1. 전기공학 및 전기기기	24	28	32	72	92	100	92
	2. 전자공학 및 전자회로	28	28	28	28	8	X	8
	3. 공업계측 및 전기·전자계측	24	20	20	X	X	X	X
	4. 제어공학 및 제어기기	24	24	20	X	X	X	X
	합 계(%)	100	100	100	100	100	100	100
4. 직무일반	1. 당직근무 및 직무일반	X	X	20	20	24	20	24
	2. 선박에 의한 환경오염방지	X	X	16	20	16	20	20
	3. 응급의료	X	X	8	12	12	X	8
	4. 비상조치 및 손상제어	16	12	12	16	12	16	16
	5. 방화 및 소화요령	X	X	12	16	12	12	16
	6. 해사관계법령	X	X	12	16	24	16	16

	7. 기관관리	32	36	X	X	X	X	X
	8. 승무원관리 및 훈련	24	24	8	X	X	X	X
	9. 해사관련 국제협약	28	28	12	X	X	X	X
	10. 기관영어	X	X	X	X	X	16	X
	합 계(%)	100	100	100	100	100	100	100
5. 영어	1. 기관영어	40	40	40	100	100	X	X
	2. 해사영어	60	60	60	X	X	X	X
	합 계(%)	100	100	100	100	100	X	X

2의2. 전자기관사

시험과목	과 목 내 용	출제비율
1. 전자기관(1)	1. 전기공학	32
	2. 전자기기	12
	3. 전자공학 및 전자회로	16
	4. 공업계측 및 전기·전자계측	20
	5. 제어공학 및 제어기기	20
	합 계(%)	100
2. 전자기관(2)	1. 선박자동화 및 선내 컴퓨터네트워크 시스템	36
	2. 전자분사제어 시스템	16
	3. 전자항해 시스템	8
	4. 무선통신 시스템	8
	5. 갑판기기와 하역기기 제어 시스템	12
	6. 전력 변환 시스템	20
	합 계(%)	100
3. 직무일반	1. 당직근무 및 직무일반	20
	2. 선박에 의한 환경오염방지	16
	3. 응급의료	8
	4. 비상조치 및 손상제어	12
	5. 방화 및 소화요령	12
	6. 해사관계법령	12
	7. 승무원관리 및 훈련	8
	8. 해사관련 국제협약	12
	합 계(%)	100
4. 영 어	1. 기관영어	40
	2. 해사영어	60
	합 계(%)	100

3. 소형선박조종사

시험과목	과 목 내 용		출제비율
선박의 운항 및 기관의 운전	(항 해)	1. 항해계기	6
		2. 항로표지	6
		3. 해 도	4
		4. 조석 및 해류	4
		5. 선위 결정법	4
	계		24
	(운 용)	1. 선체·설비 및 속구	6
		2. 선박조종	6

		3. 기 상	6
		4. 선체안전 및 트림	6
		5. 신 호	2
	계		26
	(기 관)	1. 내연기관 및 추진장치	10
		2. 보조기기 및 전기설비	10
		3. 기관에 관한 기초지식	6
	계		26
	(법 규)	1. 해사안전법	16
		2. 선박의 입항 및 출항 등에 관한 법률	4
		3. 해양환경관리법	4
	계		24
합 계(%)			100

4. 운항사

※ 단위는 백분율(%), X는 출제되지 않는 과목임

시험 과목	과 목 내 용	항해전문				기관전문			
		1급	2급	3급	4급	1급	2급	3급	4급
1. 항해	1. 항해계기	20	20	16	12	12	12	12	12
	2. 항로표지	X	X	12	12	12	12	12	12
	3. 해도(수로도지)	X	X	8	16	16	16	16	16
	4. 조석 및 해류	X	X	8	8	8	8	8	8
	5. 지문항법	12	16	20	20	20	20	20	20
	6. 천문항법	8	16	12	8	8	8	8	8
	7. 전파 및 레이더항법	36	32	20	20	20	20	20	20
	8. 항해계획	24	16	4	4	4	4	4	4
	합 계(%)	100	100	100	100	100	100	100	100
2. 운용	1. 선박의 구조 및 설비	X	12	12	20	20	20	20	20
	2. 선박의 이동 및 조종	28	20	20	24	24	24	24	24
	3. 선박의 복원성	16	20	16	16	12	12	12	16
	4. 기상 및 해상	20	16	16	16	16	16	16	16
	5. 비상조치 및 손상제어	12	12	12	8	8	8	8	8
	6. 선내의료	X	X	8	8	8	8	8	8
	7. 수색 및 구조	12	8	8	8	8	8	8	8
	8. 승무원의 관리 및 훈련	12	12	8	X	4	4	4	X
	합 계(%)	100	100	100	100	100	100	100	100
3. 전문	1. 화물의 취급 및 적하	28	32	28	60	60	60	60	60
	2. 선박법	X	X	20	24	24	24	24	24
	3. 해운실무(보험편을 포함한다)	28	28	24	X	X	X	X	X
	4. 해사관련 국제협약(상선의 경우에 한한다)	28	20	24	16	16	16	16	16
	5. 상법(해상편에 한한다)	16	20	8	X	X	X	X	X
	합 계(%)	100	100	100	100	100	100	100	100
4. 기관(1)	1. 내연기관	44	44	44	44	40	40	44	44
	2. 외연기관	16	16	16	16	16	16	16	16
	3. 추진장치 및 동력전달장치	20	20	20	20	24	24	20	20
	4. 연료 및 윤활제	20	20	20	20	20	20	20	20
	합 계(%)	100	100	100	100	100	100	100	100

5. 기관(2)	1. 유체기계 및 환경오염방지기기	40	40	40	40	20	24	20	40
	2. 냉동공학 및 공기조화장치	20	20	20	20	20	20	20	20
	3. 기계공작법	20	20	20	20	X	X	12	20
	4. 열역학 및 열전달	X	X	X	X	20	16	12	X
	5. 기계역학 및 유체역학	X	X	X	X	20	16	12	X
	6. 재료역학 및 금속재료학	X	X	X	X	20	16	8	X
	7. 조선학	12	12	12	12	X	8	8	12
	8. 설계제도	8	8	8	8	X	X	8	8
	합 계(%)	100	100	100	100	100	100	100	100
6. 기관(3)	1. 전기공학 및 전기기기	52	52	52	52	16	16	20	52
	2. 전자공학 및 전자회로	28	28	28	28	28	28	28	28
	3. 공업계측 및 전기·전자계측	X	X	X	X	16	16	16	X
	4. 제어공학 및 제어기기	X	X	X	X	16	16	16	X
	5. 선박자동화시스템	20	20	20	20	24	24	20	20
	합 계(%)	100	100	100	100	100	100	100	100
7. 법규 및 직무 일반	1. 해사안전법 및 선박의 입항 및 출항 등에 관한 법률	28	28	28	28	28	28	28	28
	2. 국제해상충돌예방규칙	12	12	12	12	12	12	12	12
	3. 선박안전법	12	12	12	12	12	12	12	12
	4. 해양환경관리법	4	4	4	4	4	4	12	12
	5. 선원법 및 선박직원법	8	8	8	8	8	8	8	8
	6. 자동화선박의 운항당직에 관한 사항	16	16	16	16	16	16	16	16
	7. 자동화선박의 직무일반	12	12	12	12	12	12	12	12
	8. 기관관리	8	8	8	8	8	8	X	X
	합 계(%)	100	100	100	100	100	100	100	100
8. 영어	1. 국제해사기구의 표준해사통신영어	40	40	40	72	40	40	40	40
	2. 해사영어	32	32	32	X	X	X	X	X
	3. 기관영어	28	28	28	28	60	60	60	60
	합 계(%)	100	100	100	100	100	100	100	100

5. 수면비행선박조종사

시험과목	과 목 내 용	출제비율	
		소형	중형
항해	1. 항해계기	×	12
	2. 항로표지	24	12
	3. 해도(수로도지)	20	8
	4. 조석 및 해류	16	8
	5. 지문항법	×	16
	6. 천문항법	×	4
	7. 전파 및 레이더항법	40	36
	8. 항해계획	×	4
	합 계	100	100
운용	1. 수면비행선의 구조, 설비 및 기능	32	20
	2. 수면비행선의 조종	40	28
	3. 복원성	×	12
	4. 비상조치 및 손상제어	8	4

	5. 당직근무	×	4
	6. 기상 및 해상	×	12
	7. 선내의료	×	8
	8. 수색 및 구조, 해상통신	20	8
	9. 승무원의 관리 및 훈련	×	4
	합 계(%)	100	100
법규	1. 선박의 입항 및 출항 등에 관한 법률	8	4
	2. 선원법 및 선박직원법	16	8
	3. 선박안전법	16	8
	4. 해양사고의 조사 및 심판에 관한 법률	×	4
	5. 해양환경관리법	16	4
	6. 상법(해상편)	×	4
	7. 해사안전법 및 1972년 국제해상충돌예방규칙 협약	36	28
	8. 선박법	×	4
	9. 해운실무	×	12
	10. 해사관련국제협약	×	16
	11. 항공법규 개론	8	8
	합 계(%)	100	100
영어	1. 국제해사기구의 표준해사통신영어	100	40
	2. 해사영어	×	60
	합 계(%)	100	100
수면비행선박공학	1. 공기역학	8	8
	2. 유체역학	8	8
	3. 제어시스템	8	8
	4. 공기조화	4	4
	5. 비행이론	16	16
	6. 동력장치	32	32
	7. 연료 및 윤활제	8	8
	8. 전기전자공학 기초	16	16
	합 계(%)	100	100

5. 필기시험 또는 면접시험의 면제

1) 필기시험의 면제

① 2급 항해사·2급기관사 또는 2급 운항사 이상의 시험 중 필기시험에 합격하고 면접시험에 불합격된 자가 그 필기시험에 합격한 날부터 4년 이내에 같은 직종, 같은 등급의 시험에 응시하는 경우에는 필기시험을 면제한다(영 제13조 제1항).

② 다음의 하나에 해당하는 자가 규칙 규정에 의한 승무경력의 2배 이상의 승무경력이 있고 해양수산부령이 정하는 교육과정을 이수한 경우에는 1등급 상위면허의 시험 중 필기시험을 면제한다(영 제13조 제2항).

㉠ 3급 항해사 이하의 면허를 가진 자

㉡ 3급 기관사 이하의 면허를 가진 자

㉢ 3급 운항사 이하의 면허를 가진 자

③ 영 제18조(시험의 합격기준)의 규정에 의한 합격기준(合格基準)에 미달된 자로서 필기시험과목 중 60점 이상을 취득한 과목이 2과목 이상인 자가 2년 내에 같은 직종, 같은 등급시험에 응시하는 경우에는 이미 60점 이상을 취득한 과목에 대한 필기시험을 면제한다(제3항).

④ 6급 항해사·6급 기관사 또는 소형선박조종사의 면허를 받고자 하는 자가 [별표 1의 3]의 규정에 의한 승무경력의 2배 이상의 승무경력이 있는 경우에는 해양수산부령이 정하는 바에 의하여 규칙 규정에 의한 시험과목의 전부를 면제(免除)할 수 있다(영 제13조 제4항). 이 규정에 의하여 일부 면제되는 필기시험과목은 다음과 같다(규칙 제12조 제1항).

㉠ 6급 항해사 : 항해 및 운용

㉡ 6급 기관사 : 기관(1)·기관(2) 및 기관(3)

㉢ 소형선박조종사 : 선박의 운항 및 기관의 운전중 항해·운용 및 기관

또한 영 제14조(해기사이었던 자 또는 해기사에 대한 시험의 특례) 제3항의 규정에 의하여 전부 면제되는 필기시험과목은 법규·영어 및 전문(專門)으로 한다(규칙 제12조 제2항).

⑤ 항해사 또는 운항사면허를 가지고 전파전자급 또는 4급 통신사면허를 받고자 하는 자가 해양수산부령이 정하는 교육과정을 이수한 경우에는 면접시험을 면제한다(영 제13조 제6항).

2) 면접시험의 면제

다음의 하나의 시험 중 필기시험에 합격한 자에 대하여는 면접시험을 면제한다. 다만, 해양수산부장관이 정하는 바에 따라 영어에 의한 의사소통능력의 평가를 위한 면접시험을 시행할 수 있다(영 제13조 제5항).

① 3급 항해사 이하의 시험

② 3급 기관사 이하의 시험

③ 3급 운항사 이하의 시험

6. 시험의 합격기준 및 합격자 공고

① 필기시험(筆記試驗)은 1과목 100점을 만점으로 하여 매과목 40점(항해사의 법규과목은 60점) 이상, 전과목 평균 60점 이상 득점한 자를 합격자로 한다(영 제18조 제1항).

② 영 제11조(시험과목) 제2항·제4항, 제13조(필기시험 또는 면접시험의 면제) 제3항·제4항, 제14조(해기사이었던 자 또는 해기사에 대한 시험의 특례) 제3항, 제15조(한정면허시험의 특례) 제4항 또는 제17조(외국면허소지자에 대한 특례)의 규정에 의하여 시험과목의 일부를 면제받는 경우라도 면제받지 아니한 시험과목에 대하여 제1항의

규정을 적용한다(영 제18조 제2항).

③ 면접시험(面接試驗)의 합격기준은 위원마다, 실기시험(實技試驗)의 합격기준은 시험과목당 100점을 만점으로 하여 평균 60점 및 60점 이상으로 한다(영 제18조 제3항).

④ 한국해양수산연수원장은 시험을 시행하여 합격자가 결정된 때에는 게시판에 합격자의 명단을 지체없이 공고하고, 합격자의 신청이 있는 경우에는 소정 서식의 해기사시험 합격증명서를 신청인에게 교부하여야 한다(규칙 제13조).

7. 부정행위자의 유형 및 그에 대한 조치

① 법 제5조의 3 제1항에 따른 부정한 행위의 유형(類型)은 다음과 같다(영 제19조).

- 다른 응시자와 시험과 관련된 대화를 하는 행위
- 답안지를 교환(交換)하는 행위
- 다른 응시자의 답안지 또는 문제지를 엿보고 자신의 답안지를 작성하는 행위
- 다른 응시자를 위하여 답안을 알려주거나 엿보게 하는 행위
- 시험문제 내용과 관련된 물건을 휴대하여 사용하거나 이를 주고받는 행위
- 시험장 내외의 사람으로부터 도움을 받고 답안지를 작성하는 행위
- 사전에 시험문제를 알고 시험을 치르는 행위
- 다른 응시자와 성명 또는 응시번호를 바꾸어 제출하는 행위
- 대리시험을 치르거나 치르게 하는 행위
- 응시자가 시험시간 중에 통신기기 및 전자기기[휴대용 전화기, 휴대용 개인정보단말기(PDA), 휴대용 멀티미디어 재생장치(再生裝置, PMP), 휴대용 컴퓨터, 휴대용 카세트, 디지털 카메라, 음성파일 변환기(MP3 Player), 휴대용 게임기, 전자사전, 카메라펜, 시각 표시 외의 기능이 부착된 시계]를 사용하여 답안지를 작성하거나 다른 응시자를 위하여 답안을 송신하는 행위
- 그 밖에 부정 또는 불공정한 방법으로 시험을 치르는 행위

② 해양수산부장관은 법 제5조의 3 제1항에 따라 시험의 응시자격을 정지하는 경우에는 그 부정한 행위의 유형, 내용, 정도, 동기 및 결과 등을 종합적으로 고려하여야 한다.

③ 해양수산부장관은 법 제5조의 3 제1항에 따라 시험을 정지하는 경우에는 즉시 수험행위를 중지시키고, 부정행위자로부터 그 사실을 확인하여 서명 또는 날인된 확인서를 받아야 한다. 다만, 부정행위자가 확인 또는 서명 · 날인을 거부하는 경우에는 해당 시험을 감독하는 사람이 작성한 확인서로 갈음할 수 있다.

④ 해양수산부장관은 법 제5조의 3 제1항에 따라 합격결정 취소 및 응시자격 정지를 하는 경우에는 그 이유를 붙여 해당 응시자에게 서면으로 알려야 한다.

⑤ 시험에 있어서 다음의 하나에 해당하는 자에 대하여는 당해 시험을 정지하거나 무효(無效)로 하고, 그 처분이 있는 날부터 2년 간 시험의 응시자격을 정지한다(법 제5조의 3 제1항).

　㉠ 시험에 있어서 부정한 행위를 한 자
　㉡ 응시원서 등에 거짓 사실을 기재한 자
⑥ 해양수산부장관은 규정에 의한 처분을 한 때에는 지체없이 그 이유를 붙여 처분을 받은 자, 지방해양수산청장 및 한국해양수산연수원장에게 통보하여야 한다.

제3절　해기사시험의 특례 등

1. 해기사이었던 자 또는 해기사에 대한 시험의 특례

① 다음의 하나에 해당하는 자가 그 효력이 상실되거나 취소된 해기사면허와 같은 직종, 같은 등급의 해기사면허를 위한 시험에 응시하는 경우에는 면접시험만을 실시한다(영 제14조 제1항).
　㉠ 선박직원법 개정법률 규정에 의하여 해기사면허의 유효기간 만료 전에 면허의 갱신을 하지 아니하여 해기사면허의 효력이 상실된 자
　㉡ 법 제9조 제1항의 규정에 의하여 해기사면허가 취소된 날부터 5년(병역법에 의한 병역의무를 마치기 위하여 징집 또는 소집된 경우에는 그 기간을 뺀다)이 경과하지 아니한 자
② 제1항의 규정에 의한 면접시험에 합격한 자는 규칙 규정에 의한 승무경력이 있는 것으로 본다. 제14조의 2 제2항의 규정에 의하여 항해사시험에 응시하는 자 중 동규정에 의한 최소승무경력 2배 이상의 승무경력이 있는 자에 대하여는 해양수산부령이 정하는 바에 의하여 필기시험과목 중 일부과목을 면제할 수 있다(영 제14조 제2항 · 제3항).

2. 해기사에 대한 승무경력의 특례

통신사면허를 받고 무선설비를 갖춘 선박에서 3년 이상의 승무경력이 있는 통신사가 다음의 하나에 해당하는 경우에는 당해 등급의 면허를 위한 승무경력이 있는 것으로 본다(영 제14조의 2 제2항).
① 1급 통신사 및 2급 통신사가 2급 이하의 항해사시험에 합격한 경우
② 3급 통신사가 3급 이하의 항해사시험에 합격한 경우

3. 한정면허를 받은 자에 대한 특례

① 상선면허를 받은 자는 상위등급의 상선면허에 한하여 이를 받을 수 있으며, 어선면허를 받은 자는 상위등급의 어선면허에 한하여 이를 받을 수 있다(영 제15조 제1항).
② 제1항의 규정에 불구하고 해양수산부령이 정하는 교육을 이수하고, 상선면허를 받은 자는 어선면허를, 어선면허를 받은 자는 상선면허를 받을 수 있다. 이 경우 받고자 하는 면허의 등급은 이미 받은 면허의 등급과 같거나 그 보다 낮아야 한다(영 제15조 제2항).

③ 제2항의 규정에 의하여 면허를 받고자 하는 자는 [별표 1의 3]의 규정에 의한 해당 면허를 위한 승무경력이 있는 것으로 본다. 또 이 규정에 의하여 면허를 받고자 하는 자에 대하여는 [별표 2]의 규정에 의한 시험과목 중 전문과목(專門科目) 외의 과목을 면제한다(영 제15조 제3항, 제4항).

4. 지정교육기관의 교육과정이수자 등에 대한 특례

① 지정교육기관에서 해양수산부장관이 인정하는 교육과정을 이수한 자(이수예정자를 포함한다. 이하 같다)에 대하여는 규칙 규정에 의한 승무경력기간을 계산함에 있어 교육과정중의 실습기간을 뺀 교육기간을 다음의 방법에 의하여 산출한 기간의 범위 내에서 선박의 운항·기관의 운전 또는 무선통신의 담당의 직무로 승무한 경력에 산입한다(영 제16조 제1항).

㉠ 지정교육기관 중 대학·전문대학 또는 고등학교의 지정받은 학과를 2년 이상 이수한 자로서 상선교육과정을 이수한 자는 상선면허를 위한 승무경력 2년, 어선교육과정을 이수한 자는 어선면허를 위한 승무경력 2년

㉡ 지정교육기관외의 대학·전문대학 또는 고등학교를 졸업하고 한국해양수산연수원에서 해양수산부장관이 인정하는 해기사 양성교육과정을 이수한 자 중 상선해기사 양성교육과정을 이수한 자는 상선면허를 위한 승무경력 2년 이내, 어선해기사 양성교육과정을 이수한 자는 어선면허를 위한 승무경력 2년 이내

㉢ 규칙 규정에 의한 승무경력이 1년 이상인 자가 소정의 교육과정을 이수한 경우에는 그 교육 기간

㉣ 선박모의조종장비·선박기관모의조종장비 또는 선박통신모의조종장비에 의한 소정의 교육과정을 이수한 자는 1회에 한하여 2월 별표 1의 3의 규정에 의한 면허를 위한 승무경력이 「선원의 훈련·자격증명 및 당직근무의 기준에 관한 국제협약」(이하 "국제협약"이라 한다)에서 요구하는 최소승무경력보다 많은 경우에 한한다.

② 지정교육기관에서 교육과정 중 실습을 한 경우에 규칙 규정에 의한 승무경력기간을 계산함에 있어, 1년의 범위 내에서 다음의 1에 해당하는 실습기간을 승무경력기간에 산입한다(영 제16조 제2항).

㉠ 실습선(규칙에 의하여 응시할 면허에 해당하는 규모 이상의 선박이어야 한다) 에서 10일 이상 계속하여 실습을 한 기간

㉡ 선박(함정을 포함)의 운항 또는 기관의 운전에 관한 훈련을 실시할 수 있는 시설을 갖추었다고 해양수산부장관이 인정하는 조선소 등의 육상실습장에서 계속하여 실습을 한 6월 이내의 기간

㉢ 육상 또는 해상실습장에서 10일 이상 계속하여 실습을 한 6월 이내의 기간(해양수산부장관이 어선에서의 어로활동에 관한 훈련을 실시할 수 있는 시설을 갖추었다고 인정하는 경우에 한한다)

③ 지정교육기관 중 대학 · 전문대학 또는 고등학교의 지정받은 학과를 졸업한 자(졸업예정 자를 포함) 또는 지정교육기관에서 해양수산부장관이 인정하는 교육과정을 이수한 자의 승무경력이 3년 이상인 경우에는 규칙 규정에 불구하고 다음의 1에 해당하는 동일직종의 면허(운항사과정의 경우에는 전문분야별로 항해사면허 또는 기관사면허를 포함)를 받기 위한 승무경력이 있는 것으로 본다(영 제16조 제3항).
   ㉠ 대학 또는 전문대학을 졸업한 자는 3급 항해사 · 3급 기관사 또는 3급 운항사
   ㉡ 고등학교를 졸업한 자는 4급 항해사 · 4급 기관사 또는 4급 운항사
   ㉢ 1년 이상의 통신에 의한 교육과정을 이수한 자는 4급 항해사 · 4급 기관사 또는 4급 운항사
④ 지정교육기관 중 제16조의 2(지정교육기관 등에 대한 평가)의 규정에 의한 해기품질평가 결과 적정하다고 인정되는 대학 · 전문대학 또는 고등학교의 지정학과를 졸업한 자(졸업 예정자를 포함한다)에 대하여는 해양수산부장관이 정하는 바에 따라 필기시험을 면제할 수 있다(영 제16조 제4항).
⑤ 한국해양수산연수원에서 해양수산부장관이 인정하는 해기사양성교육과정을 이수한 자는 6급 항해사 또는 6급 기관사의 면허취득 및 시험응시를 위한 승무경력이 있는 것으로 본다(제5항).

제4절 외국인 해기사

1. 외국의 해기사 자격증을 가진 사람에 대한 특례

① 해양수산부장관은 국제해사기구(IMO)가 국제협약의 규정을 준수하고 있다고 인정한 국가에서 국제협약에서 정하고 있는 기준에 따라 발급된 외국의 해기사자격증을 소지한 자(이하 이 조에서 "외국인 해기사")가 동일한 직종 · 등급으로 인정하는 국내의 승무자격증을 받고자 하는 경우 이를 위한 해기사시험 및 교육 · 훈련을 면제할 수 있다(영 제17조 제1항).

이 경우 외국인 해기사는 규칙에 의한 승무경력이 있는 것으로 보며, 해기사자격증 발급국의 건강검진증명서(선원법 제79조의 건강진단서 요건을 갖춘 것에 한한다)를 제출한 경우에는 선원법에 의하여 승무에 적당하다는 건강상태가 확인된 것으로 본다(법 제 5조 제1항 제3호, 영 제17조 제1항 · 제2항).

② 국내의 승무자격증을 받고자 하는 외국인 해기사는 해양수산부장관에게 승무자격증의 승무직종 · 승무등급 및 승선선박 지정을 신청(전자문서로 된 신청서를 포함한다)하여야 한다.

해양수산부장관은 승무자격증을 받고자 하는 외국인 해기사가 선박직원으로서의 직무를 원활히 수행할 수 있도록 우리 나라 해사법규에 관한 지식을 갖추도록 자료를

제공하고, 교육을 실시하는 등 필요한 조치를 하여야 한다. 해양수산부장관은 교육의 실시를 위하여 외국인 해기사 교육기관을 별도로 지정・고시하여야 한다(영 제17조 제3항・제4항・제5항).

③ 승무자격증의 교부 및 갱신에 관한 사항, 해기사시험의 면제에 관한 사항 및 외국인해기사 교육기관의 지정절차에 관한 사항은 해양수산부령으로 정한다.

④ 「선원의 훈련・자격증명 및 당직근무의 기준에 관한 국제협약」 또는 「어선 선원의 훈련・자격증명 및 당직근무의 기준에 관한 국제협약」에 따라 다른 당사국이 발급한 해기사 자격을 인정하기로 협정을 체결한 국가(이하 "체약국")의 해기사 자격을 가진 사람으로서 해양수산부장관의 인정을 받은 사람은 제4조(면허의 직종 및 등급) 제1항에도 불구하고 국제항해에 종사하는 한국선박의 선박직원이 될 수 있다(법 제10조의 2 제1항).

⑤ 해양수산부장관은 규정에 의한 인정을 받고자 하는 자가 승무기준에 적합한 자격을 가졌다고 인정하는 때에는 당해 체약국의 해기사면허증에 승무할 수 있는 것으로 되어 있는 선박 및 그 선박에서 행할 수 있는 직무의 범위 안에서 선박직원으로서 승무할 수 있는 선박 및 그 선박에서의 직무의 범위를 정하여 이를 인정(승무자격인정)하고, 승무자격증을 발급할 수 있다(제2항).

⑥ 승무자격인정의 신청 및 승무자격증의 발급에 관하여 필요한 사항은 대통령령으로 정한다. 또한 승무자격인정의 유효기간은 5년으로 한다. 다만, 당해 체약국에서의 해기사자격을 잃은 때에는 그 때부터 그 효력을 잃는다(제3항, 제4항).

⑦ 법 제5조(면허의 요건) 제4항, 제5조의 2(면허 발급 자료의 보관 및 이용), 제6조(해기사 결격사유), 제9조(면허의 취소 등) 및 제10조(면허를 취소하기 위한 청문)의 규정은 승무자격인정 및 승무자격증에 대하여 각각 준용한다. 이 경우 "해기사"는 "승무자격인정을 받은 자"로, "면허"는 "승무자격인정"으로, "면허증"은 "승무자격증"으로 본다(제5항).

2. 외국인 해기사의 승무자격증 발급신청 등

① 승무자격증을 발급받고자 하는 외국인 해기사는 승무자격증 발급(재발급) 신청서에 다음의 서류를 첨부하여 지방해양수산청장에게 제출하여야 한다(규칙 제22조의 2 제1항).

㉠ 해기사 면허증 사본 1부
㉡ 건강진단서 1부
㉢ 우리 나라 선사와 계약한 근로계약서 사본 1부
㉣ 규정에 따른 해기사 면접시험 합격증 사본 1부 또는 해사법규 교육이수증 사본 1부
㉤ 기초 및 상급안전교육, 레이더시뮬레이션교육, 레이더 알파교육, 직무교육(승선할 선박의 선박직원직무를 수행하는데 필요한 교육) 등의 교육이수증 사본 각 1부

ⓑ 사진 2매(최근 6개월 이내에 촬영한 가로 3.5Cm, 세로 4.5Cm의 것

② 승무자격증의 발급신청을 받은 지방해양수산청장은 별지 서식의 승무자격증 발급대장에 다음의 사항을 기재하고 신청인에게 승무자격증을 발급하여야 한다.
   ㉠ 승무자격증번호, 발급일, 유효기간, 승선선박명 등 승무자격에 관한 사항
   ㉡ 승무자격증을 받고자 하는 사람의 국가명, 성명, 생년월일, 여권 및 해기사면허증의 번호 등 개인 신상에 관한 사항

③ 승무자격증을 재발급 받고자 하는 외국인 해기사는 별지 서식의 승무자격증 발급(재발급)신청서에 다음의 서류를 첨부하여 지방해양수산청장에게 제출하여야 한다(규칙 제22조의 2 제3항).
   ㉠ 승무자격증(승무자격증이 헐어 못쓰게 되어 재발급을 신청하는 경우에 한한다)
   ㉡ 승무자격증을 잃어버린 경위를 기재한 서류 1부(승무자격증을 잃어버려 재발급을 신청하는 경우에 한한다)
   ㉢ 사진 2매(최근 6개월 이내에 촬영한 가로, 세로 각각 3.5Cm 및 4.5Cm의 것)

④ 승무자격증의 기재사항을 변경하거나 정정하고자 하는 자는 별지 서식의 승무자격증 기재사항 변경(정정)신청서에 다음의 서류를 첨부하여 지방해양수산청장에게 제출하여야 한다.
   ㉠ 승무자격증
   ㉡ 변경 또는 정정하고자 하는 내용이 사실임을 증명하는 서류

3. 외국인 해기사의 승무자격증의 갱신

① 승무자격증을 갱신하고자 하는 외국인 해기사는 별지 서식의 승무자격증 갱신신청서에 다음의 서류를 첨부하여 지방해양수산청장에게 제출하여야 한다(규칙 제22조의 3 제1항).
   ㉠ 해기사 면허증 사본 1부
   ㉡ 건강진단서 1부(선박에 승무 중인 경우에는 선박소유자가 신청인이 승무 중임을 증명하는 서류로써 이에 갈음할 수 있다)
   ㉢ 승무자격증(선박에 승무 중인 자는 승무 중임을 증명하는 서류를 말한다)
   ㉣ 승무자격증(선박에 승무 중인 자는 승무 중임을 증명하는 서류를 말한다) 1부
   ㉤ 우리 나라 선박의 승선경력증명서(갱신하고자 하는 시점을 기준으로 5년 이내에 1년 이상 승선한 증명서를 말한다) 1부

② 갱신되는 승무자격증의 유효기간은 5년으로 하되, 외국인 해기사가 소지하고 있는 해기사 면허증의 유효기간을 초과할 수 없다.

4. 외국인 해기사의 해기사 면접시험 · 시험 및 교육과 훈련의 면제

① 외국인 해기사가 승무자격증을 발급받고자 하는 경우에는 별지 서식의 외국인 해기사

면접시험 응시원서에 해기사 면허증 사본을 첨부하여 한국해양수산연수원장에게 신청하여야 한다. 한국해양수산연수원장은 해기사 면접시험에 합격한 자에게 합격증을 발급하여야 한다(규칙 제22조의 4).

② 외국인 해기사가 다음의 하나에 해당하는 교육을 이수한 경우에는 해기사 필기시험 및 교육・훈련을 면제(免除)한다(규칙 제22조의 5 제1항).

㉠ 기초 및 상급안전교육

㉡ 레이더 시뮬레이션교육

㉢ 레이더 알파교육

㉣ 전자해도장치 교육

㉤ 선교자원관리 교육

㉥ 기관실자원관리 교육

㉦ 직무교육(승선할 선박의 선박직원직무를 수행하는데 필요한 교육을 말한다)

③ 외국인 해기사가 해사법규 교육을 이수한 경우에는 해기사 면접시험을 면제할 수 있다.

5. 외국인 해기사의 교육기관 지정절차

① 외국인 해기사교육을 실시하고자 하는 자는 별지 서식의 외국인 해기사 교육기관지정(변경지정) 신청서에 다음의 사항이 기재된 서류를 첨부하여 신청(전자문서로 된 신청서를 포함한다)하여야 한다(규칙 제22조의 6 제1항).

㉠ 당해 교육기관의 연혁・조직 및 운영계획

㉡ 교육시설 현황

㉢ 교직원의 인적사항・자격, 교직원별 담당과목 및 담당시간

㉣ 교육과목 및 교육시간

㉤ 당해 교육기관의 예산내역

㉥ 정관(定款, 법인인 경우에 한정한다)

② 위 신청서 제출시 담당공무원은 전자정부구현을 위한 행정업무 등의 전자화 촉진에 관한 법률에 따라 행정정보의 공동이용을 법인등기부등본(법인인 경우)을 통하여 확인하여야 한다. 다만, 신청인이 확인에 동의하지 아니하는 경우에는 이를 첨부하도록 하여야 한다.

③ 해양수산부장관은 위 신청자가 외국인 해기사 교육기관으로 지정할 필요가 있다고 인정되는 경우 별지 서식의 외국인 해기사 교육기관지정(변경지정)서를 신청인에게 교부하여야 한다.

④ 외국인 해기사 교육기관은 당해 기관에서 교육을 받은 자에 대하여 별지 서식의 교육이수증(教育履修證)을 발급하여야 한다(제4항).

⑤ 교육기관으로 지정된 자가 지정내용을 변경하고자 하는 경우에는 별지 서식의 외국인 해기사 교육기관지정(변경지정) 신청서에 다음의 서류를 첨부하여 해양수산부장관에

게 제출하여야 한다.

㉠ 외국인 해기사 교육기관지정서

㉡ 변경사유가 기재된 서류

⑥ 해양수산부장관은 외국인 해기사 교육기관이 다음의 하나에 해당하는 경우에는 그 지정을 취소할 수 있다. 해사법규(海事法規) 교육의 내용, 시간 및 교육기관지정 등에 관하여 그 밖에 필요한 사항은 해양수산부장관이 정한다.

㉠ 지정된 조건을 위반한 경우

㉡ 법 · 영 또는 이 규칙을 위반한 경우

제5절 지정교육기관 등

1. 지정교육기관의 지정신청 등

1) 지정교육기관의 지정신청 및 그 지정

① 지정교육기관으로 지정받고자 하는 자는 해양수산부장관이 정하는 지정교육기관에 적합한 시설 등을 갖추고 별지 서식의 지정교육기관지정(변경지정)신청서(전자문서로 된 신청서를 포함한다)에 다음의 사항을 기재한 서류를 첨부하여 해양수산부장관에게 제출하여야 한다(규칙 제3조 제1항).

㉠ 해당 교육기관의 연혁 · 조직 및 운영계획

㉡ 교육시설 · 실습선(實習船)의 현황 · 실습장비 · 실습기간 및 실습계획

㉢ 교직원의 인적사항 · 자격, 교원별 담당과목 및 담당시간

㉣ 교육과정별 정원 · 입학자격, 교육과목 및 교육시간

㉤ 해당 교육기관의 예산내역

㉥ 정관(定款, 법인인 경우에 한한다)

② 교육기관지정 신청서 제출시 담당공무원은 「전자정부구현을 위한 행정업무 등의 전자화촉진에 관한 법률」에 따라 행정정보의 공동이용을 통하여 법인등기부등본(법인인 경우에 한한다)을 확인하여야 한다. 다만, 신청인이 확인에 동의하지 아니하는 경우에는 이를 첨부하도록 하여야 한다.

③ 지정교육기관의 지정신청 규정에 의하여 지정신청을 받은 해양수산부장관은 선원수급정책 · 교육기관의 시설 · 교육과정 등을 참작하여 지정교육기관으로 지정할 필요가 있다고 인정되는 경우에는 별지 서식의 지정교육기관지정(변경지정)서를 신청인에게 발급하여야 한다(규칙 제4조).

2) 지정내용의 변경신청 및 지정의 해제

① 지정교육기관의 장은 지정내용을 변경하고자 하는 때에는 별지 서식의 지정교육기관

지정(변경지정) 신청서(전자문서로 된 신청서를 포함한다)에 다음의 서류를 첨부하여 해양수산부장관에게 제출하여야 한다(규칙 제5조 제1항).

㉠ 지정교육기관 지정서

㉡ 변경사유를 기재한 서류

② 지정교육기관의 지정 규정은 위 제1항의 규정에 의한 지정내용의 변경에 관하여 이를 준용한다.

③ 해양수산부장관은 지정교육기관이 다음의 하나에 해당되는 경우에는 그 지정을 해제할 수 있다(규칙 제6조).

㉠ 지정의 조건을 위반한 경우

㉡ 해기품질평가 결과 해양수산부장관이 통보한 시정사항을 이행하지 아니한 경우

㉢ 법 · 영(令) 또는 이 규칙을 위반한 경우

2. 지정교육기관 등에 대한 평가

1) 해기품질평가

① 해양수산부장관은 다음의 하나에 해당하는 기관에 대하여 국제협약에서 정하는 해기사 양성 교육 · 해기사시험 또는 해기사면허관리에 관한 품질평가(品質評價, 이하 "해기품질평가"라 한다)를 실시하여야 한다. 이 해기품질평가는 5년 마다 실시하여야 한다(영 제16조의 2 제1항 · 제2항).

㉠ 지정교육기관

㉡ 영 제24조의 규정에 의하여 해기사시험 또는 해기사면허의 관리에 관한 업무를 위임 또는 위탁받은 기관

② 제1항의 규정에 의한 해기품질평가의 실시방법, 실시결과의 사후 관리에 관하여 필요한 사항은 해양수산부령으로 정한다(영 제16조의 2 제3항).

2) 해기품질평가의 실시방법 및 그 결과의 처리

① 해기품질평가는 다음과 같이 구분한다(규칙 제21조 제1항).

㉠ 영 제16조의 2 제1항 각호의 규정에 의한 평가대상기관(이하 "평가대상기관"이라 한다)에서 자체적으로 실시하는 내부평가(이하 "내부평가"라 한다)

㉡ 해양수산부장관이 실시하는 외부평가(이하 "외부평가"라 한다)

② 평가대상기관은 해양수산부장관이 정하여 고시하는 해기품질에 관한 기준에 따라 해기품질관리체제를 갖추고 제1항에 따른 해기품질평가(海技品質評價)를 받아야 한다.

③ 내부평가를 실시한 평가대상기관은 평가실시 후 외부평가를 실시하기 전 1월 이내에 그 결과를 해양수산부장관에게 제출하여야 한다(규칙 제22조 제1항).

④ 해양수산부장관은 외부평가를 실시한 후 평가결과 및 시정요구사항을 해당 평가대상기관에 통보하여야 한다(규칙 제22조 제2항).

제4장 선박직원

제1절 선박직원의 승무기준 및 직무

1. 의 의

선박직원법은 선박직원으로서 선박에 승무할 자의 자격(資格)과 인원수(人員數)를 정하여 선박항행의 안전을 도모하는 것이 목적이므로, 이를 위하여 선박소유자는 선박의 항행구역·크기·용도·추진기관의 출력(出力) 그 밖에 선박 항행의 안전에 관한 사항을 고려하여 대통령령으로 정하는 선박직원의 승무기준(이하 "승무기준")에 맞는 해기사(제10조 의2에 따라 승무자격인정을 받은 사람을 포함)를 승승무시키도록 규정하고 있다(법 제11조 제1항).

2. 선박직원의 승무기준

① 법 제11조의 규정에 의한 선박별 선박직원의 최저승무기준은 [별표 3]과 같다. 다만, 제3조의 2의 규정(자동화선박의 설비 등)에 의한 자동화선박 중 선원법 제109조의 규정(취업규칙의 신고)에 의한 취업규칙에 다음의 사항이 명시되지 아니한 선박에 대하여는 [별표 3] 제1호 내지 제3호의 승무기준을 적용한다(영 제22조 제1항).

㉠ 정박 중 선박설비의 점검·정비 및 하역(荷役) 등에 대한 육상지원체제에 관한 사항

㉡ 자동화선박의 승무자격이 있는 운항사의 확보에 관한 사항

② 원양수역을 항행구역으로 하는 선박(연안수역을 항행구역으로 하는 선박 중 국제항해에 종사하는 상선을 포함한다)에서 선장·1등 항해사·기관장·1등 기관사·운항장·1등 운항사 또는 통신장의 직무를 행하고자 하는 자는 [별표 4]의 규정에 의한 승무경력이 있고, 해양수산부령이 정하는 교육과정을 이수하여야 한다(영 제22조 제2항).

③ 연안수역을 항행구역으로 하는 선박에서 선장·기관장·운항장 또는 통신장의 직무를 행하고자 하는 자는 해양수산부령이 정하는 교육과정을 이수하여야 한다(영 제22조 제3항).

④ 항해사 또는 기관사로서 운항사 면허를 받고 최초로 운항사의 직무를 행하고자 하는 자 중 해양수산부장관이 인정하는 교육과정을 이수하지 아니한 자는 해양수산부령이 정하는 교육과정을 이수하여야 한다(제4항).

⑤ 운항사가 자동화선박 외의 선박에 항해사 또는 기관사로 승무하는 경우에는 당해 운항사가 부여받은 전문분야와 동일한 직종의 직무로 승무하여야 한다(영 제22조 제5항).

⑥ 해양수산부장관은 필요하다고 인정하는 경우에는 여객선 및 선원법시행령 제21조 제2항의 규정에 의한 위험물적재선박(위험물적재부선과 예선이 결합하여 운항하는 위험물운반선을 포함한다)에 승무하는 선박직원의 승무기준을 해양수산부장관이 정하

여 고시하는 바에 의하여 제1항의 규정에 의한 승무기준보다 강화하거나 필요한 교육을 이수하게 할 수 있다(제6항).

⑦ 선박안전법 제4조의 규정에 의하여 무선설비를 갖추어야 하는 선박 중 다음의 선박 외의 선박에서 선장·항해사·운항장 또는 운항사로 승무하고자 하는 자는 당해 직무와 관련한 해기사면허 외에 4급 이상의 통신사면허를 갖추어야 한다.

이 경우 세계해상조난 및 안전제도 관련설비를 갖춘 선박에 승무하고자 하는 자는 전파전자급의 통신사면허를 갖추어야 하며, 그 밖의 선박에 승무하고자 하는 자는 전파통신급 또는 전파전자급의 통신사면허를 갖추어야 한다(영 제22조 제7항).

㉠ 전파법시행령 제57조의 규정에 의하여 무선종사자가 아닌 자가 무선설비를 운용할 수 있는 선박

㉡ 어선 및 소형선박

3. 세계해상조난 및 안전제도 관련설비를 갖춘 선박의 전파전자급통신사 승무기준

1) 승무기준

① 세계해상조난 및 안전제도 관련설비를 갖춘 선박의 전파전자급 통신사의 승무기준은 [별표 3의 2]와 같다(영 제22조의 2 제1항).

② 선장·항해사·기관장·기관사·운항장 또는 운항사가 통신장·통신사의 직무수행에 필요한 승무자격을 갖춘 경우에는 무선설비의 2중 설치 및 육상정비체제가 갖추어진 선박에서 그 직무를 겸임할 수 있다(영 제22조의 2 제2항).

③ 제2항의 규정에 의하여 직무를 겸임하고자 할 경우에는 나머지 선박직원 중 최소한 2인 이상은 전파전자급 4급 통신사 이상의 면허를 받은 자이어야 한다(제3항).

2) 승무기준 적용에 관한 특례

세계해상조난 및 안전제도 관련설비를 갖춘 선박의 전자급 통신사 승무기준에 관하여는 별표3의 2의 규정에 불구하고 1995년 1월 31일까지는 다음 표를 적용한다(영 제4조).

선종별	항행구역		선박직원	승무자격
여객선	국제항해	여객정원 250인 이상	통신장	1급 통신사 1인
			통신사	2급 통신사 1인
			통신사	3급 통신사 1인
		여객정원 250인 미만	통신장	2급 통신사 1인
			통신사	3급 통신사 1인
	국내항해	여객정원 250인 이상	통신장	2급 통신사 1인
		여객정원 250인 미만	통신장	3급 통신사 1인
화물선	국제항해	총톤수 20,000톤 이상	통신장	1급 통신사 1인
		총톤수 20,000톤 미만	통신장	2급 통신사 1인

	국내항해	총톤수 20,000톤 이상	통신장	2급 통신사 1인
		1,600톤 이상 20,000톤 미만	통신장	3급 통신사 1인
		300톤 이상 1,600톤 미만	통신장	3급 통신사(한정) 1인
어선	총톤수 2,00톤 이상		통신장	2급 통신사 1인
	500톤 이상 20,000톤 미만		통신장	3급 통신사 1인
	500톤 미만		통신장	3급 통신사(한정) 1인

4. 선박직원의 직무

선박직원의 직무는 각각 다음과 같다(법 제11조 제2항)

① 선장은 선박의 운항관리에 대하여 책임을 진다. 다만, 사망·질병 또는 부상 등 부득이한 사유로 선장이 직무를 수행할 수 없을 때에는 자동화선박에서는 항해를 전문으로 하는 1등 운항사가 그 직무를 대행하고, 그 밖의 선박에서는 1등 항해사가 그 직무를 대행한다(제1호).

② 항해사는 갑판부(甲板部)에서 항해당직을 행한다.

③ 기관장은 선박의 기계적 추진, 기계와 전기설비의 운전 및 보수관리에 대하여 책임을 진다. 다만, 사망·질병 또는 부상 등의 부득이한 사유로 기관장이 직무를 수행할 수 없을 때에는 자동화선박에서는 기관을 전문으로 하는 1등 운항사가 그 직무를 대행하고, 그 밖의 선박에서는 1등 기관사가 그 직무를 대행한다.

④ 기관사는 기관부에서 기관당직을 행한다.

⑤ 통신장 및 통신사는 선박통신에 대하여 책임을 진다.

⑥ 운항장과 운항사는 자동화선박에서 운항당직(항해·기관 및 전자장비 등에 대한 통합당직을 말한다)을 행한다.

⑦ 전자기관사는 항해장비 및 갑판기기를 포함한 선박의 전기·전자 및 자동제어 설비·시스템의 유지·점검·보수관리·수리 등의 업무를 수행한다.

제2절 승무기준의 특례

1. 결원이 있는 경우의 승무기준의 특례

① 법 제11조(승무기준 및 선박직원의 직무) 선박직원의 승무기준에 관한 규정은 다음 하나에 해당하는 경우에는 이를 적용하지 아니한다. 이 경우 선박소유자는 지체없이 그 결원(缺員)을 보충하여야 한다(법 제12조 제1항).

㉠ 외국의 각 항간을 항행하는 선박으로서 선박직원에 결원이 생겼으나 그 보충이 곤란한 경우

㉡ 본국항과 외국항간을 항행하는 선박이 국외에서 선박직원에 결원이 생기고 본국항까지 항행하는 경우

㉢ 위 ㉠ 및 ㉡의 경우 외에 선박이 항행 중 선박직원에 결원이 생겼으나 그 보충이 곤란한 경우

② 선박소유자는 위 제1항의 각호의 하나에 해당하는 경우에는 지체없이 그 사실과 결원 보충계획을 해양수산부장관에게 통보하여야 한다. 그리고 해양수산부장관은 통보를 받은 경우에 필요하다고 인정할 때에는 그 결원을 지체없이 보충할 것을 선박소유자에게 명할 수 있다(법 제12조 제2항 · 제3항).

2. 허가에 의한 승무기준의 특례

① 선박소유자는 선박이 다음의 하나에 해당하는 경우에 해양수산부장관의 허가를 받았을 때에는 제11조(승무기준 및 선박직원의 직무)에도 불구하고 그 허가된 해기사를 그 직무의 선박직원으로 승무시킬 수 있다(법 제13조).

㉠ 다른 선박에 예인(曳引)되어 항행하는 경우

㉡ 배가 선거(船渠, ship's dock)에 들어가거나 수리 · 계류(繫留) 또는 그 밖의 사유로 항행에 사용되지 아니하는 경우

㉢ 그 밖에 해양수산부령이 정하는 경우로 다음의 경우(규칙 제23조)

· 선박의 구조나 설비가 특수한 경우

· 특정한 항로나 수역만을 항행하는 경우

· 외국의 영토에 기지를 두고 연안항해를 하는 경우

· 외국선박의 경우

· 항행예정시간이 4시간 이내인 국내항간을 긴급히 항행할 필요가 있다고 인정되는 경우

② 해양수산부장관은 해기사의 수급(需給)상 부득이하여 대통령령으로 정하는 경우에는 6개월 범위 에서 제11조에 따른 승무기준 중 등급을 완화하여 승무를 허가할 수 있다(법 제13조 제2항, 영 제23조 제1항).

㉠ 국민경제 또는 국가안보에 중대한 영향을 미치는 물자를 긴급히 수송하는 경우로서 관계 기관의 장의 요청이 있는 경우

㉡ 긴급히 도서민(島嶼民)을 수송하는 경우

㉢ 그 밖에 해양수산부장관이 해기사의 수급상 부득이 하다고 인정하는 경우

③ 해양수산부장관이 승무기준의 완화에 관한 허가를 함에 있어서는 승무하고자 하는 자의 면허의 등급 및 승무경력 등을 참작하여 선박항행의 안전을 확보할 수 있도록 하여야 한다. 이 경우 선장 또는 기관장에 대한 승무기준 완화에 관한 허가는 불가항력의 경우에 한하여 이를 할 수 있다(영 제23조 제2항).

제3절 권한의 위임 · 위탁

1. 대통령령에 의한 권한의 위임 · 위탁 등

1) 위임 및 해기사시험 관리에 관한 권한의 위탁

이 법에 따른 해양수산부장관의 권한은 대통령령이 정하는 바에 따라 그 일부를 그 소속기관의 장에게 위임(委任)할 수 있다(법 제23조 제1항). 이 규정에 의하여 해양수산부장관의 권한 중 다음의 권한을 지방해양수산청장에게 위임한다(영 제24조 제1항).

① 법 제4조(면허의 직종 및 등급)의 규정에 의한 면허

② 법 제5조(면허의 요건) 제3항 및 제4항의 규정에 의한 해기사면허증의 발급 · 재발급 및 기재사항의 변경

③ 법 제7조(면허의 유효기간 및 갱신 등) 제2항의 규정에 의한 해기사면허 갱신

④ 법 제9조(면허의 취소 등) 제4항의 규정에 의하여 제출된 면허증의 수령 및 반환

⑤ 법 제9조의 규정에 의한 면허의 취소 · 업무의 정지 및 견책

⑥ 법 제10조(청문)의 규정에 의한 청문

⑦ 법 제13조(허가에 의한 승무기준의 특례) 제1항 각호의 규정에 의한 승무기준의 완화에 관한 허가

⑧ 법 제17조(외국선박의 감독)의 규정에 의한 외국선박의 감독

⑨ 법 제31조(과태료)의 규정에 의한 과태료(過怠料, fine for negligency)의 부과 및 징수

⑩ 영 제19조의 규정에 의한 해기사시험에서의 부정행위자에 대한 조치

또한 해양수산부장관은 법 제23조 제2항의 규정(해기사시험의 관리나 면허갱신 신청의 접수 등)에 의하여 해기사시험의 관리에 관한 권한을 한국해양수산연수원장에게 위탁한다(영 제24조 제3항).

2) 위탁 및 수수료

해양수산부장관은 제5조(면허의 요건)에 따른 해기사 시험 관리나 제7조(면허의 갱신)에 따른 면허 갱신 신청의 접수 등 그 절차에 관한 업무의 일부를 대통령령으로 정하는 바에 따라 다음의 하나에 해당하는 자에게 위탁할 수 있다(법 제23조 제2항). 또한 제2항에 따라 업무를 위탁받은 법인은 해양수산부령으로 정하는 바에 따라 위탁받은 업무와 관련된 수수료를 징수할 수 있다.

① 한국해양수산연수원

② 해양수산부장관의 허가를 받아 설립된 해기사가 회원인 법인

제5장 해기사의 교육

제1절 의 의

선박직원법은 해기사 또는 일정한 등급의 해기사(海技士)가 될 자의 자질을 향상시키기 위하여, 또는 면허의 효력을 유지하거나 면허가 실효된 자(해기사이었던 자)에게 새로운 시험의 특례를 인정하기 위하여 여러 가지 교육제도를 두고 있다.

제2절 해기사교육의 종류

1. 면허취득교육 및 병역기간의 미산입 등

① 법 제5조 제1항 제4호에 따라 교육 · 훈련과정을 이수하여야 하는 자는 다음 각 호와 같다.

㉠ 지정교육기관에서 해당 직종의 해기사양성 교과과정을 이수하지 아니하고 신규로 다음 각 목의 면허를 받고자 하는 자. 다만, 받고자 하는 면허의 바로 아래 등급의 면허를 소지한 경우에는 그러하지 아니하다.

- 3급 항해사부터 6급 항해사까지
- 3급 기관사부터 6급 기관사까지
- 1급 통신사부터 4급 통신사까지

㉡ 제12조 제3항 및 제5항에 따라 필기시험 및 실기시험으로 소형선박 조종사면허를 받으려는 자

㉢ 제13조 제4항에 따라 필기시험과목의 전부 또는 일부를 면제받고 6급 항해사면허, 6급 기관사면허 또는 소형선박 조종사면허를 받으려는 자

㉣ 제14조 제1항에 따라 면접시험으로 면허를 받으려는 자

㉤ 제14조의 2 제2항에 따라 면허를 받으려는 자

㉥ 수면 비행선박 조종사면허를 받으려는 사람

② 제1항의 규정에 의한 교육 · 훈련의 과정 · 기간 및 내용 등에 관하여 필요한 사항은 해양수산부령으로 정한다.

③ 법 제5조 제1항 제1호에 따라 해양수산부장관이 시행하는 해기사 시험(이하 "시험"이라 한다)에 합격한 자가 면허를 받기 전에 「병역법」에 따라 병역의무를 마치기 위한 기간은 법 제5조 제1항 제1호에 따른 기간에 산입하지 아니한다.

2. 면허갱신교육 및 보수교육과 소형선박직무교육

① 법 제7조 제3항 제2호의 규정에 의하여 다음에 게기하는 면허를 갱신하고자 하는 자가 이수하여야 하는 교육으로 교육대상자 · 교육내용 · 교육기간 등은 규칙 [별표 1]과 같다.

해양수산부장관은 해기사의 자질 및 기술의 향상을 위하여 필요하다고 인정할 때에는 해양수산부령이 정하는 바에 의하여 해기사로 하여금 보수교육(補修敎育)을 받게 할 수 있으며 교육대상자 · 교육내용 및 교육기간은 규칙 [별표 1]과 같다(법 제16조, 규칙 제2조 제1항 · 제3호).

② 선박직원법시행규칙의 규정에 의한 3일 간의 소형선박직무교육을 말한다.

3. 필기시험면제교육 및 면접시험면제를 위한 교육

1) 다음의 하나에 해당하는 자가 [별표 1의 3]의 규정에 의한 승무경력의 2배 이상의 승무경력이 있고 해양수산부령이 정하는 교육과정을 이수한 경우에는 1등급 상위면허(上位免許)의 시험 중 필기시험(筆記試驗)을 면제한다(영 제13조 제2항, 규칙 제2조 제1항 제4호). 이수하여야 할 교육과정은 면허시험 관련과목에 대하여 4주 이상의 교육이다.
   ① 3급 항해사 이하의 면허를 가진 자
   ② 3급 기관사 이하의 면허를 가진 자
   ③ 3급 운항사 이하의 면허를 가진 자
2) 항해사 또는 운항사면허를 가지고 전파전자급 또는 전파통신급 4급 통신사면허를 받고자 하는 자가 해양수산부령이 정하는 교육과정을 이수한 경우에는 면접시험을 면제한다(영 제13조 제6항, 규칙 제2조).

제3절 교육이수증의 교부 등

① 면허취득교육, 면허갱신교육, 보수교육, 필기시험면제 및 소형선박직무교육의 교육과정별 교육대상자 · 교육내용 및 교육기간은 규칙 [별표 1]과 같으며, 이 규정에 의한 교육을 실시하는 자는 그 교육을 받은 자에 대하여 선원법 시행규칙 제57조 제4항의 규정에 의한 교육이수증을 교부하거나 선원수첩의 선원교육훈련사항란에 교육이수사실을 기재하여야 한다(규칙 제2조 제2항).

② 선박직원법 시행규칙 제2조 제1항의 규정에 의한 교육대상자로서 [별표 1]의 규정에 의하여 교육과정을 이수한 것으로 보는 자는 지방해양수산청장 · 지방해양수산청 출장소장 또는 지정교육기관의 장에게 선원수첩에 교육과정이수사실을 기재하여 줄 것을 요청할 수 있다(규칙 제2조 제2항).

[별표 1] 교육과정별 교육대상자 · 교육내용 및 교육기간(제2조제1항 관련)

교육과정	교육대상자		교육내용	교육기간
면허취득 교육	영 제5조제1항제1호에 해당하는 사람	3급 항해사, 3급 기관사, 전파전자급 3급 통신사의 면허를 받으려는 사람	선박의 운항, 기관의 운전 또는 통신 직무	5일
		4급 또는 5급 항해사, 4급 또는 5급 기관사, 전파전자급 4급 통신사의 면허를 받으려는 사람	선박의 운항, 기관의 운전 또는 통신 직무	3일
	영 제5조제1항제2호에 해당하는 사람	승무경력 없이 필기시험 및 실기시험 으로 소형선박 조종사면허를 받으려는 사람	선박의 운항 및 기관의 운전	3일
	영 제5조제1항제3호에 해당하는 사람	필기시험과목 전부를 면제받아 6급 항해사면허, 6급 기관사면허 또는 소형선박 조종사면허를 받으려는 사람	선박의 운항 또는 기관의 운전	3일
		필기시험과목 일부를 면제받아 6급 항해사면허, 6급 기관사면허 또는 소형선박 조종사면허를 받으려는 사람	선박의 운항 또는 기관의 운전	2일
	영 제5조제1항제4호에 해당하는 사람	3급 항해사 이상, 3급 기관사 이상, 3급 운항사 이상의 면허를 받으려는 사람	선박의 운항관리 또는 기관의 운전	10일
		4급 항해사 이하, 4급 기관사 이하, 4급 운항사의 면허 또는 통신사의 면허를 받으려는 사람	선박의 운항관리 또는 기관의 운전	5일
	영 제5조제1항제5호에 해당하는 사람	2급 이하의 항해사 면허를 받으려는 사람	선박의 운항	10일
	영 제5조제1항제6호에 해당하는 사람	소형 수면비행선박 조종사면허(한정면허를 포함한다)를 받으려는 사람	수면비행선박 모의조종훈련	35시간
			수면비행선박 실선 실습훈련	60시간
		중형 수면비행선박 조종사면허(한정면허를 포함한다)를 받으려는 사람	수면비행선박 모의조종훈련	50시간
			수면비행선박 실선 실습훈련	100시간
	영 제15조제2항에 해당하는 사람	상선면허를 가지고 동급 이하의 어선면허를 받으려는 사람 또는 어선면허를 가지고 동급 이하의 상선면허를 받으려는 사람	선박의 운항 및 영어	5일
면허갱신 교육	법 제7조제3항제2호에 따라 교육을 이수하고 면허를 갱신하려는 사람	3급 항해사 이상, 3급 기관사 이상, 3급 운항사 이상, 중형 수면비행선박 조종사면허를 갱신하려는 사람	선박의 운항관리 또는 기관의 운전	3일
		4급 항해사 이하, 4급 기관사 이하, 4급 운항사, 소형 수면비행선박 조종사면허를 갱신하려는 사람	선박의 운항관리 또는 기관의 운전	2일
		통신사, 소형선박조종사면허를 갱신하려는 사람	통신직무 또는 소형선박의 운항관리	1일
보수교육 기술교육	운항사 교육	영 제22조제4항에 따라 운항사 면허를 받고 최초로 운항사의 직무를 행하려는 사람	선박의 운항관리	10일
	레이더	최초로 항해선에서 선장, 항해사 또는 운항사로	레이더관측 · 레	5일

		시뮬레이션교육	승무하려는 사람	이더기초지식 및 레이더항법	
			통신사면허를 소지하고 통신사 이상의 직무를 수행한 사람 중 최초로 항해선에서 선장, 항해사 또는 운항사로 승무하려는 사람	레이더 정보·분석	2일
		선교자원관리교육	최초로 항해선에서 선장, 항해사, 운항사로 승무하려는 사람	선교 인적자원의 효과적인 관리와 운용에 관한 교육	3일
		기관실자원관리교육	최초로 항해선에서 기관장, 기관사, 운항사로 승무하려는 사람	기관실 인적자원의 효과적인 관리와 운용에 관한 교육	3일
		전자해도장치교육	최초로 전자해도장치(ECDIS)가 설치된 항해선에서 선장, 항해사 또는 운항사로 승무하려는 사람	전자해도장치에 관한 지식과 활용 능력 배양	3일
		자동충돌예방교육	최초로 자동충돌예방장치가 설치된 항해선에서 선장, 항해사, 운항사로 승무하려는 사람	자동충돌예방장치에 관한 지식과 시뮬레이션 훈련	3일
	안전 및 해양오염방지교육	탱커기초교육	「선원법 시행령」 제43조제1항에 따른 기초안전교육을 이수하고, 최초로 유조선이나 케미컬탱커에서 항해사, 기관사, 운항사로 승무하려는 사람(「선원법 시행규칙」 별표 2에 따른 탱커교육 이수자는 제외한다)	화물의 특성·독성·위험, 위험통제, 인명보호, 오염방지절차	3일
		액화가스탱커기초교육	최초로 액화가스탱커에 항해사, 기관사 또는 운항사로 승무하려는 사람(「선원법 시행규칙」 별표 2에 따른 탱커교육 이수자는 제외한다)	화물의 특성·독성·위험, 위험통제, 인명보호, 오염방지절차	3일
		해양오염방지교육	항해선에 해양오염방지관리인으로 승무하려는 사람 또는 해양오염방지관리인의 자격을 유지하려는 사람	해양환경오염방지에 관한 교육	3일(유지하려는 경우 2일)
	직무교육	유조선직무교육	탱커기초교육을 이수하고, 3개월 이상의 유조선 승무경력이 있거나 1개월 이상의 승무기간 중 3회 이상 적·양하 작업에 참여한 사람 중에서 유조선에 선장, 1등 항해사, 기관장, 1등 기관사, 운항장 또는 1등 운항사로 승무하려는 사람	안전규칙, 실무지침, 유조선 구조, 화물의 특성, 설비 보수관리, 비상절차	5일
		액화가스탱커직무교육	액화가스탱커기초교육을 이수하고, 3개월 이상의 액화가스탱커 승무경력이 있거나 1개월 이상의 승무기간 중 3회 이상 적·양하 작업에 참여한 사람 중에서 액화가스탱커에 선장, 1등 항해사, 기관장, 1등 기관사, 운항장 또는 1등 운항사로 승무하려는 사람	안전규칙, 실무지침, 화학·물리학, 오염방지절차, 화물취급설비, 선내작업절차, 비상절차	5일
		케미컬탱커직무교육	탱커기초교육을 이수하고, 3개월 이상의 케미컬탱커 승무경력이 있거나 1개월 이상의 승무기간 중 3회 이상 적·양하 작업에 참여한 사람 중에서 케미컬탱커에 선장, 1등 항해사, 기관장, 1등 기관사, 운항장 또는 1등 운항사로 승무하려는 사람	안전규칙, 실무지침, 화물 특성, 선내 작업절차, 설비보수 관리, 비상절차	5일
		원양선직무교육	영 제22조제2항에 따라 원양수역을 항행구역으로 하는 선박에 선장, 기관장, 1등 항해사, 1등 기관사, 통신장, 운항장 또는 1등 운항사로 승무하려는 사람	선박의 운항관리, 기관의 운전 또는 통신 직무	5일(어선 또는 통신장의 경우 3일)
		연안선	영 제22조제3항에 따라 연안수역을 항행구역으	선박의 운항관	3일(어선

		직무교육	로 하는 총톤수 5톤 이상(어선의 경우에는 30톤 이상)선박에 선장, 기관장, 운항장 또는 통신장(200톤 이상 선박인 경우에 한정한다)으로 승무하려는 사람	리, 기관의 운전 또는 통신 직무	또는 통신장의 경우 2일, 30톤 미만 상선의 경우 1일)
		예인선 직무교육	최초로 예인선에 선장, 운항장, 항해사 또는 운항사로 승무하려는 사람	선박운항 관리를 위한 모의운항시뮬레이션	2일
		여객선 직무교육	영 제22조제3항에 따라 연안수역을 항행구역으로 하는 여객선에 선박직원으로 승무하려는 사람	선내 인적 자원의 효율적인 관리와 운용에 관한 교육	3일
필기시험 면제교육	영 제13조제2항에 따라 필기시험을 면제받으려는 사람		2급 항해사면허, 2급 기관사면허, 2급 운항사 면허를 받으려는 사람	필기시험 관련 과목	15일
			3급 항해사면허, 3급 기관사면허, 3급 운항사 면허를 받으려는 사람	필기시험 관련 과목	10일
			4급 또는 5급 항해사면허, 4급 또는 5급 기관사면허를 받으려는 사람	필기시험 관련 과목	5일
면접시험 면제교육	영 제13조제6항에 따라 면접시험을 면제받으려는 사람			면접시험 관련 과목	1일
소형선박 직무교육	영 별표 3 제4호에 따라 소형선박의 선장 및 기관장의 직무를 겸직하려는 사람			소형선박의 운항 또는 소형선박의 기관운전	3일

<비 고>

1. 2개 이상의 교육과정을 통합하여 1개의 교육과정을 운영하는 경우에는 중복되는 과목에 해당하는 교육기간을 단축할 수 있다.
2. 항해사 또는 운항사의 면허를 가지고 전파전자급 3급 통신사 면허를 받으려는 사람의 면허 취득교육은 2일, 전파전자급 4급 통신사 면허를 받으려는 사람의 면허취득교육은 1일로 한다.
3. 다음 각 목의 어느 하나에 해당하는 교육과정을 이수한 경우에는 해당 직종의 연안선 직무교육을 이수한 것으로 본다.
   가. 영 제5조제1항제4호에 따른 면허 재취득교육
   나. 영 제5조제1항제5호에 따른 통신사의 항해사면허 취득교육
   다. 영 제13조제2항에 따른 필기시험 면제교육(3급 이상 항해사면허, 3급 이상 기관사면허, 3급 이상 운항사면허를 받으려는 사람로 한정한다)
   라. 원양선 직무교육
   마. 예인선 직무교육
4. 면허갱신 교육대상자가 다음 각 목의 어느 하나의 교육과정을 이수한 경우에는 면허갱신 교육과정을 이수한 것으로 본다. 다만, 어선의 연안선 직무교육과정을 이수한 경우에는 4급 항해사 이하 또는 4급 기관사 이하의 면허갱신 교육과정을 이수한 것으로 본다.
   가. 원양선 직무교육
   나. 연안선 직무교육
   다. 직무인정교육(전파법령 및 국가자격기술법령에 따른 보수교육을 포함하되, 통신사면허 소지자로 한정한다)
5. 영 제5조제1항제4호에 따라 3급 항해사 이상, 3급 기관사 이상 또는 3급 운항사 이상의 면허취득 교육과정을 이수한 경우에는 원양선 직무교육과정을 이수한 것으로 본다.
6. 표면효과전용선면허를 받으려는 사람은 위 표에 따른 교육과정 외에 35시간의 수면비행선박 운항관리 교육과정을 추가로 이수하여야 한다. 이 경우 수면비행선박 실선 실습훈련 교육기간을 2분의 1 이내의 범위에서 단축할 수 있다.

7. 비사업용조종사 면허를 받으려는 경우 또는 소형 수면비행선박 조종사면허를 소지한 사람가 중형 수면비행선박 조종사면허를 받으려는 경우에는 2분의 1이내의 범위에서 교육기간을 단축할 수 있다.
8. 「선원의 훈련 · 자격증명 및 당직근무의 기준에 관한 국제협약」(STCW)에서 정한 교육과정 중 해양수산부장관이 위 표에서 정하는 교육과정과 동일하다고 인정하는 교육과정을 동 협약 당사국에서 이수한 경우에는 위 표에서 정하는 교육과정을 이수한 것으로 본다.
9. 소형선박 조종사면허 취득교육 또는 소형선박 직무교육과정을 이수한 경우에는 25톤 미만(법률 제3641호 선박법개정법률 부칙 제3조제1호에 따라 종전의 「선박법」에 따라 총톤수가 측정된 선박의 경우에는 30톤 미만)의 상선의 연안선 직무교육과정을 이수한 것으로 본다.
10. 위 표에서 정하는 교육과정을 사이버교육(사이버 공간을 이용하여 원격교육을 행하는 것을 말한다) 방법에 따라 실시하는 경우에는 해양수산부장관의 승인을 거쳐 교육기간을 가감할 수 있다.
11. 위 표에서 "항해선"이란 「선원법」 제2조제8호에 따른 선박을 말한다.
12. 예인선에 승선 중인 기관사가 항해사로 전직하려는 경우 관련 교육을 이수한 때에는 예인선 직무교육을 면제한다.
13. 위 표의 해양오염방지교육을 이수한 경우에는 「해양환경관리법」에 따른 선박의 해양오염방지관리인 과정을 이수한 것으로 보며, 해양환경관리법에 따른 선박의 해양오염방지관리인 과정을 이수한 경우에는 위 표의 해양오염방지교육을 이수한 것으로 본다.

제6장 보칙 및 벌칙

제1절 보 칙

1. 외국선박의 감독 및 증표의 제시

STCW협약의 각 체약국은 자국선(自國船)에 관하여 협약의 규정에 적합한 선박직원을 승무시키도록 요구할 뿐만 아니라, 체약국(締約國)의 항구에 있는 외국의 선박에 대하여도 협약의 요건을 충족하는 선원을 승무시키고 있는지의 여부를 감독하도록 동협약(同協約)에 규정되어 있다. 선박직원법도 이와 같은 협약의 규정에 따라서 다음과 같은 외국선박의 감독에 관한 규정을 두고 있다.

① 해양수산부장관은 소속 공무원으로 하여금, 대한민국 영해(領海) 안에 있는 외국선박의 승무원에 대하여 다음의 사항을 검사하거나 심사하게 할 수 있다(법 제17조 제1항).
  ㉠ 「선원의 훈련 · 자격증명 및 당직근무의 기준에 관한 국제협약」 또는 「어선 선원의 훈련 · 자격증명 및 당직근무의 기준에 관한 국제협약」에 적합한 면허증 또는 증서를 가지고 있는지 여부
  ㉡ 「선원의 훈련 · 자격증명 및 당직근무의 기준에 관한 국제협약」 또는 「어선 선원의 훈련 · 자격증명 및 당직근무의 기준에 관한 국제협약」에서 정한 수준의 지식과 능력을 갖추고 있는지 여부

② 해양수산부장관은 제1항에 따른 검사 또는 심사를 한 결과 그 선박직원이 제1항 각 호의 요건을 충족하지 못한다고 인정할 때에는 그 외국선박의 선장에게 그 요건을 충

족하는 선박직원을 승무시키도록 문서(文書)로 통보하여야 한다. 이 경우 해양수산부장관은 대한민국에 있는 해당 국가의 영사(해당 선박이 소속된 선적국가의 영사를 말하며, 영사가 없는 경우에는 가장 가까운 곳의 외교관 또는 해운당국)에게 그 선장으로 하여금 적합한 선박직원을 승무시키게 하는 데에 필요한 조치를 하도록 문서로 통보하여야 한다(제2항).

③ 해양수산부장관은 제2항 전단에 따른 통보를 받은 그 외국선박의 선장이 제1항 각 호의 요건을 충족하는 선박직원을 승무시키지 아니한 경우에 항행을 계속하는 것이 인명 또는 재산에 위험을 초래하거나 해양환경보전에 장해가 될 염려가 있다고 인정할 때에는 그 외국선박에 대하여 항행정지를 명하거나 그 항행을 정지시킬 수 있다(제3항).

④ 해양수산부장관은 제3항에 따른 위험과 장해가 없어졌다고 인정할 때에는 지체 없이 항행을 하게 하여야 한다.

⑤ 제1항에 따른 검사 및 심사의 방법과 검사 및 심사를 하는 소속 공무원의 자격에 관하여는 「선박안전법」 제68조 및 제76조에 따른다.

⑥ 제17조(외국선박의 감독)에 따라 검사 또는 심사를 하는 공무원은 그 권한을 표시하는 증표(證票)를 관계인에게 보여주어야 한다(법 제19조).

2. 해기사의 수급조정 및 실습자의 실무수습

① 해양수산부장관은 해양수산부령이 정하는 바에 의하여 매년 해기사의 수급계획(需給計劃)을 수립하여야 한다.

② 선박소유자는 법 제11조(승무기준 및 선박직원의 직무)의 승무기준에 의하여 승무하는 선박직원 외에 실무수습을 하는 해기사 실습자가 있는 경우에는 그를 승선시켜 실무수습을 할 수 있도록 하여야 한다(법 제21조).

3. 면허증의 부당행사 금지

해기사 또는 승무자격인정을 받은 사람은 면허증이나 승무자격증을 다른 사람에게 대여하거나 부당하게 행사하여서는 아니 된다(법 제22조).

4. 외국에 있어서의 사무

외국에 있어서의 선박직원에 관한 사무는 대한민국 영사가 행한다. 영사가 사무를 행한 때에는 대통령령이 정하는 바에 따라 그 내용을 외교부장관을 통하여 해양수산부장관에게 통보하여야 한다(법 제24조).

5. 준용규정

① 선박직원법은 한국선박을 소유할 수 있는 자가 차용(借用, chartering)한 외국선박의 승

무원에 관하여 이를 준용한다(법 제25조 제1항).

② 제9조(면허의 취소 등) · 제14조(해기사의 승무범위) · 제15조(면허증의 비치) 및 제22조(면허증의 부당행사금지)의 규정과 각 해당 조(條)에 해당하는 벌칙의 규정은 제4조(면허의 직종 및 등급)의 규정에 의한 면허를 받은 해기사가 외국선박에 승무하는 경우에 이를 준용한다(제2항).

6. 민원사무의 전산처리 및 수수료

① 선박직원법에 따른 민원사무의 전산처리 등에 관하여는 항만법 제89조(항만물류통합정보체계의 구축 · 운영)를 준용한다(법 제25조의 2).

② 선박직원법에 따른 면허증 또는 승무자격증의 발급 · 갱신 또는 그 밖의 증명 등을 신청하거나 해기사 시험에 응시하려는 사람은 해양수산부령으로 정하는 바에 따라 수수료를 내야 한다(법 제26조).

제2절 벌 칙

1) 다음의 하나에 해당하는 자는 1년 이하의 징역 또는 1천 만원 이하의 벌금에 처한다(법 제27조).

① 거짓이나 그 밖의 부정(不正)한 방법으로 제4조에 따른 면허 또는 제10조의 2에 따른 승무 자격인정을 받은 사람

② 제4조에 따른 면허 또는 제10조의 2에 따른 승무자격인정을 받지 아니하고 선박직원으로 승무한 사람과 그를 승무시킨 자. 다만, 승무 중에 면허 또는 승무자격인정의 유효기간이 만료된 사람은 제외한다.

③ 승무경력을 거짓으로 증명하여 준 자

④ 제9조(제10조의 2 제5항에 따라 준용되는 경우를 포함) 또는 「해양사고의 조사 및 심판에 관한 법률」에 따라 업무정지처분 중에 있는 사람을 선박직원으로 선박에 승무시킨 자

⑤ 법 제11조(승무기준) 제1항을 위반하여 해기사(제10조의 2에 따라 승무자격인정을 받은 사람을 포함한다)를 승무시킨 자

⑥ 법 제12조 제3항(결원 보충명령) 또는 제17조 제3항(외국선박에 대하여 내린 항행정지명령)에 따른 명령에 위반한 자

2) 300만원 이하의 벌금에 처하는 경우(법 제28조)

선박직원법 제9조(면허의 취소 등) 또는 「해양사고의 조사 및 심판에 관한 법률」에 따른 업무 정지처분에 위반하여 선박직원으로 승무한 사람 또는 제14조(해기사의 승무범위)를 위반한 사람

3) 100만원 이하의 벌금에 처하는 경우(법 제29조)

법 제21조(해기사 실습자의 실무수습)를 위반하여 해기사 실습자의 승선 및 실무수습을 거부한 사람이나 제22조(면허증 등의 부당사용 금지)를 위반하여 면허증이나 승무자격증을 다른 사람에게 빌려 준 사람

4) 양벌규정

법인의 대표자나 법인 또는 개인의 대리인, 사용인, 그 밖의 종업원이 그 법인 또는 개인의 업무에 관하여 제27조 제4호 · 제5호 또는 제29조 제1호의 위반행위를 하면 그 행위자를 벌하는 외에 그 법인 또는 개인에게도 해당 조문(條文)의 벌금형을 과한다. 다만, 법인 또는 개인이 그 위반행위를 방지하기 위하여 해당 업무에 관하여 상당한 주의와 감독을 게을리하지 아니한 경우에는 그러하지 아니하다(법 제30조).

5) 과태료

① 다음의 하나에 해당하는 자에게는 300만원 이하의 과태료를 부과한다(법 제31조 제1항).
  ㉠ 선박직원의 면허 또는 승무자격인정의 유효기간이 승무 중에 만료되었음에도 불구하고 그 선박직원을 계속 승무시킨 자
  ㉡ 법 제17조(외국선박의 감독) 제1항에 따른 검사 또는 심사를 거부 · 방해하거나 기피한 자

② 다음의 하나에 해당하는 자에게는 100만원 이하의 과태료를 부과한다(제2항).
  ㉠ 법 제12조(결원이 있는 경우의 승무기준의 특례) 제2항에 따른 통보를 하지 아니한 자
  ㉡ 법 제15조(면허증 등의 비치)를 위반하여 면허증 또는 승무자격증을 갖추어 두지 아니한 사람

③ 위에 따른 과태료는 대통령령으로 정하는 바에 따라 해양수산부장관이 부과 · 징수한다.
  한편, 규정에 의한 과태료 처분에 불복(不服)이 있는 자는 그 처분의 고지를 받은 날로부터 30일 이내에 해양수산부장관에게 이의를 신청할 수 있다. 이의를 제기하지 아니하고 과태료를 납부하지 아니한 때에는 국세체납처분의 예에 의하여 이를 징수한다.

④ 규정에 의한 과태료 처분을 받은 자가 이의를 제기한 때에는 해양수산부장관은 지체 없이 관할법원에 그 사실을 통보하여야 하며, 그 통보를 받은 관할 법원은 비송사건절차법에 의한 과태료의 재판을 한다.

자동화선박의 설비(영 제3조의 2 관련, [별표 1])

1. 제1종 자동화선박 [UMA, Unattended Machinery Space(Engine Room) Automatic Control System]

1) 선박안전법 제2조의 규정에 의하여 해양수산부장관이 정하여 고시한 선박의 기관에 관한 사항 중 기관구역의 무인화설비를 구비할 것
2) 다음의 설비를 구비할 것
   ① 선교 및 화재제어장소에서의 소화펌프의 원격시동장치
   ② 물 밸러스트(ballast) 적재 및 배수의 원격제어장치(자동경사제어장치가 없는 선박중 컨테이너 등을 하역할 때에는 특별히 선체의 경사 등을 제어할 필요가 있는 선박에 한한다)
   ③ 위성선위측정장치
   ④ 자동조타장치
   ⑤ 액체화물의 원격제어 하역장치(액체화물을 산적하여 운송하는 선박에 한한다)
   ⑥ 자동충돌예방보조장치
   ⑦ 하역용 사이드포트(side port), 램프웨이(lamp way) 및 폭로갑판 강제 햇치카바(hatch cover)의 동력개폐장치(폰톤형의 것을 제외한다)
   ⑧ 주기의 운전상태의 자동기록장치
   ⑨ 선수 및 선미의 계선장치의 원격제어장치
   ⑩ 위성전화통신이 가능한 설비(원양수역을 항행하는 선박에 한한다)
   ⑪ 제어실용 공기조화장치의 이상경보장치

2. 제2종 자동화선박

① 제1종 자동화선박의 설비를 구비할 것
② 다음의 설비를 구비할 것
   ㉠ 선외로부터 주기용 연료유탱크 주유관밸브의 원격제어장치(밸브의 배치 등으로 인하여 원격제어가 필요한 경우에 한한다)
   ㉡ 주기용연료유탱크(기관실 내의 것을 제외한다)의 원격유면감시장치 및 고유면경보장치
   ㉢ 냉동컨테이너 운전상태 집중감시장치(냉동컨테이너 적재선에 한한다)
   ㉣ 하역호스연결용 크레인(탱커에 한한다)
   ㉤ 자동갑판세정장치(석탄 · 철광석 또는 이들과 유사한 화물을 산적하여 운송하는 선박에 한한다)
   ㉥ 선수 및 선미 계선장치의 현측 원격제어장치
   ㉦ 도선사용 사다리의 동력작동장치(1인이 제어할 수 있는 경우는 제외할 수 있다)
   ㉧ 비상용 예인삭의 동력조작장치(인화성 고압가스 및 인화성 액체류를 산적하여 운송하는 선박에 한한다)

3. 제3종 자동화선박

1) 제2종 자동화선박의 설비를 구비할 것
2) 다음의 설비를 구비할 것
   ① 선박지휘실 · 기관제어실 및 통신실이 인접하여 있고 상호통행이 용이하여 경보의 청취 및 수령에 지장이 없는 곳에 설치된 항해 당직관계의 집중감시 및 제어장치
   ② 최적자동항법보조장치
   ③ 기관실 · 계류구역 기타 필요한 곳에 설치하는 선내요소를 감시하는 폐쇄회로 텔레비젼 및 카메라 설치
   ④ 선박지휘실 현측에서 기관원격조종 및 원격조타장치
   ⑤ 화물창 빌지(bilge) 고위 경보장치(필요하다고 인정하는 선박에 한한다)
   ⑥ 모든 계류삭의 드럼에 감겨 있는 1개의 드럼방식인 계류윈치(winch)
   ⑦ 1인이 조작할 수 있는 예인삭의 게이지(guage) 및 방출장치
   ⑧ 주방작업의 효율화를 위한 설비(주방시설의 합리적 배치와 자동접시닦이 및 건조대 등을 포함한다)
   ⑨ 생활환경의 향상을 위한 설비

<비 고>

제1종 · 제2종 또는 제3종 자동화선박의 설비기준에 미달하는 설비가 2개 이하인 경우로서 그 해당설비 대신 그에 상당하는 효과가 있는 다른 종류의 설비를 갖춘 경우에는 이를 각각 그 해당설비를 갖춘 것으로 본다.

선박직원 최저승무기준(영 제22조 제1항 관련, [별표 3])

1. 총톤수 30톤 이상인 선박의 갑판부의 승무기준

선박의 항행구역		선박의 크기(총톤수)	선박직원	승무자격: 여객선	승무자격: 여객선외의 선박
연안수역	평수구역	200톤 미만	선장	5급 항해사	6급 항해사
		200톤 이상 1,600톤 미만	선장	4급 항해사	5급 항해사
		1,600톤 이상	선장	3급 항해사	4급 항해사
			1등 항해사	4급 항해사	5급 항해사
	평수구역을 제외한 연안수역	200톤 미만	선장	5급 항해사	6급 항해사
			1등 항해사	6급 항해사	
		200톤 이상 500톤 미만	선장	4급 항해사	5급 항해사
			1등 항해사	5급 항해사	6급 항해사
		500톤 이상 1,600톤 미만	선장	3급 항해사	4급 항해사
			1등 항해사	5급 항해사	5급 항해사(어선의 경우에는 6급 항해사)
		1,600톤 이상 3,000톤 미만	선장	3급 항해사	3급 항해사
			1등 항해사	4급 항해사	5급 항해사
		3,000톤 이상	선장	2급 항해사	3급 항해사
			1등 항해사	3급 항해사	4급 항해사
			2등 항해사	4급항해사	5급 항해사
원양수역		200톤 미만	선장 1등 항해사	3급 항해사 4급 항해사	4급 항해사(어선의 경우에는 6급 항해사)
		200톤 이상 500톤 미만	선장	3급 항해사	4급 항해사(어선의 경우에는 5급 항해사)
			1등 항해사 2등 항해사	4급 항해사 4급 항해사	5급 항해사(어선의 경우에는 6급 항해사)
		500톤 이상 1,600톤 미만	선장	2급 항해사	3급 항해사
			1등 항해사	3급 항해사	4급 항해사
			2등 항해사	4급 항해사	5급 항해사
			3등 항해사	5급 항해사	
		1,600톤 이상 3,000톤 미만	선장	1급 항해사	2급 항해사
			1등 항해사	2급 항해사	3급 항해사
			2등 항해사	3급 항해사	4급 항해사
			3등 항해사	4급 항해사	5급 항해사
		3,000톤 이상 6,000톤 미만	선장	1급 항해사	2급 항해사
			1등 항해사	2급 항해사	3급 항해사
			2등 항해사	3급 항해사	4급 항해사
			3등 항해사	4급 항해사	4급 항해사
		6,000톤 이상	선장	1급 항해사	1급 항해사
			1등 항해사	2급 항해사	2급 항해사
			2등 항해사	3급 항해사	3급 항해사
			3등 항해사	3급 항해사	4급 항해사

<비 고>

① 부선·로프 등으로 결합하여 운항하는 예선(曳船)의 경우 위 표의 승무기준보다 1등급 상위의 자격소지자가 선장으로 승무하여야 한다.

② 1천600톤 이상의 부선과 결합하여 운항하는 예선의 경우 위 표의 최하위 선박직원의 승무기준과 동급 또는 바로 아래 등급의 자격소지자 1인 이상이 추가하여 승무하여야 한다.

③ 제1호와 제2호에도 불구하고 압항(押航) 예・부선(曳艀船)의 경우 예선과 부선(艀船)의 총톤수를 합산한 톤수로 한 단일선박의 승무기준을 적용하여야 한다.

④ "여객선"이란 여객정원이 13인 이상인 선박을 말한다(이하 같다).

⑤ 「해양환경관리법」 제23조제1항에 따른 해양폐기물 배출해역으로 한정하여 운항하는 폐기물운반선(선박검사증서상 항행구역이 해양폐기물 배출해역으로 지정된 선박을 말한다)은 연안수역의 승무기준을 적용한다.

⑥ 부선・로프 등으로 결합하여 운항하는 예선의 항행구역이 평수구역을 제외한 연안수역으로서 해당 예선의 크기가 총톤수 200톤 미만이고, 주기관 추진력이 750킬로와트 이상인 경우에는 6급 항해사 이상의 자격을 소지한 1등 항해사 1명이 추가하여 승무하여야 한다.

⑦ 해양수산부령으로 정하는 선박운항교육을 이수한 6급 기관사 이상의 기관사는 연안수역을 항행구역으로 하는 「수상레저안전법」에 따른 비상업용 동력요트 중 총톤수 55톤 미만의 요트에서 선장의 직무를 할 수 있다.

⑧ 항행구역이 평수구역을 제외한 연안수역인 3천톤 이상의 선박(어선은 제외한다)은 위 표의 승무기준에도 불구하고 2020년 3월 24일까지 다음의 기준에 따른 승무기준을 적용하여야 한다.

2. 총톤수 30톤 이상인 선박의 기관부의 승무기준

가. 총톤수 500톤 미만의 어선

선박의 항행구역	선박의 크기(총톤수)	선박직원	승무자격
연안수역	200톤 미만	기관장	6급 기관사
	200톤 이상 500톤 미만	기관장	5급 기관사
원양수역	200톤 미만	기관장	6급 기관사
	200톤 이상 500톤 미만	기관장 1등 기관사	5급 기관사 6급 기관사

나. 어선 외의 선박 및 총톤수 500톤 이상의 어선

선박의 항행구역		선박의 크기(주기관 추진력)	선박직원	승무자격
연안수역	평수구역	750킬로와트 미만	기관장	6급 기관사
		750킬로와트 이상 3,000킬로와트 미만	기관장	5급 기관사
		3,000킬로와트 이상	기관장 1등 기관사	4급 기관사 5급 기관사
	평수구역을 제외한 연안수역	750킬로와트 미만	기관장	6급 기관사
		750킬로와트 이상 1,500 킬로와트 미만	기관장 1등 기관사	5급 기관사 6급 기관사
		1,500킬로와트 이상 3,000킬로와트 미만	기관장 1등 기관사	4급 기관사 5급 기관사(어선의 경우에는 6급 기관사)
		3,000킬로와트 이상	기관장 1등 기관사	3급 기관사 4급 기관사(어선의 경우에는 5급 기관사)
원양수역		750킬로와트 미만	기관장 1등 기관사	4급 기관사(어선의 경우에는 5급 기관사) 6급 기관사
		750킬로와트 이상 1,500킬로와트 미만	기관장 1등 기관사	4급 기관사(어선의 경우에는 5급 기관사 5급 기관사(어선의 경우에는 6급 기관사)
		1,500킬로와트 이상 3,000킬로와트 미만	기관장 1등 기관사 2등 기관사	3급 기관사 4급 기관사 5급 기관사

	3,000킬로와트 이상 6,000킬로와트 미만	기관장	2급 기관사
		1등 기관사	3급 기관사
		2등 기관사	4급 기관사
		3등 기관사	5급 기관사
	6,000킬로와트 이상	기관장	1급 기관사
		1등 기관사	2급 기관사
		2등 기관사	3급 기관사
		3등 기관사	4급 기관사

<비 고>

① 기관의 운전에 관한 직무를 행하는 자중「국가기술자격법」에 따른 전기기사 또는 발전기 · 전기기기에 관한 전기기능사 2급 이상의 자격을 가진 자가 있거나 전기기사 또는 전자기기 · 계측제어에 관한 전기기능사 2급 이상의 자격증을 가진 자가 있는 경우에는 3등 기관사의 승무를 요하지 아니한다.

② 영해안의 해역만을 항행하는 예선 또는 연안여객선으로서 선박의 통상적인 항행시간(최근 6개월간 각 항차당 항행시간이 가장 긴 순서로부터 차례로 6회를 합산하여 평균한 시간)이 10시간 미만(연안여객선은 6시간 미만)인 경우에는 1등 기관사의 승무를 요하지 아니한다.

③「해양환경관리법」 제23조제1항에 따라 근해구역에 지정된 해양폐기물 배출해역을 한정하여 운항하는 폐기물운반선(선박검사증서상 항행구역이 해양폐기물 배출해역으로 지정된 선박을 말한다)은 연안 수역의 승무기준을 적용한다.

④ 부선 · 로프 등으로 결합하여 운항하는 예선의 항행구역이 평수구역을 제외한 연안수역으로서 해당 예선의 크기가 총톤수 200톤 미만이고, 주기관 추진력이 750킬로와트 이상인 경우에는 1등 기관사 1명의 승무를 요하지 아니한다.

⑤ 해양수산부령으로 정하는 기관운전교육을 이수한 6급 항해사 이상의 항해사는 연안수역을 항행구역으로 하는「수상레저안전법」에 따른 비상업용 동력요트 중 총톤수 55톤 미만이고, 주기관 추진력이 750킬로와트 미만인 요트의 기관장의 직무를 할 수 있다.

3. 통신급(전파통신급에 한함)의 승무기준

선 종 별	선 박		선박직원	승무자격
여객선(무선전신 시설을 설비한 선박에 한한다)	국제항해에 취항하지 아니하는 선박		통신장	2급 통신사
	국제항해에 취항하는 선박	여객정원 250인 미만	통신장	1급 통신사
			통신사	2급 통신사
		여객정원 250인 이상	통신장	1급 통신사
			통신사 2인	2급 통신사
여객선 및 어선외의 선박(무선전신 시설을 설비한 선박에 한한다)	국제항해에 취항하지 아니하는 선박		통신장	3급 통신사
	국제항해에 취항하는 선박	총톤수 20,000톤 미만의 선박	통신장	2급 통신사
		총톤수 20,000톤 이상의 선박	통신장	1급 통신사(외국선박은 2급 통신사)
어선(무선전신 시설을 설비한 선박에 한한다)	총톤수 500톤 미만의 선박		통신장	3급 통신사
	총톤수 500톤 이상 20,000톤 미만의 선박		통신장	2급 통신사
	총톤수 20,000톤 이상의 선박		통신장	1급 통신사(외국선박은 2급 통신사)

<비 고>

해양수산부장관은 방송통신위원회가「전파법 시행령」 제117조제2항에 따라 무선종사자의 자격별 정원을 줄여 고시하는 경우에는 그에 상응하는 통신부의 승무기준을 경감할 수 있으며, 국제항해에 취항하는 총톤수 1천600톤 미만의 외국선박(여객선을 제외한다)에 배치하여야 할 통신장의 승무자격은 이를 3급 통신사로 한다.

4. 소형선박의 승무기준

선박의 항행구역	선박의 구분	선 박 직 원	승 무 자 격
연안수역	여객선	선장 기관장	6급 항해사 소형선박조종사
	여객선외의 선박	선장 및 기관장	소형선박조종사
원양수역	여객선	선장 기관장	6급 항해사 6급 기관사
	여객선 및 어선외 의 선박	선장 기관장	6급 항해사 소형선박조종사
	어선	선장 및 기관장	소형선박조종사

<비 고>

① 6급 항해사 이상의 항해사가 소형선박의 기관과정교육을 이수할 경우 또는 6급 기관사 이상의 기관사가 소형선박의 항해교육과정을 이수할 경우에는 연안수역의 여객선외의 선박 또는 원양수역의 어선에서 선장 및 기관장의 직무를 행할 수 있다.

② 원양수역에서의 어선의 항행구역은 수산업법 제41조의 규정에 의하여 허가받은 조업구역으로 한다.

③ 부선 · 로프 등으로 결합하여 운항하는 예선의 경우에는 6급 이상의 항해사면허를 가지고 소형선박의 기관과정교육을 이수한 자가 선장 및 기관장의 직무로 승무하여야 한다.

④ 항만법 제2조 제4호의 규정에 의한 항만구역내만을 운항하는 통선은 여객선외의 선박의 승무기준을 적용한다.

5. 자동화선박의 승무기준

<table>
<tr><th rowspan="2">선박의 항행 구역</th><th colspan="2">선 박</th><th rowspan="2">선박직원</th><th colspan="2">승 무 자 격</th></tr>
<tr><th>크기(총톤수 또는 주기관 추진력)</th><th>유형</th><th>여 객 선</th><th>여객선외의 선박</th></tr>
<tr><td>연안 수역</td><td>3,000톤 이상</td><td>제2종 또는 제3종</td><td>선장
운항장
2등 운항사
3등 운항사
통신장</td><td>2급 운항사(항해전문)
3급 운항사(기관전문)
4급 운항사(기관전문)
4급 운항사(항해전문)
별표 3의2의 규정에 의한 통신사</td><td>3급 운항사(항해전문)
3급 운항사(기관전문)
4급 운항사(기관전문)
4급 운항사(항해전문)
별표 3의2의 규정에 의한 통신사</td></tr>
<tr><td rowspan="2">원양 수역</td><td rowspan="2">3,000톤 이상 6,000톤 미만 또는 3,000 킬로와트 이상 6,000 킬로와트 미만</td><td>제1종</td><td>선장
기관장
1등 항해사
1등 기관사
2등 항해사
2등 기관사
3등 운항사
통신장</td><td>1급 항해사
2급 기관사
2급 항해사 또는 2급 운항사(항해전문)
3급 기관사 또는 3급 운항사(기관전문)
3급 항해사 또는 3급 운항사(항해전문)
4급 기관사 또는 4급 운항사(기관전문)
4급 운항사(항해전문 또는 기관전문)
별표 3의2의 규정에 의한 통신사</td><td>2급 항해사
2급 기관사
3급 항해사 또는 3급 운항사(항해전문)
3급 기관사 또는 3급 운항사(기관전문)
4급 항해사 또는 4급 운항사(항해전문)
4급 기관사 또는 4급 운항사(기관전문)
4급 운항사(항해전문 또는 기관전문)
별표 3의2의 규정에 의한 통신사</td></tr>
<tr><td>제2종</td><td>선장
기관장</td><td>1급 항해사
2급 기관사</td><td>2급 항해사
2급 기관사</td></tr>
</table>

			1등 항해사	2급 항해사 또는 2급 운항사(항해전문)	3급 항해사 또는 3급 운항사(항해전문)
			1등 기관사	3급 기관사 또는 3급 운항사(기관전문)	3급 기관사 또는 3급 운항사(기관전문)
			2등 운항사 (2명)	4급 운항사(항해전문 1명, 기관전문 1명)	4급 운항사(항해전문 1명, 기관전문 1명)
			통신장	별표 3의2의 규정에 의한 통신사	별표 3의2의 규정에 의한 통신사
		제3종	선장	1급 운항사(항해전문)	2급 운항사(항해전문)
			운항장	1급 운항사(기관전문)	3급 운항사(기관전문)
			1등 운항사 (2명)	2급 운항사(항해전문 1명, 기관전문 1명)	3급 운항사항해전문 1명, 기관전문 1명)
			2등 운항사 (3명)	3급 운항사(항해전문 2명, 기관전문 1명)	4급 운항사(항해전문 2명, 기관전문 1명)
			3등 운항사 (3명)	4급 운항사(항해전문 1명, 기관전문 2명)	4급 운항사(항해전문 1명, 기관전문 2명)
	6,000톤 이상 또는 6,000 킬로와트 이상	제1종	선장	1급 항해사	1급 항해사
			기관장	1급 기관사	1급 기관사
			1등 항해사	2급 항해사 또는 2급 운항사(항해전문)	2급 항해사 또는 2급 운항사(항해전문)
원양 수역	6,000톤 이상 또는 6,000 킬로와트 이상	제1종	1등 기관사	2급 기관사 또는 2급 운항사(기관전문)	2급 기관사 또는 2급 운항사(기관전문)
			2등 항해사	3급 항해사 또는 3급 운항사(항해전문)	3급 항해사 또는 3급 운항사(항해전문)
			2등 기관사	3급 기관사 또는 3급 운항사(기관전문)	3급 기관사 또는 3급 운항사(기관전문)
			3등 운항사	3급 운항사(항해전문 또는 기관 전문)	3급 운항사(항해전문 또는 기관 전문)
			통신장	별표 3의2의 규정에 의한 통신사	별표 3의2의 규정에 의한 통신사
		제2종	선장	1급 항해사	1급 항해사
			기관장	1급 기관사	1급 기관사
			1등 항해사	2급 항해사 또는 2급 운항사(항해전문)	2급 항해사 또는 2급 운항사(항해전문)
			1등 기관사	2급 기관사 또는 2급 운항사(기관전문)	2급 기관사 또는 2급 운항사(기관전문)
			2등 운항사 (2명)	3급 운항사(항해전문 1명, 기관전문 1명)	3급 운항사(항해전문 1명, 기관전문 1명)
			통신장	별표3의2의 규정에 의한 통신사	별표 3의2의 규정에 의한 통신사
		제3종	선장	1급 운항사(항해전문)	1급 운항사(항해전문)
			운항장	2급 운항사(기관전문)	1급 운항사(기관전문)
			1등 운항사 (2명)	2급 운항사(항해전문 1명, 기관전문 1명)	2급 운항사(항해전문 1명, 기관전문 1명)
			2등 운항사 (2명)	3급 운항사(항해전문 2명, 기관전문 1명)	3급 운항사(항해전문 2명, 기관전문 1명)
			3등 운항사 (3명)	4급 운항사(항해전문 1명, 기관전문 2명)	4급 운항사(항해전문 1명, 기관전문 2명)

<비 고>

① 선장 · 운항장 · 1등 운항사 · 2등 운항사 또는 3등 운항사의 직무를 수행할 운항사가 없는 경우에는 같은 등급의 항해사 및 기관사를 각각 승무시켜야 한다.

② 총톤수 1,600톤 미만의 자동화선박은 갑판부 · 기관부 및 통신부의 승무기준을 적용한다.

③ 선박직원의 승무자격은 항해사와 운항사의 경우에는 총톤수를 기준으로 하며, 기관사의 경우에는 주기관 추진력을 기준으로 한다.

6. 수면비행선박의 승무기준

항행구역	선박의 종류	선박직원	승무자격
연안수역	소형 수면비행선박	선 장 1등 항해사	소형 수면비행선박 조종사 소형 수면비행선박 조종사
	중형 수면비행선박	선 장 1등 항해사	중형 수면비행선박 조종사 중형 수면비행선박 조종사
원양수역	소형 수면비행선박	선 장 1등 항해사	소형 수면비행선박 조종사 소형 수면비행선박 조종사
	중형 수면비행선박	선 장 1등 항해사	중형 수면비행선박 조종사 중형 수면비행선박 조종사

<비 고>

① 국제항해에 종사하지 아니하는 소형 수면비행선박의 연속항행시간이 2시간 이내이거나, 해당 선박에 해양수산부장관이 정한 충돌예방을 위한 장애물 탐지 및 회피 장치가 설치되어 있는 경우에는 1등 항해사의 승무를 면제할 수 있다. 다만, 수면비행선박이 여객선인 경우에는 이를 적용하지 아니한다.

② 국제항해에 종사하는 중형 수면비행선박의 연속항행시간이 6시간 이상인 경우에는 승무자격이 적합한 1등 항해사 1명을 추가로 승무시켜야 한다.

7. 항행구역이 연안수역(어선의 경우에는 제한수역을 말한다)인 시운전선박의 승무기준

가. 어선 외의 선박

갑판부의 승무기준			기관부의 승무기준		
선박의 크기 (총톤수)	선박직원	승무자격	주기관 추진력	선박직원	승무자격
500톤 미만	선장	4급 항해사	1천500킬로와트 미만	기관장	4급 기관사
	1등 항해사	5급 항해사		1등 기관사	5급 기관사
500톤 이상 3천톤 미만	선장	3급 항해사	1천500킬로와트 이상	기관장	3급 기관사
	1등 항해사	4급 항해사		1등 기관사	4급 기관사
3천톤 이상 6천톤 미만	선장	2급 항해사			
	1등 항해사	3급 항해사			
	2등 항해사	4급 항해사			
6천톤 이상	선장 1등 항해사 2등 항해사 3등 항해사	1급 항해사 2급 항해사 3급 항해사 4급 항해사			

나. 어선

갑판부의 승무기준			기관부의 승무기준		
어선의 길이	선박직원	승무자격	주기관 추진력	선박직원	승무자격
45미터 미만	선장	5급 항해사	1천500킬로와트 미만	기관장	4급 기관사
	1등 항해사	6급 항해사		1등 기관사	5급 기관사
45미터 이상 60미터 미만	선장	4급 항해사	1천500킬로와트 이상	기관장	3급 기관사
	1등 항해사	5급 항해사		1등 기관사	4급 기관사

60미터 이상 100미터 미만	선장	2급 항해사			
	1등 항해사	3급 항해사			
100미터 이상	선장	2급 항해사			
	1등 항해사	3급 항해사			
	2등 항해사	4급 항해사			

세계해상조난 및 안전제도(GMDSS) 관련설비를 갖춘 선박의 전파전자급통신사 승무기준(영 제22조의 2 관련, [별표 3의 2])

선종별	항행구역		선박직원	승 무 자 격	
				무선설비의 2중 설치 및 육상정비가능 선박	선상정비 및 육상정비(또는 무선설비의 2중 설치)가능 선박
여객선(해운법 제2조 제2호의 규정에 의한 여객선을 말한다)	국제항해	여객정원 250인 이상	통신장	2급 통신사 1인	1급 통신사 1인
		여객정원 250인 미만	통신장	3급 통신사 1인	2급 통신사 1인
	국내항해		통신장	3급 통신사 1인	2급 통신사 1인
화물선	국제항해		통신장	3급 통신사 1인	2급 통신사 1인
	국내항해		통신장	3급 통신사 또는 4급 통신사 1인	2급 통신사 1인
어선	500톤 이상		통신장	3급 통신사 1인	2급 통신사 1인
	500톤 미만		통신장	4급 통신사 1인	3급 통신사 1인

원양수역에서의 · 선장 · 1등 항해사 · 기관장 · 1등 기관사 · 운항장 · 1등 운항사 또는 통신장의 직무수행을 위한 승무경력(영 제22조 제2항 관련, [별표 4])

1. 선장 · 1등 항해사

선박의 크기(총톤수)	승무할 직무	선박직원으로 승무한 경력
500톤 미만	선장	1년 이상
500톤 이상 3,000톤 미만	선장	3년 이상(선장 또는 1등 항해사로 1년 이상 승무한 경력이 있는 자는 2년 이상)
3,000톤 이상	선장	3년 이상(선장 또는 1등 항해사로 1년 이상 승무한 경력이 있는 자는 2년 이상)
	1등 항해사	1년 이상

2. 기관장 · 1등 기관사

선박의 크기(주기관 추진력)	승무할 직무	선박직원으로 승무한 경력
750킬로와트	기관장	1년 이상
750킬로와트 이상 3,000킬로와트 미만	기관장	2년 이상(1등 기관사로 1년 이상 승무한 경력이 포함되어야 한다)
	1등 기관사	1년 이상
3,000킬로와트 이상	기관장	3년 이상(1등 기관사로 1년 이상 승무한 경력이 포함되어야 한다)
	1등 기관사	1년 이상

3. 통신장(전파통신급에 한함)

선박의 크기(총톤수)	승무할 직무	선박직원으로 승무한 경력
10,000톤 이상 20,000톤 미만	통신장	1년 이상
20,000톤 이상	통신장	2년 이상

4. 자동화선박의 선장 · 운항장 · 1등 운항사

선박의 크기(총톤수)	승무할 직무	선박직원으로 승무한 경력
1,600톤 이상의 자동화선박	선장	3년 이상[선장 · 1등 항해사 또는 1등 운항사(항해전문)으로 1년 이상 승무한 경력이 포함되어야 한다]
	운항장	3년 이상[운항장 · 1등 운항사(기관전문) · 기관장 · 1등 기관사로 1년 이상 승무한 경력이 포함되어야 한다]
	1등 운항사	1년 6월 이상[2등 운항사 · 2등 항해사 · 2등 기관사 이상의 직무로 1년 이상 승무한 경력이 포함되어야 한다]

<비 고>

운항사의 선박직원으로 승무한 경력은 승무한 직무와 전문분야가 같아야 한다.

제6편 선박안전법

제1장 총 칙

제1절 선박안전법의 개정 이유와 그 주요 내용

1. 개정이유

선박안전법(船舶安全法)은 2015년 1월 6일 일부 개정되었는데, 이는 2014년 발생한 세월호 사고로 재발 방지 및 문제 척결을 위하여 선박 안전을 도모하는 제도들의 전반적인 보완 및 대책 마련이 시급하고, 선박 사고는 그 특성상 육지에서 발생하는 사고에 비하여 그 위험과 피해가 매우 크나, 현행 법률은 선박 안전 관련 검사 및 시험의 책임소재가 불명확하므로 이를 명확히 하는 한편, 세월호는 외국에서 도입된 중고(中古)선박으로 여객 정원을 늘리기 위하여 여객실의 일부를 증축(增築)하였는데, 이러한 여객실 증축은 선박의 복원성(復原性, stability)에 영향을 미칠 수 있는 사항임에도 불구하고 현행 법률에는 허가대상에서 제외되어 있어 선박검사만 받으면 증축이 가능하게 되어 있는바, 여객선의 경우 복원성을 떨어뜨리면서 정원(定員)이나 화물량을 늘리기 위하여 여객실 등 선박을 변경하거나 시설을 개조하는 것을 금지하고, 변경이나 개조를 위하여 선박소유자가 받아야 하는 허가사항을 현행 선박의 길이 · 너비 · 길이 및 용도의 변경 뿐만 아니라 선박시설의 개조(改造)까지 확대할 필요가 있었다.

또한, 국민의 안전과 재산을 보호하기 위한 선박결함 신고 · 확인 업무의 실효성을 높이기 위하여 누구든지 선박의 감항성(堪航性, seaworthiness)및 안전설비의 결함을 발견한 때에는 해양수산부장관에게 신고하도록 의무화하고, 해양수산부 퇴직 공무원들의 관련 기관 재취업 문제와 관련하여 현행 법률은 선주(船主)가 선박검사 대행기관에서 선박검사원에 의하여 실시한 선박검사에 대하여 불복해 해양수산부에 재검을 요청하는 경우 선박검사관은 재검사를 하도록 규정하고 있는데, 퇴직한 선박검사관이 선박검사원이 되어 실시할 경우 엄정한 재검을 할 수 있을 것인가에 대한 의구심이 있는바, 이를 방지할 수 있는 제도적 장치가 필요하였다.

더불어, 세월호 사고의 원인으로 지적되고 있는 복원성 유지 의무를 위반한 자에 대한 처벌의 강화는 물론 선박의 구조 · 시설을 불법으로 변경하거나 화물의 고박(錮縛, lashing)을 규정대로 하지 아니한 자에 대한 처벌을 강화하는 등 벌칙 규정을 재정비할 필요가 있었다.

2. 개정 주요 내용

① 선박검사증서 등에 검사기록을 기재하도록 하였다(제7조 제2항, 제8조 제2항, 제9조 제3항, 제10조 제2항, 제11조 제2항 및 제12조 제2항).

② 선박소유자는 해양수산부령으로 정하는 복원성 기준을 충족하는 범위에서 해양수산부장관의 허가를 받아 선박의 길이·너비·깊이·용도의 변경 또는 설비의 개조를 할 수 있도록 하였다(제15조 제2항).

③ 선박용물건 또는 소형선박을 제조 또는 정비하는 자에 대하여 해양수산부장관으로부터 지정받을 수 있는 "우수사업장"의 용어를 "지정사업장"으로 변경하였다(제20조, 제21조, 제46조, 제75조 및 제80조).

④ 누구든지 선박의 감항성 등의 결함을 발견한 때는 해양수산부장관에게 신고하도록 의무화하였다(제74조).

⑤ 퇴직 직전 5년 이내 기간 중 선박검사관으로 근무했던 경력을 보유한 공무원은 퇴직일로부터 2년이 경과하지 아니한 경우 선박검사원이 될 수 없도록 규정함으로써 민관유착 관계의 고리를 근절하는 방안을 강화하였다(제76조의2 신설).

⑥ 선박의 임의 변경·개조 및 복원성 유지 의무 미이행, 화물 고박 불량 등에 대한 처벌을 강화하는 등 벌칙규정을 정비하였다(제83조, 제84조, 제85조, 제86조 및 제89조).

제2절 선박안전법의 목적과 의의

① 전문(全文) 89조와 부칙으로 구성된 선박안전법은 선박의 감항성(堪航性, seaworthiness) 유지 및 안전운항에 필요한 사항을 규정함으로써 국민의 생명과 재산을 보호함을 목적으로 한다(법 제1조).

이와 같은 목적을 달성하기 위하여 선체·기관·범장(帆檣)·배수설비(排水設備)·조타(操舵)·계선(繫船)과 양묘(揚錨)의 설비·구명(救命)과 소방(消防)의 설비·거주설비·위생설비·항해용구·위험물이나 기타 특수화물의 적부설비·하역 기타 작업설비 등 여러 설비에 대한 기술상의 최저 기준을 정하여 이들 시설을 강제하고 또한 선박의 검사, 선박검사증서 등의 교부 및 비치, 소속공무원의 확인, 항행구역 기타 선박의 안전을 위한 기준 및 위험의 방지 등에 관하여 규정하고 있다.

② 선박에 관하여 특히 그의 안전성을 중요시하는 이유는 선박은 해상항해에 종사하므로 육상과는 달리 해양기상으로 말미암은 특별한 위험이 따르고, 또 항해기간이 길어서 육상으로부터 격리된 고립무원(孤立無援)의 상태에서 행동하는 일이 많다.

그러므로 선박이 해상에서 흔히 예상되는 위험을 극복하고 안전하게 항행할 수 있는 성능 즉 감항성을 갖추기 위한 시설이 필요하고, 만일 비상한 위험에 빠진 경우에 인명의 안전을 보전하기 위한 시설도 요구된다.

제3절 선박안전법의 적용범위

1. 한국선박

선박안전법은 원칙적으로 모든 한국선박에 적용된다. 그러나 뒤에서 설명하는 바와 같이 규제사항에 따라서는 적용을 제외하는 선박도 있다.

선박안전법은 속지법(屬地法)일 뿐만 아니라 속인법(屬人法)의 성격을 갖고 있어 한국선박인 한 외국에 있어서도 이를 지켜야 할 의무가 있다.

한국선박이라 함은 선박법 제2조에 정의하는 선박을 가리킨다. 선박법의 적용여부와 선박의 등록을 하였는지의 여부는 불문한다.

즉, 선박안전법은 대한민국 국민 또는 대한민국 정부가 소유하는 선박에 대하여 적용한다. 다만, 다음의 하나에 해당하는 선박에 대하여는 그러하지 아니하다(법 제3조 제1항).

① 군함 및 경찰용선박

② 노(oar)와 상앗대(pole)만으로 운전하는 선박(노도선, 櫓棹船)

③ 어선법 제2조 제1호에 따른 어선

④ 위 ① 내지 ③선박 외에 대통령령이 정하는 선박. 여기서 대통령령이 정하는 선박은 다음의 선박을 말한다(영 제2조).

가. 일정기간 동안 운항하지 아니할 목적으로 선박검사증서 등을 해양수산부장관에게 반환하고 계류 중인 선박

나. 수상레저안전법에 따른 안전검사를 받은 수상레저기구

다. 추진기관 또는 범장(帆檣)이 설치되지 아니한 선박으로서 평수구역[호수·하천 및 항내의 수역(항만법에 따른 항만구역이 지정된 항만의 경우 항만구역과 어촌·어항법에 따른 어항구역이 지정된 어항의 경우 어항구역)과 해양수산부령이 정하는 수역] 안에서만 운항하는 선박. 다만, 여객운송에 사용되는 선박 등 다음의 선박을 제외한다.

㉠ 해양오염방지법 제2조의 규정에 의한 기름 또는 폐기물이나 위험물을 산적(散積)하여 운송하는 선박

㉡ 추진기관을 가지고 있는 선박에 결합되어 운항하는 압항부선(押航艀船, pusher barge)

㉢ 잠수선(潛水船)등 특수한 구조로 되어있는 선박으로서 해양수산부장관이 정하는 선박

라. 추진기관 또는 범장이 설치되지 아니한 선박으로서 연해구역(영해기점으로 부터 20해리 이내의 수역과 해양수산부령으로 정하는 수역을 말한다)을 운항하는 선박 중 여객이나 화물의 운송에 사용되지 아니하는 선박. 다만, 추진기관이 설치되어 있는 선박에 결합하여 운항하는 압항부선(押航艀船) 또는 잠수선 등 특수한 구조로 되어 있는 선박으로서 해양수산부장관이 정하여 고시하는 선박은 제외한다.

2. 외국선박

외국선박으로서 다음의 선박에 대하여는 대통령령이 정하는 바에 따라 이 법의 전부 또는 일부를 적용한다. 다만, 제68조(항만국통제)의 규정은 모든 외국선박에 대하여 이를 적용한다(법 제3조 제2항).

① 해운법 제3조 제1호 및 제2호의 규정에 따른 내항정기여객운송사업 또는 내항부정기 여객운송사업에 사용되는 선박

② 해운법 제23조 제1호에 따른 내항 화물운송사업에 사용되는 선박

③ 국적취득조건부나용선

3. 선박소유자 및 선장

선박안전법과 관계 법령 중 선박소유자에 관한 규정은 선박공유의 경우에 선박관리인을 임명하였을 때에는 선박관리인에게, 선박임대차의 경우에는 선박차용인(船舶借用人)에게 적용하며 또 선장에 관한 규정은 선장을 대신하여 그 직무를 행하는 자에게 적용한다.

제4절 용어의 정의

선박안전법 및 그 시행규칙 제2조 등에서 사용하는 용어의 정의는 다음과 같다.

1) "선박(船舶, vessel)"이란 수상(水上) 또는 수중(水中)에서 항해용으로 사용하거나 사용될 수 있는 것(선외기를 장착한 것을 포함)과 이동식 시추선(試錐船)·수상호텔 등 해양수산부령이 정하는 부유식(浮遊式) 해상구조물을 말한다.
2) "선박시설(船舶施設)"이란 선체·기관·돛대·배수설비 등 선박에 설치되어 있거나 설치될 각종 설비로서 해양수산부령이 정하는 것을 말한다.
3) "선박용물건(船舶用物件)"이란 선박시설에 설치·비치되는 물건으로서 해양수산부장관이 정하여 고시하는 것을 말한다.
4) "기관(機關)"란 원동기(原動機)·동력전달장치·보일러·압력용기·보조기관 등의 설비 및 이들의 제어장치로 구성되는 것을 말한다.
5) "선외기(船外機)"란 선박의 선체 외부에 붙일 수 있는 추진기관으로서 선박의 선체로부터 간단한 조작에 의하여 쉽게 떼어낼 수 있는 것을 말한다.
6) "감항성(堪航性)"이란 선박이 자체의 안정성을 확보하기 위하여 갖추어야 하는 능력으로서 일정한 기상이나 항해조건에서 안전하게 항해할 수 있는 성능을 말한다.
7) "만재흘수선(滿載吃水線)"이란 선박이 안전하게 항해할 수 있는 적재한도(積載限度)의 흘수선으로서 여객이나 화물을 승선 또는 적재하고 안전하게 항해할 수 있는 최대한도를 나타내는 선을 말한다.
8) "복원성(復原性)"이란 수면에 평형상태로 떠 있는 선박이 파도·바람 등 외력(外力)에 의하여 기울어졌을 때 원래의 평형상태로 되돌아오려는 성질을 말한다.

9) “여객(旅客)”이란 선박에 승선하는 자로서 다음에 해당하는 자를 제외한 자를 말한다.
   가. 선원
   나. 1세 미만의 유아(幼兒)
   다. 세관공무원 등 일시적으로 승선한 자로서 해양수산부령이 정하는 자
10) “여객선(旅客船)”이란 13인 이상의 여객(旅客)을 운송할 수 있는 선박을 말한다.
11) “소형선박(小型船舶)”이란 제27조(만재흘수선의 표시 등) 제1항 제2호의 규정에 따른 측정방법으로 측정된 선박길이가 12미터 미만인 선박을 말한다.
12) “부선(艀船)”이란 다른 선박에 의하여 끌리거나 밀려서 항해하는 선박을 말한다.
13) “예인선(曳引船)”이란 다른 선박을 끌거나 밀어서 이동시키는 선박을 말한다.
14) “컨테이너”란 선박에 의한 화물의 운송에 반복적으로 사용되고, 기계를 사용한 하역 및 겹침방식의 적재가 가능하며, 선박 또는 다른 컨테이너에 고정시키는 장구가 부착된 것으로서 밑 부분이 직사각형인 기구를 말한다.
15) “산적화물선(散積貨物船)”이란 곡물・광물 등 건화물(乾貨物)을 산적하여 운송하는 선박을 말한다.
16) “하역장치(荷役裝置)”란 화물(당해 선박에서 사용되는 연료・식량・기관・선박용품 및 작업용 자재를 포함한다)을 올리거나 내리는데 사용되는 기계적인 장치로서 선체의 구조 등에 항구적으로 부착된 것을 말한다.
17) “하역장구”란 하역장치의 부속품이나 하역장치에 부착하여 사용하는 물품을 말한다.
18) “국적취득조건부나용선”이란 나용선(裸傭船) 기간만료 및 총나용선료 완불(完拂) 후 대한민국 국적을 취득하는 매선(買船)조건부 나용선을 말한다.
19) 선령

    “선령(船齡)”이란 선박이 진수(進水, launching)한 날부터 지난 기간을 말한다.
20) 만재흘수선

    “만재흘수선(滿載吃水線, full laodline)”이란 선박이 여객이나 화물을 탑재 또는 적재하고 안전하게 항행할 수 있는 최대한의 흘수(吃水, draft)를 나타내는 선을 말한다.
21) 여객

    “여객”이란 다음에 해당하는 자를 제외한 탑재인원을 말한다.
    ① 선원
    ② 선원과 동승(同乘)하여 생활하는 선원가족
    ③ 선박소유자・선박관리인 및 선박임차인
    ④ 시험・조사・지도・단속 또는 교습 등에 관한 업무에 사용되는 선박에 해당 업무를 수행하기 위하여 승선하는 자
    ⑤ 세관공무원・검역공무원・도선사・운항관리자 등 선내에서 선원업무를 제외한 업무에 종사하는 자
    ⑥ 낚시어선업법에 의한 낚시어선의 승객

22) 위험물산적운송선

"위험물산적운송선(危險物散積運送船)"이란 액체상태의 위험물을 산적(散積)하여 운송할 수 있는 구조로 된 선박을 말한다.

23) 산적화물선

"산적화물선(散積貨物船)"이란 주로 마른 화물(광물을 포함한다)을 산적하여 운송하기 위하여 그 화물창의 대부분이 단일갑판으로서 톱사이드탱크(top side tank) 및 어퍼사이드탱크(upper side tank)를 설치한 구조로 된 선박을 말한다.

24) 특수선

"특수선(特殊船)"이란 원자력선·잠수선·수중익선(水中翼船)·공기부양선·해저자원굴착선·반잠수형 또는 갑판승강형의 선박 및 잠수설비(내부에 인원을 탑재하는 것에 한한다. 이하 같다)를 가진 선박 기타 특수한 구조로 된 선박으로서 해양수산부장관이 인정하는 선박을 말한다.

25) 어선 및 범선

"어선(漁船)"이란 영리를 목적으로 어류(魚類)·고래류·해표류(海豹類)·해마류(海馬類) 기타 해양생물자원을 포획·채취하기 위하여 어로에 종사하는 선박(하나의 어업허가에 의하여 선단을 이루는 경우에 있어서는 부속선인 어획물운반업 또는 수산물가공업에 종사하는 선박을 포함한다)을 말한다.

"범선(帆船)"이란 주로 돛을 사용하여 항행하는 선박을 말한다.

26) 국제항해

"국제항해"란 한 나라에서 다른 나라의 항구에 이르는 항해 또는 그 반대의 항해를 말한다.

27) 검사기준일

"검사기준일"이란 선박검사증서의 유효기간 시작 일부터 해마다 1년이 되는 날을 말한다.

28) 컨테이너 및 컨테이너 설비

"컨테이너(container)"란 선박에 의한 화물의 운송에 반복하여 사용되고 기계하역 및 겹침적재가 가능하며 선박 또는 다른 컨테이너에 고정시키는 장구가 부착되고 밑부분이 직사각형인 기구를 말한다.

"컨테이너설비"란 컨테이너와 컨테이너선박에 상설(常設) 또는 상비(常備)되는 셀구조물 등 컨테이너를 고정하기 위한 설비를 말한다.

29) 하역장치 및 하역장구

"하역장치(荷役裝置)"란 화물(당해 선박에서 사용되는 연료·식량·기관·선박용품 및 작업용 자재를 포함한다)을 올리거나 내리는데 사용되는 기계적인 장치로서 선체구조 등에 항구적으로 부착된 것을 말한다. 다만, 해당 선박 안의 특정한 물건만을 올리거나 내리는데 사용되는 것을 제외한다.

"하역장구"란 하역장치의 부속품이나 하역장치에 부착하여 사용하는 것을 말한다.

30) 수면비행선박

"수면비행선박"이란 표면효과 작용을 이용하여 수면에 근접하여 비행하는 선박을 말한다.

31) 고속선

"고속선(高速船)"이란 해상에서의 인명안전을 위한 국제협약에 따른 고속선을 말한다.

제5절 국제협약과의 관계

국제항해에 취항하는 선박의 감항성 및 인명의 안전과 관련하여 국제적으로 발효된 국제협약(國際協約)의 안전기준과 이 법의 규정내용이 다른 때에는 해당 국제협약의 효력을 우선한다. 다만, 이 법의 규정내용이 국제협약의 안전기준보다 강화된 기준을 포함하는 때에는 그러하지 아니하다(법 제5조).

1. 대표적 국제협약

해상운송은 국제적 성격을 갖고 있기 때문에 국제적으로 규칙을 통일할 필요가 있다.

선박의 안전에 관한 국제조약으로서 중요한 것은 「1974년 해상에 있어서의 인명의 안전을 위한 국제협약」과 「1966년의 만재흘수선에 관한 국제협약」(이하 전자를 「안전협약」 후자를 「만재흘수선협약」이라 부른다)이다.

1) 해상에 있어서의 인명의 안전을 위한 국제협약

"1974년 해상에 있어서의 인명의 안전을 위한 국제협약"(International Convention for the Safety of the Life at Sea)은 (1912년 4월 14일 미국을 향하여 처녀항해 중에 있던 영국 여객선 Titanic호가 북대서양의 New Foundland의 앞바다에서 유빙과 충돌하여 침몰함으로써 여객과 선원 2,208명 중 1,515명의 희생자를 낸 해양사고의 원인이 선체의 구조, 구명설비, 신호, 유빙감시(遊氷監視) 등의 결함에 있었음이 확인되어 1914년 국제회의에서 최초로 체결되었다.

2) 만재흘수선협약

"1966년 국제만재흘수선협약"(International Convention on Load Lines)은 해양사고의 주요 원인이 화물의 과적(過積) 즉 건현(乾舷, freeboard)의 부족에 있었음을 감안하여 적화(積貨)의 최고 한도에 관한 국제적 기준을 마련하여 세계 각국의 선박의 안전을 도모하기 위하여 1930년에 최초로 체결되었다.

2. 국제협약의 국내법 적용

선박안전법은 위의 두 협약의 내용을 될수록 상세하게 관계 법령에 국내법으로 채택하여 규정하고 있다. 그리고 한국이 수락한 선박의 감항성(堪航性)과 인명의 안전에 관한 조약에 선박안전법과 다른 규정이 있을 때에는 해당 국제협약의 효력을 우선하여 그 규정에 따르도록 함으로써 조약의 이행에 만전을 기하고 있다(법 제5조).

제2장 안전시설

제1절 개 설

선박의 안전을 유지하기 위하여는 그 구조가 견고하고 수밀(水密)이어야 하며 또 풍랑을 만나도 쉽사리 전복(顚覆, capsizing)되지 않도록 충분한 복원성이 있어야 한다. 또한 적당한 추진장치(推進裝置), 타(舵, rudder), 묘(錨, anchor) 기타 항행용구를 완비하고 무선설비를 시설하는 동시에 인명의 안전을 위한 구명, 소방, 위생 등의 모든 설비가 완비되어야 한다. 그러므로 선박안전법은 이들 사항에 관한 기술상의 기준을 정하여 이것을 강제하기로 되어 있다.

제2절 선박시설

선박시설로, 선박은 선박과 인명의 안전을 유지하기 위하여, 해양수산부장관이 정하여 고시(告示)하는 기준에 따라 다음 시설의 전부 또는 일부를 갖추어야 한다(법 제2조, 규칙 제4조).

① 선체, ② 기관, ③ 돛대(범장), ④ 배수설비, ⑤ 조타(操舵, steerage), 계선설비(배를 항구 등에 매어 두기 위한 설비)와 양묘설비(揚錨設備, 닻을 감아올리기 위한 설비), ⑥ 구명(救命)과 소방설비, ⑦ 거주설비, ⑧ 위생설비, ⑨ 항해설비, ⑩ 적부설비(積付設備) : 위험물이나 그 밖의 산적화물을 실은 선박과 운송물의 안전을 위하여 운송물을 계획적으로 선박 내에 배치하기 위한 설비, ⑪ 하역(荷役)이나 그 밖의 작업설비, ⑫ 전기설비, ⑬ 원자력설비, ⑭ 컨테이너설비, ⑮ 승강설비(乘降設備), ⑯ 냉동・냉장 및 수산물 처리 가공설비, ⑰ 선박의 종류・기능에 따라 설치되는 특수한 설비로서 해양수산부장관이 인정하는 설비

제3절 무선설비

1. 시설해야 할 선박

① 선박은 멀리 육지를 떠나 해상을 항행하므로 해상 특유의 위험을 만나는 경우가 적지

않고 또 고립무원(孤立無援)의 상태에 놓이는 수가 많다. 그러므로 위험을 예지하거나 해양사고에 있어 그 구조를 신속하게 통보하기 위한 수단을 확보할 필요가 있다. 선박안전법이 무선설비의 시설을 강제하는 이유는 여기에 있다.

이에 따라 오늘날은 GMDSS(Global Maritime Distress and Safety System : 전세계 해상조난 및 안전통신제도) 및 INMARSAT(International Maritime Satellite Organization : 국제해상위성통신) 등의 발달로 신속한 해상통신(海上通信)이 이루어지고 있다.

② 다음의 선박에는 전파법이 정하는 바에 따라 「해상에서의 인명안전을 위한 국제협약」에 의한 세계해상조난 및 안전제도의 시행에 필요한 무선설비를 갖추어야 한다(법 제29조 제1항).

㉠ 국제항해에 취항하는 여객선

㉡ 국제항해에 취항하는 총톤수 300톤 이상의 선박. 다만, 어업에 종사하는 선박을 제외한다.

③ 위 제1항의 규정에 따라 다음의 선박을 제외한 선박은 「전파법」에서 규정하는 기준에 적합한 무선설비를 갖추어야 한다(법 제29조 제2항, 규칙 제72조).

㉠ 총톤수 2톤 미만인 선박

㉡ 추진기관을 설치하지 아니한 선박

㉢ 호수·하천 및 항내의 수역에서만 항해하는 선박

㉣ 「유선(遊船) 및 도선사업법」에 따른 도선(渡船)으로서 출발항으로부터 도착항까지의 항해거리(경유지를 포함한다)가 2해리 이내인 선박

2. 선박위치발신장치

① 선박소유자는 선박의 안전운항을 확보하고 해양사고 발생시 신속한 대응을 위하여 해양수산부장관이 정하여 고시하는 선박에 해양수산부장관이 정하여 고시하는 기준에 따라 선박의 위치를 자동으로 발신하는 장치(선박위치발신장치)를 갖추고 이를 작동하여야 한다(법 제30조).

② 무선설비가 선박위치발신장치(船舶位置發信裝置, automatic identification system)의 기능을 가지고 있는 경우에는 선박위치발신장치를 갖춘 것으로 본다.

③ 선박의 선장은 해적(海賊, piracy) 또는 무장강도(武裝强盜)의 출몰 등으로 인하여 선박의 안전을 위협할 수 있다고 판단되는 경우 선박위치발신장치의 작동을 중단할 수 있으며, 이 경우 선장은 그 상황을 항해일지(航海日誌, ship' log book) 등에 기재하여야 한다.

3. 선박위치발신장치 설치대상 선박

무선통신과 무선전화의 설치기준에 관하여는 선박안전법에 규정되어 있는 것이 아니라 전파법(電波法)의 규정에 따른다. 이는 안전협약의 규정이 전파법에 모두 담겨져 있기

때문이다. 또한 선박이 갖추어야 하는 무선설비의 설치기준은 따로 정한다.

법 제30조 제1항에서 "해양수산부령이 정하는 선박"이란 다음의 선박을 말한다. 다만, 호소(湖沼)・하천(河川)에서만 항해하는 선박은 제외한다(규칙 제73조).

① 총톤수 2톤 이상의 다음의 선박
  가. 「해운법」에 따른 여객선
  나. 「유선(遊船) 및 도선사업법」에 따른 유선. 다만, 해가 뜨기 30분 전부터 해가 진 후 30분 까지 사이에 운항하는 선박으로서 제15조 제1항 제1호에 따른 평수구역만을 항해하는 항해예정시간이 2시간 미만인 선박은 그러하지 아니하다.

② 여객선(旅客船)이 아닌 선박으로서 국제항해에 취항하는 총톤수 300톤 이상의 선박

③ 여객선이 아닌 선박으로서 국제항해에 취항하지 아니하는 총톤수 500톤 이상의 선박

④ 연해구역 이상을 항해하는 총톤수 50톤 이상의 예선, 유조선 및 위험물산적운송선

제3장 항행상의 조건

제1절 개 설

선박의 안전을 확보하기 위하여는 선박마다 그 성능의 최대한도를 분명하게 해 놓고 그 한도를 넘어서 선박을 항행에 사용하지 못하도록 할 필요가 있다. 이 때문에 관할 해양수산관청은 정기검사를 마친 때에 선박의 사용한도를 정하여 이를 그 선박의 항행상의 조건으로 한다. 이 조건 중에는 항행구역(航行區域), 최대탑재인원(最大搭載人員), 제한기압(制限汽壓) 및 만재흘수선의 위치 등이 있으며, 이들 조건은 선박검사증서에 기재된다.

제2절 항해구역

1. 항해구역의 종류

항행구역(航行區域)은 평수구역, 연해구역, 근해구역 및 원양구역으로 구분하여 정한다(규칙 제15조). 다음의 4가지 항행구역은 서로 배타적인 것이 아니라 넓은 구역은 좁은 구역을 포함한다.

1) 평수구역

평수구역(平水區域)은 호수・하천 및 항내의 수역(항만법에 의하여 항만구역이 지정된 항만에 있어서는 그 구역)과 지정된 18구의 수역이다.

여기서 항내(港內)라 함은 항만법(港灣法)에 규정된 항은 그의 구역내를, 기타의 항에 있어서는 사회통념상의 구역내를 말한다.

[별표 4] 평수구역의 범위(제15조 제2항 관련)

구분	범위
제1구	평안북도 철산군 수운도 등대부터 진방위 295도로 그은 선과 그 등대부터 어영도, 대화도, 정주군의 외순도를 지나 평안남도 안주군 태향산에 이르는 선 안
제2구	평안남도 용강군 연대봉으로부터 황해도 송화군 자매도 및 흑암을 지나 냉정말에 이르는 선 안
제3구	황해도 장연군 장산곶으로부터 월내도, 옹진군 마합도, 기린도 및 순위도를 지나 등산곶에 이르는 선 안
제4구	황해도 옹진군 독순항으로부터 인천광역시 옹진군 대연평도 북부 서단을 연결한 선, 대연평도 남단에서부터 서만도와 대초지도(대초치도)를 지나 덕적도 북단을 연결한 선과 덕적도 남서 끝단에서 문갑도 서단을 연결한 선 및 문갑도 남단에서 장안서 등대를 지나 충청남도 태안군 학암포를 연결하는 선 안
제5구	충청남도 태안군 몽산리 남단에서 외도를 지나 보령시 삽시도 남서단과 죽도를 연결한 선 안
제6구	충청남도 서천군 동백정갑으로부터 전라북도 군산시 방죽도(방축도) 동단을 지나 관리도(관지도) 북단을 연결한 선과 관리도 남단으로부터 부안군 수성단을 연결한 선 안
제7구, 제8구	전라남도 영광군 불갑천구부터 신안군 재원도, 자은도, 비금도, 신도 및 하태도 남단을 지나 전라남도 진도군 가사도 서단에 이르는 선, 가사도 남단에서부터 옥도, 주도, 관사도, 소마도를 지나 대마도 서북단을 연결하는 선, 대마도 남단에서 관매도 서단을 잇는 선, 관매도 동단에서 죽항도 동단을 지나 진도 남단의 서망 끝단에 이르는 선, 전라남도 진도군 접도 남단에서 무저도 남단을 지나 금호도 남단에 이르는 선, 금호도 남단에서 어룡도, 넙도 남서단을 지나 전라남도 완도군 보길도 서단에 이르는 선, 완도군 보길도 동단에서 소안도 서단을 연결하는 선, 소안도 북단에서 대모도 남단을 지나 청산도 서단을 연결하는 선, 청산도 북단에서 생일도 남단, 섭도 남단, 시산도 남단을 지나 고흥군 망지각에 이르는 선 안
제9구	전라남도 고흥군 외나로도 서단으로부터 진방위 330도로 그은 선, 외나로도 동부 북단에서 여수시 금오도 서부 북단을 연결한 선, 금오도 동부 북단에서 돌산도 남단 거마각에 이르는 선, 돌산도 동부 중앙 방죽포에서 경상남도 남해군 남해도 응봉산 남단에 이르는 선, 남해도 장항말부터 통영시 하도, 추도 및 두미도 서단을 지나 욕지도 서부 북단에 이르는 선, 욕지도 동단에서 연화도, 외부지도를 지나 비진도 남단을 거쳐 거제도 망산각에 이르는 선, 거제도 북부 산성산 동단으로부터 북위 34도58.9분 동경 128도49.9분, 부산광역시 영도구 생도, 북위 35도11.2분 동경 129도14.5분을 지나 기장군 대변리 동남단에 이르는 선 안
제10구	울산광역시 범월갑 방파제 내측(북위 35도25.9분 동경 129도22.3분)으로부터 북위 35도28.8분 동경 129도27.2분을 지나 미포항 북방파제 끝단(북위 35도31.6분 동경 129도27.2분)에 이르는 선 안
제11구	경상북도 포항시 술미부터 여남갑에 이르는 선 안
제12구	강원도 통천군 학룡단으로부터 함경남도 덕원군 여도를 지나 영흥군 호도 대강곶(남각)에 이르는 선 안
제13구	함경남도 정평군 광포강구부터 함흥시 외양도단에 이르는 선 안
제14구	함경남도 북청군 봉수대지부터 마양도를 지나 송도갑에 이르는 선 안
제15구	함경북도 성진군 송오리단으로부터 유진단에 이르는 선 안
제16구	함경북도 청진시 고말산단으로부터 진방위 263도로 그은 선 안
제17구	함경북도 나진시 송목단으로부터 대초도를 지나 이어단에 이르는 선 안
제18구	함경북도 나진시 곽단으로부터 적도를 지나 오포단에 이르는 선 안

2) 연해구역

연해구역(沿海區域)은 한반도와 제주도로부터 20마일(1마일은 1,852미터로 한다. 이하 같다) 이내의 수역과 지정된 5구의 수역을 말한다. 그러므로 이 법 시행지 내의 섬이라고 할지라도 지정된 5구역과 제주도 외의 경우는 평수구역인 호천, 항내를 벗어나면 근해구역으로 된다.

[별표 5] 연해구역의 범위(규칙 제15조 제3항 관련)

구분	범위
1	평안북도 용천군 압록강구부터 마안도를 지나 황해도 장연군 장산곶에 이르는 선 안
2	황해도 옹진군 등산곶으로부터 충청남도 서산군 서격렬비도 및 전라남도 신안군 홍도, 소흑산도를 지나 북위 33도30.2분 동경 125도49.9분을 잇는 선과 북위 33도30.2분 동경 127도19.9분, 북위 33도30.2분 동경 129도4.9분을 연결하는 선 및 북위 34도35.2분 동경 130도34.9분과 북위 35도14.1분 동경 129도44.4분을 연결하는 선 안
3	강원도 동해시 한진단으로부터 북위 37도51.2분 동경 130도54.9분, 북위 37도31분 동경 132도7.9분, 북위 37도0.2분 동경 132도19.9분, 북위 36도14.2분 동경 129도59.9분의 각 점을 연결하는 선 안
4	강원도 고성군 수원단으로부터 함경북도 성진군 유진단에 이르는 선 안
5	북위 33도30.2분 동경 129도4.9분으로부터 일본국 규슈・시코쿠・혼슈 ・홋카이도의 각 해안으로부터 20마일 이내의 선을 연결하고 북위 34도35.2분 동경 130도34.9분에 이르는 선 안

3) 근해구역 및 원양수역

① 근해구역(近海區域)은 동쪽은 동경 175도, 서쪽은 동경 94도, 남쪽은 남위 11도 및 북쪽은 북위 63도의 선으로 둘러 싸인 수역을 말한다(규칙 제15조 제4항).

② 원양수역(遠洋水域)은 모든 수역을 말한다(제5항).

2. 항해구역의 지정 등

1) 항해구역의 지정

항해구역(航海區域)은 관할해양수산관청이 원칙적으로 정기검사시에 선박소유자로부터 선박을 항해시킬 구역을 신청하도록 하여 선박의 감항성이 신청받은 항해구역에 적합한지를 판단하여 결정한다.

① 법 제8조 제3항에 따라 항해구역을 지정하는 경우에는 선박소유자의 요청, 선박의 구조 및 선박시설기준 등을 고려하여 지정하여야 한다(규칙 제16조).

② 외국의 동일 국가 내의 항구 사이 또는 외국의 호소・하천 및 항내의 수역에서만 항해하는 선박의 항해구역은 제15조에 준하여 평수구역・연해구역 또는 근해구역으로 정할 수 있다.

③ 법 제7조 제4항에 따라 별도건조검사를 받은 선박에 대하여는 해당 선박의 크기·구조·용도 등을 고려하여 항해구역을 제한하여 지정할 수 있다.

선박에 따른 항행구역지정

선박의 종류	길이	최고속력	항행구역
기선	60미터 이상	10노트 이상	원양구역
	30미터 이상	8노트 이상	근해구역
	20미터 이상	6노트 이상	연해구역
	12미터 이상	8노트 이상	연해구역
	무제한	무제한	평수구역

2) 항해구역 외의 예외적 항해

법 제8조 제3항에 따라 다음의 하나에 해당하는 경우에는 지정된 항해구역 외의 구역을 항해할 수 있다(규칙 제17조).

① 법 제3조 제3항 제4호에 따라 외국에 선박매각(船舶賣却) 등을 하기 위하여 예외적으로 단 한번의 국제항해를 하는 경우(제1호)

② 선박을 수리하거나 검사를 받기 위하여 수리할 장소 또는 검사를 받을 장소까지 항해하는 경우

③ 항해구역 밖에 있는 선박을 그 해당 항해구역 안으로 항해시키는 경우

④ 항해구역의 변경을 위하여 변경하려는 항해구역으로 선박을 항해시키는 경우(제4호)

⑤ 접적지역(대연평도, 소연평도, 대청도, 소청도 및 백령도 부근 해역을 말한다)을 항해하는 선박으로서 해당 선박의 항해구역 중 일부가 군사 목적상 항해금지구역으로 설정되어 있어 그 구역을 우회(右回)하기 위하여 일시적으로 항해구역 외의 구역을 항해하는 경우

⑥ 그 밖에 제1호부터 제4호까지와 비슷한 사유로서 선박이 임시로 항해할 필요가 있다고 인정되는 경우

3. 최대승선인원의 산정 등

1) 법 제8조 제3항에 따른 최대승선인원은 여객, 선원 및 임시승선자별로 다음의 기준에 따라 산정한다(규칙 제18조 제1항).

① 승선인원에 산입(算入)되지 아니하는 자

가. 정박 중에 선내 관람 등을 위하여 승선하는 자, 하역·수리작업 등을 위한 작업원, 선원 교대자 등 해당 항에서만 승선하는 자

나. 선박의 운항과 관련한 업무를 하기 위하여 승선하는 도선사, 운항관리자, 稅關公務員(세관공무원) 및 검역공무원(檢疫公務員) 등

다. 1세 미만인 유아

② 여객실, 선원실, 그 밖의 최대승선인원을 산정하는 장소에 화물을 적재한 경우에는 그 화물이 차지하는 장소에 상응하는 인원수를 제외하고 산정

③ 국제항해에 종사하지 아니하는 선박의 경우 1세 이상 12세 미만인 자는 2명을 1명으로 산정

2) 제1항에도 불구하고 선박소유자가 요청하는 경우에는 산정된 인원수의 범위에서 최대승선인원의 수를 제한하여 지정할 수 있다(제2항).

3) 법 제8조 제3항에 따른 최대승선인원의 산정기준은 별표 6(생략, 규칙 별표 참고)과 같다.

4. 만재흘수선의 지정 및 표시 등

1) 만재흘수선의 지정

"만재흘수선(滿載吃水線)"이라 함은 선박이 안전하게 항해할 수 있는 적재한도(積載限度)의 흘수선으로서 여객이나 화물을 승선 또는 적재하고 안전하게 항해할 수 있는 최대한도를 나타내는 선을 말한다.

① 법 제8조 제2항에 따른 만재흘수선은 다음에 따른다(규칙 제14조).

㉠ 국제항해 및 근해구역 이상의 항해구역을 항해하는 선박에 표시하는 만재흘수선의 종류별로 적용되는 대역 또는 구역, 계절기간 또는 기간 및 이에 대응하는 건현(乾舷) : 별표 2(이 경우 대역이나 구역별로 적용되는 해면 및 계절기간은 별표 3과 같다. 생략) (제1호)

㉡ 갑판에 목재를 적재하여 운송하는 선박 : 제1호 준용

㉢ 국제항해를 하지 아니하는 선박길이 12미터 이상의 선박에 표시하는 만재흘수선의 종류별로 적용되는 구역 및 건현

② 만재흘수선의 표시는 선박길이의 중앙 양쪽 가장자리의 외판(外板)에 용접 등 항구적(恒久的)인 방법으로 하고, 외판(外板)과 구별되는 한 가지 색으로 알아보기 쉽게 하여야 한다.

[별표 2] 만재흘수선의 종류별로 적용되는 대역 또는 구역, 계절기간 또는 기간 및 이에 대응하는 건현(제14조 제1항 제1호 관련)

<table>
<tr><th>만재흘수선의 종류</th><th>적용되는 대역 또는 구역</th><th>적용되는 계절기간 또는 기간</th><th>건현</th></tr>
<tr><td rowspan="2">하기 만재흘수선</td><td>하기대역</td><td>연중</td><td rowspan="2">하기 건현</td></tr>
<tr><td>북대서양동기계절대역 I
북대서양동기계절대역 II
북대서양동기계절구역
북태평양동기계절구역
남부동기계절대역
계절열대구역 및 선박길이가 100미터 이하인 선박에 적용되는 동기계절구역</td><td>하기</td></tr>
</table>

동기 만재흘수선	북대서양동기계절대역Ⅱ(서경 15도의 자오선과 서경 50도의 자오선에 의하여 둘러싸인 해면은 제외한다), 북대서양동기계절구역, 북태평양동기계절대역, 남부동기계절대역 및 선박길이가 100미터 이하인 선박에 적용하는 동기계절구역	동기	동기 건현
동기 북대서양만재흘수선	북대서양동기계절대역Ⅰ 및 북대서양 동기계절대역Ⅱ(서경 15도의 자오선과 서경 50도의 자오선에 의하여 둘러싸인 해면으로 한정한다)	동기	동기 북대서양 건현
열대 만재흘수선	열대대역	연중	열대 건현
	계절열대구역	열대	
하기담수만재흘수선	하기 만재흘수선란에 적혀 있는 대역 또는 구역에서 비중이 1.000인 수면	하기 만재흘수선란에 따른 기간	하기담수 건현
열대담수만재흘수선	열대 만재흘수선란에 적혀 있는 대역 또는 구역에서 비중이 1.000인 수면	열대 만재흘수선란에 따른 기간	열대담수 건현

[별표 3] 〈개정 2015.7.15.〉
대역 또는 구역별로 적용되는 해면 및 계절기간(제14조제1항제1호 관련)

대역 또는 구역의 명칭	해면	계절기간
1. 북대서양 동기계절 대역Ⅰ	그린란드의 해안으로부터 북위 45도까지의 서경 50도의 자오선, 거기에서 서경 15도까지의 북위 45도의 위도선, 거기에서 북위 60도까지의 서경 15도의 자오선, 거기에서 그리니치자오선까지의 북위 60도의 위도선 및 거기에서 북쪽으로 그리니치자오선에 따라 둘러싸인 해면	동기 10월 16일부터 4월 15일까지 하기 4월 16일부터 10월 15일까지
2. 북대서양 동기계절 대역Ⅱ	미합중국 해안으로부터 북위 40도까지의 서경 68도30분의 자오선, 거기에서 북위 36도 서경 73도의 점까지의 항정선, 거기에서 서경 25도까지의 북위 36도의 위도선 및 거기부터 토리나나갑까지의 항정선에 따라 둘러싸인 해면, 북대서양 동기계절대역Ⅰ, 북대서양 동기계절구역 및 스카케라크해협의 스코를 통하는 위도선에 의하여 한정되는 발틱해를 제외한 해면	동기 11월 1일부터 3월 31일까지 하기 4월 1일부터 10월 31일까지
3. 북대서양 동기계절 구역	미합중국 해안으로부터 북위 40도까지의 서경 68도30분의 자오선, 거기에서 캐나다 해안과 서경 61도의 자오선과의 교점 중 최남단까지의 항정선 및 캐나다와 미합중국의 동안에 따라 둘러싸인 해면	1. 선박길이 100미터를 넘는 선박 동기 12월 16일부터 2월 15일까지 하기 2월 16일부터 12월 15일까지 2. 선박길이 100미터 이하의 선박 동기 11월 1일부터 3월 31일까지 하기 4월 1일부터 10월 31일까지
4. 북태평양 동기계절 대역	러시아 동안에서 사할린의 서안까지의 북위 50도의 위도선, 거기에 쿠릴리온 최남단까지의 사할린의 서안, 거기에서 홋카이도 와카나이까지의 항정선, 거기에서 동경 145도까지의 홋카이도의 동안 및 남안, 거기에서 북위 35도까지의 동경 145도의 자오선, 거기에서 서경 150도까지 북위 35도의 위도선 및 거기에서 알래스카 돌섬의 최남단까지의 항정선을 남쪽 한계로 하는 해면	동기 10월 16일부터 4월 15일까지 하기 4월 16일부터 10월 15일까지

5. 남부동기 계절대역	미대륙 동안의 트레스 푼타스갑에서 남위 34도, 서경 50도의 점까지 항정선, 거기에서 동경 35도까지의 남위 34도의 위도선, 거기에서 남위 36도, 동경 20도의 점까지의 항정선, 그리고 남위 34도, 동경 30도의 점까지의 항정선, 거기에서 남위 35도30분, 동경 118도의 점까지의 항정선, 거기에서 타스마니아 북서안의 그림갑까지의 항정선, 거기에서 타스마니아 북안 및 동안을 따라 브루니도의 남단까지, 스튜어트도의 블랙록포인트까지의 항정선, 거기에서 남위 47도, 동경 170도의 점까지의 항정선 및 거기에서 남위 33도, 서경 170도의 점까지 항정선 및 거기에서 미주대륙 서안의 남위 33도의 위도선으로 둘러싸인 해면	동기 4월 16일부터 10월 15일까지 하기 10월 16일부터 4월 15일까지
6. 열대대역	가. 미대륙 동안으로부터 서경 60도까지의 북위 13도의 위도선, 거기에서 북위 10도 서경 58도의 점까지의 항정선, 거기에서 서경 20도까지의 북위 10도의 위도선, 거기에서 북위 30도까지의 서경 20도의 자오선 및 거기에서 아프리카 서안까지의 북위 30도의 위도선, 아프리카 동안으로부터 동경 70도까지의 북위 8도의 위도선, 거기에서 북위 13도까지의 동경 70도의 자오선, 거기에서 인도 서안까지의 북위 13도의 위도선, 거기에서 인도 남안을 돌아 인도 동안의 북위 10도30분까지, 거기에서 북위 9도 동경 82도의 점까지의 항정선, 거기에서 북위 8도까지의 동경 82도의 자오선, 거기에서 말레이시아 서안까지의 북위 8도의 위도선, 거기에서 북위 10도의 베트남 동안까지의 아세아대륙의 동남 해안, 거기에서 동경 145도까지의 북위 10도의 위도선, 거기에서 북위 13도까지의 동경 145도의 자오선 및 거기에서 미대륙 서안까지의 북위 13도의 위도선을 북쪽 한계로 하고, 브라질 산토스항으로부터 서경 40도의 자오선과 남회귀선과의 교점까지의 항정선, 거기에서 아프리카 서안까지의 남회귀선과 아프리카의 동안으로부터 마다가스카르 서안까지의 남위 20도의 위도선, 거기에서 동경 50도까지의 마다가스카르 서안 및 북안, 거기에서 남위 10도까지의 동경 50도의 자오선, 거기에서 동경 98도까지의 남위 10도의 위도선, 거기에서 호주의 포트다윈까지 항정선, 거기에서 동쪽으로 웨셀갑까지의 호주 및 웨셀섬의 해안, 거기에서 요크갑의 서측까지의 남위 11도의 위도선, 요크갑의 동측에서 서경 150도까지의 남위 11도의 위도선, 거기에서 남위 26도 서경 75도의 점까지의 항정선, 거기에서 남위 32도47분, 서경 72도의 점까지의 항정선 및 거기에서 남미주 서안까지의 남위 32도47분의 위도선을 남쪽 한계로 하는 해면 나. 포트 사이드부터 동경 45도의 자오선까지의 수에즈운하, 홍해 및 아덴만 다. 동경 59도의 자오선까지의 페르시아만 라. 호주 동안의 그레이트베리아리프까지의 남위 22도의 위도선, 거기에서 남위 11도까지의 그레이트배리어리프에 따라 둘러 싸인 해면. 이 구역의 북방 한계는 열대대역의 남방 한계로 한다.	
7. 계절열대 구역	가. 다음 선에 따라 둘러싸인 북대서양. 북은 유카탄의 카토체갑으로부터 쿠바의 산안토니오갑까지의 항정선, 거기에서 북위 20도까지의 쿠바의 북안 및 거기서 서경 20도까지의 북위 20도의 위도선 서는 미대륙의 해안 남 및 동은 열대대역의 북쪽 한계 나. 다음 선에 따라 둘러싸인 아라비아해 서는 아프리카의 해안, 아덴만의 동경 45도의 자오선, 남아라	열대 11월 1일부터 7월 15일까지 하기 7월 16일부터 10월 31일까지 열대 9월 1일부터 5월 31일까지

	비아의 해안 및 오만만의 동경 59도의 자오선 북 및 동은 파키스탄 및 인도의 해안 남은 열대대역의 북쪽 한계	하기 6월 1일부터 8월 31일까지
	다. 열대대역의 북쪽 한계 이북의 벵갈만	열대 12월 1일부터 4월 30일까지 하기 5월 1일부터 11월 30일까지
	라. 다음 선에 따라 둘러싸인 남인도양 북 및 서는 열대대역의 남쪽한계 및 마다가스카르의 동안 남은 남위 20도의 위도선 동은 남위 20도 동경 50도의 점에서 남위 15도 동경 51도30분의 점까지의 항정선 및 거기에서 남위 10도까지의 동경 51도 30분의 자오선	열대 4월 1일부터 11월 30일까지 하기 12월 1일부터 3월 31일까지
	마. 다음 선에 따라 둘러싸인 남인도양 북은 열대대역의 남쪽 한계 동은 호주의 해안 남은 동경 51도30분에서 동경 114도까지의 남위 15도의 위도선 및 거기에서 호주의 해안까지의 동경 114도의 자오선 서는 동경 51도30분의 자오선	열대 5월 1일부터 11월 30일까지 하기 12월 1일부터 4월 30일까지
	바. 다음 선에 따라 둘러싸인 지나해 서 및 북은 북위 10도부터 홍콩까지의 베트남 및 중국의 해안 동은 홍콩으로부터 수알항(루손섬)까지의 항정선과 북위 10도까지의 루손, 사마르 및 레이테 제도의 서안 남은 북위 10도의 위도선	열대 1월 21일부터 4월 30일까지 하기 5월 1일부터 1월 20일까지
	사. 다음 선에 따라 둘러싸인 북태평양 북은 북위 25도의 위도선 서는 동경 160도의 자오선 남은 북위 13도의 위도선 동은 서경 130도의 자오선	열대 4월 1일부터 10월 31일까지 하기 11월 1일부터 3월 31일까지
	아. 다음 선에 따라 둘러싸인 북태평양 북 및 동은 미대륙의 서안 서는 미대륙 해안에서 북위 33도까지의 서경 123도의 자오선 및 북위 33도 서경 123도의 점에서 북위 13도 서경 105도의 점까지의 항정선 남은 북위 13도의 위도선	열대 3월 1일부터 6월 30일까지 11월 1일부터 11월 30일까지 하기 7월 1일부터 10월 31일까지 12월 1일부터 2월 28(29)일까지
	자. 남위 11도 이남의 카펜테리아만	열대 4월 1일부터 11월 30일까지 하기 12월 1일부터 3월 31일까지
	차. 다음 선에 따라 둘러싸인 남태평양 북 및 동은 열대대역의 남쪽 한계 남은 호주의 동안에서 동경 154도에 이르는 남위 24도의 위도선, 거기에서 남회귀선까지의 동경 154도의 자오선 및 거기에서 서경 150도까지의 남회귀선, 거기에서 남위 20도까지의 서경 150도의 자오선 및 거기에서 열대대역의 남쪽 한계와의 교점까지의 남위 20도의 위도선 서는 열대대역에 포함된 그레이트배리어리프 내측의 구역의 한계선 및 호주의 동안	열대 4월 1일부터 11월 30일까지 하기 12월 1일부터 3월 31일까지
8.	가. 다음의 선에 의하여 둘러 싸인 해면	동기 11월 1일부터

선박길이가 100미터 이하인 선박에 적용되는 동기계절 구역	북 및 서는 미합중국의 동안 동은 미합중국 해안으로부터 북위 40도까지의 서경 68도30분의 자오선 및 거기에서 북위 36도 서경 73도의 점까지의 항정선 남은 북위 36도의 위도선	3월 31일까지 하기 4월 1일부터 10월 31일까지
	나. 스카게락 해협의 스카우를 통하는 위도선에 따라 둘러싸인 발틱해	동기 11월 1일부터 3월 31일까지 하기 4월 1일부터 10월 31일까지
	다. 북위 44도 이북의 흑해	동기 12월 1일부터 2월 28(29)일까지 하기 3월 1일부터 11월 30일까지
	라. 다음 선에 따라 둘러싸인 지중해 북 및 서는 프랑스 및 스페인의 해안 및 스페인의 해안으로부터 북위 40도까지의 동경 3도의 자오선 남은 동경 3도에서 사르디니아 서안까지의 북위 40도의 위도선 동은 북위 40도부터 동경 9도까지의 사르디니아 서안 및 북안, 거기에서 코르시카 남안까지의 동경 9도의 자오선, 거기에서 동경 9도까지의 코르시카의 서안 및 북안, 거기에서 사시에갑까지의 항정선	동기 12월 16일부터 3월 15일까지 하기 3월 16일부터 12월 15일까지
	마. 북위 50도의 위도선과 한국 동안의 북위 38도의 점으로부터 홋카이도 서안의 북위 43도12분의 점까지의 항정선에 따라 둘러싸인 동해	동기 12월 1일부터 2월 28(29)일까지 하기 3월 1일부터 11월 30일까지
9. 하기대역	제1호부터 제8호까지에 따른 해면(선박 길이가 100미터를 넘는 선박은 제1호부터 제7호까지에 따른 해면은 제외한다)이 아닌 해면	

<비 고>

1. 셔틀랜드 제도는 북대서양 동기계절대역 I와 북대서양 동기계절대역 II와의 한계선상에 있는 것으로 본다.
2. 호치민, 아덴 및 버베라는 열대대역과 계절열대구역과의 한계선상에 있는 것으로 본다.
3. 발파라이소 및 산토스는 열대대역과 하기대역과의 한계선상에 있는 것으로 본다.
4. 홍콩 및 수알은 계절열대구역과 하기대역과의 한계선상에 있는 것으로 본다.
5. 대역 또는 구역의 한계선상에 있는 항은 각각의 경우에 따라 선박이 해당 항을 도착할 때까지 항해한 대역이나 구역 또는 해당 항을 출항한 후 항해하려는 대역 또는 구역에 있는 것으로 본다.

2) 만재흘수선의 표시 등

① 법 제27 제1항 각 호 외의 부분 단서에서 "해양수산부령이 정하는 선박"이란 다음 하나에 해당하는 선박을 말한다(규칙 제69조). 즉 만재흘수선 표시가 적용되지 아니하는 선박이다.

㉠ 수중익선(水中翼船, hydrofoil), 공기부양선, 수면비행선박 및 부유식 해상구조물(제3조 제1호 및 제2호는 제외한다)

㉡ 운송업에 종사하지 아니하는 유람 범선(帆船)

㉢ 국제항해에 종사하지 아니하는 선박으로서 선박길이가 24미터 미만인 예인(曳引)·해양사고 구조·준설 또는 측량에 사용되는 선박

㉣ 법 제11조 제2항에 따라 임시항해검사증서를 발급받은 선박
㉤ 시운전을 위하여 항해하는 선박
㉥ 만재흘수선을 표시하는 것이 구조상 곤란하거나 적당하지 아니한 선박으로서 해양수산부장관이 인정하는 선박

제3절 항만국통제

1. 대한민국 영해 안에서의 외국선박

해양수산부장관은 대한민국의 영해(領海, territorial sea) 안에 있는 외국선박의 구조·시설 등이 법 규정에 의한 조약(條約, treaty)의 기준에 적합한 지의 여부를 확인하고 그 기준에 미달한 때에는 필요한 조치(이하 "항만국통제")를 하여야 한다.

2. 항만국통제의 시행

① 법 규정에 의한 항만국통제(港灣國統制, port state control)는 해양수산부장관이 정하여 고시하는 바에 따라 다음의 조약규정에 의하여 시행한다. 다만, 조약의 적용을 받지 아니하는 선박에 대하여는 국내법 관련규정을 적용할 수 있다. 법 제68조 제1항에서 대통령령이 정하는 선박안전에 관한 국제협약이란 다음과 같다(영 제16조 제1항).
㉠ 해상에서의 인명안전을 위한 국제협약(SOLAS 협약)
㉡ 만재흘수선에 관한 국제협약(Load-line 협약)
㉢ 국제해상충돌방지규칙협약(COLREG 협약)
㉣ 선박톤수측정에 관한 국제협약(Tonnage 협약)
㉤ 상선의 최저기준에 관한 국제협약(ILO 협약 제147호)(ILO 협약)
㉥ 선박으로부터의 오염방지를 위한 국제협약(MARPOL 협약)
㉦ 선원의 훈련·자격증명 및 당직근무에 관한 국제협약(STCW 협약)

② 위 제1항 ⑤에 의한 「상선의 최저기준에 관한 국제협약」을 적용할 때 1994년 3월 31일 이전에 용골(龍骨, keel)이 거치된 선박에 대하여는 같은 협약의 적용으로 인하여 선박의 구조 또는 거주설비의 변경이 초래되지 아니하는 범위 안에서 항만국통제를 실시한다(제2항).

3. 항만국통제에 따른 조치 등

① 해양수산부장관은 법 제68조 제3항 및 제4항에 따른 시정조치명령 또는 출항정지명령을 하려는 경우 해당 선박의 선장에게 해양수산부령으로 정하는 항만국통제 점검보고서를 발급하여야 한다. 이 경우 해당 서류에는 법 제68조 제5항에 따른 이의신청에 대한 안내문(案內文)이 포함되어야 한다(영 제17조 제1항).

② 해양수산부장관은 법 제68조 제4항에 따른 출항정지를 명한 경우 해양수산부령으로 정하는 바에 따라 그 사실을 해당 선박이 등록된 국가의 정부 또는 영사에게 알려야 한다.

③ 법 제68조 제5항에 따른 이의신청을 하려는 자는 그 사유 및 이를 증명하는 서류를 갖추어 해양수산부장관에게 제출하여야 한다(제3항).

④ 해양수산부장관은 제3항에 따른 이의신청을 받은 경우 해당 선박의 선장・선박소유자・선급법인 또는 선박이 등록된 국가 등에 필요한 자료를 요청하거나 관계 전문가(專門家)의 의견을 들을 수 있다.

⑤ 해양수산부장관은 제3항에 따른 이의신청이 타당하다고 인정되는 경우 지체없이 해당 시정조치명령(是正措置命令) 또는 출항정지명령(出航停止命令)을 철회하여야 한다.

제4장 선박의 검사

제1절 개 설

선박의 감항성과 인명의 안전을 보전하기 위하여는 개개의 선박에 대하여 그 구조와 설비가 일정한 기술상의 기준에 적합하는 지의 여부를 정기(定期) 또는 임시(臨時)로 행하는 검사 등을 통하여 점검할 필요가 있다. 그러므로 선박안전법은 안전시설, 만재흘수선 및 무선설비에 대하여 해양수산관청이 시행하는 일정한 검사를 받도록 규정하고 있다.

제2절 검사의 종류와 시기

선박이 강제적으로 받아야 할 검사의 종류로서는 건조검사, 정기검사, 중간검사, 임시검사, 임시항행검사, 국제협약검사, 만재흘수선검사, 무선설비검사 등이 있으며 또 해양수산부령으로 정하는 선박용 물건에 대하여 행하는 예비검사가 있다(법 제7조 내지 제17조).

1. 건조검사

① 선박을 건조(建造)하고자 하는 자는 선박에 설치되는 선박시설에 대하여 해양 수산부령이 정하는 바에 따라 해양수산부장관의 검사(이하 "건조검사"라 한다)를 받아야 한다(법 제7조 제1항).

② 해양수산부장관은 건조검사에 합격한 선박에 대하여 해양수산부령으로 정하는 사항과 검사기록을 기재한 건조검사증서를 교부하여야 한다(제2항).

③ 제1항의 규정에 따른 건조검사에 합격한 선박시설에 대하여는 제8조(정기검사) 제1항의 규정에 따른 정기검사(定期檢査) 중 선박을 최초로 항해에 사용하는 때 실시하는 검사는 이를 합격한 것으로 본다(제3항).

④ 해양수산부장관은 외국에서 수입되는 선박 등 제1항의 규정에 따른 건조검사를 받지 아니하는 선박에 대하여 건조검사에 준하는 검사로서 해양수산부령(海洋水産部令)이 정하는 검사(이하 "별도건조검사"라 한다)를 받게 할 수 있다. 이 경우 제2항 및 제3항의 규정은 별도건조검사에 합격한 선박에 대하여 이를 준용한다.

2. 정기검사

① 선박소유자는 선박을 최초로 항해에 사용하는 때 또는 제16조(선박검사증서 및 국제협약검사증서의 유효기간 등)의 규정에 따른 선박검사증서의 유효기간이 만료된 때에는 선박시설과 만재흘수선에 대하여 해양수산부령이 정하는 바에 따라 해양수산부장관의 검사(이하 "정기검사")를 받아야 한다. 다만, 제29조의 규정에 따른 무선설비 및 제30조의 규정에 따른 선박위치발신장치에 대하여는 전파법의 규정에 따라 검사를 받았는지 여부를 확인하는 것으로 갈음한다(법 제8조 제1항).
② 해양수산부장관은 제1항의 규정에 따른 정기검사에 합격한 선박에 대하여 항해구역·최대승선인원 및 만재흘수선의 위치를 각각 지정하여 해양수산부령으로 정하는 사항과 검사기록을 기재한 선박검사증서를 발급하여야 한다(제2항).
③ 제2항의 규정에 따른 항해구역의 종류와 예외적으로 허용되거나 제한되는 항해구역, 최대승선인원의 산정기준 등에 관하여 필요한 사항은 해양수산부령으로 정한다.

3. 중간검사

1) 중간검사의 종류 등

① 선박소유자는 정기검사와 정기검사의 사이에 해양수산부령이 정하는 바에 따라 해양수산부장관의 검사(이하 "중간검사")를 받아야 한다(법 제9조 제1항, 규칙 제19조).
② 중간검사(中間檢査)의 종류는 제1종과 제2종으로 구분하며, 그 시기와 검사사항은 해양수산부령으로 정한다.
③ 해양수산부장관은 제1항의 규정에 따른 중간검사에 합격한 선박에 대하여 제8조(정기검사) 제2항에 따른 선박검사증서의 검사기록에 그 검사결과를 기재하여야 한다.
④ 해외수역(대한민국의 수역 외의 수역을 말한다)에서의 장기간 항해(航海)·조업(操業) 등 부득이한 사유로 인하여 중간검사를 받을 수 없는 자는 해양수산부령이 정하는 바에 따라 중간검사의 시기를 연기할 수 있다.
⑤ 법 제9조 제2항에 따른 제1종 중간검사와 제2종 중간검사의 검사사항은 선박시설, 만재흘수선 및 무선설비(선박위치발신장치를 포함한다)로 한다.

(1) 제1종 중간검사

제1종 중간검사는 법 제2조 각호의 시설(선체·기관·범장·배수설비·조타, 계선과 양묘의 설비·구명과 소방의 설비·거주설비·위생설비·항해용구·위험물 기타 특수화물의 적부설비 · 하역 기타 작업설비 · 전기설비와 이외에 해양수산부령이 정하는 설비 등)과 만재흘수선 및 무선설비에 대하여 행하는 중간검사를 말한다.

(2) 제2종 중간검사

제2종 중간검사는 선체 · 기관 · 배수설비 · 조타, 계선(繫船)과 양묘(揚錨)의 설비 · 항해용구 · 위험물 기타 특수화물의 적부설비 · 하역 기타 작업설비 · 전기설비, 법규정에 의한 시설과 만재흘수선 및 무선설비에 대하여 행하는 중간검사를 말한다. 즉, 제2종 중간검사는 제1종 중간검사의 내용 중 시설에 관하여 범장, 거주설비 및 위생설비가 검사대상에서 제외되어 있다.

2) 중간검사의 시기

① 중간검사를 받아야 하는 시기는 선박의 구분에 따라 다음과 같이 정해져 있다(규칙 제19조 제2항).

구 분	종 류	검 사 시 기
가. 여객선 · 원자력선 · 잠수선 · 고속선 · 수면비행선박(여객용만 해당) 및 30년 이상 선박으로서 선박 길이가 24미터 이상인 선박	제1종 중간검사	정기검사 후 매 검사기준일 전후의 3개월 이내
나. 다음 하나에 해당하는 선박 - 평수구역 만을 항해하는 선박 길이가 24미터 미만인 선박(가.의 선박 제외) - 준설토 운반부선 및 부유식해상구조물 - 선박 길이가 24미터 미만인 범선	제1종 중간검사	정기검사 후 두 번째 검사기준일 전 3월부터 세 번째 검사기준일 후 3개월까지
다. "가"목 및 "나"목에 해당되지 아니하는 선박	제1종 중간검사	정기검사 후 두번째 또는 세번째 검사기준일 전후 3개월 이내. 다만, 선저검사는 지난 번 선저검사일부터 3년을 초과하여서는 아니된다.
	제2종 중간검사	정기검사 또는 제1종 중간검사를 받아야 하는 연도의 검사기준일을 제외한 검사기준일 전후 3개월 이내

② 중간검사를 받고자 하는 선박소유자는 검사준비를 하고, 선박검사신청서에 정해진 서류를 첨부하여 해양수산부장관에게 제출하여야 한다. 해양수산부장관은 필요하다고 인정하는 때에는 규정에 의한 준비 외에 필요한 준비를 하게 할 수 있다.

③ 해양수산부장관은 수산업법 규정에 따라 원양어업의 허가를 받은 어선이 규정에 따른 검사시기에 해외수역에서의 조업으로 인하여 중간검사를 받을 수 있는 장소에 있지 아니한 경우에는 당해 검사기준일부터 12개월의 범위 내에서 그 검사시기를 연기할 수 있다.

이 경우 연기된 중간검사와 정기검사가 겹칠 때에는 정기검사를, 제1종 중간검사와 제2종 중간검사가 겹칠 때에는 제1종 중간검사를 실시한다(규칙 제10조 제6항).

3) 중간검사의 생략

다음에 해당하는 선박에는 중간검사를 생략한다(규칙 제19조).

① 총톤수 2톤 미만인 선박

② 추진기관 또는 범장(帆檣)이 설치되지 아니한 선박으로서 평수구역 안에서만 운항하는 선박. 다만, 제6조(적용선박) 각 호의 선박은 제외한다. 즉, ㉠ 13명 이상의 여객운송에 사용되는 선박, ㉡ 제3조 제3호 각 목에 해당하는 기름 또는 폐기물 등을 산적하여 운송하는 선박, ㉢ 법 제41조에 따른 위험물을 산적하여 운송하는 선박, ㉣ 추진기관을 가지고 있는 선박에 결합되어 운항하는 압항부선(押航艀船, pusher-barge), ㉤ 잠수선 등 특수한 구조로 되어 있는 선박으로서 해양수산부장관이 정하여 고시하는 선박

③ 추진기관 또는 범장이 설치되지 아니한 선박으로서 연해구역을 운항하는 선박 중 여객이나 화물의 운송에 사용되지 아니하는 선박

4) 규정 외의 경우

선박소유자는 장기항해 등 부득이한 사유가 있는 경우에는 중간검사를 검사기준일보다 3개월 이상 앞당겨 받을 수 있다. 이 경우 해당 검사완료일부터 3개월이 지난 날을 새로운 검사기준일로 한다(규칙 제19조 제5항).

4. 임시검사

1) 임시검사의 대상

① 선박소유자는 다음의 하나에 해당하는 경우에는 해양수산부령이 정하는 바에 따라 해양수산부장관의 검사(이하 "임시검사")를 받아야 한다(법 제10조 제1항)

가. 선박시설에 대하여 해양수산부령이 정하는 개조 또는 수리를 행하고자 하는 경우(제1호)

나. 제8조(정기검사) 제2항의 규정에 따른 선박검사증서에 기재된 내용을 변경하고자 하는 경우. 다만, 선박소유자의 성명과 주소, 선박명 및 선적항의 변경 등 선박시설의 변경이 수반되지 아니하는 경미(輕微)한 사항의 변경인 경우에는 그러하지 아니하다.

다. 제15조(선박검사 후 선박의 상태유지) 제2항의 규정에 따라 선박의 용도를 변경하고자 하는 경우

라. 제29조 무선설비의 규정에 따라 선박의 무선설비(無線設備)를 새로이 설치하거나 이를 변경하고자 하는 경우

마. 만재흘수선의 변경 등 해양수산부령이 정하는 경우(제5호)

② 해양수산부장관은 제1항의 규정에 따른 임시검사에 합격한 선박에 대하여 제8조 제2항에 따른 선박검사증서의 검사기록에 그 검사결과(檢査結果)를 기재하여야 한다(제2항).

③ 해양수산부장관은 선박소유자가 제8조 제2항의 규정에 따른 선박검사증서에 기재된 내용을 일시적으로 변경하고자 하는 경우에는 제1항 나.의 규정에 불구하고 해양수산부령이 정하는 임시변경증(臨時變更證)을 교부할 수 있다(제3항).

④ 위 제1항 제1호(가.)에서 "해양수산부령이 정하는 개조(改造) 또는 수리(修理)"란 선박의 감항성 또는 인명 안전의 유지에 영향을 미칠 수 있다고 인정되는 다음의 하나에 해당하는 개조 또는 수리를 말한다(규칙 제21조 제2항).

㉠ 선박의 선박길이, 너비, 깊이 또는 다음의 하나에 해당하는 선체 주요부의 변경으로 선체의 강도, 수밀성(水密性) 또는 방화성에 영향을 미치는 개조 또는 수리

- 상갑판 아래의 선체, 선루(船樓) 또는 기관실 위벽(圍壁)의 폭로부(暴露部)
- 갑판실(승선자가 거주하거나 항상 사용하는 것으로 한정한다)의 측벽 또는 정부갑판(頂部甲板)
- 선루갑판(船樓甲板) 아래의 폭로부 외판
- 격벽(隔壁, bulkhead)에 설치되어 폐위(閉圍)구역을 보호하는 폐쇄장치(목제창구덮개 또는 창구복포는 제외한다)

㉡ 선박의 추진(推進)과 관계있는 기관 및 그 주요부의 교체 · 변경 등으로 기관의 성능에 영향을 미치는 개조 또는 수리

㉢ 타(舵) 또는 조타장치에 관한 변경으로 선박의 조종성에 영향을 미치는 개조 또는 수리

㉣ 탱크 · 펌프실 기타 인화성액체 또는 인화성 고압가스가 새거나 축적될 우려가 있는 곳에 설치되어 있는 전선로(電線路)를 교체 · 변경하는 수리

⑤ 법 제10조 제1항 5호에서 "만재흘수선의 변경 등 해양수산부령이 정하는 경우"란 다음의 하나에 해당하는 경우를 말한다(규칙 제21조 제3항).

㉠ 선박시설에 관한 선박용물건 중 선박에 고정 설치되는 것으로서 새로 설치하거나 변경하는 경우. 다만, 여객선 및 선박길이 24미터 이상의 선박이 아닌 선박의 경우에는 선박에 고정 설치되는 것으로서 제4조 제8호, 제9호, 제12호 및 제14호의 선박시설로 한정한다.

㉡ 법 제27조 제1항에 따른 만재흘수선을 새로 표시하거나 변경하려는 경우

㉢ 법 제28조 제1항에 따른 복원성기준을 새로 적용받거나 그 복원성에 영향을 미칠 우려가 있는 선박용물건을 신설 · 증설 · 교체 또는 제거하거나 위치를 변경하려는 경우

㉣ 원자력선의 원자로에 연료체를 투입하거나 원자로 안에서 연료체의 배치를 바꾸려는 경우

㉤ 보일러 안전밸브의 봉인을 개방하여 조정하려는 경우

㉥ 법 제34조 제1항에 따라 확인받은 하역설비의 제한하중(制限荷重), 제한각도(制限角度) 및 제한반경(制限半徑)을 변경하려는 경우

㉦ 승강설비의 제한하중 또는 정원(定員)을 변경하려는 경우

ⓞ 해양사고 등으로 선박의 감항성(堪航性) 또는 인명안전의 유지에 영향을 미칠 우려가 있는 변경이 발생한 경우

ⓩ 법 제8조 제3항에 따른 제17조 제1호부터 제4호까지 및 제6호에 해당하는 경우(같은 조 제2호의 경우 검사시설이 없는 섬에서 선박검사를 받기 위하여 검사시설이 있는 장소로 항해하려는 경우는 제외한다)

ⓧ 선박시설의 보완 또는 수리가 필요하다고 인정되어 해양수산부장관이 특정한 사항에 관하여 임시검사를 받을 것을 지정하는 경우. 이 경우 해양수산부장관은 선박검사증서의 뒤쪽에 검사받을 내용 및 검사시기를 적어야 한다.

⑥ 제2항에 따라 개조(改造) 또는 수리(修理)를 하는 선박소유자는 해당 시설의 개조 또는 수리에 착수한 때부터 검사를 받아야 한다. 선박소유자는 제3항 제10호에 따라 지정된 임시검사의 시기를 앞당겨 받을 수 있다. 선박소유자는 정기검사 또는 중간검사를 받을 때에 임시검사사항이 포함되는 경우에는 별도의 임시검사를 받지 아니한다.

⑦ 법 제10조 제2항에 따른 검사결과는 선박검사증서의 뒤 쪽에 다음 검사시기, 검사종류 및 선박검사관의 성명을 적어야 한다.

⑧ 법 제10조 제3항에 따른 임시변경증은 별지 제8호 서식과 같다.

2) 임시검사대상에 포함되지 아니하는 내용과 예외의 경우

① 선박검사증서에 기재된 내용 중 선박소유자의 성명과 주소, 선박명(船舶名) 및 선적항(船籍港)의 변경 등 선박시설의 변경이 수반되지 아니하는 경미한 사항의 변경인 경우에는 법 규정에 의한 임시검사대상에 포함되지 아니하는 것으로 한다(법 제10조 제1항 제2호).

② 선박소유자는 지정된 임시검사의 시기를 앞당겨 받을 수 있다. 또한 선박소유자는 정기검사 또는 중간검사를 받을 때에 임시검사사항이 포함되는 경우에는 별도의 임시검사를 받지 아니한다(법 제21조).

5. 임시항해검사

① 정기검사를 받기 전에 임시(臨時)로 선박을 항해에 사용하고자 하는 때 또는 국내의 조선소에서 건조(建造)된 외국선박(국내의 조선소에서 건조된 후 외국에서 등록되었거나 외국에서 등록될 예정인 선박을 말한다. 이하 이 조에서 같다)의 시운전(試運轉, sea trial)을 하고자 하는 경우에는 선박소유자 또는 선박의 건조자는 해당 선박에 요구되는 항해능력이 있는지에 대하여 해양수산부령이 정하는 바에 따라 해양수산부장관의 검사(이하 "임시항해검사")를 받아야 한다(법 제11조 제1항).

② 해양수산부장관은 제1항의 규정에 따른 임시항해검사에 합격한 선박에 대하여 해양수산부령으로 정하는 사항과 검사기록을 기재한 임시항해검사증서를 교부하여야 한다.

여기서 "해양수산부령으로 정하는 사항"이란 다음의 사항을 말한다(규칙 제22조 제4항).

㉠ 선박검사관의 성명
㉡ 검사완료일 및 검사장소
㉢ 다음 검사 기준일 및 검사종류

③ 임시항행검사는 다음의 하나에 해당하는 때에 이를 행한다.
㉠ 한국선박을 외국인 또는 외국정부에 양도(讓渡)할 목적으로 외국으로 항행하는 때
㉡ 선박을 개조·수리 또는 해체하거나 검사·검정 또는 톤수의 측정을 받을 장소로 항행할 때

6. 국제협약검사

① 국제항해에 취항하는 선박의 소유자는 선박의 감항성 및 인명안전과 관련하여 국제적으로 발효된 국제협약(國際協約)에 따른 해양수산부장관의 검사(이하 "국제협약검사"라)를 받아야 한다(법 제12조 제1항).
② 해양수산부장관은 국제협약검사에 합격한 선박에 대하여 해양수산부령으로 정하는 사항과 검사기록을 기재한 국제협약검사증서(國際協約檢査證書)를 교부하여야 한다(제2항).
③ 해양수산부장관은 제2항의 규정에 따라 교부한 국제협약검사증서의 소유자가 제1항에서 규정된 국제협약을 위반한 경우에는 해당증서를 회수(回收)하거나 효력정지 또는 취소할 수 있다(제3항).
④ 해양수산부장관은 외국정부(外國政府)로부터 국제협약검사증서의 교부요청이 있는 때에는 해당 외국선박에 대하여 제1항의 규정에 따른 국제협약검사를 한 후 국제협약검사증서를 교부할 수 있다.
⑤ 제1항 내지 제3항의 규정에 따른 국제협약검사의 종류, 국제협약검사증서의 교부·회수·효력정지·취소 및 국제협약 위반에 대한 조사방법 등에 관하여 필요한 사항은 해양수산부령으로 정한다(제5항).

즉, 국제협약검사의 종류는 다음과 같다(규칙 제24조).
㉠ 최초검사 : 최초로 국제항해에 사용하는 경우 받게 되는 검사
㉡ 정기검사 : 국제협약검사증서의 유효기간이 끝난 경우 받게 되는 검사
㉢ 중간검사 : 국제협약검사증서의 두 번째 검사기준일 또는 세 번째 검사기준일 전후의 3개월 이내에 받게 되는 검사
㉣ 연차검사 : 국제협약검사증서의 매 검사기준일 전후의 3개월 이내(제3호의 중간검사를 받는 연도의 검사기준일은 제외한다)에 받게 되는 검사
㉤ 임시검사 : 국제항해에 취항하는 선박으로서 제21조 제2항 각 호 및 제3항 각호의 사유가 발생하여 받게 되는 검사

7. 특별검사 및 재검사 등

1) 특별검사

① 해양수산부장관은 선박안전과 관련하여 대형 해양사고가 발생한 경우 또는 유사사고(類似事故)가 지속적으로 발생한 경우에는 해양수산부령이 정하는 바에 따라 관련되는 선박의 구조·설비 등에 대하여 검사(이하 "특별검사"라 한다)를 할 수 있다(법 제71조 제1항).

즉, 해양수산부장관은 법 제71조 제1항에 따라 대형 해양사고 또는 유사사고의 지속적 발생 등으로 그 선박의 구조·설비 등이 법 제26조에 따른 선박시설기준에 적합하지 아니하게 된 것으로 인정하여 검사대상으로 공고(公告)한 선박에 대하여 특별검사(特別檢査)를 하여야 한다(규칙 제92조 제1항).

② 제1항에 따른 공고(公告)에는 다음의 사항이 포함되어야 한다(제2항).
  ㉠ 검사대상 선박의 범위
  ㉡ 검사사항
  ㉢ 검사기간
  ㉣ 검사준비사항
  ㉤ 그 밖에 특별검사에 필요한 사항

③ 제1항에 따라 특별검사의 대상이 된 선박소유자는 별지 제4호 서식의 선박검사신청서에 다음의 서류를 첨부하여 해양수산부장관에게 제출하여야 한다.
  ㉠ 선박검사증서
  ㉡ 제2항에 따른 공고에 포함된 특별검사에 관련되는 서류 또는 도면

④ 영 제19조에 따른 항해정지명령서 또는 시정·보완명령서의 서식은 다음과 같다.
  ㉠ 항해정지명령서 : 별지 제82호 서식
  ㉡ 시정·보완명령서 : 별지 제83호 서식

2) 재검사 등

① 제60조 제1항·제2항(제61조의 규정에 따라 해양수산부장관이 직접 수행하거나 해양수산부장관으로부터 지정받은 자가 대행하는 경우를 포함한다), 제63조 제1항, 제64조 제1항 및 제65조 제1항의 규정에 따라 대행검사기관으로부터 검사·검정 및 확인을 받은 자가 그 결과에 대한 불복이 있는 때에는 그 결과에 관한 통지를 받은 날부터 90일 이내에 그 사유를 갖추어 해양수산부장관에게 재검사(再檢査)·재검정 및 재확인을 신청할 수 있다(법 제72조 제1항).

즉, 법 제72조 제1항에 따라 재검사·재검정(再檢定) 및 재확인을 신청하려는 자는 별지 제84호 서식의 재검사(재검정, 재확인)신청서를 관할 지방해양수산청장에게 제출하여야 한다(규칙 제93조 제1항). 지방해양수산청장은 제1항에 따른 신청이 이유 없

다고 인정하거나 신청인이 법 제15조 제2항에 따른 허가를 받지 아니하고 관계 부분의 원상(原狀)을 변경한 경우에는 재검사·재검정 및 재확인을 아니 할 수 있다. 지방해양수산청장은 제1항에 따른 신청이 이유 있다고 인정하는 경우에는 법 제72조 제2항에 따른 소속 공무원을 현장에 파견하여 재검사·재검정 및 재확인과 필요한 조치를 하도록 하여야 한다.

② 법 제72조 제1항의 규정에 따라 재검사·재검정 및 재확인의 신청을 받은 해양수산부장관은 소속공무원으로 하여금 재검사 등을 직접 행하게 하고 그 결과를 신청인에게 60일 이내에 통보하여야 한다. 다만, 부득이한 사정이 있는 때에는 30일 이내의 범위에서 통보시한(通報時限)을 연장할 수 있다.

③ 대행검사기관의 검사·검정 및 확인에 대하여 불복(不服)이 있는 자는 제1항 및 제2항의 규정에 따른 재검사·재검정 및 재확인의 절차를 거치지 아니하고는 행정소송을 제기할 수 없다. 다만, 「행정소송법」 제18조 제2항 및 제3항의 규정에 해당되는 경우에는 그러하지 아니하다.

8. 예비검사

① 해양수산부장관이 지정하여 고시하는 선박용물건 또는 소형선박의 선체를 제조·개조·수리·정비 또는 수입하고자 하는 자는 선박용물건이 선박에 설치되기 전에 해양수산부장관이 정하여 고시하는 기준에 따라 해양수산부장관의 검사(이하 "예비검사"라 한다)를 받을 수 있다. 이 경우 예비검사의 절차에 관하여 필요한 사항은 해양수산부령으로 정한다(법 제22조 제1항).

② 제1항의 규정에 따른 예비검사를 받고자 하는 자는 해양수산부령이 정하는 바에 따라 해당 선박용물건 또는 소형선박의 선체의 도면에 대하여 해양수산부장관의 승인을 얻어야 한다. 이 경우 제13조 제2항의 규정은 예비검사의 도면에 대한 승인의 표시에 관하여 이를 준용한다.

③ 해양수산부장관은 제1항의 규정에 따라 예비검사에 합격한 선박용물건 또는 소형선박의 선체에 대하여 해양수산부령이 정하는 예비검사증서를 발급하여야 한다. 이 경우 당해 선박용물건에 대하여는 합격을 나타내는 표시를 별도로 하여야 한다.

④ 제1항의 규정에 따른 예비검사에 합격한 선박용물건 또는 소형선박의 선체(船體)에 대하여는 건조검사 또는 선박검사 중 최초로 실시하는 검사는 이를 합격한 것으로 본다.

⑤ 제14조 제1항의 규정은 예비검사의 준비에 관하여 이를 준용한다. 이 경우 제14조 제1항 중 "건조검사 및 선박검사"는 "예비검사"로 본다.

[별표 7] 해당 선박의 검사종류별 관련 도면(제29조 제1항 관련)

1. 건조(별도건조)검사 관련 도면
 가. 선박길이 12미터 미만인 선박(여객선은 제외한다)
  1) 일반배치도 또는 선박의 길이, 너비, 깊이, 최대 승선인원, 격벽위치, 기관의 종류 및 출력 등이 기재된 제작사의 카달로그
  2) 강재배치도 또는 재료배치도
  3) 중앙횡단면도
  4) 강도계산서(강화플라스틱 재질인 선박은 선체판두께측정 등에 의한 강도계산서를 말하고, 2) 및 3)의 도면을 제출할 수 없는 경우로 한정한다)
 나. 선박길이 12미터 이상 24미터 미만인 선박(여객선은 제외한다)
  1) 건조사양서(별도 건조검사 대상 선박은 제외한다)
  2) 일반배치도
  3) 선체선도(만재흘수선 표시 및 복원성기준 대상 선박으로 한정한다)
  4) 배수량등곡선도(만재흘수선 표시 및 복원성기준 대상 선박으로 한정한다)
  5) 중앙횡단면도
  6) 강재배치도 또는 재료배치도
  7) 외판전개도(강선과 알루미늄선으로 한정한다)
  8) 기관실전체장치도
  9) 흘수표배치도(복원성자료 승인대상 선박으로 한정한다)
  10) 제개구폐쇄장치도(만재흘수선 지정 선박으로 한정한다)
  11) 전기계통도(동시에 사용하는 발전기 합계용량이 50kVA 이상인 것으로 한정한다)
 다. 여객선 및 선박길이 24미터 이상인 선박
  1) 나목의 도면
  2) 구조 및 배치를 나타내는 설계도면
   가) 선체
    (1) 선체구조도(선체 형상이 단순한 상자형 구조인 부선은 제외한다)
     (가) 상갑판하 선체구조도(별도건조 검사 대상 선박은 제외한다)
     (나) 선미재 및 스트러트 구조도
     (다) 선루 및 갑판실 구조도(별도건조 검사 대상 선박은 제외한다)
     (라) 램프게이트 구조도
     (마) 화물창코밍 및 덮개구조도
    (2) 타(舵)구조도
    (3) 삭제 <2009.2.13>
    (4) 손상제어도 및 화재제어도(해당 선박으로 한정한다)
    (5) 방화구조도 및 방화용재료표(해당 선박으로 한정한다)
    (6) 돛대의 기초부 구조도(범선으로 한정한다)
    (7) 돛대의 강도계산서(범선으로 한정한다)
   나) 기관
    (1) 축계장치도
    (2) 제관장치도(갑판배관장치를 포함한다)
    (3) 냉동기기배치도, 열부하계산서 및 이에 따른 배관도(해당 선박으로 한정한다)
    (4) 비틀림진동계산서(중간축구조도, 프로펠러축구조도, 프로펠러구조도 및 계산 관련 자료를 포함하며 해당 선박으로 한정한다)
   다) 조타 · 계선 및 양묘 설비(별도건조 검사 대상 선박은 제외한다)
    (1) 조타장치도(해당 선박으로 한정한다)
    (2) 양묘설비장치도(무간묘를 비치하는 선박으로 한정하며 양묘설비, 호스파이프, 체인스토퍼, 체인파이프 등의 배치를 나타내는 것을 말한다)
   라) 구명설비
    구명설비배치도(각종 구명설비의 위치, 탈출경로, 신호장치 등을 나타내는 것. 국제항해에 취항하는 선박 또는 연해구역 이상을 항해구역으로 하는 여객정원 36명 이상인 여객선으로 한정한다)
   마) 소방설비
    소방설비배치도(각종 소방설비의 위치, 용량, 수량 등을 나타내는 것. 국제항해에 취항하는 선박 또는 연해구역 이상을 항해구역으로 하는 여객정원 36명 이상의 여객선으로 한정한다)

바) 거주설비
객석 · 출입구 · 통로 · 계단 등의 배치도(여객선으로 한정한다)
사) 위험물이나 그 밖의 특수화물의 적부설비
(1) 위험물 적부설비(관련 지지구조, 배관장치, 통풍장치, 불활성가스장치, 측정장치, 제어장치, 감시장치를 포함한다)의 사양서, 배치도, 구조도, 용접시공요령서, 강도계산서, 위험구역배치도, 그 밖에 필요하다고 인정하는 서류(위험물산적운송선으로 한정한다)
(2) 펌핑장치도(유조선과 위험물산적운송선으로 한정한다)
(3) 화물적재고박지침서(해당 선박으로 한정한다)
아) 하역이나 그 밖의 작업설비
하역장치 배치 및 구조도(강도계산서 포함하며 해당 선박으로 한정한다)
자) 전기설비
(1) 전력조사표(동시에 사용하는 발전기 합계용량이 50kVA 이상인 것으로 한정한다)
(2) 전기기기 배치도(동시에 사용하는 발전기 합계용량이 50kVA 이상인 것으로 한정한다)
(3) 선등배치도(전기기기배치도에 포함시킬 수 있다)

2. 정기검사 관련 도면
가. 제1호의 도면
나. 만재흘수선(목재만재흘수선 및 구획만재흘수선은 제외한다)에 관한 검사를 받는 선박의 경우에는 다음의 도면(금속제 외판이 있는 선박은 늑골의 외면, 그 밖의 외판이 있는 선박은 외판의 외면에 대한 도면을 말한다)
1) 선체선도
2) 최상층의 전통갑판까지의 각 흘수에 대한 전배수량 및 매 1센티미터의 배수량을 나타내는 곡선도 또는 표
다. 목재만재흘수선에 관한 검사를 받는 선박은 갑판에 적재하는 목재화물의 적재에 필요한 장치의 구조 및 배치를 나타내는 도면
라. 구획만재흘수선에 관한 검사를 받는 선박의 경우에는 다음의 서류 또는 도면
1) 한계선까지의 각 흘수에 대한 부력의 중심으로부터 종메타센터 및 횡메타센터까지의 높이를 나타내는 곡선도 또는 표
2) 한계선까지의 각 흘수에 대한 부면심으로부터 선체 중앙까지의 거리를 나타내는 곡선도 또는 표
3) 각 횡단면의 한계선까지의 면적을 나타내는 곡선도 또는 표
4) 가허장의 계산서
5) 가허장을 나타내는 곡선도 또는 표
6) 한계선까지의 각 흘수에 대한 각 스퀘어스테이션마다의 면적 및 기선으로부터 그 면적의 중심까지의 높이를 나타내는 곡선도 또는 표
7) 손상 시의 복원성 계산서
8) 교차침수설비의 배치도
마. 복원성시험을 받는 선박은 다음의 서류 또는 도면
1) 배수량등곡선도 또는 표
2) 복원력교차곡선도 또는 표
3) 해수유입각곡선도 또는 표
4) 계획중량중심트림계산서
바. 하역장치에 관한 검사를 받는 선박은 강력계산서(역선도를 포함한다)
사. 잠수설비에 관한 검사를 받는 선박은 다음의 서류 또는 도면
1) 잠수설비의 강도계산서 및 부력계산서
2) 잠수설비의 급기장치, 배기장치 및 전기설비를 나타내는 도면
3) 잠수설비의 사용재료를 나타내는 서류
4) 잠수설비의 사용방법을 나타내는 서류
아. 승강설비에 관한 검사를 받는 선박은 다음의 서류
1) 승강설비의 강력계산서
2) 승강설비의 사용재료를 나타내는 서류
3) 승강설비의 사용방법을 나타내는 서류
자. 컨테이너설비에 관한 검사를 받는 선박은 그 사용재료를 나타내는 서류

3. 임시검사 관련 도면
가. 규칙 제21조제2항에 따른 개조 또는 수리를 하려는 선박은 그 개조 또는 수리와 관계있는 제1호 각 목의 해당 도면

나. 규칙 제21조제3항제1호에 따른 선박용물건을 새로 설치하려는 선박은 제1호 각 목의 해당 도면
다. 규칙 제21조제3항제1호에 따른 선박용물건을 변경하려는 선박은 그 변경과 관계있는 제1호 각 목의 해당 도면
라. 새로 만재흘수선(목재만재흘수선과 구획만재흘수선은 제외한다)에 관한 검사를 받으려는 선박은 다음의 도면
1) 종통판 각조의 너비가 적혀 있는 선체중앙횡단면도
2) 선체중심선종단면의 모든 구조부재의 배치도
3) 갑판 및 창내평면의 모든 구조부재의 배치도
4) 갑판평면도
5) 제2호나목에 따른 도면
마. 새로 목재만재흘수선에 관한 검사를 받으려는 선박은 제2호다목에 따른 도면
바. 새로 구획만재흘수선에 관한 검사를 받으려는 선박은 제2호라목에 따른 서류 또는 도면
사. 만재흘수선(목재만재흘수선과 구획만재흘수선을 포함한다)의 위치를 변경하려는 선박은 라목부터 바목까지에 따른 서류 또는 도면 중 그 변경과 관계있는 서류 또는 도면
아. 새로 하역장치에 관한 검사를 받으려는 선박은 다음의 서류 또는 도면
1) 하역장치 배치도
2) 하역장치 구조도
3) 제2호바목에 따른 서류
자. 하역장치를 변경하려는 선박은 아목에 따른 서류 중 그 변경과 관계있는 서류 또는 도면
차. 새로 잠수설비에 관한 검사를 받으려는 선박은 제2호사목에 따른 서류 또는 도면
카. 잠수설비를 변경하려는 선박은 차목에 따른 서류 중 그 변경과 관계있는 서류 또는 도면
타. 새로 승강설비에 관한 검사를 받으려는 선박은 다음의 서류 또는 도면
1) 승강설비배치도
2) 승강설비의 구조도
3) 제2호 아목에 따른 서류
파. 승강설비를 변경하려는 선박은 타목에 따른 서류 중 그 변경과 관계있는 서류 또는 도면
하. 새로 컨테이너설비에 관한 검사를 받으려는 선박은 제2호자목에 따른 서류
거. 새로 복원성시험을 받으려는 선박은 다음의 서류 또는 도면
1) 일반배치도
2) 선체중앙횡단면도
3) 개구상세도
4) 선체선도
5) 제2호마목에 따른 서류 또는 도면
너. 복원성과 관계있는 사항을 변경하려는 선박은 거목에 따른 서류 중 그 변경과 관계있는 서류 또는 도면
4. 예비검사 관련 도면
가. 선박길이 12미터 미만인 선박의 선체
1) 일반배치도
2) 선체선도
3) 중앙횡단면도
4) 재료배치도
나. 내연기관
1) 조립횡단면도 및 조립종단면도
2) 실린더헤드, 실린더라이너, 피스톤쿨링재킷구조도
3) 크랭크축(평형추 및 볼트, 커플링볼트를 포함한다) 구조도
4) 피스톤, 크로스헤드, 피스톤로드 및 연접봉 조립도(볼트를 포함한다)
5) 연료분사관 및 피복장치도
6) 제관장치도(연료유, 윤활유, 냉각유, 냉각수, 공기 및 유압의 각 계통을 포함하여 관의 재질, 치수, 사용압력 등을 기입한 것을 말한다)
7) 베드 및 스러스터블록과 기관대와의 거치상세도(주기관으로 한정한다)
8) 크랭크실 도출밸브의 구조 및 배치도(해당하는 것으로 한정한다)
9) 소기용송풍기 또는 배기터빈과급기의 조립단면도
10) 기관 주요 요목(종류, 형식, 연속최대출력, 연속최대회전수, 착화순서, 실린더내최대압력, 도시평균유효압력, 정미평균유효압력, 각 실린더의 왕복운동부의 질량, 플라이휠의 중량 및 지름, 평형추의 질량,

회전반지름 및 부착위치, 배기터빈과급기의 사양 등)을 적은 것
11) 주요 부품의 재료 및 강도계산서
12) 기관진동에 관한 자료(해당하는 것으로 한정한다)
13) 수입신품 및 조립완성품의 내연기관(선내외기와 선외기는 제외한다)은 1), 7), 10), 12) 및 정비지침서로 한정한다. 다만, 필요한 경우 주요 부품의 재료 및 강도계산서의 제출을 요구할 수 있다.
14) 22 ㎾ [30 PS] 미만의 기관은 1) 및 11)로 한정한다.

다. 가스터빈
1) 조립단면도
2) 터빈케이싱, 터빈로터 및 블레이드의 구조도
3) 터빈 및 보조 컴프레서의 거치상세도
4) 노즐 배치 및 노즐 상세도
5) 제관장치도(연료유, 윤활유, 냉각수, 공기 및 유압의 각 계통을 포함하여 관의 재질, 치수 및 사용압력 등을 적어 넣은 것을 말한다)
6) 제어 및 안전장치계통도
7) 가스터빈의 주요 요목, 주요 부품의 재료, 주요 부품의 강도계산 및 축계 비틀림진동에 관한 자료

라. 선외기(원동기와 프로펠러축 및 조향장치를 포함하는 드라이브 유니트가 일체형으로 된 것으로서 원동기는 선체 내부에, 드라이브 유니트는 선체 외부에 있는 기관을 포함한다)
1) 기관 주요 요목
2) 외형도
3) 거치도
4) 정비지침서 또는 정비표준서

마. 보일러
1) 기기배치도 및 전체조립도
2) 동체, 노통 및 헤더 등의 상세도 및 노즐상세도
3) 배관의 배열 및 상세도(밸브의 배치, 관의 재질, 치수 및 사용압력 등을 기입한 것을 말한다)
4) 공기예열기, 보일러부착품장치도 또는 장치선도
5) 안전밸브의 조립도
6) 자동제어 및 원격제어계통도
7) 보일러의 주요 요목, 주요 재료 및 강도계산에 관한 자료

바. 압력용기
1) 전체조립도
2) 동체 및 헤더 등의 상세도
3) 안전밸브의 조립도
4) 자동제어 및 원격제어 계통도
5) 압력용기의 주요 요목, 주요부품의 재료 및 강도계산에 관한 자료
6) 제3종 압력용기는 1) 및 5)로 한정한다.

사. 공기압축기(수동식이 아닌 것으로 한정한다)
1) 조립단면도 및 크랭크축 상세도
2) 제어 및 안전장치계통도
3) 제관장치도(윤활유, 냉각수 및 압축공기의 각 계통을 포함하여 관의 재질, 치수 및 사용압력 등을 기입한 것을 말한다)
4) 공기압축기의 주요 요목, 주요 부품의 재료 및 강도계산에 관한 자료

아. 축계장치
1) 전체조립도 또는 축계장치도
2) 추력축, 중간축, 프로펠러축 및 동력전달축의 구조도
3) 커플링 및 커플링볼트 구조도
4) 선미관, 선미관베어링, 스트럿베어링 및 선미관실장치구조도
5) 프로펠러 구조 및 상세도
6) 주요 부품의 재료, 주요부품의 강도계산에 관한 자료
7) 비틀림진동계산서(해당하는 것으로 한정한다)

자. 축계의 클러치, 역전기, 유체 커플링 또는 탄성 커플링
1) 조립단면도
2) 주요 부분의 구조도

3) 각 장치의 주요 요목, 주요 부품의 재료 및 강도계산에 관한 자료

차. 감속장치

1) 조립단면도
2) 각 기어, 기어축, 플렉시블 커플링, 플렉시블 축 등 주요 부분의 구조도
3) 감속기어장치의 주요 요목, 주요 부품의 재료 및 강도계산에 관한 자료

카. 아웃드라이버 및 러더프로펠러장치

1) 조립단면도
2) 주요 요목, 주요 부품의 재료, 주요 부품의 강도계산에 관한 자료

타. 워터제트추진장치

1) 조립단면도
2) 임펠러, 주축, 물흡입관로부, 노즐, 디플렉터, 리버서의 구조도
3) 주요 요목, 주요 부품의 재료, 주요 부품의 강도계산에 관한 자료
4) 비틀림진동계산서(해당하는 것으로 한정한다)

파. 펌프류

1) 조립단면도
2) 주요 요목, 주요 부품의 재료, 주요 부품의 강도계산에 관한 자료

하. 액량측정장치, 유량계, 유가열기

1) 조립단면도
2) 주요 요목, 주요 부품의 재료에 관한 자료

거. 관 및 밸브류

1) 구조를 나타내는 도면
2) 주요 요목, 주요 부품의 재료, 사용유체 · 압력 · 온도에 대한 강도계산에 관한 자료

너. 원격제어장치

1) 원격제어 및 안전장치계통도
2) 제어반의 조립단면도 및 결선도

더. 유압조타장치

1) 기기배치도 및 전체조립도
2) 조정 및 안전장치계통도
3) 제관장치목록표
4) 조타장치의 주요 요목, 취급설명서, 주요 부품의 재료 및 강도계산에 관한 자료

러. 구명정 · 구조정 · 구명뗏목의 데빗

1) 전체구조도(주요재료 내용을 포함한다)
2) 하중에 대한 강력계산서

머. 윈치

1) 기기배치도 및 전체조립도
2) 조정 및 안전장치계통도
3) 제관장치도(관의 재질, 치수 및 사용압력 등을 적어 넣은 것을 말한다)
4) 하중에 대한 강력계산서
5) 윈치의 주요 요목, 취급설명 및 주요 부품의 재료의 사양

버. 구명정 또는 구조정

1) 선체선도
2) 재료배치도

서. 발전기 또는 전동기

1) 전체조립도
2) 내부접속도
3) 회전축상세도
4) 발전기 또는 전동기의 주요 요목, 특성 및 축재료의 사양

어. 변압기

1) 전체조립도
2) 내부접속도
3) 변압기의 주요 요목 및 특성자료

저. 배전반 또는 제어기

1) 전체조립도

2) 내부접속도
3) 배전반 또는 제어기의 주요 요목 및 특성자료
처. 냉동장치
1) 제어 및 안전장치계통도
2) 냉매압축기의 조립단면도 및 크랭크축 상세도
3) 냉동기의 주요 요목, 주요 부품의 재료 및 강도계산에 관한 자료
커. 선회식 추진장치
1) 조립단면도와 관장치도
2) 축계, 조타장치, 기어, 축 커플링 및 커플링 볼트의 구조도
3) 베어링 사양
4) 비틀림진동계산서(해당하는 것으로 한정한다)
5) 주요 요목, 주요 부품의 재료, 주요 부품의 강도계산에 관한 자료
터. 사이드 스러스터
1) 사이드 스러스터의 전체장치도
2) 조립단면도
3) 제어기구 계통도
4) 축계 및 시일장치도
5) 주요 요목(구동 원동기의 종류, 출력 및 회전수, 용량 등을 기재한 것), 주요 부품의 재료, 주요 부품의 강도계산에 관한 자료
퍼. 그 밖의 설비
1) 설비의 구조를 나타내는 도면
2) 설비의 주요 요목, 재료 및 강도가 요구되는 것은 강도계산에 관한 자료

9. 도면의 승인 등

① 제7조(건조검사) 내지 제10조(임시검사)의 규정에 따라 건조검사·정기검사·중간검사·임시검사를 받고자 하는 자는 해당 선박의 도면(圖面)에 대하여 해양수산부령이 정하는 바에 따라 미리 해양수산부장관의 승인을 얻어야 한다. 승인을 얻은 사항에 대하여 변경하고자 하는 경우에도 또한 같다(법 제13조 제1항).

② 해양수산부장관은 제1항의 규정에 따라 승인요청을 받은 도면이 제26조(선박시설의 기준) 내지 제28조(복원성의 유지)의 규정에 따른 기준에 적합한 때에는 이를 승인하고 해양수산부령으로 정하는 사항을 해당 도면에 표시하여야 한다.

③ 제1항의 규정에 따라 해양수산부장관의 승인을 얻은 자는 승인을 얻은 도면과 동일하게 선박을 건조하거나 개조하여야 한다.

④ 선박소유자는 제1항의 규정에 따라 승인을 얻은 도면을 해양수산부령이 정하는 바에 따라 선박에 비치하여야 한다.

제4절 선박용물건 또는 소형선박의 형식 승인 등

1. 형식승인·검정 등

① 해양수산부장관이 정하여 고시하는 선박용물건 또는 소형선박을 제조하거나 수입하고자 하는 자가 해당 선박용물건 또는 소형선박에 대하여 제6항의 규정에 따라 검정

을 받고자 하는 때에는 미리 해양수산부장관의 형식에 관한 승인(이하 "형식승인"이라 한다)을 얻어야 한다(법 제18조 제1항).

② 제1항의 규정에 따른 형식승인(形式承認)을 얻고자 하는 자는 형식승인시험을 거쳐야 한다. 다만, 「산업표준화법(産業標準化法)」에 따른 검사에 합격한 선박용물건 또는 소형선박을 생산하는 등 해양수산부령이 정하는 경우에는 형식승인시험을 생략할 수 있다(제2항).

즉, 형식승인시험의 면제에 있어, 법 제18조 제2항 단서에서 "해양수산부령이 정하는 경우"란 다음의 경우를 말한다(규칙 제35조).

㉠ 형식승인시험의 전부 면제

- 형식승인 신청일 기준으로 과거 2년 동안 매년 1회 이상 법 제22조 제1항에 따른 예비 검사에 합격한 선박용물건
- 「산업표준화법」 제17조 제4항에 따른 인증을 받은 선박용물건으로서 선박시설기준에 적합한 선박용물건

㉡ 지정시험기관이 인정하는 경우 형식승인시험의 전부 또는 일부 면제

- 해당 형식승인시험 항목에 대하여 「국가표준기본법」 제23조에 따라 인정을 받은 시험・검사기관의 시험에 합격한 경우
- 해당 형식승인시험 항목에 대하여 국제공인시험기관으로 인정받은 시험・검사기관의 시험에 합격한 경우
- 형식승인을 받은 선박용물건의 일부 요건을 변경하여 추가로 형식승인을 받거나 형식을 변경하는 경우

③ 해양수산부장관은 제2항의 규정에 따른 형식승인시험(形式承認試驗)을 담당하는 시험기관(이하 "지정시험기관"이라 한다)을 대통령령이 정하는 바에 따라 지정・고시하여야 한다.

④ 형식승인을 얻은 자가 그 내용을 변경하고자 하는 경우에는 해양수산부장관으로부터 변경승인을 얻어야 한다. 이 경우 선박용물건 또는 소형선박의 성능에 영향을 미치는 사항을 변경하는 때에는 해당 변경부분에 대하여 제2항의 규정에 따른 형식승인시험을 거쳐야 한다(법 제18조 제4항).

⑤ 제1항의 규정에 따른 형식승인을 얻은 자와 제3항의 규정에 따른 지정시험기관은 형식승인시험에 합격한 선박용물건을 보관하여야 한다. 이 경우 제4항의 규정에 따른 변경승인을 얻은 경우에도 또한 같다.

⑥ 제1항 및 제4항의 규정에 따라 형식승인 또는 변경승인을 얻은 자는 당해 선박용물건 또는 소형선박에 대하여 해양수산부장관이 정하여 고시하는 검정기준에 따라 해양수산부장관의 검정을 받아야 한다. 이 경우 검정에 합격한 당해 선박용물건 또는 소형선박에 대하여는 건조검사 또는 선박검사 중 최초로 실시하는 검사는 이를 합격한 것으로 본다.

⑦ 해양수산부장관은 검정에 합격한 선박용물건 또는 소형선박에 대하여 검정증서(檢定證書)를 교부하고, 당해 선박용물건에는 검정에 합격하였음을 나타내는 표시를 하여야 한다(제7항).

⑧ 제1항 내지 제7항의 규정에 따른 형식승인의 절차, 형식승인을 얻은 자 및 지정시험기관에 대한 지도·감독, 선박용물건의 보관범위, 검정증서의 서식·교부 등에 관한 사항은 해양수산부령으로 정하고, 제2항의 규정에 따른 형식승인시험의 기준은 해양수산부장관이 정하여 고시한다.

2. 형식승인의 취소 등

① 해양수산부장관은 형식승인을 얻은 자가 다음의 하나에 해당하는 때에는 그 형식승인(形式承認)을 취소(取消)하거나 6개월 이내의 기간을 정하여 그 효력을 정지(停止)시킬 수 있다. 다만, 제1호 내지 제3호에 해당하는 때에는 이를 취소하여야 한다(법 제19조 제1항).

㉠ 거짓 그 밖의 부정한 방법으로 형식승인 또는 그 변경승인을 얻은 때(제1호)

㉡ 거짓 그 밖의 부정한 방법으로 검정을 받은 때

㉢ 제조 또는 수입한 선박용물건 또는 소형선박이 제26조의 규정에 따른 선박시설기준에 적합하지 아니하게 된 때(제3호)

㉣ 정당한 사유 없이 2년 이상 계속하여 해당 선박용물건 또는 소형선박을 제조하거나 수입하지 아니한 때

㉤ 제75조의 규정에 따른 보고·자료제출명령을 거부한 때

② 해양수산부장관은 제18조 제3항의 규정에 따른 지정시험기관이 다음의 하나에 해당하는 때에는 그 지정을 취소하거나 6개월 이내의 기간을 정하여 그 효력을 정지시킬 수 있다. 다만, 제1호 내지 제3호에 해당하는 때에는 이를 취소하여야 한다(법 제19조 제2항).

㉠ 거짓 그 밖의 부정한 방법으로 지정을 받은 때(제1호)

㉡ 시험에 관한 업무를 더 이상 수행하지 아니하는 때

㉢ 제18조 제3항의 규정에 따른 지정시험기관의 지정기준에 미달하게 된 때(제3호)

㉣ 형식승인시험의 오차·실수·누락 등으로 인하여 공신력을 상실하였다고 인정되는 때

㉤ 정당한 사유 없이 형식승인시험의 실시를 거부한 때

㉥ 형식승인시험과 관련하여 부정한 행위를 하거나 수수료를 부당하게 받은 때

③ 제1항 및 제2항의 규정에 따른 형식승인의 취소·정지 및 지정시험기관의 취소·정지의 절차 등에 관한 사항은 해양수산부령으로 정한다(제3항).

즉, 법 제19조 제3항에 따른 형식승인 및 지정시험기관의 취소와 효력정지 처분의 기준은 별표 19와 같다(규칙 제46조 제1항). 지방해양수산청장(지정시험기관에 관한 경우에는 해양수산부장관을 말한다. 이하 이 조에서 같다)은 위반행위의 동기, 내용

및 횟수 등을 고려하여 제1항에 따른 효력정지의 기간을 2분의 1의 범위에서 가중(加重)하거나 감경(減輕)할 수 있다. 이 경우 가중한 기간을 합산한 기간은 6개월을 초과할 수 없다(규칙 제46조 제2항).

지방해양수산청장은 제1항과 제2항에 따라 취소 또는 효력정지(效力停止) 처분을 한 경우에는 지체없이 그 사실을 고시하여야 한다.

3. 지정사업장의 지정 및 지정사업자의 지정취소 등

1) 지정사업장의 지정

① 해양수산부장관이 정하여 고시하는 선박용물건 또는 소형선박을 제조(製造) 또는 정비(整備)하는 자는 해당사업장에 대하여 해양수산부장관으로부터 지정제조사업장 또는 지정정비사업장(이하 "지정사업장"이라 한다)으로 지정받을 수 있다(법 제20조 제1항).

② 제1항의 규정에 따라 지정사업장으로 지정받고자 하는 자는 그 시설·설비, 제조·정비의 기준, 자체검사기준 및 인력 등에 대하여 해양수산부령이 정하는 기준에 따라 해양수산부장관의 승인을 얻어야 한다. 승인을 얻은 사항을 변경하고자 하는 때에도 또한 같다.

③ 제1항의 규정에 따라 해양수산부장관이 지정한 지정사업장에서 제조 또는 정비하여 제2항의 규정에 따른 자체검사기준에 합격한 선박용물건 또는 소형선박에 대하여는 건조검사 또는 선박검사 중 최초로 실시하는 검사는 이를 합격한 것으로 본다. 다만, 해양수산부장관이 정하여 고시하는 선박용물건 또는 소형선박에 대하여는 해양수산부장관으로부터 직접 확인을 받은 경우에 한하여 동 검사에 합격한 것으로 본다(제3항).

④ 제3항의 규정에 따라 자체검사기준에 합격한 선박용물건 또는 소형선박에 대하여 지정사업장이 직접 합격증서를 발행하고, 해당 선박용물건에는 자체검사에 합격하였음을 나타내는 표시를 하여야 한다. 다만, 제3항 단서의 규정에 따라 해양수산부장관으로부터 직접 확인을 받아야 하는 선박용물건 또는 소형선박에 대하여는 해양수산부장관이 확인서를 발급하고, 해당 선박용물건에는 확인을 나타내는 표시를 하여야 한다.

⑤ 해양수산부장관은 제1항의 규정에 따라 지정사업장을 지정한 때에는 제2항의 규정에 따라 승인을 얻은 내용대로 제조·정비 및 운용·관리되고 있는지 지도·감독하여야 한다(제5항).

⑥ 제1항 내지 제5항의 규정에 따른 지정사업장의 지정절차, 지정사업장의 적합 여부에 대한 확인절차, 합격증서·확인서의 서식·교부 및 지정사업장에 대한 지도·감독 등에 관하여 필요한 사항은 해양수산부령으로 정한다.

2) 지정사업장의 지정취소 등

① 해양수산부장관은 지정사업장의 지정을 받은 자가 다음의 하나에 해당하는 때에는 그 지정을 취소하거나 6개월 이내의 기간을 정하여 그 효력(效力)을 정지시킬 수 있다.

다만, 제1호 및 제2호에 해당하는 때에는 이를 취소(取消, revocation)하여야 한다(법 제21조 제1항).

㉠ 거짓 그 밖의 부정한 방법으로 지정사업장의 지정을 받은 때(제1호)

㉡ 제조하거나 정비한 선박용물건 또는 소형선박이 제26조의 규정에 따른 선박시설기준에 적합하지 아니하게 된 때

㉢ 유효기간이 경과한 선박용물건을 판매한 때

㉣ 정당한 사유없이 1년 이상 계속하여 당해 선박용물건 또는 소형선박을 제조하거나 정비하지 아니한 때

㉤ 당해 사업장이 제20조 제2항의 규정에 따른 지정기준에 미달하게 된 때

㉥ 부정한 방법으로 제20조 제3항 단서의 규정에 따른 확인을 받은 때

㉦ 제75조의 규정에 따른 보고·자료제출명령을 거부한 때

② 제1항의 규정에 따라 지정사업장의 지정이 취소된 자는 지정이 취소된 날부터 1년간 지정사업장으로 지정될 수 없다.

③ 제1항의 규정에 따른 지정사업장의 지정취소 및 그 절차 등에 관하여 필요한 사항은 해양수산부령으로 정한다(제3항).

즉, 지정사업장의 지정취소 및 효력정지에 있어, 법 제21조 제3항에 따른 지정사업장의 지정취소 및 효력정지 처분의 기준은 별표 23과 같다(규칙 제53조 제1항).

지방해양수산청장은 위반행위의 동기, 내용 및 횟수 등을 고려하여 제1항에 따른 효력정지기간을 2분의 1의 범위에서 가중(加重)하거나 감경(減輕)할 수 있다. 이 경우 가중한 기간을 합산한 기간은 6개월을 초과할 수 없다(제2항).

지방해양수산청장은 제1항과 제2항에 따라 지정취소 또는 효력정지 처분을 한 경우에는 지체 없이 그 사실을 고시하여야 한다.

제5절 컨테이너의 형식 승인 등

1. 컨테이너의 형식승인 및 검정 등

① 선박에 적재되어 화물운송에 사용되는 컨테이너의 경우 그 바닥의 면적이 해양수산부령이 정하는 면적(面積) 이상인 컨테이너를 제조하고자 하는 자는 해양수산부장관으로부터 형식에 관한 승인(承認, 이하 "컨테이너형식승인"이라 한다)을 얻어야 한다(법 제23조 제1항).

즉, 컨테이너 형식승인 대상에 있어, 법 제23조 제1항에서 "해양수산부령이 정하는 면적 이상인 컨테이너"란 바닥면적이 7제곱미터(윗부분에 모서리끼움쇠가 없는 컨테이너인 경우에는 14제곱미터) 이상인 컨테이너를 말한다(규칙 제55조).

② 법 제1항의 규정에 따른 컨테이너형식승인을 얻고자 하는 자는 해양수산부장관이 지

정하여 고시하는 시험기관(이하 "컨테이너지정시험기관"이라 한다)의 형식승인시험을 거쳐야 한다(제2항).

③ 법 제1항 및 제2항의 규정에 따라 컨테이너형식승인을 얻은 자가 그 내용을 변경하고자 하는 경우에는 해양수산부장관으로부터 변경승인(變更承認)을 얻어야 한다. 이 경우 컨테이너의 성능에 영향을 미치는 사항을 변경하는 때에는 해당변경 부분에 대하여 제2항의 규정에 따른 별도의 형식승인시험을 거쳐야 한다(제3항).

④ 법 제1항 및 제3항의 규정에 따라 컨테이너형식승인 또는 그 변경승인을 얻은 자는 당해 컨테이너에 대하여 해양수산부장관이 정하여 고시하는 검정기준에 따라 해양수산부장관의 검정(이하 "컨테이너검정"이라 한다)을 받아야 한다. 이 경우 해양수산부장관은 컨테이너검정에 합격한 컨테이너에 대하여는 컨테이너검정증서를 교부하여야 한다.

⑤ 컨테이너의 제조자는 제3항의 규정에 따라 컨테이너검정에 합격한 컨테이너에 컨테이너 형식승인을 얻었음을 나타내는 형식승인판(이하 "컨테이너형 식승인판"이라 한다)을 부착하여야 하며, 해양수산부장관은 동 컨테이너 형식승인판(形式承認板)에 컨테이너검정에 합격하였음을 나타내는 확인표시를 하여야 한다(제5항).

⑥ 해양수산부장관은 제1항의 규정에 따라 컨테이너형식승인을 얻은 자가 다음의 어느 하나에 해당하는 때에는 그 형식승인을 취소하거나 6개월 이내의 기간을 정하여 그 효력을 정지시킬 수 있다. 다만, 제1호에 해당하는 때에는 이를 취소하여야 한다(제6항).
   ㉠ 거짓 그 밖의 부정한 방법으로 컨테이너형식승인 또는 그 변경승인을 얻은 때(제1호)
   ㉡ 거짓 그 밖의 부정한 방법으로 컨테이너검정을 받은 때
   ㉢ 컨테이너형식승인 또는 그 변경승인을 얻은 후 2년 이상 계속하여 컨테이너를 제조(製造)하지 아니한 때

⑦ 제1항 내지 제6항의 규정에 따른 컨테이너형식승인 및 그 변경승인의 절차, 컨테이너지정시험기관의 지정기준 및 절차, 형식승인시험의 기준, 컨테이너형식승인을 얻은 자 및 컨테이너지정시험기관에 대한 지도 · 감독 등에 관하여 필요한 사항은 해양수산부령으로 정한다.

⑧ 선박소유자 또는 선장은 제5항의 규정에 따른 컨테이너형식승인판이 부착되지 아니한 컨테이너를 선박에 적재하여서는 아니 된다

2. 컨테이너의 안전점검 및 컨테이너의 사용금지 등

1) 컨테이너의 안전점검

① 컨테이너의 소유자는 해양수산부장관으로부터 자체 안전점검방법의 승인을 얻어 스스로 안전점검을 실시하여야 한다. 이 경우 컨테이너의 소유자는 안전점검업무를 수행하는 안전점검사업자로 하여금 이를 대행하게 할 수 있다(법 제24조 제1항).

② 제1항 후단의 규정에 따라 안전점검업무를 대행하는 자는 해양수산부령이 정하는 바에 따른 자격을 갖추어야 한다.

③ 제1항의 규정에 따른 안전점검의 기준・방법・승인절차, 안전점검사업자의 기준 및 안전점검 사업자에 대한 지도・감독 등에 관하여 필요한 사항은 해양수산부령으로 정한다.

2) 컨테이너의 사용금지 등

① 누구든지 제24조의 규정에 따른 컨테이너의 안전점검을 실시하지 아니한 컨테이너를 선박에 적재하여 해상화물운송에 사용하여서는 아니 된다(법 제25조 제1항).

② 누구든지 파손 · 부식 또는 균열이나 유해(有害)한 변형 등으로 인하여 인명과 선박의 안전에 위협이 될 수 있는 컨테이너를 발견하면 지체 없이 해양수산부장관에게 신고하여야 한다(제2항).

③ 해양수산부장관은 제2항의 규정에 따른 컨테이너를 발견하거나 또는 신고를 받은 때에는 해당컨테이너를 개방하고 이를 수리하거나, 컨테이너에 적재된 화물의 이적(移積) 또는 폐기(廢棄) 등 안전에 필요한 조치를 취할 수 있다(제3항).

④ 해양수산부장관은 제3항의 규정에 따른 조치에 소요된 비용을 컨테이너의 소유자에게 청구할 수 있다(제4항).

⑤ 해양수산부장관은 제4항의 규정에 따른 컨테이너의 소유자를 알 수 없거나 소재(素材)를 모르는 경우 해당컨테이너 및 적재된 화물을 공매(公賣, auction)하여 제3항의 규정에 따른 조치에 소요된 비용에 충당할 수 있다. 이 경우 비용에 충당하고 남은 금액이 있는 때에는 이를 공탁(供託, deposit)하여야 한다.

⑥ 제3항 내지 제5항의 규정에 따른 컨테이너 안전에 필요한 조치, 비용의 청구절차 및 충당 절차 등에 관하여 필요한 사항은 해양수산부령으로 정한다.

3. 컨테이너 형식승인의 신청

① 법 제23조 제7항에 따라 컨테이너 형식승인을 받으려는 자는 컨테이너의 형식별로 별지 제57호 서식의 컨테이너 형식승인 신청서를 지방해양수산청장(地方海洋水産廳長)에게 제출하여야 한다(규칙 제56조 제1항).

② 지방해양수산청장은 제1항에 따른 신청을 받은 경우에는 제58조 제4항에 따라 컨테이너지정시험기관이 지방해양수산청장에게 제출한 서류(전자문서를 포함한다)를 확인하고 이상이 없으면 별지 제58호 서식의 컨테이너 형식승인증서를 신청인에게 발급하여야 한다.

4. 컨테이너의 안전조치

① 지방해양수산청장이 법 제25조 제6항에 따라 컨테이너의 안전에 필요한 조치를 하려는 경우에는 「행정대집행법」 제3조, 제5조 및 제6조와 같은 법 시행령 제1조 및 제3조부터 제5조까지의 규정을 준용한다. 이 경우 해당 컨테이너의 소유자, 점유자 또는 이해관계인을 알 수 없거나 소재를 모르는 경우에는 다음의 사항을 해당 컨테이너가 방치된 현장에 7일간 공고한 후 법 제25조 제3항에 따른 조치를 할 수 있다(규칙 제67조 제1항).
   ㉠ 컨테이너의 종류 및 화물의 내용
   ㉡ 컨테이너가 소재하는 위치
   ㉢ 제거일시
   ㉣ 제거방법

② 지방해양수산청장은 제1항 전단에 따라 컨테이너 및 적재된 화물을 처분하는 경우 법 제25조 제5항에 따른 공매를 하되, 공매를 하려는 경우에는 다음의 사항을 14일 이상 공고하여야 한다.
   ㉠ 공매(公賣, public sale)할 컨테이너 및 적재화물의 종류 및 내용
   ㉡ 공매의 장소 및 일시
   ㉢ 입찰보증금(入札保證金)을 받는 경우에는 그 금액

③ 지방해양수산청장은 법 제25조제5항에 따라 공탁하는 경우에는 「공탁법」에 따라야 한다.

제6절 선박시설의 기준 등

선박시설은 해양수산부장관이 정하여 고시하는 선박시설기준에 적합하여야 한다(법 제26조).

1. 만재흘수선의 표시 등

① 다음의 하나에 해당하는 선박소유자는 해양수산부장관이 정하여 고시하는 기준에 따라 만재흘수선의 표시를 하여야 한다. 다만, 잠수선 및 그 밖에 해양수산부령이 정하는 선박에 대하여는 만재흘수선의 표시를 생략할 수 있다(법 제27조 제1항).
   ㉠ 국제항해에 취항하는 선박
   ㉡ 해양수산부령으로 정하는 방법에 따른 선박의 길이(이하 "선박길이"라 한다)가 12미터 이상인 선박
   ㉢ 선박길이가 12미터 미만인 선박으로서 다음의 하나에 해당하는 선박
      가. 여객선

나. 제41조의 규정에 따른 위험물을 산적하여 운송하는 선박

② 누구든지 제1항의 규정에 따라 표시된 만재흘수선을 초과하여 여객 또는 화물을 운송하여서는 아니 된다.

2. 복원성의 유지

① 다음의 하나에 해당하는 선박소유자는 해양수산부장관이 정하여 고시하는 기준에 따라 복원성을 유지하여야 한다. 다만, 예인·해양사고구조·준설 또는 측량에 사용되는 선박 등 해양수산부령이 정하는 선박에 대하여는 그러하지 아니하다(법 제28조 제1항).

㉠ 여객선

㉡ 선박길이가 12미터 이상인 선박

② 선박소유자는 제1항의 규정에 따른 선박의 복원성과 관련하여 그 적합 여부에 대하여 복원성자료(復原性資料)를 제출하여 해양수산부장관의 승인을 얻어야 하며, 승인을 얻은 복원성자료를 당해 선박의 선장에게 제공하여야 한다(제2항).

③ 제2항의 규정에 따른 승인에 있어서 복원성 계산을 위하여 컴퓨터프로그램을 사용한 때에는 해양수산부장관이 정하여 고시하는 복원성 계산방식에 따라야 한다(제3항).

④ 제2항 및 제3항의 규정에 따른 복원성과 관련된 승인의 기준·절차, 복원성자료 및 복원성 계산용 컴퓨터프로그램의 작성요령 등에 관하여 필요한 사항은 해양수산부장관이 정하여 고시한다.

3. 복원성 기준 제외선박

법 제28조 제1항 각 호 외의 부분 단서에서 “해양수산부령이 정하는 선박”이란 다음의 하나에 해당하는 선박을 말한다(규칙 제71조).

① 국제항해에 종사하지 아니하는 선박으로서 선박길이가 24미터 미만인 다음의 선박

㉠ 예인·해양사고구조·준설 또는 측량에 사용되는 선박

㉡ 부선

② 여객선이 아니거나 카페리선이 아닌 선박으로서 호소(湖沼)·하천(河川) 및 항내(港內)의 수역에서만 항해하는 선박

③ 부유식 해상구조물(규칙 제3조 제1호 및 제2호는 제외한다)

④ 복원성 시험이 구조상 곤란하거나 적당하지 아니한 선박으로서 해양수산부장관이 인정하는 선박

4. 무선설비

① 다음의 하나에 해당하는 선박소유자는 「해상에서의 인명안전을 위한 국제협약」에 따른 세계 해상조난(海上遭難) 및 안전제도의 시행에 필요한 무선설비를 갖추어야 한다. 이 경우 무선설비는 「전파법」에 따른 성능과 기준에 적합하여야 한다(법 제29조 제1항).

㉠ 국제항해에 취항하는 여객선(제1호)

㉡ 제1호의 선박 외에 국제항해에 취항하는 총톤수 300톤 이상의 선박

② 제1항 각 호의 규정에 따른 선박 외에 해양수산부령이 정하는 선박에 대하여는 해양수산부령이 정하는 기준에 따른 무선설비(無線設備)를 갖추어야 한다. 이 경우 무선설비는 「전파법」에 따른 성능과 기준에 적합하여야 한다(제2항).

③ 누구든지 제1항 및 제2항의 규정에 따른 무선설비를 갖추지 아니하고 선박을 항해에 사용하여서는 아니 된다. 다만, 임시항해검사증서를 가지고 1회의 항해에 사용하는 경우 또는 시운전을 하는 경우에는 그러하지 아니하다.

[별표 30] 무선설비의 설치기준(제72조제2항 관련)

무선설비의 종류 / 적용 선박	초단파대 무선설비 (무선전화 및 디지털선택 호출장치)	중단파대 또는 중단파대 및 단파대무선 설비 (무선전화 및 디지털선택 호출장치)	네비텍스 수신기	위성비상 위치지시용 무선표지 설비 (EPIRB)	레이더트랜스폰더 (SART)	양방향 초단파대 무선전화 장치 (2-way VHF)
가. 평수구역을 항해구역으로 하는 선박	1					
나. 연해구역 이상을 항해구역으로 하는 선박						
1) 국제항해에 취항하지 아니하는 총톤수 300톤 미만의 것	1			1		
2) 국제항해에 취항하는 총톤수 300톤 미만의 것	1	1		1		
3) 총톤수 300톤 이상의 것	1		1	1	1	1

<비 고>

1. 외국에서 같은 국가 내의 항구 간 또는 외국의 호소·하천 및 항내의 수역에서만 항해하는 선박으로서 해당 국가의 무선국허가를 받은 선박은 해당 국가의 관계 규정에 따른 무선설비를 설치할 수 있다.
2. 중단파대 및 단파대무선전화를 설치한 선박은 중단파대무선전화를 설치하지 아니할 수 있다.
3. 「해운법」 제4조 제1항에 따라 해상여객운송사업에 사용되는 여객선이 초단파대무선설비를 이용하여 위치보고 등을 하는 것이 곤란한 경우에는 초단파대무선설비 외에 중단파대무선전화를 설치하여야 한다.
4. 「선박안전법」 제30조 제2항에 따라 선박위치발신장치 기능을 갖춘 무선설비란 위의 무선설비가 통신망으로 제어되어 각 단말기끼리 신호충돌 없이 자동으로 위치가 보고되는 기능을 갖춘 것을 말한다.
5. 위성휴대전화기를 설치한 수면비행선박은 중단파대무선설비 또는 중단파대 및 단파대무선설비의 설치를 생략할 수 있다.

5. 선박위치발신장치

① 선박의 안전운항을 확보하고 해양사고 발생시 신속한 대응을 위하여 해양수산부령이 정하는 선박의 소유자는 해양수산부장관이 정하여 고시하는 기준에 따라 선박의 위치를 자동으로 발신(發信)하는 장치(이하 “선박위치발신장치”)를 갖추고 이를 작동하여야 한다(법 제30조 제1항).

② 제29조 제1항 또는 제2항의 규정에 따른 무선설비가 선박위치발신장치(AIS, automatic identification system)의 기능을 가지고 있는 때에는 선박위치발신장치를 갖춘 것으로 본다.

③ 선박의 선장은 해적 또는 해상강도의 출몰 등으로 인하여 선박의 안전을 위협할 수 있다고 판단되는 경우 선박위치발신장치의 작동을 중단할 수 있다. 이 경우 선장은 그 상황을 항해일지 등에 기재하여야 한다.

제7절 안전항해를 위한 조치

선장의 권한 규정으로 누구든지 선박의 안전을 위한 선장의 전문적인 판단을 방해하거나 간섭하여서는 아니 된다(법 제31조).

1. 항해용 간행물의 비치 및 조타실의 시야확보

① 선박소유자는 해양수산부령이 정하는 해도(海圖, chart) 및 조석표(潮汐表, tide table) 등 항해용 간행물을 해양수산부령이 정하는 바에 따라 선박에 비치하여야 한다(법 제32조).

법 제32조에서 “해양수산부령이 정하는 해도 및 조석표 등 항해용 간행물(刊行物, publication)”이란 해도(승인된 전자해도를 포함한다), 조석표(潮汐表, tide table), 등대표(燈臺表, table of lights) 및 항로고시의 항해도서를 말한다.

② 승인된 전자해도를 선박에 비치하는 경우에는 해양수산부장관이 인정하는 백업장치 또는 예비목적의 최신화(最新化)된 해도를 비치하여야 한다(규칙 제75조 제1항). 선박에 비치하는 항해용 간행물은 수로정보에 따른 최신의 것이어야 한다.

③ 항해용 간행물의 요건 등은 법 제26조에 따른 선박시설기준에 적합하여야 한다.

④ 항해용 간행물은 선장이나 선원이 즉시 꺼내어 확인할 수 있는 적당한 장소에 비치하여야 한다.

⑤ 선박소유자는 당해 선박의 조타실에 대하여 해양수산부장관이 정하여 고시하는 기준에 따른 충분한 시야(視野, visibility)를 확보할 수 있도록 필요한 조치를 하여야 한다.

⑥ 선박소유자는 당해 선박의 조타실과 조타기(操舵機, steering gear)가 설치된 장소 사이에 해양수산부장관이 정하여 고시하는 기준에 따라 통신장치를 설치하여야 한다.

2. 하역설비의 확인 등

① 하역장치 및 하역장구(이하 “하역설비”라 한다)를 갖춘 선박의 소유자는 해양수산부령이 정하는 기준에 따라 제한하중 · 제한각도 및 제한반경(이하 “제한하중 등”이라 한다)의 사항에 대하여 해양수산부장관의 확인을 받아야 한다(법 제34조 제1항).

② 해양수산부장관은 제1항의 규정에 따라 제한하중(制限荷重) 등의 확인을 한 때에는 해양수산부령이 정하는 제한하중 등 확인서를 교부하여야 한다.

③ 제1항의 규정에 따라 확인을 받은 선박소유자는 해당하역설비에 해양수산부령이 정하는 바에 따라 확인받은 제한하중 등의 사항을 표시하여야 한다.

④ 제1항의 규정에 따라 확인을 받은 선박소유자는 확인받은 제한하중 등의 사항을 위반하여 하역설비를 사용하여서는 아니 된다.

3. 하역설비검사기록 및 비치

① 해양수산부장관은 하역설비(荷役設備)에 대하여 정기검사 또는 중간검사를 한 때에는 해양수산부령이 정하는 바에 따라 하역설비검사기록부를 작성하고 그 내용을 기재하여야 한다(법 제35조 제1항).

② 선박소유자는 제1항의 규정에 따른 하역설비검사기록부 등 하역설비에 대한 검사와 관련된 해양수산부령이 정하는 서류를 선박에 비치하여야 한다.

4. 화물정보의 제공 및 화물의 적재 · 고박방법 등

① 선박 또는 그 승선자에게 위해(危害)를 미칠 수 있는 화물을 운송하고자 하는 화주(貨主)는 해당화물을 적재하기 전에 그 화물에 관한 정보를 선장에게 제공하여야 한다(법 제36조 제1항).

제1항의 규정에 따라 정보를 제공하여야 하는 화물의 종류 및 제공되는 정보의 내용은 해양수산부령으로 정한다.

② 선박소유자는 화물을 선박에 적재(積載, loading)하거나 고박(錮縛, lashing)하기 전에 화물의 적재 · 고박의 방법을 정한 자체의 화물적재 고박지침서(錮縛指針書)를 마련하고, 해양수산부령이 정하는 바에 따라 해양수산부장관의 승인을 얻어야 한다(법 제39조 제1항).

선박소유자는 화물과 화물유니트(차량 및 이동식탱크 등과 같이 선박에 부착되어 있지 아니하는 운송용 기구를 말한다) 및 화물유니트 안에 실린 화물을 적재 또는 고박하는 때에는 제1항의 규정에 따라 승인된 화물적재 고박지침서에 따라야 한다.

③ 선박소유자는 차량 등 운반선박(육상교통에 이용되는 차량 등을 적재 · 운송할 수 있는 갑판이 설치되어 있는 선박을 말한다)에 차량 및 화물 등을 적재하는 경우에는 제1항의 규정에 따라 승인된 화물적재 고박지침서에 따르되, 해양수산부령이 정하는 바

에 따라 필요한 안전조치를 하여야 한다.

④ 선박소유자는 컨테이너에 화물을 수납·적재하는 경우에는 제1항의 규정에 따라 승인된 화물적재 고박지침서에 따르되, 컨테이너 형식승인판에 표시된 최대총중량(最大總重量)을 초과하여 화물을 수납·적재하여서는 아니 된다(제4항).

⑤ 제1항 내지 제4항의 규정에 따른 화물의 적재(積載)·고박방법 등에 관하여 필요한 사항은 해양수산부령으로 정한다.

5. 유독성가스농도 측정기의 제공 등 및 소독약품 사용에 따른 안전조치

① 선박소유자는 유독성가스를 발생하거나 또는 산소의 결핍을 일으킬 수 있는 화물을 산적하여 운송하는 경우에는 해양수산부장관이 정하여 고시하는 바에 따른 유독성가스 또는 산소의 농도를 측정할 수 있는 기기(機器) 및 그 사용설명서를 선장에게 제공하여야 한다(법 제37조).

② 소독약품 사용에 따른 안전조치로 선장은 선박의 소독(消毒)을 위하여 살충제 등 소독약품을 사용하는 경우에는 해양수산부장관이 정하여 고시하는 바에 따라 안전조치를 하여야 한다(법 제38조).

6. 산적화물의 운송과 위험물의 운송

① 선박소유자는 산적화물(散積貨物, bulk cargo)을 운송하기 전에 해당 선박의 선장에게 선박의 복원성·화물의 성질 및 적재방법에 관한 정보를 제공하여야 한다. 산적화물을 운송하고자 하는 선박소유자는 필요한 안전조치를 하여야 한다(법 제40조 제1항, 제2항). 제1항 및 제2항의 규정에 따른 선박의 복원성·화물의 성질 및 적재방법의 내용, 안전조치 등에 관하여 필요한 사항은 해양수산부령으로 정한다.

② 위험물의 운송에 있어, 선박으로 위험물을 적재·운송하거나 저장하고자 하는 자는 항해상의 위험방지 및 인명안전에 적합한 방법에 따라 적재·운송 및 저장하여야 한다(법 제41조 제1항).

제1항의 규정에 따라 위험물을 적재·운송하거나 저장하고자 하는 자는 그 방법의 적합 여부에 관하여 해양수산부장관의 검사를 받거나 승인을 얻어야 한다(제2항).

③ 제1항 및 제2항의 규정에 따른 위험물의 종류와 그 용기·포장, 적재·운송 및 저장의 방법, 검사 또는 승인 등에 관하여 필요한 사항은 해양수산부령으로 정한다(제3항).

④ 제1항 내지 제3항의 규정에 불구하고 방사성물질(放射性物質)을 운송하는 선박과 액체의 위험물을 산적하여 운송하는 선박의 시설기준 등은 해양수산부장관이 정하여 고시한다.

7. 위험물 안전운송 교육 등

① 선박으로 운송하는 위험물(危險物)을 제조·운송·적재하는 등의 업무에 종사하는 자

(이하 "위험물취급자"라 한다)는 위험물 안전운송에 관하여 해양수산부장관이 실시하는 교육을 받아야 한다(법 제41조의 2 제1항).

② 해양수산부장관은 위험물취급자에 대한 교육을 효율적으로 수행하기 위하여 위험물 안전운송에 관한 교육을 전문적으로 실시하는 교육기관(이하 "위험물 안전운송 전문교육기관"이라 한다)을 지정하여 위험물취급자에 대한 교육을 실시하게 할 수 있다(제2항).

③ 제2항에 따라 위험물 안전운송 전문교육기관으로 지정받고자 하는 자는 그 시설 · 설비 및 인력 등 해양수산부령으로 정하는 기준을 갖추어야 한다.

④ 해양수산부장관은 위험물 안전운송 전문교육기관(專門教育機關)이 다음의 하나에 해당하는 때에는 그 지정을 취소하거나 6개월 이내의 기간을 정하여 그 업무의 전부 또는 일부를 정지시킬 수 있다. 다만, 제1호에 해당하는 때에는 위험물 안전운송 전문교육기관의 지정을 취소하여야 한다(제4항).

㉠ 거짓이나 그 밖의 부정한 방법으로 위험물 안전운송 전문교육기관의 지정을 받은 경우(제1호)

㉡ 해당 위험물 안전운송 전문교육기관이 제3항에 따른 지정기준에 미달하게 된 경우

⑤ 제4항에 따른 처분의 세부기준은 해양수산부령으로 정한다.

⑥ 제1항에 따른 위험물 안전운송에 관한 교육을 받아야 하는 위험물취급자의 구체적인 범위, 교육내용 등에 관하여 필요한 사항은 해양수산부장관이 정하여 고시한다.

8. 유조선 등에 대한 강화검사 및 예인선에 대한 예인선항해검사

① 유조선(油槽船) · 산적화물선(散積貨物船) 및 위험물산적운송선(액화가스산적운송선을 제외한다)의 선박소유자는 건조검사 및 선박검사 외에 선체구조(船體構造)를 구성하는 재료의 두께 확인 등 해양수산부령이 정하는 사항에 대하여 해양수산부장관의 검사(이하 "강화검사"라 한다)를 받아야 한다. 다만, 국제항해(國際航海)를 하지 아니하는 선박으로서 해양수산부령이 정하는 선박은 그러하지 아니하다(법 제42조 제1항).

② 해양수산부장관은 강화검사에 합격한 유조선 등에 대하여는 제8조 제2항의 규정에 따른 선박검사증서에 그 검사결과를 표기하여야 한다. 제1항의 규정에 따른 강화검사의 방법과 절차는 해양수산부령으로 정한다.

③ 예인선(曳引船, towing vessel)의 선박소유자가 부선 및 구조물 등을 예인하고자 하는 때에는 해양수산부령이 정하는 바에 따라 해양수산부장관의 검사(이하 "예인선항해검사"라 한다)를 받아야 한다(법 제43조 제1항). 해양수산부장관은 예인선항해검사에 합격한 예인선에 대하여 해양수산부령이 정하는 예인선항해검사증서를 교부하여야 한다(제2항).

④ 예인선의 선박소유자는 제2항의 규정에 따른 예인선항해검사증서를 당해 예인선에 비치하여야 한다.

제15조 제1항의 규정은 제1항의 규정에 따라 예인선항해검사를 받은 예인선에 대하여 이를 준용한다. 이 경우 "건조검사 또는 선박검사"는 "예인선항해검사"로 본다.

9. 고인화성 연료유 등의 사용제한

누구든지 선박에서는 해양수산부장관이 정하여 고시하는 인화성(引火性)이 높은 연료유 · 윤활유 등을 사용하여서는 아니 된다.

제8절 선박안전기술공단

1. 선박안전기술공단의 설립

① 해양수산부장관의 업무를 위탁받거나 대행하여 선박의 항해와 관련한 안전을 확보하고 선박 또는 선박시설에 관한 기술을 연구 · 개발 및 보급하기 위하여 선박안전기술공단(이하 "공단"이라 한다)을 설립한다(법 제45조).

② 공단(公團)은 법인으로 한다.

2. 공단의 사업 · 자금의 조달 및 경비의 보조 등

① 공단은 다음의 사업을 행한다.

㉠ 선박 또는 선박용물건의 도면승인 업무의 대행

㉡ 선박 또는 선박용물건에 대한 검사업무의 대행

㉢ 지정사업장에서 제조 또는 정비된 선박용물건 또는 소형선박에 대한 확인업무의 대행

㉣ 선박용물건 또는 소형선박 · 컨테이너에 대한 검정업무의 대행

㉤ 화물의 적재 · 고박 등에 관한 승인업무의 대행

㉥ 「해운법」에 따른 여객선 안전운항관리

㉦ 선박의 감항성 확보와 해상에서의 인명의 안전확보를 위한 조사 · 시험 · 연구 및 이와 관련한 기술의 개발과 보급

㉧ 선박안전에 관한 국제협약에 따른 기술기준의 연구 및 분석

㉨ 선박의 설계 · 건조감리 등 용역의 수탁업무

㉩ 해양사고방지를 위한 연구 · 교육 및 홍보활동

㉪ 법령에 따라 정부 또는 지방자치단체가 대행하게 하거나 위탁하는 업무

㉫ 그 밖에 공단의 설립목적을 달성하기 위하여 필요한 사업으로서 공단의 정관으로 정하는 사업

② 공단의 운영 및 사업에 소요되는 자금의 조달은 다음에 따른다(법 제55조).

㉠ 정부의 보조금 또는 융자금

㉡ 제46조의 사업 수행에 따른 수입금
㉢ 자산운영 수익금
㉣ 그 밖의 부대사업 수입

③ 경비의 보조 등으로, 국가는 공단에 대하여 제46조의 규정에 따른 사업의 수행에 필요한 경비를 예산의 범위 안에서 보조할 수 있다(법 제56조). 국가는 공단(公團)의 운영을 위하여 필요한 경우에는 「국유재산법」 및 「물품관리법」의 규정에 따라 공단에 국유재산과 물품을 무상으로 대여하거나 사용·수익하게 할 수 있다.

3. 임원, 대리인의 선임 및 직원의 임면

① 공단에는 임원(任員, executive member)으로 이사장을 포함한 9명의 이사와 1명의 감사를 둔다. 이 경우 이사장과 이사 3명은 상임으로 하고, 감사와 이사 5명은 비상임(非常任)으로 한다. 이사장은 공단을 대표하고, 그 업무를 총괄한다(법 제48조).

② 대리인(代理人, agent)의 선임에 있어, 이사장은 정관이 정하는 바에 따라 직원 중에서 공단의 업무에 관한 재판상 또는 재판 외의 행위를 할 수 있는 권한을 가진 대리인을 선임할 수 있다(법 제50조). 직원의 임면에 있어, 공단의 직원은 정관(定款, bylaw)이 정하는 바에 따라 이사장이 임면(任免)한다(법 제54조).

4. 업무의 지도·감독과 비밀엄수의 의무

① 해양수산부장관은 공단의 업무 중 다음의 사항에 대하여 감독한다(법 제58조).
㉠ 제46조에 따른 사업의 적절한 수행에 관한 사항
㉡ 그 밖에 다른 법령에서 정하는 사항

② 비밀엄수의 의무로 공단의 임원이나 직원 또는 그 직에 있었던 자는 그 직무상 알게 된 비밀을 누설하거나 도용(盜用)하여서는 아니된다(법 제58조의 2).

5. 유사명칭의 사용금지와 민법의 준용

① 이 법에 따른 공단이 아닌 자는 선박안전기술공단 또는 이와 유사(類似)한 명칭을 사용하지 못한다(법 제58조의 3).

② 공단에 관하여 이 법과 「공공기관의 운영에 관한 법률」에서 정한 것 외에는 「민법」 중 재단법인에 관한 규정을 준용한다(법 제59조).

제9절 검사업무의 대행 등

1. 검사업무의 대행

① 해양수산부장관은 다음에 해당하는 건조검사·선박검사 및 도면의 승인 등에 관한

업무(이하 "검사 등 업무"라 한다)를 공단에게 대행하게 할 수 있다. 이 경우 해양수산부장관은 대통령령이 정하는 바에 따라 협정(協定)을 체결하여야 한다(법 제60조 제1항).

- 제7조 제1항 · 제2항 · 제4항의 규정에 따른 건조검사, 건조검사증서의 교 · 별도건조검사
- 제8조 제1항 및 제2항의 규정에 따른 정기검사 및 선박검사증서의 교부
- 제9조 제1항의 규정에 따른 중간검사
- 제10조 제1항 및 제3항의 규정에 따른 임시검사 및 임시변경증의 교부
- 제11조 제1항 및 제2항의 규정에 따른 임시항해검사 및 임시항해검사증서의 교부
- 제12조 제1항 · 제2항 및 제4항의 규정에 따른 국제협약검사 및 국제협약증서의 교부
- 제13조 제1항 및 제2항의 규정에 따른 도면의 승인 및 승인표시
- 제14조 제2항의 규정에 따른 선체두께의 측정
- 제16조 제2항의 규정에 따른 선박검사증서 및 국제협약증서의 유효기간 연장
- 제18조 제6항 및 제7항의 규정에 따른 선박용물건 또는 소형선박의 검정, 검정증서의 교부 및 합격을 나타내는 표시
- 제20조 제3항 단서 및 제4항 단서의 규정에 따른 선박용물건 또는 소형선박의 확인, 확인서의 교부 및 확인을 나타내는 표시
- 제22조 제1항 내지 제3항의 규정에 따른 예비검사, 도면의 승인 및 승인표시, 예비검사증서의 교부 및 합격을 나타내는 표시
- 제28조 제2항 및 제3항의 규정에 따른 복원성자료의 승인
- 제34조 제1항 및 제2항의 규정에 따른 제한하중 등의 확인 및 제한하중등확인서의 교부
- 제35조 제1항의 규정에 따른 하역설비검사기록부의 작성 및 내용기재
- 제39조 제1항의 규정에 따른 화물적재고박지침서의 승인
- 제42조 제1항의 규정에 따른 강화검사
- 제43조 제1항 및 제2항의 규정에 따른 예인선항해검사 및 예인선항해검사증서의 교부

② 해양수산부장관은 선박보험의 가입 · 유지를 위하여 선박의 등록 및 감항성에 관한 평가의 업무(이하 "선급업무"라 한다)를 하는 법인으로서 해양수산부장관이 지정하여 고시하는 법인(이하 "선급법인"이라 한다)에게 해당선급법인이 관리하는 명부에 등록하였거나 등록하고자 하는 선박(이하 "선급등록선박"이라 한다)에 한하여 제1항 각 호의 검사등업무를 대행하게 할 수 있다. 이 경우 해양수산부장관은 대통령령이 정하는 바에 따라 협정을 체결하여야 한다(제2항).

③ 제1항 각 호 외의 부분 후단 및 제2항 후단의 규정에 따른 협정의 기간은 5년 이내로 하며, 해양수산부령이 정하는 바에 따라 이를 연장할 수 있다.

④ 제1항 및 제2항의 규정에 따라 공단 및 선급법인이 검사 등 업무의 대행을 하는 때에는 대행과 관련된 자체검사규정을 제정하여 해양수산부장관의 승인을 얻어야 한다.

2. 대행업무의 차질에 따른 조치 및 대행업무에 관한 감독

① 해양수산부장관은 공단 및 선급법인이 제60조 제1항 및 제2항의 규정에 따른 검사 등 업무의 대행을 함에 있어 차질이 발생하거나 발생할 우려가 있다고 인정되는 때에는 해양수산부장관이 직접 이를 수행하거나 해양수산부장관이 지정하는 자로 하여금 대행하게 할 수 있다(법 제61조).

② 대행업무에 관한 감독에 있어, 해양수산부장관은 공단(公團) 및 선급법인(船級法人)이 제60조 제1항 각 호 외의 부분 후단 및 제2항 후단의 규정에 따른 협정에 위반한 때에는 해당업무의 대행을 취소하거나 정지할 수 있다(법 제62조 제1항). 제1항의 규정에 따른 대행의 취소나 정지의 요건에 관하여 필요한 사항은 대통령령으로 정한다.

3. 선체두께 측정의 대행 및 컨테이너검정 등의 대행

① 선체두께 측정의 대행에 있어, 해양수산부장관은 제14조 제2항의 규정에 따른 선체(船體) 두께 측정을 해양수산부장관이 정하여 고시하는 지정기준에 적합한 두께측정업체로서 해양수산부장관이 정하여 고시하는 자(이하 "두께측정대행업체"라 한다)로 하여금 대행하게 할 수 있다. 다만, 해외수역에서의 장기간 항해·조업 등 부득이한 사유로 인하여 국내에서 선체두께를 측정할 수 없는 경우에는 해양수산부령이 정하는 바에 따라 외국의 두께측정업체로 하여금 측정하게 할 수 있다(법 제63조 제1항).

제1항의 규정에 따른 두께측정대행업체의 대행 및 대행취소 등에 관한 사항은 대통령령으로 정하고, 두께측정대행업체의 지도·감독 등에 관하여 필요한 사항은 해양수산부령으로 정한다.

② 컨테이너검정 등의 대행에 있어, 해양수산부장관은 다음에 해당하는 업무를 해양수산부장관이 정하여 고시하는 지정기준에 적합한 자로서 해양수산부장관이 정하여 고시하는 대행기관(이하 "컨테이너검정등대행기관"이라 한다)으로 하여금 대행하게 할 수 있다(법 제64조 제1항).

㉠ 제23조 제4항의 규정에 따른 컨테이너검정

㉡ 제23조 제5항의 규정에 따른 컨테이너형식승인판의 확인표시

③ 제1항의 규정에 따른 컨테이너검정등대행기관의 대행 및 대행의 취소 등에 관한 사항은 대통령령으로 정하고, 컨테이너검정등대행기관의 지도·감독 등에 관하여 필요한 사항은 해양수산부령으로 정한다.

[별표 12] 선체두께 측정범위 및 측정방법(규칙 제30조제2항 관련)

1. 두께측정의 범위

가. 선령 10년 이상 20년 미만의 선박
선수부, 기관구역 및 선체중앙부 0.4L 간의 각각의 1단면에 대하여 선체 주요부재의 판두께를 측정한다.

나. 선령 20년 이상 30년 미만의 선박
선수부 및 기관구역의 1단면과 선체중앙부 0.4L 간의 3단면에 대하여 선체 주요부재의 판두께를 측정한다.

다. 선령 30년 이상의 선박
위의 나목의 측정범위에 선미부 1단면을 추가하여 측정한다.

2. 두께측정방법

가. 두께측정 실시 전에 선박검사관, 선박소유자 및 두께측정업체가 참석한 회의를 개최하여 두께측정 준비사항, 두께측정의 범위, 두께측정 요원의 자격, 장비의 검교정 및 그 밖의 세부사항 등을 결정하여 다음 사항이 포함된 두께측정 회의록을 작성(선박검사관이 두께를 측정하는 경우를 포함한다)한다.
 1) 회의일정 및 참석자
 2) 측정일정, 조건 및 범위
 3) 쇠모한도
 4) 검사원, 두께측정 요원 및 선박소유자와의 연락 체계
 5) 두께측정업자가 제공하여야 할 서류
 6) 특기사항 등

나. 두께측정은 각 단면당 10포인트 이상을 측정하여야 하며, 측정점의 수는 선박의 규모에 따라 적절히 증가시킬 수 있다. 이 경우 선체중앙부 0.4L 간의 측정범위에 기관구역 길이의 100분의 50 이상이 중첩될 경우 기관구역은 선체중앙부 0.4L 간에 포함된 것으로 간주한다.

다. 유조선산적화물선 또는 산적액체위험물운송선에 대하여는 화물구역에 있는 밸러스트흘수선과 만재흘수선 사이의 모든 선측 외판에 대하여 나목에 따른 측정점 수의 100분의 30 이상을 추가하여 측정한다.

라. 두께측정업체가 실시하는 경우 선박검사관은 두께측정의 전 과정에 대하여 통제 및 현장감시를 실시하고 전 측정과정의 100분의 50 이상을 입회하여야 하며, 입회하지 않는 나머지 측정부위에 대하여는 최소한 100분의 30을 무작위로 확인하여 100분의 10 이상이 기록치와 다를 경우 전체 측정치에 대하여 확인한다.

3. 쇠모한도

선체 주요부재의 쇠모한도는 다음에 따른다. 다만, 쇠모한도를 초과한 경우로서 측정두께가 규정두께 이상인 경우에는 그러하지 아니하다.

부재명칭	쇠모한도
1. 외판, 강력갑판, 강력갑판 및 현측 후판상의 종통부재, 디프탱크의 격벽판, 내저판	원래 두께의 20퍼센트 + 1밀리미터 이내
2. 이중저늑판, 거더, 큰 골재의 웨브 및 면재	원래 두께의 25퍼센트 이내
3. 작은 골재의 웨브면재 및 브래킷, 수밀격벽판, 유효갑판, 창구덮개, 창구보	원래 두께의 30퍼센트 이내
4. 창내늑골의 웨브 및 브래킷	원래 두께의 25퍼센트 또는 2.5밀리미터 중 큰 값 이내

비고
1. 작은 골재란 다른 보강재를 지지하지 아니하는 골재부재를 말한다.
2. 원래두께는 도면상의 두께를 말하며, 도면상의 두께와 본선의 두께가 다를 경우 본선의 두께를 말한다.

4. 두께측정 결과의 조치 및 기록 등

가. 두께측정 결과가 제3호에 따른 선체 주요부재의 쇠모한도를 초과하거나 과도한 부식이 발견된 부분에 대하여는 신환 등 수리하여 쇠모한도 이내가 되도록 조치한다. 이 경우 "과도한 부식"이란 과도한 부식이 있다고 의심되는 부위의 측정치와 의심되는 부위가 아닌 구역의 가장 큰 측정치를 비교하여 그 차이가 제3호에 따른 쇠모한도를 초과한 경우를 말한다.

나. 측정 결과는 측정자 및 담당검사관이 서명한 기록으로 남겨야 한다.

4. 위험물 관련 검사 · 승인의 대행

① 해양수산부장관은 제41조 제2항의 규정에 따른 위험물의 적재 · 운송 및 저장 등에 관한 검사 및 승인에 대한 업무를 해양수산부장관이 정하여 고시하는 지정기준에 적합한 자로서 해양수산부장관이 정하여 고시하는 대행기관(이하 "위험물검사등대행기관"이라 한다)으로 하여금 대행하게 할 수 있다(법 제65조 제1항).

② 제1항의 규정에 따른 위험물검사등대행기관의 대행 및 대행의 취소 등에 관한 사항은 대통령령으로 정하고, 위험물검사등대행기관의 지도 · 감독 등에 관하여 필요한 사항은 해양수산부령으로 정한다.

5. 외국정부 등이 행한 검사의 인정

① 외국선박의 해당소속 국가에서 시행 중인 선박안전과 관련되는 법령의 내용이 이 법의 기준과 동등하거나 그 이상에 해당하는 때에는 해당 외국정부 또는 그 외국정부가 지정한 대행기관(이하 "외국정부 등"이라 한다)이 행한 해당외국선박에 대한 검사 등 업무는 이 법에 따른 검사 등 업무로 본다(법 제66조 제1항).

② 제1항의 규정에 따라 외국정부 등이 검사 등 업무를 행하고 교부한 증서는 이 법에 따라 교부한 증서와 동일한 효력을 가진 것으로 본다. 다만, 이 법에 따라 교부한 증서의 효력을 인정하지 아니하는 국가의 외국정부 등이 발행한 증서에 대하여는 그러하지 아니하다.

6. 대행검사기관의 배상책임

① 국가는 공단, 선급법인, 컨테이너검정 등 대행기관 및 위험물검사 등 대행기관(이하 "대행검사기관"이라 한다)이 해당 대행업무를 수행함에 있어 위법하게 타인에게 손해를 입힌 때에는 그 손해를 배상하여야 한다(법 제67조 제1항).

② 국가는 제1항의 규정에 따른 손해배상에 있어 대행검사기관에 고의 또는 중대한 과실이 있는 경우에는 해당대행검사기관에 구상할 수 있다(제2항).

③ 제2항의 규정에 따른 대행검사기관에 대한 구상(求償, demand for reimbursement)은 대통령령이 정하는 금액을 한도로 한다.

제10절 항만국통제와 공표

1. 항만국통제

① 해양수산부장관은 외국선박의 구조・시설 및 선원의 선박운항지식 등이 대통령령이 정하는 선박안전에 관한 국제협약에 적합한지 여부를 확인하고 그에 필요한 조치(이하 "항만국통제"라 한다)를 할 수 있다(법 제68조 제1항).

② 해양수산부장관은 제1항의 규정에 따른 항만국통제(港灣國統制)를 하는 경우 소속 공무원으로 하여금 대한민국의 항만에 입항하거나 입항예정인 외국선박에 직접 승선하여 행하게 할 수 있다. 이 경우 해당 선박의 항해가 부당하게 지체되지 아니하도록 하여야 한다.

③ 해양수산부장관은 제1항의 규정에 따른 항만국통제의 결과 외국선박의 구조・설비 및 선원의 선박운항지식 등이 제1항의 규정에 따른 국제협약의 기준에 미달되는 것으로 인정되는 때에는 해당선박에 대하여 수리 등 필요한 시정조치를 명할 수 있다(제3항).

④ 해양수산부장관은 제1항의 규정에 따른 항만국통제 결과 선박의 구조・설비 및 선원의 선박운항지식 등과 관련된 결함으로 인하여 당해 선박 및 승선자(乘船者)에게 현저한 위험을 초래할 우려가 있다고 판단되는 때에는 출항정지를 명할 수 있다.

⑤ 외국선박의 소유자는 제3항 및 제4항에 따른 시정조치명령 또는 출항정지명령에 불복하는 경우에는 해당명령을 받은 날부터 90일 이내에 그 불복사유(不服事由)를 기재하여 해양수산부장관에게 이의신청을 할 수 있다(제5항).

⑥ 제5항의 규정에 따라 이의신청을 받은 해양수산부장관은 소속 공무원으로 하여금 당해 시정조치명령 또는 출항정지명령의 위법・부당 여부를 직접 조사하게 하고 그 결과를 신청인에게 60일 이내에 통보하여야 한다. 다만, 부득이한 사정이 있는 때에는 30일 이내의 범위에서 통보시한을 연장할 수 있다.

⑦ 시정조치명령 또는 출항정지명령에 대하여 불복이 있는 자는 제5항 및 제6항의 규정에 따른 이의신청의 절차를 거치지 아니하고는 행정소송을 제기할 수 없다. 다만, 「행정소송법」 제18조 제2항 및 제3항의 규정에 해당되는 경우에는 그러하지 아니하다.

⑧ 제3항 내지 제7항의 규정에 따른 외국선박에 대한 조치 및 이의신청 등에 관하여 필요한 사항은 대통령령으로 정한다.

2. 공 표

해양수산부장관은 외국 항만당국의 항만국통제로 인하여 출항정지명령을 받은 대한민국 선박에 대하여는 대통령령이 정하는 바에 따라 당해 선박의 선박명・총톤수, 출항정지 사실 등을 공표(公表, declaration)할 수 있다(법 제70조).

3. 외국의 항만국통제 등

① 선박소유자는 외국 항만당국의 항만국통제(港灣國統制)에 의하여 선박의 결함이 지적되지 아니하도록 관련되는 국제협약 규정을 준수하여야 한다(법 제69조 제1항).

② 해양수산부장관은 외국 항만당국의 항만국통제에 의하여 출항정지 처분을 받은 대한민국 선박이 국내에 입항할 경우 해양수산부령이 정하는 바에 따라 관련되는 선박의 구조・설비 등에 대하여 점검(이하 "특별점검"이라 한다)을 할 수 있다. 다만, 외국정부에서 확인을 요청하는 경우 등 필요한 경우에는 외국에서 특별점검을 할 수 있다(제2항).

③ 해양수산부장관은 다음의 대한민국 선박에 대하여 외국항만에 출항정지를 예방하기 위한 조치가 필요하다고 인정되는 경우 해양수산부령이 정하는 바에 따라 관련되는 선박의 구조・설비 등에 대하여 특별점검을 할 수 있다.

㉠ 선령(船齡)이 15년을 초과하는 산적화물선・위험물운반선

㉡ 그 밖에 해양수산부령이 정하는 선박

④ 해양수산부장관은 제2항 및 제3항의 규정에 따른 특별점검의 결과 선박의 안전확보를 위하여 필요하다고 인정되는 경우에는 해당선박의 소유자에 대하여 해양수산부령이 정하는 바에 따라 항해정지명령 또는 시정・보완 명령을 할 수 있다.

제11절 보 칙

1. 선급법인의 선박검사

선급법인의 선박검사에 있어, 선급등록선박은 해양수산부령이 정하는 선박시설 및 만재흘수선에 한하여 이 법에 따른 선박검사를 받아 이에 합격한 것으로 본다(법 제73조).

2. 결함신고에 따른 확인 등

① 누구든지 선박의 감항성 및 안전설비의 결함(缺陷)을 발견한 때에는 해양수산부령이 정하는 바에 따라 그 내용을 해양수산부장관에게 신고하여야 한다(법 제74조 제1항).

② 해양수산부장관은 제1항의 규정에 따라 신고를 받은 때에는 해양수산부령이 정하는 바에 따라 소속 공무원으로 하여금 지체 없이 그 사실을 확인하게 하여야 한다(제2항).

③ 해양수산부장관은 제2항의 규정에 따른 확인 결과 결함의 내용이 중대하여 해당선박을 항해에 계속하여 사용하는 것이 당해 선박 및 승선자에게 위험을 초래할 우려가 있다고 인정되는 경우에는 해양수산부령이 정하는 바에 따라 해당 결함이 시정될 때까지 출항정지를 명할 수 있다.

④ 누구든지 제1항의 규정에 따라 신고한 자의 인적사항 또는 신고자임을 알 수 있는 사실을 다른 사람에게 알려주거나 공개 또는 보도하여서는 아니 된다.

3. 선박소유자 등에 대한 보고 · 자료제출 명령 등

① 해양수산부장관은 다음의 하나에 해당하는 경우에는 선박소유자, 제18조 제1항의 규정에 따른 형식승인을 받은 자, 제18조 제3항의 규정에 따른 지정시험기관, 제20조 제1항의 규정에 따른 지정사업장의 지정을 받은 자, 제23조 제1항의 규정에 따른 컨테이너 형식승인을 받은 자, 제24조 제1항 후단의 규정에 따른 안전점검사업자, 공단, 선급법인, 두께측정대행업체, 컨테이너검정 등 대행기관, 위험물검사 등 대행기관(이하 이 조에서 "선박소유자 등"이라 한다)에 대하여 필요한 보고를 명하거나 자료를 제출하게 할 수 있다(법 제75조 제1항).

㉠ 제18조 제8항, 제20조 제5항, 제23조 제7항, 제24조 제3항, 제63조 제2항, 제64조 제2항 및 제65조 제2항의 규정에 따른 지도·감독과 관련하여 필요한 경우

㉡ 선박의 감항성과 인명안전을 위한 시설 및 항해상의 위험방지 조치와 관련하여 필요한 경우

㉢ 제60조 제1항 및 제2항의 규정에 따른 감독과 관련하여 필요한 경우

② 해양수산부장관은 제1항의 규정에 따른 보고내용 및 제출된 자료의 내용을 검토한 결과 제1항 각 호의 목적 달성이 어렵다고 인정되는 때에는 소속 공무원으로 하여금 직접 해당 선박 또는 사업장에 출입하여 장부 · 서류 및 시설을 조사하게 할 수 있다(제2항).

③ 해양수산부장관은 제2항의 규정에 따른 조사를 하는 경우에는 조사 7일 전까지 조사자, 조사 일시·이유 및 내용 등이 포함된 조사계획을 선박소유자 등에게 통보하여야 한다. 다만, 선박의 항해일정 등에 따라 긴급을 요하거나 사전통보를 하는 경우 증거인멸 등으로 인하여 제1항 각 호의 목적달성이 어렵다고 인정되는 경우에는 그러하지 아니하다.

④ 제2항의 규정에 따른 조사를 하는 공무원은 그 권한을 표시하는 증표를 지니고 이를 관계인에게 내보여야 하며, 해당 선박 또는 사업장에 출입시 성명·출입시간·출입목적 등이 표시된 문서를 관계인에게 주어야 한다.

⑤ 해양수산부장관은 제2항의 규정에 따라 선박 또는 사업장을 조사한 결과 이 법 또는 이 법에 따른 명령을 위반한 사실이 있다고 인정되는 때에는 해당 선박 또는 사업장에 대하여 대통령령이 정하는 바에 따라 항해 정지명령 또는 수리·보완과 관련된 처분을 할 수 있다(제5항).

⑥ 제5항의 규정에 따라 항해 정지명령 등을 한 경우에는 그 사유가 해소되는 즉시 이를 해제하여야 한다.

4. 선박검사관과 선박검사관의 취업제한

① 해양수산부장관은 필요한 경우 소속 공무원 중에서 해양수산부령이 정하는 자격을 갖춘 자를 선박검사관으로 임명하여 다음에 해당하는 업무를 수행하게 할 수 있다(법 제76조).

㉠ 건조검사, 정기검사, 중간검사, 임시검사, 임시항해검사, 국제협약검사, 제41조 제2항의 규정에 따른 위험물 적재방법의 적합 여부에 대한 검사, 강화검사, 예인선항해검사, 특별 점검, 특별검사 및 제72조 제2항의 규정에 따른 재검사·재검정·재확인에 관한 업무
㉡ 제18조 제6항의 규정에 따른 선박용물건 또는 소형선박의 검정, 제20조 제3항 단서의 규정에 따른 선박용물건 또는 소형선박의 확인, 제23조 제4항의 규정에 따른 컨테이너검정에 관한 업무
㉢ 제61조의 규정에 따른 대행업무의 차질에 따른 직접 수행에 관한 업무
㉣ 제68조의 규정에 따른 항만국통제에 관한 업무
㉤ 제74조 제2항의 규정에 따른 결함신고 사실의 확인에 관한 업무
㉥ 제75조 제2항의 규정에 따른 선박 또는 사업장의 출입·조사에 관한 업무

② 선박검사관의 취업제한에 있어, 「공직자윤리법」 제17조에도 불구하고 퇴직 직전 5년 이내 기간 중 선박검사관으로 근무했던 경력을 보유한 공무원은 퇴직일부터 2년이 경과하지 아니한 경우 선박검사원이 될 수 없다(법 제76조의 2).

5. 선박검사원

① 제60조 제1항 및 제2항에 따라 대행업무를 행하는 공단 및 선급법인은 해당 대행업무를 직접 수행하는 자로서 선박검사원을 둘 수 있다(법 제77조 제1항).
② 제1항에 따른 선박검사원의 자격기준 및 직무 등에 관하여 필요한 사항은 해양수산부령으로 정한다.
③ 해양수산부장관은 선박검사원이 그 직무를 행함에 있어 이 법 또는 이 법에 따른 명령을 위반한 때에는 공단 또는 선급법인에 대하여 그 해임을 요청하거나 1년 이내의 기간을 정하여 직무를 정지하도록 요청할 수 있다(제3항).
④ 공단 또는 선급법인은 제3항에 따른 해임(解任) 또는 직무정지(職務停止)의 요청을 받은 때에는 지체없이 해당 선박검사원에 대하여 조치를 하고 그 결과를 해양수산부장관에게 보고하여야 한다.

6. 청 문

해양수산부장관은 선박안전법에 따라 지정받은 사업장이나 대행검사기관 등의 업무를 정지하거나 지정을 취소하고자 하는 경우, 형식승인을 받은 선박용물건·소형선박 및 컨테이너에 대하여 형식승인의 효력을 정지하거나 취소하고자 하는 경우 또는 선박검사원에 대한 직무정지의 요청 등을 하고자 하는 경우에는 해양수산부령이 정하는 바에 따라 청문(聽聞)을 실시하여야 한다(법 제78조).

7. 조사 및 연구

해양수산부장관은 선박의 감항성 및 인명안전의 확보와 선박안전과 관련한 국제협약에 관한 효과적인 업무수행을 위하여 필요한 조사 및 연구를 할 수 있다(법 제79조).

8. 권한의 위임 및 벌칙 적용에서의 공무원 의제

① 선박안전법에 따른 해양수산부장관의 권한은 그 일부를 대통령령이 정하는 바에 따라 지방해양수산청장(지방해양수산청장 소속으로 두는 해양사무소의 장을 포함한다. 이하 같다)에게 위임할 수 있다(법 제81조).

② 벌칙 적용에서의 공무원 의제로, 제60조 제1항・제2항, 제64조 제1항 또는 제65조 제1항의 규정에 따른 대행검사기관의 임원 및 직원은 「형법」 제129조 내지 제132조의 적용에 있어 공무원으로 본다(법 제82조).

제12절　검사신청의 절차

정기검사, 중간검사, 임시검사, 임시항해검사 또는 특별검사를 받고자 하는 자는 소정서식의 선박검사신청서에 다음에 의한 서류를 첨부하여 해양수산부장관에게 제출하여야 한다(규칙 제10조 등).

1. 건조검사 서류

① 법 제7조 제1항에 따라 건조검사를 받으려는 자는 별지 제2호 서식의 건조검사신청서에 다음의 서류를 첨부하여 선박의 건조를 시작하기 전에 해양수산부장관에게 제출하여야 한다. 다만, 제2호부터 제4호까지의 서류는 해당되는 경우에만 첨부하여야 한다(규칙 제10조).

㉠ 법 제13조 제1항에 따라 승인받은 도면{도면승인을 한 대행검사기관(선박안전기술공단 및 선급법인으로 한정한다. 이하 같다)에 건조검사를 신청하는 경우에는 생략한다}

㉡ 법 제18조 제7항에 따른 선박용물건 또는 소형선박의 검정증서(제2호)

㉢ 법 제20조 제4항 단서에 따른 선박용물건 또는 소형선박의 확인서(법 제20조 제4항 본문에 따른 지정사업장에서 자체 발행한 합격증서를 포함한다. 이하 같다)

㉣ 법 제22조 제3항에 따른 선박용물건 또는 소형선박의 예비검사증서

② 법 제7조 제1항에 따른 건조검사는 제4조 제1호・제2호・제4호부터 제7호까지 및 제15호의 선박시설과 만재흘수선(滿載吃水線)에 대하여 건조에 착수한 때부터 검사하여야 한다.

③ 법 제7조 제2항에서 "해양수산부령으로 정하는 사항"이란 다음의 사항을 말한다.

㉠ 선박검사관의 성명(대행검사기관이 대행하는 경우 선박검사원의 성명을 말한다)
㉡ 검사완료일 및 검사장소
㉢ 다음 검사 기준일 및 검사종류

④ 법 제7조 제2항에 따른 건조검사증서는 별지 제3호서식과 같다.

2. 정기검사 서류

① 법 제8조 제1항에 따라 최초로 항해에 사용하는 선박에 대하여 정기검사를 받으려는 선박소유자는 별지 제4호 서식의 선박검사신청서에 다음의 서류를 첨부하여 해양수산부장관에게 제출하여야 한다. 이 경우 제10조 제1항 및 제11조 제1항에 따라 건조검사 및 별도건조검사 신청시에 첨부한 서류는 첨부하지 아니한다. 다만, 제3호부터 제5호까지의 서류는 해당되는 경우에만 첨부하여야 한다(규칙 제12조).

㉠ 제10조 제4항 또는 제11조 제3항에 따른 건조검사증서 또는 별도건조검사증서(건조검사 또는 별도건조검사를 정기검사와 동시에 실시하는 경우에는 생략한다)
㉡ 정기검사 관련 승인도면(도면승인을 한 대행검사기관에 신청하는 경우에는 생략한다)
㉢ 법 제18조 제7항에 따른 선박용물건 또는 소형선박의 검정증서(제3호)
㉣ 법 제20조 제4항 단서에 따른 선박용물건 또는 소형선박의 확인서
㉤ 법 제22조 제3항에 따른 선박용물건 또는 소형선박의 예비검사증서(제5호)

② 법 제8조 제1항에 따라 선박검사증서의 유효기간이 끝나는 선박에 대하여 정기검사를 받으려는 선박소유자는 해당 증서의 유효기간이 끝나기 전에 별지 제4호 서식의 선박검사신청서에 다음의 서류를 첨부하여 해양수산부장관에게 제출하여야 한다. 다만, 제2호부터 제5호까지의 서류는 해당되는 경우에만 첨부하여야 한다.

㉠ 선박검사증서
㉡ 법 제18조 제7항에 따른 선박용물건 또는 소형선박의 검정증서(제2호)
㉢ 법 제20조 제4항 단서에 따른 선박용물건 또는 소형선박의 확인서
㉣ 법 제22조 제3항에 따른 선박용물건 또는 소형선박의 예비검사증서
㉤ 법 제35조 제1항에 따른 하역설비검사기록부(제5호)

3. 중간검사 서류와 중간검사 생략 및 연기신청

1) 중간검사 서류와 중간검사 생략

① 법 제9조 제1항에 따라 중간검사를 받으려는 선박소유자는 별지 제4호 서식의 선박검사신청서에 제12조 제2항의 서류를 첨부하여 해양수산부장관에게 제출하여야 한다(규칙 제19조).

② 법 제9조 제2항에 따른 중간검사를 받아야 하는 시기는 다음과 같다(규칙 제19조 표, 생략).

③ 다음의 하나에 해당하는 선박에 대하여는 중간검사를 생략한다.

㉠ 총톤수 2톤 미만인 선박

㉡ 추진기관 또는 범장(帆檣)이 설치되지 아니한 선박으로서 평수구역 안에서만 운항하는 선박. 다만, 제6조 각 호의 선박은 제외한다.

㉢ 추진기관 또는 범장이 설치되지 아니한 선박으로서 연해구역을 운항하는 선박 중 여객이나 화물의 운송에 사용되지 아니하는 선박

④ 법 제9조 제2항에 따른 제1종 중간검사와 제2종 중간검사의 검사사항은 선박시설, 만재흘수선 및 무선설비(선박위치발신장치를 포함한다)로 한다.

⑤ 제2항에도 불구하고 선박소유자는 장기항해 등 부득이한 사유가 있는 경우에는 중간검사를 검사기준일보다 3개월 이상 앞당겨 받을 수 있다. 이 경우 해당 검사완료일부터 3개월이 지난 날을 새로운 검사기준일로 한다.

⑥ 법 제9조 제3항에 따른 검사결과는 선박검사증서의 뒤 쪽에 다음 검사시기와 검사종류 및 선박검사관의 성명(대행검사기관이 대행하는 경우 선박검사원의 성명을 말한다. 이하 같다)을 적어야 한다.

2) 중간검사 시기의 연기신청

① 법 제9조 제4항에 따라 중간검사시기를 연기(延期)받으려는 선박소유자는 별지 제7호 서식의 중간검사시기연기신청서에 해당 선박의 항해일정 및 현재의 위치를 나타내는 서류를 첨부하여 해양수산부장관에게 제출하여야 한다(규칙 제20조 제1항).

② 해양수산부장관은 제1항에 따른 신청을 받은 경우에는 해당 선박의 항해일정을 고려하여 타당하다고 인정되는 경우 해당 검사기준일부터 12개월 이내의 기간을 정하여 그 검사시기를 연기할 수 있다. 이 경우 다음 검사시기와 검사종류 등을 선박소유자에게 알려야 한다(제2항).

③ 제2항에 따라 연기받은 기간 내에 해당 선박이 중간검사를 받을 장소에 도착하면 지체 없이 중간검사를 받아야 한다.

④ 제2항에 따라 검사시기의 연기로 인하여 연기된 중간검사와 정기검사가 겹치는 경우에는 정기검사를 실시하고, 제1종 중간검사와 제2종 중간검사가 겹치는 경우에는 제1종 중간검사를 실시한다.

4. 임시검사 서류

① 법 제10조 제1항에 따라 임시검사를 받으려는 선박소유자는 별지 제4호 서식의 선박검사신청서에 다음의 서류를 첨부하여 해양수산부장관에게 제출하여야 한다. 다만, 제2호부터 제5호까지의 서류는 해당되는 경우에만 첨부하여야 한다(규칙 제21조).

㉠ 선박검사증서

㉡ 임시검사 관련 승인도면(도면승인을 한 대행검사기관에 신청하는 경우에는 생략

한다)(제2호)

㉢ 법 제18조 제7항에 따른 선박용물건 또는 소형선박의 검정증서

㉣ 법 제20조 제4항 단서에 따른 선박용물건 또는 소형선박의 확인서

㉤ 법 제22조 제3항에 따른 선박용물건 또는 소형선박의 예비검사증서(제5호)

② 법 제10조 제1항 제1호에서 "해양수산부령이 정하는 개조 또는 수리"란 다음의 하나에 해당하는 경우를 말한다(제2항).

㉠ 선박의 선박길이, 너비, 깊이 또는 다음의 하나에 해당하는 선체 주요부의 변경으로 선체의 강도, 수밀성 또는 방화성에 영향을 미치는 개조 또는 수리

가. 상갑판 아래의 선체, 선루(船樓) 또는 기관실 위벽(圍壁)의 폭로부(暴露部)

나. 갑판실(승선자가 거주하거나 항상 사용하는 것으로 한정한다)의 측벽 또는 정부갑판(頂部甲板)

다. 선루갑판 아래의 폭로부 외판

라. 격벽에 설치되어 폐위(閉圍)구역을 보호하는 폐쇄장치(목제 창구덮개 또는 창구 복포는 제외한다)

㉡ 선박의 추진과 관계있는 기관 및 그 주요부의 교체・변경 등으로 기관의 성능에 영향을 미치는 개조 또는 수리

㉢ 타(舵) 또는 조타장치의 변경으로 선박의 조종성에 영향을 미치는 개조 또는 수리

㉣ 탱크, 펌프실, 그 밖에 인화성 액체 또는 인화성 고압가스가 새거나 축적될 우려가 있는 곳에 설치되어 있는 전선로를 교체・변경하는 수리

③ 법 제10조 제1항 제5호에서 "해양수산부령이 정하는 경우"란 다음의 하나에 해당하는 경우를 말한다.

㉠ 선박시설에 관한 선박용물건 중 선박에 고정 설치되는 것으로서 새로 설치하거나 변경하는 경우. 다만, 여객선 및 선박길이 24미터 이상의 선박이 아닌 선박의 경우에는 선박에 고정설치되는 것으로서 제4조 제8호, 제9호, 제12호 및 제14호의 선박시설로 한정한다.

㉡ 법 제27조 제1항에 따른 만재흘수선을 새로 표시하거나 변경하려는 경우

㉢ 법 제28조 제1항에 따른 복원성기준을 새로 적용받거나 그 복원성에 영향을 미칠 우려가 있는 선박용물건을 신설・증설・교체 또는 제거하거나 위치를 변경하려는 경우

㉣ 원자력선의 원자로에 연료체를 투입하거나 원자로 안에서 연료체의 배치를 바꾸려는 경우

㉤ 보일러 안전밸브의 봉인을 개방하여 조정하려는 경우

㉥ 법 제34조 제1항에 따라 확인받은 하역설비의 제한하중, 제한각도 및 제한반경을 변경하려는 경우

㉦ 승강설비의 제한하중 또는 정원을 변경하려는 경우

ⓞ 해양사고 등으로 선박의 감항 또는 인명안전의 유지에 영향을 미칠 우려가 있는 변경이 발생한 경우

ⓩ 법 제8조 제3항에 따른 제17조 제1호부터 제4호까지 및 제6호에 해당하는 경우(같은 조 제2호의 경우 검사시설이 없는 섬에서 선박검사를 받기 위하여 검사시설이 있는 장소로 항해하려는 경우는 제외한다)

ⓒ 선박시설의 보완 또는 수리가 필요하다고 인정되어 해양수산부장관이 특정한 사항에 관하여 임시검사를 받을 것을 지정하는 경우. 이 경우 해양수산부장관은 선박검사증서의 뒤쪽에 검사받을 내용 및 검사시기를 적어야 한다.

④ 제2항에 따라 개조 또는 수리를 하는 선박소유자는 해당 시설의 개조 또는 수리에 착수한 때부터 검사를 받아야 한다.

⑤ 선박소유자는 제3항 제10호에 따라 지정된 임시검사의 시기를 앞당겨 받을 수 있다.

⑥ 선박소유자는 정기검사 또는 중간검사를 받을 때에 임시검사사항이 포함되는 경우에는 별도의 임시검사를 받지 아니한다.

⑦ 법 제10조 제2항에 따른 검사결과는 선박검사증서의 뒤 쪽에 다음 검사시기, 검사종류 및 선박 검사관의 성명을 적어야 한다.

⑧ 법 제10조 제3항에 따른 임시변경증은 별지 제8호 서식과 같다.

5. 임시항해검사시 제출서류

① 법 제11조 제1항에 따라 임시항해검사를 받으려는 선박소유자 또는 선박의 건조자는 별지 제4호 서식의 선박검사신청서에 해당 선박의 운항계획서를 첨부하여 해양수산부장관에게 제출하여야 한다. 다만, 영 제21조 제1항 제1호에 따른 임시항해검사인 경우에는 지방해양수산청장(지방해양수산청장 소속 해양사무소의 장을 포함한다)에게 제출하여야 한다(규칙 제22조).

② 제1항에 따른 임시항해검사 대상 선박 중 국내의 조선소(造船所, ship's dock)에서 건조된 외국선박에 대한 임시항해검사의 절차, 방법 및 검사범위 등에 관한 사항은 해양수산부장관이 정하는 바에 따른다.

③ 법 제11조 제2항에 따른 임시항해검사증서는 별지 제9호 서식과 같다.

④ 법 제11조 제2항에서 "해양수산부령으로 정하는 사항"이란 다음의 사항을 말한다.

㉠ 선박검사관의 성명

㉡ 검사완료일 및 검사장소

㉢ 다음 검사 기준일 및 검사종류

6. 예비검사시 제출서류

① 법 제22조 제1항에 따른 예비검사를 받으려는 자는 별지 제53호 서식의 예비검사신청서에 제5항에 따라 승인받은 도면(圖面)을 첨부하여 해양수산부장관에게 제출하여야

한다(규칙 제54조 제1항).

② 제1항에 따른 예비검사는 해당 선박용물건 또는 소형선박의 선체에 대하여 제조·개조·수리 또는 정비에 착수한 때부터 검사를 받아야 한다. 이 경우 선박용물건 중 팽창식 구명설비의 수리 또는 정비에 따른 예비검사인 경우에는 지방해양수산청장의 확인을 받은 곳에서 수리 또는 정비에 착수한 때부터 검사를 받아야 한다(제2항).

③ 제2항 후단에 따른 확인을 받으려는 자는 별표 24의 기준에 맞는 시설 등을 갖추고 별지 제54호 서식의 팽창식 구명설비 정비시설 등 확인신청서에 다음의 서류를 첨부하여 지방해양수산청장에게 제출하여야 한다(제3항).

㉠ 시설명세서(施設明細書)

㉡ 별표 24 제2호 가목에 따른 정비기술자의 요건에 적합함을 증명하는 서류

㉢ 별표 24 제4호에 따른 자체 정비기준

④ 지방해양수산청장은 제3항에 따른 확인신청을 받은 경우 그 팽창식 구명설비 정비시설 등이 별표 24의 기준에 적합하다고 인정되면 별지 제55호 서식의 팽창식 구명설비 정비시설 등 확인서를 발급하고 이를 고시하여야 한다.

⑤ 법 제22조 제2항에 따른 선박용물건 또는 소형선박의 선체의 도면에 대한 승인 절차에 관하여는 제29조 제1항에 따른 도면의 승인 절차를 준용한다. 이 경우 제29조 제1항 중 "선박"은 "선박용물건 또는 소형선박의 선체"로 본다.

⑥ 법 제22조 제3항에 따른 예비검사증서는 별지 제56호 서식과 같으며, 합격을 나타내는 표시는 별표 25와 같다. 다만, 제2항 후단에 따른 경우에는 예비검사증서를 갈음하여 정비기록부에 선박검사관이 서명하는 것으로 한다.

⑦ 법 제22조 제5항에 따른 예비검사의 준비사항은 별표 26(생략)과 같다.

제13절 검사의 준비 등

1. 검사의 준비 등

① 건조검사 또는 정기검사·중간검사·임시검사·임시항해검사(이하 "선박검사")를 위하여 필요한 준비사항에 대하여는 해당 검사별로 해양수산부령으로 정한다(법 제14조 제1항).

② 선박소유자는 제1항의 규정에 따른 검사의 준비로서 해양수산부령이 정하는 바에 따라 해양수산부장관으로부터 선체 두께의 측정을 받아야 한다.

또한 해양수산부장관은 제1항의 규정에 불구하고 해당선박의 구조·시설·크기·용도 또는 항해구역 등을 고려하여 해양수산부령이 정하는 바에 따라 검사준비·서류제출 등에 대하여 전부 또는 일부를 완화하거나 면제할 수 있다(제3항).

③ 제14조 제2항에 따른 선체 두께의 측정은 선령 10년 이상의 강선으로서 여객선 및 선

박길이 24미터 이상인 선박에 대하여 해당 선박의 정기검사 시에 측정하며, 그 측정 범위 및 측정방법은 별표 12와 같다(규칙 제30조 제2항).

2. 검사의 준비 및 서류의 완화 등

① 법 제14조 제3항에 따라 원자력설비 및 잠수설비(潛水設備) 등 특수한 구조나 설비를 가진 선박에 대한 검사의 준비사항은 별표 13(생략)과 같다(규칙 제31조 제1항).

② 법 제14조 제3항에 따라 정기검사나 중간검사에서 해당 정기검사일이나 중간검사일 전 6개월 이내에 부분적인 수리나 정비를 하고 임시검사에 합격한 사항에 대하여는 제30조 제1항 제2호 및 제3호에 따른 검사의 준비를 면제할 수 있다(제2항).

③ 법 제14조 제3항에 따라 총톤수 2톤 미만의 선박에 대하여는 별표 10의 제2호 자목(효력시험만 해당한다), 제3호 마목, 제4호 가목·다목, 제5호 다목 및 제6호 나목 외의 검사준비를 면제한다.

④ 법 제14조 제3항에 따라 부유식 해상구조물의 정기검사 및 제1종 중간검사에 대하여는 별표 10 제1호 가목 및 별표 11 제1호 가목의 선체에 관한 준비사항 중 선체에 대한 입거(入渠) 또는 상가(上架)준비를 수중검사 준비로 갈음할 수 있고, 별표 10 제1호 나목부터 라목까지의 준비는 면제(제1종 중간검사 시에도 적용한다)할 수 있다(제4항).

⑤ 법 제14조 제3항에 따라 선령 30년 이상의 선박길이 24미터 이상인 선박에 대하여는 별표 11 제1호에 따른 제1종 중간검사 준비사항 중 같은 표 제1호 나목 1)부터 6)까지의 준비를 면제할 수 있다. 다만, 연속하여 3회를 면제할 수 없다.

⑥ 법 제14조 제3항에 따라 다음의 하나에 해당하는 선박에 대하여는 별표 11 제1호 가목의 선체에 관한 준비사항 중 별표 10 제1호 가목의 선체에 대한 입거 또는 상가준비를 수중검사 준비로 갈음할 수 있고, 별표 10 제1호 나목부터 라목까지 및 제3호 나목의 준비는 면제할 수 있다. 다만, 여객선에 대하여는 연속하여 3회를 갈음하거나 면제할 수 없다.

㉠ 내수면 안에서만 항해하는 선박

㉡ 선령 15년 미만인 선박(여객선은 제외한다)

⑦ 해양수산부장관은 제4항 및 제6항에 따른 수중검사 결과 부식 또는 손상 등으로 인하여 입거 또는 상가가 필요하다고 판단되는 경우에는 입거 또는 상가를 하게 할 수 있다.

⑧ 제4항 및 제6항에 따른 수중검사준비와 그 검사방법 등은 별표 14와 같다.

⑨ 법 제14조 제3항에 따른 제1항부터 제8항까지의 규정 외의 검사준비 및 서류제출 등에 대하여는 별표 15와 같이 완화하거나 면제할 수 있다.

[별표 9] 건조검사 및 별도건조검사 준비사항(규칙 제30조 제1항 제1호 관련)

1. 선체에 관한 준비

가. 선체 내외부의 적당한 장소에 안전한 발판을 설치할 것

나. 재료시험(별도건조검사는 제외한다), 비파괴검사(해양수산부장관이 부득이하다고 인정하는 경우에는 길이 24미터 미만의 선박에 대하여는 생략할 수 있다. 이하 제2호의 비파괴검사의 준비에 관하여 같다), 압력시험 및 하중시험의 준비를 할 것

다. 나목의 압력시험은 수압시험이나 기밀시험의 방법으로 하고, 다음에 따라 확인한다.

1) 압력시험의 범위는 강력갑판 아래의 선체, 선루 또는 상갑판 위의 첫째 갑판실로 하고, 반드시 선박검사관(대행검사기관이 대행하는 경우 선박검사원을 말한다. 이하 같다)이 입회하여야 한다.

2) 수고(水高)나 압력을 확인하고, 물이나 공기가 새지 아니하는지 확인한다.

3) 압력이 걸린 상태에서 부재(部材)가 변형되는지 여부를 확인하고, 변형이 있는 경우에는 수정 후 보강한다.

4) 선체 각 부에 대한 수압시험은 다음의 방법으로 한다.

<table>
<tr><th>항 목</th><th colspan="2">수압시험의 기준</th></tr>
<tr><td>이중저</td><td colspan="2">정판부터 공기관 상단까지의 수고압력과 정판부터 격벽갑판까지의 수고압력 중 큰 것에 상당하는 압력</td></tr>
<tr><td>노출된 상갑판 및 선루갑판</td><td colspan="2" rowspan="3">호스내 압력이 2 bar [2 kgf/㎠] 이상인 사수에 따른 압력</td></tr>
<tr><td>단격벽에 제2급폐쇄장치를 갖춘 선루 내의 상갑판</td></tr>
<tr><td>수밀격벽 및 그 계단부</td></tr>
<tr><td>외판</td><td colspan="2">호스 내 압력이 2 bar [2 kgf/㎠] 이상인 사수에 따른 압력 또는 수고압력. 다만, 이중저・선수창 등을 구성하는 부분의 외판은 그 각 부분의 수압시험의 방법에 따른다.</td></tr>
<tr><td>선수격벽 후방에 있는 묘쇄고</td><td colspan="2">정판까지의 수고압력</td></tr>
<tr><td>국제항해에 취항하는 여객선외의 선박의 선수창(물탱크나 유탱크로 사용하는 것은 제외한다)</td><td colspan="2">만재흘수선까지의 수고압력과 선수격벽의 높이의 3분의2까지의 수고압력 중 큰 것에 상당하는 압력. 다만, 그 수선 이상의 부분은 호스 내의 압력이 2 bar [2 kgf/㎠] 이상인 사수에 따른 압력</td></tr>
<tr><td>국제항해에 취항하는 여객선의 선수창 및 내측외판</td><td colspan="2">한계선까지의 압력 정도의 압력</td></tr>
<tr><td rowspan="2">국제항해에 취항하는 여객선의 수밀격벽의 수밀문</td><td>취부 전</td><td>한계선까지의 수고압력에 상당하는 압력</td></tr>
<tr><td>취부 후</td><td>호스 내의 압력이 2 bar [2 kgf/㎠] 이상인 사수에 따른 압력</td></tr>
<tr><td rowspan="2">국제항해에 종사하는 여객선외의 선박의 수밀격벽의 수밀문</td><td>취부 전</td><td>그 수밀격벽이 받을 것으로 예상되는 수고압력에 상당하는 압력</td></tr>
<tr><td>취부 후</td><td>호스 내의 압력이 2 bar [2 kgf/㎠] 이상인 사수에 따른 압력</td></tr>
<tr><td>선미창(물탱크나 유탱크로 사용하는 것은 제외한다) 및 선미관구획실</td><td colspan="2">만재흘수선까지의 수고압력에 상당하는 압력. 다만, 만재흘수선 이상의 부분은 호스 내의 압력이 2 bar [2 kgf/㎠] 이상인 사수에 따른 압력</td></tr>
<tr><td>물탱크나 유탱크로 사용하는 선수창 또는 선미창</td><td colspan="2" rowspan="2">정판부터 다음 위치까지의 수고압력 중 가장 큰 것에 상당하는 압력
1) 넘침관의 상단
2) 만재흘수선
3) 정판 위 2.4미터의 높이
4) 선박 깊이의 상부기점으로부터 정판까지의 수직거리의 3분의 2를 정판부터 상방으로 수직으로 측정한 높이</td></tr>
<tr><td>디프탱크</td></tr>
<tr><td>제1급폐쇄장치의 개구를 설치한 선루 및 저선미루단의 격벽</td><td colspan="2" rowspan="4">호스 내의 압력이 2 bar [2 kgf/㎠] 이상인 사수에 따른 압력</td></tr>
<tr><td>축로</td></tr>
<tr><td>그 밖의 수밀통로</td></tr>
<tr><td>제1급폐쇄장치를 설치한 선루단격벽의 출입구</td></tr>
</table>

수밀폐쇄장치를 갖춘 갑판구(창구를 포함한다)	
현문, 재화문 및 현창	
유조선 및 위험물산적운송선의 화물유탱크	화물유탱크의 정판을 구성하는 갑판(팽창트렁크가 있는 화물유탱크에 있어서는 팽창트렁크의 정판)의 현측에 있어서 상면으로부터 2.4미터까지의 수고압력에 상당하는 압력. 다만, 해당 탱크의 기능이 도달하는 가장 높은 장소에 상당하는 수고압력이상으로 하여야 한다.
펌프실과 겸용하지 아니하는 코퍼댐	정판부터 창구 정부까지의 수고압력에 상당하는 압력
펌프실과 겸용하는 코퍼댐	호스 내의 압력이 2 bar [2 kgf/㎠] 이상인 사수에 따른 압력
활어창	정판까지의 장수에 따른 압력
복판타	1.5 D 또는 2 d 중 작은 값의 수고압력에 상당하는 압력. 이 경우 D는 선박 깊이, d는 지정된 흘수로 한다.
위험물 외의 가연성 액체를 운송하는 액체화학품산적운송선 및 액화가스물질운송선의 탱크	정판상 2.4+h(r-1)미터의 수고압력에 상당하는 압력. 이 경우 h는 해당 탱크의 높이, r은 액체의 비중으로 한다. 다만, $r<1$인 경우에는 r을 1로 한다.

2. 기관에 관한 준비

재료시험(별도건조검사는 제외한다), 비파괴검사, 용접시공시험, 평형시험, 압력시험, 효력시험, 축기시험, 도기시험 및 육상 시운전의 준비를 할 것

3. 배수설비에 관한 준비

재료시험(별도건조검사는 제외한다), 압력시험 및 효력시험의 준비를 할 것

4. 조타 · 계선 및 양묘설비에 관한 준비

재료시험(별도건조검사는 제외한다), 압력시험 및 효력시험의 준비를 할 것

5. 전기설비에 관한 준비

재료시험(별도건조검사는 제외한다), 방수시험, 방폭시험, 완성시험, 절연저항시험 및 효력시험의 준비를 할 것

[별표 10] 정기검사 준비사항(규칙 제30조 제1항 제2호 관련)

1. 선체에 관한 준비

가. 입거(入渠) 또는 상가(上架)를 할 것. 다만, 다음의 경우에는 그러하지 아니하다.
  1) 선박길이 24미터 미만인 목선 및 특수재질선박과 선박길이 12미터 미만인 강선을 거선(擧船)한 경우
  2) 입거 또는 상가의 시설이 없는 호소 · 하천 · 항내의 수역에서만 운항하는 선박길이 24미터 미만인 선박의 선저를 검사할 수 있도록 수면 밖으로 끌어올린 경우
나. 타를 들어 올리거나 빼낼 것
다. 선체에 붙어있는 해초 · 조개류 등을 깨끗이 떼어낼 것
라. 목선의 선체 외판에 덧붙인 선체보호용 포판의 일부를 떼어낼 것
마. 선체 내부에 있는 화물 및 고형밸러스트를 떼어낼 것
바. 선체 내부의 선체에 고착되지 아니하는 물품을 정리할 것
사. 탱크의 맨홀을 열어 놓고 내용물 및 위험성가스를 배출할 것
아. 화물구획의 내장판의 일부를 떼어낼 것
자. 갑판피복 및 선저 시멘트의 일부를 떼어낼 것
차. 강제선체 주요부의 녹을 떨어내고 두께를 측정할 수 있도록 할 것
카. 선체 내외부의 적당한 장소에 안전한 발판을 설치할 것
타. 재료시험의 준비를 할 것(처음으로 검사를 받는 경우로 한정한다)
파. 비파괴검사의 준비를 할 것(해양수산부장관이 부득이하다고 인정하는 경우에는 선박길이 24미터

미만의 선박에 대하여는 생략할 수 있다. 이하 제2호아목 및 제7호라목의 비파괴검사의 준비에 관하여 같다)

하. 압력시험 및 하중시험의 준비를 할 것

거. 수밀문·방화문 등 폐쇄장치 효력시험의 준비를 할 것

너. 유조선·산적화물선 또는 위험물산적운송선의 경우에는 다음의 준비를 추가할 것

1) 화물창, 평형수탱크, 그 밖의 밀폐구역의 위험성가스를 충분히 배출할 것

2) 선박검사 시 부식·변형·균열 등 손상에 따른 결함이 잘 보이도록 물·녹·오물·기름잔류물 등을 제거하고 충분한 조명설비를 준비할 것

3) 밀폐된 구역의 검사 시 안전을 확보할 수 있도록 상갑판에 연락책임자를 배치하고 선박검사관과의 통신장비를 설치할 것

4) 다음의 서류를 선내에 갖추어 두고 선박검사관에게 제시할 것

가) 선체요목서

나) 최종회 검사 시에 실시된 판두께 측정보고서

다) 화물창 및 평형수탱크의 주요 구조도면 및 사용기록

라) 화물창 및 평형수탱크의 도장상태에 관한 검사기록(부식방지용 도료의 종류 및 도장의 일시·방법에 관한 사항이 포함되어야 한다)

마) 불활성가스장치의 사용범위와 탱크세정절차에 관한 서류(유조선으로 한정한다)

바) 화물창, 평형수탱크 및 관장치의 수리기록

2. 기관에 관한 준비

가. 주기관

1) 내연기관

가) 실린더커버를 떼어내고 피스톤 및 실린더라이너를 들어낼 것

나) 실린더커버·피스톤 및 실린더의 냉각부를 검사할 수 있도록 분해할 것

다) 크랭크암의 개폐량을 잴 수 있도록 할 것. 다만, 고속기관에 대하여는 그러하지 아니하다.

라) 크랭크축의 베어링의 상반(上盤)과 크로스헤드핀 및 크랭크핀의 베어링을 떼어낸 후 크랭크축을 회전할 수 있도록 하고, 크랭크축과 크랭크암과의 접합부를 검사하기 곤란한 경우에는 크랭크축을 들어올려 놓을 것

마) 배기터빈과급기 및 소기장치의 내부를 검사할 수 있도록 개방하고 작동 부분을 들어낼 것

바) 작동에 직접 관계있는 중요한 밸브를 분해할 것

2) 가스터빈

가) 터빈 및 압축기 차실의 상반을 떼어내고 로터를 들어 올려 놓을 것

나) 연소기 및 열교환기의 내부를 검사할 수 있도록 분해할 것

다) 작동에 직접 관계있는 중요한 밸브를 분해할 것

3) 증기터빈

가) 터빈 차실의 상반을 떼어내고 로터를 들어올려 놓을 것

나) 축, 글랜드, 추력조정베어링, 오일드레인 및 실링관을 검사할 수 있도록 분해할 것

다) 작동에 직접 관계가 있는 중요한 밸브를 분해할 것

나. 추진축계

1) 프로펠러를 빼내고 프로펠러축(선미관축을 포함하며, 워터제트 추진장치의 경우에는 주축을 말한다)을 뽑아낼 것

2) 각 베어링의 상반 또는 커버 및 스러스트패드를 빼내고 각 축을 회전할 수 있도록 할 것

3) 선미관 후단의 경우 축과 지면재의 틈을 잴 수 있도록 할 것

4) 가변 피치프로펠러의 프로펠러 내부의 변절기구 또는 회전 부분을 검사할 수 있도록 분해하고 각 날개를 떼어낼 것

5) 가변 피치프로펠러에 부속된 조정밸브 및 변절유펌프를 검사할 수 있도록 분해할 것

6) 동력전달장치를 분해할 것

다. 보일러 및 압력용기

1) 보일러의 내부 및 화염이 닿는 부분과 압력용기의 내부를 청소한 후 맨홀, 청소구멍 및 검사구멍의 커버를 떼어내고, 부속된 중요한 밸브 및 콕을 분해할 것

2) 보일러의 스모크박스도어를 열어 놓을 것

3) 보온재 등 보일러의 바깥 부분을 떼어내고 판 및 관의 두께를 잴 수 있도록 할 것

라. 보조기관

1) 발전기 또는 선박의 추진에 관계있는 보기(補機)를 구동하는 보조기관은 가목의 준비를 할 것

2) 1) 외의 보조기관으로서 선박의 항해에 관계있는 보기를 구동하는 보조기관은 실린더커버, 크랭크축베어링의 상반, 크랭크핀베어링, 그 밖의 주요한 베어링을 떼어낼 것

마. 보기 및 관장치

1) 보기의 내부를 검사할 수 있도록 개방하고 작동 부분을 빼낼 것

2) 연료유탱크, 여과기, 밸브, 콕, 그 밖의 관장치의 내부를 검사할 수 있도록 개방할 것

바. 비품은 적당한 장소에 진열할 것

사. 재료시험, 용접시공시험, 평형시험, 축기시험 및 육상 시운전의 준비를 할 것(처음으로 검사를 받는 경우로 한정한다)

아. 비파괴검사의 준비를 할 것

자. 압력시험, 효력시험 및 도기시험의 준비를 할 것

3. 배수설비에 관한 준비

가. 펌프의 플런저, 피스톤, 임펠러, 그 밖의 작동 부분을 빼내고, 밸브케이싱을 분해할 것

나. 최고 항해흘수선 이하에서 선외로 통하는 밸브 및 콕을 분해할 것

다. 로즈박스 및 머드박스를 분해할 것

라. 압력시험의 준비를 할 것(처음으로 검사를 받는 경우로 한정한다)

마. 효력시험의 준비를 할 것

4. 조타, 계선 및 양묘설비에 관한 준비

가. 닻, 닻쇠사슬 또는 로프와 계선용 로프를 적당한 장소에 진열할 것

나. 재료시험 및 압력시험의 준비를 할 것(처음으로 검사를 받는 경우로 한정한다)

다. 효력시험의 준비를 할 것

5. 구명 및 소방설비에 관한 준비

가. 떼어내어 검사하여야 하는 것은 떼어내어 적당한 장소에 진열할 것

나. 재료시험 및 압력시험의 준비를 할 것(처음으로 검사를 받는 경우로 한정한다)

다. 효력시험 또는 현상검사의 준비를 할 것

6. 항해설비에 관한 준비

가. 떼어내어 검사하여야 하는 것은 떼어내어 적당한 장소에 진열할 것

나. 효력시험의 준비를 할 것

7. 위험물이나 그 밖의 산적화물의 적부(積付)설비에 관한 준비

가. 탱크의 맨홀을 열고, 내용물 및 위험성가스를 배출할 것

나. 탱크 내외의 적당한 장소에 안전한 발판을 설치할 것

다. 재료시험, 용접시공시험 및 압력시험의 준비를 할 것(처음으로 검사를 받는 경우에 한정한다)

라. 비파괴검사의 준비를 할 것

마. 효력시험의 준비를 할 것

8. 하역이나 그 밖의 작업설비에 관한 준비

가. 윈치 내부의 주요 부분을 검사할 수 있도록 분해할 것

나. 하역장치의 하중시험의 준비를 할 것(처음으로 검사를 받는 경우로 한정한다)

다. 재료시험 및 압력시험의 준비를 할 것(처음으로 검사를 받는 경우로 한정한다)

라. 효력시험의 준비를 할 것

9. 전기설비에 관한 준비

가. 재료시험, 방수시험, 방폭시험 및 완성시험의 준비를 할 것(처음으로 검사를 받는 경우로 한정한다)

나. 절연저항시험 및 효력시험의 준비를 할 것

10. 컨테이너설비에 관한 준비

가. 재료시험 및 하중시험의 준비를 할 것(처음으로 검사를 받는 경우로 한정한다)

나. 현상검사의 준비를 할 것

11. 승강설비에 관한 준비

가. 호이스트(卷上機) 내부의 주요 부분을 검사할 수 있도록 분해할 것
나. 재료시험 및 하중시험의 준비를 할 것(처음으로 검사를 받는 경우로 한정한다)
다. 효력시험의 준비를 할 것

12. 복원성시험에 관한 준비(처음으로 검사를 받거나 복원성에 변경이 있는 경우로 한정한다)

가. 복원성시험의 장소는 바람·파랑·조류 등의 영향이 적은 곳을 택할 것
나. 복원성시험 실시 중에 예상되는 외력에 따른 영향을 피할 수 있도록 계류 그 밖에 적절한 조치를 취할 것
다. 선박 완성 시에 탑재할 설비나 그 밖의 물건은 선내의 정위치에 탑재할 것
라. 선박 완성 시에 탑재하지 아니하는 설비나 그 밖의 물건으로서 복원성시험에 필요하지 아니하는 것은 선내에서 제거할 것
마. 부득이한 사정으로 다목과 라목에 따르기 곤란한 경우에는 정위치에 탑재하지 아니하였거나 제거하지 못한 물건에 대하여 그 중량 및 탑재위치에 관한 상세한 자료를 작성할 것
바. 선내의 모든 탱크를 비우거나 채우고, 탱크 외의 물·기름 등을 제거할 것
사. 부득이한 사정으로 탱크를 비우거나 채우기 곤란한 경우에는 탱크 내 액체의 자유표면에 따른 영향을 정확히 산정하기 위한 자료를 작성할 것
아. 선내의 이동하기 쉬운 탑재물은 복원성시험 실시 중에 이동하지 아니하도록 고정할 것
자. 해당 선박의 계획트림 외에는 가급적 트림을 적게 할 것
차. 해당 선박을 횡경사시키기에 적당한 중량의 것으로서 그 중량이 정확하게 측정된 이동중량물을 선박에 탑재할 것
카. 횡경사각의 측정을 위하여 추를 사용하는 경우에는 가급적 추의 길이를 길게 하고, 그 동요를 적게 하기 위한 시험수조를 준비할 것
타. 동요시험을 하는 경우에는 해당 선박의 횡요각을 가급적 크게 할 수 있는 인원이나 적당한 용구를 준비할 것

13. 거주 및 위생설비에 관한 준비

효력시험 또는 현상검사의 준비를 할 것

14. 만재흘수선 및 무선설비에 관한 준비

효력시험 또는 현상검사의 준비를 할 것

15. 냉동, 냉장 및 수산물처리가공설비에 관한 준비

효력시험 또는 현상검사의 준비를 할 것

16. 해상 시운전의 준비

[별표 11] 중간검사 준비사항(규칙 제30조제1항제3호 관련)

1. 제1종 중간검사

가. 선체에 관한 준비
　별표 10 제1호가목부터 라목까지, 카목(선체 외부로 한정한다), 거목 및 너목의 준비를 할 것
나. 기관에 관한 준비
1) 주기관
가) 내연기관
(1) 실린더커버를 떼어낼 것
(2) 크랭크암의 개폐량을 잴 수 있도록 할 것. 다만, 고속기관에 대하여는 그러하지 아니하다.
(3) 크랭크축의 베어링의 상반 및 크랭크핀베어링을 떼어낸 후 크랭크축을 회전할 수 있도록 하고, 크랭크축과 크랭크암과의 접합부를 검사하기가 곤란한 경우에는 크랭크축을 들어올려 놓을 것

(4) 배기터빈 과급기 및 소기장치의 내부를 검사할 수 있도록 개방할 것
나) 가스터빈 및 증기터빈은 터빈 및 압축기 차실의 상반과 로터베어링의 상반을 떼어낸 후 로터를 회전할 수 있도록 할 것
2) 추진축계
가) 프로펠러를 빼내고 프로펠러축(선미관축을 포함하며, 워터제트 추진장치의 경우에는 주축을 말한다)을 뽑아낼 것
나) 각 축 베어링의 상반 또는 커버 및 스러스트베어링을 떼어내고 각 축을 회전할 수 있도록 할 것
다) 선미관 후단에 있어서 축과 지면재와의 틈을 잴 수 있도록 할 것
라) 가변 피치프로펠러의 프로펠러 내부의 변절기구 또는 회전 부분을 검사할 수 있도록 분해하고, 날개를 한 장 떼어낼 것
마) 감속장치 기어의 톱니를 검사할 수 있도록 분해할 것
3) 보일러
가) 보일러의 내부 및 화염이 닿는 부분과 압력용기의 내부를 청소한 후 맨홀, 청소구멍 및 검사구멍의 커버를 떼어내고, 부속된 중요한 밸브 및 콕을 분해할 것
나) 보일러의 스모크박스도어를 열어 놓을 것
다) 보온재 등 보일러 바깥 부분의 일부를 떼어내고, 판과 관의 두께를 잴 수 있도록 할 것
4) 발전기 또는 선박의 추진에 관계있는 보기를 구동하는 보조기관은 1)의 준비를 할 것
5) 보기 및 관장치
가) 보기의 내부를 검사할 수 있도록 개방하고 작동 부분을 빼낼 것
나) 연료유탱크, 여과기, 밸브, 콕, 그 밖의 관장치의 내부를 검사할 수 있도록 개방할 것
6) 비품은 적당한 장소에 진열할 것
7) 효력시험 및 도기시험의 준비를 할 것
다. 배수설비에 관한 준비
별표 10 제3호의 준비를 할 것
라. 조타, 계선 및 양묘설비에 관한 준비
닻, 닻쇠사슬 또는 로프와 계선용 로프를 적당한 장소에 진열할 것
마. 구명 및 소방설비에 관한 준비
1) 떼어내어 검사하여야 하는 것은 떼어내어 적당한 장소에 진열할 것
2) 효력시험 또는 현상검사의 준비를 할 것
바. 항해설비에 관한 준비
떼어내어 검사하여야 하는 것은 떼어내어 적당한 장소에 진열할 것
사. 위험물의 적부설비 및 하역설비에 관한 준비
효력시험의 준비를 할 것
아. 전기설비에 관한 준비
절연저항시험 및 효력시험의 준비를 할 것
자. 컨테이너설비에 관한 준비
현상검사의 준비를 할 것
차. 승강설비에 관한 준비
효력시험의 준비를 할 것
카. 거주 및 위생설비에 관한 준비
효력시험 또는 현상검사의 준비를 할 것
타. 만재흘수선 및 무선설비에 관한 준비
효력시험 또는 현상검사의 준비를 할 것
파. 냉동, 냉장 및 수산물처리가공설비에 관한 준비
효력시험 또는 현상검사의 준비를 할 것

2. 제2종 중간검사

가. 만재흘수선의 표시를 검사할 수 있도록 안전한 발판을 설치할 것
나. 수밀문·방화문 등 폐쇄장치에 대한 효력시험의 준비를 할 것
다. 기관, 배수설비, 조타설비, 구명 및 소방설비, 항해용구 및 위험물의 적부설비는 효력시험 또는 현상검사의 준비를 할 것

라. 전기설비의 경우에는 절연저항시험 및 효력시험의 준비를 할 것
마. 선령 10년을 넘는 산적화물선의 화물창의 경우에는 별표 10의 제1호너목 1) 부터 3)까지의 준비를 할 것
바. 거주 및 위생설비에 관한 준비
현상검사의 준비를 할 것
사. 만재흘수선 및 무선설비에 관한 준비
효력시험 또는 현상검사의 준비를 할 것

제14절 재검사

1. 재검사의 신청절차

① 제60조 제1항・제2항(제61조의 규정에 따라 해양수산부장관이 직접 수행하거나 해양수산부장관으로부터 지정받은 자가 대행하는 경우를 포함한다), 제63조 제1항, 제64조 제1항 및 제65조 제1항의 규정에 따라 대행검사기관으로부터 검사・검정 및 확인을 받은 자가 그 결과에 대한 불복(不服)이 있는 때에는 그 결과에 관한 통지를 받은 날부터 90일 이내에 그 사유를 갖추어 해양수산부장관에게 재검사・재검정 및 재확인을 신청할 수 있다(법 제72조 제1항).
② 제1항의 규정에 따라 재검사・재검정 및 재확인의 신청을 받은 해양수산부장관은 소속공무원으로 하여금 재검사 등을 직접 행하게 하고 그 결과를 신청인에게 60일 이내에 통보하여야 한다. 다만, 부득이한 사정이 있는 때에는 30일 이내의 범위에서 통보시한을 연장할 수 있다.
③ 대행검사기관의 검사・검정 및 확인에 대하여 불복이 있는 자는 제1항 및 제2항의 규정에 따른 재검사・재검정 및 재확인의 절차를 거치지 아니하고는 행정소송을 제기할 수 없다. 다만,「행정소송법」제18조 제2항 및 제3항의 규정에 해당되는 경우에는 그러하지 아니하다.

제5장 검사관계의 서류

제1절 개 설

해양수산관청은 선박검사가 완료되면 그의 합격 또는 처분을 증명하는 증서(證書)와 다음 번의 검사에 필요한 서류(書類)를 작성하여 선박소유자에게 발급한다. 이들 검사에 관한 서류에는 선박검사증서, 임시항행검사증서, 국제협약검사증서, 예인선항해검사증서, 예비검사합격증명서, 임시변경증, 양화장치제한하중등지정서, 승강장치제한하중등지정서, 선박검사수첩과 국제협약증서가 있다.

또한 해양수산관청 또는 검정기관(檢定機關)이 행한 검정에 합격한 선박이나 선박용물건에 대하여 발급하는 서류로서 검정합격증명서가 있다.

제2절 선박검사증서 등

1. 선박검사증서 및 국제협약검사증서의 유효기간 등

① 제8조 제2항의 규정에 따른 선박검사증서 및 제12조 제2항의 규정에 따른 국제협약검사증서의 유효기간은 5년 이내의 범위에서 대통령령으로 정한다(법 제16조 제1항). 해양수산부장관은 제1항의 규정에 따른 선박검사증서 및 국제협약 검사증서의 유효기간을 5개월 이내의 범위에서 대통령령이 정하는 바에 따라 연장할 수 있다.

② 중간검사 및 임시검사에 불합격한 선박의 선박검사증서 및 국제협약 검사증서의 유효기간은 해당검사에 합격될 때까지 그 효력이 정지된다(제3항).

③ 법 제16조 제1항에 따른 선박검사증서의 유효기간은 5년으로 한다(영 제5조 제1항).

④ 법 제16조 제1항에 따른 국제협약 검사증서의 유효기간은 다음의 구분에 따른다. 다만, 해당 선박에 대하여 법 제10조 제3항에 따른 임시변경증 또는 법 제11조 제2항에 따른 임시항해 검사증서를 발급받은 경우 그 유효기간은 해당 임시변경증 또는 임시항해 검사증서에 기재된 유효기간으로 한다. 영 제5조 제1항에 따른 선박검사증서의 유효기간은 다음에 규정된 날부터 기산(起算)한다(제2항, 제3항).

㉠ 여객선 안전검사증서·원자력 여객선 안전검사증서 및 원자력 화물선 안전검사증서 : 1년

㉡ 그 밖의 국제협약검사증서 : 5년

㉢ 최초로 법 제8조에 따른 정기검사(이하 "정기검사"라 한다)를 받은 경우 해당 선박검사증서를 발급받은 날

㉣ 선박검사증서의 유효기간이 끝나기 전 3개월이 되는 날 이후에 정기검사를 받은 경우 종전 선박검사증서의 유효기간 만료일의 다음 날

㉤ 선박검사증서의 유효기간이 끝나기 전 3개월이 되는 날 전에 정기검사를 받은 경우 해당 선박검사증서를 발급받은 날

㉥ 선박검사증서의 유효기간이 끝난 후에 정기검사를 받은 경우 종전 선박검사증서의 유효기간 만료일의 다음 날. 다만, 계선(제2조 제2항에 따라 서류를 제출한 경우로 한정한다) 그 밖에 해양수산부령으로 정하는 사유로 인하여 종전 선박검사증서의 유효기간 만료일의 다음 날부터 계산하는 것이 부당하다고 인정되는 경우 정기검사를 받고 해당 선박검사증서를 발급받은 날부터 계산한다(제4호).

여기 단서에서 해양수산부령으로 정하는 사유란 1년 이상 선박검사를 받지 아니한 선박을 상속하거나 매수한 경우나 선박소유자의 파산 등의 사유로 1년 이상 선박검사를 받지 아니한 경우이다(규칙 제33조).

⑤ 제2항에 따른 국제협약검사증서의 유효기간의 기산 방법은 제3항에 따른 선박검사증서의 유효기간 기산 방법을 준용한다. 이 경우 "선박검사증서"는 "국제협약 검사증서"로 본다.

선박검사증서는 선박의 항행권(航行權)을 보증하는 성격을 갖는다. 그러므로 이 증서를 발급받지 않았거나 이 증서의 효력이 정지된 때에는 선박을 항행에 사용하는 것이 금지된다.

또한 선박의 사용상의 조건을 표시하고 있다. 즉 해양수산부장관은 정기검사에 합격한 선박에 대하여 그 항행구역, 최대탑재인원, 제한기압 및 만재흘수선의 위치를 정하여 선박검사증서를 발급하므로, 증서에 기재된 이들 항행상의 조건을 위반하여 선박을 항행에 사용함은 특별한 경우를 제외하고는 금지된다.

2. 선박검사증서 및 국제협약 검사증서의 유효기간 연장

① 법 제16조 제2항에 따라 선박검사증서 및 국제협약 검사증서의 유효기간을 연장하려는 경우 다음의 구분에 따른 기간 이내에서 연장할 수 있다. 다만, 제1호에 해당하는 경우에는 그 연장기간 내에 해당 선박이 정기검사 또는 해양수산부령으로 정하는 국제협약검사를 받을 장소에 도착하면 지체 없이 그 정기검사 또는 국제협약검사를 받아야 한다(영 제6조 제1항).

㉠ 해당 선박이 정기검사 또는 해양수산부령으로 정하는 국제협약검사를 받기 곤란한 장소에 있는 경우 : 3개월 이내(제1호)

㉡ 해당 선박이 외국에서 정기검사 또는 해양수산부령으로 정하는 국제협약검사를 받았으나 선박검사증서 또는 국제협약 검사증서를 선박에 갖추어 둘 수 없는 사유가 발생한 경우 : 5개월 이내(제2호)

㉢ 해당 선박이 짧은 거리의 항해(항해를 시작하는 항구부터 최종 목적지의 항구까지의 항해거리 또는 항해를 시작한 항구로 회항할 때까지의 항해거리가 1천 해리를 넘지 아니하는 항해를 말한다)에 사용되는 경우(국제협약검사증서로 한정 한다) : 1개월

② 제1항에도 불구하고 국제협약검사증서 중 국제방사능핵연료화물운송적합증서의 경우 특별한 사유가 없는 한 그 유효기간은 자동으로 연장된다. 제1항에 따른 유효기간 연장의 신청절차 등 필요한 사항은 해양수산부령으로 정한다(영 제6조 제3조, 제4조).

③ 위 영 제6조 제1항 단서, 같은 항 제1호 및 제2호에서 "해양수산부령으로 정하는 국제협약검사"란 제24조 제2호에 따른 정기검사를 말한다.

④ 영 제6조 제3항에 따라 선박검사증서 및 국제협약 검사증서의 유효기간을 연장받으려는 선박소유자는 별지 제34호 서식의 선박검사증서(국제협약 검사증서) 유효기간 연장신청서에 다음의 해당 서류를 첨부하여 해양수산부장관에게 제출하여야 한다(규칙 제34조 제2항).

㉠ 선박이 검사받을 장소에 있지 아니하여 검사를 받을 수 없는 경우 : 해당 선박의 현재의 위치를 나타내는 서류

㉡ 새로운 선박검사증서 및 국제협약 검사증서를 선박에 갖추어 둘 수 없는 경우 :

현재 비치하고 있는 선박검사증서 및 국제협약검사증서

㉢ 짧은 거리의 국제항해에 취항하는 선박 : 현재 비치하고 있는 국제협약 검사증서

⑤ 해양수산부장관은 제2항에 따른 신청을 받은 경우에는 다음의 승인서나 증서를 신청인에게 발급하여야 한다.

㉠ 제2항 제1호의 경우 : 별지 제35호 서식의 선박검사증서(국제협약 검사증서) 유효기간 연장승인서

㉡ 제2항 제2호 및 제3호의 경우 : 연장 승인된 유효기간이 적혀 있는 현재의 선박검사증서 및 국제협약 검사증서

3. 선박검사증서 등이 없는 선박의 항해금지 등

① 누구든지 제8조 제2항에 따른 선박검사증서, 제10조 제3항에 따른 임시변경증, 제11조 제2항에 따른 임시항해검사증서, 제12조 제2항에 따른 국제협약검사증서 및 제43조 제2항에 따른 예인선항해검사증서(이하 "선박검사증서" 등)가 없는 선박이나 선박검사증서 등의 효력이 정지된 선박을 항해에 사용하여서는 아니 된다(법 제17조).

② 누구든지 선박검사증서(船舶檢査證書) 등에 기재된 항해와 관련한 조건을 위반하여 선박을 항해에 사용하여서는 아니 된다.

③ 선박검사증서 등을 발급받은 선박소유자는 그 선박 안에 선박검사증서등을 갖추어 두어야 한다. 다만, 소형선박의 경우에는 선박검사증서등을 선박 외의 장소에 갖추어 둘 수 있다.

제7편 선박의 입항 및 출항 등에 관한 법률

제1장 제정이유 및 주요내용

◇ 제정이유

「개항질서법(開港秩序法)」과 「항만법(港灣法)」에 분산되어 있는 선박의 입항 및 출항 등에 관한 규정을 통합하여, 법률 제13186호로 「선박의 입항 및 출항 등에 관한 법률」을 2015년 2월 3일 제정(공포)하여 2015년 8월 4일 시행케 함으로써 국민들에게 법령 이해의 편의를 제공하고, 운항선박의 대형화 및 수상레저활동 증가 등 선박의 입항 및 출항 환경 변화에 따른 신규 수요를 반영하며, 항만관제(港灣管制) 및 선박에 대한 통제를 강화하여 선박의 안전운항 여건 확보 및 안보 위해 요소의 제거를 도모하고, 위험물 운송선박의 부두 이·접안(離·接岸)시 위험물 안전관리자를 현장에 배치하도록 하는 등 효율적이고 안전한 선박의 입항 및 출항을 도모하려는 것이다.

◇ 주요내용

① 「수상레저안전법」상 수상레저기구에 대한 출입 신고 면제(제4조 제1항 제3호)

수상레저활동을 위한 모터보트·동력요트 등 선박형 수상레저기구가 단순히 국내항에 입 항하거나 출항할 때에도 입항·출항 신고를 하여야 하는 불편이 있어 국내항 간을 운항하는 모터보트·동력요트의 경우에는 신고를 면제하도록 하여 수상레저활동의 편의를 도모하였다.

② 선박교통관제 근거 마련 및 관제응답 청취의무 부여(제19조부터 제22조까지)

무역항에 출입하는 선박이 안전하게 운항할 수 있도록 선박교통관제를 실시할 수 있는 근거를 마련하고, 선박교통관제사(船舶交通管制士)의 자격 및 업무를 명시하며, 선박교통관제의 실효성 확보를 위해서 관제통신을 의무적으로 청취하도록 하였다.

③ 위험물 운송선박의 부두 이·접안(離接岸)시 위험물 안전관리자를 현장에 배치하도록 하여 안전조치를 강화하였다(제35조).

④ 선박수리 및 선박경기 등 행사의 허가(제37조 및 제42조)

해양수산부장관은 무역항의 수상구역 및 그 밖의 수역시설 등에서 선박을 용접 등의 방법으로 수리하려고 허가를 신청한 경우에는 화재·폭발 등을 일으킬 우려가 있는 방식으로 수리하려는 경우 등을 제외하고는 원칙적으로 허가하게 하고, 선박경기 등의 행사를 하려고 허가를 신청한 경우도 안전사고 우려가 있는 경우 등을 제외하고는 원칙적으로 허가하게 함으로써 행정청의 자의적인 권한 행사를 방지하고 허가 여부에 대한 국민의 예측가능성을 확보할 수 있도록 하였다. <이상 법제처>

◇ 부 칙

제1조(시행일) 이 법은 공포 후 6개월이 경과한 날부터 시행한다.

제2조(다른 법률의 폐지) 개항질서법은 폐지한다.

제3조(선박의 정박 또는 정류에 관한 적용례) 제6조 제2항은 이 법 시행 후 최초로 선박이 같은 조 제1항 각 호의 장소에서 정박하거나 정류하려는 경우부터 적용한다.

제4조(처분 등에 관한 일반적 경과조치) 이 법 시행 당시 종전의 「개항질서법」 및 「항만법」에 따른 행정기관의 행위나 행정기관에 대한 행위는 그에 해당하는 이 법에 따른 행정기관의 행위나 행정기관에 대한 행위로 본다.

제5조(예선업 등록에 관한 경과조치) 이 법 시행 당시 종전의 「항만법」 제32조에 따라 예선업을 등록한 자는 제24조에 따라 예선업을 등록한 자로 본다.

제6조(예선운영협의회에 대한 경과조치) 이 법 시행 당시 종전의 「항만법」 제40조에 따라 설치된 예선운영협의회는 제30조에 따라 설치된 예선운영협의회로 본다.

제7조(벌칙 및 과태료에 관한 경과조치) 이 법 시행 전의 위반행위에 관한 벌칙 또는 과태료를 적용할 때에는 종전의 「개항질서법」 및 「항만법」에 따른다.

제8조(다른 법률의 개정)

① 공유수면 관리 및 매립에 관한 법률 일부를 다음과 같이 개정한다.

- 제6조 제6항 제2호 가목 중 「개항질서법」을 「선박의 입항 및 출항 등에 관한 법률」로 한다.

② 사법경찰관리의 직무를 수행할 자와 그 직무범위에 관한 법률 일부를 다음과 같이 개정한다.

③ 선원법 일부를 다음과 같이 개정한다.

- 제3조 제1항 제2호 및 제68조 제1항 각 호 외의 부분 중 「항만법」 제32조를 각각 「선박의 입항 및 출항 등에 관한 법률」 제24조로 한다.

④ 수상레저안전법 일부를 다음과 같이 개정한다.

- 제19조 제1항 단서 중 「개항질서법」 제5조에 따른 입·출항 신고를 「선박의 입항 및 출항 등에 관한 법률」 제4조에 따른 출입신고로 한다.

⑤ 제주특별자치도 설치 및 국제자유도시 조성을 위한 특별법 일부를 다음과 같이 개정한다.

- 제144조 제1항 제7호 본문 중 "제30조부터 제32조까지, 제34조, 제35조, 제38조"를 "제30조, 제31조"로 한다.
- 제144조 제1항에 제14호를 다음과 같이 신설한다.

⑥ 「선박의 입항 및 출항 등에 관한 법률」 제24조 제2항 제4호 단서 및 제30조 제1항·제3항에 따른 해양수산부장관의 권한은 도지사의 권한으로 한다.

⑦ 「선박의 입항 및 출항 등에 관한 법률」 제27조 제2항 및 제30조 제2항에서 대통령령으로 정하도록 한 사항은 도조례로 정할 수 있다.

- 제221조 제1항 중 「개항질서법」 제3조의 규정에 따른을 「항만법」 제3조 제1항 제1호에 따른으로, "개항"을 "무역항"으로 한다.

또한 항만법 일부를 다음과 같이 개정한다.

- 제2조 제6호 및 제32조부터 제40조까지를 각각 삭제한다.
- 제73조 제1항 각 호 외의 부분 중 "사업장·예선"을 "사업장"으로 하고, 같은 항 제1호 마목을 삭제한다.
- 제97조 제5호 중 제30조 제1항에 따른 허가를 받거나 제32조 제1항에 따른 등록을 한 자를 "제30조 제1항에 따른 허가를 받은 자"로 하고, 같은 조 제6호를 삭제한다.

⑧ 해사안전법 일부를 다음과 같이 개정한다.

- 제15조 제2항 중 「개항질서법」을 「선박의 입항 및 출항 등에 관한 법률」로 한다.

또한 해양경비법 일부를 다음과 같이 개정한다.

- 제14조 제2항 각 호 외의 부분 본문 중 「개항질서법」에 따른 개항의 항계안 등을 「선박의 입항 및 출항 등에 관한 법률」에 따른 무역항의 수상구역 등으로 한다.

⑨ 해운법 일부를 다음과 같이 개정한다.

- 제8조 제3호 중 「개항질서법」을 「선박의 입항 및 출항 등에 관한 법률」로 한다.
- 제25조 제1항 제2호 중 「개항질서법」 제3조에 따른 항계로 동일 항계 내를 「항만법」 제2조 제4호에 따른 항만구역 중 수상구역으로 동일 수상구역 내로 한다.
- 제9조(다른 법령과의 관계) 이 법 시행 당시 다른 법령에서 종전의 「개항질서법」, 「항만법」 또는 그 규정을 인용하고 있는 경우 이 법 가운데 그에 해당하는 규정이 있을 때에는 종전의 「개항질서법」, 「항만법」 또는 그 규정을 갈음하여 이 법 또는 이 법의 해당 규정을 인용한 것으로 본다(이상 법제처).

제2장 총 칙

제1절 법의 목적 및 개요

1. 법의 목적

총칙, 입항·출항 및 정박(碇泊), 항로(航路) 및 항법(航法), 선박교통관제, 예선(曳船), 위험물의 관리 등, 수로의 보전, 등화 및 신호, 보칙, 벌칙 등 전문 10장 59조 및 부칙으로 구성된 선박의 입항 및 출항 등에 관한 법률은 무역항의 수상구역 등에서 선박의 입항·

출항에 대한 지원과 선박운항의 안전 및 질서 유지에 필요한 사항을 규정함을 목적으로 한다(법 제1조).

무역항의 수상구역 안에서는, 제한된 조건을 가진 수역에 수많은 선박이 입・출항, 정박 또는 계류(繫留, mooring)할 뿐만 아니라 각종 하역작업, 선박의 건조・수리 등이 이루어지고 항내 각 분야의 업무에 종사하는 소형선박・부선 등의 왕래가 빈번하므로 선박교통의 안전과 질서유지를 위하여 특별한 규제가 요청된다.

2. 개 요

무역항(貿易港)의 수상구역 등에서 선박의 입항・출항에 대한 지원과 선박운항의 안전 및 질서 유지에 필요한 사항을 정한 법률(제정 2015.2.3., 법률 제13186호)로 무역항이란 국민경제와 공공의 이해에 밀접한 관계가 있고 주로 외항선이 입항・출항하는 항만을 말하며, 무역항의 수상구역 등이란 무역항의 수상구역과 「항만법」 제2조 제5호 가목(1)의 항로・정박지・선유장(船留場)・선회장(旋回場) 등 수역시설(水域施設) 중 수상구역 밖의 수역시설로서 해양수산부장관이 지정・고시한 것을 말한다. 무역항의 수상구역 등에 출입하려는 선박의 선장은 대통령령으로 정하는 바에 따라 해양수산부장관에게 신고하여야 한다. 그러나 전시・사변이나 그에 준하는 국가비상사태 또는 국가안전보장에 필요한 경우에는 선장은 대통령령으로 정하는 바에 따라 해양수산부장관의 허가를 받아야 한다.

무역항의 수상구역 등에 정박하는 선박의 종류・톤수・흘수(吃水) 또는 적재물(積載物)의 종류에 따른 정박구역 또는 정박지를 지정・고시할 수 있다. 해양사고를 피하기 위한 경우 등 부득이한 사유로 정박구역 또는 정박지(碇泊地)가 아닌 곳에 정박한 선박의 선장은 즉시 그 사실을 해양수산부장관에게 신고하여야 한다.

무역항의 수상구역 등에서 위험물을 적재한 선박 및 총톤수 20톤 이상의 선박을 불꽃이나 열이 발생하는 용접 등의 방법으로 수리하려는 경우 해양수산부령으로 정하는 바에 따라 해양수산부장관의 허가를 받아야 하며, 20톤 이상의 선박을 계선(繫船)하는 경우에는 신고하여야 한다. 이 경우 모두 해당 선박은 해양수산부장관이 지정한 장소에 정박・계류하여야 한다. 해양수산부장관은 수리 중인 선박의 안전을 위하여 필요하다고 인정하는 경우에는 그 선박의 소유자나 임차인에게 해양수산부령으로 정하는 바에 따라 안전에 필요한 조치를 취할 수 있다.

무역항과 무역항의 수상구역 등에 출입하거나 통과하는 선박은 원칙적으로 해양수산부장관이 고시로 지정하는 항로(航路)를 따라 항행하여야 하고, 그 밖의 항행수칙을 준수하여야 한다. 또, 해양사고를 피하고자 할 때, 선박 조종이 불가능한 때, 인명을 구조하거나 급박한 위험이 있는 선박의 구조에 종사할 때 등 급박한 사정이 있는 경우를 제외하고는 항로 안에 정박하거나 예인되는 선박을 항로 안에 방치하여서는 안 된다.

제2절 국제해상충돌예방규칙과의 관계

① 1972년의 국제해상충돌예방규칙 제1조(적용)의 (b)항에는, "이 규칙의 어느 규정도 해양에 접속하고 또한 항해선이 항해할 수 있는 정박지, 항만, 하천, 호수 또는 내륙수로(內陸水路)에 관하여 권한 있는 당국이 제정한 특별규칙의 시행을 방해하는 것은 아니다. 그 특별규칙은 될 수 있는 대로 이 규칙의 규정에 따라야 한다"라고 규정되어 있다.

② 개항(開港)의 항계 안에서는 그 특수한 사정 때문에 국제해상충돌예방규칙에 규정된 사항만으로는 충돌방지의 목적을 달성하기 어려울 뿐만 아니라, 경우에 따라서는 오히려 충돌의 위험을 증대시킬 우려도 있으므로 이 법에서는 항법, 신호 기타 운항에 관한 별도의 규정을 두고 이들 규정이 국제해상충돌예방규칙의 규정보다 우선하여 적용되도록 하고 있다.

제3절 무역항 및 무역항의 수상구역 등

1. 무역항 및 무역항의 수상구역 등

① "무역항(貿易港)"이란 국민경제와 공공(公共)의 이해에 밀접한 관계가 있고 주로 외항선이 입항·출항하는 항만으로서 「항만법」 제2조 제2호에 따른 항만을 말한다(법 제2조 제1호).

② 해양수산부장관은 항만을 다음 무역항과 연안항으로 구분하여 지정하되, 그 명칭·위치 및 구역은 대통령령으로 정한다(항만법 시행령 제2조 제1항).

즉, 서해안에 11개항(경인항·인천항·서울항·평택항·당진항·대산항·태안항·보령항·장항항·군산항·목포항), 남해안에 13개항(완도항·여수항·광양항·하동항·삼천포항·통영항·장승포항·옥포항·고현항·마산항·진해항·부산항·제주항·서귀포항), 동해안에 7개항(울산항·포항항·호산항·삼척항·동해항·묵호항·옥계항·속초항) 등이다.

[별표 2] 국가관리 무역항과 지방관리 무역항 구분(제2조 제2항 관련)

구 분	항 명
국가관리무역항 (14개)	경인항, 인천항, 평택·당진항, 대산항, 장항항, 군산항, 목포항, 여수항, 광양항, 마산항, 부산항, 울산항, 포항항, 동해·묵호항
지방관리무역항 (17개)	서울항, 태안항, 보령항, 완도항, 하동항, 삼천포항, 통영항, 장승포항, 옥포항, 고현항, 진해항, 호산항, 삼척항, 옥계항, 속초항, 제주항, 서귀포항

③ 개항의 항계(港界, harbor limit)는 항만법 시행령의 해상구역과 같다.

④ 한편 무역항은 아니지만 해양수산부에서 건설하여 시·도지사에게 관리·운영을 일

임하고 있는 지방관리무역항과 지방관리연안항(연해수역을 항행하는 선박이 이용하는 항만)은 다음과 같다.

즉, 서해안의 11개 항(용기포・연평도・대천・비인・상왕등도・송공・홍도・흑산도・가거항리・진도・땅끝 등), 남해안의 13개 항(화흥포・신마・녹동신・거문도・나로도・국도・중화・부산남・추자・애월・한림・화순・성산포 등), 동해안의 5개 항(구룡포・강구・후포・울릉・주문진 등) 등이다.

국가관리 연안항과 지방관리 연안항의 구분(제2조 제3항 관련)

구 분	항 명
국가관리 연안항 (11개)	용기포항, 연평도항, 상왕등도항, 흑산도항, 가거항리항, 거문도항, 국도항, 후포항, 울릉항, 추자항, 화순항
지방관리 연안항 (18개)	대천항, 비인항, 송공항, 홍도항, 진도항, 땅끝항, 화흥포항, 신마항, 녹동신항, 나로도항, 중화항, 부산남항, 구룡포항, 강구항, 주문진항, 애월항, 한림항, 성산포항

2. 무역항의 수상구역 등

"무역항(貿易港)의 수상구역 등"이란 무역항의 수상구역과 「항만법」 제2조 제5호 가목 (1)의 수역시설 중 수상구역 밖의 수역시설로서 해양수산부장관이 지정・고시한 것을 말한다.

제4절 용어의 정의

선박의 입항 및 출항 등에 관한 법률에서 사용하는 용어의 정의는 다음과 같다(법 제2조).

1. 선 박

선박이란 「선박법」 제1조의 2 제1항에 따른 선박을 말한다. 즉, "선박"이란 수상 또는 수중에서 항행용으로 사용하거나 사용할 수 있는 배 종류를 말하며 그 구분은 다음과 같다.

① 기선(機船, motor vessel) : 기관(機關)을 사용하여 추진하는 선박[선체(船體) 밖에 기관을 붙인 선박으로서 그 기관을 선체로부터 분리할 수 있는 선박 및 기관과 돛을 모두 사용하는 경우로서 주로 기관을 사용하는 선박을 포함한다]과 수면비행선박(표면효과 작용을 이용하여 수면에 근접하여 비행하는 선박을 말한다)

② 범선(帆船, sailing vessel) : 돛을 사용하여 추진하는 선박(기관과 돛을 모두 사용하는 경우로서 주로 돛을 사용하는 것을 포함한다)

③ 부선(艀船, barge) : 자력항행능력(自力航行能力)이 없어 다른 선박에 의하여 끌리거나 밀려서 항행되는 선박

2. 예 선

선박안전법 제2조 제13호에 따른 예인선(曳引船) 중 무역항에 출입하거나 이동하는 선박을 끌어당기거나 밀어서 이안(離岸) · 접안(接岸) · 계류(繫留)를 보조하는 선박을 말한다(법 제2조 제4호).

3. 우선피항선

"우선피항선"(優先避航船)이란 주로 무역항의 수상구역에서 운항하는 선박으로서 다른 선박의 진로를 피하여야 하는 다음의 선박을 말한다.

부선(예인선이 부선을 끌거나 밀고 있는 경우의 예인선 및 부선을 포함하되, 예인선에 결합되어 운항하는 압항부선은 제외), 총톤수 20톤 미만의 선박, 주로 노(oar)와 삿대(pole)로 운전하는 선박, 예선, 「항만운송사업법」 제26조의 3 제1항에 따라 항만운송 관련 사업을 등록한 자가 소유한 선박, 「해양환경관리법」 제70조 제1항에 따라 해양환경관리업을 등록한 자가 소유한 선박(폐기물을 해양배출업으로 등록한 선박은 제외한다)을 말한다(법 제2조 제5호).

4. 정박 및 정박지

정박(碇泊, anchoring)이란 선박이 해상에서 닻을 바다 밑바닥에 내려놓고 운항을 멈추는 것을 말한다(법 제2조 제6호). 정박지란 선박이 정박할 수 있는 장소를 말한다(법 제2조 제7호).

5. 정류와 계류 및 계선

정류(停留)란 선박이 해상에서 일시적으로 운항을 멈추는 것을 말한다(법 제2조 제8호).

계류(繫留)란 선박을 다른 시설에 붙들어 매어 놓는 것을 말한다(법 제2조 제9호).

계선(繫船)이란 선박이 운항을 중지하고 정박하거나 계류하는 것을 말한다.

6. 항 로

선박의 출입 통로로 이용하기 위하여 지정 · 고시한 수로를 말한다(법 제2조 제11호).

7. 위험물 및 위험물취급자

위험물(危險物)이란 화재 · 폭발 등의 위험이 있거나 인체 또는 해양환경에 해를 끼치는 물질로서 해양수산부령으로 정하는 것을 말한다. 다만, 선박의 항행 또는 인명의 안전을 유지하기 위하여 해당 선박에서 사용하는 위험물은 제외한다(법 제2조 제12호).

해양수산부령이 정하는 것이란 「위험물 선박운송 및 저장규칙」 규정에 의한 위험물을 말한다. 다만, 산적하여 운송되는 인화성 액체류는 인화점(引火點)에 관계없이 이에 포함되는 것으로 본다(규칙 제2조).

위험물취급자란 위험물운송선박의 선장 및 항만 안에서 위험물을 취급하는 자를 말한다(법 제2조 제13호).

8. 선박교통관제와 선박교통관제사

선박교통관제(船舶交通管制)란 무역항의 수상구역 등에서 선박교통의 안전과 효율성 증진 및 환경 보호를 위하여 선박을 탐지하거나 선박과 통신할 수 있는 설비를 설치・운영하고 필요한 조치를 하는 것을 말한다. 선박교통관제사란 제21조 제1항에 따른 자격을 갖추고 선박교통 관제를 시행하는 사람을 말한다.

제3장 입항・출항 및 정박

제1절 입・출항의 신고 및 허가

1. 출입 신고

① 무역항의 수상구역 등에 출입하려는 선박의 선장은 대통령령으로 정하는 바에 따라 해양수산부장관에게 신고(申告)하여야 한다(법 제4조).

선박의 입・출항신고는 항내(港內) 선박의 움직임을 파악하기 위하여 필요하며 신고의 절차 등은 대통령령에서 규정하고 있다. 즉, "선박의 입항 및 출항 등에 관한 법률" 제4조 제1항에 따른 출입 신고는 다음의 구분에 따른다(영 제2조).

㉠ 내항선(內航船, 국내에서만 운항하는 선박을 말한다)이 무역항의 수상구역 등의 안으로 입항하는 경우에는 입항 전에, 무역항의 수상구역 등의 밖으로 출항하려는 경우에는 출항 전에 해양수산부령으로 정하는 바에 따라 내항선 출입 신고서를 해양수산부장관에게 제출하여야 한다(영 제2조 제1호 및 규칙 제1항).

㉡ 외항선(外航船, 국내항과 외국항 사이를 운항하는 선박을 말한다)이 무역항의 수상구역 등의 안으로 입항하는 경우에는 입항 전에, 무역항의 수상구역 등의 밖으로 출항하려는 경우에는 출항 전에 해양수산부령으로 정하는 바에 따라 외항선 출입 신고서를 해양수산부장관에게 제출하여야 한다.

② 무역항의 수상구역 등으로 입항하는 선박의 선장은 해당 선박의 출항 일시가 이미 정해진 경우에는 입항과 출항의 신고를 동시에 할 수 있다(규칙 제3조 제3항).

③ 규칙 제1항부터 제3항까지에 따라 출입신고서를 제출한 선박의 선장은 해당 선박의 출입 일시가 변경된 경우에는 지체 없이 그 사실을 지방해양수산청장, 시・도지사 또는 항만공사(港灣公社, public corporation of habor)에 신고하여야 한다(규칙 제3조 제4항).

④ 무역항을 출항한 선박이 피난, 수리 또는 그 밖의 사유로 출항 후 12시간 이내에 출항한 무역항으로 귀항하는 경우에는 그 사실을 적은 서면을 해양수산부장관에게 제출하여야 한다(영 제2조 제3호).

⑤ 선박이 해양사고를 피하기 위한 경우나 그 밖의 부득이한 사유로 무역항의 수상구역 등의 안으로 입항하거나 무역항의 수상구역 등의 밖으로 출항하는 경우에는 그 사실을 적은 서면을 해양수산부장관에게 제출할하여야 한다(영 제2조 제4호).

2. 신고의 면제 및 생략

그러나 다음의 하나에 해당하는 선박에 대하여는 출입 신고를 아니할 수 있다(법 제4조).

① 총톤수 5톤 미만의 선박

② 해양사고 구조에 사용되는 선박

③ 「수상레저안전법」 제2조 제3호에 따른 수상레저기구 중 국내항 간을 운항하는 모터보트 및 동력요트

④ 그 밖에 공공목적이나 항만 운영의 효율성을 위하여 해양수산부령으로 정하는 선박(법 제4조 제1항 전문)

3. 출입 허가 및 협의

1) 비상시 출입 허가 및 협의

전시・사변이나 그에 준하는 국가비상사태 또는 국가안전보장에 필요한 경우에는 선장은 대통령령으로 정하는 바에 따라 해양수산부장관의 허가를 받아야 한다. 전시(戰時)・사변(事變) 또는 이에 준하는 국가비상사태하나 국가안전보장상 필요한 경우에는 해양수산부장관이 미리 국무회의의 심의를 거쳐 따로 정한 선박은 지방해양수산청장의 입・출항허가를 받아야 한다.

이 때 출입 허가를 받으려는 선박의 선장은 해양수산부령으로 정하는 바에 따라 출입허가 신청서에 다음 승무원 명부, 승객명부, 「남북교류협력에 관한 법률 시행령」 제33조에 따라 수송장비 운행의 승인을 받은 서류를 첨부하여 입항하거나 출항하기 전에 해양수산부장관에게 제출하여야 한다. 해양수산부장관이 출입 허가를 하려는 경우에는 관계 국가보안기관의 장 및 출입국관리사무소장과 미리 협의하여야 한다. 입・출항 허가의 신청을 받은 해양수산부장관이 입・출항 허가를 하고자 하는 경우에는 미리 관할 국가안전보장에 관한 업무를 담당하는 기관의 장, 출입국관리사무소장, 세관장 및 경찰서장(해양경찰서장을 포함한다)과 협의하여야 한다. 다만, 「남북교류협력에 관한 법률」 제20조 제1항에 따라 통일부장관의 승인을 받아 남한과 북한 사이를 항행하는 선박은 제외한다.

또한 남북교류협력에 관한 법률에 의하여 통일부장관의 승인을 얻어 남북한 간을 항행하는 선박의 입・출항 허가를 하고자 하는 경우에는 그러하지 아니하다(법 제4조 제2항, 영 제3조・제4조・제5조).

2) 출입 허가의 신청

출입 허가를 받으려는 선박의 선장은 해양수산부령으로 정하는 바에 따라 출입 허가신청서와 승무원 명부 및 여객명부를 첨부하여 입항하거나 출항하기 전에 해양수산부장관에게 제출하여야 하되, 입·출항 허가를 받고자 하는 선박은 소정의 서류와 선원명부 및 승선자명부를 첨부한 입·출항 허가신청서를 지방해양수산청장에게 제출하되, 「남북교류협력에 관한 법률」 제20조 제1항에 따라 통일부장관의 승인을 받아 남한과 북한 사이를 항행하는 선박은 위의 서류 외에 동법 시행령 제33조의 규정에 의한 운행승인서를 첨부하여야 한다(영 제4조).

제2절 정박구역 및 정박지 등

1. 정박 및 정박지의 사용

1) 정 박

① 해양수산부장관은 무역항의 수상구역 등에 정박하는 선박의 종류·톤수·흘수(吃水, draft) 또는 적재물(積載物)의 종류에 따른 정박구역 또는 정박지를 지정·고시할 수 있다.

다만, 해양사고를 피하기 위한 경우 등 해양수산부령으로 정하는 사유가 있는 경우에는 그러하지 아니하다. 정박구역 또는 정박지가 아닌 곳에 정박한 선박의 선장은 즉시 그 사실을 해양수산부장관에게 신고하여야 한다(법 제5조 제1항, 제2항 및 제4항).

② 우선피항선(優先避航船)은 다른 선박의 항행에 방해가 될 우려가 있는 장소에 정박하거나 정류(停留)하여서는 아니 된다.

2) 정박지의 사용과 지정 등

① 정박지의 사용 등에 있어, 해양수산부장관은 무역항의 수상구역 등에 정박하는 선박의 종류·톤수·흘수 또는 적재물의 종류에 따른 정박구역 또는 정박지를 지정·고시할 수 있다(법 제5조 제1항).

② 무역항의 수상구역 등에 정박하려는 선박(우선피항선은 제외한다)은 제1항에 따른 정박구역 또는 정박지(碇泊地, anchorage)에 정박하여야 한다. 다만, 해양사고를 피하기 위한 경우 등 해양수산부령으로 정하는 사유가 있는 경우에는 그러하지 아니하다(제2항).

③ 우선피항선은 다른 선박의 항행에 방해가 될 우려가 있는 장소에 정박하거나 정류하여서는 아니 된다. 제2항 단서에 따라 정박구역 또는 정박지가 아닌 곳에 정박한 선박의 선장은 즉시 그 사실을 해양수산부장관에게 신고하여야 한다.

④ 해양수산부장관이 지정·고시하는 정박구역에 정박하려는 선박은 해양수산부령이 정

하는 정박지의 지정신청서를 제출하여 정박지의 지정을 받아 정박하여야 한다(영 제6조 제1항).

⑤ 정박지의 지정신청을 받은 해양수산부장관은 지정・고시한 정박구역 안에 선박의 정박지를 지정할 수 없는 경우에는 정박구역(碇泊區域) 밖의 일정한 장소를 정박지로 지정할 수 있다(영 제6조 제2항).

⑥ 정박지의 지정신청서는 항만법시행령 규정에 의한 항만시설 사용허가 신청서로 이를 갈음한다(규칙 제6조 제1항).

2. 정박 등의 제한 및 제한규정의 위임

① 우선피항선은 다른 선박의 항행(航行)에 방해가 될 우려가 있는 장소에 정박하거나 정류하여서는 아니 된다(법 제5조 제3항).

② 선박은 무역항의 수상구역 등에서 다음의 장소에는 정박(碇泊)하거나 정류(停留)하지 못한다(법 제6조 제1항).

㉠ 부두・잔교(棧橋)・안벽(岸壁)・계선부표(繫船浮標)・돌핀(dolphin) 및 선거(船渠)의 부근 수역

㉡ 하천(河川), 운하(運河) 및 그 밖의 좁은 수로와 계류장(繫留場) 입구의 부근 수역

그러나 제1항에도 불구하고 다음의 경우에는 이들 장소에 정박하거나 정류할 수 있다.

㉠ 「해양사고의 조사 및 심판에 관한 법률」 제2조 제1호에 따른 해양사고를 피하기 위한 경우

㉡ 선박의 고장이나 그 밖의 사유로 선박을 조종할 수 없는 경우

㉢ 인명을 구조하거나 급박한 위험이 있는 선박을 구조하는 경우

㉣ 제41조에 따른 허가를 받은 공사 또는 작업에 사용하는 경우

③ 위 ②에 의한 선박의 정박 또는 정류의 제한 외에 무역항별 무역항의 수상구역 등에서의 정박 또는 정류 제한에 관한 구체적인 내용은 해양수산부장관이 정하여 고시한다(법 제6조 제3항).

3. 정박방법 등

① 무역항의 수상구역 등에 정박하는 선박은 지체 없이 예비용 닻(anchor)을 내릴 수 있도록 닻 고정장치를 해제하고, 동력선(動力船)은 즉시 운항할 수 있도록 기관의 상태를 유지하는 등 안전에 필요한 조치를 하여야 한다(법 제6조 제4항).

② 해양수산부장관은 정박하는 선박의 안전을 위하여 필요하다고 인정하는 경우에는 무역항의 수상구역 등에 정박하는 선박에 대하여 정박 장소 또는 방법을 변경할 것을 명할 수 있다(법 제6조제5항).

제3절 수리와 계선

1. 선박수리의 허가와 계선 신고 등

① 선장은 무역항의 수상구역 등에서
㉠ 위험물을 저장·운송하는 선박과 위험물을 하역한 후에도 인화성 물질 또는 폭발성 가스가 남아 있어 화재 또는 폭발의 위험이 있는 선박
㉡ 총톤수 20톤 이상의 선박을 불꽃이나 열이 발생하는 용접 등의 방법으로 수리하려는 경우 해양수산부령으로 정하는 바에 따라 해양수산부장관의 허가를 받아야 한다. 다만, 총톤수 20톤 이상의 선박은 기관실, 연료탱크, 그 밖에 해양수산부령으로 정하는 선박내 위험구역에서 수리작업을 하는 경우에만 허가를 받아야 한다(법 제37조 제1항).
② 총톤수 20톤 이상의 선박을 제1항 단서에 따른 위험구역 밖에서 불꽃이나 열이 발생하는 용접 등의 방법으로 수리하려는 경우에 그 선박의 선장은 해양수산부령으로 정하는 바에 따라 해양수산부장관에게 신고하여야 한다(법 제37조 제3항).
③ 총톤수 20톤 이상의 선박을 무역항의 수상구역 등에 계선하려는 자는 해양수산부령으로 정하는 바에 따라 해양수산부장관에게 신고하여야 한다(법 제7조 제1항).
④ 위의 규정에 의하여 선박을 계선(繫船) 또는 수리(修理)하려는 자는 해양수산부장관이 지정한 장소에 그 선박을 정류하거나 계선하여야 한다(법 제7조 제2항, 제37조 제4항).
⑤ 해양수산부장관은 계선 중 또는 수리 중인 선박의 안전을 위하여 필요하다고 인정하는 경우에는 그 선박의 소유자나 임차인에게 안전 유지에 필요한 인원의 선원을 승선시킬 것을 명할 수 있다(법 제7조 제3항, 제37조 제5항).

2. 선박의 이동명령 및 선박교통의 제한

① 무역항을 효율적으로 운영하기 위하여 필요하다고 판단되는 경우, 전시·사변이나 그에 준하는 국가비상사태 또는 국가안전보장에 있어서 필요하다고 판단되는 경우에는 해양수산부장관은 무역항의 수상구역 등에 있는 선박에 대하여 해양수산부장관이 정하는 장소로 이동할 것을 명할 수 있다(법 제8조).
② 해양수산부장관은 무역항의 수상구역 등에서 선박교통의 안전을 위하여 필요하다고 인정하는 경우에는 항로 또는 구역을 지정하여 선박교통을 제한하거나 금지할 수 있다. 해양수산부장관이 항로 또는 구역을 지정한 경우에는 항로 또는 구역의 위치, 제한·금지 기간을 정하여 공고하여야 한다(법 제9조).

제4장 항로 및 항법

제1절 항로의 사용

1. 항로 지정 및 준수 등

① 해양수산부장관은 무역항의 수상구역 등에서 선박교통의 안전을 위하여 필요한 경우에는 무역항과 무역항의 수상구역 밖의 수로를 항로(航路, fairway)로 지정・고시할 수 있다(법 제10조 제1항).

② 우선피항선 외의 선박은 무역항의 수상구역 등에 출입하는 경우 또는 무역항의 수상구역 등을 통과하는 경우에는 제1항에 따라 지정・고시된 항로를 따라 항행하여야 한다. 다만, 해양사고를 피하기 위한 경우 등 해양수산부령으로 정하는 사유가 있는 경우에는 그러하지 아니하다(법 제10조 제2항).

2. 항로에서의 정박 등 금지

① 선장은 항로(航路, fairway)에 선박을 정박 또는 정류시키거나 예인되는 선박 또는 부유물(浮遊物)을 방치하여서는 아니 된다. 다만, 제6조 제2항인 아래 하나에 해당하는 경우는 그러하지 아니하다(법 제11조 제1항).

㉠ 해양사고를 피하기 위한 경우

㉡ 선박의 고장이나 그 밖의 사유로 선박을 조종할 수 없는 경우

㉢ 인명을 구조하거나 급박한 위험이 있는 선박을 구조하는 경우

㉣ 제41조에 따른 허가를 받은 공사 또는 작업에 사용하는 경우

② 위 ①의 ㉠ 내지 ㉢까지의 사유로 선박을 항로에 정박시키거나 정류시키려는 자는 그 사실을 해양수산부장관에게 신고하여야 한다. 이 경우 ㉡에 해당하는 선박의 선장은 「해사안전법」 제85조 제1항에 따른 조종불능선(操縦不能船, vessel not under command) 표시를 하여야 한다(법 제11조 제2항).

제2절 항 법

1. 항로항행선에 대한 피항의 의무

항로 밖에서 항로에 들어오거나 항로에서 항로 밖으로 나가는 선박은 항로를 항행하는 다른 선박의 진로(進路)를 피하여 항행하여야 한다(법 제12조 제1항 제1호).

2. 병렬항행과 추월의 금지 및 마주칠 때의 우측항행

① 선박은 항로에서 다른 선박과 나란히 항행하지 못한다(법 제12조 제1항 제2호).

② 선박은 항로에서 다른 선박을 추월(追越, overtaking)하지 아니할 것. 다만, 추월하려는 선박을 눈으로 볼 수 있고 안전하게 추월할 수 있다고 판단되는 경우에는 「해사안전법」 제67조 제5항 및 제71조에 따른 방법으로 추월할 것(법 제12조 제1항 제4호).
③ 선박이 항로에서 다른 선박과 마주칠 우려가 있는 경우에는 오른쪽으로 항행하여야 한다(법 제12조 제1항 제3호).

3. 위험물 적재선 등에 대한 피항선의 의무

항로를 항행하는 제37조 제1항 제1호에 따른 위험물운송선박(선박 중 급유선은 제외) 또는 「해사안전법」 제2조 제14호에 따른 흘수제약선(吃水制約船, vessel constrained by her draft)의 진로를 방해하여서는 아니 된다(법 제12조 제1항 제5호).

4. 항법 등의 별도 고시

해양수산부장관은 선박교통의 안전을 위하여 특히 필요하다고 인정하는 경우에는 제1항에서 규정한 사항 외에 따로 항로에서의 항법(航法) 등에 관한 사항을 정하여 고시할 수 있다. 이 경우 선박은 이에 따라 항행하여야 한다(법 제12조 제2항).

5. 방파제 부근에서의 항법 및 부두 등 부근에서의 항법

① 무역항의 수상구역 등에 입항하는 선박이 방파제 입구 등에서 출항하는 선박과 마주칠 우려가 있는 경우에는 방파제 밖에서 출항하는 선박의 진로를 피하여야 한다(법 제13조).

방파제(防波堤, break-water)의 입구나 그 부근은 선박이 조선(操船, shiphandling)할 수 있는 수역이 좁기 때문에 그러한 수역에서 입·출항 선박이 마주치는 것을 피하고 또한 정박지를 조금이라도 넓게 이용하고자 하는 취지이다.

② 선박이 무역항의 수상구역 등에서 해안(海岸)으로 길게 뻗어 나온 육지 부분, 부두, 방파제 등 인공시설물(人工施設物)의 튀어나온 부분 또는 정박 중인 선박을 오른쪽 뱃전에 두고 항행할 때에는 부두 등에 접근하여 항행하고, 부두 등을 왼쪽 뱃전에 두고 항행할 때에는 멀리 떨어져서 항행하여야 한다(법 제14조).

6. 예인선 등의 항법

① 예인선이 무역항의 수상구역 등에서 다른 선박을 끌고 항행할 때에는 아래처럼 해양수산부령으로 정하는 방법에 따라야 한다. 또한 범선이 무역항의 수상구역 등에서 항행할 때에는 돛을 줄이거나 예인선이 범선을 끌고 가게 하여야 한다(법 제15조 제1항, 규칙 제9조 제1항).

㉠ 예인선의 선수(船首)로부터 피예인선의 선미(船尾)까지의 길이는 200미터를 초과하지 아니할 것. 다만, 다른 선박의 출입을 보조하는 경우에는 그러하지 아니하다.

㉡ 예인선은 한꺼번에 3척 이상의 피예인선을 끌지 아니할 것.

② 지방해양수산청장 또는 시・도지사는 해당 무역항의 특수성 등을 고려하여 특히 필요한 경우에는 제1항에 따른 항법을 조정할 수 있다. 이 경우 지방해양수산청장 또는 시・도지사는 그 사실을 고시하여야 한다(규칙 제9조 제2항).

7. 진로방해의 금지 및 항행선박간의 거리

① 우선피항선은 무역항의 수상구역 등이나 무역항의 수상구역 부근에서 다른 선박의 진로(進路)를 방해하여서는 아니 된다(법 제16조 제1항).

② 제41조 제1항에 따라 공사 등의 허가를 받은 선박과 제42조 제1항에 따라 선박경기 등의 행사를 허가받은 선박은 무역항의 수상구역 등에서 다른 선박의 진로를 방해하여서는 아니 된다(법 제16조 제2항).

③ 위의 ① 및 ②의 선박들은 모두 소형이므로 조선이 용이하며 주로 항내만을 항행하기 때문에, 그 항법이나 정박조건 등을 다른 선박과 같이 다루면 오히려 혼란을 일으키고 항(港)의 기능을 저해할 우려가 있으므로 별도의 취급을 할 필요가 있다.

④ 무역항의 수상구역 등에서 2척 이상의 선박이 항행할 때에는 서로 충돌(衝突)을 예방할 수 있는 상당한 거리를 유지하여야 한다(법 제18조).

8. 속력 등의 제한 및 범선의 항행

① 선박이 무역항의 수상구역 등이나 무역항의 수상구역 부근을 항행할 때에는 다른 선박에 위험을 주지 아니할 정도의 속력(速力)으로 항행하여야 한다(법 제17조 제1항).

② 「선박법」 제1조의 2 제1항 제2호에 따른 범선은 항로에서 지그재그(zigzag)로 항행하지 아니한다(법 제12조 제1항 제6호).

③ 국민안전처장관은 선박이 빠른 속도로 항행하여 다른 선박의 안전 운항에 지장을 초래할 우려가 있다고 인정하는 무역항의 수상구역 등에 대하여는 해양수산부장관에게 무역항의 수상구역 등에서의 선박 항행 최고속력을 지정할 것을 요청할 수 있다(법 제17조 제2항).

④ 해양수산부장관은 요청을 받은 경우 특별한 사유가 없으면 무역항의 수상구역 등에서 선박 항행 최고속력을 지정・고시하여야 한다. 이 경우 선박은 고시된 항행 최고속력의 범위에서 항행하여야 한다(법 제17조 제3항).

제5장 선박교통관제

제1절 선박교통관제의 시행 및 운영 등

1. 선박교통관제의 시행

① 해양수산부장관은 국민안전처장관과 공동으로 무역항의 수상구역 등을 포함하는 수역에서 선박교통관제(船舶交通管制)를 시행할 수 있다(법 제19조 제1항).

② 선박교통관제를 시행할 때에는 국민안전처장관은 해양수산부장관의 의견을 들어 선박교통관제를 시행하는 수역을 정하여 고시하여야 한다(법 제19조 제2항).

2. 선박교통관제의 운영 및 선박교통관제 통신 등

① 선박이 선박교통관제구역을 출입·통과하거나 선박교통관제구역에서 이동·정박·계류할 때에는 선박교통관제(船舶交通管制)에 따라야 한다. 다만, 선박을 안전하게 운항할 수 없는 명백한 사유가 있는 경우에는 선박교통관제를 따르지 아니할 수 있다(법 제20조 제1항).

② 선장은 선박교통관제에도 불구하고 그 선박의 안전 운항에 대한 책임을 면제받지 아니한다(법 제20조 제2항).

③ 선박교통관제를 시행하기 위한 절차와 적용대상 선박, 선박교통관제 시설관리 등에 필요한 사항은 해양수산부장관의 의견을 들어 총리령으로 정한다(법 제20조 제3항).

④ 선박교통관제 적용대상 선박이 선박교통관제구역에서 운항하는 경우에는 해양수산부장관의 의견을 들어 총리령(總理令)으로 정하는 무선설비를 갖추고 해양수산부장관의 의견을 들어 총리령으로 정하는 호출(呼出) 응답용 관제통신을 항상 청취·응답하여야 한다(법 제22조).

제2절 선박교통관제사의 자격 및 업무

① 선박교통관제사는 해양수산부 또는 국민안전처 소속 공무원 중에서 국민안전처장관이 해양수산부장관의 의견을 들어 시행하는 선박교통관제사 교육을 이수하고 평가를 통과한 사람으로 한다(법 제21조제1항).

② 선박교통관제사는

㉠ 선박교통관제구역에서 운항하는 선박에 대한 관찰확인, 안전 확보에 필요한 정보 제공과 조언 및 지시

㉡ 무역항의 수상구역 등에서 항만의 효율적 운영에 필요한 선석(船席)·정박지(碇泊地)·도선(導船)·예선(曳船) 정보 등 항만 운영정보의 제공의 업무를 수행한다(법 제21조 제2항).

㉢ 선박교통관제사의 교육, 평가 등에 필요한 사항은 해양수산부장관의 의견을 들어 총리령으로 정한다(법 제21조 제3항).

제6장 예 선

제1절 예선의 사용의무

① 해양수산부장관은 항만시설을 보호하고 선박의 안전을 확보하기 위하여 해양수산부장관이 정하여 고시하는 일정 규모 이상의 선박에 대하여 예선(曳船)을 사용하도록 하여야 한다(법 제23조 제1항).

② 해양수산부장관은 제1항에 따라 예선을 사용하여야 하는 선박이 그 규모에 맞는 예선을 사용하게 하기 위하여 예선의 사용기준을 정하여 고시할 수 있다(제2항).

제2절 예선업의 등록 등

1. 예선업의 등록 등

① 무역항에서 예선업무를 하는 사업(이하 "예선업"이라 한다)을 하려는 자는 해양수산부장관에게 등록하여야 한다. 등록한 사항 중 해양수산부령으로 정하는 사항을 변경하려는 경우에도 또한 같다(법 제24조 제1항). 예선업(曳船業)의 등록을 하려는 자는 별지 제5호 서식에 따른 예선업 등록신청서(전자문서를 포함한다)에 다음의 서류를 첨부하여 지방해양수산청장 또는 시・도지사에게 제출하여야 한다(규칙 제10조 제1항).

㉠ 정관(定款, bylaw)(법인인 경우만 해당한다)

㉡ 사업계획서

㉢ 예선의 척수(隻數), 제원(諸元) 현황 및 소화(消火)장비 등의 시설현황

㉣ 「선박안전법」 제45조 제1항에 따른 선박안전기술공단(이하 "선박안전기술공단"이라 한다) 또는 같은 법 제60조 제2항에 따른 선급법인(船級法人)(이하 "선급법인"이라 한다)이 발행한 예항력(曳航力) 증명서

② 예선업의 등록 또는 변경등록은 무역항별로 하되, 다음의 기준을 충족하여야 한다(법 제24조 제2항).

㉠ 예선은 자기소유 예선[자기 명의의 국적취득조건부 나용선(裸傭船) 또는 자기 소유로 약정된 리스예선을 포함한다]으로서 해양수산부령으로 정하는 무역항별 예선 보유기준에 따른 마력[이하 "예항력"(曳航力)이라 한다]과 척수가 적합할 것.

㉡ 예선추진기형은 전(全)방향추진기형일 것.

㉢ 예선에 소화설비 등 해양수산부령으로 정하는 시설을 갖출 것.

㉣ 등록 또는 변경등록 당시 해당 예선의 선령이 12년 이하일 것. 다만, 해양수산부장

관이 예선 수요가 적어 사업의 수익성이 낮다고 인정하는 무역항에 등록 또는 변경등록하는 선박의 경우와 해양환경관리공단이 「해양환경관리법」 제67조에 따라 해양오염방제에 대비·대응하기 위하여 선박을 배치하고자 변경등록하는 경우에는 그러하지 아니하다.

③ 위의 내용에도 불구하고 1개의 무역항에 출입하는 선박의 수가 적은 경우, 2개 이상의 무역항이 인접한 경우에는 해양수산부령으로 정하는 무역항별 예선보유 기준에 따라 2개 이상의 무역항에 대하여 하나의 예선업으로 등록하게 할 수 있다(법 제24조 제3항).

2. 예선업의 등록 제한

① 다음의 하나에 해당하는 자는 예선업의 등록을 할 수 없다(법 제25조 제1항).

㉠ 원유(原油), 제철원료, 액화가스류 또는 발전용 석탄의 화주(貨主)(제1호)

㉡ 「해운법」에 따른 외항 정기 화물운송사업자와 외항 부정기 화물운송사업자

㉢ 조선(造船)사업자(제3호)

㉣ 제1호부터 제3호까지의 어느 하나에 해당하는 자가 사실상 소유하거나 지배하는 법인(이하 "관계법인"이라 한다) 및 그와 특수한 관계에 있는 자(이하 "특수관계인"이라 한다)

② 관계법인과 특수관계인의 범위 등은 대통령령으로 정한다(법 제25조 제2항, 영 제7조 제1항).

③ 예선업의 권리와 의무를 승계한 자의 경우에는 예선업의 등록을 할 수 없다(법 제3항).

3. 등록의 취소 등

해양수산부장관은 제24조에 따라 예선업의 등록을 한 자가 다음의 하나에 해당하는 경우에는 그 등록을 취소하거나 6개월 이내의 기간을 정하여 사업정지를 명할 수 있다. 다만, 아래의 ①부터 ④까지의 어느 하나에 해당하는 경우에는 그 등록을 취소하여야 한다(법 제26조).

① 거짓이나 그 밖의 부정한 방법으로 등록 또는 변경등록을 한 경우

② 제24조 제2항에 따른 기준을 충족하지 못하게 된 경우

③ 제25조 제1항 각 호의 어느 하나에 해당하게 된 경우

④ 제29조 제1항 또는 제2항을 위반하여 정당한 사유없이 예선의 사용 요청을 거절하거나 예항력 검사를 받지 아니한 경우

지방해양수산청장 또는 시·도지사는 법 제26조에 따라 행정처분을 한 경우에는 그 처분의 내용을 지체 없이 처분대상자에게 통지하여야 한다(규칙 제11조).

4. 과징금 처분

① 해양수산부장관은 예선업자가 제26조 제4호에 해당하여 사업을 정지시켜야 하는 경

우로서 사업을 정지시키면 예선 사용기준에 맞게 사용할 예선이 없는 경우에는 사업 정지 처분을 대신하여 1천만 원 이하의 과징금(過徵金, penalty surcharge)을 부과할 수 있다(법 제27조 제1항). 법 제27조 제1항에 따른 과징금을 부과하는 위반행위의 종류와 위반 정도에 따른 과징금의 금액은 별표 1과 같다(영 제8조).

해양수산부장관은 법 제27조 제1항에 따라 과징금을 부과하는 경우 위반행위의 내용과 해당 과징금의 금액을 서면으로 자세히 밝혀 과징금을 낼 것을 과징금 부과 대상자에게 통지하여야 한다.

과징금 부과 통지를 받은 자는 통지를 받은 날부터 20일 이내에 해양수산부장관이 정하는 수납기관에 과징금을 내야 한다. 다만, 천재지변이나 그 밖의 부득이한 사유로 그 기간 내에 과징금을 낼 수 없는 경우에는 그 사유가 없어진 날부터 7일 이내에 내야 한다.

과징금을 받은 수납기관(收納機關)은 영수증을 발급하고, 과징금을 받은 사실을 지체없이 해양수산부장관에게 통보하여야 한다. 과징금은 분할하여 낼 수 없다(영 제9조 제1항 내지 제4항).

② 과징금(過徵金, penalty surcharge)을 부과하는 위반행위의 종류 및 위반 정도에 따른 과징금의 금액과 그 밖에 필요한 사항은 대통령령으로 정한다(법 제27조 제2항).

③ 해양수산부장관은 예선업자가 과징금을 납부하지 아니하면 국세 체납처분의 예에 따라 징수할 수 있다(법 제27조 제3항).

5. 권리와 의무의 승계

다음 내용의 하나에 해당하는 자는 예선업자의 권리와 의무를 승계(承繼)한다(법 제28조).

① 예선업자가 사망한 경우 그 상속인(相續人)

② 예선업자가 사업을 양도한 경우 그 양수인(讓受人)

③ 법인인 예선업자가 다른 법인과 합병한 경우 합병 후 존속하는 법인이나 합병으로 설립되는 법인

제3절 예선업자의 준수사항 등

1. 예선업자의 준수사항

① 예선업자(曳船業者)는 다음의 경우를 제외하고는 예선의 사용 요청을 거절하여서는 아니 된다(법 제29조 제1항).

㉠ 다른 법령에 따라 선박의 운항이 제한된 경우

㉡ 천재지변이나 그 밖의 불가항력적인 사유로 예선업무를 수행하기가 매우 어려운 경우

㉢ 예선운영협의회에서 정하는 정당한 사유가 있는 경우

② 예선업자는 등록 또는 변경등록한 각 예선이 등록 또는 변경등록 당시의 예항력(曳航力)을 유지할 수 있도록 관리하고, 해양수산부령으로 정하는 바에 따라 예선이 적정한 예항력을 가지고 있는지 확인하기 위하여 해양수산부장관이 실시하는 검사를 받아야 한다.

③ 예선은 다음의 구분에 따른 예항력검사의 유효기간 내에 선박안전기술공단 또는 선급법인이 실시하는 정기 예항력(曳航力)검사를 받아야 한다(규칙 제13조 제1항).

㉠ 검사 당시 예선의 선령이 25년 미만인 경우 : 5년

㉡ 검사 당시 예선의 선령이 25년 이상인 경우 : 3년

지방해양수산청장 또는 시·도지사는 선사(船社), 도선사(導船士, pilot) 등 예선 사용자의 요청으로 예항력에 이상이 있다고 인정되는 예선에 대해서는 제1항 각 호의 구분에 따른 유효기간에도 불구하고 수시 예항력검사를 명할 수 있다(규칙 제13조 제2항).

예선업자(曳船業者)는 정기 예항력검사를 받은 경우에는 유효기간 만료일 3개월 전부터 만료일까지, 제2항에 따른 수시 예항력검사를 받은 경우에는 검사 명령일부터 15일 이내에 예항력검사를 받고 그 결과를 지방해양수산청장 또는 시·도지사에게 제출하여야 한다(규칙 제13조 제3항).

정기 예항력검사의 유효기간은 제10조 제1항 제4호에 따른 예항력 증명서의 검사일부터 제1항 각 호의 구분에 따라 유효기간을 계산한다. 다만, 제2항에 따른 수시 예항력검사를 실시한 경우에는 본문에도 불구하고 수시 예항력검사를 받은 날부터 제1항 각 호의 구분에 따라 유효기간을 계산한다(규칙 제13조 제4항).

④ 해양수산부장관은 제2항에 따른 검사방법을 정하여 고시할 수 있다.

2. 예선운영협의회

① 해양수산부장관은 예선을 원활하게 운영하기 위하여 예선업을 대표하는 자, 예선 사용자를 대표하는 자 및 해운항만전문가가 참여하는 예선운영협의회를 설치·운영하게 할 수 있다(법 제30조 제1항).

② 예선운영협의회의 기능·구성 및 운영 등에 필요한 사항은 대통령령으로 정한다(제2항).

예선운영협의회(이하 "협의회"라 한다)는 중앙예선운영협의회와 무역항별로 설치하는 지방예선운영협의회로 구분하여 구성·운영할 수 있다. 중앙예선운영협의회(이하 "중앙협의회"라 한다)는 위원장과 부위원장 각 1명을 포함하여 9명의 위원으로 구성하고, 위원은 다음의 사람을 해양수산부장관이 위촉한다(영 제11조 제1항 내지 제2항).

㉠ 예선 사용자를 대표하는 사람 3명[선주(船主) 단체에서 추천하는 사람 2명 및 화주(貨主) 단체에서 추천하는 사람 1명]

㉡ 예선업자 단체에서 추천하는 예선업자를 대표하는 사람 3명

㉢ 예선 사용자를 대표하는 사람과 예선업자를 대표하는 사람이 합의하여 추천하는

해운항만전문가 3명. 이 경우 해운항만전문가 3명에는 도선사 단체에서 추천하는 도선사 1명 이상이 포함되어야 한다.

지방예선운영협의회(이하 "지방협의회"라 한다)는 위원장과 부위원장 각 1명을 포함하여 9명 이내의 홀수 위원으로 구성하고, 위원은 다음의 기준에 따라 해양수산부장관이 위촉한다(영 제11조 제3항).

㉣ 예선 사용자를 대표하는 사람과 예선업자를 대표하는 사람이 합의하여 추천하는 해운항만전문가 3명을 포함할 것. 이 경우 해운항만전문가 3명에는 해당 무역항에 소속된 도선사 1명 이상이 포함되어야 한다.

㉤ 예선 사용자를 대표하는 위원과 예선업자를 대표하는 위원이 같은 수가 되도록 구성할 것

③ 해양수산부장관은 예선운영협의회에서 예선운영 등에 대한 협의가 이루어지지 아니할 경우 조정을 하거나 재협의를 요구할 수 있다.

3. 예선업의 적용 제외

조선소에서 건조·수리 또는 시험 운항할 목적으로 선박 등을 이동시키거나 운항을 보조하기 위하여 보유·관리하는 예선에 대하여는 예선업에 관한 이 법의 규정을 적용하지 아니한다(법 제31조).

제7장 위험물의 관리 등

제1절 위험물 적재선박의 입항 및 정박

1. 위험물의 반입 및 그 신고

① 위험물을 무역항의 수상구역 등으로 들여오려는 자는 해양수산부령으로 정하는 바에 따라 해양수산부장관에게 신고하여야 한다(법 제32조 제1항). 위험물을 무역항의 수상구역 등으로 들여오려는 자는 반입 24시간 전에 별지 서식(書式, format)에 따른 위험물 반입신고서에 별지서식에 따른 위험물 일람표를 첨부하여 지방해양수산청장 또는 시·도지사에게 제출하여야 한다. 다만, 위험물을 육상으로 반입하는 경우에는 무역항의 육상구역으로 위험물을 들여오기 전까지, 전(前) 출항지부터 반입항까지의 운항시간이 24시간 이내이고 해상으로 위험물을 반입하는 경우에는 무역항의 수상구역 등으로 위험물을 들여오기 전까지 위험물 반입신고서(搬入申告書) 등을 제출할 수 있다.

② 해양수산부장관은 제1항에 따른 신고를 받았을 때에는 무역항 및 무역항의 수상구역 등의 안전, 오염방지 및 저장능력을 고려하여 해양수산부령으로 정하는 바에 따라 들여올 수 있는 위험물의 종류 및 수량을 제한하거나 안전에 필요한 조치를 할 것을 명할 수 있다(법 제32조, 규칙 제14조).

2. 위험물 반입의 제한 및 위험물운송선박의 정박 등

① 지방해양수산청장 또는 시·도지사는 다음의 하나에 해당하는 위험물에 대해서는 그 반입을 제한할 수 있다.

㉠ 「위험물 선박운송 및 저장규칙」에 따른 화약류

㉡ 「위험물 선박운송 및 저장규칙」에 따른 독물류

㉢ 「위험물 선박운송 및 저장규칙」에 따른 방사성 물질

② 지방해양수산청장 또는 시·도지사는 무역항의 수상구역 등으로 반입된 위험물에 대하여 해당 위험물의 격리(隔離), 이동(移動) 또는 반출(搬出) 등 안전에 필요한 조치를 할 수 있다(규칙 제15조).

③ 위험물운송선박은 해양수산부장관이 지정한 장소가 아닌 곳에 정박하거나 정류하여서는 아니 된다(법 제33조).

제2절 위험물의 하역 및 그 제한

① 무역항의 수상구역 등에서 위험물을 하역하려는 자는 대통령령으로 정하는 바에 따라 자체안전관리계획을 수립하여 해양수산부장관의 승인을 받아야 한다. 승인받은 사항 중 대통령령으로 정하는 사항을 변경하려는 경우에도 또한 같다(법 제34조 제1항).

② 해양수산부장관은 무역항의 안전을 위하여 필요하다고 인정할 때에는 제1항에 따른 자체안전관리계획을 변경할 것을 명할 수 있다. 해양수산부장관은 기상 악화 등 불가피한 사유로 무역항의 수상구역 등에서 위험물을 하역하는 것이 부적당하다고 인정하는 경우에는 제1항에 따른 승인을 받은 자에 대하여 해양수산부령으로 정하는 바에 따라 그 하역을 금지 또는 중지하게 하거나 무역항의 수상구역 등 외의 장소를 지정하여 하역하게 할 수 있다(법 제34조 제2항, 제3항).

③ 무역항의 수상구역 등이 아닌 장소로서 해양수산부령으로 정하는 장소에서 위험물을 하역하려는 자는 무역항의 수상구역 등에 있는 자로 본다(법 제34조 제4항).

"해양수산부령으로 정하는 장소"란 총톤수 1천톤 이상의 위험물 운송선박이 접안할 수 있는 부두시설 및 위험물 하역작업에 필요한 시설을 갖추고, 산적(散積) 액체위험물을 취급하는 장소를 말한다(규칙 제17조 제2항).

④ 지방해양수산청장 또는 시·도지사가 법 제34조 제3항에 따라 위험물의 하역을 금지 또는 중지하게 하거나 무역항의 수상구역 등 외의 장소를 지정하여 하역하게 하는 경우에는 그 사유 등을 명시한 서면(書面)으로 통보하여야 한다. 다만, 긴급한 경우에는 구두로 통보할 수 있다(규칙 제17조 제1항).

제3절 자체안전관리계획의 수립

① 법 규정에 의한 자체안전관리계획에 포함되어야 할 사항은 다음과 같다(법 제34조 제1항, 영 제14조 제1항).

㉠ 최고경영책임자의 안전 및 환경보호 방침에 관한 사항

㉡ 위험물 취급 안전관리 전담조직의 운영 및 업무에 관한 사항

㉢ 위험물 안전관리자의 선임(選任) 및 임무에 관한 사항

㉣ 위험물 하역시설(급유선을 포함한다)의 명칭, 규격, 수량 등의 명세(明細)에 관한 사항

㉤ 위험물취급자에 대한 안전교육 및 훈련에 관한 사항

㉥ 소방시설, 안전장비 및 오염방제장비 등 안전시설에 관한 사항

㉦ 위험물 취급 작업기준 및 안전작업 요령에 관한 사항

㉧ 부두 및 선박에 대한 안전점검계획 및 안전점검의 실시에 관한 사항

㉨ 종합적인 비상대응훈련의 내용 및 실시 방법에 관한 사항

㉩ 비상사태 발생 시 지휘체계 및 비상조치계획에 관한 사항

㉪ 불안전 요소 발견 시 보고체계 및 처리 방법에 관한 사항

㉫ 그 밖에 위험물 취급의 안전을 위하여 필요하다고 인정하여 해양수산부장관이 고시하는 사항

② 자체안전관리계획의 유효기간은 자체안전관리계획의 승인 또는 변경승인을 받은 날부터 5년으로 한다. 법 규정에 따라 자체안전관리계획의 승인을 받은 자는 자체안전관리계획의 유효기간 만료일 3개월 전부터 1개월 전까지 자체안전관리계획의 갱신을 신청할 수 있다(제2항 및 제3항).

③ 법 제34조 제1항 후단에서 "대통령령으로 정하는 사항"이란 위 제1호부터 제4호까지, 제6호, 제8호 및 제10호의 사항을 말한다(제4항).

제4절 위험물 취급 시의 안전조치 등

① 무역항의 수상구역 등에서 위험물취급자는 다음에 따른 안전에 필요한 조치를 하여야 한다. 위험물취급자가 법 제35조 제1항 제1호 단서에 따라 안전관리 전문업체(이하 "안전관리 전문업체"라 한다)로 하여금 위험물 안전관리 업무를 대행하게 하는 경우 안전관리 전문업체는 원래의 위험물취급자를 기준으로 별표 3에 따른 위험물 안전관리자의 자격 및 보유기준에 적합하게 위험물 안전관리자를 확보하여야 하고, 위험물 안전관리자마다 위험물취급자를 지정하여 해당 위험물취급자의 안전관리 업무를 전담하게 하여야 한다(법 제35조 제1항, 규칙 제19조 제1항).

㉠ 위험물 취급에 관한 안전관리자(이하 "위험물 안전관리자"라 한다)의 확보 및 배치.

㉡ 해양수산부령으로 정하는 위험물 운송선박의 부두 이안·접안시 위험물 안전관리자의 현장배치

㉢ 위험물의 특성에 맞는 소화장비의 비치

㉣ 위험표지 및 출입통제시설의 설치

㉤ 선박과 육상 간의 통신수단 확보

㉥ 작업자에 대한 안전교육과 그 밖에 해양수산부령으로 정하는 안전에 필요한 조치

② 위험물 안전관리자의 자격 및 보유기준은 해양수산부령으로 정한다. 해양수산부장관은 제1항에 따른 안전조치를 하지 아니한 위험물취급자에게 시설·인원·장비 등의 보강 또는 개선을 명할 수 있다(법 제35조 제2항 및 제3항).

③ 법 제35조 제1항 제6호에서 "해양수산부령으로 정하는 안전에 필요한 조치"란 다음의 조치를 말한다(규칙 제19조 제3항).

㉠ 지방해양수산청장 또는 시·도지사가 승인한 자체안전관리계획서의 현장 비치

㉡ 안전점검 사실을 확인할 수 있는 서류의 작성 및 현장 비치

㉢ 그 밖에 지방해양수산청장 또는 시·도지사가 정하여 고시하는 사항

제5절 교육기관의 지정 및 취소 등

① 해양수산부장관은 위험물 안전관리자 중 산적액체위험물을 취급하는 위험물 안전관리자의 교육을 위하여 교육기관을 지정·고시할 수 있다. 교육기관의 지정기준 및 교육내용 등 교육기관 지정·운영에 필요한 사항은 해양수산부령으로 정한다(법 제36조 제1항 및 제2항).

② 해양수산부장관은 교육기관의 교육계획 또는 실적 등을 확인·점검할 수 있으며, 확인·점검 결과 필요한 경우에는 시정을 명할 수 있다(법 제36조 제3항).

③ 해양수산부장관은 교육기관이 다음의 하나에 해당하는 경우에는 그 지정을 취소하거나 6개월 이내의 기간을 정하여 업무의 정지를 명할 수 있다. 다만, 제1호의 경우에는 그 지정을 취소하여야 한다(법 제36조 제4항).

㉠ 거짓이나 그 밖의 부정한 방법으로 교육기관 지정을 받은 경우(제1호)

㉡ 교육실적을 거짓으로 보고한 경우

㉢ 제3항에 따른 시정명령을 이행하지 아니한 경우

㉣ 교육기관으로 지정받은 날부터 2년 이상 교육 실적이 없는 경우

㉤ 해양수산부장관이 교육기관으로서 업무를 수행하기가 어렵다고 인정하는 경우

제8장 수로의 보전

제1절 폐기물의 투기금지 등

1. 투기금지 및 제거명령

① 누구든지 무역항의 수상구역 등이나 무역항의 수상구역 밖 10Km 이내의 수면에 선박의 안전운항을 해칠 우려가 있는 흙・돌・나무・어구(漁具, fishing implements) 등 폐기물을 버려서는 아니 된다(법 제38조 제1항).

② 해양수산부장관은 무역항의 수상구역 등이나 무역항의 수상구역 밖 10Km 이내의 수면에서 법 제38조 제1항을 위반하여 폐기물(廢棄物, wastes)을 버리거나 제2항을 위반하여 흩어지기 쉬운 물건을 수면에 떨어뜨린 자에게 그 폐기물 또는 물건을 제거할 것을 명할 수 있다(법 제38조 제3항).

2. 흩어지기 쉬운 물건의 추락방지 조치

무역항의 수상구역 등이나 무역항의 수상구역 부근에서 석탄・돌・벽돌 등 흩어지기 쉬운 물건을 하역하는 자는 그 물건이 수면에 떨어지는 것을 방지하기 위하여 대통령령으로 정하는 바에 따라 필요한 조치를 하여야 한다. 즉, 흩어지기 쉬운 물건을 하역하는 자는 덮개를 사용하거나 물건의 추락(墜落)을 방지하기 위한 시설을 설치하고, 수면에 떨어진 물건이 떠돌아다니거나 흩어지는 것을 방지하기 위한 시설을 설치하여야 한다(법 제38조 제2항, 영 제15조).

제9장 등화 및 신호

1. 등화의 제한

① 누구든지 무역항의 수상구역 등이나 무역항의 수상구역 부근에서 선박교통에 방해가 될 우려가 있는 강력한 불빛을 사용하여서는 아니 된다(법 제45조 제1항).

② 해양수산부장관은 제1항에 따른 불빛을 사용하고 있는 자에게 그 빛을 줄이거나 가리개를 씌우도록 명할 수 있다.

2. 기적 등의 제한

① 선박은 무역항의 수상구역 등에서 특별한 사유없이 기적(汽笛, whistle)이나 사이렌(siren)을 울려서는 아니 된다(법 제46조 제1항).

② 제1항에도 불구하고 무역항의 수상구역 등에서 기적이나 사이렌을 갖춘 선박에 화재(火災)가 발생한 경우 그 선박은 해양수산부령으로 정하는 바에 따라 화재를 알리는

경보(警報, alarm)를 울려야 한다. 즉, 화재시 경보방법에 있어, 화재를 알리는 경보는 기적이나 사이렌을 장음(長音, prolonged blast, 4초에서 6초까지의 시간 동안 계속되는 울림을 말한다)으로 5회 울려야 한다(규칙 제29조 제1항). 또한 이 경보는 적당한 간격을 두고 반복하여야 한다.

제10장 보 칙

1. 출항의 중지

해양수산부장관은 선박이 이 법 또는 이 법에 따른 명령을 위반한 경우에는 그 선박의 출항을 중지시킬 수 있다(법 제47조).

2. 검사 · 확인 등

① 해양수산부장관은 다음의 경우 그 선박의 소유자 · 선장이나 그 밖의 관계인에게 출석(出席) 또는 진술(陳述)을 하게 하거나 관계 서류의 제출 또는 보고를 요구할 수 있으며, 관계 공무원으로 하여금 그 선박이나 사무실 · 사업장, 그 밖에 필요한 장소에 출입하여 장부 · 서류 또는 그 밖의 물건을 검사하거나 확인하게 할 수 있다(법 제48조 제1항).

㉠ 제4조, 제5조 제2항 · 제3항, 제6조 제1항 · 제4항, 제7조, 제10조 제2항, 제11조, 제20조 제1항, 제22조, 제23조, 제32조, 제33조, 제34조 제1항부터 제3항까지, 제35조, 제37조, 제40조 제1항, 제41조, 제42조 제1항, 제43조, 제44조 하나를 위반한 자가 있다고 인정되는 경우

㉡ 제24조 제1항에 따른 예선업(曳船業)의 등록사항을 이행하고 있는지 확인할 필요가 있는 경우

② 제1항에 따른 관계 공무원의 자격, 직무 범위 및 그 밖에 필요한 사항은 대통령령으로 정한다.

③ 제1항에 따라 선박에 출입하여 관계 서류 등을 검사 · 확인하는 공무원은 그 권한(權限)을 표시하는 증표(證票, voucher)를 지니고 관계인에게 보여주어야 한다.

3. 개선명령

해양수산부장관은 제48조 제1항에 따른 검사 또는 확인 결과 무역항의 수상구역 등에서 선박의 안전 및 질서 유지를 위하여 필요하다고 인정하는 경우에는 그 선박의 소유자 · 선장이나 그 밖의 관계인에게 다음의 사항을 명할 수 있다(법 제49조).

- 시설의 보강(補强) 및 대체(代替)
- 공사 또는 작업의 중지

• 인원의 보강
• 장애물의 제거
• 선박의 이동
• 선박 척수의 제한
• 그 밖에 해양수산부령으로 정하는 사항

4. 항만운영정보시스템의 사용 등

① 해양수산부장관은 이 법에 따른 입항·출항 선박의 정보관리 및 민원사무의 처리 등을 위하여 항만운영정보시스템을 구축·운영할 수 있다(법 제50조 제1항).
② 해양수산부장관은 제1항에 따른 항만운영정보시스템의 원활한 운영을 위하여 해양수산부령으로 정하는 바에 따라 항만운영정보시스템과 사용자의 전자문서를 중계하는 망사업자(網事業者, 이하 "중계망사업자"라 한다)를 지정할 수 있다(제2항).
③ 제2항에 따라 지정을 받은 중계망사업자는 다음의 사업을 수행한다(제3항).
　㉠ 전자문서 중계망시설의 운영과 중개사업(제1호)
　㉡ 전자문서 중계망시설과 다른 정보시스템 간의 연계사업(제2호)
　㉢ 선박 입항과 출항 정보관리 및 민원사무 처리 표준화에 관한 사업
　㉣ 그 밖에 선박 입항과 출항 정보관리 및 민원사무의 처리를 위하여 대통령령으로 정하는 사업
④ 해양수산부장관은 제2항에 따라 지정을 받은 중계망사업자가 제1호에 해당하는 경우에는 그 지정을 취소(取消)하여야 하며, 제2호에 해당하는 경우에는 그 지정을 취소하거나 6개월 이내의 기간을 정하여 그 사업의 전부 또는 일부의 정지를 명할 수 있다.
　㉠ 거짓이나 그 밖의 부정한 방법으로 지정을 받은 경우(제1호)
　㉡ 제5항에 따른 해양수산부장관의 지도·감독을 위반한 경우(제2호)
⑤ 해양수산부장관은 제3항에 따른 사업에 관하여 중계망사업자를 지도·감독할 수 있다.

5. 수수료 및 청문

① 다음의 하나에 해당하는 자는 해양수산부령으로 정하는 바에 따라 수수료(手數料)를 납부하여야 한다(법 51조).
　㉠ 제24조 제1항에 따른 예선업의 등록을 하려는 자
　㉡ 제41조 제1항에 따른 공사 등의 허가를 받으려는 자
② 해양수산부장관은 다음의 하나에 해당하는 처분을 하려는 경우에는 청문(聽聞)을 하여야 한다(법 제52조).
　㉠ 제26조에 따른 예선업 등록의 취소
　㉡ 제36조 제4항에 따른 지정교육기관 지정의 취소
　㉢ 제50조 제4항에 따른 중계망 사업자 지정의 취소

6. 권한의 위임 · 위탁

① 이 법에 따른 해양수산부장관의 권한 또는 국민안전처장관의 권한은 대통령령으로 정하는 바에 따라 그 일부를 지방해양수산청장, 특별시장 · 광역시장 · 도지사 또는 특별자치도지사에게 위임(委任, delegation)할 수 있다(법 제53조 제1항). 이 법에 따른 해양수산부장관의 권한은 대통령령으로 정하는 바에 따라 그 일부를 국민안전처장관에게 위탁(委託, entrustment)할 수 있다.

권한의 위임 · 위탁에 있어, 해양수산부장관은 법 제53조 제1항에 따라 「항만법」 제3조 제2항 제1호에 따른 국가관리 무역항에 대해서는 다음의 권한을 지방해양수산청장에게 위임하고, 같은 항 제2호에 따른 지방관리 무역항에 대해서는 다음의 권한을 특별시장 · 광역시장 · 도지사 · 특별자치도지사에게 위임한다(영 제22조 제1항).

- 법 제4조에 따른 출입 신고의 수리 및 출입 허가
- 법 제5조에 따른 정박구역 또는 정박지의 지정 · 고시 및 부득이한 사유에 의한 선박의 이동 신고 수리
- 법 제6조 제3항에 따른 무역항의 수상구역 등에서의 선박의 정박 또는 정류 제한에 관한 구체적인 내용의 고시 및 같은 조 제5항에 따른 정박장소 또는 방법의 변경명령
- 법 제7조에 따른 선박의 계선신고(繫船申告) 수리, 계선 장소의 지정 및 안전유지에 필요한 인원의 선원 승선 명령
- 법 제8조에 따른 선박의 이동명령
- 법 제9조에 따른 선박교통의 제한 또는 금지
- 법 제10조 제1항에 따른 항로의 지정 · 고시
- 법 제11조 제2항에 따른 항로에서의 정박 또는 정류 신고의 수리
- 법 제12조 제2항에 따른 항법 등의 고시
- 법 제17조 제3항에 따른 선박의 항행 최고속력의 지정 · 고시
- 법 제23조에 따른 예선사용 명령 및 예선사용기준 고시
- 법 제24조에 따른 예선업의 등록
- 법 제26조에 따른 예선업 등록의 취소 및 사업정지 명령
- 법 제27조에 따른 과징금의 부과 및 징수
- 법 제32조에 따른 위험물 반입 신고의 수리, 들여올 수 있는 위험물의 종류 및 수량의 제한 또는 안전에 필요한 조치의 명령
- 법 제33조에 따른 위험물운송선박의 정박 · 정류 장소 지정
- 법 제34조에 따른 위험물 하역시의 자체안전관리계획 승인 및 변경명령, 하역의 금지 또는 중지 명령 및 하역 장소의 지정
- 법 제35조 제3항에 따른 위험물 취급 시 위험물취급자에 대한 안전조치 명령
- 법 제37조에 따른 선박수리의 허가 및 신고 수리, 수리하려는 선박에 대한 정박 또는

계류 장소의 지정 및 수리 중인 선박에 대한 안전조치 명령

- 법 제38조 제3항에 따른 폐기물 등의 제거 명령
- 법 제39조 제2항 · 제3항에 따른 해양사고 등이 발생한 경우의 조치 및 조치에 들어간 비용 징수
- 법 제40조에 따른 장애물의 제거 명령, 장애물의 제거 등의 조치 및 비용 징수, 장애물의 보관 및 처리
- 법 제41조에 따른 공사 등의 허가 및 안전조치 명령
- 법 제42조에 따른 선박경기 등의 행사허가 및 국민안전처장관에 대한 허가사실 통보
- 법 제43조에 따른 부유물에 대한 행위의 허가 및 안전조치 명령
- 법 제44조에 따른 어로(漁撈) 금지 장소 및 항로의 지정
- 법 제45조 제2항에 따른 등화(燈火, lights)의 제한 명령
- 법 제47조에 따른 출항의 중지 명령
- 법 제48조 제1항에 따른 검사 · 확인 등
- 법 제49조에 따른 개선명령
- 법 제52조 제1호에 따른 처분을 하는 경우의 청문
- 법 제59조에 따른 과태료의 부과 · 징수
- 제11조 제3항에 따른 지방협의회 위원의 위촉
- 제14조 제1항 제12호에 따른 위험물 취급의 안전을 위하여 필요한 고시

② 해양수산부장관은 법 제53조 제3항에 따라 「항만공사법」 제4조 제3항에 따른 항만공사 관할 무역항에 대하여 법 제4조 제1항에 따른 출입 신고의 수리 업무를 항만공사에 위탁한다(영 제22조 제2항).

제8편 도선법

제1장 총 설

제1절 법의 목적 및 주요 개정 내용

① 전문(全文) 5장 41조의 본문과 부칙으로 구성된 도선법(導船法)은 도선사의 면허와 도선구(導船區)에서의 도선에 관한 사항을 규정함으로서 도선구에 있어서의 선박운항의 안전을 도모함과 아울러 항만(港灣)의 효율적인 운영에 기여함을 목적으로 한다(법 제1조).

② 도선법의 주요 골자로는 용어(用語)에 관한 정의와 적용범위, 도선사의 수급계획·시험 등 도선사의 면허(免許)에 관한 사항, 도선 및 도선구에 관한 사항, 도선료 및 수역이용료 등에 관하여 규정하고 있다.

③ 한편, 2015년 3월 27일 일부 개정된 도선법은 벌금형(罰金刑, punishment for a fine) 및 징역형(懲役刑, imprisonment)과 함께 형사처벌의 대표적 수단으로서 누구나 인정할 수 있는 공정성과 합리성을 지니고 있어야 하는데, 우리나라가 고도 경제성장을 이루던 시기에 마련된 처벌규정들은 그 당시의 물가수준을 반영한 것으로서 그 후 오랜 세월이 흐르면서 우리의 경제환경이 변함에 따라 위반행위의 불법성에 비례하는 처벌로서의 의미가 퇴색된 채 오늘에 이르고 있다고 보고, 벌금액(罰金額, amount of a fine)을 국민권익위원회의 권고안 및 국회사무처 법제 예규의 기준인 징역 1년당 1천 만원의 비율로 개정함으로써 벌금형을 현실화하고, 형벌(刑罰, punishment)로서의 기능을 회복시켜 일반인에 대한 범죄 억지력을 확보하려는 취지로 일부 개정되었다.

제2절 용어의 정의 및 적용범위

1. 용어의 정의

도선법에서 사용하는 용어의 뜻은 다음과 같다.

1) 도선·도선사와 도선수습생 및 적용범위

① "도선(導船)"이란 도선구에서 도선사가 선박에 승선하여 그 선박을 안전한 수로(水路)로 안내하는 것을 말한다(법 제2조 제1호).

② "도선사(導船士)"란 일정한 도선구(導船區)에서 도선업무를 할 수 있는 도선사면허를 받은 사람을 말한다(제2호).

③ "도선수습생(導船修習生)"이란 법 제15조에 따른 도선수습생 전형시험에 합격한 후 일정한 도선구에 배치되어 도선에 관한 실무수습을 받고 있는 사람을 말한다(제3호).

④ 도선법 중 선장에 관한 규정은 선장의 직무를 대행(代行)하는 사람에게도 이를 적용한다(법 제3조).

제2장 도선사의 면허, 수급계획, 시험, 도선업무의 개시 등

제1절 도선사의 면허, 면허의 갱신·취소 등

1. 도선사면허

① 도선사는 선박에 탑승(搭乘, boarding)하여 사실상 선장을 대신하여 선박을 조종하는 사람이므로 그 직책의 중요성에 비추어, 도선사가 되려는 사람은 해양수산부장관의 면허를 받아야 하도록 규정하고 있다(법 제4조 제1항).

② 도선사면허는 1종과 2종으로 구분하여 제17조에 따른 도선구별로 행하고, 도선사면허의 기준과 종류에 따라 도선할 수 있는 선박의 종류는 대통령령으로 정한다(제2항, 제3항).

③ 해양수산부장관은 도선사면허를 하면 해양수산부령으로 정하는 바에 따라 그 사실을 도선사면허 원부(原簿, original register)에 등록하고 도선사면허증을 발급하여야 한다(제4항).

④ 도선사는 다음의 하나에 해당하는 경우에는 해양수산부령으로 정하는 바에 따라 면허증을 재발급받거나 변경사항을 개서(改書, renewal)받아야 한다(제5항).

㉠ 면허증을 잃어버린 경우

㉡ 면허증이 헐어 못쓰게 된 경우

㉢ 면허증의 기재사항에 변경이 있는 경우

2. 면허의 기준 및 도선대상선박

1) 면허의 기준

법 제4조 제3항의 규정에 의한 도선사면허의 기준은 다음과 같다(영 제1조의 2).

① 1종 도선사 : 법 제4조 제1항의 규정에 의하여 2종 도선사면허를 받은 도선사로서 3년 이상 도선업무에 종사한 자

② 2종 도선사 : 법 제5조의 요건(면허의 요건)을 갖춘 자

2) 도선대상선박

도선사가 법 제4조 제3항의 규정에 따라 도선사면허의 종별에 따라 도선할 수 있는 선박의 종류는 다음과 같다(영 제1조의 3 제1항).

① 1종 도선사 : 모든 선박

② 2종 도선사

㉠ 도선경력(導船經歷)이 1년 미만인 경우 : 총톤수 3만톤 이하의 선박

㉡ 도선경력이 1년 이상 2년 미만인 경우 : 총톤수 4만톤 이하의 선박

㉢ 도선경력이 2년 이상인 경우 : 총톤수 5만톤 이하의 선박

③ 2종 도선사가 모든 선박을 도선할 수 있는 경우

㉠ 1종 도선사와 함께 도선하는 경우

㉡ 해양수산부장관이 영 제18조의 2의 규정에 의한 중앙도선운영협의회의 의결을 거쳐 선박운항의 안전 및 도선구의 운영특성상 부득이하다고 인정하는 경우

㉢ 법 제20조 제1항에 따라 도선사에 의한 도선을 받아야 하는 도선구 외의 구역에서 도선하는 경우

3. 면허의 요건

우리 나라에서는 도선사에게 고도의 기능과 풍부한 경험을 요구하고 있는데, 해양수산부장관은 다음의 요건을 모두 갖춘 사람에게 도선사면허를 한다(법 제5조).

① 총톤수 6,000톤 이상인 선박의 선장으로 5년 이상 승무한 경력이 있을 것. 이 때의 승무경력은 승선(乘船)한 날로부터 하선(下船)한 날까지의 기간으로 하되 승무한 경력이 연속되지 아니한 때에는 이를 합산(合算)하여 계산한다(법 제5조, 영 제2조, 선박직원법시행령 제7조 및 제9조).

② 제15조(시험)에 따른 도선수습생 전형시험에 합격하고 해양수산부령이 정하는 바에 따라 도선 업무를 하려는 도선구에서 도선수습생으로서 실무수습(實務修習)을 하였을 것

③ 제15조(시험)에 따른 도선사시험에 합격하였을 것

④ 법 제8조(신체검사) 제1항에 따른 신체검사에 합격하였을 것

4. 결격사유 및 정년

1) 도선자가 될 수 없는 자

다음의 하나에 해당하는 사람은 도선사가 될 수 없다(법 제6조).

① 대한민국 국민이 아닌 사람(제1호)

② 피성년후견인 또는 피한정후견인(제2호)

③ 파산선고를 받은 사람으로서 복권(復權, reinstatement)되지 아니한 사람

④ 도선법을 위반하여 징역 이상의 실형(實刑, actual penalty)을 선고받고 그 집행이 끝나

거나(집행이 끝난 것으로 보는 경우를 포함) 집행을 받지 아니하기로 확정된 후 2년이 지나지 아니한 사람

⑤ 선박직원법 제9조(면허의 취소 등)에 따라 해기사면허가 취소된 사람 또는 선장의 직무 수행과 관련하여 두 번 이상 업무정지처분을 받고 그 정지기간이 끝난 날부터 2년이 지나지 아니한 사람

⑥ 제9조 제1항에 따라 도선사면허가 취소된 날부터 2년이 지나지 아니한 사람

위의 ①호에 의하면 외국인은 우리 나라의 도선사면허를 취득할 수 없는데, 이와 같은 이른바 도선사 자국민주의(自國民主義)는 우리 나라 뿐만 아니라 거의 모든 나라가 견지하고 있다. 도선사는 특정한 항만 또는 수역의 수로사정에 정통한 사람이고 이러한 지식과 경험은 안보상 매우 중요한 의의가 있음을 고려한 때문이다. 또한 위의 ②호 이하의 사유에 해당하는 자는 도선사의 직책상 도선사로서 적합하지 않다고 본 때문이다.

2) 도선사의 정년 및 신체검사

도선사는 65세까지 도선업무(導船業務)를 할 수 있는데(법 제7조),

① 도선사가 되려는 사람은 최초 신체검사에 합격하여야 한다(법 제8조 제1항).

② 도선사는 제4조 제4항에 따라 도선사면허증을 발급받은 날부터 2년이 지날 때마다 그 2년이 되는 날의 전후 3개월 이내에 정기 신체검사를 받아야 한다(제2항).

③ 제1항 및 제2항에 따른 신체검사의 합격기준과 검사의 방법·절차 등에 관하여 필요한 사항은 해양수산부령으로 정한다(법 제8조).

5. 면허의 취소 및 청문 등

① 해양수산부장관은 도선사가 다음의 하나에 해당하는 경우에는 면허(免許)를 취소하거나 6개월 이내의 기간을 정하여 업무의 정지를 명할 수 있다. 다만, ㉠ 및 ㉣에 해당하는 경우에는 면허를 취소하여야 한다(법 제9조 제1항).

㉠ 거짓 그 밖의 부정한 방법으로 도선사면허를 받은 사실이 판명된 경우

㉡ 법 규정을 위반하여 면허의 종류별로 도선할 수 있는 선박 외의 선박을 도선한 경우

㉢ 제6조 각 호에 따른 결격사유에 해당하게 된 경우

㉣ 제8조 제2항에 따른 정기 신체검사를 받지 아니한 경우

㉤ 제8조 제3항에 따른 신체검사 합격기준에 미달하게 된 경우

㉥ 제18조 제2항을 위반하여 정당한 사유 없이 도선 요청을 거절한 경우

㉦ 제18조의 2를 위반하여 차별 도선을 한 경우

㉧ 도선 중 해양사고(해양사고의 조사 및 심판에 관한 법률 제2조 제1호에 따른 해양사고를 말한다)를 낸 경우. 다만, 그 사고가 불가항력으로 발생한 경우에는 그러하지 아니하다(제8호).

㉧ 업무정지기간에 도선을 한 경우
㉨ 해사안전법 제41조 제1항을 위반하여 술에 취한 상태에서 도선한 경우 또는 같은 조 제2항을 위반하여 국민안전처 소속 경찰공무원의 음주측정(飮酒測定) 요구에 따르지 아니한 경우
㉪ 해사안전법 제41조의 2 제2호를 위반하여 약물・환각물질의 영향으로 인하여 정상적으로 도선을 하지 못할 우려가 있는 상태에서 도선을 한 경우

② 해양수산부장관은 제1항에 따라 면허를 취소하려면 청문을 하여야 한다.

③ 해양수산부장관은 제1항에 따라 면허취소나 업무정지처분을 한 경우에는 그 처분의 내용을 해당 도선사에게 통지하여야 한다. 이 경우 통지를 받은 도선사는 30일 이내에 해양수산부장관에게 면허증을 반납하여야 한다.

④ 해양수산부장관은 제1항 제8호의 경우 해당 해양사고가 「해양사고의 조사 및 심판에 관한 법률」에 따른 해양안전심판에 계류 중이면 제1항에 따른 처분을 할 수 없다. 이 경우 해양수산부장관은 그 사고가 중대하여 업무를 계속하게 하는 것이 적당하지 아니하다고 인정할 때에는 해당 도선사에게 4개월 이내의 기간을 정하여 도선업무를 중지하게 할 수 있다.

⑤ 제1항에 따른 업무정지기간은 해양수산부장관이 면허증을 반납받은 날부터 계산한다.

⑥ 제1항에 따른 행정처분의 세부기준은 그 위반행위의 종류와 위반의 정도 등을 고려하여 해양수산부령으로 정한다.

6. 선장의 도선사에의 고지

선장은 도선사가 도선할 선박에 승선(乘船)한 경우에는 그 선박의 제원(諸元, the specifications), 흘수(吃水, draft), 기관(機關, engine)의 상태, 그 밖에 도선에 필요한 자료를 도선사에게 제공하여야 한다(법 제13조).

제2절 도선사의 수급계획

도선법은 해양수산부장관으로 하여금 매년 3월 31까지 도선구별로 도선사 수급(需給) 계획을 수립해야 하도록 규정함으로서(법 제14조 제1항, 영 제4조 제2항) 항만의 실정에 맞추어 도선사수급을 조절할 수 있도록 하고 있다.

위의 도선사수급계획에는 다음의 사항이 포함되어야 한다(영 제4조 제1항).

① 도선구별로 배치하는 도선사수의 증감(增減) 및 배치(配置) 시기에 관한 사항
② 도선사의 다른 도선구에의 배치에 관한 사항
③ 기타 도선사의 수급을 위하여 필요한 사항

제3절 시험 및 도선수습

해양수산부장관은 도선사 수급계획에 따라 도선수습생 전형시험과 도선사시험을 실시한다(법 제15조 제1항). 제1항에 따른 시험의 과목·방법 및 실시 등에 관하여 필요한 사항은 대통령령으로 정한다.

1. 시험의 실시 및 공고

1) 시험의 실시 및 시험의 공고

① 해양수산부장관은 도선수습생 전형시험(銓衡試驗) 및 도선사시험을 도선사 수급계획에 따라 실시하되, 도선사 수급계획을 변경한 경우에는 그 변경된 계획의 시행을 위하여 따로 시험을 실시할 수 있다(영 제5조 제1항).

② 해양수산부장관이 위의 시험을 실시하고자 하는 때에는 시험시행일 60일 전까지 다음의 사항을 관보 또는 신문에 공고하여야 한다(영 제5조 제2항).

㉠ 도선구별 선발예정인원

㉡ 시험일시 및 장소

㉢ 제출서류 및 제출기한

㉣ 기타 시험의 실시를 위하여 필요한 사항

2) 응시원서의 제출

시험에 응시하고자 하는 자는 해양수산부령이 정하는 바에 따라 해양수산부장관에게 응시원서(應試願書)를 제출하여야 한다. 이 경우 도선수습생 전형시험에 응시하고자 하는 자는 법 제5조 제1호의 규정(총톤수 6,000톤 이상의 선박의 선장으로서 5년 이상 승무한 경력이 있을 것)에 의한 승무경력(乘務經歷)을 증명하는 서류를 첨부하여야 한다(영 제6조).

2. 도선수습생 전형시험

① 도선수습생 전형시험(銓衡試驗)은 필기시험과 면접시험으로 구분하여 실시하되, 면접시험은 필기시험에 합격한 사람을 대상으로 실시한다. 필기시험은 논문형으로 실시하는 것을 원칙으로 하되, 단답형(單答形)을 포함할 수 있다(영 제7조 제1항, 제2항).

② 도선수습생 전형시험의 과목 및 배점비율은 다음의 별표 1과 같다(영 제7조 제3항).

도선수습생 전형시험(필기 및 면접)과목 및 배점비율(영 제7조 제3항 관련, [별표 1])

시 험 과 목	배점비율(단위 : %)
1. 법규(도선법·선박의 입항 및 출항에 관한 법률·해사안전법·국제해상충돌예방규칙 및 해양환경관리법)	35
2. 운용술 및 항로표지	35
3. 영어(해사영어를 포함한다)	30
계	100

③ 해양수산부장관은 각 과목 만점의 40퍼센트 이상 및 전 과목 총점의 60퍼센트 이상을 받은 사람의 점수에 별표 2에 따른 해당 응시자의 승무경력 가산점을 합산하여 총득점이 높은 순서대로 제5조 제2항에 따라 공고한 선발예정인원의 150퍼센트의 범위에 드는 사람을 필기시험합격자로 결정한다(영 제7조 제4항).

승무경력 가산점(영 제7조 제4항 관련, [별표 2])

승 무 경 력	가산점수(필기시험의 점수를 100점으로 할 경우)
1. 6년 이상 7년 6년 6월 미만	1.25점
2. 6년 6개월 이상 7년 미만	2.50점
3. 7년 이상 7년 6월 미만	3.75점
4. 7년 6월 이상 8년 미만	5.00점
5. 8년 이상 8년 6월 미만	6.25점
6. 8년 6월 이상 9년 미만	7.50점
7. 9년 이상 9년 6월 미만	8.75점
8. 9년 6월 이상 10년 미만	10.0점
9. 10년 이상 10년 6월 미만	11.25점
10. 10년 6월 이상 11년 미만	12.50점
11. 11년 이상 11년 6월 미만	13.75점
12. 11년 6월 이상 12년 미만	15.00점
13. 12년 이상 12년 6월 미만	16.25점
14. 12년 6월 이상 13년 미만	17.50점
15. 13년 이상 13년 6월 미만	18.75점
16. 13년 6월 이상	20.00점

④ 면접시험에 응시하려는 사람은 법 제8조제1항에 따른 최초 신체검사(身體檢査)에 합격하였음을 증명하는 서류를 제출하여야 한다(제5항).

⑤ 해양수산부장관은 각 과목 만점의 40퍼센트 이상 및 전 과목 총점의 60퍼센트 이상을 받은 사람 중에서 총득점이 높은 순서대로 제5조 제2항에 따라 공고한 선발 예정인원의 130퍼센트의 범위에서 도선 실무수습자의 수를 고려하여 면접시험(面接試驗) 합격자를 결정한다(제6항).

⑥ 제4항과 제6항의 합격자를 결정할 때에 같은 점수를 받은 사람이 2명 이상인 경우에는 승무경력이 많은 사람을 합격자로 한다. 면접시험에 불합격(不合格)한 사람에 대해서는 다음 회의 시험에서만 필기시험(筆記試驗)을 면제(免除)한다(영 제7조 제7항, 제8항).

3. 도선 실무수습

① 도선수습생의 실무수습기간은 6개월로 한다. 다만, 해양수산부장관은 도선수습생(導船修習生)이 실무수습기간 내에 제2항에 따른 승선횟수를 채우지 못한 경우에는 실무수습기간을 6개월의 범위에서 한 번만 연장할 수 있다(규칙 제7조 제1항).

② 도선수습생은 제1항의 실무수습기간 중에 제19조에 따른 도선구간(導船區間, 실무수습기간 중에 선박 입항·출항 횟수가 4회 미만인 도선구간을 제외한다) 별로 4회 이상 포함하여 200회 이상 승선하여 실무수습을 받아야 한다.

다만, 해양수산부장관은 해당 도선구의 선박 입항·출항 실적이 적은 경우 등 필요하다고 인정하는 경우에는 100회의 범위에서 도선구간별 승선 횟수를 포함한 승선횟수를 조정할 수 있다(규칙 제7조 제1항 및 제2항).

③ 위 규정에 의하여 실무수습을 완료한 도선수습생에 대하여는 별지 서식의 실무수습완료 증명서를 발급한다.

검 사 항 목	합 격 기 준
1. 시력	· 만국시력표로부터 5미터의 거리에서 두 눈 모두 0.4이상을 분명히 볼 수 있을 것(교정시력을 포함한다)
2. 청력	· 회화음역에서 청력평균치가 한쪽 귀로는 20데시벨을, 양쪽 귀로는 10데시벨을 넘지 아니할 것
3. 색맹 및 안질환 여부	· 홍록색맹 또는 청황색맹이 아닐 것 · 업무의 수행에 영향이 있는 중한 안질환이 없을 것
4. 일 반	· 상시 인슐린 등의 약품을 필요로 하는 당뇨병이 없을 것 · 중대한 내분비장애 또는 대사장애가 없을 것
5. 호흡기 계통	· 폐 또는 흉부의 수술로 인하여 도선업무에 지장을 줄 염려가 있는 후유증이 없을 것
6. 순환기 계통	· 심근장애, 관동맥장애 또는 이들의 증후가 없을 것
7. 소화기 계통	· 소화기 계통이나 복막에 중대한 기능장애 또는 질환이 없을 것 · 직장 또는 항문부에 중대한 질환이 없을 것
8. 혈액 및 조혈장기	· 고도의 빈혈이 없을 것 · 혈액 또는 조혈장기의 계통적 질환이 없을 것 · 출혈성 경향을 갖는 질환이 없을 것
9. 정신 및 신경계	· 중대한 두뇌 외상의 병력 또는 두부 외상후유증이 없을 것 · 중대한 정신장애의 병력이 없을 것
10. 운동 기능	· 모든 관절의 움직임이 자유롭고 손가락, 손, 팔뚝 또는 신체 각부의 부분적 또는 전체적인 결손이 없으며. 사지에 도선업무에 지장을 초래할 염려가 있는 운동기능의 장애가 없을 것
11. 이비인후 계통	· 평형 기능장애가 없을 것 · 비공·부비공 또는 인후두에 중대한 질환이 없을 것 · 비공(鼻孔)의 통기를 심히 방지하는 비중격의 완막이 없을 것 · 구개편두의 심한 비대 또는 만성염증이나 측성 인두염이 없을 것
12. 종 합	· 업무의 수행에 영향이 있을 중질환 또는 신체장애(결핵성질환, 신장질환, 전염성질환, 간장질환, 신경장애, 언어장애, 기형 기타 현저한 질병 또는 신체장애를 말한다)가 없을 것

④ 해양수산부장관은 법 규정에 의하여 도선수습생 전형시험에 합격하고 실무수습을 마친 사람(도선사 후보자)을 별지 서식의 도선사 후보자명부에 승무경력 가산점, 필기점수 및 면접점수를 합산하여 총득점이 높은 순서에 따라 도선구별로 등재하여야 한다.

⑤ 해양수산부장관은 도선사의 결원(缺員)이 발생한 때에는 해당 도선구에서 실무수습을 받은 도선사 후보자로 하여금 도선사 후보자명부에 등재된 순서에 따라 도선사시험에 응시하게 하되, 도선사 후보자명부에 등재된 연도가 서로 다른 경우에는 연도순으로 응시하게 하여야 한다.

4. 도선사시험

① 법 제15조에 따른 도선사시험은 면접시험과 실기시험으로 구분하여 실시하며, 실기시험은 이를 선박모의조종장비(ship's handling simulator)에 의하여 실시할 수 있다. 그 시험별 과목과 배점비율은 다음의 별표 3과 같다(영 제8조 제1항, 제2항).

② 해양수산부장관은 각 과목 만점의 40퍼센트 이상 및 전 과목 총점의 60퍼센트 이상 받은 사람 중에서 총득점이 높은 순서대로 도선사 시험합격자를 결정한다.

③ 해양수산부장관은 도선사시험에 합격하지 못한 사람에 대해서는 3개월 이내의 기간을 정하여 도선 실무수습을 받은 도선구에서 다시 도선 실무수습을 받게 한 후 도선사 시험에 응시하게 할 수 있다(영 제8조 제4항).

◎ 도선사 신체검사 합격기준

도선사 시험과목 및 배점비율(영 제8조 제1항 관련, [별표 3])

구 분	시 험 과 목	배점비율(단위 : %)
면접	1. 항만정보 : 도선구의 수로(水路)·항로표지·정박묘지·부두(埠頭) 시설 등에 관한 사항	25
	2. 도선여건 : 도선에 관련된 기상·해상 및 조류(潮流) 등에 관한 사항	25
	3. 실기 선박운용술 : 선박조종술, 선체운동역학, 예선(曳船) 사용방법 등에 관한 사항	50
계		100

5. 시험부정행위자에 대한 조치 등

① 제15조(시험) 제1항에 따른 도선수습생 전형시험이나 도선사 시험에서 부정행위를 한 응시자에 대하여는 그 시험의 응시를 중지(中止)시키거나 시험을 무효(無效)로 한다(법 제16조 제1항).

② 제1항에 따라 해당 시험의 중지 또는 무효의 처분을 받은 응시자는 그 처분이 있은 날부터 2년간 도선수습생 전형시험이나 도선사 시험을 볼 수 없다(법 제16조 제2항).

제3장 도선 및 도선구

제1절 도선구 및 도선

1. 도선구

도선구(導船區)란 자연적·인위적인 요소에 의하여 그 수역에서의 선박교통의 안전을 위하여 도선제도를 실시하는 것이 적당하다고 인정되는 일정한 수역을 말하며, 그 명칭과 구역은 해양수산부령으로 정한다(법 제17조).

도선구가 설정된 항은 다음과 같다(규칙 제17조).

인천항, 군산항, 대산항, 여수항, 통영항, 목포항, 평택·당진항, 마산항, 부산항, 울산항, 포항항, 동해항 및 제주항 등이다.

2. 도선의 요청과 도선의무

① 다음의 하나에 해당하는 선장은 해당 도선구에 입항·출항하기 전에 미리 가능한 통신수단(通信手段) 등으로 도선사에게 도선을 요청하여야 한다(법 제18조 제1항).

1) 제20조 제1항에 따른 도선구에서 같은 항 아래 하나에 해당하는 선박을 운항하는 선장 즉,

㉠ 대한민국 선박이 아닌 선박으로서 총톤수 500톤 이상인 선박

㉡ 국제항해에 취항하는 대한민국 선박으로서 총톤수 500톤 이상인 선박

㉢ 국제항해에 취항하지 아니하는 대한민국 선박으로서 총톤수 2천 톤 이상인 선박 등이다. 다만, 부선(艀船)인 경우에는 예선(曳船)에 결합된 부선으로 한정하되, 이 경우의 총톤수는 부선과 예선의 총톤수를 합하여 계산한다

2) 도선사의 승무(乘務)를 희망하는 선장

② 도선사가 제1항에 따른 도선 요청을 받으면 다음의 하나에 해당하는 경우 외에는 이를 거절하여서는 아니 된다(제2항). 도선사와 선장과의 사이에 체결되는 도선계약(導船契約)은 사법상(私法上)의 계약이지만 도선업무의 공익성에 비추어 도선사에게 계약의 체결 및 그 이행을 강제하고자 하는 규정이다. 따라서 도선사는 선장 등 도선요청자에 대하여 차별적·자의적인 거래를 할 수 없다.

- 다른 법령(法令)에 따라 선박의 운항이 제한된 경우
- 천재지변이나 그 밖의 불가항력으로 인하여 도선업무의 수행이 현저히 곤란한 경우
- 해당 도선업무의 수행이 도선약관(導船約款)에 맞지 아니한 경우

③ 제1항에 따라 도선 요청을 한 선박의 선장은 해양수산부령으로 정하는 승선·하선 구

역에서 도선사를 승선 · 하선시켜야 하며, 도선사는 이에 따라야 한다(법 제18조 제3항).

④ 선장은 도선사가 선박에 승선한 경우 정당한 사유가 없으면 그에게 도선을 하게 하여야 한다.

⑤ 도선사가 선박을 도선하고 있는 경우에도 선장은 그 선박의 안전 운항에 대한 책임을 면제받지 아니하고 그 권한을 침해받지 아니한다.

3. 선장과 도선의 제한

① 선장은 도선사가 선박에 승선한 경우 정당한 사유가 없으면 그에게 도선(導船)을 하게 하여야 한다(법 제18조 제4항).

② 도선사가 아닌 사람은 선박을 도선하지 못한다. 또한 선장은 도선사가 아닌 사람에게 도선을 하게 하여서는 아니 된다(법 제19조).

도선사가 선박을 도선하고 있는 경우에도 그 선박의 안전한 운항을 위한 선장의 책임은 면제(免除)되지 아니하고 그 권한을 침해받지 아니한다(법 제18조 제5항).

도선사의 도선은 그의 본래의 업무이므로 선장이라도 함부로 이에 간섭할 수 없음은 물론이다. 그러나 선장은 한 선박의 최고 운항책임자(運航責任者)로서 안전운항에 관하여 항상 주의를 다해야 할 의무가 있으므로 비록 도선사가 도선을 하는 경우에도 그 책임이 면제되지 않는다. 따라서 선장은 사정이 허락하는 한 도선사의 선박조종(船舶操縱)에 주의를 기울이고 만약 명백하게 부적당하다고 인정할 때에는 이에 관여하여 바로 잡을 수 있는 권한(權限)이 있음은 물론이고 이를 게을리한 때에는 오히려 그로 인한 책임을 면할 수 없다.

4. 차별도선금지 및 그 예외

도선사(導船士)는 도선 요청을 받은 선박의 입항 · 출항 순서에 따르지 아니하는 차별도선(差別導船)을 하여서는 아니 된다. 다만, 대통령령으로 정하는 아래의 사유에 해당되는 경우에는 그러하지 아니하다(법 제18조의 2, 영 제10조의 2).

① 긴급화물수송 등 공익상(公益上)의 필요가 있거나 항만의 효율적인 운용을 위하여 부득이 입 · 출항 순서에 따라 접안(接岸, alongside)시키지 못하는 경우

② 태풍(颱風) 등 천재 · 지변으로 인하여 일시에 많은 도선수요가 발생한 경우

③ 항만시설의 형편상 효율적인 선석(船席) 배정을 위하여 입항 · 출항순서를 조정할 필요가 있는 경우

④ 기타 유류(油類)의 유출, 수사상 필요한 경우 등 예상하지 못한 부득이한 사유로 인하여 항내 질서를 유지할 필요가 있는 경우

제2절 강제도선, 도선사의 다른 도선구에의 배치 등

1. 강제도선 및 강제도선의 면제

1) 강제도선

(1) 강제도선의 경우

다음의 하나에 해당하는 선박의 선장은 해양수산부령으로 정하는 도선구에서 해당 선박을 운항할 때에는 도선사를 승무(乘務)하게 하여야 한다. 다만, 그 도선구에서 당해 선박을 안전하게 운항할 수 있다고 인정되는 경우로서 대통령령이 정하는 경우에는 그러하지 아니 하다(법 제20조). 이와 같이 도선사의 승무가 강제되는 도선구를 강제도선구(强制導船區)라 한다.

① 대한민국 선박이 아닌 선박으로서 총톤수 500톤 이상의 선박

② 국제항해에 취항하는 대한민국 선박으로서 총톤수 500톤 이상의 선박

③ 국제항해에 취항하지 아니하는 대한민국 선박으로서 총톤수 2,000톤 이상의 선박. 다만, 부선인 경우에는 예선결합부선에 한하되, 이 경우의 총톤수는 부선과 예선의 총톤수를 합하여 산정한다.

(2) 강제도선구로 지정된 항

강제도선구(强制導船區)로 지정된 항은 다음과 같다. 그러나 강제도선구 내의 조선소 수역(공유수면관리법 제4조의 규정에 의하여 관리청으로부터 공유수면점용허가를 받은 수역)을 제외한다(규칙 제18조 제1항).

목포항, 부산항, 인천항, 동해항, 여수항, 울산항, 군산항, 마산항, 포항항, 평택・당진항, 대산항(보령항 및 태안항을 포함한다).

(3) 강제도선의 목적

이러한 강제도선제도는 우리 나라 뿐만 아니라 영・미 등 많은 외국에서 오래 전부터 실시되고 있다. 이 제도의 목적은 그 수역에서 해상교통의 안전을 확보하고 나아가 선박의 운항능률을 증진시켜 항만기능(港灣機能)의 향상을 촉진하는데 있다.

도선이 강제되지 않는 도선구에서는 도선 요청선 자체의 안전운항이 일차적인 목적인데 비하여, 강제도선구에서는 공공의 이익보호가 더욱 강조된다고 보아야 할 것이다.

2) 도선사를 승무시키지 아니할 수 있는 경우 및 강제도선의 면제

(1) 선장이 도선구에서 도선사를 승무시키지 아니할 수 있는 경우

① 대한민국 선박(대한민국 선박을 소유할 수 있는 자가 대한민국 국적을 취득할 것을 조건으로 임차한 선박을 포함한다)의 선장으로서 해양수산부령이 정하는 횟수 이상

해당 도선구에서 입항・출항하는 경우. 이 경우 해양수산부장관은 도선구의 특성(特性)을 고려하여 도선사를 승무시키지 아니할 수 있는 선장의 입항・출항 횟수와 선박의 범위를 도선구 별로 따로 정하여 고시할 수 있다(법 제20조 제2항 제1호).

② 항해사 자격 등 해양수산부령으로 정하는 승무자격을 갖춘 자가 조선소에서 건조・수리한 선박을 시운전하기 위하여 해양수산부령으로 정하는 횟수 이상 해당 도선구에 입항・출항하는 경우

(2) 강제 도선을 면제받을 수 있는 선장 및 선박은 다음과 같다.

① 다만, 인천항 및 경인항의 갑문(閘門, lock gate)을 통과하는 선박과 「위험물 선박운송 및 저장규 칙」에 따른 위험물 중 화약류・고압가스・독물・인화성 액체류 또는 방사성물질(이하 "위험물"이라 한다)이나 「해양환경관리법」 제2조 제5호에 따른 기름(이하 "기름"이라 한다)을 실은 총톤수[분리평형수탱크(Segregated Ballast Tank)를 설치한 선박의 경우 분리평형수탱크의 용적톤수를 뺀 총톤수를 말한다] 6천톤 이상의 선박은 강제 도선을 받아야 한다(규칙 제18조 제2항).

㉠ 선장이 강제 도선을 면제받으려는 선박의 총톤수를 기준으로 30퍼센트의 범위에서 크거나 작은 선박에 승선하여 동일한 도선구(동일한 도선구 내에 항로여건 등 입항・출항 환경이 서로 다른 수역이 있는 경우 별표 3의 도선구별 수역을 기준으로 한다)에 입항하거나 출항하여 강제 도선을 받은 횟수가 강제 도선의 면제 신청일부터 소급하여 1년 이내에 4회 이상 또는 3년 이내에 9회 이상(위험물 또는 기름을 실은 선박은 1년 이내에 8회 이상 또는 3년 이내에 18회 이상)인 해당 선장과 강제 도선을 면제받으려는 해당 선박. 이 경우 강제 도선의 면제대상 선박의 총톤수는 3만톤 미만으로 한다(제1호).

㉡ 제1호에 따라 강제 도선을 면제받은 선장이 강제 도선을 면제받은 해당 선박의 총톤수보다 작거나 30퍼센트의 범위에서 큰 선박(이하 "유사선박"이라 한다)에 옮겨 승선하여 강제 도선을 면제받은 동일한 도선구에 입항하거나 출항하는 경우 해당 선장과 해당 유사선박. 이 경우 강제 도선의 면제대상 선박의 총톤수는 3만톤 미만으로 한다(제2호).

② 제2항 제1호 및 제2호에 따라 강제 도선을 면제받은 선장이 해당 선박 또는 해당 유사선박에서 하선하여 3개월 이상이 지난 후 다시 그 선박 또는 그 유사선박에 승선하여 해당 도선구에 입항 또는 출항하려는 경우에는 강제 도선을 받아야 한다. 다만, 해당 선박 또는 해당 유사선박으로부터 하선한 기간이 1년 미만인 경우로서 강제 도선 면제 신청일로부터 소급하여 1년 이내에 2회 이상 강제 도선을 받은 경우에는 강제 도선을 면제한다.

③ 제2항 제1호 및 제2호에 따라 강제 도선을 면제받은 선장이 해당 선박 또는 해당 유사선박에 승선하여 출항한 후 1년 이내에 다시 해당 도선구에 입항하지 아니한 경우에

는 강제 도선을 받아야 한다. 다만, 강제도선 면제 신청일부터 소급하여 1년 이내에 2회 이상 강제 도선을 받은 경우에는 강제 도선을 면제한다.

④ 법 제20조 제2항 제2호에 따라 조선소에서 건조·수리한 선박을 시운전하는 사람(이하 "시운전 운항관리자"라 한다)이 강제 도선을 면제받기 위해서는 해당 도선구에 입항 또는 출항하여 강제 도선을 받은 횟수가 강제 도선 면제 신청일부터 소급하여 1년 이내에 6회 이상이어야 한다(제5항).

⑤ 제5항에 따라 강제 도선을 면제받은 시운전 운항관리자가 연속하여 1년 이상 건조·수리한 선박을 시운전하지 아니한 경우에는 강제 도선을 받아야 한다. 다만, 강제 도선 면제 신청일부터 소급하여 1년 이내에 2회 이상 강제 도선을 받은 경우에는 강제 도선을 면제한다(제6항).

⑥ 제2항부터 제6항까지의 요건에 해당되어 강제 도선을 면제받으려는 사람은 별지 제10 서식의 강제 도선 면제 신청서(전자문서로 된 신청서를 포함한다)에 경력증명서(조선소에 근무하는 시운전 운항관리자만 해당하며, 해당 조선소에서 발급한 것을 말한다)를 첨부하여 관할 지방해양항만청장 또는 시·도지사에게 제출하여야 한다. 다만, 항만운영전산망을 이용하는 경우에는 입항·출항 사실의 기재를 생략할 수 있다(제7항).

⑦ 제7항에 따라 강제 도선의 면제 신청을 받은 관할 지방해양수산청장 또는 시·도지사는 제2항부터 제6항까지의 사실을 확인한 후 도선사를 승무시키지 아니하여도 안전하게 입항 또는 출항할 수 있다고 인정되는 경우에는 강제 도선을 면제하고, 별지 제10호 서식의 강제 도선 면제증을 발급하여야 한다.

⑧ 법 제20조 제2항 제2호의 항해사 자격 등 해양수산부령으로 정하는 승무자격은 별표 5와 같다.

2. 도선사의 다른 도선구에의 배치 및 도선훈련

1) 도선사의 다른 도선구에의 배치

① 해양수산부장관은 도선업무의 수행상 필요하다고 인정되는 경우에는 도선사 본인의 동의(同意)를 받아 그를 다른 도선구에 배치하여 해양수산부령이 정하는 기간 동안 도선훈련(導船訓練)을 받게 한 후 도선업무를 하게 할 수 있다. 이 때에 그 배치할 도선구의 명칭과 그 사유를 기재한 동의요청서를 당해 도선사에게 송부하여야 한다. 도선사의 다른 도선구에의 배치에 관하여 필요한 사항은 해양수산부령으로 정한다(법 제22조, 규칙 제22조 제1항).

② 도선사는 동의 요청서를 받은 때에는 15일 이내에 동의 여부를 해양수산부장관에게 서면(전자문서를 포함한다)으로 통지하여야 한다. 이 경우 동의 요청에 응할 수 없는 때에는 그 사유를 함께 통지하여야 한다(규칙 제22조 제2항).

2) 도선훈련

① 법 규정에 의한 도선훈련기간은 3개월로 하며 이 기간 중 100회 이상 승선(乘船)하여 도선훈련을 받아야 한다. 다만, 해양수산부장관은 필요하다고 인정되는 경우에는 당해 도선구의 선박 입출항 실적을 감안하여 50회의 범위 안에서 그 승선횟수를 조정할 수 있다(규칙 제23조 제2항).

② 도선사가 3개월 이내에 위의 승선횟수를 채우지 못한 경우에는 1회에 한하여 3개월의 범위 안에서 도선훈련기간을 연장할 수 있다(규칙 제23조 제1항).

③ 도선훈련을 마친 도선사에게는 도선사면허증을 재발급하여야 한다(규칙 제23조 제3항).

3. 도선수습생 등의 승선

도선사의 승무를 요청한 선장은 도선사가 도선훈련이나 실무수습을 위하여 제22조 제1항에 따라 도선훈련을 받고 있는 도선사 및 도선수습생 각 1명과 함께 승선하더라도 거부하여서는 아니 된다(법 제23조).

4. 도선사의 강제동행금지 및 승선・하선 시의 안전조치와 도선기

① 선장은 해상에서 해당 선박을 도선한 도선사를 정당한 사유없이 도선구 밖으로 동행하지 못한다(법 제24조). 즉, 도선사의 도선구 밖으로의 강제동행은 금지된다.

② 선장은 도선사가 안전하게 승선・하선할 수 있도록 승선・하선 설비를 제공하는 등 필요한 조치를 하여야 하며, 도선업무에 종사하는 도선선(導船船)에는 도선기(導船旗)를 달아야 한다. 도선기의 형식 및 게양과 신호방법 등은 해양수산부령으로 정한다(법 제25조, 제26조).

③ 이 규정에 의한 도선기의 형식은 해상인명안전협약의 규정에 의한 국제신호기류 중 에이치(H, 기류명 Hotel) 기류에 의한다.

④ 도선사는 오염되었거나 헐어 못 쓰게 된 도선기를 게양(揭揚)하여서는 아니 된다.

⑤ 도선선(導船船)에 등화・형상물 및 도선신호 방법 등은 1972년 국제해상충돌예방규칙이 정하는 바에 따른다(규칙 제24조).

5. 도선료・도선선 및 도선선료

1) 도선료

① 도선사는 해양수산부령이 정하는 바에 따라 도선료(導船料, pilotage)를 정하여 해양수산부장관에게 미리 신고하여야 한다. 이를 변경하고자 할 경우에도 또한 같다(법 제21조 제1항).

② 도선사는 도선을 한 경우에는 선장이나 선박소유자에 대하여 도선료의 지급을 청구할 수 있으며, 도선료의 지급을 청구받은 선장이나 선박소유자는 지체없이 도선료를 지

급하여야 한다(법 제21조 제2항, 제3항).

③ 도선사는 해양수산부령이 정하는 도선료를 초과하여 받아서는 아니 된다(제4항). 여기서 도선료는 도선사에게 도선을 의뢰하였을 경우, 선장이나 선박소유자가 지불하는 요금으로 도선사가 해양수산부령이 정하는 바에 따라 해양수산부장관에게 미리 신고한 요금이고, 도선선료는 도선한 특정선박에 대하여 도선 거리와 톤수에 따라 다르게 계산되어 정해진 요금인 도선료라고 볼 수 있다.

2) 도선선 및 도선선료

① 도선사는 도선업무를 수행하기 위하여 도선선과 그 밖에 필요한 장비를 갖추어야 하며, 도선선의 장비와 의장(艤裝, equipment) 및 운영에 관하여 필요한 사항은 해양수산부령으로 정한다(법 제27 조 제1항, 제2항). 이 규정에 의한 도선선(pilot boat)의 의장은 다음과 같다(규칙 제25조)

㉠ 선체의 외부는 흰색으로 하여야 한다.

㉡ 선측에 영문으로 "PILOT"라는 표지를 검은색으로 명확하게 표시하여야 한다.

② 도선사는 해양수산부령이 정하는 바에 따라 도선선료(導船船料, pilot boat charge)를 정하여 해양수산부장관에게 미리 신고하여야 한다. 이를 변경하려는 경우에도 또한 같다. 또한 신고한 도선선료를 초과하여 받아서는 아니된다(법 제27조 제3항, 제5항).

③ 도선사는 도선을 한 경우에는 도선을 한 선박의 선장이나 선박소유자에게 도선료 외에 해양수산부장관에게 신고한 도선선료를 청구할 수 있다(제4항).

제4장 보칙 및 벌칙 등

제1절 보고·검사 등

1) 보고 · 검사

① 해양수산부장관은 선박운항의

안전 등을 위하여 필요한 경우에는 해양수산부령이 정하는 바에 따라 도선사 또는 선장에게 그 업무에 관하여 보고를 하게 하거나 관계공무원에게 도선사 사무소 그 밖의 사업장 및 도선선(導船船)에 출입하여 장부 · 서류나 그 밖의 물건을 검사하게 할 수 있다(법 제29조 제1항).

② 관할지방해양수산청장은 소속공무원을 도선사 사무소 기타 사업장 또는 도선선에 출입하여 검사하도록 하는 경우에는 미리 서면으로 검사일시 · 검사장소 · 검사목적 및 검사공무원의 인적사항 등을 통지하여야 한다. 다만, 긴급한 사유가 있는 경우에는 그러하지 아니하다(규칙 제28조 제2항).

또한 검사공무원은 그 권한을 표시하는 증표(證票)를 지니고 이를 관계인에게 내보여야 하며 성명, 출입시간, 출입 목적 등이 기재된 서면을 관계인에게 교부하여야 한다(법 제29조 제2항).

③ 관할지방해양수산청장은 법 규정에 의하여 도선사 및 선장에 대하여 보고를 하게 하는 경우에는 미리 서면으로 보고일시·보고방법 및 보고할 내용 등을 통지하여야 한다. 이 경우 긴급한 사유가 있는 때에는 구두로 이를 통지할 수 있다(규칙 제28조 제1항).

2) 수수료

도선사 면허증의 발급·갱신·재발급 등을 신청하는 사람이나 도선수습생 전형시험이나 도선사 시험에 응시하는 사람은 해양수산부령이 정하는 수수료를 납부하여야 한다(법 제38조).

제2절 도선운영협의회의 설치·운영 및 구성

1. 도선운영협의회의 설치·운영

① 해양수산부장관은 원활한 도선운영을 위하여 도선사를 대표하는 사람과 이용자를 대표하는 사람이 참여하는 도선운영협의회를 설치, 운영하게 할 수 있다(법 제34조의 2).

② 협의회(協議會)의 구성, 기능 및 운영 등에 관하여 필요한 사항은 대통령령으로 정한다.

③ 해양수산부장관은 도선운영협의회에서 협의, 결정이 이루어지지 아니한 경우에는 이를 조정하거나 협의할 것을 요구할 수 있다.

2. 도선운영협의회의 구성

① 도선운영협의회는 중앙협의회와 항만별로 설치하는 지방협의회로 구분하여 구성, 운영할 수 있다.

② 중앙협의회는 위원 중에서 호선(互選)하는 위원장 및 부위원장 각 1인을 포함한 9인의 위원으로 구성하되, 위원은 다음의 자로서 해양수산부장관이 위촉하는 자로 한다(영 제18조 2 제2항).

㉠ 도선 이용자 대표 3인(선주단체에서 추천하는 자 2인 및 화주단체에서 추천하는 자 1인)

㉡ 도선사 단체에서 추천하는 도선사 대표 3인

㉢ 도선 이용자 대표와 도선사 대표가 합의하여 추천하는 해운항만전문가 3인

③ 지방협의회는 위원 중에서 호선하는 위원장 및 부위원장 각 1인을 포함한 9인 이내에서 지방해양수산청장이 위촉하는 홀수의 위원으로 구성하되, 위원은 다음의 자 중에서 지방해양수산청장이 위촉하는 자로 한다. 이 경우 ㉠과 ㉡의 자는 동수가 되어야 하며, ㉣의 자는 당연직으로 한다(제3항).

㉠ 관할 도선구의 도선 이용자 대표
㉡ 관할 도선구의 도선사 대표
㉢ 위 ㉠의 도선 이용자 대표와 위 ㉡의 도선사 대표가 합의하여 추천하는 해운항만 전문가 2인
㉣ 관할 지방해양수산청의 항만물류과장 또는 항무과장

3. 협의회위원장의 직무 및 협의회의 기능

1) 협의회위원장의 직무

① 협의회의 위원장은 협의회를 대표하고, 협의회의 업무를 통할한다(영 제18조의 3 제1항).
② 협의회의 부위원장은 위원장을 보좌하며, 위원장이 부득이한 사유로 그 직무를 수행할 수 없는 때에는 그 직무를 대행한다.

2) 협의회의 기능

① 중앙협의회의 협의사항은 다음과 같다.
㉠ 도선사 수요의 결정에 관한 사항,
㉡ 도선료 및 도선선료의 결정에 관한 사항
㉢ 협의회 운영규칙의 제정에 관한 사항,
㉣ 지방협의회의 지도 및 지원에 관한 사항
㉤ 도선 이용자가 특정한 도선사를 선택하여 도선하게 하는 경우 그 선택요건에 관한 사항
㉥ 기타 도선 운영에 관하여 필요한 사항
② 지방협의회의 협의사항은 다음과 같다.
㉠ 해당 도선구의 도선사 수요에 관한 사항
㉡ 해당 도선구의 도선료 및 도선선료의 산정에 관한 사항
㉢ 도선사의 이용방법에 관한 사항
㉣ 기타 도선 운영에 필요한 사항

4. 협의회의 회의 및 운영규정과 도선약관

① 협의회의 회의는 위원장이 필요하다고 인정하거나 위원 과반수(過半數)의 요청이 있을 때 위원장이 소집한다. 회의는 재적위원 과반수의 출석과 출석위원 과반수의 찬성으로 의결한다(영 제18조의 5).
② 협의회 운영규정에는 다음의 사항이 포함되어야 한다.
㉠ 협의회의 위원의 선출방법 및 임기
㉡ 협의회의 기능의 효율적인 수행을 위하여 필요한 사항

㉢ 기타 도선운영에 필요한 사항

③ 도선사는 해양수산부령이 정하는 바에 따라 도선료 등에 관한 도선약관(導船約款)을 정하여야 한다(법 제36조 제1항).

④ 해양수산부장관은 도선약관이 이용자의 정당한 이익을 침해할 우려가 있다고 인정되는 경우에는 그 변경을 명할 수 있다(제2항).

제3절 벌 칙

① 다음 하나에 해당하는 사람은 1년 이하의 징역 또는 1천 만원 이하의 벌금에 처한다(법 제39조).

㉠ 속임수나 그 밖의 부정한 방법으로 도선사면허을 받은 사람

㉡ 제19조(도선의 제한)를 위반하여 도선사가 아니면서 도선을 한 사람 또는 도선사가 아닌 사람에게 도선을 하게 한 선장

㉢ 제20조(강제도선) 제1항을 위반하여 도선사가 승무하지 아니한 선박을 운항한 선장

② 다음 하나에 해당하는 사람은 300만원 이하의 벌금에 처한다(법 제40조)

㉠ 제18조(도선) 제2항을 위반하여 도선 요청을 거절한 도선사

㉡ 제18조 제4항을 위반하여 정당한 사유 없이 도선사에게 도선을 하지 못하게 한 선장

㉢ 제18조의 2(차별도선 금지) 본문을 위반하여 차별 도선을 한 도선사

③ 다음 하나에 해당하는 사람에게는 300만원 이하의 과태료(過怠料, fine for negligence)에 처하고, 과태료의 처분에 불복이 있는 자는 그 처분이 있음을 안 날로부터 30일 이내에 해양수산부장관에게 이의를 제기할 수 있다(법 제41조 제1항). 한편, 제1항에 따른 과태료는 대통령령으로 정하는 바에 따라 해양수산부장관이 부과 · 징수한다.

㉠ 제4조 제5항을 위반하여 면허증의 재발급 또는 개서를 받지 아니한 도선사

㉡ 제9조 제3항을 위반하여 면허취소나 업무정지처분을 통지받고 30일 이내에 도선사면허증을 반납하지 아니한 도선사

㉢ 제13조를 위반하여 해당 선박의 제원 등 도선에 필요한 자료를 도선사에게 제공하지 아니한 선장

㉣ 제18조 제3항을 위반하여 도선사를 승선 · 하선 구역에서 승선 · 하선시키지 아니한 선장 또는 승선 · 하선 구역에서 승선 · 하선시키려는 선장의 조치에 따르지 아니한 도선사

㉤ 제21조 제1항 또는 제4항을 위반하여 도선료를 신고하지 아니하거나 신고한 도선료를 초과하여 받은 도선사

㉥ 제23조에 따른 다른 도선구에 배치된 도선사나 도선수습생의 승선을 거부한 선장

㉦ 제25조를 위반하여 승선 · 하선 설비 제공 등의 필요한 조치를 하지 아니한 선장

㉧ 제26조 제1항을 위반하여 도선기(H기)를 달지 아니한 도선선의 선장

㉧ 제27조 제3항을 위반하여 도선선료를 신고하지 아니한 도선사 또는 같은 조 제5항을 위반하여 신고한 도선선료를 초과하여 받은 도선사
㉨ 정당한 사유 없이 제29조 제1항에 따른 보고·검사를 거부·방해 또는 기피한 도선사 또는 선장

제9편 해양사고의 조사 및 심판에 관한 법률

* 없는 조는 삭제된 조문임

□ 제15조 심판관, 비상임심판관의 제척 · 기피 · 회피[미시행 조문]
□ 제16조 조사관 등
제16조의2 조사관의 자격
□ 제17조 조사관의 직무
□ 제18조 조사사무에 관한 지휘 · 감독
제18조의2 조사관 직무의 위임 · 이전 및 승계
제18조의3 특별조사부의 구성
□ 제19조 조사관의 일반사무의 지휘 · 감독
□ 제20조의2 심판관 및 조사관등의 연수교육
□ 제21조 심급
□ 제22조 심판부의 구성 및 의결
제22조의2 특별심판부의 구성
□ 제23조 심판부의 직원

◆ 제2장의2 심판원의 관할
□ 제24조 관할
□ 제25조 사건이송
□ 제26조 관할이전의 신청

◆ 제3장 심판변론인[시행일 99 · 8 · 6]
□ 제27조 심판변론인의 선임
□ 제27조 심판변론인의 선임[미시행 조문, 2008.1.1 시행]
□ 제28조 심판변론인의 자격과 등록
제28조의2 심판변론인의 결격사유
□ 제29조 심판변론인의 업무 등
□ 제30조 국선 심판변론의 신청
제30조의2 심판변론인협회
제30조의3 사업
제30조의4 설립절차 등
제30조의5 민법의 준용

◆ 제4장 심판전의 절차
□ 제31조 해양수산관서 등의 의무
제31조의2 준해양사고의 통보
□ 제32조 영사의 임무

□ 제33조 사실조사의 요구

□ 제34조 해양사고의 조사 및 처리

□ 제35조 증거보전

□ 제36조 비밀준수의무

□ 제37조 조사관의 권한

□ 제38조 심판의 청구

제38조의2 약식심판의 청구

□ 제39조 해양사고관련자의 지정과 통고

제39조의2 이해관계인의 심판신청

◆ 제5장 지방심판원의 심판

□ 제40조 심판의 시작

□ 제41조 심판의 공개

제41조의2 원격 영상심판

제41조의3 약식심판 절차

□ 제42조 심판장의 권한

□ 제43조 심판기일의 지정 및 변경

제43조의2 집중심리

□ 제44조 소환과 신문

제44조의2 이해관계인의 심판참여

□ 제45조 필요적 구술변론

□ 제46조 인정신문

□ 제47조 조사관의 최초 진술

□ 제48조 증거조사

제48조의2 증거자료의 한글사용

□ 제49조 선서

제49조의2 심판청구서의 변경 등

제49조의3 심판청구의 취하

□ 제50조 증거심판주의

□ 제51조 자유심증주의

□ 제52조 심판청구기각의 재결

□ 제53조 재결이유의 표시

□ 제54조 본안의 재결

□ 제55조 재결의 고지

□ 제56조 재결서의 송달

제56조의2 송달의 방식
□ 제57조 법령에의 위임

◆ 제6장 중앙심판원의 심판
□ 제58조 제2심의 청구
□ 제59조 제2심의 청구기간
□ 제60조 제2심 청구의 효력
□ 제61조 제2심 청구의 취하
□ 제62조 법령위반으로 인한 청구의 기각
□ 제63조 사건의 환송
□ 제64조 지방심판원의 청구기각사유로 인한 청구의 기각
□ 제65조 본안의 재결
제65조의2 불이익변경의 금지
□ 제6조 준용규정

◆ 제7장 이의신청
□ 제67조 결정에 대한 이의신청
□ 제68조 이의신청의 절차
□ 제69조 이의신청과 관계서류 및 증거물
□ 제70조 원심결정의 집행정지
□ 제71조 이의신청에 대한 결정
□ 제72조 지방심판원에 대한 결정의 통지
□ 제73조 위임규정

◆ 제8장 중앙심판원의 재결에 대한 소
□ 제74조 관할과 제소기간 및 그 제한
□ 제75조 피고
□ 제77조 재판

◆ 제9장 재결 등의 집행
□ 제78조 재결의 집행시기
□ 제79조 재결의 집행자
□ 제80조 면허취소의 재결의 경우
□ 제81조 업무정지재결의 경우
제81조의2 징계의 실효

제1장 총 칙

제1절 법의 개념

1. 해양사고 심판

1) 법의 목적

해양사고의 조사 및 심판에 관한 법률(이하, 약칭 「해양사고심판법」이라 한다)은 해양사고에 대한 조사(調査) 및 심판(審判)을 통하여 해양사고의 원인을 밝힘으로써 해양안전의 확보에 이바지함을 목적으로 한다(법 제1조).

해양사고의 조사 및 심판은 해양사고의 방지를 위하여 해양사고의 원인, 해양사고 관련자로서의 해기사 또는 도선사에 대한 징계사유의 유무(有無), 해양사고 관련자에 대한 권고(勸告)의 필요성의 유무 및 시정 또는 개선할 사항의 유무에 관하여 국가가 판단을 내리고 이를 확정하는 것을 목적으로 하는 절차이다.

1999년 8월 6일 부터 시행되고 있는 이 법률은 1961년 법률 제813호로 제정되어 시행되어 오던 「해난심판법」을 개칭하고 그 내용의 일부를 개정하였다. 이는 해상에서 선박으로 기인한 해양사고가 빈번하고, 원인 또한 복잡하여 짐에 따라 해양사고의 원인 규명에 대한 전문성(專門性)을 확보하고 해양사고 관련자에 대한 권익보호를 강화하고자 한 것이다.

또한 2014년 3월 24일 일부 개정이 있었는데, 그 이유는 해양사고 원인 규명을 위한 증거를 효율적으로 확보하기 위하여 해양사고 조사와 관련한 증거 보전범위를 확대하고, 해양사고의 조사 및 심판에 참여한 증인(證人) 등에 대한 불이익 처우 금지에 관한 근거를 마련하는 등 현행 제도의 운영상 나타난 일부 미비점을 개선·보완하려는 것이다.

2) 심판원의 설치 및 심판의 단계

① 해양사고 사건을 심판하기 위하여 해양수산부장관 소속으로 해양안전심판원(이하 "심판원"이라 한다)을 둔다(법 제3조).

② ~해양사고의 심판은 조사·심판·집행의 3단계에 걸쳐서 행하여진다.

"조사(調査)"라 함은 조사관이 해양사고의 발생을 인지하고 사실의 조사 및 증거의 수집을 행하고 심판개시의 청구를 할 때까지의 절차를 말한다.

"심판(審判)"이라 함은 해양안전심판원이 사건에 관하여 심리, 판단을 하고 재결(裁決)할 때까지의 절차를 말한다.

"집행(執行)"이라 함은 조사관이 재결의 내용을 구체적으로 실현하는 절차를 말한다.

3) 해양사고 심판의 적용

① 국가가 해양사고의 심판(審判, judgment)을 하는 전과정을 넓은 의미의 해양사고 심판이라 하고 그 중에서 해양안전심판원의 심판(심판개시의 청구가 있은 후 재결에 이르기까지의 절차)을 좁은 의미의 해양사고 심판이라 한다.

② 해양사고 심판은 행정기관인 해양안전심판원에 의하여 행하여지므로 행정상의 작용에 속하나 그 작용은 대립하는 당사자(조사관과 수심인) 사이의 분쟁을 해결하는 방법으로 행하여지므로 넓은 의미의 재판에 속한다. 따라서 해양사고 심판은 행정기관이 행하는 재판(裁判)의 일종이다.

③ 헌법상 법원은 모든 법률상의 분쟁을 재판할 권한을 가지며 국민은 누구나 법원(法院)에서 재판을 받을 권리를 박탈당하는 일은 없다.

그러나 행정기관은 종심(終審)으로서의 재판을 행할 수 없으므로 최종의 해양사고 심판기관인 중앙해양안전심판원의 재결(裁決, ruling)에 대한 소송은 중앙심판원의 소재지를 관할하는 고등법원에 전속(專屬)한다. 즉, 여기에 소(訴, lawsuit))를 제기할 수 있도록 하였다(법 제74조 제1항)

이와 같이 해양사고 심판은 최종적으로는 사법심사를 받도록 되어 있으며 이러한 관점에서 해양사고심판은 행정기관이 법원의 전심(前審)으로서 행하는 행정심판의 일종이다.

2. 해양사고심판법의 의의

① 해양사고심판법은 해양사고 심판에 필요한 국가기관인 해양안전심판원의 조직 및 절차를 규정한 법률이다.

② 해양사고심판법은 해양안전심판원의 심판에 의하여 해양사고를 여러 각도에서 검토하고 재결로써 그 원인(原因)을 명백히 하여 선원, 선박소유자 기타 관계자에게 해양사고 방지를 위한 지침을 제시함으로써 장래에 있어서 해양사고 발생을 방지하는데 기여함을 목적으로 한다.

따라서 심판은 책임자가 사망한 경우의 해양사고에 대하여도 행하여지고 징계나 권고도 장래의 해양사고의 방지라는 관점에서 행하여진다.

3. 해양안전심판법의 목적 및 적용범위

① 해양안전심판법은 해양안전심판원의 심판으로서 해양사고에 대한 조사 및 심판을 통하여 원인을 밝힘으로써 해양안전, 해양사고 발생의 방지에 기여함을 목적으로 한다.

② 해양안전심판법은 우리 나라 국내에서 적용된다. 따라서 국내의 호수, 하천 및 영해에서 발생한 해양사고에 관하여는 선박의 국적을 묻지 아니하고 모두 적용된다.

③ 우리 나라 국외에서 발생한 해양사고에 관하여는 우리 나라 선박과 관련하여 발생한 해양사고에 적용된다.

④ 사람에 대하여는 한국인 및 한국 국내에 있는 외국인(외교관 기타의 자를 제외)에게 적용된다.

제2절 용어의 정의

1) 해양사고와 준해양사고

"해양사고(海洋事故)"란 선박에 관련하여 발생하는 아래와 같은 사고의 총칭이다.

이 법에서 해양사고란 해양 및 내수면(內水面)에서 발생한 다음의 하나에 해당하는 사고를 말한다(법 제2조 제1항).

① 선박의 구조·설비 또는 운영과 관련하여 사람이 사망 또는 실종되거나 부상을 입은 사고

예컨대 선박의 구조·설비 또는 운영과 관련하여 사람을 사상한 경우란 선박의 창구, 격벽 기타의 구조, 선박에 설치된 기계·기구 기타 설비의 결함에 의하여 또는 선박의 항행·정박·하역·소독작업 등 선박의 운용에 관련하여 사람이 사상(死傷)한 경우이다. 사람이란 선원, 여객 등 모든 사람을 말한다.

② 선박의 운용과 관련하여 선박이나 육상시설·해상시설이 손상이 생긴 사고

선박의 운용(運用)이란 선박의 항행, 정박, 입항 중이라도 무릇 선박이 사용목적에 따

라 이용되고 있는 모든 경우를 의미한다. 시설이란 항로표지, 방파제, 잔교(棧橋) 등 각종 건설물을 말한다.

손상은 선박의 전부 또는 일부에 선박의 기능을 저해하는 정도의 훼손을 생기게 하는 것을 말한다.

③ 선박이 멸실・유기되거나 행방불명된 사고

멸실(滅失, loss)이란 선박의 소실(燒失) 등과 같은 물리적으로 완전히 소멸하여 버리는 경우와 사회통념상 인양 불가능한 침몰이나 완전 파괴 등으로 선박이 존재하지 않게 된 것을 말한다.

④ 선박이 충돌・좌초(坐礁, stranding)・전복・침몰되거나 선박을 조종할 수 없게 된 사고

⑤ 선박의 운용(運用)과 관련하여 해양오염 피해가 발생한 사고

⑥ "준해양사고(準海洋事故)"란 선박의 구조・설비 또는 운용과 관련하여 시정 또는 개선되지 아니하면 선박과 사람의 안전 및 해양환경 등에 위해를 끼칠 수 있는 사태로서 해양수산부령으로 정하는 사고를 말한다.

2) 선 박

이 법에서 해양사고 심판대상의 "선박"이란 수상 또는 수중을 항행하거나 항행할 수 있는 구조물로서 다음의 선박을 말한다. 다만, 다른 선박과 관련없이 단독으로 해양사고를 일으킨 군용 선박 및 국가경찰용 선박, 그 상호간에 해양사고를 일으킨 군용(軍用) 선박 및 국가경찰용 선박, 그 밖에 해양수산부장관이 정하여 고시하는 수상레저기구는 제외한다(법 제2조 제2호, 영 제1조의 2, 선박법 제1조의 2, 해상교통안전법 제2조).

① 동력선(기관을 사용하여 추진하는 선박을 말하며, 선체의 외부에 추진기관을 붙이거나 분리할 수 있는 선박을 포함한다)

② 무동력선(無動力船, 범선과 부선을 포함한다)

③ 수면 비행선박(표면효과 작용을 이용하여 수면에 근접하여 비행하는 선박을 말한다)

④ 수상에서 이동할 수 있는 항공기

3) 해양사고관련자와 이해관계인

"해양사고관련자"란 해양사고의 원인과 관련된 자로서 제39조에 지정된 자를 말한다(법 제2조).

한편, "이해관계인(利害關係人, person interested)"이란 해양사고의 원인과 직접 관계가 없는 자로서 해양사고의 심판 또는 재결로 인하여 경제적으로 직접적인 영향을 받는 자를 말한다.

4) 원격영상심판

"원격영상심판(遠隔映像審判)"이란 해양사고관련자가 해양수산부령으로 정하는 동영

상(動映像) 및 음성(音聲)을 동시에 송수신하는 장치가 갖추어진 관할해양안전심판원 외의 원격지 심판정(審判廷) 또는 동장치가 갖추어진 시설로서 관할해양안전심판원이 지정하는 시설에 출석하여 진행하는 심판을 말한다(법 제2조 제4호).

제3절 해양사고의 원인규명

1) 심판원이 심판을 할 때에는 다음 사항에 관하여 해양사고의 원인을 규명하여야 한다(법 제4조 제1항).

① 사람의 고의 또는 과실로 인하여 발생한 것인 지 여부

㉠ "고의(故意, intention)"란 결과의 발생을 인식하고 있는 것을 말한다. "과실(過失, negligency)"이란 결과의 발생을 인식하고 있어야 함에도 부주의로 인하여 이를 인식하지 못한 것을 말한다.

㉡ 선원, 도선사, 선박소유자, 관계 관청 등 많은 관계자는 각자의 입장에서 선박의 안전에 관하여 필요한 조치를 하여야 할 의무를 지고 있다. 따라서 심판(審判)에 있어서는 먼저 관계자가 그 의무를 충실히 이행하였는 지의 여부를 규명하지 않으면 아니된다.

② 선박승무원의 인원・자격・기능・근로조건 또는 복무에 관한 사유로 발생한 것인 지 여부

선박의 인적 구성 및 그 운용이 선원법, 선박직원법 등의 법규에 위반하고 있지 아니한 지 또는 적당한 것이었는 지의 여부 등이 규명된다.

③ 선박의 선체 또는 기관의 구조・재질(材質)・공작(工作)이나 선박의 의장(艤装, equipment) 또는 성능에 관한 사유로 발생한 것인 지 여부

선박의 물적 구성 및 그 관리가 선박안전법 기타의 법규(法規)에 위반하고 있지 아니한지 또는 선박의 용도에 비추어 적당한 것이었는 지의 여부가 규명된다.

④ 수로도지・항로표지・선박통신・기상통보 또는 구난시설(救難施設) 등의 항해보조시설에 관한 사유로 발생한 것인 지 여부

이러한 시설의 유무 및 관리의 적부(適否)는 해양사고의 발생에 중대한 관계가 있으므로 이러한 사정에 관하여 검토를 하게 된다.

⑤ 항만이나 수로의 상황에 관한 사유로 발생한 것인 지 여부

"수로(水路, channel)"란 선박이 항행하는 통로를 말하며 "상황"이란 지세(地勢)나 주위시설 등 일체의 사정을 말한다.

⑥ 화물의 특성이나 적재(積載)에 관한 사유로 발생한 것인 지 여부

2) 심판원은 제1항에 따른 해양사고의 원인을 밝힐 때 해양사고의 발생에 2명 이상이 관련되어 있는 경우에는 각 관련자에 대하여 원인의 제공 정도를 밝힐 수 있다(법 제4조 제2항).

3) 심판원(審判院)은 제1항 각 호에 해당하는 해양사고의 원인규명을 위하여 필요하다고 인정하면 해양수산부령으로 정하는 전문연구기관에 자문(諮問)할 수 있다.

제4절 심판원의 직무

1) 해양사고 원인에 대한 판단의 표시

① 심판원은 해양사고의 원인을 밝히고 재결로서 그 결과를 명백하게 하여야 한다(법 제5조 제1항).

② 재결(裁決, ruling)은 재결 원본에 의하여 심판정에서 심판장이 사건 관계자에게 고지하고(법 제55조) 일반인에게 공개된다. 이렇게 함으로써 사건 관계자 및 일반인에 대하여 장래의 해양사고의 방지를 위한 지침(指針, guideline)을 제공하는 효과가 있다.

2) 징계의 종류와 정상 참작

① 심판원은 해양사고가 해기사나 도선사의 직무상 고의 또는 과실로 발생한 것으로 인정할 때에는 재결로서 해당자를 징계(懲戒, disciplinary action)하여야 한다(법 제5조 제2항).

여기서 "직무상"이란 현실로 선박직원 또는 도선사로서 직무나 업무를 행하는 경우를 말한다.

② 해기사 및 도선사는 국가에서 면허를 받고 국가의 특별한 감독에 복종하는 자이므로 이러한 자에게 직무상의 의무위반행위가 있을 때에는 국가는 그 감독권에 의하여 이를 징계할 수 있다.

③ 해양사고심판은 해양사고의 원인을 규명(糾明)하기 위한 절차이며 해양사고의 방지에 기여하는 것을 목적으로 함으로 해양사고에 책임이 있는 경우에만 징계를 하도록 하였다.

④ 징계의 종류는 다음의 3종으로 하고, 그 적용은 행위의 경중(輕重)에 따라서 심판원이 이를 정한다(법 제6조 제1항).

㉠ 면허의 취소(取消, 면허의 효력을 장래에 향하여 소멸시키는 처분)

㉡ 1개월 이상 1년 이하의 업무의 정지(업무에 종사하는 것을 일시 금지하는 처분)

㉢ 견책(譴責, reprimand 훈계하고 회개하게 하는 처분)

⑤ 심판원은 해양사고가 해기사(海技士) 또는 도선사의 직무상 고의 또는 과실로 인하여 발생하였을 지라도 해양사고의 성질이나 상황 또는 그 사람의 경력 기타 정상에 따라서 징계를 감면(減免, reduction)할 수 있다(법 제6조 제3항).

3) 권고 및 시정재결 등의 이행

① 심판원은 심판의 결과 장래의 해양사고방지를 위하여, 필요하면 해기사나 도선사 외에 해양사고관련자에게 시정(是正, correction) 또는 개선(改善, improvement)을 권고하거나 명하는 재결을 할 수 있다. 다만, 행정기관에 대하여는 시정 또는 개선을 명하는 재결을 할 수 없다(법 제5조 제3항).

② 권고(勸告, recommendation)는 국가와 특별한 감독관계에 있지 아니한 일반인에 대하여 심판원이 전문적인 입장에서 판단이나 의견을 제시함으로서 해양사고 방지의 목적을 달성하고자 하는 것이며 그 자의 책임을 묻기 위한 것은 아니다.
따라서 권고는 개인, 법인(法人, juristic person) 기타 단체의 기관, 국가기관 등 모든 사람에 대하여 할 수 있다. 그리고 이러한 자들에게 고의나 과실이 있을 필요는 없다.

③ 권고를 받은 자, 곧 시정재결(是正裁決) 등을 받은 자는 그 취지에 따라 필요한 조치를 취하고, 수석조사관이 조치내용의 통보를 요구하는 경우에는 그 조치내용을 지체없이 그에게 통보하여야 하고, 수석조사관은 통보내용을 검토하여 시정재결 등을 한 사항에 대한 조치가 미흡하다고 인정할 때에는 그 이행을 요구할 수 있다(법 제84조).
그러나 강제력은 없으므로 수석조사관은 권고의 내용을 관보(官報)와 신문에 공고함으로서 여론의 판단에 호소하여 실제상의 효과를 기대하고 있다.

4) 시정 등의 요청

심판원은 심판의 결과 해양사고를 방지하기 위하여 시정하거나 개선할 사항이 있다고 인정할 때에는 해양사고관련자가 아닌 행정기관이나 단체에 대하여 해양사고를 방지하기 위한 시정 또는 개선조치를 요청할 수 있다(법 제5조의 2).

5) 일사부재리

심판원은 본안(本案, pincipal matters)에 대한 확정재결이 있는 사건 즉, 해양사고의 실체에 관하여 심리(審理, trial)를 하고 그 결론을 명백히 하는 재결이 확정된 때에는 동일사건에 대하여 거듭 심판할 수 없다. 이를 일사부재리(一事不再理)라고 한다(법 제7조).
"확정(確定, decision)"이란 통상의 심판절차에 있어서 불복신청의 방법이 없고 사건에 대하여 더 이상 다툴 수가 없게 된 상태를 말한다.

6) 공소 제시전 심판원의 의견청취 및 심판정의 용어

① 검사(檢事, prosecutor)는 해양사고가 발생하여 해양사고관련자에 대하여 공소(公訴, indictment)를 제기하는 경우에는 관할지방해양안전심판원의 의견을 들을 수 있다(법 제7조의 2).

② 심판정(審判庭)에서는 국어를 사용한다. 그러나 국어가 통하지 아니하는 사람의 진술은 통역인(通譯人)으로 하여금 통역하게 하여야 한다(법 제7조의 3).

제2장 해양안전심판원의 조직 및 관할

제1절 해양안전심판원의 의미

1. 행정조직으로서의 해양안전심판원

국가가 해양사고심판을 관장하기 위하여 설치한 행정기관으로서의 해양안전심판원을 말한다. 이러한 의미의 심판원(審判院)은 지방해양안전심판원 및 중앙해양안전심판원을 총칭하여 말하는 경우와 또 조사관(調査官)을 포함하는 경우가 있다.

심판에 관한 국가 권한의 분배, 직원의 배치, 기타 행정사무는 이러한 의미의 해양안전심판원을 단위로 이루어진다.

2. 심판기관으로서의 해양안전심판원

행정조직으로서의 해양안전심판원의 내부에 있어서 개개의 사건의 심판을 하기 위하여 일정수의 심판관으로 구성되는 해양안전심판원을 말한다. 심판절차에 있어서의 "해양안전심판원"은 이러한 의미의 해양안전심판원을 가리킨다.

제2절 해양안전심판원의 조직

① 해양안전심판원은 해양사고 사건의 심판을 관장하는 국가의 행정기관(行政機關)이며 해양수산부장관 소속으로 둔다(법 제3조).

② 심판원에는 지방해양안전심판원과 중앙해양안전심판원의 2종이 있으며, 전자는 제1심의 심판을 행하고 후자는 제2심의 심판을 행한다(법 제8조, 제21조).

"제1심"이란 해양사고에 관한 시심(始審)으로서의 심판으로, 지방심판원이 조사관의 심판청구에 의하여 심판을 개시한다(법 제40조).

"제2심"이란 지방심판원의 재결(裁決, 특별심판부의 재결을 포함)에 대한 불복이 있을 때에 조사관・해양사고관련자 등의 청구에 의하여 중앙심판원에서 행하여지는 상급심(上級審)으로서의 심판을 말한다(법 제58조).

심판변론인은 해양사고관련자를 위하여 제2심을 청구할 수 있다. 다만, 해양사고 관련자의 명시한 의사에 반하여서는 아니된다. 제2심 청구는 이유를 붙인 서면으로 원심심판원에 제출하여야 한다.

③ 중앙해양안전심판원은 서울특별시에 두고, 지방해양안전심판원은 부산시, 인천시, 목포시 및 동해시에 각각 둔다(영 제2조).

④ 중앙 및 각 지방해양안전심판원에는 중앙해양안전심판원장과 각 지방해양안전심판원장 각 1인과 대통령령으로 정하는 수의 심판관을 두며, 각급 심판원에는 심판관, 비상임심판관, 수석조사관, 조사관, 조사사무를 보조하는 직원 및 사무직원을 둔다(법 제8조, 제9조, 제9조의 2, 제14조, 제16조, 제20조)

제3절 심판기관

1. 심판원장 및 심판관

① 중앙심판원장은 중앙심판원의 심판관의 자격이 있는 사람 중에서 해양수산부장관의 제청(提請, recommendation)에 의하여 대통령이 임명한다(법 제9조 제2항).

중앙심판원에 중앙해양안전심판원장(이하 "중앙심판원장")을, 지방심판원에 지방해양안전심판원장(이하 "지방심판원장")을 둔다(법 제9조 제1항).

중앙심판원장은 제9조의 2(심판관의 임명 및 자격) 제2항 각 호의 어느 하나에 해당하는 자격이 있는 사람 중에서 해양수산부장관의 제청에 따라 대통령이 임명한다.

② 지방심판원장은 제9조의 2 제2항 각 호의 어느 하나에 해당하는 자격이 있는 사람 또는 지방심판원의 심판관 중에서 해양수산부장관의 제청으로 대통령이 임명한다(제3항).

각급 해양안전심판원의 심판관은 심판기관을 구성하고, 소속하는 해양안전심판원의 관할에 속하는 해양사고 사건을 심판한다.

1) 심판관의 임명 및 자격

① 해양안전심판의 특수성에 비추어 심판관(審判官)은 일정한 자격이 있는 사람 중에서 임명한다. 즉, 중앙심판원의 심판관은 해양수산부장관의 제청에 따라 대통령이 임명하고, 지방심판원의 심판관은 중앙심판원장의 추천을 받아 해양수산부장관이 임명한다(법 제9조의 2).

중앙심판원의 심판관이 될 수 있는 사람은 다음 하나에 해당하는 사람이어야 한다.

㉠ 지방심판원의 심판관으로 4년 이상 근무한 자

㉡ 2급 이상의 항해사·기관사 또는 운항사의 해기사면허(이하 "2급 이상의 해기사면허"라 한다)를 받은 사람으로서 4급 이상의 일반직 국가공무원으로 4년 이상 근무한 사람

㉢ 3급 이상의 일반직 국가공무원으로서 해양수산행정에 3년 이상 근무한 사람
㉣ 위 ㉠ 내지 ㉢까지의 경력연수를 합산하여 4년 이상인 사람

② 지방심판원의 심판관이 될 수 있는 사람은 다음 하나에 해당하는 사람이어야 한다.
㉠ 1급 항해사 · 1급 기관사 또는 1급 운항사의 해기사면허를 받은 사람으로서 원양구역을 항행구역으로 하는 선박의 선장 또는 기관장으로 3년 이상 승선한 사람
㉡ 2급 이상의 해기사면허를 받은 사람으로서 5급 이상의 일반직 국가공무원으로 2년 이상 근무한 사람
㉢ 2급 이상의 해기사면허를 받은 사람으로서 대통령령이 정하는 교육기관에서 선박의 운항 또는 선박용 기관의 운전에 관한 과목을 3년 이상 가르친 사람
㉣ 위 ㉠ 내지 ㉢까지의 경력연수를 합산하여 3년 이상인 사람
㉤ 변호사 자격이 있는 사람으로서 3년 이상의 실무경력이 있는 사람

2) 결격사유

국가공무원법 제33조에 따라 다음 하나에 해당하는 사람은 심판원장(審判院長)이나 심판관이 될 수 없다(법 제10조).

① 피성년후견인 또는 피한정후견인
② 파산자(破産者)로서 복권되지 아니한 자
③ 금고(禁錮, imprisonment without labor) 이상의 실형을 선고받고 그 집행이 종료되거나 집행을 받지 아니하기로 확정된 후 5년이 지나지 아니한 자
④ 금고 이상의 형을 선고받고 그 집행유예 기간이 끝난 날부터 2년이 지나지 아니한 자
⑤ 금고 이상의 형의 선고유예를 받은 경우에 그 선고유예 기간 중에 있는 자
⑥ 법원의 판결 또는 다른 법률에 따라 자격이 상실되거나 정지된 자
⑦ 공무원으로 재직기간 중 직무와 관련하여「형법」제355조 및 제356조에 규정된 죄를 범한 자로서 300만원 이상의 벌금형을 선고받고 그 형이 확정된 후 2년이 지나지 아니한 자
⑧「형법」제303조 또는「성폭력범죄의 처벌 등에 관한 특례법」제10조에 규정된 죄를 범한 사람으로서 300만원 이상의 벌금형을 선고받고 그 형이 확정된 후 2년이 지나지 아니한 사람
⑨ 징계로 파면(罷免, removal)처분을 받은 때부터 5년이 지나지 아니한 자
⑩ 징계로 해임(解任, dismissal)처분을 받은 때부터 3년이 지나지 아니한 자

3) 심판원장 · 심판관의 직무 및 심판직무의 독립

① 중앙심판원장의 직무는 다음과 같다(법 제11조 제1항).
㉠ 중앙심판원의 일반사무를 관장하며, 소속 직원을 지휘 감독한다.
㉡ 중앙심판원의 심판부를 구성하고 심판관 중에서 심판장을 지명한다. 다만, 특히 중

요한 사건에 대하여는 스스로 심판장이 될 수 있다.

㉢ 지방심판원의 일반사무를 지휘 감독한다.

㉣ 각급 심판원의 심판관에 결원이 있거나 그 밖의 부득이한 사유가 있을 때에는 중앙심판원의 심판관은 지방심판원장으로, 지방심판원의 심판관은 다른 지방심판원의 심판관으로 하여금 심판관의 직무를 행하게 할 수 있다.

② 지방심판원장의 직무는 다음과 같다(제2항).

㉠ 해당 지방심판원의 일반 사무를 관장하며, 소속 직원을 지휘 감독한다.

㉡ 해당 지방심판원의 심판부를 구성하고 심판장이 된다.

③ 심판관은 심판직무에 종사한다. 이 때 심판장과 심판관은 독립하여 심판직무를 행한다.

④ 심판원장이 부득이한 사유로 직무를 수행할 수 없을 때에는 그 심판원의 심판관 중 선임자가 그 직무를 대행한다. 다만, 심판업무 외의 업무는 수석조사관이 그 직무를 대행한다.

⑤ 심판원장은 조사관의 일반사무를 지휘 감독한다(법 제19조).

⑥ 심판장과 심판관은 독립하여 심판직무를 행한다(법 제12조).

4) 심판관의 신분 및 임기

① 심판원장과 심판관은 일반직공무원으로서 「국가공무원법」 제26조의 5에 따른 임기제(任期制) 공무원으로 한다(법 제13조).

② 심판원장과 심판관의 임기는 3년으로 하며, 연임할 수 있다. 또한 해양수산부장관은 심판업무 수행 상 부득이 하다고 인정되는 경우에만 임기(任期) 중인 지방심판원장 또는 각급 심판원의 심판관을 다른 심판원의 해당 직급에 전보(轉補, change of position)할 수 있다(법 제13조 제2항, 법 제13조의 2).

③ 심판원장과 심판관은 형의 선고(宣告, declaration), 징계처분 또는 법에 의하지 아니하고는 그 의사에 반하여 면직(免職,, dismissal) · 감봉(減俸)이나 그 밖의 불이익한 처분을 받지 아니한다.

④ 심판원장과 심판관의 근무상한 연령에 관하여는 국가공무원법에 따른다.

2. 비상임심판관

1) 비상임심판관의 직무 · 권한 및 참여

① 각급 심판원에 비상임심판관을 두고 그 직무에 필요한 학식(學識)과 경험(經驗)이 있는 사람 중에서 각급 심판원장이 위촉한다. 각급 심판원에 두는 비상임심판관의 수와 자격 등에 관하여 필요한 사항은 대통령령으로 정한다(법 제14조 제1항, 제4항).

비상임심판관은 해양사고의 원인규명이 특히 곤란한 사건의 심판에 참여하며, 그 직무 및 권한은 심판관과 같다(제2항, 제3항).

② 각급 심판원은 해양사고의 원인규명이 특히 곤란한 사건의 심판에 있어서는 원장이 지명하는 비상임심판관 2명을 참여시켜야 한다(법 제22조).

2) 비상임심판관의 정원 및 위촉

대통령령으로 정하는 각급 심판원의 비상임심판관의 수는 20인 이내로 한다(영 제8조).

지방심판원장이 비상임심판관을 위촉(委囑)할 때에는 중앙심판원장의 승인을 얻어야 한다(영 제9조).

비상임심판관제도는 심판의 민주화(民主化)를 도모하고 심판관 이외의 전문가의 지식, 경험을 이용하여 심판의 적정을 기하기 위하여 둔 제도이다.

3) 비상임심판관의 자격

비상임심판관은 다음 하나에 해당하는 분야에 관하여 학식과 경험이 있는 사람 중에서 위촉한다(영 제10조).

① 선박의 운항(運航) 또는 선박용 기관의 운전, ② 어로기술, ③ 조선(造船)·조기(操機)·의장(艤裝), ④ 해사(海事)의 검정(檢定) 또는 항만하역, ⑤ 선박의 구조, ⑥ 항만의 축조, ⑦ 기상·해상, ⑧ 선박통신, ⑨ 해사법(海事法), ⑩ 선박운영, ⑪ 전자기기, ⑫ 수로도서지(水路圖書誌) 또는 항로표지(航路標識), ⑬ 화물의 특성 또는 적재(積載), ⑭ 해양오염방지, ⑮ 기타 해당 사건과 관련된 특수한 분야

3. 심판기관의 구성

1) 지방해양안전심판원

(1) 합의심판

지방심판원은 심판관 3명으로 구성하는 합의체에서 심판을 한다(법 제22조 제1항).

합의체심판부는 합의체(合議體, collegium)를 구성하는 심판관(심판장과 비상임심판관을 포함한다)의 과반수의 찬성으로 의결한다(법 제22조 제4항).

(2) 단독심판

대통령령으로 정하는 경미한 사건 및 약식심판 사건에 관하여는 1명의 심판관이 심판을 한다.

즉, ① 해양사고의 원인이 단순하고 분명한 사건, ② 선박이나 그 밖의 시설의 손상이 중대하지 아니한 사건(법 제22조 제1항, 영 제35조).

단독심판을 할 수 있는 사건의 범위는 시행령에서 따로 정하고 있다. 이러한 사건은 그 심리(審理)가 비교적 용이하다고 생각되는 사건들이다.

2) 중앙해양안전심판원

중앙심판원은 심판관 5명 이상으로 구성하는 합의체에서 심판을 한다.

지방·중앙 각급 심판원은 해양사고의 원인규명이 특히 곤란한 사건의 심판에 있어서는 원장(院長)이 지명하는 비상임심판관 2명을 참여시켜야 한다(법 제22조 제2항, 제3항, 제4항).

3) 특별심판부의 구성

① 중앙심판원장은 다음 하나에 해당하는 해양사고 중 그 원인규명(原因糾明)에 있어 고도의 전문성(專門性)이 필요하다고 인정할 때에는 해당 사건을 관할하는 지방심판원에 특별심판부를 구성할 수 있다(법 제22조의 2 제1항).

㉠ 10명 이상이 사망하거나 부상당한 해양사고

㉡ 선박이나 그 밖의 시설의 피해가 현저히 큰 해양사고

㉢ 기름 등의 유출로 심각한 해양오염을 일으킨 해양사고

② 특별심판부는 해당 해양사고의 원인 규명에 전문지식을 가진 심판관 2명과 그 사건을 관할하는 지방심판원장으로 구성하되, 지방심판원장이 심판장이 된다(법 제22조의 2 제2항).

4) 심판장의 지명 및 권한

① 심판장은 중앙심판원의 경우 중앙심판원장이 심판관 중에서 지명한다. 다만, 특히 중요한 사건에 대하여는 스스로 심판장이 될 수 있다. 지방심판원의 경우는 지방심판원장이 심판장이 된다(법 제11조 제1항 제2호, 제2항 제2호).

② 심판장은 개정(開廷) 중 심판을 지휘하고 심판정의 질서를 유지한다. 심판장은 심판을 방해하는 사람에게 퇴정(退廷)을 명하거나 기타 심판정의 질서를 유지하기 위하여 필요한 조치를 할 수 있다(법 제42조).

③ 심판장은 심판기일을 정하여야 한다(법 제43조 제1항).

4. 심판관·비상임심판관의 제척·기피·회피 및 이의 결정

1) 제척(除斥)

심판관(심판장을 포함한다) 또는 비상임심판관에게 불공평한 심판을 할 염려가 있는 일정한 사유가 있을 때에 심판원 또는 심판원장이 직권 또는 당사자의 신청에 의하여 이들을 그 사건의 직무집행에서 배제하는 제도이다. 즉 다음의 경우에는 직무집행에서 제척(除斥, exclusion)된다(법 제15조 제1항, 영 제12조).

① 심판관·비상임심판관이 해양사고 관련자의 친족이거나 친족이었던 경우

② 심판관·비상임심판관이 해당 사건에 대하여 증언이나 감정을 한 경우

③ 심판관·비상임심판관이 해당 사건에 대하여 해양사고 관련자의 심판변론인이나 대리인으로서 심판에 관여한 경우
④ 심판관·비상임심판관의 해당 사건에 대하여 조사관의 직무를 행한 경우
⑤ 심판관·비상임심판관이 전심(前審)의 심판에 관여한 경우
⑥ 심판관·비상임심판관이 심판대상이 된 선박의 소유자·관리인 또는 임차인인 경우

2) 기피(忌避)

① 심판관 또는 비상임심판관이 위 1) 각호의 사유에 해당하는 경우이거나 불공평한 심판을 할 우려가 있는 경우, 조사관·해양사고 관련자 및 심판변론인이 이들을 그 직무의 집행으로부터 탈퇴 하도록 신청할 수 있는 제도이다. 즉, 다음 하나에 해당하는 경우에 심판관과 비상임심판관의 기피(忌避, avoidance)를 신청할 수 있다(법 제15조 제2항).
   ㉠ 심판관·비상임심판관이 법 제15조 제1항 각호의 사유(제척사유)에 해당하는 경우
   ㉡ 심판관·비상임심판관이 불공평한 심판을 할 우려가 있는 경우 등. 그러나 심판정에서 해당 사건에 대하여 이미 진술을 한 사람은 이 ㉡의 사유 만을 이유로 하여 기피신청을 하지 못한다. 다만, 기피사유가 있음을 알지 못하였을 경우나 기피의 사유가 그 후 발생한 경우에는 그러하지 아니하다.
② 기피의 신청은 이유를 명시한 서면으로 당해 심판관 또는 비상임심판관이 소속한 심판원에 대하여 이를 하여야 한다. 기피신청을 당한 심판관 또는 비상임심판관은 그 신청에 대하여 의견서를 지체없이 제출하여야 한다(영 제13조, 제14조).

3) 회피(回避)

심판관·비상임심판관은 법 제15조 제2항에 해당하는 사유가 있다고 인정할 때에는 회피할 수 있다. 회피의 신청은 이유를 명시한 서면으로 심판관 또는 비상임심판관이 소속한 심판원에 대하여 이를 하여야 한다(법 제15조 제4항, 영 제16조).

4) 제척·기피·회피의 결정 및 심판절차의 정지

① 심판관·비상임심판관의 제척·기피·회피에 대한 결정은 그 심판관·비상임심판관의 소속 심판원 합의체심판부에서 한다. 다만, 특별심판부를 구성하는 경우에는 당해 특별심판부가 구성된 지방심판원 합의체심판부에서 결정한다(법 제15조 제5항).
② 제척·기피 및 회피의 신청이 있을 때에는 심판원은 특히 긴급을 요하는 경우 이외에는 심판절차를 정지하여야 한다(영 제17조).

5. 심판부의 직원

① 심판부에 서기(書記)·심판정 경위(審判庭 警衛) 및 심판 보조직원을 둔다.
② 서기는 심판에 참석하며 심판장과 심판관의 명을 받아 서류의 작성·보관 또는 송달

에 관한 사무를 담당한다.

③ 심판정 경위는 심판장의 명을 받아 심판정의 질서유지를 담당한다.

④ 심판 보조직원은 심판장과 심판관의 명을 받아 증거조사 및 서기업무를 제외한 심판 보조업무를 담당한다.

⑤ 서기·심판정 경위 및 심판 보조직원은 심판원장이 그 소속직원 중에서 지명 또는 임명한다(법 제23조).

제4절 조사관 등

1. 조사관의 직무와 자격 및 직원

1) 조사관의 직무 등

각급 심판원(審判院)에 수석조사관·조사관 및 조사사무를 보조하는 직원을 둔다. 이들 보조직원은 일반직 국가공무원으로 임명하되, 그 정원은 대통령령으로 정한다(법 제16조).

수석조사관과 조사관은 해양사고의 조사, 심판의 청구, 재결의 집행 그 밖에 대통령령으로 정하는 해양사고 방지에 관한 사무를 담당한다(법 제17조).

법 제17조에서 "대통령령으로 정하는 사무"란 다음의 사무를 말한다(영 제17의 3).

① 해양사고 통계의 종합·분석

② 해양사고 사건의 현장검증

③ 해양사고에 대한 국제공조

④ 해양사고 법규 자료의 수집에 관한 사항

2) 조사관의 자격

① 중앙심판원의 수석조사관(이하 "중앙수석조사관"이라 한다)이 될 수 있는 사람은 다음 하나에 해당하는 사람으로 한다(법 제16조의 2).

  ㉠ 제9조의 2 제2항 제1호 및 제2호에 해당하는 사람, 즉 지방심판원의 심판관으로 4년 이상 근무한 사람이나 2급 이상의 항해사·기관사 또는 운항사의 해기사면허(이하 "2급 이상의 해기사면허"라 한다)를 받은 사람으로서 4급 이상의 일반직 국가공무원으로 4년 이상 근무한 사람

  ㉡ 3급 이상의 일반직 국가공무원으로서 해양수산행정에 3년(해양안전 관련 업무에 1년 이상 근무한 경력을 포함한다) 이상 근무한 사람

  ㉢ ㉠ 및 ㉡의 경력 연수를 합산하여 4년 이상인 사람

② 중앙심판원의 조사관과 지방심판원의 수석조사관(이하 "지방수석조사관"이라 한다)이 될 수 있는 사람은 제9조의 2 제3항 제1호부터 제4호에 해당하는 사람으로 한다.

다만, 지방심판원의 조사관의 자격에 관하여는 대통령령으로 정한다(법 제16조의 2 제2항 단서, 영 제17조의 2).

여기서 제9조의 2 제3항 제1호에서 제4호에 따르면,

㉠ 1급 항해사, 1급 기관사 또는 1급 운항사의 해기사면허를 받은 사람으로서 원양구역을 항행구역으로 하는 선박의 선장 또는 기관장으로 3년 이상 승선한 사람

㉡ 2급 이상의 해기사면허를 받은 사람으로서 5급 이상의 일반직 국가공무원으로 2년 이상 근무한 사람

㉢ 2급 이상의 해기사면허를 받은 사람으로서 대통령령으로 정하는 교육기관에서 선박의 운항 또는 선박용 기관의 운전에 관한 과목을 3년 이상 가르친 사람

㉣ ㉠부터 ㉢까지의 경력 연수를 합산하여 3년 이상인 사람 등이다.

또한 대통령령으로 정하는 지방심판원의 조사관의 자격은 다음 하나에 해당하는 사람이다(영 제17조의 2).

- 1급 항해사, 1급 기관사 또는 1급 운항사의 해기사면허를 가진 사람
- 2급 항해사, 2급 기관사 또는 2급 운항사의 해기사면허를 가진 사람으로서 다음의 경력연수(經歷年數)를 합산하여 5년 이상인 사람
- 7급 이상의 해양수산직 공무원으로 근무한 경력
- 「선박안전법」 제77조 제1항에 따라 선박검사원으로 근무한 경력
- 제7조의 4에 따른 교육기관 또는 「초・중등교육법 시행령」 제91조 제1항에 따른 특성화고등학교(수산 또는 해양계열 고등학교만 해당한다)에서 선박의 운항 또는 선박용 기관의 운전에 관한 학과를 교수한 경력

2. 조사사무에 관한 지휘・감독

① 조사관(調査官)은 조사사무에 관하여 소속 상급자의 지휘・감독에 따른다(법 제18조 제1항).

② 조사관은 구체적 사건과 관련된 제1항의 지휘・감독의 적법성 또는 정당성 여부에 대하여 이견이 있는 경우에는 이의를 제기할 수 있다.

③ 중앙수석조사관은 조사사무의 최고 감독자로서 일반적으로 모든 조사관을 지휘・감독하고, 구체적인 사건에 대하여는 중앙심판원의 조사관과 지방수석조사관을 지휘・감독한다(제3항).

3. 조사관 직무의 위임・이전 및 승계와 일반사무의 지휘・감독

1) 조사관 직무의 위임・이전 및 승계

① 중앙수석조사관 또는 지방수석조사관은 소속 조사관으로 하여금 그 권한에 속하는 직무의 일부를 처리하게 할 수 있다(법 제18조의 2).

② 중앙수석조사관 또는 지방수석조사관은 소속 조사관의 직무를 자신이 처리하거나 다른 조사관으로 하여금 처리하게 할 수 있다

2) 조사관 일반사무의 지휘 · 감독

심판원장은 조사관의 일반사무를 지휘 · 감독한다. 이 경우 조사관의 고유사무에 관여하거나 영향을 주어서는 아니 된다(법 제19조).

4. 심판관 및 조사관 등의 연수교육

중앙심판원장은 심판관 · 조사관 및 그 밖의 직원의 자질향상을 위하여 필요하다고 인정하면 해양수산부령이 정하는 바에 따라 연수교육(研修教育)을 실시할 수 있다(법 제20조의 2).

제5절 해양안전심판원의 관할

"관할(管轄)"이란 특정한 심판원이 특정의 사건에 관하여 심판을 할 수 있는 권한을 말한다.

1. 심판원의 관할

1) 심판관할권

① 심판에 부칠 사건의 관할권은 해양사고가 발생한 지점을 관할하는 지방심판원에 속한다. 다만, 해양사고 발생지점이 분명하지 아니하면 그 해양사고와 관련된 선박의 선적항(船籍港, port of registry)을 관할하는 심판원에 속한다(법 제24조 제1항).

여기서 "선적항을 관할"한다는 뜻은 관할구역 안에 선적항이 있음을 말한다.

② 국외에서 발생한 사건의 관할에 대하여는 대통령령으로 정한다(법 제24조 제5항).

③ 중앙심판원은 제2심의 청구가 있는 사건에 대한 관할권을 가진다(법 제21조, 제58조 제1항).

2) 심판청구 및 병합심판

① 하나의 사건이 2곳 이상의 지방심판원에 계속(係屬)되었을 때에는 최초의 심판청구를 받은 지방심판원에서 심판한다.

② 하나의 선박에 관한 2개 이상의 사건이 2곳 이상의 지방심판원에 계속되었을 때에는 최초의 심판청구를 받은 지방심판원이 병합(併合, combination)하여 심판한다. 또한 하나의 선박에 관한 2개 이상의 사건은 병합하여 심판한다(법 제24조 제2항, 제3항, 제4항).

3) 사건의 이송

① 지방심판원은 사건이 그 관할이 아니라고 인정할 때에는 결정으로서 이를 관할 지방심판원에 이송(移送)하여야 한다(법 제25조 제1항).

② 이송된 사건은 처음부터 이송을 받은 지방심판원에 계속된 것으로 보며, 사건에 대하여 관할권(管轄權)이 없는 경우에도 다시 사건을 다른 지방심판원에 이송할 수 없다(법 제25조 제2항, 제3항).

4) 관할이전의 신청 및 그 처리

① 조사관이나 해양사고 관련자는 해당 해양사고의 해양사고 관련자가 관할지방심판원에 출석하는 것이 불편하다고 인정되는 경우에는 대통령령으로 정하는 바에 따라 중앙심판원에 관할의 이전을 신청할 수 있다. 이 경우 신청인은 관할지방심판원에 신청서를 제출할 수 있으며, 이를 제출받은 관할지방심판원은 지체없이 중앙심판원에 보내야 한다.

이 때 관할이전신청서는 중앙심판원이나 관할지장심판원에 제출하여야 한다. 중앙심판원은 관할이전 신청서를 제출받은 경우에는 지체없이 이를 관할지방심판원에 보내야 한다. 관할이전 신청서를 송부 또는 제출받은 지방심판원은 지체없이 의견을 붙여 이를 중앙심판원에 보내야 한다(법 제26조 제1항, 영 제3조 제1항, 제4조 제1항).

그러나 이 관할이전의 신청은 심판정(審判庭)에서 해당 사건에 대하여 진술한 후와 심판불요처분(審判不要處分)의 당부에 대한 심판에 대하여는 이를 하지 못한다(법 제26조 제1항, 영 제3조 제2항).

② 중앙심판원은 신청이 있는 경우로서 심판상 편의가 있다고 인정할 때에는 결정으로 관할을 이전할 수 있다(법 제26조 제2항).

③ 지방심판원은 관할이전 신청서를 중앙심판원에 송부(送付)한 경우에는 중앙심판원의 결정이 있을 때까지 심판의 절차를 중지하고 그 사실을 조사관 및 해양사고 관련자에게 통지하여야 한다(영 제4조 제3항)

2. 심판부의 구성 및 의결

① 지방심판원은 심판관 3명으로 구성하는 합의체에서 심판을 한다. 다만, 대통령령으로 정하는 경미한 사건 및 제38조의 2(약식심판의 청구)에 따른 약식심판(略式審判) 사건에 관하여는 1명의 심판관이 심판을 한다(제22조).

② 중앙심판원은 심판관 5명 이상으로 구성하는 합의체(合議體)에서 심판을 한다.

③ 각급 심판원은 제14조(비상임심판관) 제2항에 규정된 사건에는 제1항과 제2항에도 불구하고 원장(院長)이 지명하는 비상임심판관(非常任審判官) 2명을 참여시켜야 한다.

④ 합의체심판부는 합의체를 구성하는 심판관(심판장과 비상임심판관을 포함한다)의 과

반수의 찬성으로 의결한다

3. 특별조사부와 특별심판부의 구성

1) 특별조사부의 구성

① 중앙수석조사관은 다음 하나에 해당하는 해양사고로서 심판청구를 위한 조사와는 별도로 해양사고를 방지하기 위하여 특별한 조사가 필요하다고 인정하는 경우에는 특별조사부를 구성할 수 있다(법 제18조의 3 제1항).

㉠ 사람이 사망한 해양사고

㉡ 선박 또는 그 밖의 시설이 본래의 기능을 상실하는 등 피해가 매우 큰 해양사고

㉢ 기름 등의 유출로 심각한 해양오염을 일으킨 해양사고

㉣ ㉠부터 ㉢까지에서 규정한 해양사고 외에 해양사고 조사에 국제협력이 필요한 해양사고 및 준해양사고(準海洋事故)

② 제1항에 따른 특별조사부(이하 "특별조사부"라 한다)는 다음의 하나에 해당하는 사람 10명 이내로 구성하되, 특별조사부의 장은 조사관 중에서 중앙수석조사관이 지명하는 사람으로 한다. 다만, 특히 중요한 사건에 대하여는 중앙수석조사관이 스스로 특별조사부의 장이 될 수 있다(제2항, 제3항).

㉠ 조사관(수석조사관을 포함한다)

㉡ 해양사고와 관련된 관계기관의 공무원

㉢ 해양사고의 관련전문가

③ 특별조사부의 장은 조사가 끝난 후 10일 이내에 조사보고서를 작성하여 해양수산부장관 및 중앙수석조사관에게 제출하고, 이를 제출받은 중앙수석조사관은 그 보고서를 관계 행정기관의 장 및 국제해사기구(IMO)에 송부(해양사고의 조사 및 심판과 관련하여 국제적으로 발효된 국제협약에 따른 보고대상 해양사고만 해당한다)하여야 한다.

④ 중앙수석조사관은 제3항에 따른 조사보고서를 공표하여야 한다. 다만, 국가의 안전보장이 침해될 우려가 있는 경우에는 그러하지 아니하다.

⑤ 중앙수석조사관은 특별조사부(特別調査部)의 해양사고 조사가 종료된 후에 그 해양사고 조사 결과를 변경시킬 수 있을 정도의 중요한 증거가 발견된 경우에는 해당 해양사고를 다시 조사할 수 있다.

⑥ 특별조사부의 해양사고 조사는 민형사상 책임과 관련된 사법절차, 심판청구를 위한 조사 절차 및 행정처분절차 또는 행정쟁송절차와 분리하여 독립적으로 수행되어야 하며, 특별조사 부의 조사관에 대하여는 제18조(조사사무에 관한 지휘·감독) 및 제18조의 2(조사관의 위임·이전 및 승계)를 적용하지 아니한다.

⑦ 특별조사부의 해양사고 조사과정에서 얻은 정보는 공개(公開)한다. 다만, 해당 해양사고 조사나 장래의 해양사고 조사에 부정적 영향을 줄 수 있거나, 국가의 안전보장 또

는 개인의 사생활이 침해될 우려가 있는 정보로서 대통령령으로 정하는 정보는 공개하지 아니할 수 있다.

⑧ 해양사고의 조사절차, 조사보고서의 작성방법 등 특별조사부의 운영에 필요한 사항은 해양 수산부령으로 정한다.

2) 특별심판부의 구성

① 중앙심판원장은 다음 하나에 해당하는 해양사고 중 그 원인규명에 고도의 전문성이 필요하다고 인정할 때에는 그 사건을 관할하는 지방심판원에 특별심판부를 구성할 수 있다(법 제22조의 2 제1항).

㉠ 10명 이상이 사망하거나 부상당한 해양사고

㉡ 선박이나 그 밖의 시설의 피해가 현저히 큰 해양사고

㉢ 기름 등의 유출로 심각한 해양오염을 일으킨 해양사고

② 제1항에 따른 특별심판부는 해당 해양사고의 원인규명에 전문지식을 가진 심판관 2명과 그 사건을 관할하는 지방심판원장으로 구성하되, 지방심판원장이 심판장이 된다.

제3장 해양사고 관련자 및 심판변론인 등

제1절 해양사고 관련자

① 해양사고관련자란 해양사고의 원인과 관련된 자로서 제39조에 따라 지정된 자를 말한다. 즉, 조사관이 심판을 청구하는 경우에 해당 해양사고 발생의 원인과 관계가 있다고 인정되어 조사관에 의하여 지정된 자를 말한다(법 제2조 제3호, 제39조 제1항).

② 해양사고 관련자는 조사관에 대립되는 당사자로서 심판에 관여하고, 자기의 입장을 주장하기 위하여 변론을 행하고 증거조사를 신청하며 또 해양안전심판원의 소환에 응하여 출석하고 심문(審問)을 받는 등 심판에 있어서 여러 가지 권리 및 의무를 가진다(법 제43조부터 제45조, 제48조까지 등)

제2절 심판변론인

1. 심판변론인의 자격과 등록

"심판변론인(審判辯論人)"이란 심판에 있어서 해양사고 관련자의 보호자로서 그 이익을 위하여 심판상의 행위를 하는 사람이다. 심판변론인은 일정한 자격을 갖춘 해사(海事) 또는 법률(法律)의 전문가로서 중앙심판원에 심판변론인 등록을 한 사람이다.

해양사고 관련자는 조사관에 비하여 법률이나 해사의 지식이 빈약하며 또 조사관 등은 국가기관으로서 우월한 지위에 있기 때문에 심판에 있어서 이러한 불평등을 없애기 위하

여 심판변론인의 제도를 마련하였다.

심판변론인의 업무에 종사하고자 하는 사람은 대통령령이 정하는 바에 따라 중앙심판원에 등록(登錄)하여야 한다. 즉, 심판변론인은 일정한 자격을 갖춘 해사 또는 법률의 전문가로서 중앙심판원에 심판변론인의 등록을 한 사람인데, 심판변론인의 업무에 종사하고자 하는 사람은 대통령령이 정하는 바에 따라 중앙심판원에 등록하여야 한다(법 제28조, 영 제20조).

심판변론인이 될 수 있는 사람은 다음의 하나에 해당하는 사람으로 한다(법 제28조).

① 제9조의 2 제3항 제1호부터 제4호까지의 규정에 해당하는 사람.

즉, ㉠ 1급 항해사, 1급 기관사 또는 1급 운항사의 해기사면허를 받은 사람으로서 원양구역을 항행구역으로 하는 선박의 선장 또는 기관장으로 3년 이상 승선한 사람

㉡ 2급 이상의 해기사면허를 받은 사람으로서 5급 이상의 일반직 국가공무원으로 2년 이상 근무한 사람

㉢ 2급 이상의 해기사면허를 받은 사람으로서 대통령령으로 정하는 교육기관에서 선박의 운항 또는 선박용 기관의 운전에 관한 과목을 3년 이상 가르친 사람

㉣ ㉠부터 ㉢까지의 경력 연수를 합산하여 3년 이상인 사람

② 심판관 및 조사관으로 근무한 경력이 있는 사람

③ 1급 항해사, 1급 기관사 또는 1급 운항사 면허를 받은 사람으로서 5년 이상 해사 관련 법률자문업무에 종사하였거나 해양수산부령으로 정하는 해사 관련 분야의 법학박사 학위를 취득한 사람

④ 변호사 자격이 있는 사람

2. 심판변론인의 업무

심판변론인은 다음의 업무를 행하며, 성실하게 그 수임한 직무를 수행하여야 한다. 또한 심판변론인 또는 심판변론인이었던 자는 직무상 지득한 비밀을 누설(漏泄)하여서는 아니 된다(법 제29조).

① 해양사고관련자 또는 이해관계인이 이 법에 의하여 심판원에 대하여 행하는 신청·청구·진술 등의 대리 또는 대행

② 해양사고관련자 등에 대하여 행하는 해양사고와 관련된 기술적 자문

3. 심판변론인의 선임 및 그 시기

① 심판변론인을 선임(選任, appointment)할 수 있는 사람은 해양사고 관련자나 이해관계인이며 해양사고 관련자의 법정대리인, 배우자, 직계친족과 형제자매는 독립하여 심판변론인을 선임할 수 있다(법 제27조 제1항, 제2항).

② 심판변론인은 중앙심판원에 심판변론인으로 등록한 사람 중에서 선임하여야 한다. 다만, 각급 심판원장의 허가를 받은 경우에는 그러하지 아니하다(법 제27조 제3항).

③ 심판의 결과에 대하여 동일한 이해관계를 가지는 해양사고 관련자나 이해관계인이 선임한 심판변론인이 2인 이상인 경우에는 대표 심판변론인 1인을 선임하여야 한다(제4항).
④ 심판변론인을 선임하고자 할 때에는 심급(審級, instance)마다 선임하여야 하며, 선임자와 심판변론인과 연명 날인한 서면을 심판원에 제출하여야 한다(영 제24조).
⑤ 해양사고 관련자나 이해관계인은 심판정에서의 변론이 종결될 때까지는 언제든지 심판변론인을 선임할 수 있다(영 제23조).
⑥ 해양사고 관련자나 이해관계인은 심판정에서의 변론이 종결될 때까지는 언제든지 심판변론인을 선임할 수 있다. 심판변론인을 선임하고자 할 때에는 심급마다 선임하여야 하며, 심판변론인과 연명날인한 서면을 심판원에 제출하여야 한다(영 제23조 · 제24조)

4. 심판변론인의 결격사유

다음의 하나에 해당하는 자는 심판원장이나 또는 심판관이 될 수 없다(법 제28조의 2).

1) 「국가공무원법」 제33조 아래 하나에 해당하는 사람

① 피성년후견인 또는 피한정후견인
② 파산선고를 받고 복권되지 아니한 사람
③ 금고(禁錮, imprisonment without labor) 이상의 실형을 선고받고 그 집행이 종료되거나 집행을 받지 아니하기로 확정된 후 5년이 지나지 아니한 사람
④ 금고 이상의 형을 선고받고 그 집행유예 기간이 끝난 날부터 2년이 지나지 아니한 사람
⑤ 금고 이상의 형의 선고유예를 받은 경우에 그 선고유예 기간 중에 있는 자
⑥ 법원의 판결 또는 다른 법률에 따라 자격이 상실되거나 정지된 사람
⑦ 공무원으로 재직기간 중 직무와 관련하여 「형법」 제355조 및 제356조에 규정된 죄를 범한 자로서 300만원 이상의 벌금형을 선고받고 그 형이 확정된 후 2년이 지나지 아니한 사람
⑧ 「형법」 제303조 또는 「성폭력범죄의 처벌 등에 관한 특례법」 제10조에 규정된 죄를 범한 사람으로서 300만원 이상의 벌금형을 선고받고 그 형이 확정된 후 2년이 지나지 아니한 사람
⑨ 징계로 파면처분을 받은 때부터 5년이 지나지 아니한 사람
⑩ 징계로 해임처분을 받은 때부터 3년이 지나지 아니한 사람
⑪ 등록이 취소된 날로부터 3년이 지나지 아니한 사람

5. 심판변론인협회

1) 심판변론인협회의 설립

심판변론인은 해양수산부장관의 허가를 받아 심판변론인협회를 설립할 수 있으며, 이 경우 협회는 법인으로 한다(법 제30조의 2).

2) 협회의 설립절차 및 사업 등

① 협회의 설립절차, 정관의 기재사항, 임원과 감독에 필요한 사항은 대통령령으로 정하며, 협회는 다음의 사업을 행한다(법 제30조의 3).
   ㉠ 해양사고 관련자의 심판구조사업
   ㉡ 해양사고 방지에 관한 사업
   ㉢ 심판변론인과 위임인 간의 분쟁조정(紛爭調整)
   ㉣ 그 밖에 심판과 관련된 것으로 대통령령이 정하는 사업

② 협회에 관하여는 이 법에 규정이 있는 것을 제외하고는 민법 중 사단법인에 관한 규정을 준용한다(법 제30조의 5).

제4장 심판전의 절차

제1절 의 의

1. 심판전의 절차

"심판전(審判前)의 절차"라 함은 조사관이 해양사고를 인지하여 조사를 개시(開始)한 후 심판개시의 청구를 할 때까지의 절차를 말하며 이는 조사의 단계에 해당한다.

2. 해양사고의 인지 및 해양수산관서 등의 의무

① 조사관(調査官)의 활동은 조사관이 해양사고의 발생을 알았을 때에 개시된다.

조사관은 여러 가지 방법으로 해양사고의 발생을 알 수 있도록 하여야 함은 물론이며, 「해양사고의 조사 및 심판에 관한 법률」은 특히 해양사고에 관한 정보를 얻기 쉬운 지위에 있는 해양수산관서, 국가경찰공무원, 특별시장・광역시장・특별자치시장・도지사・특별자치도지사 및 시장・군수・구청장은 해양사고가 발생한 사실을 알았을 때에는 지체없이 그 사실을 자세히 기록하여 관할 지방심판원의 조사관에게 통보하여야 한다(법 제31조 제1항, 제주특별자치도 설치 및 국제자유도시 조성을 위한 특별법 제7849호).

조사관이 해양사고에 관한 증거 수집이나 조사를 하기 위하여 관계 기관에 협조를 요청하면 그 기관은 이에 따라야 한다(법 제31조 제2항).

② 국외(國外)에서 발생한 해양사고에 관하여는 영사에게 그 사실과 증거를 수집하여 지체없이 중앙수석조사관에게 통보하도록 하는 의무규정을 두어 조사관의 직무수행에 만전을 기하고 있다. 즉, 영사(領事)는 국외에서 해양사고가 발생한 사실을 알았을 때에는 지체없이 그 사실과 증거를 수집하여 중앙수석조사관에게 통보하여야 한다. 이때 통보를 받은 중앙수석조사관은 지체없이 관할 지방수석조사관에게 송부하여야 한다(법 제32조).

3. 사실조사의 요구

① 해양사고에 대하여 이해관계가 있는 사람은 그 사실을 자세히 기록하여 관할 조사관에게 사실 조사를 요구할 수 있다(법 제33조 제1항).
② 이해관계자로부터 사실조사(事實調查)의 요구를 받은 조사관은 사실조사를 하여 심판청구의 여부(與否)를 결정하고 그 뜻을 요구자에게 알려야 한다. 조사관이 이와 같은 심판청구를 거부할 때에는 미리 중앙수석조사관의 승인을 받아야 한다(법 제33조 제2항, 제3항).

4. 준해양사고의 통보

① 선박소유자 또는 선박운항자는 해양사고를 방지하기 위하여 선박(「어선법」 제2조 제1호에 따른 어선은 제외)의 운용과 관련하여 발생한 준해양사고를 해양수산부령으로 정하는 바에 따라 중앙수석조사관에게 통보하여야 한다(법 제31조의 2 제1항).
② 중앙수석조사관은 통보받은 내용을 분석하여 선박과 사람의 안전 및 해양환경 등에 위해(危害)를 끼칠 수 있는 사항이 포함되어 있는 경우에는 선박소유자 등 관계인에게 그 내용을 알려야 한다.
③ 중앙수석조사관은 제1항에 따라 준해양사고를 통보한 자의 의사에 반하여 통보자의 신분을 공개하여서는 아니 된다.

제2절 조사관의 임무 및 권한 등

1. 조사관의 증거수집 및 비밀엄수 의무

① 조사관은 해양사고가 발생한 사실을 알게 되면 즉시 그 사실을 조사하고 증거를 수집하여야 한다. 조사관은 조사의 결과 사건을 심판에 부칠 필요가 없다고 인정하는 경우에는 그 사건에 대하여 심판불필요처분(審判不必要處分)을 하여야 한다(법 제34조).
② 조사관이나 그의 보조자는 사실조사와 증거수집을 할 때 비밀을 준수하고 관계인의 명예를 훼손하지 아니하도록 주의하여야 한다(법 제36조).

2. 증거보전

① 조사관・해양사고관련자 또는 심판변론인이 미리 증거를 보전하지 아니하면 그 증거를 채택하기 곤란하다고 인정하여 증거보전을 신청할 때에는 심판원은 심판청구 전이라도 검증(檢證) 또는 감정(鑑定)을 할 수 있다. 이의 신청에는 서면으로 증거를 표시하고 그 증거보전의 사유를 밝혀야 한다(법 제35조 제1항, 제2항).

② 해양사고가 발생한 경우 누구든지 다음의 하나에 해당하는 행위를 하여서는 아니 된다. 다만, 선원이나 선박의 안전 확보, 해양환경의 보호 등 공공(公共)의 중대한 이익 보호 또는 인명구조(人命救助) 등을 위하여 제5호에 따른 행위를 하여야 할 필요가 있는 경우에는 그러하지 아니하다(제3항).

㉠ 해당 해양사고와 관련된 선박에 비치하거나 기록・보관하는 다음의 간행물 또는 서류 등(전자적 간행물 또는 서류 등을 포함하며, 이하 이 항에서 "기록물")의 파기 또는 변경(제1호)

- 「선박안전법」 제32조에 따라 선박소유자가 선박에 비치하여야 하는 항해용 간행물
- 「선원법」 제20조 제1항에 따라 선장이 선내에 비치하여야 하는 서류 및 같은 조 제2항에 따라 선장이 기록・보관하여야 하는 서류

㉡ 해당 해양사고와 관련된 선박으로서 「해사안전법」 제46조 제2항에 따른 안전관리체제를 수립・시행하여야 하는 선박의 소유자 또는 같은 법 제51조에 따른 안전관리대행업자가 해당 선박의 안전관리체제 수립・시행과 관련하여 작성・보관하거나 선박에 비치하는 기록물의 파기 또는 변경

㉢ 해당 해양사고와 관련된 선박으로서 제2호에 따른 선박 외의 선박의 소유자 또는 「선박관리산업발전법」 제2조 제2호의 선박관리사업자가 해당 선박의 운용, 선원의 관리 또는 선박의 정비와 관련하여 작성・보관하는 기록물의 파기 또는 변경

㉣ 해당 해양사고와 관련된 선박과 「해사안전법」 제36조에 따른 선박교통관제 또는 해상교통관제(海上交通管制)를 시행하는 기관 사이의 선박교통관제 또는 해상교통관제와 관련하여 작성・보관되는 기록물의 파기 또는 변경

㉤ 해당 해양사고와 관련된 선박의 손상된 선체・기관 및 각종 계기(計器)와 그 밖의 부분에 대한 수리(제5호)

③ 「선박안전법」 제26조에 따라 선박시설기준에서 정하는 항해자료기록장치(이하 이 항에서 "항해자료기록장치"라 한다)를 설치한 선박의 선장은 해당 선박과 관련하여 해양사고가 발생한 경우 지체 없이 항해자료기록장치의 정보를 보존하기 위한 조치를 하여야 한다(제4항).

3. 조사관의 권한

① 조사관은 그 직무를 수행하기 위하여 필요한 때에는 다음과 같은 처분(處分, disposition)

을 할 수 있다(법 제37조 제1항).

㉠ 해양사고와 관계있는 사람을 출석하게 하거나 그 사람에게 질문하는 일

㉡ 선박이나 그 밖의 장소를 검사하는 일

㉢ 해양사고와 관계있는 사람에게 보고하게 하거나 장부 · 서류 또는 그 밖의 물건을 제출하도록 명하는 일

㉣ 관공서에 대하여 보고 또는 자료의 제출 및 협조를 요구하는 일

㉤ 증인 · 감정인 · 통역인 또는 번역인을 출석하게 하거나 증언 · 감정 · 통역 · 번역을 하게 하는 일

② 출석이나 질문을 받은 해양사고와 관계있는 사람으로서 조사관이 특히 필요하다고 인정하면 해양수산관서에 대하여 72시간 이내의 기간 동안 해당자의 하선조치를 요구할 수 있다(제2항).

③ 조사관이 선박이나 그 밖의 장소를 검사할 때에는 그 권한을 표시하는 증표를 지니고 이를 관계인에게 이를 내보여야 한다(제3항).

제3절 심판의 개시

1. 심판의 청구

조사관이 지방해양안전심판원에 대하여 사건에 관한 본안(本案, principal matter)의 재결을 구하는 심판상의 행위이다.

① 조사관은 해양사고의 사실을 조사하고 증거를 수집하였으면 사건의 성질, 손해의 정도, 사회적 영향 기타 일체의 사정을 고려하여, 사건을 심판에 부쳐야 할 것으로 인정할 때에는 지방심판원에 대하여 해양사고 사실을 표시한 서면(書面)을 제출하여 심판청구를 하여야 한다.

그러나 사건이 발생한 후 3년이 지난 해양사고에 대하여는 심판청구를 하지 못한다(법 제38조 제1항).

② 심판청구서에는 사건명, 해양사고관련자의 성명 · 주민등록번호 · 주소, 당시의 직명(職名) 및 가지고 있는 면허의 종류를 기재하고 사실의 개요를 기술하여야 한다(영 제19조).

2. 해양사고 관련자의 지정과 통고

① 조사관은 해양사고가 해기사나 도선사의 직무상 고의(故意, intention) 또는 과실(過失, negligence)로 인하여 발생한 것이라고 인정할 때에는 심판개시의 청구를 하는 서면에 그를 해양사고 관련자로 지정하고, 해양사고 관련자를 지정한 경우에는 그 내용을 대통령령이 정하는 바에 따라 당해 해양사고 관련자에게 통고하여야 한다

② 조사관은 해양사고 발생의 원인과 관계가 있다고 인정되는 해양사고 관련자를 지정하여 심판청구를 한 경우에는 지체없이 일정한 사항을 기재한 서면으로 그 뜻을 이들에게 통고하여야 한다. 그러나 단독심판을 청구한 경우에는 그러하지 아니하다. 이 때 서면으로 통지하여야 할 사항은 다음과 같다(법 제39조, 영 제32조).

㉠ 심판청구를 한 심판원의 명칭

㉡ 사건명 및 사실의 개요

㉢ 해양사고 관련자의 성명 · 주민등록번호 · 주소 및 당시의 직명 · 직업과 가지고 있는 면허의 종류

㉣ 심판청구를 한 일자

㉤ 조사관의 성명

3. 이해관계인의 심판신청

① 해양사고에 대하여 이해관계가 있는 사람은 심판 불필요처분을 받은 해양사고에 대하여 원인규명이 필요하다고 인정하면 대통령령(大統領令)으로 정하는 바에 따라 관할 지방심판원에 그 처분이 올바른지에 대하여 심판을 신청할 수 있다. 이 경우 이해관계인은 심판 불필요처분사건 심판신청서를 관할지방심판원에 제출하여야 한다.

또한 신청이 있는 경우에는 지방심판원은 해당 지방심판원의 수석조사관에게 그 신청서를 송부하여야 한다. 신청서를 송부받은 지방심판원의 수석조사관은 5일 이내에 그 신청서에 의견서(意見書)를 첨부하여 지방심판원에 제출하여야 한다(법 제39조의 2 제1항, 영 제32조의 2).

② 관할 지방심판원은 심판이 신청된 경우 그 신청이 이유있는 것으로 인정되는 경우에는 결정(決定)으로써 조사관으로 하여금 조사를 시작하여 심판을 청구하도록 하고, 그 신청이 이유없는 것으로 인정되는 경우에는 결정으로써 이를 기각(棄却, dismissal)하여야 한다(법 제39조의 2 제2항).

4. 심판청구서의 변경 등

① 조사관은 심판청구서에 기재된 사건명을 변경하거나 해양사고 사실 또는 해양사고 관련자를 추가 · 철회(撤回, withdrawal) 또는 변경(變更, alteration)할 수 있다(법 제49조의 2 제1항).

② 심판장은 심리의 경과에 비추어 필요하다고 인정하면 조사관에게 해양사고 관련자의 추가 · 철회 또는 변경을 서면으로 요구할 수 있다(제2항).

③ 심판장은 해양사고 사실 또는 해양사고 관련자의 추가 · 철회 또는 변경되었을 때에는 지체없이 해양사고 관련자 · 심판변론인 및 심판참여 허가를 받은 이해관계인에게 그 사실을 알려야 한다(제3항).

④ 법규정에 따른 심판청구서의 추가 · 철회 또는 변경의 요건 · 절차 등에 관하여 필요한

사항은 대통령령으로 정한다(제4항).

5. 단독심판의 청구 및 비상임심판관의 참여

① 조사관은 해양사고의 원인이 간명한 사건이거나 선박 기타 시설의 손상(損傷)이 중대하지 아니한 사건에 해당되어 단독심판(單獨審判)으로 행함이 적당하다고 인정할 때에는 심판청구서에 그 뜻을 기재하여 청구하여야 한다(영 제30조).

② 조사관은 사건의 심판이 비상임심판관의 참여가 필요하다고 인정할 때에는 심판청구서에 그 뜻을 기재하여 청구하여야 한다(영 제31조).

제5장 지방심판원의 심판

제1절 서 론

1. 사건진상규명

심판의 청구가 있으면 사건은 조사관의 손을 떠나 지방심판원에 계속(係屬)한다. 지방심판원에 있어서는 심판정(審判庭)을 열고 조사관의 진술을 토대로 하여 해양사고 관련자 또는 증인을 심문(審問, interrogation)하여 각종의 증거를 조사하고 당사자의 주장을 듣는 등 사건의 진상을 규명하는 절차가 행하여진다.

2. 심판의 원칙

1) 불고불리(不告不理)원칙

지방심판원은 조사관으로부터 심판청구가 있는 경우에만 심판을 개시하고 직권으로 심판을 개시할 수는 없다. 즉, 지방심판원은 조사관의 심판청구에 따라 심판을 시작한다(법 제40조).

이것은 "소(訴, lawsuit) 없으면 재판 없다"는 근대 재판제도의 대원칙을 수용한 것이다.

2) 공개주의원칙과 원격영상심판

① 심판의 대심(對審)과 재결(裁決)은 공개된 심판정에서 행한다(법 제41조).

"대심"이란 심판관의 면전(面前)에서 대립하는 당사자가 서로 그 주장을 다투는 것이다.

"공개(公開)"란 일반인이 자유로 방청(房廳)할 수 있는 것을 말한다.

② 심판원장은 해양사고관련자가 교통의 불편 등으로 심판정에 직접 출석하기 어려운 경우에는 원격영상심판을 할 수 있다(법 제41조의 2 제1항). 제1항에 따른 원격영상심판의 절차 등에 관하여 필요한 사항은 해양수산부령으로 정한다.

3) 구술변론주의원칙

해양사고 관련자가 있는 사건에 있어서의 재결은 반드시 구술변론을 거쳐야 한다. "변론(辯論, argument)"이란 심판정에서 당사자가 본안에 관하여 의견을 진술하고 증거를 제출하여 심리(審理, trial)에 협력하는 것이다.

① 필요적 구술변론

심판원은 심판정에서 구술변론에 의한 심판을 행하지 아니하면 재결(裁決)을 할 수 없다. 즉, 심판의 재결은 구술변론(口述辯論), oral argument)을 거쳐야 한다. 다만, 다음의 하나에 해당하는 경우에는 구술변론을 거치지 아니하고 재결을 할 수 있다(법 제45조 제1항).

㉠ 해양사고 관련자가 정당한 사유없이 심판기일(審判期日)에 출석하지 아니한 경우

㉡ 해양사고 관련자가 심판장의 허가를 받고 서면으로 진술한 경우

㉢ 조사관이 사고 조사를 충분히 실시하여 해양사고 관련자의 구술변론이 불필요한 경우 등 심판장이 원인규명을 위한 해양사고 관련자의 소환이 불필요하다고 인정하는 경우

㉣ 제41조의 3에 따른 약식심판을 행하는 경우

② 제1항 제3호에 해당하는 경우에는 해양사고 관련자의 명시한 의사(意思)에 반하여서는 아니 된다.

4) 증거심판주의원칙와 자유심증주의 원칙

① 재결의 기초가 되는 사실의 인정은 심판기일에 조사한 증거에 의하여야 한다(법 제50조).

여기서 "증거(證據, evidence)"란 심판원에 대하여 사실의 존부에 관한 확신을 얻게 하는 자료를 말한다.

"심판기일에 조사한 증거"란 심판정에서 당사자(當事者)가 증거의 존재 및 그 내용을 알리고 그 증명력(證明力)을 다툴 기회를 주는 등 적법한 증거조사가 행하여진 증거를 말한다.

② 심판관이 증거에 의하여 사실을 인정할 때에 그 범위 또는 신용의 정도 등 증거의 증명력은 심판관의 자유로운 판단에 의한다(법 제51조).

제2절 심판절차에 있어서의 심판원의 권한

1. 소환, 심문하는 권한

해양사고 관련자는 한편으로 심판의 당사자이며 다른 한편으로는 해양사고를 실제로 경험한 사람으로서 증인적 성격을 가지고 있으므로 심판원은 심판기일에 이를 소환(召喚, summon)하고 심문(審問, intrrogation)할 수 있다.

지방심판원은 심판기일에 해양사고 관련자·증인 기타 이해관계인을 소환하고 신문(訊問, examination)할 수 있다(법 제44조).

“신문(訊問, exemination)”이란 증인(證人, witness)·감정인(鑑定人, expert)·피의자(被疑者, suspect)·또는 피고인(被告人, defendant)에 대하여 구두(口頭)로 사건을 조사하는 일을 말한다.

2. 증거조사를 행하는 권한

1) 증거조사

지방심판원은 조사관·해양사고 관련자 또는 심판변론인의 신청에 의하거나 직권(職權)으로 필요한 증거조사를 할 수 있다.

그러나 지방심판원은 제1회 심판기일 전에는 다음의 방법에 따른 조사만을 할 수 있다. 또한 지방심판원은 구속(拘束, confinement)·압수(押收, seizure)·수색(搜索, search)이나 그 밖의 신체·물건 또는 장소에 대한 강제처분을 하지 못한다(법 제48조 제1항, 제2항).

① 선박이나 그 밖의 장소를 검사하는 일

② 장부(帳簿)·서류 또는 그 밖의 물건을 제출하도록 명하는 일

③ 관공서에 대하여 보고 또는 자료제출을 요구하는 일

2) 증거의 정의 및 종류

“증거(證據, evidence)”란 사실을 입증(立證, verification)하는 수단 방법이며 심판관이 오관(五官)의 작용에 의하여 조사할 수 있는 ‘사람’ 또는 ‘물건’을 말한다.

① 인적증거 : 어떤 사람이 구두로 말한 내용이 증거로 되는 경우이며 증인·감정인 등

② 증거물 : 어떤 물건이 존재 또는 상태가 증거로 되는 경우이며 선박, 장소 등

③ 증거서류 : 서면에 기재한 내용이 증거로 되는 경우이며 조서, 항해일지 등

3) 증거조사의 방법 및 선서

심판관이 증거에 의하여 사실인정의 자료를 감득(感得)하는 행위이며 다음과 같은 방법으로 행하여진다.

① 검사(檢査) : 심판관이 오관의 작용에 의하여 검사의 목적물의 성질 또는 상태를 인식하는 것을 말한다.

② 심판관계인의 심문 등

심판관이 심판관계인을 심문하고 그 진술의 내용으로부터 사실인정의 자료를 얻는 방법이다.

“심문(審問)”이란 질문을 발하고 답변을 시키는 것을 말한다. 또한 “심판관계인”란 해양사고 관련자, 증인, 감정인, 통역인 및 번역인 등을 말한다.

㉠ 증인(證人) : 심판관의 면전에서 그 심문에 응하여 자기가 실제로 경험하여 지득(知得)한 사실을 진술하는 제3자이다.
㉡ 감정인(鑑定人) : 심판원의 감정의뢰를 받고 자기의 학식, 경험에 의거한 의견을 구두 또는 서면으로 보고하는 제3자이다.
㉢ 통역인(通譯人) : 심판절차에 있어서 진술의 명을 받은 자가 국어에 통하지 아니하는 경우에 심판원과 진술자와의 사이에서 양자(兩者)의 의사를 서로 통할 수 있도록 할것을 명령받은 제3자이다.
㉣ 번역인(飜譯人) : 국어 외의 문자 또는 부호로서 표현된 문서의 사상 내용을 그 형식을 변화시키지 아니하고 심판원에 대하여 국어로 표현할 것을 명령받은 제3자이다.

③ 지방심판원은 증거조사를 할 때 증인, 감정인, 통역인 또는 번역인에게 증언・감정・통역 또는 번역을 하게 하는 경우에는 선서(宣誓, oath)하게 하여야 한다(법 제49조). 그러나 선서의 취지를 이해하지 못하는 자, 해양사고 관련자 중 해기사 및 도선사(당해 면허로서 당해 직무를 수행한 자에 한한다)의 배우자나 친족 또는 이러한 관계가 있었던 자에 대하여는 선서를 시키지 아니하고 신문할 수 있다(영 제49조).

4) 증거자료의 한글사용

심판원에 증거로 제출하는 항해일지(航海日誌, ship's log book) 등의 문서는 한글(국한문 혼용을 포함)로 작성하여 제출하는 것을 원칙으로 하되, 외국어로 작성된 문서를 제출하는 경우에는 그 번역문을 첨부하여야 한다(법 제48조의 2).

제3절 심판절차

1. 심판기일의 지정 및 변경

심판장(審判長)은 심판기일을 정하여 해양사고 관련자를 소환(召喚, summons)하고(다만, 심판장은 1회 이상 출석한 해양사고 관련자에 대하여는 소환하지 아니할 수 있다), 심판기일은 조사관・심판변론인 및 소환하지 아니하는 해양사고 관련자에게 알려야 한다.

심판장은 직권으로 또는 해양사고 관련자・조사관 및 심판변론인의 신청을 받아 제1회 심판기일을 변경할 수 있다(법 제43조, 영 제39조).

2. 심판정 및 심판장의 권한

① 심판기일에 있어서의 심판은 각급 심판원에서 개정한다. 다만, 합의체심판부는 중앙심판원의 승인을, 단독심판관은 소속심판원장의 승인을 얻어 심판원의 심판정 외의 장소에서 개정(開廷)할 수 있다(영 제41조 제1항).
② 심판정은 정수(定數)의 심판관, 비상임심판관 및 서기(書記)가 참석하고 조사관이 출석

하여 개정한다(영 제41조 제2항).

③ 해양사고 관련자 등이 없는 경우 또는 정당한 이유없이 출석하지 아니한 경우라도 심판기일에 있어서의 심판은 공개된 심판정에서 이를 행한다. 심판의 대심(對審)과 재결(裁決)은 공개된 심판정에서 이를 행한다(법 제41조).

④ 심판장은 심판정에 있어서의 심판이 질서정연하고 신속하게 행하여지도록 개정 중 심판을 지휘하고 심판정의 질서를 유지한다. 심판장은 심판을 방해하는 사람에게 퇴정(退廷)을 명하거나 그 밖에 심판정의 질서를 유지하기 위하여 필요한 조치를 할 수 있다(법 제42조).

3. 심판정에 있어서의 심판절차의 순서

① 심판장의 개정선언 및 인정신문(認定訊問, identity question, 해양사고 관련자가 틀림없음을 확인하는 것으로 그의 성명·주민등록번호 및 주소를 신문하고 해양사고 관련자가 해기사 및 도선사인 경우에는 면허의 종류 등을 신문하여 해양사고 관련자임을 확인하는 것)(법 제46조).

② 조사관의 모두진술(冒頭陳述, opening statement)
조사관은 심판청구서에 따라 심판청구의 요지(要旨)를 진술하여야 한다(법 제47조).

③ 심판관계인의 신문 및 증거조사(법 제44조, 제48조)
심판관계인의 신문(訊問) 및 증거조사는 심판장이 행한다. 배석심판관이나 조사관 및 심판변론인은 심판장에게 고하고 심판관계인을 신문할 수 있다(영 제45조). 여기서 "증거조사"라 함은 증거물 및 증거서류를 조사하는 것을 말한다. 증거물은 이를 제시하며, 증거서류는 이를 낭독하거나 기타 내용을 관계인에게 알리는 방법에 의하여 각각 증거조사를 행한다.

④ 변론 및 변론의 재개

㉠ 조사관의 논고(論告, 의견진술) … 증거의 조사가 끝났을 때에는 조사관은 사실을 제시하고 그 해양사고의 원인에 대한 판단, 해양사고 관련자에 대한 징계 또는 시정, 개선의 권고나 명령에 관하여 의견을 진술하여야 한다(영 제54조 제1항).

㉡ 심판변론인 등의 변론 … 해양사고 관련자와 심판변론인은 조사관의 진술에 대하여 의견을 진술할 수 있다(제2항).

㉢ 심판원은 변론(辯論, argument)이 종결된 이후에도 필요하다고 인정되는 경우에는 결정으로써 변론을 재개(再開)할 수 있다(영 제56조).

⑤ 최후진술 : 해양사고관련자 및 심판변론인에게는 최후진술의 기회를 주어야 한다(영 제55조).

⑥ 결심(結審) : 심리를 종결하는 것을 말한다.

4. 심판기일 외의 증거조사 및 수명심판관의 증거조사

① 심판관계인의 신문 또는 증거조사는 심판기일에 심판정에서 행하는 것을 원칙으로 하나, 선박 그 밖의 장소 등의 검사는 심판정에서 행하는 것이 불가능하며 증인 등이 신병(身病), 기타의 이유로 출석할 수 없는 경우도 있으므로 심판원은 심판기일 외에 있어서도 증거를 조사할 수 있다.

심판원은 검사를 하려면 미리 그 뜻을 조사관, 해양사고관련자 및 심판변론인에게 알려 입회(入會)할 기회를 주어야 한다(법 제48조, 영 제40조, 제42조 제2항).

② 심판원은 소속심판관 중 1명에게 필요한 사항의 증거조사를 명할 수 있다. 수명심판관(受命審判官)은 심판정에서 그 증거조사의 결과를 심판원에 보고하여야 한다. 수명심판관이 하는 증거조사에 관하여는 심판원의 심판절차에 관한 규정을 준용(準用)한다(영 제50조).

5. 심판조서

심판에 관하여는 심판조서(審判調書)를 작성하여야 하며 심판정에서 행한 일체의 심리사항이 기재된다. 심판조서는 서기(書記)가 작성하여 심판장이나 단독 심판관과 서기가 같이 서명 날인(捺印)한다(법 제23조, 해양사고심판사무처리 내규 제20조).

제4절 의결·재결 및 결정

1. 의 결

합의체심판부는 합의체를 구성하는 심판관(심판장 및 비상임심판관 포함)의 과반수의 찬성으로 의결(議決, resolution)한다(법 제22조 제4항).

2. 재 결

1) 본안재결 및 기각재결

재결(裁決, ruling)이라 함은 조사관의 심판청구에 대하여 심판원이 종국적인 판단을 표시하는 것을 말한다. 본안의 재결 및 기각(棄却, dismissal)의 재결이 있다.

재결에는 주문(主文, main sentence)을 표시하고 이유를 붙여야 하며, 재결의 고지는 심판장이 재결 원본에 의하여 심판정에서 행한다. 고지방법은 재결서를 낭독하거나 그 요지를 알려주는 것이다(법 제53조·제55조, 영 제60조).

(1) 본안의 재결

사건의 실체에 관하여 심리하고 그 결론을 명백히 하는 재결이다.

본안의 재결(裁決, ruling)에는 해양사고의 구체적 사실과 원인을 명백히 하고 증거를 들어 그 사실을 인정한 이유를 밝여야 한다.

다만, 그 사실이 없다고 인정한 경우에는 그 뜻을 명백히 하여야 한다(법 제54조).

(2) 심판청구 기각의 재결

① 지방심판원이 사건의 실체에 관하여 심리를 거절하는 재결이다. 다음의 경우에는 재결로서 심판청구를 기각하여야 한다(법 제52조).

㉠ 사건에 대하여 심판권이 없을 경우

㉡ 심판의 청구가 법령에 위반하여 제기된 경우

㉢ 일사부재리(一事不再理)원칙에 따라 심판할 수 없는 경우

② 심판원은 해당 심판원이 심판하여서는 아니될 사건에 대하여는 재결로써 심판청구를 기각하여야 한다. 예컨대 하나의 사건이 2곳 이상의 지방심판원에 계속되었을 때에는 최초의 심판 청구를 받은 지방심판원에서 심판한다(법 제24조 제2항).

2) 재결서 및 그 송달과 등본의 청구

① 재결서는 심판을 한 심판관이 작성하고 심판에 참여한 비상임심판관과 함께 서명(署名)·날인하여야 한다. 심판관 또는 비상임심판관이 서명·날인할 수 없을 때에는 다른 심판관이 그 사유를 기재하고 서명 날인하여야 한다(영 제58조).

② 심판원장은 재결을 고지한 날로부터 재결서의 정본을 10일 이내에 조사관과 해양사고관련자 또는 심판변론인에게 송달하여야 한다. 해양사고관련자·심판변론인 또는 대리인에 대한 통고·통지 또는 서류의 송달에 필요한 사항은 대통령령으로 정한다(법 제56조, 제56조의 2).

③ 해양사고관련자·심판변론인 또는 이해관계인은 재결서 등본(謄本) 발급을 청구할 수 있다(영 제61조).

3. 결 정

① “결정(決定, determination)”이란 심판원의 심판절차에 있어서 판단 또는 의견을 표시하는 행위 중 재결(裁決, ruling) 이외의 것을 말한다. 결정은 재결보다 간단한 절차로 이루어진다. 심판정에서의 청구(請求)에 의하여 결정을 할 때에는 심판관계인의 진술을 들어야 하며, 기타의 경우에는 심판관계인의 진술을 듣지 아니하고 이를 할 수 있다(영 제62조 내지 제65조).

② 결정을 하기 위한 조사

㉠ 심판원은 결정을 하기 위하여 필요한 때에는 사실을 조사할 수 있다(영 제63조 제1항).

㉡ 심판원은 소속심판관중 1인에게 사실조사를 하게 할 수 있다(제2항).

③ 결정의 고지

결정의 고지는 심판정에서 이를 행하는 경우에는 결정서를 낭독하거나 그 요지(要旨)

를 알려줌으로써 이를 행하고, 그 외의 경우에는 결정서의 정본을 송달함으로써 이에 갈음한다(영 제64조).

④ 준용규정

결정에 관하여는 제62조~제64조의 규정에 의하는 외에 재결에 관한 규정을 준용한다(영 제65조).

제6장 중앙심판원의 심판

제1절 제2심의 청구 및 심판절차

1. 제2심의 청구

"제2심의 청구(請求)"란 지방심판원의 재결(특별심판부의 재결을 포함)에 불복이 있는 자가 중앙심판원에 대하여 그 취소, 변경을 구하는 심판상의 행위를 말한다.

제2심을 청구할 수 있는 자는 조사관·해양사고관련자 또는 심판변론인이다. 다만, 심판변론인은 해양사고 관련자의 명시한 의사(意思)에 반하지 아니한 경우에 한하여 제2심 청구를 할 수 있다.

제2심 청구는 이유를 붙인 서면으로 원심 심판원에 제출하여야 한다(법 제58조).

2. 제2심의 청구기간

① 제2심의 청구는 재결서 정본(定本, origianl)을 송달받은 날로부터 14일 이내에 하여야 한다. 이 때 제2심 청구서는 재결서 정본을 송달받은 날로부터 14일 이내에 이를 등기우편으로 발송하면 기간내에 이를 제출한 것으로 본다(법 제59조, 영 제66조).

제2심 청구를 할 수 있는 자가 본인이 책임질 수 없는 사유로 인하여 재결서 정본의 송달을 받은 날로 부터 14일 이내에 심판청구를 하지 못한 경우에는 그 사유가 끝난 날부터 14일간 이내에 서면으로 원심 심판원에 제출할 수 있다. 이 경우에는 그 사유를 소명하여야 한다(법 제59조).

② 청구는 원심(原審) 심판원인 지방심판원에 이유를 붙인 서면을 제출하여 행한다.

3. 제2심 청구의 효력 및 준용규정

제2심의 청구가 있으면 제1심의 재결은 확정하지 아니하고 사건은 중앙심판원에 계속된다.

제2심 청구의 효력은 그 사건과 당사자(當事者) 모두에게 미친다(법 제60조).

중앙심판원은 심판에 관하여는 이 장(중앙심판원의 심판)에서 규정한 사항 외에는 제5장(지방심판원의 심판)을 준용한다. 다만, 제41조의 3(약식심판 절차)과 제49조의 2(심판청구서의 변경 등) 제1항 및 제2항(해양사고관련자의 추가 · 철회 또는 변경 부분만 해당)은 준용하지 아니한다(법 제66조).

4. 제2심 청구의 취하 및 그 방식

제2심 청구를 한 사람은 재결이 있을 때까지 청구를 취하(取下, withdrawal)할 수 있다(법 제61조).

제2심 청구의 취하는 서면을 중앙심판원에 제출함으로써 이를 행한다. 다만 심판정에서 구술로 할 수 있다. 이 때에 취하는 제2심 청구를 한 자 전원이 하여야 효력이 있으며, 전원이 그 청구를 취하한 때에는 중앙심판원은 결정으로 제2심의 청구를 각하하여야 한다(영 제68조).

제2절 재 결

1. 법령위반으로 인한 청구의 기각 및 사건의 환송

① 중앙심판원은 제2심의 심판청구의 절차가 법령에 위반한 경우에는 재결로써 그 청구를 기각(棄却, dismissal)한다. 즉, 제1심의 재결이 확정된다(법 제62조).

② 중앙심판원은 지방심판원이 법령에 위반하여 심판청구를 기각한 경우에는 재결로써 사건을 지방심판원에 환송(還送, remand)하여야 한다(법 제63조).

2. 지방심판원의 청구기각 사유로 인한 청구기각의 재결

중앙심판원은 지방심판원이 제52조인 아래의 하나에 해당하는 사유가 있음에도 불구하고 심판의 청구를 기각하지 아니한 경우에는 재결로써 기각하여야 한다(법 제64조).

㉠ 사건에 대하여 심판권이 없는 경우

㉡ 심판의 청구가 법령을 위반하여 제기된 경우

㉢ 제7조(일사부재리)에 따라 심판할 수 없는 경우

3. 본안의 재결 및 원심재결의 인용

① 제1심의 경우와 같이 중앙심판원은 법령 위반으로 인한 청구기각(請求棄却)의 재결, 지방심판원의 청구기각 사유로 인한 청구기각의 재결, 사건의 환송재결 등의 경우 이외에는 본안에 관하여 재결을 하여야 한다(법 제65조).

② 제2심의 재결에는 원심재결에 기재한 사실 및 증거를 인용할 수 있다(영 제69조).

4. 불이익 변경의 금지

해양사고관련자(海洋事故關聯者)인 해기사나 도선사가 제2심을 청구한 사건과 해양사고관련자인 해기사나 도선사를 위하여 제2심을 청구한 사건에 대하여는 제1심에서 재결한 징계보다 중(重)한 징계를 할 수 없다(법 제65조의 2).

제3절 이의신청

1. 이의신청 및 증거물

① 지방심판원에서 결정을 받은 자는 중앙심판원에 이의를 신청할 수 있다.

"이의신청(異議申請)"이란 원심인 지방심판원에서 결정을 받은 사람이 중앙심판원에 대하여 그것을 취소, 변경하여 줄 것을 구하는 심판상의 불복신청행위이다.

② 결정(決定)에 대한 이의신청은 제2심 재결이 있을 때까지 할 수 있다(법 제67조 제2항).

③ 이의신청이 있을 때에 지방심판원은 필요하면 원심조서, 그 밖의 관계서류 및 증거물을 중앙심판원에 보내야 한다. 중앙심판원은 지방심판원에 대하여 원심조서, 그 밖의 관계서류 및 증거물을 보내도록 요구할 수 있다(법 제69조).

2. 이의신청의 결정절차 및 원심결정의 집행정지

1) 결정에 대한 이의신청은 지방심판원을 경유하도록 되어 있으며, 지방심판원이 원심결정을 경정(更定, correction)하지 아니하는 경우에 중앙심판원이 신청에 대하여 결정을 한다.

① 이의신청은 신청서를 지방심판원에 제출하여야 한다(법 제68조 제1항).

② 지방심판원은 이의신청이 이유 있다고 인정할 때에는 원심결정을 경정할 수 있다.

③ 지방심판원은 이의신청이 전부 또는 일부가 이유 없다고 인정하면 그 신청서를 수리(受理)한 날로부터 3일 이내에 중앙심판원에 송부(送付)하여야 한다(제3항).

④ 이의신청은 원심 결정의 집행을 정지하지 아니한다. 다만, 지방심판원은 상당한 사유가 있다고 인정할 때에는 조사관의 의견을 들어 집행을 정지할 수 있다.

2) 이의신청(異議申請)이 있는 경우 상당한 이유가 있다고 인정하면 중앙심판원은 조사관의 의견을 들어 결정으로써 원심결정의 집행(執行, enforcement)을 정지할 수 있다. 이 경우에 중앙심판원은 그 결정서의 정본을 지방심판원에 보내야 한다(법 제70조).

3. 이의신청에 대한 결정 및 결정의 통지

① 중앙심판원은 조사관의 의견을 들어 이의신청에 대한 결정을 하여야 한다.

② 이의신청이 절차를 위반하였을 때 또는 그 이유가 없을 때에는 이의신청의 기각결정을 하여야 한다. 결정에는 반드시 그 이유를 붙일 필요는 없다(법 제71조).

③ 이의신청에 대한 중앙심판원의 결정은 이의신청인과 지방심판원에 알려야 한다(법 제72조).

이의신청에 대한 결정에 관하여 필요한 사항은 대통령령으로 정한다(법 제73조).

제4절 중앙심판원의 재결에 대한 소송

1. 관할과 제소기간 및 그 제한

① 중앙심판원의 재결에 대한 소송은 중앙심판원의 소재지를 관할하는 고등법원에 전속(專屬)한다(법 제74조 제1항).

② 제1항의 소송은 재결서 정본을 송달받은 날부터 30일 이내에 제기하여야 한다.

③ 제2항의 기간은 불변기간(不變期間)으로 한다.

④ 지방심판원의 재결에 대하여는 소송을 제기할 수 없다.

2. 피고 및 재판

① 소송의 피고(被告, defendant)는 중앙심판원장이 된다(법 제75조).

② 법원은 제74조(관할과 제소기간 및 그 제한)에 따라 소송이 제기된 경우 그 청구가 이유 있다고 인정하면 판결로써 재결을 취소하여야 한다(법 제77조 제1항). 중앙심판원은 제1항에 따라 재결의 취소판결이 확정되면 다시 심리를 하여 재결하여야 한다.

③ 제1항에 따른 법원의 판결에서 재결취소의 이유가 되는 판단은 그 사건에 대하여 중앙심판원을 기속(羈束, binding)한다.

④ 이 법에 따른 중앙심판원의 재결에 관한 소송에 관하여는 이 법에서 규정하는 사항 외에 「행정 소송법」을 준용한다.

제7장 재결 등의 집행

1. 재결의 집행시기 및 그 집행자

① 재결은 확정된 후에 집행한다. 즉, 지방심판원의 재결의 경우는 법규정에 의한 제2심의 청구기간이 경과하거나 기각결정서(棄却決定書) 또는 각하결정서(却下決定書)의 정본을 송달받은 때이며, 중앙심판원의 재결의 경우는 재결을 고지한 때이다(법 제78조, 영 제72조의 2).

② 중앙심판원의 재결은 중앙수석조사관이, 지방심판원의 재결은 해당 지방수석조사관이 각각 집행한다(법 제79조).

2. 징계재결의 집행

1) 면허취소의 재결의 경우

면허취소 재결이 확정되면 조사관은 해기사 면허증 또는 도선사 면허증을 회수(回收)하여 관계 해양수산관서에 보내야 한다(법 제80조).

2) 업무정지의 재결의 경우

① 업무정지 재결이 확정된 때에는 조사관이 면허증 또는 면허장을 회수하여 보관하였다가 업무정지기간이 끝난 후에 돌려주어야 한다. 다만, 제6조의 2(징계의 집행유예)에 따라 집행유예(執行猶豫, suspension of execution)재결을 받은 경우에는 회수하지 아니한다(법 제6조 제2항, 법 제81조).

② 조사관은 선원수첩의 제출을 받아 관청 기사란에 그 취지를 기재하고 반환하여야 한다(해양사고 조사사무처리규정 제38조 제2항).

3) 징계의 실효 및 징계기록 말소의 요청

① 법규정에 의하여 업무정지 또는 견책(譴責, reprimand)의 징계를 받은 해기사나 도선사가 그 징계재결의 집행이 끝난 날부터 5년 이상 무사고운항을 경우에는 그 징계는 실효(失效, invalidation)된다. 이 경우 그 징계기록의 말소절차에 관하여 필요한 사항은 해양수산부령으로 정한다(법 제81조의 2).

② 중앙심판원장은 업무정지 또는 견책의 징계를 받은 해기사 또는 도선사로서 징계의 실효가 되는 자에 대하여는 면허원부에 기재된 징계기록의 말소를 해당 면허 관청에 요청하여야 한다(규칙 제17조 제1항).

③ 징계기록의 말소요청(抹消要請)을 받은 면허관청은 면허원부에 기재된 징계기록을 말소하고, 그 자에 대한 면허원부를 새로 작성하여야 한다. 그리고 징계기록 말소 사실을 중앙심판원장에게 통보하여야 한다(규칙 제17조 제2항, 제3항).

4) 면허증의 무효선언과 고시

면허취소 또는 업무정지의 재결을 받은 사람이 조사관에게 그 해기사 면허증 또는 도선사 면허증을 제출하지 아니할 때에는 중앙수석조사관은 그 면허증의 무효(無效)를 선언하고 이를 관보(官報, official gazette)에 고시한 후 해양수산부장관에게 보고하여야 한다(법 제82조).

5) 견책재결의 집행

수석조사관은 해양사고심판의 결과 해기사 또는 도선사에 대한 견책재결(譴責裁決)이 확정된 경우에는 그 견책재결의 요지를 면허 관청에 통보하여야 하며, 면허 관청이 통보를 받은 때에는 그 사실을 면허 원부에 기재하여야 한다(규칙 제15).

6) 시정재결의 공고 및 이행 등

(1) 시정재결의 공고

중앙수석조사관은 시정·개선을 권고하거나 명하는 재결 또는 규정에 의한 시정·개선조치의 요청(이하 "시정재결 등")을 한 때에는 그 내용을 관보에 공고하고, 해양수산부장관에게 보고하여야 한다. 다만, 필요하다고 인정하는 경우에는 신문에 공고할 수 있다(법 제83조).

(2) 시정재결의 이행

① 시정 또는 개선을 명하는 재결 등을 받은 자는 그 취지에 따라 필요한 조치를 취하고, 수석조사관이 요구하면 그 조치내용을 지체없이 통보하여야 한다(법 제84조 제1항).
② 수석조사관은 위의 통보내용을 검토하여 그 조치가 부족하다고 인정할 때에는 그 이행을 요구할 수 있다(제2항).
③ 해양수산부장관은 권고의 재결을 받은 자가 어떠한 조치를 취하였는 지를 조사관으로 하여금 조사하게 할 수 있다(영 제72조).

제10편 해사안전법

[시행 2015.12.23.] [법률 제13386호, 2015.6.22., 일부 개정]

◇ 개정 이유

항만 선박교통관제는 각 지방해양수산청(舊지방해양항만청)에서, 연안 선박교통관제는 해양경찰청에서 수행하던 이원화 체제의 선박교통관제 체제가 「정부조직법」 및 이 법 개정(제36조)으로 국민안전처 소관으로 개편(2014. 11)되었는데, 여객선 세월호 침몰사고 초기관제 실패의 한 요인으로 관제구역 출입시 선박의 진입신고가 이루어지지 않은 것이 지적되면서, 관제구역 출입 선박의 출입신고 및 현재 국민안전처장관의 재량(裁量) 사항으로 되어 있는 선박교통관제 시행을 의무화하여 해상에서의 안전운항에 필요한 조치를 강화할 필요가 있었다.

또한 해상교통관제 지시를 따르지 않을 경우 선박사고의 위험이 높아지고, 사고 발생 시 수습이 지연될 뿐만 아니라 사고의 원인규명에 혼선을 초래할 수 있으므로 관제구역(管制區域)을 지나는 선박에 관제통신과의 교신(交信)을 녹음하고 이를 보존하도록 함으로써 해상교통안전에 기여할 필요가 있다.

아울러, 세월호 침몰사고로 인한 대형 인명피해의 주요 원인으로 선장이 해양경비안전서 등에 사고발생 사실을 지체없이 신고하지 못하여 신속한 구조활동이 전개될 수 없었다는 점이 지적되었는바 해양사고가 일어난 경우의 조치 등을 강화하고, 이 법의 실효성(實效性) 확보를 위해 술에 취한 상태에서 항해하는 경우 등에 대한 처벌수준 강화 등 벌칙, 과태료 규정을 재정비할 필요가 있었다(법제처).

◇ 주요 내용

① 항행안전 확보를 위한 조치명령 대상에 고속여객선을 추가하였다(제11조).

② 총리령으로 정하는 구역에 대하여 선박교통관제를 시행하도록 하고, 관제구역을 출입·통항하는 선박의 선장은 선박교통관제에 따라야 하며, 총리령으로 정하는 무선설비를 갖추고 선박교통관제사와 호출 응답용 관제통신을 항상 청취·응답하도록 하며, 선박교통관제를 시행한 기관과 총리령으로 정하는 선박은 관제통신을 녹음하여 보존하도록 하였다(제36조).

③ 선박교통관제사(船舶交通管制士)는 선박교통관제사 교육을 이수하고 평가를 통과한 사람으로 하고, 직무수행에 필요한 정기적인 교육 및 평가를 받도록 하였다(제36조의

2 신설).

④ 술에 취한 상태의 기준을 혈중 알코올농도 0.03% 이상으로 법률에 명시하고, 해양사고 발생시 운항자 또는 도선사에 대한 음주 측정을 의무화하였다(제41조).

⑤ 해양사고 발생시 해양경비안전서장은 선장 등이 신고한 조치 사실을 적절한 수단을 사용하여 확인하도록 하고, 선장 등이 조치를 취하지 아니하였거나 조치가 적절하지 않다고 인정하는 경우에는 선장 등에게 필요한 조치를 취할 것을 명하도록 하였다(제43조).

⑥ 대통령령으로 정하는 중대한 해양사고가 발생한 선박에 대하여 해양수산부령으로 정하는 정보를 공표하도록 하였다(제57조).

⑦ 술에 취한 상태에서 항해하는 경우에 대한 벌칙을 3년 이하의 징역 또는 3천 만원 이하의 벌금으로 강화하고, 선박교통관제사의 명령에 따라야 할 의무 위반, 관제통신의 녹음 · 보존 의무 위반 및 해사안전감독관의 검사를 거부 · 방해하거나 기피한 자 등에 대한 벌칙 및 과태료규정을 정비하였다(제104조, 현행 제105조 삭제, 제106조, 제107조 및 제110조). <법제처>

【제정 · 개정문】 제정 · 개정 이유 보기, 법률 제13386호

해사안전법 일부를 다음과 같이 개정(2015.6.22 개정)한다.

제11조 각 호 외의 부분 중 "위험화물운반선"을 "위험화물운반선, 고속여객선"으로 한다.

① 제36조 제1항 중 "대통령령"을 "총리령"으로, "바에 따라 선박교통관제를 시행할 수 있다"를 "구역에 대하여 해양수산부장관의 의견을 들어 선박교통관제를 시행하여야 한다"로 하고, 같은 조 제2항 및 제3항을 각각 다음과 같이 하며, 같은 조에 제4항부터 제7항까지를 각각 다음과 같이 신설한다.

② 제1항에 따라 선박교통관제를 시행하는 구역(이하 "관제구역"이라 한다)을 출입 · 통항하는 선박의 선장은 선박교통관제에 따라야 한다. 다만, 선박을 안전하게 운항할 수 없는 명백한 사유가 있는 경우에는 선박교통관제에 따르지 아니할 수 있다.

③ 선장은 선박교통관제에도 불구하고 그 선박의 안전운항에 대한 책임을 면제(免除)받지 아니한다.

④ 총리령으로 정하는 선박의 선장은 관제구역을 출입하려는 때에 해당 관제구역을 관할하는 선박교통관제관서에 신고하여야 한다.

⑤ 선박은 관제구역을 출입 · 통항하는 때에는 총리령으로 정하는 무선설비를 갖추고 제36조의 2 제1항에 따른 선박교통관제사와의 상호 호출응답용 관제통신을 항상 청취 · 응답하여야 한다.

⑥ 선박교통관제를 시행한 기관과 총리령으로 정하는 선박은 제5항에 따른 관제통신을 녹음하여 보존하여야 한다.

⑦ 제1항부터 제6항까지에서 규정한 사항 외에 선박교통관제의 시행절차와 대상선박 및

시설관리, 신고절차, 관제구역별 관제통신의 제원(諸元), 관제통신 녹음방법과 보존기간 등에 필요한 사항은 총리령으로 정한다.

- 제36조의 2를 다음과 같이 신설한다.
- 제36조의 2(선박교통관제사) ① 제36조 제1항에 따른 선박교통관제를 담당하는 자(이하 이 조에서 "선박교통관제사"라 한다)는 총리령으로 정하는 공무원 중에서 선박교통관제사 교육을 이수하고 평가를 통과한 사람으로 한다.

  ② 선박교통관제사는 다음의 업무를 수행한다.

    - 관제구역에서 운항하는 선박에 대한 관찰확인 · 안전정보제공 · 조언 및 지시
    - 기상특보의 발표나 혼잡한 교통상황의 발생을 예방하기 위한 정보의 제공
    - 그 밖에 선박교통 안전과 효율성 증진을 위하여 총리령으로 정하는 업무

  ③ 선박교통관제사는 직무수행에 필요한 정기적인 교육 및 평가를 받아야 한다.

  ④ 제1항 및 제3항에 따른 선박교통관제사의 교육 및 평가 등에 필요한 사항은 총리령으로 정한다.

    - 제41조 제2항 각 호 외의 부분에 단서를 다음과 같이 신설하고, 같은 항에 제3호를 다음과 같이 신설하며, 같은 조 제5항 중 "대통령령으로 정한다"를 "혈중 알코올농도 0.03퍼센트 이상으로 한다"로 하고, 같은 조에 제6항을 다음과 같이 신설한다.

      다만, 제3호에 해당하는 경우에는 반드시 술에 취하였는지를 측정하여야 한다.

3. 해양사고가 발생한 경우

⑥ 제1항부터 제5항까지의 규정에 따른 측정에 필요한 세부 절차 및 측정기록의 관리 등에 필요한 사항은 총리령으로 정한다.

- 제43조 제1항 및 제2항 중 "지방해양항만청장"을 각각 "지방해양수산청장"으로 하고, 같은 조 제3항 중 "제1항에 따른"을 "제1항에 따라 신고한 조치 사실을 적절한 수단을 사용하여 확인하고,"로, "명할 수 있다"를 "명하여야 한다"로 한다.
- 제46조 제2항 각호 외의 부분에 단서를 다음과 같이 신설하고, 같은 항 제1호 중 "해상여객운송사업(내항 정기여객운송사업과 내항 부정기 여객운송사업은 제외한다)에 종사하는 선박"을 "해상여객운송사업에 종사하는 선박"으로 한다.

  다만, 「해운법」 제21조에 따른 운항관리규정을 작성하여 해양수산부장관으로부터 심사를 받고 시행하는 경우에는 안전관리체제를 수립하여 시행하는 것으로 본다.

- 제57조의 제목 "(선박의 안전도에 관한 정보의 제공)"을 "(선박안전도정보의 공표)"로 하고, 같은 조 제1항 각 호 외의 부분에 단서를 다음과 같이 신설한다.

  다만, 대통령령으로 정하는 중대한 해양사고가 발생한 선박에 대하여는 사고개요, 해당 선박의 명세 및 소유자 등 해양수산부령으로 정하는 정보를 공표하여야 한다.

- 제104조(벌칙) 다음의 하나에 해당하는 자는 3년 이하의 징역 또는 3천 만원 이하의

벌금에 처한다.

- 제41조 제1항을 위반하여 술에 취한 상태에서 「선박직원법」 제2조 제1호에 따른 선박(같은 호 각 목의 어느 하나에 해당하는 외국선박을 포함한다)의 조타기를 조작하거나 그 조작을 지시한 운항자 또는 도선을 한 자
- 제41조 제2항을 위반하여 국민안전처 소속 경찰공무원의 측정 요구에 따르지 아니한 「선박직원법」 제2조 제1호에 따른 선박(같은 호 각 목의 어느 하나에 해당하는 외국선박을 포함한다)의 조타기를 조작하거나 그 조작을 지시한 운항자 또는 도선을 한 자
- 제41조의 2를 위반하여 약물 · 환각물질의 영향으로 인하여 정상적으로 「선박직원법」 제2조 제1호에 따른 선박의 조타기를 조작하거나 그 조작을 지시하는 행위 또는 도선을 하지 못할 우려가 있는 상태에서 조타기를 조작하거나 그 조작을 지시한 운항자 또는 도선을 한 자
- 제100조를 위반하여 업무를 수행하는 과정에서 알게 된 비밀을 누설한 자나 직무상 목적 외에 사용한 자

제105조를 삭제한다.

제106조에 제17호 및 제18호를 각각 다음과 같이 신설한다.

17. 「해운법」 제2조 제2호에 따른 해상여객운송사업에 종사하는 선박의 선장이나 선박소유자로서 제43조 제1항에 따른 신고를 하지 아니하였거나 또는 게을리하였거나 거짓으로 신고한 자
18. 「해운법」 제2조 제2호에 따른 해상여객운송사업에 종사하는 선박의 선장이나 선박소유자로서 제43조 제3항 · 제4항에 따른 명령을 위반한 자

① 제107조에 제2호의 2를 다음과 같이 신설하고, 같은 조 제3호를 다음과 같이 한다.
  - 2의2. 제36조 제2항 본문에 따른 선박교통관제에 정당한 사유 없이 따르지 아니한 자
  - 제106조 제18호 외의 선박의 선장이나 선박소유자로서 제43조 제3항 · 제4항에 따른 명령을 위반한 자

  제110조 제2항을 다음과 같이 하고, 같은 조 제3항 제15호를 다음과 같이 하며, 같은 항 제15호의2부터 제15호의 4까지를 각각 제15호의 4부터 제15호의 6까지로 하고, 같은 항에 제15호의 2 및 제15호의 3을 각각 다음과 같이 신설하며, 같은 항 제16호, 제20호 및 제21호를 각각 삭제하고, 같은 항에 제25호를 다음과 같이 신설하며, 같은 조 제5항 중 "지방해양항만청장"을 "지방해양수산청장"으로 한다.

② 다음 하나에 해당하는 자에게는 1천만원 이하의 과태료를 부과한다.
  - 제18조 제3항에 따른 이행명령을 위반한 자
  - 제58조 제1항에 따른 출석이나 진술을 거부하거나 검사 · 확인 · 조사 또는 점검을

거부·방해하거나 기피한 자
- 제58조 제1항에 따른 보고 또는 서류의 제출을 하지 아니하거나 거짓된 보고 또는 거짓된 서류를 제출한 자
- 제36조 제4항에 따른 신고를 하지 아니하거나 거짓으로 신고한 자
- 제36조 제5항을 위반하여 무선설비를 갖추지 아니하거나 또는 호출응답용 관제통신을 청취·응답하지 아니한 자
- 제36조 제6항을 위반하여 관제통신을 녹음하여 보존하지 아니한 선박의 선장
- 제106조 제17호 외의 선박의 선장이나 선박소유자로서 제43조제1항에 따른 신고를 하지 아니하였거나 또는 게을리하였거나 거짓으로 신고한 자

- 부 칙 -

이 법은 공포 후 6개월이 경과한 날부터 시행한다.

- 차 례 -

□ 제13조 공사 또는 작업
제3절 유조선통항금지해역의 설정 및 관리
□ 제14조 유조선의 통항제한

◆ 제4장 해상교통안전관리
제1절 해상교통안전진단
□ 제15조 해상교통안전진단
□ 제16조 안전진단서 제출이 면제되는 사업 등
□ 제17조 검토의견에 대한 이의신청
□ 제18조 처분기관의 허가 등
제18조의 2 국가기관 또는 지방자치단체의 해상교통안전진단 등
□ 제19조 해상교통안전진단의 대행
□ 제20조 안전진단대행업자의 결격사유
□ 제21조 권리와 의무의 승계
□ 제22조 사업의 휴업 또는 폐업의 신고
□ 제23조 안전진단대행업자의 등록·취소 등
□ 제24조 안전진단대행업자의 업무계속
제2절 항행장애물의 처리
□ 제25조 항행장애물의 보고 등
□ 제26조 항행장애물의 표시 등
□ 제27조 항행장애물의 위험성 결정
□ 제28조 항행장애물의 제거
□ 제29조 비용징수 등
□ 제30조 국내항의 입항·출항 등 거부
제3절 항해안전관리
□ 제31조 항로의 지정 등
□ 제32조 외국선박의 통항
□ 제33조 특정선박에 대한 안전조치
□ 제34조 항로 등의 보전
□ 제35조 수역 등 항로의 안전 확보
□ 제36조 선박교통관제의 시행 등
제36조의 2 선박교통관제사
□ 제37조 선박위치정보의 공개 제한 등
□ 제38조 선박출항통제
□ 제39조 순찰

□ 제40조 정선(停船) 등
□ 제41조 술에 취한 상태에서의 조타기 조작 등 금지
제41조의 2 약물복용 등의 상태에서 조타기 조작 등 금지
□ 제42조 해기사면허의 취소 · 정지 요청
□ 제43조 해양사고가 일어난 경우의 조치
□ 제44조 항행보조시설의 설치와 관리

◆ 제5장 선박 및 사업장의 안전관리
제1절 선박의 안전관리체제
□ 제45조 선장의 권한
□ 제46조 선박의 안전관리체제 수립 등
□ 제47조 인증검사
□ 제48조 인증검사업무의 대행 등
□ 제49조 선박안전관리증서 등의 발급 등
□ 제50조 인증심사에 대한 이의신청
□ 제51조 안전관리대행업의 등록
□ 제52조 안전관리대행업의 결격사유
□ 제53조 권리와 의무의 승계 등
□ 제54조 안전관리대행업의 등록 취소 등
제2절 선박점검 및 사업장 안전관리
□ 제55조 외국선박 통제
□ 제56조 선박점검 등
□ 제57조 선박안전도 정보의 공표
제57조의 2 해사안전 우수사업자의 지정 등
□ 제58조 지도 · 감독
□ 제59조 개선명령
□ 제60조 이의신청
□ 제61조 외국선박 통제 및 선박점검 등에 대한 수수료

◆ 제6장 선박의 항법 등
제1절 모든 시계(視界)상태에서의 항법
□ 제62조 적용
□ 제63조 경계
□ 제64조 안전한 속력
□ 제65조 충돌위험

□ 제66조 충돌을 피하기 위한 동작

□ 제67조 좁은 수로 등

□ 제68조 통항분리제도

제2절 선박이 서로 시계 안에 있는 때의 항법

□ 제69조 적용

□ 제70조 범선

□ 제71조 추월

□ 제72조 마주치는 상태

□ 제73조 횡단하는 상태

□ 제74조 피항선의 동작

□ 제75조 유지선의 동작

□ 제76조 선박사이의 책무

제3절 제한된 시계에서 선박의 항법

□ 제77조 제한된 시계에서 선박의 항법

제4절 등화와 형상물

□ 제78조 적용

□ 제79조 등화의 종류

□ 제80조 등화 및 형상물의 기준

□ 제81조 항행 중인 동력선

□ 제82조 항행 중인 예인선

□ 제83조 항행 중인 범선 등

□ 제84조 어선

□ 제85조 조종불능선과 조종제한선

□ 제86조 흘수제약선

□ 제87조 도선선

□ 제88조 정박선과 얹혀있는 선박

□ 제89조 수상항공기 및 수면비행선박

제5절 음향신호와 발광신호

□ 제90조 기적의 종류

□ 제91조 음향신호설비

□ 제92조 조종신호와 경고신호

□ 제93조 제한된 시계 안에서의 음향신호

□ 제94조 주의환기신호

□ 제95조 조난신호

제6절 특수한 상황에서 선박의 항법 등
- □ 제96조 절박한 위험에 있는 특수한 상황
- □ 제97조 등화 및 형상물의 설치와 표시에 관한 특례

◆ 제7장 보칙
- 제97조의 2 해양안전헌장
- 제97조의 3 해양안전의 날 등
- □ 제98조 청문
- □ 제99조 권한 위임 · 위탁
- □ 제100조 비밀유지
- □ 제101조 행정대집행의 적용 특례
- □ 제102조 벌칙 적용시 공무원 의제

◆ 제8장 벌칙

제1장 총 칙

제1절 목적 및 정의

1. 목 적

총칙(總則), 해사안전관리계획, 수역안전관리, 해상교통안전관리, 선박 및 사업장의 안전관리, 선박의 항법 등, 보칙 및 벌칙의 8장으로 나뉜 전문 102조와 부칙으로 구성된 해사안전법은 선박의 안전운항을 위한 안전관리체계를 확립하여 선박항행과 관련된 모든 위험과 장해를 제거함으로써 해사안전(海事安全) 증진과 선박의 원활한 교통에 이바지함을 목적으로 한다(법 제1조).

해상교통안전법에서 해사안전법으로 개정된 법은 우리 나라의 영해(領海) 안의 해역에 있어서 국적에 관계없이 해상교통의 목적에 사용하는 모든 종류의 선박에 관하여 해상교통의 질서를 유지하고, 우리 나라의 선박에 대하여는 영해 뿐만 아니라 공해(公海, high sea) 까지도 그 적용 법역을 확대시키는 데에 그 목적이 있다.

따라서 해사안전법은 그 모법인 국제해상충돌예방규칙과는 달리 해상교통질서를 유지하기 위한 교통 공법(公法, public law)으로서 강행규범이다.

2. 정 의

해사안전법에서 사용하는 용어의 정의는 다음과 같다(법 제2조).

1) “해사안전관리(海事安全管理)”란 선원・선박소유자 등 인적 요인, 선박・화물 등 물적 요인, 항행보조시설・안전제도 등 환경적 요인을 종합적・체계적으로 관리함으로써 선박의 운용과 관련된 모든 일에서 사고가 발생할 위험을 줄이는 활동을 말한다.
2) “선박(船舶, vessel)”이란 물에서 항행수단으로 사용하거나 사용할 수 있는 모든 종류의 배(물 위에서 이동할 수 있는 수상항공기와 수면 비행선박을 포함한다)를 말한다.
3) “수상항공기”란 물 위에서 이동할 수 있는 항공기를 말한다.
4) “수면비행선박(水面飛行船舶, seaplane)”이란 표면효과 작용을 이용하여 수면 가까이 비행하는 선박을 말한다.
5) “대한민국선박”이란 「선박법」 제2조 각 호에 따른 선박을 말한다.
6) “위험화물운반선”이란 선체의 한 부분인 화물창(貨物倉)이나 선체에 고정된 탱크 등에 해양수산부령으로 정하는 위험물을 싣고 운반하는 선박을 말한다.
7) “거대선”(巨大船,)이란 길이 200미터 이상의 선박을 말한다.
8) “고속여객선(高速旅客船)”이란 시속(時速) 15노트 이상으로 항행하는 여객선을 말한다.
9) “동력선”(動力船, power-driven vessel)이란 기관을 사용하여 추진하는 선박을 말한다. 다만, 돛을 설치한 선박이라도 주로 기관을 사용하여 추진하는 경우에는 동력선으로 본다.
10) “범선”(帆船)이란 돛을 사용하여 추진하는 선박을 말한다. 다만, 기관을 설치한 선박이라도 주로 돛을 사용하여 추진하는 경우에는 범선으로 본다.
11) “어로에 종사하고 있는 선박(vessel engaged in fishing)”이란 그물, 낚싯줄, 트롤망, 그 밖에 조종성능을 제한하는 어구(漁具)를 사용하여 어로(漁撈)작업을 하고 있는 선박을 말한다.
12) “조종불능선”(操縱不能船, Vessel not under command)이란 선박의 조종성능을 제한하는 고장이나 그 밖의 사유로 조종을 할 수 없게 되어 다른 선박의 진로를 피할 수 없는 선박을 말한다.
13) “조종제한선”(操縱制限船, Vessel restricted in her ability to manoeuvre)이란 다음의 작업과 그 밖에 선박의 조종성능을 제한하는 작업에 종사하고 있어 다른 선박의 진로를 피할 수 없는 선박을 말한다.
    가. 항로표지, 해저전선 또는 해저파이프라인의 부설・보수・인양작업
    나. 준설(浚渫)・측량(測量) 또는 수중작업
    다. 항행 중 보급, 사람 또는 화물의 이송작업
    라. 항공기의 발착(發着)작업
    마. 기뢰(機雷)제거작업
    바. 진로에서 벗어날 수 있는 능력에 제한을 많이 받는 예인(曳引)작업
14) “흘수제약선”(吃水制約船, vessel constrained by her draft)이란 가항수역의 수심 및 폭과 선박의 흘수와의 관계에 비추어 볼 때 그 진로에서 벗어날 수 있는 능력이 매우

제한되어 있는 동력선을 말한다.

15) "해양시설(海洋施設)"이란 자원의 탐사・개발, 해양과학조사, 선박의 계류(繫留)・수리・하역, 해상주거・관광・레저 등의 목적으로 해저(海底)에 고착된 교량(橋梁)・터널・케이블・인공섬・시설물이거나 해상부유 구조물로서 선박이 아닌 것을 말한다.

16) "해상교통안전진단(海上交通安全診斷)"이란 해상교통안전에 영향을 미치는 다음 각 목의 사업(이하 "안전진단대상사업"이라 한다)으로 발생할 수 있는 항행안전 위험 요인을 전문적으로 조사・측정하고 평가하는 것을 말한다.

가. 항로 또는 정박지의 지정・고시 또는 변경

나. 선박의 통항을 금지하거나 제한하는 수역(水域)의 설정 또는 변경

다. 수역에 설치되는 교량・터널・케이블 등 시설물의 건설・부설 또는 보수

라. 항만 또는 부두의 개발・재개발

마. 그 밖에 해상교통안전에 영향을 미치는 사업으로서 대통령령으로 정하는 사업

17) "항행장애물"(航行障碍物)이란 선박으로부터 떨어진 물건, 침몰・좌초된 선박 또는 이로부터 유실(遺失)된 물건 등 해양수산부령으로 정하는 것으로서 선박항행에 장애가 되는 물건을 말한다.

18) "통항로"(通航路, traffic lane)란 선박의 항행안전을 확보하기 위하여 한쪽 방향으로만 항행할 수 있도록 되어 있는 일정한 범위의 수역을 말한다.

19) "제한된 시계(視界)"란 안개・연기・눈・비・모래바람 및 그 밖에 이와 비슷한 사유로 시계(視界)가 제한되어 있는 상태를 말한다.

20) "항로지정제도(航路指定制度)"란 선박이 통항하는 항로, 속력 및 그 밖에 선박 운항에 관한 사항을 지정하는 제도를 말한다.

21) "선박교통관제(船舶交通管制)"란 선박교통의 안전 및 효율성을 증진하고 해양환경과 해양시설을 보호하기 위하여 선박의 위치를 탐지하고 선박과 통신할 수 있는 설비를 설치・운영함으로써 선박의 동정을 관찰하며 선박에 대하여 안전에 관한 정보를 제공하는 것을 말한다.

선박교통관제는 선박교통서비스시스템(Vessel Traffic Service System : VTS)을 통하여 이루어지며, 우리 나라 뿐만 아니라 유럽, 일본, 미국 또는 오스트레일리아 등의 중요 항에서도 해상교통의 안전을 위한 실천적 시스템을 이미 정착시켜 운영 중에 있다.

이 시스템은 오래 전 일본의 간몬 가이쿄(관문해협 關門海峽, Kanmon kaikyo)나 세토나이카이(瀨戸內海, Seto Naikai) 등과 같은 항만의 입구 부근, 연안의 교통량이 밀집하는 곳, 위험화물의 수송수역, 항해상의 위험수역, 좁은 수로 또는 해양환경의 보호수역 등에 설치하여 항행선박에게 정보를 제공하여 주며, 일본의 경우는 일본 해상보안청(Maritime Safety Agency)에서, 미국의 경우 해안경비대(U.S. Coast Guard)에서 이 업무를 관장하고 있다.

22) "항행(航行, under way) 중"이란 선박이 다음 하나에 해당하지 아니하는 상태를 말한다.

가. 정박(碇泊)

나. 항만의 안벽(岸壁) 등 계류시설에 매어 놓은 상태(계선부표나 정박하고 있는 선박에 매어 놓은 경우를 포함한다)

다. 얹혀 있는 상태

23) "길이"란 선체에 고정된 돌출물을 포함하여 선수(船首)의 끝단부터 선미(船尾)의 끝단 사이의 최대 수평거리를 말한다.

24) "폭"이란 선박 길이의 횡방향 외판의 외면으로부터 반대쪽 외판의 외면 사이의 최대 수평거리를 말한다.

25) "통항분리제도(通航分離制度, traffic separation schemes)"란 선박의 충돌을 방지하기 위하여 통항로를 설정하거나 그 밖의 적절한 방법으로 한쪽 방향으로만 항행할 수 있도록 항로를 분리하는 제도를 말한다.

26) "분리선"(分離線, separation line) 또는 "분리대"(分離帶)란 서로 다른 방향으로 진행하는 통항로(通航路, traffic lane)를 나누는 선 또는 일정한 폭의 수역을 말한다.

27) "연안통항대"(沿岸通航帶, inshore traffic zone)란 통항분리수역의 육지 쪽 경계선과 해안 사이의 수역을 말한다.

28) "예인선열"(曳引船列)이란 선박이 다른 선박을 끌거나 밀어 항행할 때의 선단(船團) 전체를 말한다.

29) "대수속력"(對水速力, making way through the water)이란 선박의 물에 대한 속력으로서 자기 선박 또는 다른 선박의 추진장치의 작용이나 그로 인한 선박의 타력(惰力)에 의하여 생기는 것을 말한다.

제2절 적용범위 및 국가 등의 책무 등

1. 적용범위

1) 이 법은 다음의 하나에 해당하는 선박과 해양시설에 대하여 적용한다(법 제3조).

① 대한민국의 영해, 내수(해상항행선박이 항행을 계속할 수 없는 하천・호수・늪 등은 제외한다. 이하 같다)에 있는 선박이나 해양시설. 다만, 대한민국선박이 아닌 선박(이하 "외국선박"이라 한다) 중 다음에 해당하는 외국선박에 대하여 제46(선박의 안관리체제 수립 등)조부터 제50조(인증심사에 대한 이의신청)까지의 규정을 적용할 때에는 대통령령으로 정하는 바에 따라 이 법의 일부를 적용한다.

가. 대한민국의 항(港)과 항 사이만을 항행하는 선박

나. 국적의 취득을 조건으로 하여 선체 용선(傭船, chartering)으로 차용한 선박

② 대한민국의 영해 및 내수를 제외한 해역에 있는 대한민국선박

③ 대한민국의 배타적경제수역에서 항행장애물을 발생시킨 선박

④ 대한민국의 배타적경제수역 또는 대륙붕에 있는 해양시설

2) 이 법 또는 이 법에 따른 명령 중 선박소유자에 관한 규정은 선박을 공유하는 경우로서 선박관리인을 임명하였을 때에는 그 선박관리인에게 적용하고, 선박을 임차(賃借)하였을 때에는 그 선박임차인에게 적용하며, 선장에 관한 규정은 선장을 대신하여 그 직무를 수행하는 자에게도 적용한다.

3) 이 법 또는 이 법에 따른 명령 중 해양시설의 소유자에 관한 규정은 해양시설을 임대차(賃貸借, lease)한 경우에는 그 임차인에게 적용한다.

2. 국가 등의 책무 및 선박·해양시설 소유자의 책무

① 국가 및 지방자치단체는 해양을 이용하거나 보존하기 위한 시책(施策)을 수립하는 경우에는 해사안전(海事安全)에 관한 사항을 고려하여야 한다(법 제4조).

② 국가는 국민의 안전한 해양이용을 촉진하기 위하여 국민에 대한 해사안전 지식·정보의 제공, 해사안전 교육 및 해사안전 문화의 홍보에 노력하여야 한다.

③ 국가는 외국 및 국제기구 등과 해사안전에 관한 기술협력, 정보교환, 공동 조사·연구를 위한 기구설치 등 효율적인 국제협력을 추진하기 위하여 노력하여야 하며, 해사안전 관련 산업의 진흥 및 국제화에 필요한 지원을 하여야 한다.

④ 선박·해양시설 소유자는 국가의 해사안전에 관한 시책에 협력하여 자기가 소유·관리하거나 운영하는 선박·해양시설로부터 해양사고 등이 발생하지 아니하도록 종사자에 대한 교육·훈련 등을 실시하고 제반 안전규정(安全規定)을 준수하여야 한다(법 제5조).

제2장 해사안전관리계획

1. 국가해사안전기본계획 및 해사안전시행계획

1) 국가해사안전기본계획

① 해양수산부장관은 해사안전 증진을 위한 국가해사안전기본계획(이하 "기본계획"이라 한다)을 5년 단위로 수립하여야 한다. 다만, 기본계획 중 항행환경개선에 관한 계획은 10년 단위로 수립할 수 있다(법 제6조 제1항). 이에 따른 기본계획의 수립 및 시행에 필요한 사항은 대통령령으로 정한다.

② 해양수산부장관은 제1항에 따른 기본계획을 수립하는 경우 관계 행정기관(行政機關)의 장과 협의하여야 한다.

2) 해사안전시행계획

① 해양수산부장관은 기본계획을 시행하기 위하여 매년 해사안전시행계획(이하 "시행계

획"이라 한다)을 수립하여야 한다(법 제7조 제1항).

② 해양수산부장관은 시행계획의 수립을 위하여 필요할 경우 관계 행정기관의 장, 「공공기관의 운영에 관한 법률」 제4조에 따른 공공기관의 장, 그 밖의 관계인에게 자료의 제출, 의견의 진술 또는 그 밖에 필요한 협력을 요청할 수 있다.

③ 제1항에 따른 시행계획에 포함할 내용과 수립 절차·방법 등에 필요한 사항은 대통령령으로 정한다.

제3장 수역 안전관리

제1절 해양시설의 보호수역 설정 및 관리

1. 보호수역의 설정 및 입역허가

① 해양수산부장관은 해양시설 부근 해역에서 선박의 안전항행과 해양시설의 보호를 위한 수역(이하 "보호수역"이라 한다)을 설정할 수 있다(법 제8조 제1항).

② 누구든지 보호수역(保護水域)에 입역(入域)하기 위하여는 해양수산부장관의 허가를 받아야 하며, 해양수산부장관은 해양시설의 안전 확보에 지장이 없다고 인정하거나 공익상 필요하다고 인정하는 경우 보호수역의 입역을 허가할 수 있다(제2항).

③ 해양수산부장관은 제2항에 따른 입역허가(入域許可)에 필요한 조건을 달 수 있다.

④ 해양수산부장관은 제2항에 따른 입역허가에 관하여 필요하면 관계 행정기관의 장과 협의하여야 한다.

⑤ 보호수역의 범위는 대통령령으로 정하고, 보호수역 입역허가 등에 필요한 사항은 해양수산부령으로 정한다.

2. 보호수역의 입역

① 제8조 제2항에도 불구하고 다음의 하나에 해당하면 해양수산부장관의 허가를 받지 아니하고 보호수역에 입역할 수 있다(법 제9조 제1항).

㉠ 선박의 고장이나 그 밖의 사유로 선박 조종이 불가능한 경우

㉡ 해양사고를 피하기 위하여 부득이한 사유가 있는 경우

㉢ 인명을 구조하거나 또는 급박한 위험이 있는 선박을 구조하는 경우

㉣ 관계 행정기관의 장이 해상에서 안전 확보를 위한 업무를 하는 경우

㉤ 해양시설을 운영하거나 관리하는 기관이 그 해양시설의 보호수역에 들어가려고 하는 경우

② 제1항에 따른 입역 등에 필요한 사항은 해양수산부령으로 정한다.

제2절 교통안전특정해역 등의 설정과 관리

1. 교통안전특정해역의 설정 등

① 해양수산부장관은 다음의 하나에 해당하는 해역(海域)으로서 대형 해양사고가 발생할 우려가 있는 해역(이하 "교통안전특정해역"이라 한다)을 설정할 수 있다(법 제10조 제1항).

㉠ 해상교통량(海上交通量)이 아주 많은 해역

㉡ 거대선, 위험화물운반선, 고속여객선 등의 통항(通航)이 잦은 해역

② 해양수산부장관은 관계 행정기관의 장의 의견을 들어 해양수산부령으로 정하는 바에 따라 교통안전특정해역 안에서의 항로지정제도를 시행할 수 있다(제2항). 교통안전특정해역의 범위는 대통령령으로 정한다.

법 제10조 제2항에 따라 교통안전특정해역(법 제10조 제1항에 따른 교통안전특정해역을 말한다. 이하 같다)에서의 항로지정제도는 다음의 구분에 따라 운영한다(규칙 제7조 제1항)

㉠ 교통안전특정해역 지정항로의 범위: 별표 2(제1호)

㉡ 교통안전특정해역 지정항로에서의 속력: 별표 3. 다만, 해양사고를 피하거나 인명이나 선박을 구조하기 위하여 부득이한 경우에는 그러하지 아니하다.

㉢ 교통안전특정해역 지정항로에서의 항법: 별표 4

③ 제1항 제1호에도 불구하고 다음의 하나에 해당하는 경우에는 별표 2에 따른 지정항로를 이용하지 아니하고 교통안전특정해역을 항행할 수 있다. 이 경우 해당 지정항로를 이용하고 있는 다른 선박의 안전한 통항을 방해하여서는 아니 된다.

- 해양경비·해양오염방제 및 항로표지의 설치 등을 위하여 긴급히 항행할 필요가 있는 경우
- 해양사고를 피하거나 인명이나 선박을 구조하기 위하여 부득이한 경우
- 교통안전특정해역과 접속된 항구에 입·출항하지 아니하는 경우

2. 거대선 등의 항행안전 확보조치

① 해양경비안전서장은 거대선, 위험화물운반선, 고속여객선, 그 밖에 해양수산부령으로 정하는 선박이 교통안전특정해역을 항행하려는 경우 항행안전을 확보하기 위하여 필요하다고 인정하면 선장이나 선박소유자에게 다음의 사항을 명할 수 있다(법 제11조),

㉠ 통항시각의 변경

㉡ 항로의 변경

㉢ 제한된 시계(視界)의 경우 선박의 항행 제한

㉣ 속력의 제한

㉤ 안내선(案內船)의 사용

㉥ 그 밖에 해양수산부령으로 정하는 사항

② 항행안전 확보조치가 필요한 선박에 있어, 법 제11조 각 호 외의 부분에서 "그 밖에 해양수산부령으로 정하는 선박"이란 다음의 하나에 해당하는 선박을 말한다(규칙 제8조)

㉠ 흘수제약선

㉡ 수면 비행선박

㉢ 선박 또는 물체를 끌거나 미는 선박 중 그 예인선열(曳引船列)의 길이가 200미터 이상인 경우에 해당하는 선박

3. 어업의 제한 등

① 교통안전특정해역(交通安全特定海域)에서 어로 작업에 종사하는 선박은 항로지정제도에 따라 그 교통안전특정해역을 항행하는 다른 선박의 통항에 지장을 주어서는 아니 된다(법 제12조 제1항).

② 교통안전특정해역에서는 어망 또는 그 밖에 선박의 통항에 영향을 주는 어구(漁具) 등을 설치하거나 양식어업을 하여서는 아니 된다(제2항)

③ 교통안전특정해역으로 정하여지기 전에 그 해역에서 면허를 받은 어업권을 행사하는 경우에는 해당 어업면허의 유효기간이 끝나는 날까지 제2항을 적용하지 아니한다.

④ 특별자치도지사 · 시장 · 군수 · 구청장(자치구의 구청장을 말한다)이 교통안전특정해역에서 어업면허를 허가(어업면허의 유효기간 연장허가를 포함한다)하려는 경우에는 미리 국민안전처장관과 협의하여야 한다.

4. 공사 또는 작업

① 교통안전특정해역에서 해저전선이나 해저파이프라인의 부설(敷設), 준설(浚渫), 측량(測量), 침몰선 인양(引揚)작업 또는 그 밖에 선박의 항행에 지장을 줄 우려가 있는 공사나 작업을 하려는 자는 국민안전처장관의 허가(許可)를 받아야 한다. 다만, 관계 법령에 따라 국가가 시행하는 항로표지 설치, 수로 측량 등 해사안전에 관한 업무의 경우에는 그러하지 아니하다(법 제13조 제1항).

② 국민안전처장관은 제1항에 따른 허가를 하면 그 사실을 해양수산부장관에게 통보하여야 하며, 해양수산부장관은 이를 고시하여야 한다.

③ 국민안전처장관은 제1항에 따라 공사 또는 작업의 허가를 받은 자가 다음의 하나에 해당하면 그 허가를 취소하거나 6개월의 범위에서 공사나 작업의 전부 또는 일부의 정지를 명할 수 있다. 다만, 제1호 또는 제4호에 해당하는 경우에는 그 허가를 취소하여야 한다.

㉠ 거짓이나 그 밖의 부정한 방법으로 제1항에 따른 허가를 받은 경우(제1호)

㉡ 공사나 작업이 부진하여 이를 계속할 능력이 없다고 인정되는 경우

㉢ 제1항에 따라 허가를 할 때 붙인 허가조건 또는 허가사항을 위반한 경우

㉣ 정지명령을 위반하여 정지기간 중에 공사 또는 작업을 계속한 경우(제4호)

④ 제1항에 따라 허가를 받은 자는 해당 허가기간이 끝나거나 허가가 취소되었을 때에는 해당 구조물을 제거하고 원래 상태로 복구하여야 한다.

⑤ 제1항에 따른 공사나 작업의 허가, 제3항에 따른 행정처분의 세부기준과 절차, 그 절차, 그 밖의 필요한 사항은 총리령으로 정한다.

제3절 유조선 통항금지해역의 설정 및 관리

1. 유조선의 통항제한

① 다음 하나에 해당하는 석유 또는 유해액체물질을 운송하는 선박(이하 "유조선"이라 한다)의 선장이나 항해당직을 수행하는 항해사는 유조선(油槽船, oil tanker)의 안전운항을 확보하고 해양사고로 인한 해양오염을 방지하기 위하여 유조선의 통항을 금지한 해역(이하 "유조선통항금지해역"이라 한다)에서 항행하여서는 아니 된다(법 제14조 제1항).

㉠ 원유, 중유, 경유 또는 이에 준하는「석유 및 석유대체연료 사업법」제2조 제2호 가목에 따른 탄화수소유, 같은 조 제10호에 따른 가짜석유제품, 같은 조 제11호에 따른 석유대체연료 중 원유·중유·경유에 준하는 것으로 해양수산부령으로 정하는 기름 1천500킬로리터 이상을 화물로 싣고 운반하는 선박

㉡「해양환경관리법」제2조 제7호에 따른 유해액체물질을 1천 500톤 이상 싣고 운반하는 선박

② 유조선 통항금지해역의 범위는 대통령령으로 정한다.

③ 유조선은 다음 하나에 해당하면 제1항에도 불구하고 유조선 통항금지해역에서 항행할 수 있다.

㉠ 기상상황의 악화로 선박의 안전에 현저한 위험이 발생할 우려가 있는 경우

㉡ 인명(人命)이나 선박을 구조하여야 하는 경우

㉢ 응급환자가 생긴 경우

㉣ 항만을 입항·출항하는 경우. 이 경우 유조선은 출입해역의 기상 및 수심, 그 밖의 해상상황 등 항행여건을 충분히 헤아려 유조선통항금지해역의 바깥쪽 해역에서부터 항구까지의 거리가 가장 가까운 항로를 이용하여 입항·출항하여야 한다.

제4장 해상교통 안전관리

제1절 해상교통 안전진단

1. 해상교통 안전진단

① 해양수산부장관은 안전진단대상사업을 하려는 자(국가기관의 장 또는 지방자치단체의 장인 경우는 제외한다. 이하 “사업자”라 한다)에게 해양수산부령으로 정하는 안전진단기준에 따른 해상교통안전진단을 실시하도록 하여야 한다(법 제15조 제1항).

② 사업자는 안전진단대상사업에 대하여 「항만법」, 「공유수면 관리 및 매립에 관한 법률」 및 「선박의 입항 및 출항 등에 관한 법률」 등 해양의 이용 또는 보존과 관련된 관계법령에 따른 허가 · 인가 · 승인 · 신고 등(이하 “허가 등”이라 한다)을 받으려는 경우 제1항에 따라 실시한 해상교통안전진단의 결과(이하 “안전진단서”라 한다)를 허가 등의 권한을 가진 행정기관(이하 “처분기관”이라 한다)의 장에게 제출하여야 한다(제2항).

③ 제1항 및 제2항에 따라 해상교통안전진단을 실시하고 안전진단서를 제출하여야 하는 안전진단대상사업의 범위는 대통령령으로 정한다.

④ 제2항에 따라 안전진단서를 제출받은 처분기관은 허가 등을 하기 전에 사업자로부터 이를 제출받은 날부터 10일 이내에 해양수산부장관에게 제출하여야 한다.

⑤ 해양수산부장관은 처분기관으로부터 안전진단서(安全診斷書)를 제출받은 날부터 45일 이내에 안전진단서를 검토한 후 해양수산부령으로 정하는 바에 따라 그 의견(이하 “검토의견”이라 한다)을 처분기관에 통보하여야 한다. 이 경우 안전진단서의 서류를 보완하거나 관계 기관과의 협의에 걸리는 기간은 통보기간에 산입하지 아니한다(제5항).

⑥ 처분기관은 해양수산부장관으로부터 검토의견을 통보받은 날부터 10일 이내에 이를 사업자에게 통보하여야 한다.

⑦ 제1항부터 제5항까지에서 규정한 사항 외에 안전진단서의 작성, 제출시기, 검토, 공개 및 진단기술인력에 대한 교육 등 해상교통안전진단에 필요한 사항은 해양수산부령으로 정한다

2. 안전진단서 제출이 면제되는 사업 등

① 사업자는 제15조(해상교통안전진단) 제2항에도 불구하고 안전진단대상사업이 다음 하나에 해당하여 안전진단서 제출이 필요하지 아니하다고 판단하는 경우 해양수산부령으로 정하는 바에 따라 해당 사업의 목적, 내용, 안전진단서 제출이 필요하지 아니한 사유 등이 포함된 의견서를 해양수산부장관에게 제출하여야 한다(법 제16조 제1항).

㉠ 선박통항안전, 재난대비 또는 복구를 위하여 긴급히 시행하여야 하는 사업

㉡ 그 밖에 선박의 통항에 미치는 영향이 적은 사업으로 해양수산부장관이 정하여

고시하는 사업

② 제1항에 따라 의견서를 제출받은 해양수산부장관은 해양수산부령으로 정하는 바에 따라 의견서를 검토한 후 의견서를 제출받은 날부터 30일 이내에 안전진단서 제출 필요성 여부를 결정하여 그 결과를 통보하여야 한다. 이 경우 의견서의 서류를 보완하는 데 걸리는 기간은 통보기간에 산입하지 아니한다(제2항).

③ 해양수산부장관이 제2항에 따라 사업자에게 안전진단서를 제출하라고 통보한 경우 사업자는 해양수산부장관에게 안전진단서를 제출하여야 한다.

④ 해양수산부장관은 사업자로부터 안전진단서를 제출받은 날부터 45일 이내에 안전진단서를 검토한 후 검토의견을 사업자에게 통보하여야 한다. 이 경우 안전진단서의 서류를 보완하거나 관계 기관과의 협의에 걸리는 기간은 통보기간에 산입하지 아니한다.

3. 검토의견에 대한 이의신청

① 검토의견에 이의가 있는 사업자는 처분기관을 경유하여 해양수산부장관에게 이의신청(異議申請)을 할 수 있다. 이 경우 사업자는 검토의견을 통보받은 날부터 30일 이내에 처분기관에 이의신청서를 제출하여야 한다. 다만, 천재지변 등 부득이한 사정이 있을 때에는 그 기간을 제출기간에 산입하지 아니한다(법 제17조 제1항).

② 해양수산부장관은 제1항에 따른 이의신청 내용의 타당성을 검토하여 그 결과(이하 "검토결과"라 한다)를 해양수산부령으로 정하는 바에 따라 20일 이내에 처분기관을 거쳐 이의신청을 한 자에게 통보하여야 한다. 다만, 천재지변 등 부득이한 사정이 있을 때에는 10일의 범위에서 통보기간을 연장할 수 있다.

③ 제1항에 따른 이의신청의 방법, 절차 등에 필요한 사항은 해양수산부령으로 정한다.

4. 처분기관의 허가 등

① 처분기관은 이의신청이 없는 검토의견 또는 검토결과를 반영하여 허가 등을 하여야 하며, 허가 등을 하였을 때에는 해양수산부장관에게 통보하여야 한다(법 제18조 제1항).

② 처분기관은 이의신청이 없는 검토의견 또는 검토결과대로 사업자가 사업을 시행하는지를 확인하여야 하며, 이를 위하여 사업자에게 이행에 관련된 자료의 제출을 요구하거나 현장조사를 실시할 수 있다.

③ 처분기관은 사업자가 이의신청이 없는 검토의견 또는 검토결과대로 이행하지 아니한 사실이 확인된 경우에는 서면으로 이행 시한을 명시하여 이행할 것을 명하여야 한다.

④ 처분기관은 사업자가 제3항에 따른 명령을 이행하지 아니하여 해상교통안전에 중대한 영향을 미칠 것으로 판단될 경우에는 그 사업의 전부 또는 일부에 대하여 사업중지명령을 하여야 한다.

⑤ 해양수산부장관은 처분기관이 제15조 제2항부터 제5항까지의 규정에 따른 절차를 거치지 아니하고 허가 등을 하였을 때에는 그 허가 등의 취소, 사업의 중지, 인공구조물

의 철거, 운영정지 및 원상회복 등 필요한 조치를 취할 것을 그 처분기관에 요청할 수 있다. 이 경우 그 처분기관은 특별한 사유가 없으면 그 요청에 따라야 한다.

5. 국가기관 또는 지방자치단체의 해상교통안전진단 등

① 제15조에도 불구하고 국가기관의 장 또는 지방자치단체의 장은 안전진단대상사업을 시행하려는 경우에는 해양수산부장관에게 안전진단서를 제출하고 협의를 요청하여야 한다(법 제18조의 2 제1항).

② 제1항에 따라 협의를 요청받은 해양수산부장관은 협의를 요청받은 날부터 45일 이내에 안전진단서를 검토한 후 그 검토의견을 협의를 요청한 국가기관의 장 또는 지방자치단체의 장에게 통보하여야 한다(제2항).

③ 제2항에 따른 검토의견에 이의가 있는 국가기관의 장 또는 지방자치단체의 장은 검토의견을 통보받은 날부터 30일 이내에 이의의 내용·사유 등을 적어 해양수산부장관에게 재협의를 요청할 수 있다. 다만, 천재지변 등 부득이한 사정이 있을 때에는 그 기간을 재협의 요청기간에 산입하지 아니한다(제3항).

④ 해양수산부장관은 제3항에 따른 재협의 요청을 받은 경우 그 타당성을 검토한 후 그 검토결과를 재협의를 요청받은 날부터 20일 이내에 재협의를 요청한 국가기관의 장 또는 지방자치단체의 장에게 통보하여야 한다. 다만, 천재지변 등 부득이한 사정이 있을 때에는 10일 이내의 범위에서 통보기간을 연장할 수 있다(제4항).

⑤ 국가기관의 장 또는 지방자치단체의 장은 해양수산부장관의 검토의견 또는 검토결과에 따라 안전진단대상사업을 시행하여야 한다(제5항).

⑥ 제1항부터 제5항까지에서 규정한 사항 외에 국가기관의 장 또는 지방자치단체의 장의 안전진단서 제출, 협의·재협의 요청의 방법, 절차 등에 필요한 사항은 대통령령으로 정한다.

⑦ 해양수산부장관은 국가기관의 장 또는 지방자치단체의 장이 제1항부터 제4항까지의 규정에 따른 절차를 거치지 아니하거나 제5항에 따른 해양수산부장관의 검토의견 또는 검토결과에 따르지 아니하고 안전진단대상사업을 시행하는 경우에는 사업계획의 취소, 사업의 중지, 인공구조물의 철거, 운영정지 및 원상회복 등 필요한 조치를 할 것을 해당 국가기관의 장 또는 지방자치단체의 장에게 요청할 수 있다. 이 경우 국가기관의 장 또는 지방자치단체의 장은 특별한 사유가 없으면 해양수산부장관의 요청에 따라야 한다.

⑧ 제1항에도 불구하고 국가기관의 장 또는 지방자치단체의 장은 시행하려는 안전진단대상사업이 제16조(안전진단서 제출이 면제되는 사업 등) 제1항 각 호의 어느 하나에 해당하여 안전진단서 제출이 필요하지 아니하다고 판단하는 경우 해당 사업의 목적, 내용, 안전진단서 제출이 필요하지 아니한 사유 등이 포함된 의견서를 해양수산부장관에게 제출하고 협의하여야 한다(제8항).

⑨ 제8항에서 규정한 사항 외에 의견서의 작성, 검토 및 검토결과의 통보 등에 필요한 사항은 대통령령으로 정한다.

6. 해상교통안전진단의 대행 및 권리와 의무의 승계

1) 해상교통안전진단의 대행

① 제15조(해상교통안전진단) 제1항에 따른 사업자나 제18조의 2 제1항에 따라 해양수산부장관에게 협의(協議)를 요청하여야 하는 국가기관의 장 또는 지방자치단체의 장은 제2항에 따라 등록한 안전진단대행업자로 하여금 해상교통안전진단을 대행(代行)하게 할 수 있다(법 제19조 제1항).

② 해상교통안전진단을 대행하려는 자(이하 "안전진단대행업자"라 한다)는 해양수산부령으로 정하는 기술인력·장비 등 자격을 갖추어 해양수산부장관에게 등록하여야 한다. 등록한 사항 중 해양수산부령으로 정하는 사항을 변경하려는 경우에도 또한 같다(제2항).

③ 제2항에서 규정한 사항 외에 등록절차 및 등록증의 발급 등에 필요한 사항은 해양수산부령으로 정한다.

2) 권리와 의무의 승계

① 제19조(해상교통안전진단의 대행)에 따른 안전진단대행업자로 등록한 자가 그 영업을 양도(讓渡, tranfer)하거나 법인이 합병(合倂, consoladation)한 경우에는 그 양수인 또는 합병 후에 존속하는 법인이나 합병으로 설립되는 법인은 그 등록에 따른 권리와 의무를 승계한다(법 제21조 제1항).

② 제1항에 따라 권리와 의무를 승계한 자는 승계한 날부터 30일 이내에 해양수산부령으로 정하는 바에 따라 해양수산부장관에게 신고하여야 한다.

③ 제1항에 따라 안전진단대행업을 승계한 자에 관하여는 제20조(안전진단대행업자의 결격사유)를 준용한다

7. 안전진단 대행업자의 결격사유 및 사업의 휴업 또는 폐업의 신고

1) 다음의 자는 안전진단대행업자로 등록할 수 없다(법 제20조).

㉠ 피성년후견인·피한정후견인 또는 미성년자

㉡ 이 법을 위반하거나 「형법」 제186조에 따른 등대·표지 손괴 또는 선박의 교통을 방해함으로써 금고 이상의 실형을 선고받고 그 집행이 끝나거나(집행이 끝난 것으로 보는 경우를 포함한다) 집행이 면제된 날부터 2년이 지나지 아니한 자

㉢ 이 법을 위반하거나 「형법」 제186조에 따른 등대·표지 손괴 또는 선박의 교통을 방해함으로써 금고 이상의 형의 집행유예를 선고받고 그 유예기간 중에 있는 자

㉣ 제23조(안전진단 대행업자의 등록 취소 등)에 따라 등록이 취소된 날부터 2년이 지나

지 아니한 자

2) 사업의 휴업 또는 폐업의 신고

안전진단대행업자로 등록한 자는 그 사업을 휴업(休業)하거나 폐업(閉業)하려면 해양수산부령으로 정하는 바에 따라 해양수산부장관에게 신고하여야 한다(법 제22조).

8. 안전진단대행업자의 등록 취소 등

① 해양수산부장관은 안전진단대행업자가 다음 하나에 해당하면 그 등록을 취소하거나 6개월 이내의 기간을 정하여 영업의 정지를 명할 수 있다. 다만, 제1호부터 제3호까지, 제11호 또는 제12호에 해당하면 그 등록을 취소하여야 한다(법 제23조 제1항).

- 제15조 제1항에 따른 안전진단기준을 따르지 아니하거나, 해상교통안전진단업무를 수행하지 아니하고 거짓으로 안전진단서를 작성한 경우(제1호)
- 거짓이나 그 밖의 부정한 방법으로 등록하거나 변경등록을 한 경우
- 제19조 제2항 전단에 따른 해양수산부령으로 정한 자격을 갖추지 못하게 된 경우(제3호)
- 제19조 제2항 후단에 따른 변경등록을 하지 아니한 경우
- 법인의 대표자가 제20조 각 호의 어느 하나에 해당하게 된 경우. 다만, 법인의 대표자가 제20조 각 호의 어느 하나에 해당하게 된 날부터 6개월이 되는 날까지 시정한 경우에는 그 등록을 취소하지 아니한다.
- 제21조 제2항을 위반하여 권리・의무에 대한 승계신고를 하지 아니한 경우
- 제22조를 위반하여 사업의 휴업 또는 폐업 신고를 하지 아니한 경우
- 제58조 제1항 제1호에 따른 출석 또는 진술을 거부・방해하거나 기피한 경우
- 제58조 제1항 제2호에 따른 출입・검사・확인・조사 또는 점검을 거부・방해하거나 기피한 경우
- 제58조 제1항 제3호에 따른 서류제출 또는 보고를 하지 아니하거나 거짓으로 서류제출 또는 보고를 한 경우
- 영업정지 명령을 위반하여 정지기간 중에 해상교통안전진단 대행 업무를 계속한 경우(제11호)
- 다른 안전진단대행업자로 하여금 해상교통안전진단을 하게 한 경우(제12호)

② 제1항에 따른 처분의 세부기준과 절차, 그 밖에 필요한 사항은 해양수산부령으로 정한다.

9. 안전진단대행업자의 업무계속

① 안전진단대행업자는 제23조에 따른 등록취소 또는 영업정지 처분에도 불구하고 그 처분 전에 체결한 해상교통안전진단 대행 업무를 계속하여 수행할 수 있다. 다만, 제23조 제1항 제1호부터 제3호까지, 제11호 또는 제12호에 따라 등록취소의 처분을 받은 경우에는 그러하지 아니하다(법 제24조 제1항).

② 제1항에 따라 해상교통안전진단 대행 업무를 계속 수행할 수 있는 자는 그 업무를 끝낼 때까지 이 법에 따른 안전진단대행업자로 본다.

③ 제23조 제1항에 따라 등록취소 또는 영업정지의 처분을 받은 안전진단대행업자는 그 사실을 등록취소 또는 영업정지 처분을 받은 날부터 10일 이내에 해상교통안전진단을 의뢰한 자에게 통지하여야 한다.

④ 해상교통안전진단을 의뢰한 자는 특별한 사유가 있는 경우를 제외하고는 그 안전진단대행업자로부터 제3항에 따른 통지를 받거나 등록취소 또는 영업정지의 처분이 있었던 사실을 안 날부터 30일 이내에만 그 해상교통안전진단의 대행에 관한 계약(契約)을 해지할 수 있다.

제2절　항행장애물의 처리

1. 항행장애물의 보고 등 및 항행장애물의 표시 등

1) 항행장애물의 보고 등

① 다음 하나에 해당하는 항행장애물을 발생시킨 선박의 선장, 선박소유자 또는 선박운항자(이하 "항행장애물제거책임자"라 한다)는 해양수산부령으로 정하는 바에 따라 해양수산부장관에게 지체 없이 그 항행장애물의 위치와 제27조에 따른 위험성 등을 보고하여야 한다(법 제25조 제1항).

ⓐ 떠다니거나 침몰하여 다른 선박의 안전운항 및 해상교통질서에 지장을 주는 항행장애물

ⓑ 「항만법」 제2조 제1호에 따른 항만의 수역, 「어촌・어항법」 제2조 제3호에 따른 어항의 수역, 「하천법」 제2조 제1호에 따른 하천의 수역(이하 "수역 등"이라 한다)에 있는 시설 및 다른 선박 등과 접촉할 위험이 있는 항행장애물

② 대한민국선박이 외국의 배타적경제수역(排他的經濟水域, exclusive economic zone)에서 항행장애물을 발생시켰을 경우 항행장애물 제거책임자는 그 해역을 관할하는 외국정부에 지체 없이 보고하여야 한다.

③ 제1항의 보고를 받은 해양수산부장관은 항행장애물 주변을 항행하는 선박과 인접 국가의 정부에 항행 장애물의 위치와 내용 등을 알려야 한다.

2) 항행 장애물의 표시 등

① 항행 장애물 제거책임자는 항행장애물이 다른 선박의 항행안전을 저해할 우려가 있는 경우에는 지체 없이 항행 장애물에 위험성을 나타내는 표시를 하거나 다른 선박에게 알리기 위한 조치를 하여야 한다. 다만, 항행 장애물 중 침몰·좌초된 선박에 대하여는「항로표지법」 제8조 제1항에 따라 조치하여야 한다(법 제26조).

② 해양수산부장관은 항행 장애물 제거책임자가 제1항에 따른 표시나 조치를 하지 아니하는 경우 항행 장애물 제거책임자에게 그 표시나 조치를 하도록 명할 수 있다.

③ 항행 장애물 제거책임자가 제2항에 따른 명령을 이행하지 아니하거나 시급히 표시하지 아니하면 선박의 항행안전에 위해(危害)를 미칠 우려가 큰 경우 해양수산부장관은 직접 항행 장애물에 표시할 수 있다.

2. 항행 장애물의 위험성 결정 및 그 제거

1) 항행 장애물의 위험성 결정

① 해양수산부장관은 항행 장애물(障碍物)이 선박의 항행안전이나 해양환경에 중대한 영향을 끼치는지를 고려하여 항행 장애물의 위험성을 결정하여야 한다(법 제27조 제1항).

② 항행 장애물의 위험성 결정에 필요한 사항은 해양수산부령으로 정한다.

2) 항행장애물의 제거

① 항행 장애물 제거책임자는 항행장애물을 제거하여야 한다(법 제28조 제1항).

② 항행 장애물 제거책임자가 제1항에 따라 항행장애물을 제거하지 아니하는 때에는 해양수산부장관은 그 항행 장애물 제거책임자에게 항행장애물을 제거하도록 명할 수 있다.

③ 항행 장애물 제거책임자가 제2항에 따른 명령을 이행하지 아니하거나 항행장애물이 제27조에 따라 위험성이 있다고 결정된 경우 해양수산부장관이 직접 항행장애물을 제거할 수 있다(제3항).

④ 제1항부터 제3항까지에서 규정한 사항 외에 항행장애물 제거에 필요한 사항은 해양수산부령으로 정한다.

3. 비용징수 등 및 국내항의 입항·출항 등 거부

1) 비용징수 등

① 해양수산부장관은 제26조 제3항 및 제28조 제3항에 따른 항행 장애물의 표시·제거에 드는 비용의 징수에 대비하여 필요한 경우에는 선박소유자에게 비용 지불을 보증하는 서류의 제출을 요구할 수 있다(법 제29조).

② 제26조(항행 장애물의 표시 등) 제3항 및 제28조(항행 장애물 제거) 제3항에 따른 항행

장애물의 표시·제거에 쓰인 비용은 항행 장애물 제거책임자의 부담으로 하되, 항행 장애물 제거책임자를 알 수 없는 경우에는 대통령령으로 정하는 바에 따라 그 항행 장애물 또는 항행 장애물을 발생시킨 선박을 처분하여 비용에 충당할 수 있다.

2) 국내항의 입항·출항 등 거부

해양수산부장관은 제29조(비용징수 등) 제1항의 요구에 응하지 아니하는 선박에 대하여는 국내항의 입항·출항을 거부하거나 국내 계류시설(繫留施設)의 사용을 허가하지 아니할 수 있다(법 제30조).

제3절 항해 안전관리

1. 항로의 지정 등과 외국선박의 통항

1) 항로의 지정 등

① 해양수산부장관은 선박이 통항하는 수역의 지형(地形)·조류(潮流), 그 밖에 자연적 조건 또는 선박 교통량 등으로 해양사고가 일어날 우려가 있다고 인정하면 관계 행정기관의 장의 의견을 들어 그 수역의 범위, 선박의 항로 및 속력 등 선박의 항행안전에 필요한 사항을 해양수산부령으로 정하는 바에 따라 고시할 수 있다(법 제31조).
② 해양수산부장관은 태풍 등 악천후를 피하려는 선박이나 해양사고 등으로 자유롭게 조종되지 아니하는 선박을 위한 수역 등을 지정·운영할 수 있다.

2) 외국선박의 통항

① 외국선박은 해양수산부장관의 허가를 받지 아니하고는 대한민국의 내수에서 통항(通航)할 수 없다(법 제32조 제1항).
② 제1항에도 불구하고 「영해 및 접속수역법」 제2조 제2항에 따른 직선기선에 따라 내수에 포함된 해역에서는 정박(碇泊)·정류(停留)·계류(繫留) 또는 배회(徘徊)함이 없이 계속적이고 신속하게 통항할 수 있다. 다만, 다음의 경우에는 그러하지 아니하다.
   ㉠ 불가항력이나 조난으로 인하여 필요한 경우
   ㉡ 위험하거나 조난상태에 있는 인명·선박·항공기를 구조하기 위한 경우
   ㉢ 그 밖에 대한민국 항만에의 입항 등 해양수산부령으로 정하는 경우
③ 제1항에 따른 허가에 필요한 서류의 제출 등 관련 조치에 관하여 필요한 사항은 해양수산부령으로 정한다.

2. 특정선박에 대한 안전조치 및 항로 등의 보전

1) 특정선박에 대한 안전조치

① 대한민국의 영해 또는 내수를 통항하는 외국선박 중 다음의 선박(이하 "특정선박"이라 한다)은 「해상에서의 인명안전을 위한 국제협약」 등 관련 국제협약에서 정하는 문서를 휴대하거나 해양수산부령으로 정하는 특별예방조치를 준수하여야 한다(법 제33조)

㉠ 핵추진선박

㉡ 핵물질 등 위험화물운반선

② 해양수산부장관은 특정선박에 의한 해양오염 방지, 경감 및 통제를 위하여 필요하면 통항로를 지정하는 등 안전조치를 명할 수 있다.

2) 항로 등의 보전

① 누구든지 항로에서 다음 하나에 해당하는 행위를 하여서는 아니 된다(법 34조).

㉠ 선박의 방치(放置)

㉡ 어망(漁網) 등 어구의 설치나 투기(投棄)

② 해양경비안전서장은 제1항을 위반한 자에게 방치된 선박의 이동·인양 또는 어망 등 어구의 제거를 명할 수 있다.

③ 누구든지 「항만법」 제2조 제1호에 따른 항만의 수역 또는 「어촌·어항법」 제2조 제3호에 따른 어항의 수역 중 대통령령으로 정하는 수역에서는 해상교통의 안전에 장애가 되는 스킨다이빙, 스쿠버다이빙, 윈드서핑 등 대통령령으로 정하는 행위를 하여서는 아니 된다. 다만, 해상교통안전에 장애가 되지 아니한다고 인정되어 해양경비안전서장의 허가를 받은 경우와 「체육시설의 설치·이용에 관한 법률」 제20조에 따라 신고한 체육시설업과 관련된 해상에서 행위를 하는 경우에는 그러하지 아니하다(제3항).

④ 해양경비안전서장은 제3항에 따라 허가를 받은 사람이 다음의 하나에 해당하면 그 허가를 취소하거나 해상교통안전에 장애가 되지 아니하도록 시정할 것을 명할 수 있다. 다만, 제3호에 해당하는 경우에는 그 허가를 취소하여야 한다.

㉠ 항로나 정박지 등 해상교통 여건이 달라진 경우

㉡ 허가 조건을 위반한 경우

㉢ 거짓이나 그 밖의 부정한 방법으로 허가를 받은 경우

⑤ 제3항에 따른 허가에 필요한 사항은 대통령령으로 정한다.

3. 수역 등 항로의 안전 확보

① 누구든지 수역 등 또는 수역 등의 밖으로부터 10킬로미터 이내의 수역에서 선박 등을 이용하여 수역 등이나 항로(航路, fairway)를 점거하거나 차단하는 행위를 함으로써 선박 통항(通航)을 방해하여서는 아니 된다(법 제35조 제1항).

② 해양경비안전서장은 제1항을 위반하여 선박 통항을 방해한 자 또는 방해할 우려가 있는 자에게 일정한 시간 내에 스스로 해산(解散)할 것을 요청하고, 이에 따르지 아니하면 해산을 명할 수 있다(제2항).
③ 제2항에 따른 해산명령을 받은 자는 지체 없이 물러가야 한다.

4. 선박교통관제의 시행 등과 선박교통관제사

1) 선박교통관제의 시행 등

① 국민안전처장관은 선박교통의 안전을 도모하기 위하여 총리령으로 정하는 구역에 대하여 해양수산부장관의 의견을 들어 선박교통관제를 시행하여야 한다(법 제36조 제1항).
② 제1항에 따라 선박교통관제를 시행하는 구역(이하 “관제구역”이라 한다)을 출입・통항하는 선박의 선장은 선박교통관제에 따라야 한다. 다만, 선박을 안전하게 운항할 수 없는 명백한 사유가 있는 경우에는 선박교통관제에 따르지 아니할 수 있다.
③ 선장은 선박교통관제에도 불구하고 그 선박의 안전운항에 대한 책임을 면제받지 아니한다.
④ 총리령으로 정하는 선박의 선장은 관제구역을 출입하려는 때에 해당 관제구역을 관할하는 선박교통관제관서에 신고하여야 한다.
⑤ 선박은 관제구역을 출입・통항하는 때에는 총리령으로 정하는 무선설비를 갖추고 제36조의 2 제1항에 따른 선박교통관제사와의 상호 호출응답용 관제통신을 항상 청취・응답하여야 한다.
⑥ 선박교통관제를 시행한 기관과 총리령으로 정하는 선박은 제5항에 따른 관제통신을 녹음하여 보존하여야 한다(제6항).
⑦ 제1항부터 제6항까지에서 규정한 사항 외에 선박교통관제의 시행절차와 대상선박 및 시설관리, 신고절차, 관제구역별 관제통신의 제원(諸元), 관제통신 녹음방법과 보존기간 등에 필요한 사항은 총리령으로 정한다

2) 선박교통관제사

① 제36조(선박교통관제의 시행 등) 제1항에 따른 선박교통관제를 담당하는 자(이하 이 조에서 “선박교통관제사”라 한다)는 총리령으로 정하는 공무원 중에서 선박교통관제사 교육을 이수하고 평가를 통과한 사람으로 한다(법 제36조의 2 제1항).
② 선박교통관제사는 다음의 업무를 수행한다.
　㉠ 관제구역에서 운항하는 선박에 대한 관찰확인・안전정보제공・조언 및 지시
　㉡ 기상특보의 발표나 혼잡한 교통상황의 발생을 예방하기 위한 정보의 제공
　㉢ 그 밖에 선박교통 안전과 효율성 증진을 위하여 총리령으로 정하는 업무
③ 선박교통관제사는 직무수행에 필요한 정기적인 교육 및 평가를 받아야 한다(제3항).

④ 제1항 및 제3항에 따른 선박교통관제사의 교육 및 평가 등에 필요한 사항은 총리령으로 정한다.

5. 선박위치정보의 공개 제한 등

① 항해자료기록장치 등 해양수산부령으로 정하는 전자적 수단으로 선박의 항적(航跡) 등을 기록한 정보(이하 “선박위치정보”라 한다)를 보유한 자는 다음의 경우를 제외하고는 선박위치정보를 공개하여서는 아니 된다(법 제37조).
  ㉠ 선박위치정보의 보유권자가 그 보유 목적에 따라 사용하려는 경우
  ㉡ 「해양사고의 조사 및 심판에 관한 법률」 제16조에 따른 조사관 등이 해양사고의 원인을 조사하기 위하여 요청하는 경우
  ㉢ 「재난 및 안전관리 기본법」 제3조 제7호에 따른 긴급구조기관이 급박한 위험에 처한 선박 또는 승선자(乘船者)를 구조하기 위하여 요청하는 경우
  ㉣ 6개월 이상의 기간이 지난 선박위치정보로서 해양수산부령으로 정하는 경우
② 직무상 선박위치정보를 알게 된 선박소유자, 선장 및 해원(海員) 등은 선박위치정보를 누설(漏泄)·변조(變造)·훼손(毁損)하여서는 아니 된다.

6. 선박 출항통제, 순찰 및 정선 등

① 해양수산부장관은 해상에 대하여 기상특보가 발표되거나 제한된 시계 등으로 선박의 안전운항에 지장을 줄 우려가 있다고 판단할 경우에는 선박소유자나 선장에게 선박의 출항통제를 명할 수 있다(법 제38조 제1항).
② 제1항에 따른 출항통제의 기준·방법 및 절차 등에 필요한 사항은 해양수산부령으로 정한다.
③ 해양경비안전서장은 선박 통항의 안전과 질서를 유지하기 위하여 소속 경찰공무원에게 수역 등·항로 또는 보호수역을 순찰(巡察)하게 하여야 한다(법 제39조).
④ 해양경비안전서장은 이 법 또는 이 법에 따른 명령을 위반하였거나 위반한 혐의가 있는 사람이 승선하고 있는 선박에 대하여 정선(停船)하거나 회항(回航)할 것을 명할 수 있다(법 제40조 제1항).
⑤ 제1항에 따른 정선명령이나 회항명령은 대통령령으로 정하는 방법으로 그 선박에서 항해당직을 수행하고 있는 사람에게 알려야 한다.

7. 술에 취한 상태에서의 조타기 조작 등 금지

① 술에 취한 상태에 있는 사람은 운항을 하기 위하여 「선박직원법」 제2조 제1호에 따른 선박[총톤수 5톤 미만의 선박과 같은 호 나목 및 다목에 해당하는 외국선박을 포함하고, 시운전(試運轉, sea trial)선박 〈국내 조선소에서 건조 또는 개조하여 진수(進水, launching) 후 인도(引渡) 전까지 시운전하는 선박을 말한다〉 및 이동식 시추선·수상

호텔 등 「선박안전법」 제2조 제1호에 따라 해양수산부령으로 정하는 부유식 해상구조물은 제외한다. 이하 이 조 및 제41조의 2에서 같다]에 따른 선박의 조타기(操舵機, steering gear)를 조작하거나 조작할 것을 지시하는 행위 또는 「도선법」 제2조 제1호에 따른 도선(이하 "도선"이라 한다)을 하여서는 아니 된다(법 제41조 제1항).

② 국민안전처 소속 경찰공무원은 다음 하나에 해당하는 경우에는 운항을 하기 위하여 조타기를 조작하거나 조작할 것을 지시하는 사람(이하 "운항자"라 한다) 또는 제1항에 따른 도선을 하는 사람(이하 "도선사"라 한다)이 술에 취하였는지 측정할 수 있으며, 해당 운항자 또는 도선사는 국민안전처 소속 경찰공무원의 측정 요구에 따라야 한다. 다만, 제3호에 해당하는 경우에는 반드시 술에 취하였는지를 측정하여야 한다(제2항).
   ㉠ 다른 선박의 안전운항을 해치거나 해칠 우려가 있는 등 해상교통의 안전과 위험방지를 위하여 필요하다고 인정되는 경우
   ㉡ 제1항을 위반하여 술에 취한 상태에서 조타기를 조작하거나 조작할 것을 지시하였거나 도선을 하였다고 인정할 만한 충분한 이유가 있는 경우
   ㉢ 해양사고가 발생한 경우

③ 제2항에 따라 술에 취하였는지를 측정한 결과에 불복하는 사람에 대하여는 해당 운항자 또는 도선사의 동의를 받아 혈액채취(血液採取) 등의 방법으로 다시 측정할 수 있다.

④ 해양경비안전서장은 운항자 또는 도선사가 제1항을 위반한 경우에는 그 운항자가 정상적으로 조타기를 조작하거나 조작할 것을 지시할 수 있는 상태가 될 때까지 조타기 조작 또는 조작 지시를 못하게 명령하거나 도선을 하지 못하게 명령하는 등 필요한 조치를 취할 수 있다.

⑤ 제1항에 따른 술에 취한 상태의 기준은 혈중 알코올농도 0.03% 이상으로 한다(제5항).

⑥ 제1항부터 제5항까지의 규정에 따른 측정에 필요한 세부 절차 및 측정기록의 관리 등에 필요한 사항은 총리령으로 정한다

8. 약물복용 등의 상태에서 조타기 조작 등 금지

약물(「마약류 관리에 관한 법률」 제2조 제1호에 따른 마약류를 말한다. 이하 같다)·환각물질(「화학물질관리법」제22조 제1항에 따른 환각물질을 말한다. 이하 같다)의 영향으로 인하여 정상적으로 다음의 행위를 하지 못할 우려가 있는 상태에서는 해당 행위를 하여서는 아니 된다(법 제41조의 2).

① 「선박직원법」 제2조 제1호에 따른 선박의 조타기를 조작하거나 조작할 것을 지시하는 행위

② 「선박직원법」 제2조 제1호에 따른 선박의 도선(導船)

9. 해기사 면허의 취소·정지 요청

국민안전처장관은 「선박직원법」 제4조에 따른 해기사면허를 받은 자가 다음의 하나에 해당하는 경우 해양수산부장관에게 해당 해기사면허를 취소하거나 1년의 범위에서 해기사면허의 효력을 정지할 것을 요청할 수 있다(법 제42조).

① 제41조 제1항을 위반하여 술에 취한 상태에서 운항(運航)을 하기 위하여 조타기를 조작(操作)하거나 그 조작을 지시한 경우

② 제41조 제2항 제2호를 위반하여 술에 취한 상태에서 조타기를 조작하거나 조작할 것을 지시하였다고 인정할 만한 상당한 이유가 있음에도 불구하고 국민안전처 소속 경찰공무원의 측정요구에 따르지 아니한 경우

③ 제41조의 2를 위반하여 약물·환각물질의 영향으로 인하여 정상적으로 조타기를 조작하거나 그 조작을 지시하지 못할 우려가 있는 상태에서 조타기를 조작하거나 그 조작을 지시한 경우

10. 해양사고가 일어난 경우의 조치

① 선장이나 선박소유자는 해양사고가 일어나 선박이 위험하게 되거나 다른 선박의 항행안전에 위험을 줄 우려가 있는 경우에는 위험을 방지하기 위하여 신속하게 필요한 조치를 취하고, 해양사고의 발생 사실과 조치 사실을 지체없이 해양경비안전서장이나 지방해양수산청장에게 신고하여야 한다(법 제43조 제1항).

② 지방해양수산청장은 제1항에 따른 신고를 받으면 지체없이 그 사실을 해양경비안전서장에게 통보하여야 한다.

③ 해양경비안전서장은 선장이나 선박소유자가 제1항에 따라 신고한 조치 사실을 적절한 수단을 사용하여 확인하고, 조치를 취하지 아니하였거나 취한 조치가 적당하지 아니하다고 인정하는 경우에는 그 선박의 선장이나 선박소유자에게 해양사고를 신속하게 수습하고 해상교통의 안전을 확보하기 위하여 필요한 조치를 취할 것을 명하여야 한다.

④ 해양경비안전서장은 해양사고가 일어나 선박이 위험하게 되거나 다른 선박의 항행안전에 위험을 줄 우려가 있는 경우 필요하면 구역을 정하여 다른 선박에 대하여 선박의 이동·항행 제한 또는 어업중지를 명할 수 있다.

11. 항행보조시설의 설치와 관리

① 해양수산부장관은 선박의 항행안전에 필요한 항로표지·신호·조명 등 항행보조시설(航行補助施設)을 설치하고 관리·운영하여야 한다(법 제44조).

② 국민안전처장관은 선박의 항행안전을 위하여 선박관제에 관련된 항행보조시설을 설치하고 관리·운영하여야 한다.

③ 국민안전처장관, 지방자치단체의 장 또는 운항자는 다음의 수역에 「항로표지법」 제2조 제1항 제1호에 따른 항로표지를 설치할 필요가 있다고 인정하면 해양수산부장관에게 그 설치를 요청할 수 있다.

㉠ 선박교통량이 아주 많은 수역

㉡ 항행상 위험한 수역

제5장 선박 및 사업장의 안전관리

제1절 선박의 안전관리체제

1. 선장의 권한 및 선박의 안전관리체제 수립 등

① 누구든지 선박의 안전을 위한 선장의 전문적(專門的)인 판단을 방해하거나 간섭하여서는 아니 된다(법 제45조).

② 해양수산부장관은 선박을 운항하는 선박소유자가 그 선박과 사업장에 대하여 해양수산부령으로 정하는 바에 따라 선박의 안전운항 등을 위한 관리체제(이하 "안전관리체제"라 한다)를 수립하고 시행하는 데 필요한 시책을 강구하여야 한다(법 제46조 제1항).

③ 다음의 하나에 해당하는 선박(해저자원을 채취·탐사 또는 발굴하는 작업에 종사하는 이동식 해상구조물을 포함한다. 이하 이 조 및 제47조부터 제54조까지의 규정에서 같다)을 운항하는 선박소유자는 안전관리체제를 수립하고 시행하여야 한다. 다만, 「해운법」 제21조에 따른 운항관리규정을 작성하여 해양수산부장관으로부터 심사를 받고 시행하는 경우에는 안전관리체제를 수립하여 시행하는 것으로 본다(제2항).

㉠ 「해운법(海運法)」 제3조에 따른 해상여객운송사업에 종사하는 선박

㉡ 「해운법」 제23조에 따른 해상화물운송사업에 종사하는 선박으로서 총톤수 500톤 이상의 선박[기선(機船)과 밀착된 상태로 결합된 부선(艀船)을 포함한다]과 그 밖의 선박으로서 대통령령으로 정하는 선박(제2호)

㉢ 국제항해에 종사하는 총톤수 500톤 이상의 어획물운반선과 이동식 해상구조물

㉣ 수면비행선박(水面飛行船舶)

④ 제2항에 따라 안전관리체제를 수립·시행하여야 하는 선박소유자는 제51조에 따른 안전관리대행업자에게 이를 위탁할 수 있다. 이 경우 선박소유자는 그 사실을 10일 이내에 해양수산부장관에게 알려야 한다(제3항).

⑤ 안전관리체제에는 다음의 사항이 포함되어야 한다. 다만, 제2항 제2호에 따른 선박 중 대통령령으로 정하는 선박의 안전관리체제에는 해양수산부령으로 정하는 바에 따라 그 일부를 포함시키지 아니할 수 있다(제4항)

㉠ 해상에서의 안전과 환경 보호에 관한 기본방침

㉡ 선박소유자의 책임과 권한에 관한 사항
㉢ 제5항에 따른 안전관리책임자와 안전관리자의 임무에 관한 사항
㉣ 선장의 책임과 권한에 관한 사항
㉤ 인력의 배치와 운영에 관한 사항
㉥ 선박의 안전관리체제 수립에 관한 사항
㉦ 선박충돌사고 등 발생 시 비상대책의 수립에 관한 사항
㉧ 사고, 위험 상황 및 안전관리체제의 결함에 관한 보고와 분석에 관한 사항
㉨ 선박의 정비에 관한 사항
㉩ 안전관리체제와 관련된 지침서 등 문서 및 자료 관리에 관한 사항
㉪ 안전관리체제에 대한 선박소유자의 확인·검토 및 평가에 관한 사항

⑥ 제2항에 따라 안전관리체제를 수립·시행하여야 하는 선박소유자는 안전관리체제의 시행을 위하여 안전관리책임자와 안전관리자를 두어야 한다(제5항). 제5항에 따른 안전관리책임자와 안전관리자의 자격기준·인원 등 필요한 사항은 대통령령으로 정한다

2. 인증심사, 인증심사 업무의 대행 및 인증심사에 대한 이의신청

1) 인증심사

① 선박소유자는 제46조 제2항에 따라 안전관리체제를 수립·시행하여야 하는 선박이나 사업장에 대하여 다음의 구분에 따라 해양수산부장관으로부터 안전관리체제에 대한 인증심사(認證審査)를 받아야 한다(법 제47조 제1항).

㉠ 최초인증심사 : 안전관리체제의 수립·시행에 관한 사항을 확인하기 위하여 처음으로 하는 심사(제1호)
㉡ 갱신인증심사 : 선박안전관리증서 또는 안전관리적합증서의 유효기간이 끝난 때에 하는 심사
㉢ 중간인증심사 : 최초인증심사와 갱신인증심사 사이 또는 갱신인증심사와 갱신인증심사 사이에 해양수산부령으로 정하는 시기에 행하는 심사
㉣ 임시인증심사 : 최초인증심사를 받기 전에 임시로 선박을 운항하기 위하여 다음 어느 하나에 대하여 하는 심사(제4호)
◇ 새로운 종류의 선박을 추가하거나 신설한 사업장
◇ 개조(改造) 등으로 선종이 변경되거나 신규로 도입한 선박
㉤ 수시인증심사 : 제1호부터 제4호까지의 인증심사 외에 선박의 해양사고 및 외국항에서의 항행정지 예방 등을 위하여 해양수산부령으로 정하는 경우에 사업장 또는 선박에 대하여 하는 심사

② 선박소유자는 인증심사에 합격하지 아니한 선박을 항행에 사용하여서는 아니 된다. 다만, 천재지변 등으로 인하여 인증심사를 받을 수 없다고 인정되는 등 해양수산부령

으로 정하는 경우에는 그러하지 아니하다(제2항).

③ 인증심사를 받으려는 자는 해양수산부령으로 정하는 바에 따라 수수료를 내야 한다. 인증심사의 절차와 심사방법 등에 필요한 사항은 해양수산부령으로 정한다.

인증심사 방법(규칙 제39조 제1항 관련, [별표 13])

1. 방법

인증심사종류	인증심사방법
1. 최초인증 심사	가. 내부심사 실적을 포함하여 안전관리체제가 수립되어 3개월 이상동안 효과적으로 시행되고 있는 상태(사업장의 경우에는 선박의 종류별로 1척 이상의 선박에 대하여 3개월 이상의 안전관리체제가 시행되고 있는 객관적인 증거를 포함한다)를 심사한다. 나. 사업장에 대한 인증심사를 함에 있어서 안전관리체제와 관련된 업무를 수행하는 분사무소가 있는 경우에는 Ⅱ에 따른 분사무소의 수 이상을 심사대상에 포함한다. 다. 사업장에 대한 인증심사는 제34조제1호에 따라 제출된 문서를 먼저 심사한 후에 행한다. 라. 선박에 대한 인증심사는 사업장에 대한 최초인증심사가 완료된 후에 행한다.
2. 갱신인증 심사	가. 안전관리체제의 수립 및 시행 상태를 심사한다. 나. 제1호나목은 안전관리체제와 관련된 업무를 수행하는 분사무소에 대한 갱신인증심사에 관하여 이를 준용한다.
3. 중간인증 심사	가. 안전관리체제가 효과적으로 시행되고 있는지를 심사한다. 나. 제1호나목은 안전관리체제와 관련된 업무를 수행하는 분사무소에 대한 중간인증심사에 관하여 이를 준용한다.
4. 임시인증 심사	가. 사업장의 경우: 다음 사항을 심사한다. 1) 별표 11 제1호, 제2호가목부터 라목까지, 아목·차목·카목 및 제3호에 해당하는 사항에 관한 사업장의 안전관리체제 수립상태 및 그에 대한 시행계획 2) 별표 11 제1호, 제2호마목부터 사목까지 및 자목에 해당하는 사항에 관한 사업장의 안전관리체제 수립계획 및 그에 대한 시행계획 3) 사업장에 대하여 선박 도입 후 3개월 이내에 내부심사를 시행할 계획 나. 선박의 경우: 다음 사항을 심사한다. 1) 가목 1)에 관한 선장 및 선박직원(「선박직원법에 따른 선박직원을 말한다)의 숙지여부 2) 항해 전 해상종사원에 대한 필수정보 제공여부 3) 선박에 대하여 3개월 이내에 내부심사를 시행할 계획(별표 11 제2호를 적용받는 선박은 제외한다)
	4) 안전관리체제와 관련된 필요한 정보가 해상종사원들이 이용하거나 이해할 수 있는 언어로 제공되고 있는지 여부 다. 새로운 종류의 선박을 추가함에 따른 인증심사는 사업장에 대한 인증심사를 실시한 후 선박에 대한 인증심사를 실시한다.
5. 수시인증 심사	가. 안전관리체제가 효과적으로 시행되고 있는지를 심사한다. 나. 제1호 나목은 안전관리체제와 관련된 업무를 수행하는 분사무소에 대한 수시인증심사에 관하여 이를 준용한다.

※ 비고

1. 임시인증심사에 합격한 자는 해당 합격일부터 사업장에 대하여는 12개월 이내에, 선박에 대하

여는 6개월 이내에 위 표 제4호가목1) 및 2)에 따른 안전관리체제 수립·시행 계획에 따라 각각 안전관리체제를 갖추어야 한다.
2. 임시인증심사에 합격한 자는 3개월 이내에 위 표 제4호가목3) 및 같은 호 나목3)에 따른 내부심사계획에 따라 내부심사를 실시하여야 한다.
3. 인증심사는 사업장의 경우에는 사업장의 소재지에서, 선박의 경우에는 선박의 소재지에서 행한다.
4. 인증심사기관은 인증심사를 받고자 하는 자의 요청이 있는 경우에는 휴일에도 인증심사를 할 수 있다.
5. 그 밖에 인증심사업무의 수행에 필요한 세부 사항은 해양수산부장관이 별도로 정하여 고시한다.

2. 인증심사대상 분사무소의 수

분사무소수	최초·갱신인증심사	중간인증심사
1	1	1
2	2	1
3	2	2
4	3	2
5	3	2
6	3	2
7	4	3
8	4	3
9	4	3
10	5	3
11~17	6	4
18~24	40퍼센트(소수점 이하는 절사함)	4
25 이상	40퍼센트(소수점 이하는 절사함)	20퍼센트(소수점 이하는 절사함)

2) 인증심사 업무의 대행 및 권리 의무의 승계 등

① 해양수산부장관은 다음의 업무를 해양수산부장관이 지정하는 인증심사 대행기관(이하 "정부대행기관"이라 한다)이 대행하게 할 수 있다. 이 경우 해양수산부장관은 대통령령으로 정하는 바에 따라 정부대행기관과 협정을 체결하여야 한다(법 제48조 제1항).

㉠ 인증심사

㉡ 제49조 제1항 및 제2항에 따른 선박안전관리증서 등의 발급

② 정부대행기관의 조직·인원 및 사무소 등 지정기준, 심사업무에 종사하는 사람의 자격 등에 필요한 사항은 대통령령으로 정한다.

③ 정부대행기관이 인증심사를 대행하는 경우 인증심사를 받으려는 자는 정부대행기관 정하는 수수료를 그 정부대행기관에 내야 한다(제3항)

④ 정부대행기관은 제3항에 따른 수수료의 기준을 정하여 해양수산부장관의 승인을 받

아야 한다. 승인받은 사항을 변경하려는 경우에도 또한 같다(제4항)

⑤ 해양수산부장관은 정부대행기관이 다음의 어느 하나에 해당하면 그 지정을 취소하거나 6개월의 범위에서 업무의 전부나 일부를 정지할 것을 명할 수 있다. 다만, ㉠ 또는 ㉥에 해당하는 경우에는 그 지정을 취소하여야 한다(제5항).
   ㉠ 거짓이나 그 밖의 부정한 방법으로 지정을 받은 경우
   ㉡ 정부대행기관의 지정기준을 충족하지 못하게 된 경우
   ㉢ 인증심사에 관한 업무를 수행할 능력이 없다고 인정된 경우
   ㉣ 제4항을 위반하여 수수료의 승인 또는 변경승인을 받지 아니하고 수수료를 징수한 경우
   ㉤ 제6항을 위반하여 대행업무에 관한 보고를 하지 아니한 경우
   ㉥ 업무정지명령을 위반하여 정지기간 중에 대행업무를 계속한 경우

⑥ 정부대행기관은 대행업무에 관하여 해양수산부령으로 정하는 바에 따라 해양수산부장관에게 보고하여야 한다(제6항).

⑦ 해양수산부장관은 제6항에 따라 정부대행기관이 보고한 대행업무에 관하여 그 처리내용을 확인하여야 하며, 제5항 각 호의 위반사항이 발견된 경우에는 정부대행기관 지정의 취소 등 필요한 조치를 하여야 한다.

⑧ 제5항에 따른 행정처분의 세부기준과 절차, 그 밖에 필요한 사항은 해양수산부령으로 정한다.

⑨ 안전관리 대행업(代行業)을 등록한 자의 권리와 의무의 승계에 관하여는 제21조 제1항 및 제2항을 준용하며, 안전관리 대행업을 승계한 자에 관하여는 제52조를 준용한다. 안전관리 대행업의 휴업과 폐업에 관하여는 제22조를 준용한다(법 제53조).

3) 인증심사에 대한 이의신청

① 인증심사에 불복하는 자는 심사결과를 통지받은 날부터 30일 이내에 그 사유를 적어 해양수산부장관이 정하는 바에 따라 이의신청을 할 수 있다(법 제50조).

② 인증심사에 관하여 이의가 있는 자는 제1항에 따른 이의신청 여부와 관계없이 「행정심판법」에 따른 행정심판청구 또는 「행정소송법」에 따른 행정소송을 제기할 수 있다.

3. 선박안전관리증서 등의 발급 등

① 해양수산부장관은 최초인증심사나 갱신인증심사에 합격하면 그 선박에 대하여는 선박안전관리증서를 내주고, 그 사업장에 대하여는 안전관리적합증서(安全管理適合證書)를 내주어야 한다(법 제49조 제1항).

② 해양수산부장관은 임시인증심사에 합격하면 그 선박에 대하여는 임시선박 안전관리증서를 내주고, 그 사업장에 대하여는 임시안전관리적합증서를 내주어야 한다(제2항).

③ 선박소유자는 그 선박에는 선박안전관리증서나 임시선박안전관리증서의 원본과 안전

관리적합증서나 임시안전관리적합증서의 사본을 갖추어 두어야 하며, 그 사업장에는 안전관리적합증서나 임시안전관리적합증서의 원본을 갖추어 두어야 한다.

④ 제1항에 따른 선박안전관리증서와 안전관리적합증서의 유효기간은 각각 5년으로 하고, 제2항에 따른 임시안전관리적합증서의 유효기간은 1년, 임시선박안전관리증서의 유효기간은 6개월로 한다(제4항).

⑤ 제1항에 따른 선박안전관리증서는 5개월의 범위에서, 제2항에 따른 임시선박안전관리증서는 6개월의 범위에서 해양수산부령으로 정하는 바에 따라 각각 한 차례만 유효기간을 연장할 수 있다(제5항).

⑥ 해양수산부장관은 선박소유자가 제47조 제1항 제3호에 따른 중간인증심사 또는 같은 항 제5호에 따른 수시인증심사에 합격하지 못하면 그 인증심사에 합격할 때까지 제1항에 따른 안전관리적합증서 또는 선박안전관리증서의 효력을 정지하여야 한다(제6항).

⑦ 제6항에 따라 안전관리적합증서의 효력이 정지된 경우에는 해당 사업장에 속한 모든 선박의 선박안전관리증서의 효력도 정지된다.

⑧ 제4항 및 제5항에 따른 유효기간의 기산(起算) 방법 등에 필요한 사항은 해양수산부령으로 정한다.

4. 안전관리대행업의 등록, 안전관리대행업의 결격사유 및 등록취소 등

1) 안전관리대행업의 등록 및 그 결격사유

① 선박소유자로부터 안전관리체제의 수립과 시행에 관한 업무를 위탁받아 대행하는 업(이하 “안전관리대행업”이라 한다)을 경영하려는 자는 해양수산부장관에게 등록하여야 한다. 등록한 사항 중 해양수산부령으로 정하는 사항을 변경하려는 경우에도 또한 같다(법 제51조)

② 안전관리대행업의 등록을 하려는 자는 법인으로서 제46조 제2항에 따른 사업장 안전관리체제를 갖추어야 한다.

③ 안전관리대행업의 등록 절차 등에 필요한 사항은 해양수산부령으로 정한다

④ 법인의 대표자가 제20조 제1호·제2호 또는 제3호에 해당하면 안전관리대행업을 등록할 수 없다. 또한 제54조에 따라 등록이 취소된 날부터 2년이 지나지 아니한 법인은 안전관리대행업을 등록할 수 없다(법 제52조).

2) 안전관리대행업의 등록 취소 등

① 해양수산부장관은 안전관리대행업을 등록한 자가 다음의 하나에 해당하면 그 등록을 취소하거나 6개월 이내의 기간을 정하여 영업의 전부나 일부를 정지할 것을 명할 수 있다. 다만, ㉠ · ㉣ 또는 ㉦에 해당하면 그 등록을 취소하여야 한다(법 제54조).

㉠ 거짓이나 그 밖의 부정한 방법으로 등록한 경우

㉡ 제51조 제1항 후단을 위반하여 변경등록을 하지 아니한 경우
㉢ 제51조 제2항에 따른 사업장 안전관리체체를 갖추지 못하게 된 경우
㉣ 법인의 대표자가 제52조 제1항의 결격사유에 해당하게 된 경우. 다만, 법인의 대표자가 제52조 제1항의 결격사유에 해당하게 된 날부터 6개월이 되는 날까지 시정한 경우에는 그 등록을 취소하지 아니한다.
㉤ 안전관리체제의 수립과 시행에 관한 업무를 수행하지 아니하고 거짓으로 서류를 작성한 경우
㉥ 제53조 제1항을 위반하여 권리·의무에 대한 승계신고를 하지 아니한 경우
㉦ 제53조 제2항을 위반하여 사업의 휴업 또는 폐업 신고를 하지 아니한 경우
㉧ 제58조 제1항 제1호에 따른 출석 또는 진술을 거부·방해하거나 기피한 경우
㉨ 제58조제1항제2호에 따른 출입·검사·확인·조사 또는 점검을 거부·방해하거나 기피한 경우
㉩ 제58조 제1항 제3호에 따른 서류제출 또는 보고를 하지 아니하거나 거짓으로 서류제출 또는 보고를 한 경우
㉪ 제59조에 따른 개선명령을 이행하지 아니한 경우
㉫ 영업정지 명령을 위반하여 정지기간 중에 안전관리대행업의 영업을 계속한 경우

② 제1항에 따른 처분의 세부기준과 절차, 그 밖에 필요한 사항은 해양수산부령으로 정한다.

제2절 선박점검 및 사업장 안전관리

1. 외국선박 통제 및 선박점검 등에 관한 수수료, 선박 점검 등

1) 외국선박 통제

① 해양수산부장관은 대한민국의 영해(領海, territorial sea)에 있는 외국선박 중 대한민국의 항만(港灣)에 입항하였거나 입항할 예정인 선박에 대하여 선박 안전관리체제, 선박의 구조·시설, 선원의 선박운항지식 등이 대통령령으로 정하는 해사안전에 관한 국제협약의 기준에 맞는지를 확인할 수 있다(법 55조 제1항).

② 해양수산부장관은 제1항에 따른 확인 결과 외국선박의 안전관리체제, 선박의 구조·시설, 선원의 선박운항지식 등이 국제협약의 기준에 미치지 못하는 경우로서, 해당 선박의 크기·종류·상태 및 항행기간을 고려할 때 항행을 계속하는 것이 인명이나 재산에 위험을 불러일으키거나 해양환경 보전에 장해를 미칠 우려가 있다고 인정되는 경우에는 그 선박에 대하여 항행정지를 명하는 등 필요한 조치를 할 수 있다(제2항).

③ 해양수산부장관은 제2항에 따른 위험과 장해가 없어졌다고 인정할 때에는 지체 없이 해당 선박에 대한 조치를 해제하여야 한다.

④ 제1항에 따른 확인 및 제2항에 따른 조치에 필요한 사항은 해양수산부령으로 정한다

2) 외국선박 통제 및 선박점검 등에 관한 수수료

① 해양수산부장관은 제55조 제1항에 따른 확인 또는 제56조 제1항・제2항에 따른 특별점검 결과 결함이 발견되어 제55조 제2항에 따른 항행정지명령 또는 제56조 제3항에 따른 시정・보완 명령, 항행정지명령을 받은 선박에 대하여 해양수산부령으로 정하는 바에 따라 그 결함의 시정 여부 확인 등에 소요되는 수수료를 징수할 수 있다(법 제61조).

② 제56조 제1항 단서에 따라 외국에서 특별점검을 하는 경우 해양수산부장관은 항공료 등 필요한 실비의 수수료를 징수할 수 있다.

3) 선박 점검 등

① 해양수산부장관은 대한민국선박이 외국 정부의 선박통제에 따라 항행정지 처분을 받은 경우에는 그 선박의 사업장에 대하여 안전관리체제의 적합성 여부를 점검하거나 그 선박이 국내항에 입항할 경우 해양수산부령으로 정하는 바에 따라 관련되는 선박의 안전관리체제, 선박의 구조・시설, 선원의 선박운항지식 등에 대하여 점검을 할 수 있다. 다만, 외국 정부에서 확인을 요청하는 경우 등 필요한 경우에는 외국에서 점검을 할 수 있다(법 제56조 제1항).

② 해양수산부장관은 외국 정부의 선박통제에 따른 항행정지를 예방하기 위한 조치가 필요하다고 인정하는 경우 해양수산부령으로 정하는 바에 따라 관련되는 선박에 대하여 제1항에 따른 점검(이하 "특별점검"이라 한다)을 할 수 있다.

③ 해양수산부장관은 특별점검의 결과 선박의 안전 확보를 위하여 필요하다고 인정하면 그 선박의 소유자 또는 해당 사업장에 대하여 해양수산부령으로 정하는 바에 따라 시정・보완 또는 항행정지(航行停止)를 명할 수 있다.

2. 선박안전도 정보의 공표

① 해양수산부장관은 국민의 선박 이용의 안전을 도모하기 위하여 다음 각 호에서 정하는 선박의 해양사고 발생 건수, 관계 법령이나 국제협약에서 정한 선박의 안전에 관한 기준의 준수 여부 및 그 선박의 소유자・운항자 또는 안전관리대행자 등에 대한 정보를 공표(公表)할 수 있다. 다만, 대통령령으로 정하는 중대한 해양사고가 발생한 선박에 대하여는 사고개요, 해당 선박의 명세(明細) 및 소유자(所有者) 등 해양수산부령으로 정하는 정보를 공표하여야 한다(법 제57조 제1항).

   ㉠ 「해운법」 제3조에 따른 해상여객운송사업에 종사하는 선박으로서 해양수산부령으로 정하는 선박

   ㉡ 「해운법」 제23조에 따른 해상화물운송사업에 종사하는 선박으로서 해양수산부령으로 정하는 선박

㉢ 대한민국의 항만에 기항(寄港)하는 외국선박으로서 해양수산부령으로 정하는 선박
㉣ 그 밖에 국제해사기구 등 해사안전과 관련된 국제기구의 요청 등에 따라 해당 선박의 안전도에 대한 정보를 제공할 필요가 있다고 해양수산부장관이 인정하는 선박

② 제1항에 따른 공표의 절차·방법 등에 필요한 사항은 해양수산부령으로 정한다.

3. 해사안전우수사업자의 지정 등

① 해양수산부장관은 다음의 하나에 해당하는 자 중 해사안전의 수준 향상과 해양사고 감소에 기여한 자로서 해양수산부령으로 정하는 기준에 적합한 자를 해사안전 우수사업자로 지정할 수 있다(법 57조의 2, 제1항).

㉠「해운법」 제4조 제1항에 따라 해상여객운송사업의 면허를 받은 자
㉡「해운법」 제24조 제1항에 따라 내항 화물운송사업의 등록을 한 자
㉢「해운법」 제24조 제2항에 따라 외항화물운송사업의 등록을 한 자
㉣ 그 밖에 해사안전관리 또는 해상운송과 관련된 사업으로서 해양수산부장관이 정하여 고시하는 사업을 영위하는 자

② 해양수산부장관은 해사안전 우수사업자의 지정에 필요한 경우에는 그 지정을 받으려는 자, 관계 행정기관의 장,「공공기관의 운영에 관한 법률」 제4조에 따른 공공기관의 장이나 그 밖에 해사안전과 관련된 기관·단체 또는 관계인에게 필요한 자료의 제출을 요청할 수 있다.

③ 해양수산부장관은 해사안전 우수사업자로 지정된 자에 대하여 우수사업자로 지정되었음을 나타내는 표지의 제공 등 해양수산부령으로 정하는 지원을 할 수 있다.

④ 해양수산부장관은 해사안전 우수사업자로 지정된 자가 다음 어느 하나에 해당하는 경우에는 그 지정을 취소하거나 3개월 이내의 기간을 정하여 지정의 효력을 정지할 수 있다. 다만, ㉠에 해당하는 경우에는 그 지정을 취소하여야 한다(제4항).

㉠ 거짓이나 그 밖의 부정한 방법으로 해사안전 우수사업자의 지정을 받은 경우
㉡ 제1항에 따른 해양수산부령으로 정하는 해사안전 우수사업자의 지정기준에 적합하지 아니하게 된 경우
㉢ 해사안전 우수사업자가 다음 어느 하나에 해당하는 위반행위를 한 경우

- 제47조 제2항 본문을 위반하여 인증심사에 합격하지 아니한(제49조제6항 및 제7항에 따라 선박안전관리증서나 안전관리적합증서의 효력이 정지된 경우를 포함한다) 선박을 항행에 사용한 경우
- 제58조에 따른 지도·감독을 거부·방해하거나 기피한 경우
- 제59조에 따른 개선명령을 따르지 아니한 경우

⑤ 제1항부터 제4항까지에서 규정한 사항 외에 해사안전 우수사업자의 지정·취소 또는 효력정지의 기준 및 절차 등에 필요한 사항은 해양수산부령으로 정한다.

4. 지도 · 감독

① 해양수산부장관은 해양사고가 발생할 우려가 있거나 해사안전관리의 적정한 시행 여부를 확인하기 위하여 필요한 경우 등 해양수산부령으로 정하는 경우에는 제2항에 따른 해사안전감독관으로 하여금 정기 또는 수시로 다음 각 호의 조치를 하게 할 수 있다. 다만, 「수상레저안전법」에 따른 수상레저기구와 선착장(船着場) 등 수상레저시설, 「유선 및 도선 사업법」에 따른 유 · 도선, 유 · 도선장에 대해서는 그러하지 아니하다(법 제58조 제1항).

㉠ 선장, 선박소유자, 안전진단대행업자, 안전관리대행업자, 그 밖의 관계인에게 출석 또는 진술을 하게 하는 것

㉡ 선박이나 사업장에 출입하여 관계 서류를 검사하게 하거나 선박이나 사업장의 해사 안전관리 상태를 확인 · 조사 또는 점검하게 하는 것

㉢ 선장, 선박소유자, 안전진단대행업자, 안전관리대행업자, 그 밖의 관계인에게 관계 서류를 제출하게 하거나 그 밖에 해사안전관리에 관한 업무를 보고하게 하는 것

② 제1항에 따른 지도 · 감독 업무를 수행하기 위하여 해양수산부에 해사안전감독관을 둔다. 다만, 제99조 제1항에 따라 해양수산부장관의 지도 · 감독 권한의 일부를 위임하는 경우에는 그 권한을 위임받은 기관의 장이 소속된 기관에 해사안전감독관을 둔다(제2항).

③ 제1항 제1호 또는 제2호의 조치(이하 "지도 · 감독"이라 한다)를 실시하려는 해사안전감독관은 지도 · 감독 실시일 7일 전까지 지도 · 감독의 목적, 내용, 날짜 및 시간 등을 서면으로 해당 지도 · 감독의 대상이 되는 자에게 알려야 한다. 다만, 긴급한 경우 또는 사전에 지도 · 감독의 실시를 알리면 증거 인멸 등으로 해당 지도 · 감독의 목적을 달성할 수 없다고 인정되는 경우에는 그러하지 아니할 수 있다.

④ 제1항에 따라 지도 · 감독을 실시하는 해사안전감독관은 그 권한을 표시하는 증표를 지니고 이를 관계인에게 내보여야 한다.

⑤ 제1항에 따라 지도 · 감독을 실시한 해사안전감독관은 그 결과를 서면으로 해당 지도 · 감독의 대상이 되는 자에게 알려야 한다(제5항).

⑥ 제2항에 따른 해사안전감독관의 자격 · 임면 및 직무범위에 관하여 필요한 사항은 대통령령으로 정한다.

⑦ 제1항부터 제5항까지에서 규정한 사항 외에 지도 · 감독에 필요한 사항은 해양수산부령으로 정한다.

5. 개선명령 및 이의신청

1) 개선명령

① 해양수산부장관은 지도 · 감독 결과 필요하다고 인정하거나 해양사고의 발생빈도와

경중(輕重) 등을 고려하여 필요하다고 인정할 때에는 그 선박의 선장, 선박소유자, 안전관리대행업자, 그 밖의 관계인에게 다음의 조치를 명할 수 있다(법 제59조 제1항).

㉠ 선박 시설의 보완이나 대체
㉡ 소속 직원의 근무시간 등 근무 환경의 개선
㉢ 소속 임직원에 대한 교육·훈련의 실시
㉣ 그 밖에 해사안전관리에 관한 업무의 개선

② 해양수산부장관은 제1항 ㉠에 따른 조치를 명할 경우에는 선박 시설을 보완하거나 대체하는 것을 마칠 때까지 해당 선박의 항행정지를 함께 명할 수 있다.

2) 이의신청

① 제55조 제2항에 따른 항행정지명령 또는 제56조 제3항에 따른 시정·보완 명령, 항행정지명령에 불복하는 선박소유자는 명령을 받은 날부터 90일 이내에 그 불복 사유를 적어 해양수산부장관에게 이의신청을 할 수 있다(법 제60조 제1항).

② 제1항에 따라 이의신청을 받은 해양수산부장관은 이의신청에 대하여 검토한 결과를 60일 이내에 신청인에게 통보하여야 한다. 다만, 부득이한 사정이 있을 때에는 30일 이내의 범위에서 통보시한을 연장할 수 있다(제2항).

③ 제1항 및 제2항에 따른 이의신청, 검토 및 결과 통보 등에 필요한 사항은 대통령령으로 정한다.

④ 제55조 제2항에 따른 항행정지명령 또는 제56조 제3항에 따른 시정·보완 명령, 항행정지명령에 이의가 있는 자는 제1항에 따른 이의신청여부와 관계없이 「행정심판법」에 따른 행정심판청구 또는 「행정소송법」에 따른 행정소송을 제기할 수 있다.

제6장 선박의 항법 등

제1절 모든 시계 상태에서의 항법

1. 적용 및 경계

이 절은 모든 시계(視界)상태에서 적용한다(법 제62조).

선박은 주위의 상황 및 다른 선박과 충돌할 수 있는 위험성을 충분히 파악할 수 있도록 시각·청각 및 당시의 상황에 맞게 이용할 수 있는 모든 수단을 이용하여 항상 적절한 경계(境界, lookout)를 하여야 한다(법 제63조).

2. 안전한 속력

① 선박은 다른 선박과의 충돌을 피하기 위하여 적절하고 효과적인 동작을 취하거나 당

시의 상황에 알맞은 거리에서 선박을 멈출 수 있도록 항상 안전한 속력으로 항행하여야 한다(법 제64조 제1항).

② 제1항에 따른 안전한 속력(速力)을 결정할 때에는 다음(레이더를 사용하고 있지 아니한 선박의 경우에는 ㉠부터 ㉥까지)의 사항을 고려하여야 한다.
   ㉠ 시계(視界)의 상태
   ㉡ 해상교통량의 밀도(密度)
   ㉢ 선박의 정지거리 · 선회성능(旋回性能), 그 밖의 조종성능
   ㉣ 야간의 경우에는 항해에 지장을 주는 불빛의 유무
   ㉤ 바람 · 해면 및 조류(潮流)의 상태와 항행장애물의 근접상태
   ㉥ 선박의 흘수(吃水)와 수심(水深)과의 관계
   ㉦ 레이더의 특성 및 성능
   ㉧ 해면상태 · 기상, 그 밖의 장애요인이 레이더 탐지에 미치는 영향
   ㉨ 레이더로 탐지한 선박의 수 · 위치 및 동향

3. 충돌의 위험 및 충돌을 피하기 위한 동작

1) 충돌의 위험

① 선박은 다른 선박과 충돌할 위험이 있는지를 판단하기 위하여 당시의 상황에 알맞은 모든 수단을 활용하여야 한다(법 제65조 제1항).

② 레이더를 설치한 선박은 다른 선박과 충돌할 위험성 유무를 미리 파악하기 위하여 레이더를 이용하여 장거리 주사(走查), 탐지된 물체에 대한 작도(作圖), 그 밖의 체계적인 관측을 하여야 한다.

③ 선박은 불충분한 레이더 정보나 그 밖의 불충분한 정보에 의존하여 다른 선박과의 충돌위험 여부를 판단하여서는 아니 된다.

④ 선박은 접근하여 오는 다른 선박의 나침방위에 뚜렷한 변화가 일어나지 아니하면 충돌할 위험성이 있다고 보고 필요한 조치를 하여야 한다. 접근하여 오는 다른 선박의 나침방위에 뚜렷한 변화가 있더라도 거대선 또는 예인작업에 종사하고 있는 선박에 접근하거나, 가까이 있는 다른 선박에 접근하는 경우에는 충돌을 방지하기 위하여 필요한 조치를 하여야 한다.

2) 충돌을 피하기 위한 동작

① 선박은 제1절(모든 시계에서의 선박의 항법)부터 제3절까지(선박이 서로 시계 안에 있는 때의 항법, 제한된 시계에서의 선박의 항법) 및 제6절(특수한 상황에서의 선박의 항법)에 따른 항법에 따라 다른 선박과 충돌을 피하기 위한 동작을 취하되, 이 법에서 정하는 바가 없는 경우에는 될 수 있으면 충분한 시간적 여유를 두고 적극적으로 조

치하여 선박을 적절하게 운용하는 관행(慣行)에 따라야 한다(법 제66조).

② 선박은 다른 선박과 충돌을 피하기 위하여 침로(針路)나 속력(速力)을 변경할 때에는 될 수 있으면 다른 선박이 그 변경을 쉽게 알아볼 수 있도록 충분히 크게 변경하여야 하며, 침로나 속력을 소폭으로 연속적으로 변경하여서는 아니 된다.

③ 선박은 넓은 수역에서 충돌을 피하기 위하여 침로를 변경하는 경우에는 적절한 시기에 큰 각도(角度)로 침로를 변경하여야 하며, 그에 따라 다른 선박에 접근하지 아니하도록 하여야 한다.

④ 선박은 다른 선박과의 충돌을 피하기 위하여 동작을 취할 때에는 다른 선박과의 사이에 안전한 거리를 두고 통과할 수 있도록 그 동작을 취하여야 한다. 이 경우 그 동작의 효과를 다른 선박이 완전히 통과할 때까지 주의 깊게 확인하여야 한다.

⑤ 선박은 다른 선박과의 충돌을 피하거나 상황을 판단하기 위한 시간적 여유를 얻기 위하여 필요하면 속력을 줄이거나 기관의 작동을 정지하거나 후진하여 선박의 진행을 완전히 멈추어야 한다.

⑥ 이 법에 따라 다른 선박의 통항이나 통항의 안전을 방해하여서는 아니 되는 선박은 다음의 사항을 준수하고 유의하여야 한다.

㉠ 다른 선박이 안전하게 지나갈 수 있는 여유 수역이 충분히 확보될 수 있도록 조기에 동작을 취할 것

㉡ 다른 선박에 접근하여 충돌할 위험이 생긴 경우에는 그 책임을 면할 수 없으며, 피항동작(避航動作)을 취할 때에는 이 장(章)에서 요구하는 동작에 대하여 충분히 고려할 것

⑦ 이 법에 따라 통항할 때에 다른 선박의 방해를 받지 아니하도록 되어 있는 선박은 다른 선박과 서로 접근하여 충돌할 위험이 생긴 경우 이 장의 규정에 따라야 한다.

4. 좁은 수로 등

① 좁은 수로나 항로(이하 "좁은 수로 등"이라 한다)를 따라 항행하는 선박은 항행의 안전을 고려하여 될 수 있으면 좁은 수로(水路, channel) 등의 오른편 끝 쪽에서 항행하여야 한다. 다만, 제31조 제1항에 따라 해양수산부장관이 특별히 지정한 수역 또는 제68조 제1항에 따라 통항분리제도가 적용되는 수역에서는 좁은 수로 등의 오른편 끝 쪽에서 항행하지 아니하여도 된다(법 제67조 제1항).

② 길이 20미터 미만의 선박이나 범선은 좁은 수로 등의 안쪽에서만 안전하게 항행할 수 있는 다른 선박의 통행을 방해하여서는 아니 된다.

③ 어로(漁撈)에 종사하고 있는 선박은 좁은 수로 등의 안쪽에서 항행하고 있는 다른 선박의 통항을 방해하여서는 아니 된다(제3항).

④ 선박이 좁은 수로 등의 안쪽에서만 안전하게 항행할 수 있는 다른 선박의 통항을 방해하게 되는 경우에는 좁은 수로 등을 횡단(橫斷, crossing)하여서는 아니 된다.

⑤ 제71조 제2항 및 제3항에 따른 추월선(追越船)은 좁은 수로 등에서 추월당하는 선박이 추월선을 안전하게 통과시키기 위한 동작을 취하지 아니하면 추월할 수 없는 경우에는 기적신호(汽笛信號, blast signal)를 하여 추월하겠다는 의사를 나타내야 한다. 이 경우 추월당하는 선박은 그 의도에 동의하면 기적신호를 하여 그 의사를 표현하고, 추월선을 안전하게 통과시키기 위한 동작을 취하여야 한다.

⑥ 선박이 좁은 수로 등의 굽은 부분이나 항로에 있는 장애물 때문에 다른 선박을 볼 수 없는 수역에 접근하는 경우에는 특히 주의하여 항행하여야 한다.

⑦ 선박은 좁은 수로 등에서 정박(정박 중인 선박에 매어 있는 것을 포함한다)을 하여서는 아니 된다. 다만, 해양사고를 피하거나 인명이나 그 밖의 선박을 구조하기 위하여 부득이하다고 인정되는 경우에는 그러하지 아니하다

5. 통항분리제도

① 이 조의 규정은 다음의 수역(이하 "통항분리수역")에 대하여 적용한다(법 제68조 제1항).
  ㉠ 국제해사기구(IMO)가 채택하여 통항분리제도가 적용되는 수역
  ㉡ 해상교통량이 아주 많아 충돌사고 발생의 위험성이 있어 통항분리제도를 적용할 필요성이 있는 수역으로서 해양수산부령으로 정하는 수역

② 선박이 통항분리수역을 항행하는 경우에는 다음의 사항을 준수하여야 한다(제2항).
  ㉠ 통항로(通航路, traffic lane) 안에서는 정하여진 선박의 진행방향으로 항행할 것
  ㉡ 분리선이나 분리대에서 될 수 있으면 떨어져서 항행할 것
  ㉢ 통항로의 출입구를 통하여 출입하는 것을 원칙으로 하되, 통항로의 옆 쪽으로 출입하는 경우에는 그 통항로에 대하여 정하여진 선박의 진행방향에 대하여 될 수 있으면 작은 각도로 출입할 것

③ 선박은 통항로를 횡단하여서는 아니 된다. 다만, 부득이한 사유로 그 통항로를 횡단하여야 하는 경우에는 그 통항로와 선수방향이 직각에 가까운 각도로 횡단하여야 한다(제3항).

④ 선박은 연안통항대(沿岸通航帶, inshore traffic zone)에 인접한 통항분리수역의 통항로를 안전하게 통과할 수 있는 경우에는 연안통항대를 따라 항행하여서는 아니 된다. 다만, 다음 선박의 경우에는 연안통항대를 따라 항행할 수 있다(제4항).
  ㉠ 길이 20미터 미만의 선박
  ㉡ 범선(帆船, sailing vessel)
  ㉢ 어로에 종사하고 있는 선박
  ㉣ 인접한 항구로 입항・출항하는 선박
  ㉤ 연안통항대 안에 있는 해양시설 또는 도선사의 승하선 장소에 출입하는 선박
  ㉥ 급박한 위험을 피하기 위한 선박

⑤ 통항로를 횡단하거나 통항로에 출입하는 선박 외의 선박은 급박한 위험을 피하기 위

한 경우나 분리대 안에서 어로에 종사하고 있는 경우 외에는 분리대(分離帶)에 들어가거나 분리선을 횡단하여서는 아니 된다(제5항).

⑥ 통항분리수역에서 어로(漁撈)에 종사하는 선박은 통항로를 따라 항행하는 다른 선박의 항행을 방해하여서는 아니 된다(제6항).

⑦ 모든 선박은 통항분리수역의 출입구 부근에서 특히 주의하여 항행하여야 한다(제7항).

⑧ 선박은 통항분리수역과 그 출입구 부근에 정박(정박하고 있는 선박에 매어 있는 것을 포함한다)을 하여서는 아니 된다. 다만, 해양사고를 피하거나 인명이나 선박을 구조하기 위하여 부득이 하다고 인정되는 사유가 있는 경우에는 그러하지 아니 하다(제8항).

⑨ 통항분리수역을 이용하지 아니하는 선박은 될 수 있으면 통항분리수역에서 멀리 떨어져서 항행하여야 한다(제9항).

⑩ 길이 20미터 미만의 선박이나 범선은 통항로를 따라 항행하고 있는 다른 선박의 항행을 방해하여서는 아니 된다(제10항).

⑪ 통항분리수역 안에서 해저전선의 부설(敷設)·보수(補修) 및 인양(引揚)하는 작업을 하거나 항행 안전을 유지하기 위한 작업을 하는 중이어서 조종능력이 제한되고 있는 선박은 그 작업을 하는 데에 필요한 범위에서 제1항 내지 제10항의 규정을 적용하지 아니한다.

제2절 선박이 서로 시계 안에 있는 때의 항법

1. 적용 및 범선

이 절은 선박에서 다른 선박을 눈으로 볼 수 있는 상태에 있는 선박에 적용한다(법 제69조).

① 2척의 범선이 서로 접근하여 충돌할 위험이 있는 경우에는 다음에 따른 항행방법에 따라 항행하여야 한다(법 제70조 제1항).

㉠ 각 범선(帆船)이 다른 쪽 현(舷)에 바람을 받고 있는 경우에는 좌현(左舷, port)에 바람을 받고 있는 범선이 다른 범선의 진로를 피하여야 한다.

㉡ 두 범선이 서로 같은 현에 바람을 받고 있는 경우에는 바람이 불어오는 쪽의 범선이 바람이 불어가는 쪽의 범선의 진로를 피하여야 한다.

㉢ 좌현에 바람을 받고 있는 범선은 바람이 불어 오는 쪽에 있는 다른 범선을 본 경우로써, 그 범선이 바람을 좌우 어느 쪽에 받고 있는지 확인할 수 없는 때에는 그 범선의 진로를 피하여야 한다.

② 제1항을 적용할 때에 바람이 불어오는 쪽이란 종범선(縱帆船)에서는 주범(主帆)을 펴고 있는 쪽의 반대쪽을 말하고, 횡범선(橫帆船)에서는 최대의 종범을 펴고 있는 쪽의 반대쪽을 말하며, 바람이 불어가는 쪽이란 바람이 불어오는 쪽의 반대쪽을 말한다(제

2항).

2. 추 월

① 추월선(追越船)은 제1절과 이 절의 다른 규정에 불구하고 추월당하고 있는 선박을 완전히 추월하거나 그 선박에서 충분히 멀어질 때까지 그 선박의 진로를 피하여야 한다(법 제71조 제1항).

② 다른 선박의 양쪽 현의 정횡으로부터 22.5를 넘는 뒤쪽(밤에는 다른 선박의 선미등(船尾燈) 만을 볼 수 있고, 어느 쪽의 현등도 볼 수 없는 위치를 말한다)에서 그 선박을 앞지르는 선박은 추월선으로 보고 필요한 조치를 취하여야 한다(제2항).

③ 선박은 스스로 다른 선박을 추월하고 있는지 분명하지 아니한 경우에는 추월선으로 보고 필요한 조치를 취하여야 한다(제3항).

④ 추월하는 경우 2척의 선박 사이의 방위가 어떻게 변경되더라도 추월하는 선박은 추월이 완전히 끝날 때까지 추월당하는 선박의 진로를 피하여야 한다(제4항).

3. 마주치는 상태와 횡단하는 상태

① 2척의 동력선이 마주치거나 거의 마주치게 되어 충돌의 위험이 있을 때에는 각 동력선은 서로 다음 선박의 좌현 쪽을 지나갈 수 있도록 침로를 우현 쪽으로 변경하여야 한다(법 제72조 제1항).

② 선박은 다른 선박을 선수 방향에서 볼 수 있는 경우로써 다음의 하나에 해당하면 마주치는 상태에 있다고 보아야 한다(제2항).

㉠ 밤에는 2개의 마스트등을 일직선으로 또는 거의 일직선으로 볼 수 있거나 양쪽의 현등(舷燈)을 볼 수 있는 경우

㉡ 낮에는 2척의 선박의 마스트가 선수에서 선미까지 일직선이 되거나 거의 일직선이 되는 경우

③ 선박은 마주치는 상태에 있는 지가 분명하지 아니한 경우에는 마주치는 상태(head-on situation)에 있다고 보고 필요한 조치를 취하여야 한다(제3항).

④ 2척의 동력선(動力船이, power-driven vessel) 상대의 진로를 횡단(橫斷)하는 경우로서 충돌의 위험이 있을 때에는 다른 선박을 우현(右舷, starboard) 쪽에 두고 있는 선박이 그 다른 선박의 진로를 피하여야 한다. 이 경우 다른 선박의 진로를 피하여야 하는 선박은 부득이한 경우 외에는 그 다른 선박의 선수 방향을 횡단하여서는 아니 된다(법 제73조).

4. 피항선과 유지선의 동작

1) 피항선의 동작

이 법에 따라 다른 선박의 진로를 피하여야 하는 모든 선박[이하 "피항선"(避航船, give-way vessel)이라 한다]은 될 수 있으면 미리 동작을 크게 취하여 다른 선박으로부터 충분히 멀리 떨어져야 한다(법 제74조).

2) 유지선의 동작

① 2척의 선박 중 1척의 선박이 다른 선박의 진로를 피하여야 할 경우 다른 선박은 그 침로와 속력을 유지하여야 한다(법 제75조 제1항).

② 제1항에 따라 침로와 속력을 유지하여야 하는 선박[이하 "유지선"(維持船, stand-on vessel)이라 한다]은 피항선(避航船, give-way vessel)이 이 법에 따른 적절한 조치를 취하고 있지 아니하다고 판단하면 제1항에도 불구하고 스스로의 조종만으로 피항선과 충돌하지 아니하도록 조치를 취할 수 있다. 이 경우 유지선은 부득이하다고 판단하는 경우 외에는 자기 선박의 좌현 쪽에 있는 선박을 향하여 침로를 왼쪽으로 변경하여서는 아니 된다.

③ 유지선은 피항선과 매우 가깝게 접근하여 해당 피항선의 동작만으로는 충돌을 피할 수 없다고 판단하는 경우에는 제1항에도 불구하고 충돌을 피하기 위하여 충분한 협력을 하여야 한다(제3항).

④ 제2항과 제3항은 피항선에게 진로를 피하여야 할 의무를 면제하는 것은 아니다.

5. 선박사이의 책무

① 항행(航行, under way) 중인 선박은 제67조, 제68조 및 제71조에 따른 경우 외에는 이 조에서 정하는 항법에 따라야 한다(법 제76조).

② 항행 중인 동력선은 다음 선박의 진로를 피하여야 한다.

㉠ 조종불능선(操縱不能船, vessel not under command)

㉡ 조종제한선(操縱制限船, restricted in her ability to manoeuver)

㉢ 어로에 종사하고 있는 선박(vessel engaged in fishing)

㉣ 범선(帆船, sailing vessel)

③ 항행 중인 범선은 다음 선박의 진로를 피하여야 한다.

㉠ 조종불능선

㉡ 조종제한선

㉢ 어로에 종사하고 있는 선박

④ 어로(漁撈)에 종사하고 있는 선박 중 항행 중인 선박은 될 수 있으면 다음 선박의 진로를 피하여야 한다.

㉠ 조종불능선

㉡ 조종제한선

⑤ 조종불능선이나 조종제한선이 아닌 선박은 부득이하다고 인정하는 경우 외에는 제86조에 따른 등화나 형상물을 표시하고 있는 흘수제약선의 통항을 방해하여서는 아니 된다.

⑥ 수상항공기는 될 수 있으면 모든 선박으로부터 충분히 떨어져서 선박의 통항을 방해하지 아니하도록 하되, 충돌할 위험이 있는 경우에는 이 법에서 정하는 바에 따라야 한다.

⑦ 수면비행선박은 선박의 통항을 방해하지 아니하도록 모든 선박으로부터 충분히 떨어져서 비행(이륙 및 착륙을 포함한다. 이하 같다)하여야 한다. 다만, 수면에서 항행하는 때에는 이 법에서 정하는 동력선의 항법을 따라야 한다.

제3절　제한된 시계에서 선박의 항법

1. 제한된 시계에서 선박의 항법

① 이 조는 시계(視界, visibility)가 제한된 수역 또는 그 부근을 항행하고 있는 선박이 서로 시계 안에 있지 아니한 경우에 적용한다(법 제77조).

② 모든 선박은 시계가 제한된 그 당시의 사정과 조건에 적합한 안전한 속력으로 항행하여야 하며, 동력선은 제한된 시계 안에 있는 경우 기관을 즉시 조작할 수 있도록 준비하고 있어야 한다.

③ 선박은 제1절(모든 시계상태에서의 선박의 항법)에 따라 조치를 취할 때에는 시계가 제한되어 있는 당시의 상황에 충분히 유의하여 항행하여야 한다.

④ 레이더만으로 다른 선박이 있는 것을 탐지한 선박은 해당 선박과 얼마나 가까이 있는지 또는 충돌할 위험이 있는지를 판단하여야 한다. 이 경우 해당 선박과 매우 가까이 있거나 그 선박과 충돌할 위험이 있다고 판단한 경우에는 충분한 시간적 여유를 두고 피항동작을 취하여야 한다(제4항).

⑤ 제4항에 따른 피항동작(被航動作)이 침로를 변경하는 것만으로 이루어질 경우에는 될 수 있으면 다음의 동작은 피하여야 한다.

㉠ 다른 선박이 자기 선박의 양쪽 현의 정횡 앞쪽에 있는 경우 좌현 쪽으로 침로를 변경하는 행위(추월당하고 있는 선박에 대한 경우는 제외한다)

㉡ 자기 선박의 양쪽 현의 정횡 또는 그곳으로부터 뒤쪽에 있는 선박의 방향으로 침로를 변경하는 행위

⑥ 충돌할 위험성이 없다고 판단한 경우 외에는 다음 하나에 해당하는 경우 모든 선박은 자기 배의 침로를 유지하는 데에 필요한 최소한으로 속력을 줄여야 한다. 이 경우 필

요하다고 인정되면 자기 선박의 진행을 완전히 멈추어야 하며, 어떠한 경우에도 충돌할 위험성이 사라질 때까지 주의하여 항행하여야 한다.

㉠ 자기 선박의 양쪽 현의 정횡 앞쪽에 있는 다른 선박에서 무중신호를 듣는 경우

㉡ 자기 선박의 양쪽 현의 정횡으로부터 앞쪽에 있는 다른 선박과 매우 근접한 것을 피할 수 없는 경우

제4절 등화 및 형상물

1. 적 용

① 이 절은 모든 날씨에서 적용한다(법 제78조).

② 선박은 해 지는 시각부터 해 뜨는 시각까지 이 법에서 정하는 등화(燈火, lights)를 표시하여야 하며, 이 시간 동안에는 이 법에서 정하는 등화 외의 등화를 표시하여서는 아니 된다. 다만, 다음 하나에 해당하는 등화는 표시할 수 있다.

㉠ 이 법(해사안전법)에서 정하는 등화로 오인(誤認)되지 아니할 등화

㉡ 이 법에서 정하는 등화의 가시도(可視度)나 그 특성의 식별을 방해하지 아니하는 등화

㉢ 이 법에서 정하는 등화의 적절한 경계(警戒, lookout)를 방해하지 아니하는 등화

③ 이 법에서 정하는 등화를 설치하고 있는 선박은 해 뜨는 시각부터 해 지는 시각까지도 제한된 시계에서는 등화를 표시하여야 하며, 필요하다고 인정되는 그 밖의 경우에도 등화를 표시할 수 있다.

④ 선박은 낮 동안에는 이 법에서 정하는 형상물(形象物, shapes)을 표시하여야 한다.

2. 등화의 종류, 등화 및 형상물의 기준

1) 등화의 종류

선박의 등화(燈火, lights)는 다음과 같다(법 제79조).

① 마스트등(masthead light) : 선수와 선미의 중심선상에 설치되어 225도에 걸치는 수평의 호(弧)를 비추되, 그 불빛이 정선수 방향으로부터 양쪽 현(舷)의 정횡으로부터 뒤쪽 22.5도까지 비출 수 있는 흰색등(燈)

② 현등(舷燈, sidelight) : 정선수 방향에서 양쪽 현으로 각각 112.5도에 걸치는 수평의 호를 비추는 등화로서 그 불빛이 정선수 방향에서 좌현 정횡으로부터 뒤쪽 22.5도까지 비출 수 있도록 좌현에 설치된 붉은색 등과 그 불빛이 정선수 방향에서 우현 정횡으로부터 뒤쪽 22.5도까지 비출 수 있도록 우현에 설치된 녹색등

③ 선미등(船尾燈, sternlight) : 135도에 걸치는 수평의 호를 비추는 흰색등으로서 그 불빛이 정선미 방향으로부터 양쪽 현의 67.5도까지 비출 수 있도록 선미 부분 가까이에

설치된 등

④ 예선등(曳船燈, towing light) : 선미등과 같은 특성을 가진 황색등

⑤ 전주등(全周燈, all-round light) : 360도에 걸치는 수평의 호를 비추는 등화. 다만, 섬광등(閃光燈)은 제외한다.

⑥ 섬광등(閃光燈, flashing light) : 360도에 걸치는 수평의 호를 비추는 등화로서 일정한 간격으로 1분에 120회 이상 섬광을 발하는 등

⑦ 양색등(兩色燈) : 선수와 선미의 중심선상에 설치된 붉은색과 녹색의 두 부분으로 된 등화로서 그 붉은색과 녹색 부분이 각각 현등의 붉은색 등 및 녹색 등과 같은 특성을 가진 등

⑧ 삼색등(三色燈) : 선수와 선미의 중심선상에 설치된 붉은색·녹색·흰색으로 구성된 등으로서 그 붉은색·녹색·흰색의 부분이 각각 현등의 붉은색 등과 녹색 등 및 선미등과 같은 특성을 가진 등

2) 등화 및 형상물의 기준

이 법에서 규정하는 등화의 가시거리(可視距離)·광도(光度) 등 기술적 기준, 등화·형상물의 구조와 설치할 위치 등에 관하여 필요한 사항은 해양수산부장관이 정하여 고시한다(법 제80조).

3. 항행 중인 동력선

1) 항행 중인 동력선

다음의 등화를 표시하여야 한다(법 제81조 제1항).

① 앞 쪽에 마스트등 1개와 그 마스트등보다 뒤쪽의 높은 위치에 마스트등 1개. 다만, 길이 50미터 미만의 동력선은 뒤쪽의 마스트등을 표시하지 아니할 수 있다(제1호).

② 현등 1쌍(길이 20미터 미만의 선박은 이를 대신하여 양색등을 표시할 수 있다. 이하 이절에서 같다)

③ 선미등 1개

2) 공기부양선

수면에 떠있는 상태로 항행 중인 해양수산부령으로 정하는 선박은 제1항에 따른 등화에 덧붙여 사방을 비출 수 있는 황색의 섬광등 1개를 표시하여야 한다(법 제81조 제2항).

3) 수면 비행선박

수면 비행선박이 비행하는 경우에는 제1항에 따른 등화에 덧붙여 사방을 비출 수 있는 고광도 홍색 섬광등 1개를 표시하여야 한다(제3항).

4) 길이 12미터 미만의 동력선

제1항의 규정에 의한 등화를 대신하여 흰색 전주등(全周燈, all round light) 1개와 현등(舷燈) 1쌍을 표시할 수 있다(법 제81조 제4항).

5) 길이 7미터 미만이고 최대속력이 7노트 미만인 동력선

길이 7미터 미만이고 최대속력이 7노트 미만인 동력선(動力船, power driven vessel)은 제1항이나 제4항에 따른 등화를 대신하여 흰색 전주등 1개만을 표시할 수 있으며, 가능한 경우 현등 1쌍도 표시할 수 있다(법 제30조 제5항).

6) 예외의 경우

길이 12미터 미만인 동력선에서 마스트등이나 흰색 전주등을 선수와 선미의 중심선상에 표시하는 것이 불가능할 경우에는 그 중심선 위에서 벗어난 위치에 표시할 수 있다. 이 경우 현등 1쌍은 이를 1개의 등화로 결합하여 선수와 선미의 중심선상 또는 그에 가까운 위치에 표시하되, 그 표시를 할 수 없을 경우에는 될 수 있으면 마스트등이나 흰색 전주등이 표시된 선으로부터 가까운 위치에 표시하여야 한다(제6항).

4. 항행 중인 예인선

1) 끌어서 예인 중인 경우

동력선이 다른 선박이나 물체를 끌고 있는 경우에는 다음의 등화나 형상물(形象物, shape)을 표시하여야 한다(법 제82조 제1항).

① 제81조 제1항 제1호에 따라 앞쪽에 표시하는 마스트등(masthead light)을 대신하여 같은 수직선 위에 마스트등 2개. 다만, 예인선의 선미로부터 끌려가고 있는 선박이나 물체의 뒤쪽 끝까지 측정한 예인선열(曳引船列)의 길이가 200미터를 초과하면 같은 수직선 위에 마스트등 3개

② 현등 1쌍

③ 선미등 1개

④ 선미등의 위쪽에 수직선 위로 예인등 1개

⑤ 예인선열의 길이가 200미터를 초과하면 가장 잘 보이는 곳에 마름모꼴의 형상물 1개

2) 밀거나, 붙여서 끄는 경우

다른 선박을 밀거나 옆에 붙여서 끌고 있는 동력선은 다음의 등화를 표시하여야 한다(법 제82조 제2항).

① 제81조 제1항 제1호에 따라 앞쪽에 표시하는 마스트등을 대신하여 동일 수직선 위로 마스트 등 2개

② 현등 1쌍
③ 선미등 1개

3) 피예인선의 경우

끌려가고 있는 선박이나 물체는 다음의 등화나 형상물을 표시하여야 한다(제3항).
① 현등 1쌍
② 선미등 1개
③ 예인선열의 길이가 200미터를 초과하면 가장 잘 보이는 곳에 마름모꼴의 형상물 1개

4) 2척 이상이 끌려갈 경우

2척 이상의 선박이 한 무리가 되어 밀려가거나 옆에 붙어서 끌려 갈 경우에는 이를 1척의 선박으로 보고 다음의 등화를 표시하여야 한다(제4항).
① 앞쪽으로 밀려가고 있는 선박의 앞쪽 끝에 현등 1쌍
② 옆에 붙어서 끌려가고 있는 선박은 선미등 1개와 그의 앞쪽 끝에 현등 1쌍

5) 물에 잠긴 물체를 끌고 갈 경우

일부가 물에 잠겨 잘 보이지 아니하는 상태에서 끌려가고 있는 선박이나 물체 또는 끌려가고 있는 선박이나 물체의 혼합체는 제3항에도 불구하고 다음의 등화나 형상물을 표시하여야 한(법 제82조 제5항).
① 폭 25미터 미만이면 앞쪽 끝과 뒤쪽 끝 또는 그 부근에 백색의 전주등(全周燈) 각 1개
② 폭 25미터 이상이면 ①에 따른 등화에 덧붙여 그 폭의 양쪽 끝이나 그 부근에 흰색 전주 등 각 1개
③ 길이가 100미터를 초과하면 ① 및 ②에 따른 등화 사이의 거리가 100미터를 넘지 아니하도록 하는 흰색 전주등을 함께 표시
④ 끌려가고 있는 맨 뒤쪽의 선박이나 물체의 뒤쪽 끝 또는 그 부근에 마름모꼴의 형상물 1개. 이 경우 예인선열의 길이가 200미터를 초과하면 가장 잘 볼 수 있는 앞쪽 끝 부분에 마름모꼴의 형상물 1개를 함께 표시한다.

6) 등화가 어려운 경우

① 끌려가고 있는 선박이나 물체에 제3항 또는 제5항의 규정에 의한 등화 또는 형상물을 표시할 수 없는 경우에는 끌려가고 있는 선박이나 물체를 조명하거나 그 존재를 나타낼 수 있는 가능한 모든 조치를 취하여야 한다(법 제82조 제6항).
② 통상적으로 예인작업에 종사하지 아니한 선박이 조난당한 선박이나 구조가 필요한 다른 선박을 끌고 있는 경우로서 제1항이나 제2항에 따른 등화를 표시할 수 없을 때에는 그 등화를 표시하지 아니할 수 있다. 이 경우 끌고 있는 선박과 끌려가고 있는 선

박사이의 관계를 표시하기 위하여 끄는 데 사용되는 줄을 탐조등(探照燈, search light)으로 비추는 등 제94조에 따른 가능한 모든 조치를 취하여야 한다(제7항).

③ 밀고 있는 선박과 밀려가고 있는 선박이 단단하게 연결되어 하나의 복합체를 이룬 경우에는 이를 1척의 동력선으로 보고 제81조(항행 중인 동력선)의 규정을 적용한다(제8항).

5. 항행 중인 범선 등

1) 항행 중인 범선 및 항행 중인 길이 20미터 미만의 범선

다음의 등화를 표시하여야 한다(법 제83조 제1항).

① 현등 1쌍

② 선미등 1개

③ 제1항의 규정에 의한 등화에 대신하여 마스트의 꼭대기나 그 부근의 가장 잘 보이는 곳에 3색등 1개를 표시할 수 있다(제2항).

2) 항행 중인 범선의 부가사항

항행 중인 범선은 제1항에 따른 등화에 덧붙여 마스트의 꼭대기나 그 부근의 가장 잘 보이는 곳에 전주등(全周燈, all round light) 2개를 수직선의 위아래로 표시할 수 있다. 이 경우에 위쪽의 등화는 붉은색, 아래쪽의 등화는 녹색이어야 하며, 이 등화들은 제2항에 따른 3색등과 함께 표시하여서는 아니된다(제3항).

3) 길이 7미터 미만의 범선 및 노도선(櫓櫂船, vessel under oars)

① 될 수 있으면 제1항이나 제2항에 따른 등화를 표시하여야 한다. 다만, 이를 표시하지 아니할 경우에는 흰색 휴대용 전등이나 점화된 등을 즉시 사용할 수 있도록 준비하여 충돌을 방지하기 위하여 충분한 기간 동안 이를 표시하여야 한다(제4항).

② 이 조에 따른 범선의 등화를 표시할 수 있다. 다만, 이를 표시하지 아니하는 경우에는 제4항 단서에 따라야 한다(제5항).

4) 범선이 기관을 동시에 사용하여 진행하고 있는 경우

앞쪽의 가장 잘 보이는 곳에 원뿔꼴로 된 형상물 1개를 그 꼭대기가 아래로 향하도록 표시하여야 한다(제6항).

6. 어 선

1) 트롤망 어선

항망(桁網)이나 그 밖의 어구를 수중에서 끄는 트롤망어로에 종사하는 선박은 항행에 관계없이 다음의 등화나 형상물을 표시하여야 한다(법 제84조 제1항).

① 수직선 위쪽에는 녹색, 그 아래쪽에는 흰색 전주등 각 1개 또는 수직선 위에 2개의 원뿔을 그 꼭대기에서 위아래로 결합한 형상물 1개(제1호)
② 제1호의 녹색 전주등보다 뒤쪽의 높은 위치에 마스트등 1개. 다만, 어로에 종사하는 길이 50미터 미만의 선박은 이를 표시하지 아니할 수 있다(제2호).
③ 대수속력이 있는 경우에는 제1호와 제2호에 따른 등화에 덧붙여 현등 1쌍과 선미등 1개

2) 트롤망 어선 외의 어로 종사선

제1항에 따른 어로에 종사하는 선박 외의 어로에 종사(從事)하는 선박은 항행 여부에 관계없이 다음의 등화나 형상물을 표시하여야 한다(법 제84조 제2항).

① 수직선 위쪽에는 붉은색, 아래쪽에는 흰색 전주등 각 1개 또는 수직선 위에 2개의 원뿔을 그 꼭대기에서 위아래로 결합한 형상물 1개(제1호).
② 수평거리로 150미터가 넘는 어구를 선박 밖으로 내고 있는 경우에는 어구를 내고 있는 방향으로 흰색 전주등 1개 또는 꼭대기를 위로 한 원뿔꼴의 형상물 1개(제2호).
③ 대수속력이 있는 경우에는 제1호와 제2호에 따른 등화에 덧붙여 현등 1쌍과 선미등 1개

3) 트롤망어로와 선망어로 종사 선박

트롤망어로와 선망어로(旋網漁撈)에 종사하고 있는 선박에는 제1항과 제2항에 따른 등화 외에 해양수산부령으로 정하는 추가신호(追加信號)를 표시하여야 한다(법 제84조 제3항).

4) 어로에 종사하지 않는 선박

어로에 종사하고 있지 아니 하는 선박은 이 조에 따른 등화나 형상물을 표시하여서는 아니 되며, 그 선박과 같은 길이의 선박이 표시하여야 할 등화나 형상물 만을 표시하여야 한다(제4항).

어로에 종사하고 있는 선박의 추가신호(규칙 제56조 관련, [별표 16])

<table>
<tr><th>선종</th><th colspan="2">작 업 내 용</th><th>표 시 등 화</th><th>가 시 거 리</th><th>설치기준</th></tr>
<tr><td rowspan="4">트롤 어선</td><td rowspan="3">외끌이의 경우</td><td>어망을 투입하고 있는 경우</td><td>수직선상에 백색 등화 2개</td><td rowspan="4">법 제80조에 따라 해양수산부장관이 정하여 고시하는 기준에 의한 다른 등화보다 그 가시거리가 짧아야 하되, 1해리 이상의 수평선 주위에서 볼 수 있어야 한다.</td><td rowspan="5">0.9미터 이상의 간격으로 설치하여야 한다.</td></tr>
<tr><td>어망을 건져 올리고 있는 경우</td><td>수직선상에 홍색의 등화 1개와 그 윗부분에 백색 등화 1개</td></tr>
<tr><td>어망이 장애물에 걸린 경우</td><td>수직선상에 홍색등화 2개</td></tr>
<tr><td colspan="2">쌍끌이의 경우</td><td>외끌이의 경우에 해당하는 등화 외에 야간에는 한 쌍을 이룬 다른 선박의 진행 방향을 비추는 탐조등 1개</td></tr>
<tr><td>선망 어선</td><td colspan="2">어구에 의하여 조종성능이 제약을 받고 있는 경우</td><td colspan="2">수직선상에 1초마다 번갈아 섬광을 발하며, 꺼지고 켜지는 시간이 동일한 황색의 등화 2개</td></tr>
</table>

7. 조종불능선 · 조종제한선 · 흘수제약선 등

1) 조종불능선

조종불능선(操縱不能船, vessel not under command)은 다음의 등화나 형상물을 표시하여야 한다(법 제85조 제1항).

① 가장 잘 보이는 곳에 수직으로 홍색의 전주등(全周燈, all round light) 2개(제1호)

② 가장 잘 보이는 곳에 수직으로 둥근 꼴이나 그와 비슷한 형상물 2개(제2호)

③ 대수속력이 있는 경우에는 제1호와 제2호에 따른 등화에 덧붙여 현등 1쌍과 선미등 1개

2) 조종제한선

조종제한선(操縱制限船, vessel restricted in her to manoeuvre)은 기뢰 제거작업에 종사하고 있는 경우 외에는 다음의 등화나 형상물을 표시하여야 한다(법 제85조 제2항).

① 가장 잘 보이는 곳에 수직으로 위쪽과 아래쪽에는 붉은색 전주등, 가운데에는 흰색 전주등(全周燈, all round light) 각 1개(제1호)

② 가장 잘 보이는 곳에 수직으로 위쪽과 아래쪽에는 둥근꼴, 가운데에는 마름모꼴의 형상물 각 1개(제2호)

③ 대수속력이 있는 경우에는 제1호에 따른 등화에 덧붙여 마스트등 1개, 현등 1쌍과 선미등 1개

④ 정박중에는 제1호와 제2호에 따른 등화나 형상물에 덧붙여 제88조(정박선과 얹혀있는 선박)에 따른 등화나 형상물

3) 진로 이탈능력 제한 예인작업선

동력선이 진로로부터 이탈능력을 매우 제한받는 예인작업에 종사하고 있는 경우에는 제82조(항행 중인 예인선) 제1항에 따른 등화나 형상물에 덧붙여 제2항 제1호와 제2호에 따른 등화나 형상물을 표시하여야 한다(법 제85조 제3항).

4) 준설이나 수중작업 등으로 인한 조종능력 제한선

준설(浚渫, dredging)이나 수중작업에 종사하고 있는 선박이 조종능력을 제한받고 있는 경우에는 제2항에 따른 등화나 형상물을 표시하여야 하며, 장애물이 있는 경우에는 이에 덧붙여 다음의 등화나 형상물을 표시하여야 한다(제4항).

① 장애물이 있는 쪽을 가리키는 뱃전에 수직으로 붉은색 전주등(全周燈, all round light) 2개나 둥근꼴의 형상물 2개(제1호)

② 다른 선박이 통과할 수 있는 쪽을 가리키는 뱃전에 수직으로 녹색 전주등 2개나 마름모꼴의 형상물 2개(제2호)

③ 정박(碇泊) 중인 때에는 제88조(정박선과 얹혀있는 선박)에 따른 등화나 형상물을 대신하여 제1호와 제2호에 따른 등화나 형상물

5) 잠수작업선

잠수작업(潛水作業, diving operations)에 종사하고 있는 선박은 그의 크기로 인하여 제4항에 따른 등화와 형상물을 표시할 수 없으면 다음의 표시를 하여야 한다(법 제85조 제5항).

① 가장 잘 보이는 곳에 수직으로 위쪽과 아래쪽에는 붉은색 전주등(全周燈, all round light), 가운데에는 흰색 전주등 각 1개

② 국제해사기구(IMO)가 정한 국제신호서에 에이(A, 알파) 기(旗)의 모사판(模寫板)을 1미터 이상의 높이로 하여 사방에서 볼 수 있도록 표시

③ 길이 12미터 미만의 선박은 잠수작업에 종사하고 있는 경우 외에는 이 조에 따른 등화와 형상물을 표시하지 아니할 수 있다(제7항).

6) 기뢰제거작업선

기뢰제거작업(機雷除去作業, mineclearance operatios)에 종사하고 있는 선박은 해당 선박에서 1천 미터 이내로 접근하면 위험하다는 경고(警告, warning)로서 제81조(항행 중인 동력선)에 따른 동력선에 관한 등화, 제88조(정박선과 얹혀있는 선박)에 따른 정박하고 있는 선박에 대한 등화나 형상물에 덧붙여 녹색의 전주등 3개 또는 둥근꼴의 형상물 3개를 표시하여야 한다. 이 경우 이들 등화나 형상물 중에서 1개는 앞쪽 마스트의 꼭대기 부근에 표시하고, 다른 2개는 앞쪽 마스트의 가름대의 양쪽 끝에 1개씩 표시하여야 한다(법 제85조 제6항).

7) 흘수제약선

흘수제약선(吃水制約船, vessel constrained by her draft)은 제81조에 따른 동력선에 대한 등화에 덧붙여 가장 잘 보이는 곳에 붉은색 전주등 3개를 수직으로 표시하거나 원통형의 형상물 1개를 표시할 수 있다(법 제86조).

8. 도선선

1) 도선업무에 종사하고 있는 선박

다음의 등화나 형상물을 표시하여야 한다(법 제87조 제1항).

① 마스트의 꼭대기나 그 부근에 수직선 위쪽에는 흰색 전주등, 아래쪽에는 붉은 색 전주등 각 1개(제1호)

② 항행(航行, under way) 중에는 ①에 따른 등화에 덧붙여 현등 1쌍과 선미등 1개

③ 정박 중에는 ①에 따른 등화에 덧붙여 제88조에 따른 정박하고 있는 선박의 등화나 형상물

2) 도선선이 도선업무에 종사하지 아니할 때

도선선(導船船)이 도선업무에 종사하지 아니할 때에는 그 선박과 동일한 길이의 선박이 표시하여야 할 등화나 형상물을 표시하여야 한다(제2항).

9. 정박선 및 얹혀 있는 선박

① 정박(碇泊) 중인 선박(anchored vessel)은 가장 잘 보이는 곳에 다음의 등화나 형상물을 표시하여야 한다(법 제88조 제1항).
- 앞쪽에 흰색의 전주등(全周燈, all round light) 1개 또는 둥근 꼴의 형상물 1개
- 선미나 그 부근에 ①에 따른 등화보다 낮은 위치에 흰색 전주등 1개

② 길이 50미터 미만인 선박은 제1항의 규정에 따른 등화를 대신하여 가장 잘 보이는 곳에 흰 색 전주등 1개를 표시할 수 있다(제2항).

③ 정박 중인 선박은 갑판(甲板, deck)을 조명하기 위하여 작업등 또는 이와 비슷한 등화를 사용하여야 한다. 다만, 길이 100미터 미만의 선박은 이 등화들을 사용하지 아니할 수 있다(제3항).

④ 얹혀 있는 선박은 제1항이나 제2항에 따른 등화를 표시하여야 하며, 이에 덧붙여 가장 잘 보이는 곳에 다음의 등화나 형상물을 표시하여야 한다(법 제88조 제4항).
- 수직으로 붉은색의 전주등 2개
- 수직으로 둥근꼴의 형상물 3개

⑤ 길이 7미터 미만의 선박이 좁은 수로 등 정박지 안 또는 그 부근과 다른 선박이 통상적으로 항행하는 수역이 아닌 장소에 정박하거나 얹혀있는 경우에는 제1항과 제2항

에 따른 등화나 형상물을 표시하지 아니할 수 있다(제5항).

⑥ 길이 12미터 미만의 선박이 얹혀 있는 경우에는 제4항의 규정에 의한 등화나 형상물을 표시하지 아니할 수 있다(법 제88조 제6항).

10. 수상항공기 및 수면 비행선박

수상항공기 및 수면 비행선박은 이 절(등화와 형상물)에서 규정하는 특성을 가진 등화와 형상물을 표시할 수 없거나 규정된 위치에 표시할 수 없는 경우 그 특성과 위치에 관하여 될 수 있으면 이 절에서 규정하는 것과 비슷한 등화나 형상물을 표시하여야 한다(법 제89조).

제5절 음향신호와 발광신호

1. 기적의 종류

"기적"(汽笛, blast, whistle)이란 다음의 구분에 따라 단음과 장음을 발할 수 있는 음향신호장치(音響信號裝置, equipment for sound signals)를 말한다(제90조).

① 단음(短音, short blast) : 1초 정도 계속되는 고동소리

② 장음(長音, prolonged blast) : 4초부터 6초까지의 시간 동안 계속되는 고동소리

2. 음향신호설비

① 길이 12미터 이상의 선박은 기적 1개를, 길이 20미터 이상의 선박은 기적 1개 및 호종(號鐘, signal bell) 1개를 갖추어 두어야 하며, 길이 100미터 이상의 선박은 이에 덧붙여 호종과 혼동되지 아니하는 음조와 소리를 가진 징을 갖추어 두어야 한다. 다만, 호종과 징(gong)은 각각 그것과 음색이 같고 이 법에서 규정한 신호를 수동으로 행할 수 있는 다른 설비로 대체할 수 있다(법 제91조 제1항).

② 길이 12미터 미만의 선박은 제1항에 따른 음향신호설비(音響信號設備, equipment for sound signals)를 갖추어 두지 아니하여도 된다. 다만, 이들을 갖추어 두지 아니하는 경우에는 유효한 음향신호를 낼 수 있는 다른 기구를 갖추어 두어야 한다.

③ 선박이 갖추어 두어야 할 기적·호종 및 징의 기술적 기준과 기적의 위치 등에 관하여는 해양수산부장관이 정하여 고시한다.

3. 조종신호와 경고신호

1) 기적신호

항행 중인 동력선이 서로 상대의 시계 안에 있는 경우에 이 법의 규정에 따라 그 침로를 변경하거나 그 기관을 후진하여 사용할 때에는 다음의 구분에 따라 기적신호(汽笛信

號, blast signal)를 행하여야 한다(법 제92조 제1항).

① 침로(針路, course)를 오른쪽으로 변경하고 있는 경우 : 단음 1회

② 침로를 왼쪽으로 변경하고 있는 경우 : 단음 2회

③ 기관을 후진하고 있는 경우 : 단음 3회

2) 발광신호 및 그 요건

항행 중인 동력선은 다음의 구분에 따라 발광신호(發光信號, light signal)를 적절히 반복하여 제1항에 따른 기적신호를 보충할 수 있다(법 제92조 제2항).

① 침로를 오른쪽으로 변경하고 있는 경우 : 섬광(閃光, flashing light) 1회

② 침로를 왼쪽으로 변경하고 있는 경우 : 섬광 2회

③ 기관을 후진하고 있는 경우 : 섬광 3회

④ 제2항에 따른 섬광의 지속시간 및 섬광과 섬광사이의 간격은 1초 정도로 하되, 반복되는 신호사이의 간격은 10초 이상으로 하며, 이 발광신호에 사용되는 등화는 적어도 5해리(海里)의 거리에서 볼 수 있는 백색의 전주등이어야 한다(법 제92조 제3항).

3) 좁은 수로 등에서의 기적신호

선박이 좁은 수로 등에서 서로 상대의 시계 안에 있는 경우 기적신호를 할 때에는 다음에 따라 행하여야 한다(법 제92조 제4항).

① 다른 선박의 우현쪽으로 추월하려는 경우에는 장음 2회와 단음 1회(— — ·)의 순서로 의사를 표시할 것

② 다른 선박의 좌현쪽으로 추월하려는 경우에는 장음 2회와 단음 2회(— — · ·)의 순서로 의사를 표시할 것

③ 추월당하는 선박이 다른 선박의 추월에 동의할 경우에는 장음 1회, 단음 1회(— · ,— ·)의 순서로 2회에 걸쳐 동의의사를 표시할 것

4) 서로 상대의 시계 안에 있는 선박이 접근하고 있을 경우

서로 상대의 시계(視界, visibility) 안에 있는 선박이 접근하고 있을 경우에는 하나의 선박이 다른 선박의 의도(意圖) 또는 동작(動作)을 이해할 수 없거나 다른 선박이 충돌을 피하기 위하여 충분한 동작을 취하고 있는 지의 여부가 분명하지 아니한 경우에는 그 사실을 안 선박이 즉시 기적으로 단음을 5회 이상 재빨리 울려 그 사실을 표시하여야 한다. 이 경우 의문신호(疑問信號)는 5회 이상의 짧고 빠르게 섬광을 발하는 발광신호로써 보충할 수 있다(법 제92조 제5항).

5) 장애물 등으로 시계가 가렸을 때

좁은 수로 등의 굽은 부분이나 장애물 때문에 다른 선박을 볼 수 없는 수역에 접근하

는 선박은 장음으로 1회의 기적신호를 울려야 한다. 이 경우 그 선박에 접근하고 있는 다른 선박이 굽은 부분의 부근이나 장애물의 뒤쪽에서 그 기적신호를 들은 경우에는 장음 1회의 기적신호를 울려 이에 응답하여야 한다(제6항).

6) 둘 이상의 기적을 갖추어 두고 있는 선박

100미터 이상의 거리를 두고 2이상의 기적(汽笛, blast)을 비치하고 있는 선박이 조종신호 및 경고신호를 울릴 때에는 그 중 하나만을 사용하여야 한다(제7항).

4. 제한된 시계 안에서의 음향신호

1) 시계가 제한된 수역이나 그 부근에 있는 모든 선박

시계(視界, visibility)가 제한된 수역이나 그 부근에 있는 모든 선박은 밤낮에 관계없이 다음에 따른 신호를 하여야 한다(법 제93조 제1항).

① 항행 중인 동력선(動力船, power-driven vseel)은 대수속력이 있는 경우에는 2분을 넘지 아니하는 간격으로 장음 1회를 울려야 한다(제1호).

② 항행 중인 동력선은 정지하여 대수속력이 없는 경우에는 장음 사이의 간격을 2초 정도로 연속하여 장음을 2회 울리되, 2분을 넘지 아니하는 간격으로 울려야 한다.

③ 조종불능선, 조종제한선, 흘수제약선, 범선, 어로작업을 하고 있는 선박 또는 다른 선박을 끌고 있거나 밀고 있는 선박은 ①과 ②에 따른 신호를 대신하여 2분을 넘지 아니하는 간격으로 연속하여 3회의 기적(장음 1회에 이어 단음 2회를 말한다)을 울려야 한다.

④ 끌려가고 있는 선박(2척 이상의 선박이 끌려가고 있는 경우에는 제일 뒤쪽의 선박)은 승무원이 있을 경우에는 2분을 넘지 아니하는 간격으로 연속하여 4회의 기적(장음 1회에 이어 단음 3회를 말한다)을 울릴 것. 이 경우 신호는 될 수 있는 대로 끌고 있는 선박이 행하는 신호의 직후에 울려야 한다.

⑤ 정박 중인 선박은 1분을 넘지 아니하는 간격으로 5초 정도 재빨리 호종(號鐘, signal bell)을 울릴 것. 다만, 정박하여 어로작업을 하고 있거나 작업 중인 조종제한선은 ③에 따른 신호를 울려야 하고, 길이 100미터 이상의 선박에 있어서는 호종을 선박의 앞쪽에서 울리되, 호종을 울린 직후에 뒤쪽에서 징(gong)을 5초 정도 재빨리 울려야 하며, 접근하여 오는 선박에 대하여 자기 선박의 위치와 충돌의 가능성을 경고할 필요가 있는 경우에는 이에 덧붙여 연속하여 3회(단음 1회, 장음 1회, 단음 1회)의 기적을 울릴 수 있다(제5호).

⑥ 얹혀있는 선박 중 길이 100미터 미만의 선박은 1분을 넘지 아니하는 간격으로 재빨리 호종을 5초 정도 울림과 동시에 그 직전과 직후에 호종을 각각 3회 똑똑히 울릴 것. 이 경우 그 선박은 이에 덧붙여 적절한 기적신호를 울릴 수 있다.

⑦ 얹혀 있는 선박중 길이 100미터 이상의 선박은 그 앞쪽에서 1분을 넘지 아니하는 간격으로 재빨리 호종을 5초 정도 울림과 동시에 그 직전과 직후에 호종을 각각 3회씩 똑똑히 울리고, 뒤쪽에서는 그 호종의 마지막 울림 직후에 재빨리 징을 5초 정도 울릴 것. 이 경우 그 선박은 이에 덧붙여 알맞은 기적신호를 행할 수 있다.

⑧ 길이 12미터 미만의 선박은 ①부터 ⑦까지의 규정에 따른 신호를, 길이 12미터 이상 20미터 미만인 선박은 ⑤부터 ⑦까지의 규정에 따른 신호를 하지 아니할 수 있다. 다만, 그 신호를 하지 아니한 경우에는 2분을 넘지 아니하는 간격으로 다른 유효한 음향신호를 하여야 한다.

다만, 그 신호를 하지 아니하는 경우에는 2분을 넘지 아니하는 간격으로 다른 유효한 음향신호(音響信號, sound signal)를 하여야 한다.

⑨ 도선선(導船船, pilot vessel)이 도선업무를 하고 있는 경우에는 ①, ② 또는 ⑤에 따른 신호에 덧붙여 단음 4회로 식별신호(識別信號)를 할 수 있다.

2) 예인선과 피예인선이 복합체를 이룬 경우

밀고 있는 선박과 밀려가고 있는 선박이 단단하게 연결되어 하나의 복합체를 이룬 경우에는 이를 1척의 동력선으로 보고 제1항을 적용한다(법 제93조 제2항).

5. 주의환기신호

① 모든 선박은 다른 선박의 주의를 환기(喚起)시키기 위하여 필요하면 이 법에서 정하는 다른 신호로 오인(誤認)되지 아니하는 발광신호 또는 음향신호를 하거나 다른 선박에 지장을 주지 아니 하는 방법으로 위험이 있는 방향에 탐조등(探照燈, searchlight)을 비출 수 있다(법 제94조 제1항).

② 선박의 주의를 환기시키기 위한 발광신호나 탐조등은 항행보조시설로 오인되지 아니하는 것이어야 하며, 스트로보등(strobo燈)이나 그 밖의 강력한 빛이 점멸(點滅)하거나 회전하는 등화를 사용하여서는 아니 된다(제2항).

6. 조난신호

① 선박이 조난(遭難, distress)을 당하여 구원을 요청하는 경우에는 국제해사기구가 정하는 신호를 하여야 한다(법 제95조 제1항).

② 선박은 제1항에 따른 목적 외에 같은 항에 따른 신호 또는 이와 오인될 위험이 있는 신호를 하여서는 아니 된다(제2항).

제6절 특수한 상황에서 선박의 항법 등

1. 절박한 위험에 있는 특수한 상황

① 선박, 선장, 선박소유자 또는 해원(海員, seafarers)은 다른 선박과의 충돌 위험 등 절박한 위험이 있는 모든 특수한 상황(관계 선박의 성능의 한계에 따른 사정을 포함한다. 이하 같다)에 합당한 주의를 하여야 한다(법 제96조 제1항).

② 제1항에 따른 절박한 위험이 있는 특수한 상황에 처한 경우에는 그 위험을 피하기 위하여 제1절(모든 시계상태에서의 항법)부터 제2절(선박이 서로 시계 안에 있는 때의 항법), 제3절(제한된 시계에서 선박의 항법)까지에 따른 항법을 따르지 아니할 수 있다.

③ 선박, 선장, 선박소유자 또는 해원은 이 법의 규정을 태만히 이행하거나 특수한 상황에 요구되는 주의를 게을리함으로써 발생한 결과에 대하여는 면책되지 아니한다.

2. 등화 및 형상물의 설치와 표시에 관한 특례

선박의 구조나 그 운항의 성질상 이 절에 따른 등화나 형상물을 설치 또는 표시할 수 없거나 표시할 필요가 없는 선박에 대하여는 해양수산부령으로 정하는 바에 따라 등화 및 형상물의 설치와 표시에 관한 특례(特例)를 정할 수 있다(법 제97조).

제7장 보칙 및 벌칙

1. 해양안전헌장과 해양안전의 날 등

① 해양수산부장관은 국민의 해양안전에 관한 의식을 고취하고 해양사고를 예방하기 위하여 해양안전에 관한 사항과 해사안전관리 등 해양안전과 관련된 업무에 종사하는 자가 준수하여야 할 사항 등을 규정한 해양안전헌장을 제정・고시할 수 있다(법 제97조의 2 제1항).

② 해양안전과 관련된 행정기관 등은 제1항에 따른 해양안전헌장을 관계 시설이나 선박 등에 게시하는 등 해양안전헌장의 내용을 관계자에게 널리 알리고 이를 실천할 수 있도록 필요한 조치를 하여야 한다.

③ 해양수산부장관은 대통령령으로 정하는 바에 따라 국민의 해양안전에 관한 의식을 고취하기 위하여 해양안전의 날을 정하고 필요한 행사 등을 할 수 있다(법 제97조의 3).

2. 청 문

해양수산부장관이나 국민안전처장관은 다음 하나에 해당하는 처분을 하려면 청문(聽聞, hearing)을 하여야 한다(법 제98조).

① 제13조 제3항에 따른 공사 또는 작업 허가의 취소

② 제23조 제1항에 따른 안전진단대행업자 등록의 취소
③ 제48조 제5항에 따른 정부대행기관 지정의 취소
④ 제54조 제1항에 따른 안전관리대행업 등록의 취소
⑤ 제57조의 2 제4항에 따른 해사안전 우수사업자 지정의 취소 또는 지정 효력의 정지

3. 권한의 위임 · 위탁

① 이 법에 따른 해양수산부장관 또는 국민안전처장관의 권한은 대통령령으로 정하는 바에 따라 그 일부를 그 소속 기관의 장 또는 지방자치단체의 장에게 위임할 수 있다(법 제99조).
② 이 법에 따른 해양수산부장관의 권한은 대통령령으로 정하는 바에 따라 그 일부를 국민안전처장관 또는 그 소속기관의 장에게 위탁(委託)할 수 있다.
③ 해양수산부장관은 제4조 제3항에 따른 해사안전에 관한 국제협력 등 이 법에 따른 업무의 일부를 대통령령으로 정하는 바에 따라 해사안전과 관련된 전문기관 중 해양수산부장관이 정하여 고시하는 전문기관에 위탁할 수 있다.

4. 비밀유지

다음 하나에 해당하는 업무에 종사하거나 종사하였던 사람은 그 직무상 알게 된 비밀을 타인에게 누설(漏泄)하거나 직무상 목적 외에 사용하여서는 아니 된다. 다만, 해사안전(海事安全)을 위하여 해양수산부장관이 필요하다고 인정하면 그러하지 아니하다(법 제100조).

① 제48조 제1항에 따른 인증심사의 대행 업무
② 제99조 제2항에 따라 전문기관에 위탁된 업무

5. 행정대집행의 적용 특례

① 해양수산부장관은 제26조 제2항 및 제28조 제2항에 따른 항행장애물의 표시 · 제거 명령을 신속하게 시행하여야 할 긴급한 필요가 있으나 「행정대집행법(行政代執行法)」 제3조 제1항 및 제2항에 따른 절차에 따르면 그 목적을 달성하기가 곤란한 경우에는 해당 절차를 거치지 아니하고 필요한 조치를 할 수 있다(법 제101조 제1항).
② 제1항에 따른 대집행(代執行, execution of proxy)으로 제거된 선박 등의 보관 및 처리에 관하여 필요한 사항은 대통령령으로 정한다.

6. 벌칙 적용 시 공무원 의제

제48조 제1항에 따라 해양수산부장관의 업무를 대행하는 정부대행기관 및 제99조 제2항에 따라 위탁받은 업무에 종사하는 전문기관의 임직원은 「형법」 제129조(수뢰, 사전수

뢰)부터 제132조(알선수뢰)까지의 규정을 적용할 때에는 공무원으로 본다(법 제102조).

제8장 벌 칙

1. 벌 칙

① 제18조 제4항에 따른 사업중지명령을 위반한 자는 5년 이하의 징역 또는 5천 만원 이하의 벌금(罰金, fine)에 처한다(법 제103조).

② 다음 하나에 해당하는 자는 3년 이하의 징역(懲役, imprisonment) 또는 3천 만원 이하의 벌금에 처한다(법 제104조).

- 제41조 제1항을 위반하여 술에 취한 상태에서 「선박직원법」 제2조 제1호에 따른 선박(같은 호 각 목의 어느 하나에 해당하는 외국선박을 포함한다)의 조타기를 조작하거나 그 조작을 지시한 운항자 또는 도선을 한 자
- 제41조 제2항을 위반하여 국민안전처 소속 경찰공무원의 측정 요구에 따르지 아니한 「선박직원법」 제2조 제1호에 따른 선박(같은 호 각 목의 어느 하나에 해당하는 외국 선박을 포함한다)의 조타기를 조작하거나 그 조작을 지시한 운항자 또는 도선을 한 자
- 제41조의 2를 위반하여 약물・환각물질의 영향으로 인하여 정상적으로 「선박직원법」 제2조 제1호에 따른 선박의 조타기를 조작하거나 그 조작을 지시하는 행위 또는 도선을 하지 못할 우려가 있는 상태에서 조타기를 조작하거나 그 조작을 지시한 운항자 또는 도선을 한 자
- 제100조를 위반하여 업무를 수행하는 과정에서 알게 된 비밀을 누설한 자나 직무상 목적 외에 사용한 자

③ 다음 하나에 해당하는 자는 1년 이하의 징역 또는 1천 만원 이하의 벌금에 처한다(법 제106조).

- 제8조 제2항을 위반하여 허가없이 보호수역에 입역한 자
- 제8조 제3항의 허가조건을 위반한 자
- 제12조 제2항을 위반하여 교통안전특정해역에서 어망 또는 그 밖에 선박의 통항에 영향을 주는 어구 등을 설치하거나 양식어업을 한 자
- 제13조 제1항에 따른 허가를 받지 아니하고 교통안전특정해역에서 공사나 작업을 한 자
- 제14조 제1항을 위반하여 유조선통항금지해역에서 항행한 자
- 제15조 제1항에 따른 해상교통안전진단을 실시하지 아니하고 사업을 시행하거나 해상교통안전진단 절차가 끝나기 전에 사업을 시행한 자
- 제15조 제2항에 따른 안전진단서를 거짓으로 작성하여 제출한 자
- 제19조 제2항에 따른 안전진단대행업자의 등록을 하지 아니하고 해상교통안전진단

을 대행한 자
- 제23조 제1항에 따라 등록이 취소되거나 영업정지명령을 받은 후 해상교통안전진단을 대행한 자(제24조에 따라 해상교통안전진단을 대행한 경우는 제외한다)
- 제34조 제2항에 따른 방치 선박의 이동 · 인양 또는 어망 등 어구의 제거 명령을 위반한 자
- 제35조 제1항을 위반한 자 또는 같은 조 제3항을 위반하여 물러가지 아니한 자
- 제40조 제1항에 따른 정선명령이나 회항명령을 위반한 자
- 제47조 제2항 본문을 위반하여 인증심사에 합격하지 아니한(제49조 제6항 및 제7항에 따라 선박안전관리증서나 안전관리적합증서의 효력이 정지된 경우를 포함한다) 선박을 항행에 사용한 자
- 거짓이나 그 밖의 부정한 방법으로 제49조 제1항 및 제2항에 따른 선박안전관리증서 · 안전관리적합증서 · 임시선박안전관리증서 또는 임시안전관리적합증서를 받은 자
- 제51조 제1항을 위반하여 등록을 하지 아니하고 안전관리대행업을 한 자
- 제59조 제1항에 따른 개선명령을 위반한 자
- 「해운법」 제2조 제2호에 따른 해상여객운송사업에 종사하는 선박의 선장이나 선박소유자로서 제43조 제1항에 따른 신고를 하지 아니하였거나 또는 게을리하였거나 거짓으로 신고한 자
- 「해운법」 제2조 제2호에 따른 해상여객운송사업에 종사하는 선박의 선장이나 선박소유자로서 제43조 제3항 · 제4항에 따른 명령을 위반한 자

④ 다음 하나에 해당하는 자는 500만원 이하의 벌금에 처한다(법 제107조).
- 제11조 각 호에 따른 명령을 위반한 자
- 제13조 제4항을 위반하여 해당 구조물을 제거하지 아니하거나 원래 상태로 복구하지 아니한 자
- 제36조 제2항 본문에 따른 선박교통관제에 정당한 사유없이 따르지 아니한 자
- 제106조제18호 외의 선박의 선장이나 선박소유자로서 제43조 제3항 · 제4항에 따른 명령을 위반한 자

⑤ 제38조(선박 출항통제) 제1항에 따른 명령을 위반한 자는 300만원 이하의 벌금에 처한다(법 제108조).

2. 양벌규정

법인(法人)의 대표자나 법인 또는 개인의 대리인, 사용인, 그 밖의 종업원이 그 법인 또는 개인의 업무에 관하여 제103조부터 제108조까지의 어느 하나에 해당하는 위반행위를 하면 그 행위자를 벌하는 외에 그 법인 또는 개인에게도 해당 조문(條文)의 벌금형을 과(科)한다. 다만, 법인 또는 개인이 그 위반행위를 방지하기 위하여 해당 업무에 관하여 상당한 주의와 감독을 게을리하지 아니한 경우에는 그러하지 아니하다(법 제109조).

제11편 해양환경관리법

제1장 총 칙

1. 목적 및 정의

이 법은 해양환경의 보전 및 관리에 관한 국민의 의무와 국가의 책무(責務)를 명확히 하고 해양환경의 보전을 위한 기본사항을 정함으로써 해양환경의 훼손(毁損) 또는 해양오염(海洋汚染)으로 인한 위해를 예방하고 깨끗하고 안전한 해양환경을 조성하여 국민의 삶의 질을 높이는데 이바지함을 목적으로 한다(법 제1조).

2. 정 의

이 법에서 사용하는 용어의 뜻은 다음과 같다(법 제2조).

① "해양환경(海洋還境)"이라 함은 해양에 서식하는 생물체와 이를 둘러싸고 있는 해양수(海洋水)·해양지(海洋地)·해양대기(海洋大氣) 등 비생물적 환경 및 해양에서의 인간의 행동양식을 포함하는 것으로서 해양의 자연 및 생활상태를 말한다.

② "해양오염(海洋汚染)"이라 함은 해양에 유입(流入)되거나 해양에서 발생되는 물질 또는 에너지로 인하여 해양환경에 해로운 결과를 미치거나 미칠 우려가 있는 상태를 말한다.

③ "배출(排出)"이라 함은 오염물질 등을 유출·투기하거나 오염물질 등이 누출(漏出)·용출(溶出)되는 것을 말한다. 다만, 해양오염의 감경·방지 또는 제거를 위한 학술목적의 조사·연구의 실시로 인한 유출·투기 또는 누출·용출을 제외한다.

④ "폐기물(廢棄物)"이라 함은 해양에 배출되는 경우 그 상태로는 쓸 수 없게 되는 물질로서 해양환경에 해로운 결과를 미치거나 미칠 우려가 있는 물질(제5호·제7호 및 제8호에 해당하는 물질을 제외한다)을 말한다.

⑤ "기름"이라 함은 「석유 및 석유대체연료 사업법」에 따른 원유 및 석유제품(석유가스를 제외한다)과 이들을 함유하고 있는 액체상태의 유성혼합물(이하 "액상유성혼합물"이라 한다) 및 폐유를 말한다(제5호).

⑥ "밸러스트수"라 함은 선박의 중심을 잡기 위하여 선박에 싣는 물을 말한다.

⑦ "유해액체물질(有害液體物質)"이라 함은 해양환경에 해로운 결과를 미치거나 미칠 우

려가 있는 액체물질(기름을 제외한다)과 그 물질이 함유된 혼합 액체물질로서 해양수산부령이 정하는 것을 말한다.

⑧ "포장유해물질(包裝有害物質)"이라 함은 포장된 형태로 선박에 의하여 운송되는 유해물질 중 해양에 배출되는 경우 해양환경에 해로운 결과를 미치거나 미칠 우려가 있는 물질로서 해양수산부령이 정하는 것을 말한다(제8호).

⑨ "유해방오도료(有害防汚塗料)"라 함은 생물체의 부착을 제한·방지하기 위하여 선박 또는 해양시설 등에 사용하는 도료(이하 "방오도료"라 한다) 중 유기주석 성분 등 생물체의 파괴작용을 하는 성분이 포함된 것으로서 해양수산부령이 정하는 것을 말한다.

⑩ "잔류성유기오염물질(殘留性有機汚染物質)"이라 함은 해양에 유입되어 생물체에 농축되는 경우 장기간 지속적으로 급성·만성의 독성 또는 발암성을 야기하는 화학물질로서 해양수산부령이 정하는 것을 말한다.

⑪ "오염물질(汚染物質)"이라 함은 해양에 유입 또는 해양으로 배출되어 해양환경에 해로운 결과를 미치거나 미칠 우려가 있는 폐기물·기름·유해액체물질 및 포장유해물질을 말한다.

⑫ "오존층파괴물질"이라 함은 「오존층 보호를 위한 특정물질의 제조규제 등에 관한 법률」 제2조 제1호에 해당하는 물질을 말한다.

⑬ "대기오염물질(大氣汚染物質)"이란 오존층파괴물질, 휘발성유기화합물과 「대기환경보전법」 제2조 제1호의 대기오염물질 및 같은 조 제3호의 온실가스 중 이산화탄소를 말한다.

⑭ "황산화물배출규제해역(黃酸化物排出規制海域)"이라 함은 황산화물에 따른 대기오염 및 이로 인한 육상과 해상에 미치는 악영향을 방지하기 위하여 선박으로부터의 황산화물 배출을 특별히 규제하는 조치가 필요한 해역으로서 해양수산부령이 정하는 해역을 말한다.

⑮ "휘발성유기화합물(揮發性有機化合物)"이라 함은 탄화수소류 중 기름 및 유해액체물질로서 「대기환경보전법」 제2조 제10호에 해당하는 물질을 말한다.

⑯ "선박(船舶)"이라 함은 수상 또는 수중에서 항해용으로 사용하거나 사용될 수 있는 것(선외기를 장착한 것을 포함한다) 및 해양수산부령이 정하는 고정식·부유식 시추선 및 플랫폼을 말한다.

⑰ "해양시설(海洋施設)"이라 함은 해역(「항만법」 제2조 제1호의 규정에 따른 항만을 포함한다. 이하 같다)의 안 또는 해역과 육지 사이에 연속하여 설치·배치하거나 투입되는 시설 또는 구조물로서 해양수산부령이 정하는 것을 말한다.

⑱ "선저폐수(船底廢水)"라 함은 선박의 밑바닥에 고인 액상유성혼합물을 말한다.

⑲ "항만관리청(港灣管理廳)"이라 함은 「항만법」 제20조의 관리청, 「어촌·어항법」 제35조의 어항관리청 및 「항만공사법」에 따른 항만공사(港灣公社)를 말한다.

⑳ "해역관리청(海域管理廳)"이란 「영해 및 접속수역법」에 따른 영해 및 내수의 경우에는

해당 광역시장 · 도지사 및 특별자치도지사(이하 "시 · 도지사"라 한다)로 하며, 다음의 하나에 해당하는 경우에는 해양수산부장관을 말한다.

가. 「배타적경제수역법」 제2조 규정에 따른 배타적경제수역 및 대통령령이 정하는 해역

나. 대통령령이 정하는 항만 안의 해역

㉑ "선박에너지효율"이란 선박이 화물운송과 관련하여 사용한 에너지량을 이산화탄소 발생비율로 나타낸 것을 말한다.

㉒ "선박에너지효율설계지수"란 1톤의 화물을 1해리 운송할 때 배출되는 이산화탄소량을 해양수산부장관이 정하여 고시하는 방법에 따라 계산한 선박에너지효율을 나타내는 지표를 말한다.

3. 적용범위

① 이 법은 다음의 해역 · 수역 · 구역 및 선박 · 해양시설 등에서의 해양환경관리에 관하여 적용한다. 다만, 방사선물질(放射性物質)과 관련한 해양환경관리 및 해양오염방지에 대하여는 「원자력안전법」이 정하는 바에 따른다(법 제3조 제1항).

- 「영해 및 접속수역법」에 따른 영해 및 대통령령이 정하는 해역
- 「배타적경제수역법」 제2조의 규정에 따른 배타적경제수역
- 제15조의 규정에 따른 환경관리해역
- 「해저광물자원 개발법」 제3조의 규정에 따라 지정된 해저광구(海底鑛區)

② 제1항 각 호의 해역 · 수역 · 구역 밖에서 「선박법」 제2조의 규정에 따른 대한민국 선박(이하 "대한민국선박"이라 한다)에 의하여 행하여진 해양오염의 방지에 관하여는 이 법을 적용한다.

③ 대한민국선박 외의 선박(이하 "외국선박"이라 한다)이 제1항 각 호의 해역 · 수역 · 구역 안에서 항해 또는 정박하고 있는 경우에는 이 법을 적용한다. 다만, 제32조, 제49조부터 제54조까지, 제54조의2, 제56조부터 제58조까지, 제60조, 제112조 및 제113조의 규정은 국제항해에 종사하는 외국선박에 대하여 적용하지 아니한다.

④ 제44조의 규정에 따른 연료유의 황함유량 기준 및 제45조의 규정에 따른 연료유의 품질기준에 관하여 이 법에서 규정하고 있는 경우를 제외하고는 「석유 및 석유대체연료 사업법」 및 「대기환경보전법」이 정하는 바에 따른다.

⑤ 오염물질의 처리는 이 법에서 규정하고 있는 경우를 제외하고는 「폐기물관리법」 · 「수질 및 수생태계 보전에 관한 법률」, 「하수도법」 및 「가축분뇨의 관리 및 이용에 관한 법률」에서 정하는 바에 따른다.

⑥ 선박의 디젤기관으로부터 발생하는 질소산화물 등 대기오염물질의 배출허용기준에 관하여 이 법에서 규정하고 있는 경우를 제외하고는 「대기환경보전법」이 정하는 바에 따른다.

해양시설의 범위(제3조 관련, [별표 1])

구분	시설의 종류	범위
1. 기름, 유해액체물질, 폐기물, 그 밖의 물건의 공급(공급받는 경우를 포함한다)·처리 또는 저장 등의 목적으로 해역 안 또는 해역과 육지 사이에 연속하여 설치·배치된 시설 또는 구조물(해역과 일시적으로 연결되는 시설 또는 구조물을 포함한다)	가. 기름 및 유해액체물질 저장(비축을 포함한다)시설	계류시설(돌핀), 선박과 저장시설을 연결하는 이송설비, 저장시설, 자가처리시설
	나. 법 제38조에 따른 오염물질저장시설	저장시설, 교반시설, 처리시설
	다. 선박 건조 및 수리시설, 해체시설	저장시설, 상가시설 및 수리시설(이동식 시설은 제외한다)
	라. 시멘트·석탄·사료·곡물·고철·광석·목재·토사의 하역시설	해양수산부장관이 정하여 고시하는 계류시설, 하역설비(컨베이어 벨트를 포함한다)
	마. 폐기물해양배출업자의 폐기물저장시설	폐기물저장시설, 교반시설 및 이송관
2. 해양레저, 관광, 주거, 해수이용, 그 밖의 목적으로 해역 안 또는 해역과 육지 사이에 연속하여 설치·배치·투입된 시설 또는 구조물	가. 연면적 100㎡ 이상의 해상관광시설, 주거시설(호텔·콘도), 음식점(「선박안전법」상 선박은 제외한다)	해역 안에 설치된 시설, 해역과 육지 사이에 연속하여 설치된 시설의 경우에는 취수 및 배수 시설(배관을 포함한다)
	나. 관경의 지름이 600㎜ 이상의 취수·배수시설(관이 2개 이상인 경우는 각각의 지름을 합한다)	취수 및 배수시설(배관을 포함한다)
	다. 유어장	유어시설, 가두리낚시터
	라. 그 밖의 시설	해상송전철탑, 해저광케이블, 해상부유구조물
3. 그 밖에 해역 안에 설치·배치·투입된 시설 또는 구조물	「해양수산발전기본법」 제17조 제1항에 따른 국가해양관측을 위한 종합해양과학기지	기상관측 등 그 밖의 목적시설

〈비고〉

1. 자가처리시설(自家處理施設)이란 해양시설의 소유자가 그의 해양시설에서 발생하거나 기름 및 유해액체물질을 선박으로부터 공급받거나 선박에 공급하는 과정에서 생기는 기름 및 유해액체물질을 처리하기 위한 시설을 말한다.
2. 처리시설이란 선박 또는 해양시설에서 수거한 유성혼합물을 처리하기 위한 유수분리시설 등의 시설을 말한다.

4. 국제협약과의 관계 및 국가의 책무 등

1) 국제협약과의 관계

해양환경 및 해양오염과 관련하여 국제적으로 발효된 국제협약에서 정하는 기준과 이 법에서 규정하는 내용이 다른 때에는 국제협약의 효력을 우선한다. 다만, 이 법의 규정 내용이 국제협약의 기준보다 강화된 기준을 포함하는 때에는 그러하지 아니하다(법 제4조).

2) 국가의 책무 등

① 국가와 지방자치단체는 해양오염으로 인한 위해(危害)를 예방하고 훼손된 해양환경을 복원하는 등 해양환경의 적정한 보전・관리에 필요한 시책(施策)을 수립・시행하여야 한다(법 제5조 제1항).

② 해양에서의 개발・이용행위 등 해양환경에 영향을 미치는 행위 또는 사업을 행하는 자는 해양오염 및 해양환경의 훼손(毁損)을 최소화하도록 필요한 조치를 하여야 한다.

③ 모든 국민은 건강하고 쾌적한 해양환경에서 생활할 권리를 가지며, 국가와 지방자치단체가 시행하는 해양환경의 보전・관리와 관련한 시책에 적극 협력하여야 한다.

3) 해양환경 관련 과학기술 및 국제협력의 촉진

① 해양수산부장관은 해양환경의 효과적인 관리 및 선박에너지효율의 개선에 필요한 과학기술을 개발하고 관련 산업의 발전을 촉진시키기 위하여 필요한 시책을 강구하여야 한다(법 제6조 제1항).

② 해양수산부장관은 해양환경의 보전・관리, 해양오염방지 및 선박에너지효율의 개선에 공동으로 대처하기 위하여 외국의 정부 또는 해양환경 관련 국제기구와 협력하여 필요한 사업을 실시할 수 있다. 이 경우 당해 사업에 우리나라의 관련 연구기관 및 학술기관 등을 공동으로 참여하게 할 수 있다(제2항).

③ 해양수산부장관은 제2항 후단의 규정에 따라 공동으로 참여하는 관련 연구기관 및 학술기관에 대하여 예산의 범위 안에서 필요한 지원을 할 수 있다.

④ 제2항 및 제3항의 규정에 따른 국제협력 사업의 종류와 공동 참여기관 및 지원 등에 관하여 필요한 사항은 대통령령으로 정한다.

4) 오염원인자 책임의 원칙

자기의 행위 또는 사업활동으로 인하여 해양환경의 훼손 또는 해양오염을 야기한 자(이하 "오염원인자"라 한다)는 훼손・오염된 해양환경을 복원할 책임을 지며, 해양환경의 훼손・오염으로 인한 피해의 구제에 소요되는 비용을 부담함을 원칙으로 한다(법 제7조).

제2장 해양환경의 보전·관리를 위한 조치

제1절 해양환경기준 및 자료관리

1. 해양환경기준 및 해양환경공정시험기준

① 해양수산부장관은 「환경정책기본법」 제13조에 따른 환경기준을 고려하고 「해양수산발전 기본법」 제13조의 규정에 따른 해양환경의 보전을 위한 시책에 필요한 해양환경의 기준(이하 "해양환경기준"이라 한다)을 해역별·용도별로 정하여 고시하여야 한다. 이 경우 해양수산부장관은 미리 관계 행정기관의 장의 의견을 들어야 한다(법 제8조 제1항).

② 시·도지사는 제1항의 규정에 따라 해양수산부장관이 정한 해양환경기준을 참고하여 관할 해역 안에서의 해양자원의 적정한 이용·개발 및 해양환경보전 등을 위하여 해양환경기준을 별도로 정하여 고시할 수 있다. 이 경우 시·도지사가 관할 해역의 해양환경기준을 정하거나 그 내용을 변경하려는 때에는 미리 해양수산부장관의 승인을 얻어야 한다(제2항).

③ 제1항 및 제2항의 규정에 따른 해양환경기준을 정하는 방법 그 밖에 필요한 사항은 해양수산부령으로 정한다.

④ 해양수산부장관은 제9조 제1항의 규정에 따른 해양환경측정망의 구성·운영 등 해양환경상태를 조사·평가함에 있어서 그 정확성과 통일성 확보를 위한 해양환경공정시험기준을 정하여 고시하여야 한다. 이 경우 해양환경공정시험기준과 관련하여 「산업표준화법」 제12조 제1항에 따른 한국산업표준이 고시되어 있는 경우에는 특별한 사유가 없으면 고시된 한국산업표준의 내용에 따른다(법 제10조).

2. 해양환경측정망 및 해양환경정보망

1) 해양환경측정망

① 해양수산부장관은 연근해(沿近海)의 해양환경 상태 및 오염원의 측정·조사 등을 위하여 해양수산부령이 정하는 바에 따라 해양환경측정망을 구성하고 정기적으로 해양환경을 측정하여야 한다(법 제9조 제1항).

② 시·도지사는 제1항의 규정에 따라 해양수산부장관이 구성한 해양환경측정망을 참고하여 관할 해역에 적합한 해양환경측정망을 별도로 구성할 수 있다. 이 경우 시·도지사는 관할 해역의 해양환경측정망을 구성하거나 구성된 내용을 변경하려는 때에는 해양수산부장관에게 미리 통보하여야 한다.

2) 해양환경정보망

① 해양수산부장관은 대통령령이 정하는 바에 따라 해양환경정보망(海洋還境情報網)을 구축하고 국민에게 해양환경정보를 제공하여야 한다(법 제11조 제1항).

② 해양수산부장관은 제1항의 규정에 따른 해양환경정보망의 구축을 위하여 필요한 때에는 관계 행정기관의 장에게 필요한 자료의 제출을 요구할 수 있다. 이 경우 관계 행정기관의 장은 특별한 사정이 없는 한 이에 따라야 한다(제2항).

③ 제1항 및 제2항의 규정에 따른 해양환경정보망의 구축·운영 및 관리 등에 관하여 필요한 사항은 해양수산부령으로 정한다.

3. 해양환경 측정·분석기관의 정도관리

① 해양수산부장관은 정확하고 신뢰성 있는 해양환경의 측정·분석을 위하여 해양환경 상태를 측정·분석하는 기관 중 대통령령이 정하는 기관(이하 "측정·분석기관"이라 한다)에 대하여 해양수산부령이 정하는 바에 따라 측정·분석능력의 평가, 관련 교육의 실시 및 측정·분석과 관련된 자료의 검증 등 필요한 조치(이하 "정도관리"라 한다)를 할 수 있다(법 제12조).

② 해양수산부장관은 측정·분석기관에 대한 정도관리 결과 필요하다고 인정되는 경우에는 관련 장비 및 기기의 개선·보완 그 밖에 필요한 조치를 명할 수 있다.

4. 측정·분석능력인증

① 해양수산부장관은 정도관리 결과 해양수산부령이 정하는 측정·분석의 기준에 적합하다고 인정되는 측정·분석기관에 대하여 측정·분석능력인증을 할 수 있다(법 제13조 제1항).

② 해양수산부장관은 제1항의 규정에 따른 측정·분석능력인증을 받은 측정·분석기관에 대하여 3년 마다 정기적인 정도관리를 실시하고 그 결과에 따라 측정·분석능력인증을 갱신(更新)하여야 한다. 다만, 측정·분석능력인증을 받은 사항 중 해양수산부령이 정하는 중요 사항이 변경되는 경우에는 수시로 정도관리를 실시하고 그 결과에 따라 측정·분석능력인증을 갱신하여야 한다(제2항).

③ 해양수산부장관은 측정·분석능력인증을 받은 자가 다음의 하나에 해당하는 때에는 그 인증을 취소하여야 한다.

- 거짓 그 밖의 부정한 방법으로 인증을 받은 때
- 제2항의 규정에 따른 정도관리 결과 제1항의 규정에 따른 측정·분석의 기준에 적합하지 아니하게 된 때
- 그 밖에 측정·분석능력인증이 부적합한 경우로서 대통령령이 정하는 사유에 해당하는 때

④ 제1항 및 제2항의 규정에 따른 측정·분석능력인증의 신청절차 및 인증서의 발급 등에 관하여 필요한 사항은 해양수산부령으로 정한다.

제2절 해양환경종합계획 등

1. 해양환경종합계획의 수립 등

① 해양수산부장관은 해양환경의 훼손 또는 해양오염으로 인한 위해를 예방하고 깨끗하고 안전한 해양환경을 조성하기 위하여 대통령령으로 정하는 바에 따라 해양환경종합계획을 10년마다 수립·시행하여야 한다. 이 경우 해양수산부장관은 관계 중앙행정기관의 장과 미리 협의하여야 한다(법 제14조).

② 해양환경종합계획은 「해양수산발전 기본법」 제7조에 따른 해양수산발전위원회의 심의를 거쳐 확정한다.

③ 해양환경종합계획에는 다음의 사항이 포함되어야 한다.

- 해양환경의 현황 및 장래 예측에 관한 사항
- 해양환경보전에 관한 시책의 방향에 관한 사항
- 해양오염의 예방 및 해양환경의 개선을 위한 대책에 관한 사항
- 해양환경보전을 위한 재원(財源) 확보에 관한 사항
- 해양환경 전문 인력의 양성에 관한 사항
- 해양환경보전과 관련한 과학기술의 개발 및 국제협력에 관한 사항
- 그 밖에 해양환경의 훼손 또는 해양오염으로 인한 위해를 예방하고 깨끗하고 안전한 해양환경을 조성하기 위하여 필요한 사항으로서 대통령령으로 정하는 사항

④ 해양수산부장관은 제1항의 규정에 따른 해양환경종합계획이 수립된 때에는 이를 관계 행정기관의 장에게 통보하여야 하며, 해양환경종합계획을 통보받은 관계 행정기관의 장은 그 시행을 위한 필요한 조치를 하여야 한다.

⑤ 해양수산부장관은 제1항에 따른 해양환경종합계획의 수립을 위하여 필요한 경우에는 관계 행정기관의 장에게 자료의 제출을 요구할 수 있다. 이 경우 관계 행정기관의 장은 특별한 사정이 없는 한 이에 따라야 한다.

2. 환경관리해역의 지정·관리

① 해양수산부장관은 해양환경의 보전·관리를 위하여 필요하다고 인정되는 경우에는 다음의 구분에 따라 환경보전해역 및 특별관리해역(이하 “환경관리해역”이라 한다)을 지정·관리할 수 있다. 이 경우 관계 중앙행정기관의 장과 미리 협의하여 한다(법 제15조).

- 환경보전해역 : 다음의 어느 하나에 해당하는 해역으로서 대통령령이 정하는 해역

(해양오염에 직접 영향을 미치는 육지를 포함한다).

가. 국토의 계획 및 이용에 관한 법률」 제6조 제4호의 규정에 따른 자연환경보전지역 중 수산자원의 보호·육성을 위하여 필요한 용도지역으로 지정된 해역

나. 해양환경 및 생태계의 보존이 양호한 곳으로서 지속적인 보전이 필요한 해역

- 특별관리해역(特別管理海域) : 제8조 제1항의 규정에 따른 해양환경기준의 유지가 곤란한 해역 또는 해양환경 및 생태계의 보전에 현저한 장애가 있거나 장애가 발생할 우려가 있는 해역으로서 대통령령이 정하는 해역(해양오염에 직접 영향을 미치는 육지를 포함한다)

② 해양수산부장관은 환경보전해역의 해양환경 상태 및 오염원을 측정·조사한 결과 제8조 제1항의 규정에 따른 해양환경기준을 초과하게 되어 국민의 건강이나 생물의 생육(生育)에 심각한 피해를 가져올 우려가 있다고 인정되는 경우에는 그 환경보전해역 안에서 대통령령이 정하는 시설의 설치 또는 변경을 제한할 수 있다.

③ 해양수산부장관은 특별관리해역의 해양환경 상태 및 오염원을 측정·조사한 결과 제8조 제1항의 규정에 따른 해양환경기준을 초과하게 되어 국민의 건강이나 생물의 생육에 심각한 피해를 가져올 우려가 있다고 인정되는 경우에는 다음에 해당하는 조치를 할 수 있다(제3항).

- 특별관리해역 안에서의 시설의 설치 또는 변경의 제한
- 특별관리해역 안에 소재하는 사업장에서 배출되는 오염물질의 총량 규제

④ 제3항 각 호의 규정에 따라 설치 또는 변경이 제한되는 시설 및 제한의 내용, 오염물질의 총량규제를 실시하는 해역범위·규제항목 및 규제방법에 관하여 필요한 사항은 대통령령으로 정한다.

환경보전해역(제10조제1항 관련, [별표 1])

명칭	면적(㎢)		구역의 위치
	육역(陸域)	해역	
가막만 환경보전해역	101.13	154.17	전라남도 여수시 돌산읍 · 화정면 · 화양면 · 소라면 · 쌍봉동 · 여서동 · 대교동 · 월호동 · 국동 · 시전동 · 여천동 일부
득량만 환경보전해역	234.51	315.74	1. 전라남도 고흥군 도양읍 · 도덕면 · 풍양면 · 고흥읍 · 두원면 · 점암면 · 과역면 · 남양면 · 대서면 · 동강면 일부 2. 전라남도 보성군 조성면 · 득량면 일부 3. 전라남도 장흥군 관산읍 · 안양면 일부
완도·도암만 환경보전해역	431.50	338.48	1. 전라남도 장흥군 대덕읍 · 회진면 일부 2. 전라남도 해남군 북일면 · 북평면 일부 3. 전라남도 완도군 군외면 · 완도읍 · 약산면 · 고금면 일원 및 신지면 일부 4. 전라남도 강진군 마량면 · 대구면 · 칠량면 · 군동면 · 강진읍 · 도암면 · 신전면 일부
함평만 환경보전해역	165.87	140.73	1. 전라남도 영광군 염산면 일부 2. 전라남도 무안군 현경면 · 해제면 일부 3. 전라남도 함평군 손불면 · 함평읍 · 신광면 · 대동면 일부

〈비고〉
1. 구역의 위치란 중 행정구역에는 그 인접해역을 포함한다.
2. 환경보전해역의 구체적인 위치의 좌표는 해양수산부장관이 정하여 고시한다.

3. 환경관리해역기본계획의 수립 등

① 해양수산부장관은 환경관리해역에 대하여 다음의 사항이 포함된 환경관리해역기본계획을 5년 마다 수립하고, 환경관리해역기본계획을 구체화하여 특정 해역의 환경보전을 위한 해역별 관리계획을 수립 · 시행하여야 한다. 이 경우 관계 행정기관의 장과 미리 협의하여야 한다(법 제16조).
- 해양환경의 관측에 관한 사항
- 오염원의 조사 · 연구에 관한 사항
- 해양환경 보전 및 개선대책에 관한 사항
- 환경관리에 따른 주민지원에 관한 사항
- 그 밖에 환경관리해역의 관리에 관하여 필요한 것으로서 대통령령으로 정하는 사항

② 환경관리해역기본계획은 「해양수산발전 기본법」 제7조에 따른 해양수산발전위원회의 심의를 거쳐 확정한다.

③ 해양수산부장관은 환경관리해역기본계획 및 해역별 관리계획이 수립된 때에는 이를 관계 행정기관의 장에게 통보하여야 하며, 관계 행정기관의 장은 그 시행을 위하여 필요한 조치를 하여야 한다.

④ 해양수산부장관은 해역별 관리계획을 수립 · 시행하기 위하여 필요한 경우에는 관계

중앙행정기관과 지방자치단체 소속 공무원 및 전문가 등으로 구성된 사업관리단을 별도로 운영할 수 있다. 이 경우 사업관리단의 구성 및 운영에 필요한 사항은 대통령령으로 정한다.

특별관리해역(제10조제2항 관련, [별표 2])

명칭	면적(㎢)		구역의 위치
	육역	해역	
부산연안 특별관리해역	505.77	235.73	1. 부산광역시 사하구·사상구·서구·영도구·중구·동구·남구·부산진구·수영구·연제구 일원, 강서구·해운대구·금정구·북구·동래구 일부 2. 경상남도 김해시 장유면·주촌면·대동면·칠산동·서부동·활천동·불암동·삼안동·동상동·회현동·부원동·내외동·북부동 일부
울산연안 특별관리해역	144.29	56.56	울산광역시 동구·중구·남구 일부, 울주군 온산읍·서생면·온양면·청량면 일부
광양만 특별관리해역	334.56	131.37	1. 전라남도 광양시 태인동·금호동·광영동·중마동·성황동·황금동·광양읍·옥곡면·진상면·진월면 일부 2. 전라남도 여수시 율촌면·소라면·삼일동·묘도동·주삼동 일부 3. 전라남도 순천시 해룡면 일부 4. 경상남도 하동군 금성면 일원, 금남면·고전면하동읍 일부
마산만 특별관리해역	157.66	142.99	1. 경상남도 창원시 팔용동·의창동·명곡동·봉림동·반송동·중앙동·용지동·상남동·사파동·가음정동·성주동·웅남동 일부 2. 경상남도 마산시 봉암동·양덕1동·양덕2동·합성1동·합성2동·구암1동·구암2동·회원1동·회원2동·석전1동·석전2동·회성동·산호동·오동동·동서동·중앙동·반월동·문화동·월영동·가포동·현동·완월동·자산동·노산동·성호동 일부 3. 경상남도 진해시 중앙동·충무동·태평동·여좌동·태백동·경화동·이동·덕산동·자은동·풍호동·웅천동·웅동1동·웅동2동 일부
시화호·인천연안 특별관리해역	576.12	605.76	1. 인천광역시 동구 일원, 서구·중구·남구·연수구·남동구·부평구·옹진군(영흥면)일부 2. 경기도 김포시 대곶면·양촌면 일부 3. 경기도 시흥시 정왕동·시화공단 일부 4. 경기도 안산시 초지동·사1동·사2동·대부동·성포동·본오1동·본오2동·본오3동·일동·월피동·와동·원곡1동·원곡2동·원곡본동·선부1동·선부2동·고잔1동·고잔2동 일부 5. 경기도 화성군 송산면 일원, 매송면·비봉면·남양동·마도면·서신면 일부

〈비고〉

1. 구역의 위치란 중 행정구역에는 그 인접해역을 포함한다.
2. 특별관리해역의 구체적인 위치의 좌표는 해양수산부장관이 정하여 고시한다.

4. 해양환경개선조치

① 해역관리청(海域管理廳)은 오염물질의 유입 또는 퇴적 등으로 인한 해양오염을 방지하고 해양환경을 개선하기 위하여 필요하다고 인정되는 때에는 대통령령으로 정하는 바에 따라 다음의 해양환경개선조치를 할 수 있다(법 제18조 제1항).

- 오염물질 유입방지시설의 설치
- 오염물질의 수거 및 처리
- 오염된 퇴적물의 수거
- 그 밖에 해양환경개선과 관련하여 필요한 사업으로서 해양수산부령이 정하는 조치

② 해양수산부장관은 제1항에 따른 해양환경개선조치의 대상 해역 또는 구역이 둘 이상의 시·도지사의 관할에 속하는 등 대통령령으로 정하는 경우에는 제3조 제1항 각 호의 하나에 해당하는 해역 또는 구역에서 제1항에 따른 해양환경개선조치를 할 수 있다. 이 경우 해양수산부장관은 해당 시·도지사와 미리 협의하여야 한다.

③ 해양수산부장관은 해양환경의 보전·관리 또는 해양오염의 방지를 위하여 필요하다고 인정되는 경우에는 해양수산부령이 정하는 바에 따라 제3조 제1항 각 호의 규정에 따른 해역 또는 구역에서 해양환경의 오염원(汚染源)에 대한 조사를 할 수 있다. 이 경우 해양수산부장관은 관계 행정기관의 장에게 오염된 해역 및 오염물질이 배출된 시설물에 대한 공동조사를 요청할 수 있다.

④ 해양수산부장관은 제3항에 따른 해양환경의 오염원에 대한 조사결과 필요하다고 인정하는 경우 오염원인자에게 제1항 각 호의 하나에 따른 해양환경개선조치를 하게 할 수 있다.

⑤ 제1항의 규정에 따른 해양환경개선조치와 관련하여 오염물질 유입방지시설의 설치방법, 오염물질의 수거(收去)·처리방법 및 오염된 퇴적물(堆積物)의 수거방법 등에 관하여 필요한 사항은 해양수산부령으로 정한다.

제3절 해양환경개선부담금

1. 해양환경개선부담금

① 해양수산부장관은 해양환경 및 해양생태계에 현저한 영향을 미치는 다음의 행위에 대하여 해양환경개선부담금(이하 "부담금"이라 한다)을 부과·징수한다(법 제19조 제1항).

- 제70조 제1항 제1호의 규정에 따른 폐기물해양배출업을 하는 자(이하 "폐기물해양배출업자"라 한다)가 폐기물을 해양에 배출하는 행위
- 선박 또는 해양시설에서 대통령령이 정하는 규모 이상의 오염물질을 해양에 배출하는 행위(제2호)

② 제1항 제2호에 따른 오염물질의 배출행위가 다음의 하나에 해당하는 경우에는 부담금

(負擔金, liability amount)을 부과하지 아니한다.

- 전쟁, 천재지변 또는 그 밖의 불가항력에 의하여 발생한 경우
- 제3자의 고의만으로 발생한 경우. 다만, 선박 또는 해양시설의 설치·관리에 하자(瑕疵, fault)가 없는 경우로 한정한다.
- 제3조 제1항 제1호 및 제2호의 해역·수역 밖에서 발생한 경우로서 대통령령으로 정하는 경우

③ 부담금은 오염물질의 종류 및 배출량(排出量)을 고려하여 산정하되, 오염물질의 배출량에 단위당 부과금액을 곱한 후 오염물질의 종류별 부과계수를 적용하여 부과한다. 이 경우 오염물질의 배출량·단위당 부과금액 및 종류별 부과계수 등은 대통령령으로 정한다(제3항).

④ 해양수산부장관은 납부의무자가 부담하여야 할 부담금을 분할하여 납부하게 할 수 있다.

⑤ 해양수산부장관은 제1항의 규정에 따른 부담금 및 제20조 제2항의 규정에 따른 가산금(加算金, additional dues)을 「수산업·어촌 발전 기본법」 제46조에 따른 수산발전기금(이하 "기금"이라 한다)으로 납입하여야 한다.

⑥ 제1항 및 제3항에 따른 부담금의 징수절차 등에 필요한 사항은 대통령령으로 정한다.

2. 부담금의 강제징수 및 용도

1) 부담금의 강제징수

① 해양수산부장관은 제19조의 규정에 따라 부담금을 납부하여야 할 자가 납부기한 이내에 납부하지 아니한 때에는 30일 이상의 기간을 정하여 독촉장을 발부하여야 한다. 이 경우 체납(滯納, arrear)된 부담금에 대하여 100분의 5를 초과하지 아니하는 범위 안에서 대통령령이 정하는 가산금을 징수하여야 한다(제20조 제1항).

② 제1항의 규정에 따라 독촉을 받은 자가 정하여진 납부기한 이내에 부담금 및 가산금을 납부하지 아니한 때에는 국세체납처분의 예에 따라 징수할 수 있다.

2) 부담금의 용도

제19조 제5항에 따라 기금으로 납입된 부담금은 다음의 사업을 위하여 사용되어야 한다(법 제21조).

- 해양오염방지 및 해양환경의 복원에 관한 사업(제1호)
- 해양환경의 보전·관리에 관한 사업
- 친환경적 해양이용사업자 및 연안주민에 대한 지원사업
- 제18조 제1항의 규정에 따른 해양환경개선조치에 대한 사업
- 해양환경 관련 연구개발사업
- 해양환경의 조사·연구·홍보 및 교육에 관한 지원사업

- 해양오염에 따른 어업인 피해의 지원 등 수산업지원사업(제7호)
- 제1호 내지 제7호와 관련된 사업으로서 대통령령이 정하는 사업

제3장 해양오염방지를 위한 규제

제1절 통 칙

1. 오염물질의 배출금지 등

① 누구든지 선박으로부터 오염물질(汚染物質)을 해양에 배출하여서는 아니 된다. 다만, 다음의 경우에는 그러하지 아니하다(법 제22조).

- 다음의 구분에 따라 폐기물(廢棄物, wastes)을 배출하는 경우
  - 가. 선박의 항해 및 정박 중 발생하는 폐기물을 배출하고자 하는 경우에는 해양수산부령이 정하는 해역에서 해양수산부령이 정하는 처리기준 및 방법에 따라 배출할 것
  - 나. 해양수산부령이 정하는 폐기물을 「공유수면 관리 및 매립에 관한 법률」 제28조 및 같은 법 제35조에 따라 매립(埋立)하고자 하는 장소에 배출하고자 하는 경우에는 해양수산부령이 정하는 처리기준 및 방법에 따라 배출할 것
- 다음의 구분에 따라 기름을 배출하는 경우
  - 가. 선박에서 기름을 배출하는 경우에는 해양수산부령이 정하는 해역에서 해양수산부령이 정하는 배출기준 및 방법에 따라 배출할 것
  - 나. 유조선에서 화물유가 섞인 밸러스트 수, 화물창의 세정수(洗淨水) 및 선저폐수를 배출하는 경우에는 해양수산부령이 정하는 해역에서 해양수산부령이 정하는 배출기준 및 방법에 따라 배출할 것
  - 다. 유조선에서 화물창의 밸러스트수를 배출하는 경우에는 해양수산부령이 정하는 세정도(洗淨度)에 적합하게 배출할 것
- 다음의 구분에 따라 유해액체물질을 배출하는 경우
  - 가. 유해액체물질을 배출하는 경우에는 해양수산부령이 정하는 해역에서 해양수산부령이 정하는 사전처리 및 배출방법에 따라 배출할 것
  - 나. 해양수산부령이 정하는 유해액체물질의 산적운반(散積運搬)에 이용되는 화물창(밸러스트수의 배출을 위한 설비를 포함한다)에서 세정된 밸러스트수를 배출하는 경우에는 해양수산부령이 정하는 정화방법에 따라 배출할 것

② 누구든지 해양시설 또는 해수욕장・하구역 등 대통령령이 정하는 장소(이하 "해양공간"이라 한다)에서 발생하는 오염물질을 해양에 배출하여서는 아니 된다. 다만, 다음의 경우에는 그러하지 아니하다.

- 해양시설 및 해양공간(이하 "해양시설 등"이라 한다)에서 발생하는 폐기물을 해양수 산부령이 정하는 해역에서 해양수산부령이 정하는 처리기준 및 방법에 따라 배출하는 경우
- 해양시설 등에서 발생하는 기름 및 유해액체물질을 해양수산부령이 정하는 처리기준 및 방법에 따라 배출하는 경우

③ 다음의 하나에 해당하는 경우에는 제1항 및 제2항의 규정에 불구하고 선박 또는 해양시설 등에서 발생하는 오염물질을 해양에 배출할 수 있다.
- 선박 또는 해양시설 등의 안전확보나 인명구조를 위하여 부득이하게 오염물질을 배출하는 경우
- 선박 또는 해양시설 등의 손상 등으로 인하여 부득이하게 오염물질이 배출되는 경우
- 선박 또는 해양시설 등의 오염사고에 있어 해양수산부령이 정하는 방법에 따라 오염피해를 최소화하는 과정에서 부득이하게 오염물질이 배출되는 경우

2. 육상에서 발생한 폐기물의 해양배출금지 등

① 누구든지 육상에서 발생한 폐기물을 해양에 배출할 수 없다. 다만, 해양수산부장관은 해양환경의 보전·관리에 영향을 미치지 아니하는 범위 안에서 육상에서 처리가 곤란한 폐기물로서 해양수산부령이 정하는 폐기물에 한하여 해양수산부령이 정하는 해역에서 해양수산부령이 정하는 처리기준 및 방법에 따라 배출하게 할 수 있다(법 제23조 제1항).

② 해양수산부장관은 제1항 단서의 규정에 따라 해양에 배출하게 할 수 있는 폐기물 중 제76조 제1항의 규정에 따라 폐기물위탁자가 위탁처리를 신고한 폐기물에 한하여 폐기물해양배출업자로 하여금 이를 처리하게 할 수 있다.

③ 해양수산부장관은 제1항 단서의 규정에 따라 해양에 배출하게 할 수 있는 폐기물에 해당하는지 여부를 해양수산부령이 정하는 바에 따라 미리 검사하여야 한다(제3항).

④ 해양수산부장관은 제3항의 규정에 따른 검사업무를 대통령령이 정하는 바에 따라 전문검사기관에게 대행하게 할 수 있다.

⑤ 제1항 단서의 규정에 따른 폐기물배출해역의 신청 및 지정절차 그 밖에 필요한 사항은 해양수산부령으로 정한다.

폐기물의 종류 및 배출방법(규칙 제11조 제1항 관련, [별표 3])

폐기물의 종류	배출방법
1. 수저준설토사(해양수산부장관이 정하여 고시하는 유효활용기준을 충족하는 수저준설토사는 제외한다. 이하 이 표에서 같다)·조개껍질류 및 이와 유사한 폐기물과 선박 안의 일상생활에서 생기는 유리조각류 등의 비가연성폐기물	가. 호안시설을 설치하여 해역과 차단할 것. 다만, 수저준설토사를 선박에 의하여 호안의 안쪽에 배출하는 경우에는 배출을 종료할 때까지 선박의 항해구간에 한하여 호안시설 대신에 오탁방지막을 설치할 수 있다. 나. 상등수를 해양으로 배출하는 경우 부유물질이 흘러 나가지 못하도록 하는 시설 또는 설비를 갖출 것
2.「폐기물관리법」 제2조제1호에 따른 폐기물	「폐기물관리법」에 따른 해당 폐기물의 처리에 적합한 시설을 갖추고 그 처리기준 및 방법에 따라 배출할 것

3. 해양오염방지활동

① 해양수산부장관은 해양에 배출 또는 유입되는 폐기물(해양발생 폐기물을 포함한다. 이하 이 조에서 같다)을 효과적으로 수거·처리하기 위하여 대통령령이 정하는 바에 따라 폐기물해양수거·처리계획을 수립·시행하여야 한다. 이 경우 시·도지사는 폐기물해양수거·처리계획에 따라 세부 실천계획을 수립·시행하여야 한다(법 제24조 제1항).

② 해역관리청(海域管理廳)은 오염방지활동을 위하여 필요하다고 인정되는 때에는 해양공간에 대하여 수질검사 등 해양수산부령이 정하는 조사·측정활동을 할 수 있다(제2항).

③ 해역관리청은 제1항 및 제2항의 규정에 따른 폐기물의 수거·처리 및 조사·측정활동 등 오염방지활동을 위하여 필요한 선박 또는 처리시설을 운영할 수 있다.

④ 해역관리청은 제1항의 규정에 따른 폐기물의 수거·처리 또는 보관비용의 전부 또는 일부를 대통령령이 정하는 바에 따라 오염원인자에게 부담하게 할 수 있다.

제2절 선박에서의 해양오염방지

1. 폐기물오염방지설비의 설치 등

① 해양수산부령이 정하는 선박의 소유자(선박을 임대하는 경우에는 선박임차인을 말한다. 이하 같다)는 그 선박 안에서 발생하는 해양수산부령이 정하는 폐기물을 저장·처리하기 위한 설비(이하 "폐기물오염방지설비"라 한다)를 해양수산부령이 정하는 기준에 따라 설치하여야 한다(법 제25조 제1항).

② 제1항의 규정에 따라 설치된 폐기물오염방지설비는 해양수산부령이 정하는 기준에 적합하게 유지·작동되어야 한다.

2. 기름오염방지설비의 설치 등

① 선박의 소유자는 선박 안에서 발생하는 기름의 배출을 방지하기 위한 설비(이하 "기름오염방지설비"라 한다)를 해당 선박에 설치하거나 폐유 저장을 위한 용기를 비치하여야 한다. 이 경우 그 대상선박과 설치기준 등은 해양수산부령으로 정한다(법 제26조 제1항).

② 선박의 소유자는 선박의 충돌·좌초(坐礁, stranding) 또는 그 밖의 해양사고가 발생하는 경우 기름의 배출을 방지할 수 있는 선체구조 등을 갖추어야 한다. 이 경우 그 대상선박, 선체구조기준 그 밖에 필요한 사항은 해양수산부령으로 정한다.

③ 제1항의 규정에 따라 설치된 기름오염방지설비는 해양수산부령이 정하는 기준에 적합하게 유지·작동되어야 한다.

3. 유해액체물질오염방지설비의 설치 등

① 유해액체물질(有害液體物質)을 산적하여 운반하는 선박으로서 해양수산부령이 정하는 선박의 소유자는 유해액체물질을 그 선박 안에서 저장·처리할 수 있는 설비 또는 유해액체물질에 의한 해양오염을 방지하기 위한 설비(이하 "유해액체물질오염방지설비"라 한다)를 해양수산부령이 정하는 기준에 따라 설치하여야 한다(법 제27조 제1항).

② 유해액체물질을 산적(散積)하여 운반하는 선박으로서 해양수산부령이 정하는 선박의 소유자는 선박의 충돌·좌초 그 밖의 해양사고가 발생하는 경우 유해액체물질의 배출을 방지하기 위하여 그 선박의 화물창을 해양수산부령이 정하는 기준에 따라 설치·유지하여야 한다.

③ 제1항의 규정에 따른 선박의 소유자는 해양수산부령이 정하는 기준에 따라 유해액체물질의 배출방법 및 설비에 관한 지침서를 작성하여 해양수산부장관의 검인을 받아 그 선박의 선장에게 제공하여야 한다.

④ 제1항의 규정에 따라 설치된 유해액체물질오염방지설비는 해양수산부령이 정하는 기준에 적합하게 유지·작동되어야 한다.

4. 밸러스트수 및 기름의 적재제한

① 해양수산부령이 정하는 유조선(油槽船, oil tanker)의 화물창 및 해양수산부령이 정하는 선박의 연료유탱크에는 밸러스트수(ballast water)를 적재하여서는 아니 된다. 다만, 새로이 건조한 선박을 시운전하거나 선박의 안전을 확보하기 위하여 필요한 경우로서 해양수산부령이 정하는 경우에는 그러하지 아니하다(법 제28조 제1항).

② 해양수산부령이 정하는 선박의 경우 그 선박의 선수 탱크 및 충돌격벽(衝突隔壁, bulkhead)보다 앞쪽에 설치된 탱크에는 기름을 적재하여서는 아니 된다.

5. 선박평형수 및 기름의 적재제한

① 해양수산부령이 정하는 유조선의 화물창 및 해양수산부령이 정하는 선박의 연료유탱크에는 선박평형수(船舶平衡水)를 적재하여서는 아니 된다. 다만, 새로이 건조한 선박을 시운전하거나 선박의 안전을 확보하기 위하여 필요한 경우로서 해양수산부령이 정하는 경우에는 그러하지 아니하다(법 제28조 제1항).

② 해양수산부령이 정하는 선박의 경우 그 선박의 선수 탱크 및 충돌격벽보다 앞쪽에 설치된 탱크에는 기름을 적재하여서는 아니 된다.

6. 포장유해물질의 운송 및 선박오염물질기록부의 관리

① 선박을 이용하여 포장유해물질을 운송하려는 자는 해양수산부령이 정하는 바에 따라 포장·표시 및 적재방법 등의 요건에 적합하게 이를 운송하여야 한다(법 제29조).

② 선박의 선장(피예인선의 경우에는 선박의 소유자를 말한다)은 그 선박에서 사용하거나 운반·처리하는 폐기물·기름 및 유해액체물질에 대한 다음 각 호의 구분에 따른 기록부(이하 "선박오염물질기록부"라 한다)를 그 선박(피예인선의 경우에는 선박의 소유자의 사무실을 말한다) 안에 비치하고 그 사용량·운반량 및 처리량 등을 기록하여야 한다(법 제30조).

- 폐기물기록부 : 해양수산부령이 정하는 일정 규모 이상의 선박에서 발생하는 폐기물의 총량·처리량 등을 기록하는 장부. 다만, 제72조제1항의 규정에 따라 해양환경관리업자가 처리대장을 작성·비치하는 경우에는 동 처리대장으로 갈음한다.
- 기름기록부 : 선박에서 사용하는 기름의 사용량·처리량을 기록하는 장부. 다만, 해양수산부령이 정하는 선박의 경우를 제외하며, 유조선의 경우에는 기름의 사용량·처리량 외에 운반량을 추가로 기록하여야 한다.
- 유해액체물질기록부 : 선박에서 산적하여 운반하는 유해액체물질의 운반량·처리량을 기록하는 장부

③ 선박오염물질기록부의 보존기간은 최종기재를 한 날부터 3년으로 하며, 그 기재사항·보존방법 등에 관하여 필요한 사항은 해양수산부령으로 정한다.

7. 선박해양오염비상계획서의 관리

① 선박의 소유자는 기름 또는 유해액체물질이 해양에 배출되는 경우에 취하여야 하는 조치사항에 대한 내용을 포함하는 기름 및 유해액체물질의 해양오염비상계획서(이하 "선박해양오염비상계획서"라 한다)를 작성하여 국민안전처장관의 검인을 받은 후 이를 그 선박에 비치하여야 한다(법 제31조 제1항).

② 선박해양오염비상계획서를 비치하여야 하는 대상 선박의 범위와 기재사항 등에 관하여 필요한 사항은 총리령 또는 해양수산부령으로 정한다.

8. 해양오염방지관리인

① 해양수산부령이 정하는 선박의 소유자는 그 선박에 승무(乘務)하는 선원 중에서 선장을 보좌하여 선박으로부터의 오염물질 및 대기오염물질의 배출방지에 관한 업무를 관리하게 하기 위하여 해양오염방지관리인을 임명하여야 한다. 이 경우 유해액체물질을 산적하여 운반하는 선박의 경우에는 유해액체물질의 해양오염방지관리인 1인 이상을 추가로 임명하여야 한다(법 제32조 제1항).

② 선박의 소유자는 제1항의 규정에 따른 해양오염방지관리인을 임명한 증빙서류를 선박 안에 비치하여야 한다.

③ 제1항의 규정에 따른 해양오염방지관리인의 자격・업무내용・준수사항 등에 관하여 필요한 사항은 대통령령으로 정한다.

9. 선박대선박 기름화물이송 관리

① 해상에서 유조선(油槽船) 간(이하 "선박대선박"이라 한다)에 기름화물을 이송하려는 선박소유자는 그 이송하는 작업방법 등 해양수산부령으로 정하는 사항을 기술한 계획서(이하 "선박대선박 기름화물이송계획서"라 한다)를 작성하여 해양수산부장관의 검인을 받은 후 선박에 비치하고, 이송작업시 이를 준수하여야 한다(법 제32조의 2 제1항).

② 선박의 선장은 선박 대 선박 기름화물의 이송작업에 관하여 이송량, 이송시간 등 해양수산부령으로 정하는 사항을 기름기록부에 기록하여야 하고, 최종 기록한 날부터 3년간 보관하여야 한다(제2항).

③ 제3조 제1항 제1호 및 제2호에 따른 해역・수역 안에서 선박 대 선박 기름화물이송작업을 하려는 선박의 선장은 작업계획을 해양수산부장관에게 사전에 보고하여야 한다(제3항).

④ 제1항에 따른 선박 대 선박 기름화물이송계획서의 비치 대상선박 및 검인절차, 제2항에 따른 선박 대 선박 기름화물이송작업의 기록, 제3항에 따른 작업계획의 보고사항 및 보고방법 등에 필요한 사항은 해양수산부령으로 정한다.

제3절 해양시설에서의 해양오염방지

1. 해양시설의 신고

① 해양시설의 소유자(설치・운영자를 포함하며, 그 시설을 임대하는 경우에는 시설임차인을 말한다. 이하 같다)는 해양수산부장관에게 그 시설을 신고하여야 한다(법 제33조 제1항).

② 제1항의 규정에 따른 해양시설의 신고내용 및 절차 등에 관하여 필요한 사항은 해양

수산부령으로 정한다.

2. 해양시설오염물질기록부의 관리 및 해양시설오염비상계획서의 관리

① 기름 및 유해액체물질을 취급하는 해양시설 중 해양수산부령이 정하는 해양시설의 소유자는 그 시설 안에 기름 및 유해액체물질의 기록부(이하 "해양시설오염물질기록부"라 한다)를 비치하고 기름 및 유해액체물질의 사용량과 반입(搬入) · 반출(搬出)에 관한 사항 등을 기록하여야 한다(법 제34조).

② 해양시설오염물질기록부의 보존기간은 최종기재를 한 날부터 3년으로 하며, 그 기재사항 · 관리방법 등에 관하여 필요한 사항은 해양수산부령으로 정한다.

③ 기름 및 유해액체물질을 사용 · 저장 또는 처리하는 해양시설의 소유자는 기름 및 유해액체물질이 해양에 배출되는 경우에 취하여야 하는 조치사항에 대한 내용이 포함된 해양오염비상계획서(이하 "해양시설오염비상계획서"라 한다)를 작성하여 국민안전처장관의 검인을 받은 후 그 해양시설에 비치하여야 한다. 다만, 해양시설오염비상계획서를 그 해양시설에 비치하는 것이 곤란한 때에는 해양시설의 소유자의 사무실에 비치할 수 있다(법 제35조).

④ 해양시설오염비상계획서를 비치하여야 하는 대상 및 그 기재사항 등에 관하여 필요한 사항은 총리령 또는 해양수산부령으로 정한다.

3. 해양오염방지관리인

① 해양수산부령이 정하는 해양시설의 소유자는 그 해양시설에 근무하는 직원 중에서 해양시설로부터의 오염물질의 배출방지에 관한 업무를 관리하게 하기 위하여 해양오염방지관리인을 임명하여야 한다(법 제36조 제1항).

② 해양시설의 소유자는 해양오염방지관리인을 임명하였음을 증명하는 서류를 그 해양시설 안에 비치하여야 한다. 다만, 증명서류를 그 해양시설에 비치하는 것이 곤란한 때에는 해양시설의 소유자의 사무실에 비치할 수 있다.

③ 제1항의 규정에 따른 해양오염방지관리인의 자격 · 업무내용 · 준수사항 등에 관하여 필요한 사항은 대통령령으로 정한다.

4. 해양시설의 안전점검

① 기름 및 유해액체물질과 관련된 해양시설로서 해양수산부령으로 정하는 해양시설의 소유자는 그 해양시설에 대한 안전점검을 실시하여야 한다(법 제36조의 2 제1항).

② 제1항에 따른 안전점검을 실시한 해양시설의 소유자는 안전점검 결과를 지체 없이 해양수산부장관에게 보고하여야 한다.

③ 해양수산부장관은 제1항에 따른 해양시설이 천재지변(天災地變), 재해(災害) 또는 이에 준하는 사유로 인하여 안전에 문제가 있다고 인정하는 경우에는 직접 안전점검을

할 수 있다. 이 경우 해당 해양시설의 소유자는 이에 적극 협조하여야 한다.

④ 제1항에 따른 해양시설의 소유자는 대통령령으로 정하는 시설과 장비를 갖춘 안전진단 전문기관으로 하여금 해당 해양시설에 대한 안전점검을 대행하게 할 수 있다.

⑤ 제1항에 따른 안전점검의 실시시기 및 방법, 제2항에 따른 보고사항 등에 필요한 사항은 해양수산부령으로 정한다.

제4절 오염물질의 수거 및 처리

1. 선박 및 해양시설에서의 오염물질의 수거 · 처리

① 선박 및 해양시설의 소유자는 해당 선박 및 해양시설에서 발생하는 오염물질 중 해양수산부령으로 정하는 물질을 다음의 어느 하나에 해당하는 자에게 수거 · 처리하게 하여야 한다. 다만, 육상에 위치한 해양시설(해역과 육지 사이에 연속하여 설치된 해양시설을 포함한다) 및 조선소에서 건조(建造) 중인 선박에서 발생하는 폐기물의 경우에는 「폐기물관리법」 제25조에 따른 폐기물처리업자로 하여금 수거 · 처리하게 할 수 있다(법 제37조 제1항).

- 제38조 제1항의 규정에 따른 오염물질저장시설의 설치 · 운영자
- 제70조 제1항 제3호의 규정에 따른 유창청소업을 영위하는 자(이하 "유창청소업자"라 한다)

② 제1항의 규정에 불구하고 유창청소업자(油艙淸掃業者)가 선박에서 발생하는 오염물질 중 해양수산부령이 정하는 오염물질을 수거한 경우에는 폐기물해양배출업자로 하여금 처리하게 할 수 있다.

2. 오염물질저장시설

① 해역관리청은 선박 또는 해양시설에서 배출되거나 해양에 배출된 오염물질을 저장하기 위한 시설(이하 "오염물질저장시설"이라 한다)을 설치 · 운영하여야 한다(법 제38조).

② 해역관리청은 오염물질저장시설에 반입 · 반출되는 오염물질의 관리대장(이하 "오염물질관리대장"이라 한다)을 작성 · 관리하여야 한다. 이 경우 오염물질관리대장의 기재사항 및 보존기간 등에 관하여 필요한 사항은 해양수산부령으로 정한다.

③ 제1항의 규정에 따른 오염물질저장시설의 세부적인 설치 · 운영기준은 해양수산부령으로 정한다.

제5절 잔류성 유기오염물질의 조사 등

1. 잔류성유기오염물질의 조사 등

① 해양수산부장관은 잔류성유기오염물질(殘留性遺棄汚染物質)의 오염실태 및 진행상황 등에 대하여 해양수산부령이 정하는 바에 따라 측정·조사하여야 한다. 이 경우 해양수산부장관은 그 측정·조사결과 해양환경의 관리에 문제가 있다고 인정되는 경우 당해 잔류성유기오염물질의 사용금지 및 사용제한 요청 등 해양수산부령이 정하는 조치를 하여야 한다(법 제39조 제1항).

② 해양수산부장관은 제1항의 규정에 따라 측정·조사를 하는 경우에는 대통령령이 정하는 바에 따라 관계 행정기관에 대하여 필요한 자료의 제출을 요청할 수 있다. 이 경우 관계 행정기관의 장은 특별한 사정이 없는 한 이에 따라야 한다.

③ 해양수산부장관은 제1항의 규정에 따른 측정·조사에 있어 정확성과 통일성을 기하기 위하여 잔류성유기오염물질의 공정시험기준을 정하여 고시하여야 한다. 이 경우 고시된 공정시험기준은 제10조의 규정에 따른 해양환경공정시험기준으로 본다.

2. 유해방오도료의 사용금지 등

① 누구든지 선박 또는 해양시설 등에 유해방오도료(有害防汚塗料) 또는 이를 사용한 설비 등(이하 "유해방오시스템"이라 한다)을 사용하여서는 아니 된다(법 제40조).

② 누구든지 선박 또는 해양시설 등에 방오도료 또는 이를 사용한 설비 등(이하 "방오시스템"이라 한다)을 사용하거나 설치하려고 하는 경우에는 해양수산부령이 정하는 기준 및 방법에 따라야 한다.

제4장 해양에서의 대기오염방지를 위한 규제

1. 대기오염물질의 배출방지를 위한 설비의 설치 등

① 선박의 소유자는 해양수산부령이 정하는 바에 따라 그 선박에 대기오염물질(大氣汚染物質)의 배출을 방지하거나 감축하기 위한 설비(이하 "대기오염방지설비"라 한다)를 설치하여야 한다(법 제41조 제1항).

② 제1항의 규정에 따라 설치된 대기오염방지설비는 해양수산부령이 정하는 기준에 적합하게 유지·작동되어야 한다.

2. 선박에너지효율설계지수의 계산 등

① 국제항해에 사용되는 총톤수 400톤 이상의 선박 중 해양수산부령으로 정하는 선박을 건조하거나 다음의 하나에 해당하는 개조를 하려는 경우에는 그 선박의 소유자는 해

양수산부장관이 정하여 고시하는 최소 출력 이상의 추진기관을 설치하고 선박에너지효율설계지수(效率設計指數)를 계산하여야 한다(법 제41조의 2 제1항).

- 선박의 길이·너비·깊이·운송능력 또는 기관출력을 실질적으로 변경하기 위한 것으로 해양수산부령으로 정하는 개조
- 선박의 용도를 변경하기 위한 개조
- 선박의 사용연한을 연장하기 위한 것으로 해양수산부령으로 정하는 개조
- 해양수산부령으로 정하는 선박에너지효율설계지수 허용 값을 초과하여 변경하는 등 선박에너지효율을 실질적으로 변경하기 위한 것으로 해양수산부령으로 정하는 개조

② 제1항에 따른 선박 중 해양수산부령으로 정하는 선박의 소유자는 제1항에 따라 계산된 선박에너지효율설계지수가 해양수산부령으로 정하는 선박에너지효율설계지수 허용값을 초과하는 선박의 건조 또는 개조를 하여서는 아니 된다.

3. 선박에너지효율관리계획서의 비치

① 국제항해(國際航海)에 사용되는 총톤수 400톤 이상의 선박 중 해양수산부령으로 정하는 선박의 소유자는 선박에너지효율을 향상시키기 위한 계획의 수립·시행·감시·평가 및 개선 등에 관한 절차 및 방법을 기술한 계획서(이하 "선박에너지효율관리계획서"라 한다)를 작성하여 선박에 비치하여야 한다(법 제41조의 3).

② 선박에너지효율관리계획서의 기재사항 및 작성방법 등에 필요한 사항은 해양수산부령으로 정한다.

4. 오존층파괴물질의 배출규제

① 누구든지 선박으로부터 오존층파괴물질을 배출(선박의 유지보수 또는 장치·설비의 배치 중에 발생하는 배출을 포함한다)하여서는 아니 된다. 다만, 오존층파괴물질을 회수하는 과정에서 누출되는 경우에는 그러하지 아니하다(법 제42조).

② 선박의 소유자는 오존층파괴물질이 포함된 설비를 선박에 설치하여서는 아니 된다.

③ 선박의 소유자는 선박으로부터 오존층파괴물질이 포함된 설비를 제거하는 때에는 그 설비를 해양수산부장관이 지정·고시하는 업체 또는 단체에게 인도하여야 한다. 이 경우 지정·고시되는 업체 또는 단체는 해양수산부령이 정하는 기준에 적합한 회수설비 및 수용시설 등을 갖추어야 한다.

④ 국제항해에 사용되는 총톤수 400톤 이상 선박의 소유자는 오존층파괴물질을 포함하고 있는 설비의 목록을 작성·관리하여야 한다(제4항).

⑤ 제4항에 따른 선박의 소유자는 선박에서 오존층파괴물질을 배출하거나 충전하는 경우 그 오존층파괴물질량 등을 기록한 장부(이하 "오존층파괴물질기록부"라 한다)를 작성하여 비치하여야 한다(제5항).

⑥ 제5항에 따른 오존층파괴물질기록부의 기재사항은 해양수산부령으로 정한다.

5. 질소산화물의 배출규제

① 선박의 소유자는 해양수산부령으로 정하는 디젤기관을 「대기환경보전법 제76조 제1항」에 따른 질소산화물(窒素酸化物)의 배출허용기준을 초과하여 작동하여서는 아니 된다. 다만, 비상용·인명구조용 선박 등 비상사용 목적의 선박 및 군함·국민안전처 함정 등 방위·치안 목적의 공용선박(公用船舶)에 설치되는 디젤기관은 그러하지 아니하다(법 제43조 제1항).

② 제1항의 규정에 불구하고 해당 디젤기관에 해양수산부령이 정하는 기준에 적합한 배기가스정화장치 등을 설치하여 제1항 각 호 외의 부분 본문의 규정에 따른 질소산화물의 배출허용기준 이하로 배출량을 감축할 수 있는 경우에는 그 디젤기관을 작동할 수 있다.

③ 제1항에 따른 디젤기관의 질소산화물(窒素酸化物) 배출허용기준의 적용시기, 적용방법 등에 필요한 사항은 해양수산부령으로 정한다.

6. 연료유의 황함유량 기준 등

① 선박의 소유자는 황산화물 배출규제해역을 제외한 해역에서 대통령령이 정하는 황함유량 기준을 초과하는 연료유(燃料油)를 사용하여서는 아니 된다(법 제44조).

② 선박의 소유자는 황산화물(黃酸化物) 배출규제해역에서 대통령령이 정하는 황함유량 기준을 초과하는 연료유를 사용하여서는 아니 된다. 다만, 해양수산부령이 정하는 기준에 적합한 배기가스정화장치를 설치하여 해양수산부령이 정하는 황산화물 배출제한기준량 이하로 황산화물 배출량을 감축하는 경우에는 그러하지 아니하다(제2항).

③ 선박의 소유자는 그 선박이 황산화물 배출규제해역을 항해하는 경우에는 해양수산부령이 정하는 연료유의 교환 등에 관한 사항을 그 선박의 기관일지에 기재하여야 한다(제3항).

④ 선박의 소유자는 제3항의 규정에 따른 기관일지를 해당 연료유를 공급받은 때부터 1년간 그 선박에 보관하여야 한다.

⑤ 선박의 소유자는 제2항에 따른 연료유 황함유량 기준을 만족하기 위하여 황함유량이 다른 연료유를 다른 탱크에 저장하여 사용하는 선박이 황산화물 배출규제 해역으로 들어가기 전이나 그 해역에서 나오기 전에 조치하여야 할 연료유 전환방법이 적혀있는 절차서(이하 "연료유전환절차서"라 한다)를 선박에 비치하여야 한다.

7. 연료유의 공급 및 확인 등

① 선박에 연료유를 공급하는 다음의 자(이하 "선박급유업자"라 한다)는 대통령령이 정하는 연료유의 품질기준에 미달하거나 제44조제1항의 규정에 따른 황함유량 기준을

초과하는 연료유를 선박에 공급하여서는 아니 된다(법 제45조 제1항).

- 「항만운송사업법」 제26조의 3의 규정에 따라 선박급유업의 등록을 한 자
- 「조세특례제한법」 제106조의 2의 규정에 따라 어업용 면세연료유를 공급하는 수산업협동조합

② 선박급유업자는 연료유에 포함된 황성분 등이 기재된 연료유공급서를 작성하여 그 사본을 당해 연료유로부터 채취한 견본(見本)과 함께 선박의 소유자에게 제공하여야 한다. 다만, 해양수산부령이 정하는 소형의 선박에 연료유를 공급하는 선박급유업자는 그러하지 아니하다.

③ 선박급유업자(제2항 단서의 규정에 따른 선박급유업자를 제외한다)는 제2항의 규정에 따른 연료유공급서(燃料油供給書)를 3년간 그의 주된 사무소에 보관하여야 하고, 선박의 소유자는 연료유공급서의 사본을 3년간 선박에 보관하여야 한다.

④ 선박의 소유자는 연료유를 공급받은 날부터 당해 연료유가 소모될 때까지 연료유견본을 보관하여야 한다. 다만, 그 보관기간이 1년 미만인 경우에는 1년으로 한다.

⑤ 제2항의 규정에 따른 연료유공급서의 양식 및 연료유견본의 관리 등에 관하여 필요한 사항은 해양수산부령으로 정한다.

⑥ 해양수산부장관은 외국의 선박급유업자(船舶給油業者)인 경우로서 다음의 하나에 해당하는 때에는 해당 선박급유업자가 속한 국가의 관계 행정청(行政廳)에 해당 사실을 통보하는 등 필요한 조치를 할 수 있다.

- 제1항의 규정에 따른 연료유의 품질기준에 미달하거나 황함유량 기준을 초과하는 연료유를 공급한 때
- 연료유공급서에 기재된 내용과 다른 연료유를 공급한 것으로 확인된 때

8. 선박 안에서의 소각금지 등

① 누구든지 선박의 항해 및 정박 중에 다음의 물질을 선박 안에서 소각(燒却)하여서는 아니 된다. 다만, 제5호의 물질을 해양수산부령으로 정하는 선박소각설비에서 소각하는 경우에는 그러하지 아니하다(법 제46조).

- 화물로 운송되는 기름·유해액체물질 및 포장유해물질의 잔류물과 그 물질에 오염된 포장재
- 폴리염화비페닐
- 해양수산부장관이 정하여 고시하는 기준량 이상의 중금속이 포함된 쓰레기
- 할로겐화합물질을 함유하고 있는 정제된 석유제품
- 폴리염화비닐
- 육상으로부터 이송된 폐기물
- 배기가스정화장치의 잔류물(殘留物)

② 선박의 항해 및 정박 중에 발생하는 해양수산부령이 정하는 물질을 선박 안에서 소각

하려는 선박의 소유자는 대기오염물질의 배출을 방지하기 위하여 적정한 온도를 유지하는 등 해양수산부령이 정하는 방법으로 선박에 설치된 소각설비(이하 “선박소각설비”라 한다)를 작동하여야 한다(제2항).

③ 제2항의 규정에 불구하고 선박의 항해 및 정박 중에 발생하는 해양수산부령이 정하는 물질은 선박의 주기관・보조기관 또는 보일러에서 소각할 수 있다. 다만, 항만 또는 어항구역 등 해양수산부령이 정하는 해역에서는 그러하지 아니하다.

④ 선박소각설비는 해양수산부령이 정하는 기준에 적합하게 유지하여야 한다.

9. 휘발성유기화합물의 배출규제 및 그 관리

① 해양수산부장관은 선박으로부터 휘발성유기화합물의 배출을 규제하기 위하여 휘발성유기화합물규제항만을 지정하여 고시할 수 있다(법 제47조 제1항).

② 제1항의 규정에 따라 지정된 휘발성유기화합물규제항만에서 휘발성유기화합물을 함유한 기름・유해액체물질 중 해양수산부령이 정하는 물질을 선박에 싣기 위한 시설을 설치하는 해양시설의 소유자는 유증기(油蒸氣) 배출제어장치를 설치하고 작동시켜야 한다(제2항).

③ 제2항의 규정에 따른 해양시설의 소유자가 유증기 배출제어장치를 설치하는 때에는 해양수산부령이 정하는 바에 따라 미리 해양수산부장관의 검사를 받아야 한다. 다만, 「대기환경보전법」 제23조 제1항의 규정에 따라 대기오염물질배출시설의 설치허가를 받거나 설치신고를 한 시설 및 같은 법 제44조제1항의 규정에 따라 휘발성유기화합물 배출시설의 설치신고를 한 경우에는 그러하지 아니하다.

④ 제2항의 규정에 따른 유증기 배출제어장치를 설치한 해양시설의 소유자는 해양수산부령이 정하는 바에 따라 유증기 배출제어장치의 작동에 관한 기록을 동 장치를 작동한 날부터 3년간 보관하여야 한다.

⑤ 원유(原油, crude oil)를 운송하는 유조선의 소유자는 그 유조선에 화물을 싣거나 내리는 중 또는 항해 중에 휘발성유기화합물의 배출을 최소화하기 위하여 필요한 사항을 담고 있는 관리계획서(이하 “휘발성유기화합물관리계획서”라 한다)를 작성하여 해양수산부장관의 검인을 받은 후 선박에 비치하고, 이를 준수하여야 한다(법 제47조의 2 제1항).

⑥ 위 제1항에 따른 휘발성유기화합물관리계획서의 비치 대상선박, 기재사항, 검인절차 등에 필요한 사항은 해양수산부령으로 정한다.

10. 적용제외

제41조, 제42조부터 제47조까지 및 제47조의 2는 다음의 하나에 해당하는 경우에는 적용 하지 아니한다(법 제48조).

- 선박 및 해양시설의 안전확보 또는 인명구조를 위하여 부득이하게 대기오염물질이

배출되는 경우

- 선박 또는 해양시설의 손상 등으로 인하여 부득이하게 대기오염물질이 배출되는 경 우
- 해저광물의 탐사 및 발굴작업의 과정에서 해양수산부령이 정하는 대기오염물질이 배출되는 경우

제5장 해양오염방지를 위한 선박의 검사 등

1. 정기검사

① 폐기물오염방지설비·기름오염방지설비·유해액체물질오염방지설비 및 대기오염방지설비(이하 "해양오염방지설비"라 한다)를 설치하거나 제26조 제2항의 규정에 따른 선체 및 제27조제2항의 규정에 따른 화물창(貨物艙)을 설치·유지하여야 하는 선박(이하 "검사대상선박"이라 한다)의 소유자가 해양오염방지설비, 선체 및 화물창(이하 "해양오염방지설비 등"이라 한다)을 선박에 최초로 설치하여 항해에 사용하려는 때 또는 제56조의 규정에 따른 유효기간이 만료한 때에는 해양수산부령이 정하는 바에 따라 해양수산부장관의 검사(이하 "정기검사"라 한다)를 받아야 한다(법 제49조).

② 해양수산부장관은 정기검사(定期檢査)에 합격한 선박에 대하여 해양수산부령이 정하는 해양오염방지검사증서(海洋汚染防止檢査證書)를 교부하여야 한다.

2. 중간검사

① 검사대상선박의 소유자는 정기검사와 정기검사의 사이에 해양수산부령이 정하는 바에 따라 해양수산부장관의 검사(이하 "중간검사"라 한다)를 받아야 한다(법 제50조).

② 해양수산부장관은 중간검사에 합격한 선박에 대하여 제49조 제2항의 규정에 따른 해양오염방지검사증서에 그 검사결과를 표기(表記)하여야 한다.

③ 중간검사의 세부종류 및 그 검사사항은 해양수산부령으로 정한다.

3. 임시검사 및 임시항해검사

① 검사대상선박의 소유자가 해양오염방지설비 등을 교체·개조 또는 수리하고자 하는 때에는 해양수산부령이 정하는 바에 따라 해양수산부장관의 검사(이하 "임시검사"라 한다)를 받아야 한다(법 제51조).

② 해양수산부장관은 임시검사(臨時檢査)에 합격한 선박에 대하여 제49조 제2항의 규정에 따른 해양오염방지검사증서에 그 검사결과를 표기하여야 한다.

③ 검사대상선박의 소유자가 제49조 제2항의 규정에 따른 해양오염방지검사증서를 교부받기 전에 임시로 선박을 항해에 사용하고자 하는 때에는 해당 해양오염방지설비 등에 대하여 해양수산부령이 정하는 바에 따라 해양수산부장관의 검사(이하 "임시항해

검사”라 한다)를 받아야 한다(법 제52조).

④ 해양수산부장관은 임시항해검사에 합격한 선박에 대하여 해양수산부령이 정하는 임시해양오염방지검사증서를 교부하여야 한다.

4. 방오시스템검사

① 해양수산부령이 정하는 선박의 소유자가 제40조 제2항의 규정에 따라 방오(防汚)시스템을 선박에 설치하여 항해에 사용하려는 때에는 해양수산부령이 정하는 바에 따라 해양수산부장관의 검사(이하 “방오시스템검사”라 한다)를 받아야 한다(법 제53조 제1항).

② 해양수산부장관은 방오시스템검사에 합격한 선박에 대하여 해양수산부령이 정하는 방오시스템검사증서를 교부하여야 한다.

③ 제1항의 규정에 따른 선박의 소유자가 방오시스템을 변경・교체하고자 하는 때에는 해양수산부령이 정하는 바에 따라 해양수산부장관의 검사(이하 “임시방오시스템검사”라 한다)를 받아야 한다.

④ 해양수산부장관은 임시방오시스템검사에 합격한 선박에 대하여 제2항의 규정에 따른 방오시스템검사증서에 그 검사결과를 표기하여야 한다.

5. 대기오염방지설비의 예비검사 등

① 해양수산부령이 정하는 대기오염방지설비를 제조・개조・수리・정비 또는 수입하려는 자는 해양수산부령이 정하는 바에 따라 해양수산부장관의 검사(이하 “예비검사”라 한다)를 받을 수 있다(법 제54조).

② 해양수산부장관은 예비검사(豫備檢査)에 합격한 대기오염방지설비에 대하여 해양수산부령이 정하는 예비검사증서를 교부하여야 한다.

③ 예비검사에 합격한 대기오염방지설비(大氣汚染防止設備)에 대하여는 해양수산부령이 정하는 바에 따라 제49조 내지 제52조의 규정에 따른 정기검사・중간검사・임시검사 및 임시항해검사의 전부 또는 일부를 생략할 수 있다.

④ 예비검사의 검사사항 등에 관하여 필요한 사항은 해양수산부령으로 정한다.

6. 에너지효율검사

① 제41조의 2 제1항에 따른 선박의 소유자 또는 제41조의 3 제1항에 따른 선박의 소유자는 해양수산부령으로 정하는 바에 따라 해양수산부장관이 실시하는 선박에너지효율에 관한 검사(이하 “에너지효율검사”라 한다)를 받아야 한다(법 제54조의 2).

② 해양수산부장관은 에너지효율검사에 합격한 선박에 대하여 해양수산부령으로 정하는 에너지효율검사증서를 발급하여야 한다.

③ 에너지효율검사의 검사신청 시기, 검사사항 및 검사방법 등에 필요한 사항은 해양수산부령으로 정한다.

7. 협약검사증서의 발급 등

① 해양수산부장관은 정기검사・중간검사・임시검사・임시항해검사 및 방오시스템검사(이하 "해양오염방지선박검사"라 한다)에 합격한 선박의 소유자 또는 선장으로부터 그 선박을 국제항해(國際航海)에 사용하기 위하여 해양오염방지에 관한 국제협약에 따른 검사증서(이하 "협약검사증서"라 한다)의 발급신청이 있는 때에는 해양수산부령이 정하는 바에 따라 협약검사증서(協約檢査證書)를 발급하여야 한다(법 제55조 제1항).

② 선박의 소유자 또는 선장이 국제협약의 당사국인 외국(이하 "협약당사국"이라 한다)의 정부로부터 직접 협약검사증서를 발급받고자 하는 경우에는 해당 국가에 주재(駐在)하는 우리나라의 영사(領事, consular)를 통하여 신청하여야 한다.

③ 해양수산부장관은 협약당사국의 정부로부터 그 국가의 선박에 대하여 협약검사증서의 발급신청이 있는 경우에는 해당 선박에 대하여 해양오염방지선박검사를 행하고, 해당 선박의 소유자 또는 선장에게 협약검사증서를 발급할 수 있다(제3항)

④ 제1항 내지 제3항의 규정에 따라 발급받은 협약검사증서는 해양오염방지검사증서 및 방오시스템검사증서와 같은 효력이 있는 것으로 본다.

8. 해양오염방지검사증서 등의 유효기간

① 해양오염방지검사증서, 방오시스템검사증서, 에너지효율검사증서 및 협약검사증서의 유효기간은 다음과 같다(법 제56조 제1항).
- 해양오염방지검사증서 : 5년
- 방오시스템검사증서 : 영구(永久)
- 에너지효율검사증서 : 영구
- 협약검사증서 : 5년

② 해양수산부장관은 제1항의 규정에 따른 해양오염방지검사증서 및 협약검사증서의 유효기간을 해양수산부령이 정하는 기간의 범위 안에서 그 효력을 연장할 수 있다.

③ 중간검사 또는 임시검사에 불합격한 선박의 해양오염방지검사증서 및 협약검사증서의 유효기간은 해당 검사에 합격할 때까지 그 효력이 정지된다.

④ 제1항의 규정에 따른 유효기간을 기산(起算)하는 기준 및 방법은 해양수산부령으로 정한다.

9. 해양오염방지검사증서 등을 발급받지 아니한 선박의 항해 등

① 선박의 소유자는 해양오염방지검사증서・임시해양오염방지검사증서・방오시스템검사증서 또는 에너지효율검사증서를 발급받지 아니한 검사대상선박을 항해에 사용하여서는 아니 된다. 다만, 해양오염방지선박검사・에너지효율검사 또는 「선박안전법」 제7조 내지 제12조의 규정에 따른 선박검사를 받기 위하여 항해하는 경우에는 그러하

지 아니하다(법 제57조).

② 선박의 소유자는 협약검사증서를 발급받지 아니한 선박을 국제항해에 사용하여서는 아니 된다.

③ 선박의 소유자는 해양오염방지검사증서 · 임시해양오염방지검사증서 · 방오시스템검사증서 · 에너지효율검사증서 및 협약검사증서(이하 "해양오염방지검사증서 등"이라 한다)에 기재(記載)된 조건에 적합하지 아니한 방법으로 그 선박을 항해(국제항해를 포함한다)에 사용하여서는 아니 된다. 다만, 해양오염방지선박검사 · 에너지효율검사 또는 「선박안전법」 제7조 내지 제12조의 규정에 따른 선박검사를 받기 위하여 항해하는 경우에는 그러하지 아니하다.

④ 해양오염방지검사증서 등을 발급받은 선박의 소유자는 그 선박 안에 해양오염방지검사증서등을 비치하여야 한다.

10. 부적합 선박에 대한 조치

① 해양수산부장관은 해양오염방지설비 등 및 방오시스템이 제25조 제1항, 제26조 제1항 · 제2항, 제27조 제1항 · 제2항, 제40조 제2항 및 제41조 제1항의 규정에 따른 설치기준 또는 기술기준 등에 적합하지 아니하다고 인정되는 경우에는 그 선박의 소유자에 대하여 그 해양오염방지설비 등 및 방오시스템의 교체 · 개조 · 변경 · 수리 그 밖에 필요한 조치를 명령할 수 있다(법 제58조 제1항).

② 해양수산부장관은 선박의 소유자가 제1항에 따른 개선명령 중 해양오염방지설비 등 및 방오시스템의 중대한 결함(缺陷)으로 인한 교체 등의 명령을 이행하지 아니하고 선박을 계속하여 사용하려고 하거나 사용하면 그 선박에 대하여 항해정지처분을 할 수 있다. 다만, 해양오염 우려 없이 개선명령을 이행하기 위하여 수리할 수 있는 항으로 항해하는 경우 등 정당한 사유가 있는 경우에는 그러하지 아니하다.

③ 해양수산부장관은 다음의 하나에 해당하는 경우에는 그 선박의 소유자에 대하여 수정 · 교체 · 개조 · 비치 등 필요한 조치를 명령할 수 있다.

- 선박에너지효율이 제41조의 2에 따른 선박에너지효율설계지수의 계산방법 및 허용값, 추진기관의 최소 출력기준에 적합하지 아니하다고 인정되는 경우
- 선박에너지효율관리계획서를 비치하지 아니한 경우

11. 해양오염방지를 위한 항만국통제 및 재검사

① 해양수산부장관은 우리 나라의 항만 · 항구 또는 연안에 있는 외국선박에 설치된 해양오염방지설비 등, 방오시스템 및 선박에너지효율이 해양오염방지에 관한 국제협약에 따른 기술상의 기준에 적합하지 아니하다고 인정되는 경우에는 그 선박의 선장에 대하여 해양오염방지설비 등, 방오시스템 및 선박에너지효율 관련 설비 등의 교체 · 개조 · 변경 · 수리 · 개선이나 그 밖에 필요한 조치(이하 "항만국통제"라 한다)를 명령할

수 있다(법 제59조).

② 항만국통제(港灣國統制)의 시행에 필요한 절차는 「선박안전법」 제68조 내지 제70조의 규정을 준용한다.

③ 해양오염방지선박검사, 예비검사 및 에너지효율검사를 받은 자가 그 검사결과에 대하여 불복이 있는 때에는 그 결과에 관한 통지를 받은 날부터 90일 이내에 그 사유를 갖추어 해양수산부장관에게 재검사(再檢査)를 신청할 수 있다(법 제60조 제1항).

④ 제1항의 규정에 따라 재검사 신청을 받은 해양수산부장관은 소속 공무원으로 하여금 재검사를 하게 하고 그 결과를 신청인에게 60일 이내에 통보하여야 한다. 다만, 부득이한 사유가 있는 때에는 30일의 범위 안에서 통보시한을 연장할 수 있다(제2항).

⑤ 해양오염방지선박검사, 예비검사 및 에너지효율검사에 대하여 불복이 있는 자는 제1항 및 제2항의 규정에 따른 재검사의 절차를 거치지 아니하고는 행정소송을 제기할 수 없다. 다만, 「행정소송법」 제18조(행정심판과의 관계) 제2항 및 제3항에 해당하는 경우에는 그러하지 아니하다.

제6장 해양오염방제를 위한 조치

1. 국가긴급방제계획의 수립 · 시행

① 국민안전처장관은 총리령이 정하는 오염물질이 해양에 배출될 우려가 있거나 배출되는 경우를 대비하여 대통령령이 정하는 바에 따라 해양오염의 사전 예방(豫防) 또는 방제(防除)에 관한 국가긴급방제계획을 수립 · 시행하여야 한다. 이 경우 국민안전처장관은 미리 해양수산부장관의 의견을 들어야 한다(법 제61조).

② 국가긴급방제계획은 「해양수산발전 기본법」 제7조에 따른 해양수산발전위원회의 심의를 거쳐 확정한다.

2. 방제대책본부 등의 설치

① 국민안전처장관은 해양오염사고로 인한 긴급방제를 총괄지휘하며, 이를 위하여 국민안전처장관 소속으로 방제대책본부를 설치할 수 있다(법 제62조 제1항).

② 국민안전처장관은 제1항에 따라 설치한 방제대책본부의 조치사항 및 결과에 대하여 총리령으로 정하는 바에 따라 해양수산부장관에게 통보하여야 한다.

③ 제1항에 따른 방제대책본부의 구성 · 운영 등에 필요한 사항은 대통령령으로 정한다.

3. 오염물질이 배출되는 경우의 신고의무

① 대통령령이 정하는 배출기준을 초과하는 오염물질이 해양에 배출되거나 배출될 우려가 있다고 예상되는 경우 다음의 하나에 해당하는 자는 지체 없이 국민안전처장관 또

는 해양경비안전서장에게 이를 신고하여야 한다(법 제63조 제1항).

- 배출되거나 배출될 우려가 있는 오염물질이 적재된 선박의 선장 또는 해양시설의 관리자. 이 경우 해당 선박 또는 해양시설에서 오염물질의 배출원인이 되는 행위를 한 자가 신고하는 경우에는 그러하지 아니하다.
- 오염물질의 배출원인이 되는 행위를 한 자.
- 배출된 오염물질을 발견한 자

② 제1항의 규정에 따른 신고절차 및 신고사항 등에 관하여 필요한 사항은 총리령으로 정한다.

4. 오염물질이 배출된 경우의 방제조치

① 제63조 제1항 제1호 및 제2호에 해당하는 자(이하 “방제의무자”라 한다)는 배출된 오염물질에 대하여 대통령령이 정하는 바에 따라 다음에 해당하는 조치(이하 “방제조치”라 한다)를 하여야 한다(법 제64조).

- 오염물질의 배출방지
- 배출된 오염물질의 확산방지 및 제거
- 배출된 오염물질의 수거 및 처리

② 오염물질이 항만의 안 또는 항만의 부근 해역에 있는 선박으로부터 배출되는 경우 다음 의 하나에 해당하는 자는 방제의무자가 방제조치를 취하는데 적극 협조하여야 한다.

- 당해 항만이 배출된 오염물질을 싣는 항만인 경우에는 당해 오염물질을 보내는 자
- 당해 항만이 배출된 오염물질을 내리는 항만인 경우에는 당해 오염물질을 받는 자
- 오염물질의 배출이 선박의 계류(繫留) 중에 발생한 경우에는 당해 계류시설의 관리자
- 그 밖에 오염물질의 배출원인과 관련되는 행위를 한 자

③ 국민안전처장관은 방제의무자가 자발적으로 방제조치를 행하지 아니하는 때에는 그 자에게 시한을 정하여 방제조치를 하도록 명령할 수 있다(제3항).

④ 국민안전처장관은 방제의무자가 제3항의 규정에 따른 방제조치명령에 따르지 아니하는 경우에는 직접 방제조치를 할 수 있다. 이 경우 방제조치에 소요된 비용은 대통령령이 정하는 바에 따라 방제의무자가 부담한다(제4항).

⑤ 제4항의 규정에 따라 직접 방제조치에 소요된 비용의 징수에 관하여는 「행정대집행법」 제5조(비용납부명령서) 및 제6조(비용징수)의 규정을 준용한다.

⑥ 제1항부터 제4항까지의 규정에 따라 오염물질의 방제조치에 사용되는 자재(資材) 및 약제(藥劑)는 제110조 제4항 · 제6항 및 제7항에 따라 형식승인 · 검정 및 인정을 받거나 제110조의 2 제3항에 따른 검정을 받은 것이어야 한다. 다만, 오염물질의 방제조치에 사용되는 자재로서 긴급방제조치에 필요하고 해양환경에 영향을 미치지 아니한다고 국민안전처장관이 인정하는 경우에는 그러하지 아니한다.

5. 오염물질이 배출될 우려가 있는 경우의 조치 등

① 선박의 소유자 또는 선장, 해양시설의 소유자는 선박 또는 해양시설의 좌초・충돌・침몰・화재 등의 사고로 인하여 선박 또는 해양시설로부터 오염물질이 배출될 우려가 있는 경우에는 해양수산부령이 정하는 바에 따라 오염물질의 배출방지를 위한 조치를 하여야 한다(법 제65조).

② 제64조 제3항 및 제4항의 규정은 제1항의 규정에 따른 오염물질의 배출방지를 위한 조치에 관하여 준용한다. 이 경우 "방제의무자(防除義務者)"는 "선박의 소유자 또는 선장, 해양시설의 소유자"로 본다.

6. 자재 및 약제의 비치 등

① 항만관리청 및 선박・해양시설의 소유자는 오염물질의 방제・방지에 사용되는 자재 및 약제를 보관시설 또는 해당 선박 및 해양시설에 비치・보관하여야 한다(법 제66조 제1항).

② 제1항에 따라 비치・보관하여야 하는 자재 및 약제는 제110조 제4항・제6항 및 제7항에 따라 형식승인・검정 및 인정을 받거나, 제110조의 2 제3항에 따른 검정을 받은 것이어야 한다.

③ 제1항에 따라 비치・보관하여야 하는 자재 및 약제의 종류・수량・비치방법과 보관시설의 기준 등에 필요한 사항은 해양수산부령으로 정한다.

7. 방제선 등의 배치 등

① 다음에 해당하는 선박 또는 해양시설의 소유자는 기름의 해양유출사고에 대비하여 대통령령이 정하는 기준에 따라 방제선 또는 방제장비(이하 "방제선 등"이라 한다)를 해양수산부령이 정하는 해역 안에 배치 또는 설치하여야 한다(법 제67조 제1항).
- 총톤수 500톤 이상의 유조선
- 총톤수 1만톤 이상의 선박(유조선을 제외한 선박에 한한다)
- 신고된 해양시설로서 저장용량 1만 킬로리터 이상의 기름저장시설

② 제1항의 규정에 따라 방제선 등을 배치하거나 설치하여야 하는 자(이하 "배치의무자"라 한다)는 대통령령이 정하는 바에 따라 방제선(防除船) 등을 공동으로 배치・설치하거나 이를 제96조 제1항의 규정에 따른 해양환경관리공단에게 위탁할 수 있다.

③ 국민안전처장관은 방제선 등을 배치 또는 설치하지 아니한 자에 대하여 선박입출항금지 또는 시설사용정지를 명령할 수 있다.

④ 국민안전처장관은 제1항의 규정에 따른 선박 또는 해양시설로부터 오염물질이 배출되거나 배출될 우려가 있는 경우에는 배치의무자로 하여금 방제조치 및 제65조의 규정에 따른 배출방지조치를 하게 하여야 한다. 이 경우 배치의무자가 제2항의 규정에

따라 방제선 등을 공동으로 배치·설치하거나 해양환경관리공단에게 위탁한 때에는 공동 배치·설치자 또는 해양환경관리공단에 대하여 공동으로 방제조치 및 배출방지조치를 하게 하여야 한다.

8. 행정기관의 방제조치와 비용부담

① 국민안전처장관은 방제의무자의 방제조치 만으로는 오염물질의 대규모 확산을 방지하기가 곤란하거나 긴급방제가 필요하다고 인정하는 경우에는 직접 방제조치를 하여야 한다(법 제68조 제1항).

② 제1항에도 불구하고 해안의 자갈·모래 등에 달라붙은 기름에 대하여는 다음의 구분에 따라 해당 지방자치단체의 장 또는 행정기관의 장이 방제조치를 하여야 한다(제2항).

- 기름이 하나의 시장·군수 또는 구청장(자치구의 구청장을 말한다. 이하 같다) 관할 해안에만 영향을 미치는 경우: 해당 시장·군수 또는 구청장
- 기름이 둘 이상의 시장·군수 또는 구청장 관할 해안에 영향을 미치는 경우: 해당 시·도지사. 이 경우 기름이 둘 이상의 시·도지사 관할 해안에 영향을 미치는 경우에는 각각의 관할 시·도지사로 한다.
- 군사시설과 그 밖에 대통령령으로 정하는 시설이 설치된 해안에 대한 방제조치: 해당 시설관리기관의 장

③ 국민안전처장관은 시장·군수 또는 구청장과 시·도지사가 제2항에 따른 방제조치를 하는 경우에는 방제에 사용되는 자재·약제, 방제장비, 인력 및 기술 등을 지원하여야 한다.

④ 제1항 및 제2항에 따른 방제조치에 소요되는 비용은 대통령령이 정하는 바에 따라 선박 또는 해양시설의 소유자가 부담하게 할 수 있다. 다만, 천재·지변 등 대통령령이 정하는 사유에 해당하는 경우에는 그러하지 아니하다.

⑤ 제4항에 따라 부담하게 한 비용의 징수는 「행정대집행법」 제5조 및 제6조를 준용한다.

9. 방제분담금

① 배치의무자는 기름 등의 유출사고(流出事故)에 따른 방제조치 및 배출방지조치 등 해양오염방제조치에 소요되는 방제분담금을 납부하여야 한다(법 제69조 제1항).

② 제1항의 규정에 따른 방제분담금은 제97조 제1항 제3호의 규정에 따른 사업을 위하여 사용되어야 한다.

③ 제1항의 규정에 따른 방제분담금은 제96조 제1항의 규정에 따른 해양환경관리공단에 납부하여야 하며, 제1항 및 제2항의 규정에 따른 방제분담금의 부과기준·부과절차 등에 관하여 필요한 사항은 대통령령으로 정한다.

제7장 해양환경관리업 등

1. 해양환경관리업

① 다음의 하나에 해당하는 사업(이하 "해양환경관리업"이라 한다)을 영위하려는 자는 대통령령이 정하는 바에 따라 해양수산부장관 또는 국민안전처장관에게 등록하여야 한다(법 제70조 제1항).

- 폐기물해양배출업 : 해양투기에 필요한 선박·설비 및 장비를 갖추고 폐기물을 해양에 투기(投棄)하는 사업
- 해양오염방제업 : 오염물질의 방제에 필요한 설비 및 장비를 갖추고 해양에 배출되거나 배출될 우려가 있는 오염물질을 방제하는 사업
- 유창청소업(油艙淸掃業): 선박의 유창(油艙)을 청소하거나 선박 또는 해양시설(그 해양시설이 기름 및 유해액체물질 저장시설인 경우에 한정한다)에서 발생하는 총리령 또는 해양수산부령으로 정하는 오염물질의 수거에 필요한 설비 및 장비를 갖추고 그 오염물질을 수거하는 사업
- 폐기물해양수거업 : 해양에 부유·침적된 폐기물의 수거에 필요한 선박·장비 및 설비를 갖추고 폐기물을 수거하는 사업
- 퇴적오염물질수거업 : 퇴적된 오염물질의 준설·수거에 필요한 선박·장비 및 설비를 갖추고 퇴적된 오염물질을 준설 또는 수거하는 사업

② 해양환경관리업의 등록을 하려는 자는 대통령령이 정하는 바에 따라 해당 분야의 기술능력을 보유하여야 하며, 총리령 또는 해양수산부령이 정하는 선박·장비 및 설비 등을 갖추어야 한다.

③ 제1항의 규정에 따라 해양환경관리업의 등록을 한 자(이하 "해양환경관리업자"라 한다)가 등록한 사항 중 총리령 또는 해양수산부령이 정하는 중요한 사항을 변경하려는 때에는 총리령 또는 해양수산부령이 정하는 바에 따라 변경등록을 하여야 한다.

2. 폐기물해양배출업자 지원대책 등

① 해양수산부장관은 제70조 제1항 제1호에 따른 폐기물해양배출업자가 육상 폐기물의 해양배출금지 등 대통령령으로 정하는 사유로 폐업할 경우에는 대체사업의 주선 또는 폐업지원금의 지급·융자알선 등 지원대책(支援對策)을 수립·시행할 수 있다(법 제70조의 2 제1항).

② 제1항에 따른 지원대책에 관하여 필요한 사항은 해양수산부령으로 정한다.

3. 결격사유

다음의 하나에 해당하는 자는 해양환경관리업의 등록을 할 수 없다(법 제71조).

- 피성년후견인(被成年後見人)(제1호)
- 파산선고(破産宣告)를 받고 복권되지 아니한 자
- 이 법을 위반하여 징역 이상의 형의 선고(宣告, declaration) 를 받고 그 형의 집행이 종료(집행이 종료된 것으로 보는 경우를 포함한다)되거나 집행을 받지 아니하기로 확정된 후 1년이 경과되지 아니한 자
- 해양환경관리업의 등록이 취소된 후 1년이 경과되지 아니한 자(제4호)
- 임원(任員) 중에 제1호 내지 제4호의 어느 하나에 해당하는 자가 있는 법인

4. 해양환경관리업자의 의무

① 해양환경관리업자는 폐기물의 해양투기, 오염물질의 방제, 오염물질의 청소・수거, 부유・침적(沈積)된 폐기물의 수거 및 퇴적된 오염물질의 준설(浚渫)・수거(收去) 등에 관한 처리실적서를 작성하여 해양수산부장관 또는 국민안전처장관에게 제출하여야 하며, 그 처리대장을 작성하고 해당 선박 또는 시설에 비치하여야 한다(법 제72조 제1항).

② 해양환경관리업자가 선박 또는 해양시설 등으로부터 오염물질을 수거하는 때에는 총리령 또는 해양수산부령이 정하는 바에 따라 오염물질수거확인증을 작성하고 해당 오염물질의 위탁자에게 이를 교부하여야 한다.

③ 폐기물해양배출업자는 해양투기의 대상이 되는 폐기물을 해양수산부령으로 정하는 바에 따라 보관・관리하고, 제23조 제1항 단서에 따라 폐기물을 해양에 배출하여야 하며, 해양수산부령으로 정하는 폐기물인계・인수서를 작성하여 이를 해양수산부장관에게 제출하여야 한다.

④ 제1항 내지 제3항의 규정에 따른 처리실적서・처리대장, 오염물질수거확인증 및 폐기물인계・인수서의 작성방법·보존기간 등에 관하여 필요한 사항은 총리령 또는 해양수산부령으로 정한다.

5. 위탁폐기물 등의 처리명령 등

해양수산부장관 또는 국민안전처장관은 해양환경관리업자(휴・폐업한 경우를 포함한다)가 처리를 위탁받은 폐기물(廢棄物, wastes) 등 처리대상이 되는 오염물질을 이 법에 따라 처리하지 아니하고 방치하는 경우에는 총리령 또는 해양수산부령이 정하는 바에 따라 그 적정한 처리를 명령할 수 있다(법 제73조).

6. 해양환경관리업의 승계 등

① 해양환경관리업자가 그 사업을 양도하거나 사망한 때 또는 법인의 합병(合倂, merger)이 있는 때에는 그 사업의 양수인・상속인 또는 합병 후 존속하는 법인이나 합병에 의하여 설립되는 법인이 그 권리・의무를 승계한다(법 제74조 제1항).

② 「민사집행법」에 따른 경매, 「채무자 회생 및 파산에 관한 법률」에 따른 환가(換價, conversion) 및 「국세징수법」·「관세법」 또는 「지방세기본법」에 따른 압류재산(押留財産)의 매각 그 밖에 이에 준하는 절차에 따라 환경관리업자의 시설·설비의 전부를 인수한 자는 그 권리·의무를 승계한다.

③ 제1항 및 제2항의 규정에 따라 해양환경관리업자의 권리·의무를 승계한 자는 1개월 이내에 총리령 또는 해양수산부령이 정하는 바에 따라 해양수산부장관 또는 국민안전처장관에게 신고하여야 한다.

④ 제71조(결격사유)의 규정은 제1항 및 제2항의 규정에 따른 승계에 있어 이를 준용한다.

7. 등록의 취소 등

① 해양수산부장관 또는 국민안전처장관은 해양환경관리업자가 다음의 어느 하나에 해당하는 때에는 그 등록을 취소하거나 6개월 이내의 기간을 정하여 영업정지(운반선 또는 저장시설만의 사용정지를 포함한다)를 명령할 수 있다. 다만, 제1호부터 제4호까지의 어느 하나에 해당하는 경우에는 등록을 취소하여야 한다(법 제75조 제1항).
- 제71조(결격사유) 각 호의 어느 하나에 해당하는 때. 다만, 법인의 임원 중 제71조 제1호 내지 제4호의 어느 하나에 해당하는 자가 있는 경우로서 6개월 이내에 그 임원을 바꾸어 임명한 때에는 그러하지 아니하다(제1호).
- 거짓 그 밖의 부정한 방법으로 등록을 하거나 변경등록을 한 경우
- 1년에 2회 이상 영업정지처분을 받은 경우
- 영업정지기간 중에 영업을 한 경우(제4호)
- 정당한 사유 없이 등록한 사항을 이행하지 아니한 경우
- 제72조의 규정에 따른 의무를 위반한 경우
- 제73조의 규정에 따른 명령에 따르지 아니하거나 거부한 경우
- 등록 후 1년 이내에 영업을 하지 아니하거나 계속하여 1년 이상 영업실적이 없는 경우

② 제1항의 규정에 따른 행정처분의 세부기준은 그 위반행위의 유형과 정도 등을 참작하여 총리령 또는 해양수산부령으로 정한다.

8. 폐기물위탁자의 의무 등

① 폐기물해양배출업자에게 폐기물을 위탁·처리하려는 자는 해양수산부령이 정하는 바에 따라 해양수산부장관에게 신고하여야 한다. 이 경우 신고한 사항 중 해양수산부령이 정하는 중요한 사항을 변경하고자 하는 때에도 또한 같다(법 제76조 제1항).

② 제1항의 규정에 따라 폐기물 위탁·처리의 신고를 한 자(이하 "폐기물위탁자"라 한다)는 해양수산부령이 정하는 바에 따라 위탁·처리하려는 폐기물의 성분·농도·무게·부피를 측정하고, 해양수산부령이 정하는 처리기준 및 방법에 따라 이를 위탁·처

리하여야 한다.

③ 폐기물위탁자는 제2항의 규정에 따른 폐기물의 성분·농도·무게·부피의 측정에 관한 업무를 대통령령이 정하는 바에 따라 폐기물의 측정능력이 있는 자에게 대행하게 할 수 있다.

9. 폐기물 인계·인수 내용 등의 전산 처리

① 해양수산부장관은 폐기물의 해양배출(海洋排出)에 관한 정보를 체계적이고 효율적으로 관리하기 위하여 전자정보처리시스템을 구축·운영할 수 있다(법 제76조의 2).

② 해양환경관리업자 중 폐기물해양배출업자가 제72조 제1항에 따른 처리실적서 및 같은 조 제3항에 따른 폐기물 인계·인수서를 해양수산부령으로 정하는 바에 따라 제1항의 전자정보처리시스템을 이용하여 제출한 경우에는 해당 자료 제출 및 보관 의무를 이행한 것으로 본다.

제8장 해양오염영향조사

1. 해양오염영향조사

① 선박 또는 해양시설에서 대통령령이 정하는 규모 이상의 오염물질이 해양에 배출되는 경우에는 그 선박 또는 해양시설의 소유자는 해양오염영향조사기관을 통하여 해양오염영향조사를 실시하여야 한다(법 제77조 제1항).

② 제1항의 규정에 따른 해양오염영향조사기관은 대통령령이 정하는 기준에 따라 해양수산부장관이 지정하여 고시한다.

③ 해양수산부장관은 제1항의 규정에 따라 해양오염영향조사를 하여야 하는 자가 대통령령이 정하는 기간 이내에 이를 행하지 아니하거나 대통령령이 정하는 바에 따라 긴급히 조사를 할 필요가 있다고 인정되는 경우에는 별도의 조사기관을 선정하여 실시하게 하여야 한다.

④ 해양수산부장관은 제3항의 규정에 따라 별도의 해양오염영향조사를 실시하게 하려는 경우에는 해양수산부령이 정하는 바에 따라 「해양수산발전 기본법」 제7조에 따른 해양수산발전위원회의 심의를 거쳐야 한다.

해양오염영향조사를 실시하여야 하는 경우(영 제58조 제1항 관련, [별표 12])

종류		배출량
폐기물	1. 수은 및 그 화합물, 폴리염화비페닐, 카드뮴 및 그 화합물, 6가크롬 화합물, 유기할로겐화합물	100kg 이상
	2. 시안화합물, 유기인화합물, 납 및 그 화합물, 비소 및 그 화합물, 구리 및 그 화합물, 크롬 및 그 화합물, 아연 및 그 화합물, 불화물, 페놀류, 트리클로로에틸렌, 테트라클로로에틸렌	10,000kg 이상
	3. 유기실리콘 화합물, 폐합성수지, 폐합성고분자 화합물, 폐산, 폐알칼리	20,000kg 이상
	4. 동식물성고형물, 분뇨, 오니류	20,000kg 이상
	5. 그 밖의 폐기물	30,000kg 이상
기름 중 지속성유(원유 · 연료유 · 중유 · 윤활유)와 폐유		유분총량이 100kℓ 이상
유해액체물질	1. 알라클로르, 알칸, 그 밖에 해양수산부령으로 정하는 X류 물질	10,000ℓ 이상
	2. 아세톤 시아노히드린, 아크릴산, 그 밖에 해양수산부령으로 정하는 Y류 물질	25,000ℓ 이상
	3. 아세트산, 아세트산 무수물, 그 밖에 해양수산부령으로 정하는 Z류 물질	25,000ℓ 이상
	4. 평가는 되었으나 유해액체물질목록에 등록되지 아니한 잠정평가물질	100,000ℓ 이상

2. 해양오염영향조사의 분야 및 항목

해양오염영향조사는 오염물질(汚染物質)에 의하여 해로운 영향을 받게 되는 자연환경, 생활환경 및 사회 · 경제환경 분야 등에 대하여 실시하여야 하며, 분야별 세부항목은 대통령령으로 정한다(법 제78조).

3. 주민의 의견수렴

① 해양오염영향조사기관은 해양오염영향에 대한 조사서(이하 "해양오염영향조사서"라 한다)를 작성함에 있어 미리 설명회 또는 공청회(公聽會, public hearing)를 개최하여 해당 조사 대상지역 안에 거주하는 주민의 의견을 수렴한 후 이를 해양오염영향조사서의 내용에 포함시켜야 한다(법 제79조 제1항).

② 해양오염영향조사기관은 제1항의 규정에 따라 주민의 의견을 수렴하려는 때에는 해양오염영향조사서의 초안(草案, draft)을 작성하여 주민이 미리 확인할 수 있게 하여야 한다.

4. 조사의 비용

① 제77조 제1항 및 제3항의 규정에 따른 해양오염영향조사에 소요되는 비용은 대통령령

이 정하는 바에 따라 해양오염사고를 일으킨 선박 또는 해양시설의 소유자가 부담한다. 다만, 천재지변 그 밖의 대통령령이 정하는 사유에 해당하는 경우에는 그러하지 아니하다(법 제80조).

② 제77조 제3항의 규정에 따른 해양오염영향조사에 소요되는 비용의 징수에 관하여는 국세체납처분의 예에 따른다.

5. 조사기관의 결격사유

다음의 하나에 해당하는 자는 해양오염영향조사기관으로 지정될 수 없다(법 제81조) .

- 피성년후견인(被成年後見人)(제1호)
- 파산선고(破産宣告, sentence of bankruptcy)를 받고 복권되지 아니한 자
- 해양오염영향조사기관의 지정이 취소된 후 2년이 경과되지 아니한 자(제3호)
- 이 법 또는 「수질 및 수생태계 보전에 관한 법률」·「대기환경보전법」을 위반하여 금고 이상의 형의 선고를 받고 그 형의 집행이 종료(집행이 종료된 것으로 보는 경우를 포함한다)되거나 집행을 받지 아니하기로 확정된 후 2년이 경과되지 아니한 자
- 대표이사가 제1호 내지 제4호의 어느 하나에 해당하는 법인(法人, corporation)

6. 조사기관의 지정취소 등

① 해양수산부장관은 해양오염영향조사기관이 다음의 어느 하나에 해당하는 때에는 그 지정을 취소하거나 1년 이내의 기간을 정하여 업무정지를 명령할 수 있다. 다만, 제1호 내지 제4호에 해당하는 때에는 그 지정을 취소하여야 한다(법 제82조).

- 거짓 그 밖의 부정한 방법으로 지정을 받은 때(제1호)
- 제77조 제2항의 규정에 따른 지정기준에 미달하게 된 때
- 제81조 각 호의 어느 하나에 해당하는 때. 다만, 법인의 대표이사가 제81조 제1호 내지 제4호의 어느 하나에 해당하는 경우로서 6개월 이내에 그 대표이사(代表理事)를 개임(改任)한 때에는 그러하지 아니하다.
- 1년에 2회 이상 업무정지처분을 받은 때(제4호)
- 다른 사람에게 지정기관의 권한을 대여하거나 도급(都給, contract)받은 해양오염영향 조사를 일괄하여 하도급한 때
- 고의 또는 중대한 과실로 해양오염영향조사를 부실하게 행한 때

② 제1항의 규정에 따른 행정처분의 세부기준은 그 위반행위의 유형과 정도 등을 참작하여 해양수산부령으로 정한다.

7. 지정취소 또는 업무정지된 해양오염영향조사기관의 업무계속

① 제82조(조사기관의 지정취소 등)의 규정에 따라 지정취소 또는 업무정지의 처분을 받은 해양오염영향조사기관은 그 처분 전에 체결한 해양오염영향조사에 한하여 그 조

사를 계속할 수 있다(법 제83조 제1항).

② 제1항의 규정에 따라 영향조사를 계속하는 해양오염영향조사기관은 그 업무를 완료하는 때까지 이 법에 따른 해양오염영향조사기관으로 본다.

8. 침몰선박 관리

① 해양수산부장관은 「해양사고의 조사 및 심판에 관한 법률」 제2조 제1호의 해양사고로 해양에서 침몰된 선박(이하 이 조에서 "침몰선박"이라 한다)으로 인하여 발생할 수 있는 추가적인 해양오염사고를 예방하기 위하여 다음의 조치를 하여야 한다(법 제83조의 2 제1항).

- 침몰선박에 대한 정보의 체계적인 관리(제1호)
- 침몰선박의 해양오염사고 유발 가능성에 대한 위해도(危害度) 평가
- 침몰선박에 대한 위해도 저감대책(低減對策)의 실행(제3호)

② 해양수산부장관은 필요한 경우 국민안전처 소속 공무원이 업무 수행 중 알게 된 침몰선박에 관한 정보를 해양수산부령으로 정하는 바에 따라 국민안전처장관에게 요청할 수 있다.

③ 제1항 제3호에 따른 조치에 드는 비용은 대통령령으로 정하는 바에 따라 침몰선박의 소유자가 부담한다. 다만, 그 소유자를 알 수 없는 경우에는 대통령령으로 정하는 바에 따라 해당 침몰선박을 처분하여 비용에 충당할 수 있다.

④ 제1항 제2호의 위해도 평가방법, 같은 항 제3호에 따른 위해도 저감대책의 구체적 방법 및 절차, 제3항에 따른 비용의 산정 방법 및 납부 절차 등에 필요한 사항은 해양수산부령으로 정한다.

제9장 해역이용 협의

1. 해역이용 협의

① 다음의 하나에 해당하는 면허(免許)·허가(許可) 또는 지정(指定) 등(이하 "면허 등"이라 한다)을 하고자 하는 행정기관의 장(이하 "처분기관"이라 한다)은 면허 등을 하기 전에 대통령령이 정하는 바에 따라 미리 해양수산부장관과 해역이용의 적정성 및 해양환경에 미치는 영향에 관하여 협의(이하 "해역이용협의"라 한다)를 하여야 한다. 이 경우 제85조 제1항의 규정에 따른 해역이용영향평가대상사업은 해역이용협의를 행한 것으로 본다(법 제84조 제1항).

- 「공유수면 관리 및 매립에 관한 법률」 제8조에 따른 공유수면의 점용·사용허가(제5호 및 제6호에 따른 바다골재채취의 허가 및 바다골재채취단지의 지정에 따른 공유수면의 점용·사용허가는 제외한다) 및 같은 법 제28조에 따른 공유수면의 매립

면허
- 「수산업법」 제8조의 규정에 따른 어업의 면허. 다만, 대통령령이 정하는 해역에서의 어업의 면허에 한정하여 적용한다.
- 「골재체취법(骨材採取法)」 제21조의 2의 규정에 따른 바다골재채취예정지의 지정
- 「골재채취법」 제22조의 규정에 따른 바다골재채취의 허가
- 「골재채취법」 제34조의 규정에 따른 바다골재채취단지의 지정

② 제1항 제1호 및 제2호의 규정을 적용함에 있어서 다른 법률에서 「공유수면 관리 및 매립에 관한 법률」에 따른 공유수면의 점용・사용허가 또는 매립면허(埋立免許)를 받은 것으로 보도록 규정하고 있는 경우에도 해역이용협의 절차를 거쳐야 한다. 다만, 다음의 하나에 해당하는 사업과 관련된 경우에는 그러하지 아니하다.
- 「재난 및 안전관리기본법」 제37조의 규정에 따른 응급조치를 위한 사업
- 국방부장관이 군사상의 기밀보호가 필요하거나 군사작전의 긴급한 수행을 위하여 필요하다고 인정하여 해양수산부장관과 협의한 것으로서 해양수산부장관이 정하여 고시하는 사업

③ 처분기관은 제1항의 규정에 따라 해양수산부장관과 해역이용협의(海域利用協議)를 하려는 때에는 해양수산부령이 정하는 해역이용협의서를 제출하여야 한다(제3항).

④ 처분기관은 제1항의 규정에 따라 해역이용협의의 대상이 되는 면허 등의 대상사업(이하 "면허대상사업"이라 한다)을 하고자 하는 자(이하 "해역이용사업자"라 한다)에게 별도의 해역이용협의서를 제출받아 이를 제3항에 따른 해역이용협의서에 갈음하여 제출할 수 있다.

⑤ 해역이용사업자는 제4항에 따라 처분기관에 제출하는 해역이용협의서의 작성을 제86조제1항에 따른 평가대행자로 하여금 대행하게 할 수 있다.

⑥ 해역이용협의의 시기, 제3항 및 제4항의 규정에 따른 해역이용협의서의 작성방법 등에 관하여 필요한 사항은 해양수산부령으로 정한다.

2. 해역이용영향평가

① 처분기관은 제84조에 따라 해양수산부장관과 해역이용협의를 함에 있어서 해당 면허대상 사업 중 다음의 어느 하나에 해당하는 행위가 대통령령으로 정하는 규모 이상에 해당하는 때에는 그 행위로 인하여 해양환경에 미치는 영향에 대한 평가(이하 "해역이용영향평가"라 한다)를 해양수산부장관에게 요청하여야 한다. 다만, 「환경영향평가법」 제22조에 따른 환경영향평가 대상사업 중 대통령령으로 정하는 사업을 제외한다(법 제85조 제1항).
- 「공유수면 관리 및 매립에 관한 법률」 제8조 제1항 제3호에 따른 공유수면의 바닥을 준설하거나 굴착하는 행위(제1호)
- 「공유수면 관리 및 매립에 관한 법률」 제8조 제1항 제6호에 따른 공유수면에서 흙

이나 모래 또는 돌을 채취하는 행위

- 「공유수면 관리 및 매립에 관한 법률」 제8조 제1항 제8호에 따른 흙·돌을 공유수면에 버리는 등 공유수면의 수심에 영향을 미치는 행위
- 「해저광물자원 개발법」 제2조 제1호에 따른 해저광물을 채취하는 행위
- 「광업법(鑛業法)」 제3조 제1호에 따른 광물을 공유수면에서 채취하는 행위
- 「해양심층수의 개발 및 관리에 관한 법률」 제2조 제1호에 따른 해양심층수를 이용·개발하는 행위
- 「골재채취법(骨材採取法)」 제22조에 따른 골재채취 중 바다골재채취
- 「골재채취법」 제34조에 따른 바다골재채취단지의 지정
- 그 밖에 해양환경에 영향을 미치는 행위로서 대통령령으로 정하는 행위

② 처분기관은 해역이용영향평가를 해양수산부장관에게 요청하는 때에는 해양수산부령이 정하는 바에 따라 제1항 각 호의 규정에 따른 해역이용영향평가의 대상이 되는 면허대상사업을 하려는 자(이하 "평가대상사업자"라 한다)가 작성한 해역이용영향평가서를 함께 제출하여야 한다(제2항).

③ 평가대상사업자가 제2항에 따라 해역이용영향평가서를 작성하는 경우에는 해양수산부령이 정하는 바에 따라 설명회 또는 공청회 등을 개최하고, 이해관계자의 의견수렴 등 필요한 절차를 거쳐야 한다.

④ 평가대상사업자가 제2항의 규정에 따라 해역이용영향평가서를 작성하는 경우에는 제86조제1항의 규정에 따른 평가대행자로 하여금 대행하게 할 수 있다.

⑤ 해역이용영향평가서의 내용·작성방법 등에 관하여 필요한 사항은 해양수산부령으로 정한다.

3. 평가대행자의 등록 등

① 제84조 제5항에 따른 해역이용협의서 및 제85조 제4항에 따른 해역이용영향평가서(이하 "해역이용협의서 등"이라 한다)의 작성을 대행하는 사업을 영위하려는 자는 해양수산부령이 정하는 기술능력·시설 및 장비를 갖추어 대통령령이 정하는 바에 따라 해양수산부장관에게 등록하여야 한다. 이 경우 해역이용협의서 등의 작성을 대행하는 사업의 등록을 한 자(이하 "평가대행자(評價代行者)"라 한다)가 등록한 사항 중 해양수산부령이 정하는 중요 사항을 변경하려는 때에도 또한 같다(법 제86조 제1항).

② 평가대행자가 폐업하려는 때에는 해양수산부장관에게 그 사실을 통보하여야 한다.

③ 제1항 및 제2항에 따른 평가대행자의 등록절차, 등록증의 발급 및 폐업통보의 절차 등에 필요한 사항은 해양수산부령으로 정한다.

4. 결격사유

다음의 하나에 해당하는 자는 평가대행자로 등록할 수 없다(법 제87조).

- 피성년후견인(被成年後見人)(제1호)
- 파산선고(破産宣告)를 받고 복권되지 아니한 자
- 평가대행자(評價代行者)의 등록이 취소된 후 2년이 경과되지 아니한 자(제3호)
- 이 법을 위반하여 징역 이상의 실형(實刑, actual penalty)의 선고를 받고 그 형의 집행이 종료(집행이 종료된 것으로 보는 경우를 포함한다)되거나 집행을 받지 아니하기로 확정된 후 2년이 경과되지 아니한 자(제4호)
- 대표이사가 제1호 내지 제4호의 어느 하나에 해당하는 법인

5. 해역이용사업자 등의 준수사항

해역이용사업자, 평가대상사업자(이하 "해역이용사업자 등"이라 한다) 및 평가대행자는 대통령령이 정하는 바에 따라 다음의 사항을 준수하여야 한다(법 제88조).

- 다른 해역이용협의서 등의 내용을 복제(複製)하지 아니할 것
- 작성한 해역이용협의서 등을 해양수산부령으로 정하는 기간 동안 보존할 것
- 해역이용협의서 등의 작성의 기초가 되는 자료를 거짓으로 작성하지 아니할 것
- 등록증 또는 그 명의를 다른 사람에게 대여(貸與)하지 아니할 것
- 도급받은 해역이용협의 또는 해역이용영향평가(이하 "해역이용협의 등"이라 한다)의 업무를 일괄하여 하도급(下都給)하지 아니할 것

6. 평가대행자의 등록취소 등

① 해양수산부장관은 평가대행자가 다음의 하나에 해당하는 때에는 그 등록을 취소하거나 6개월 이내의 기간을 정하여 업무정지를 명령할 수 있다. 다만, 제1호, 제3호부터 제5호까지 및 제5호의 2의 어느 하나에 해당하는 때에는 그 등록을 취소하여야 한다(법 제89조 제1항).

- 거짓 그 밖의 부정한 방법으로 등록하거나 변경등록을 한 때(제1호)
- 제86조 제1항의 규정에 따른 기술능력·시설 및 장비의 요건에 미달하게 된 때
- 제87조 각 호의 어느 하나에 해당하는 때. 다만, 법인의 대표이사가 제87조 제1호 내지 제4호의 어느 하나에 해당하는 경우로서 6개월 이내에 그 대표이사가 개임한 때에는 그러하지 아니하다(제3호).
- 등록 후 2년 이내에 해역이용협의 등의 업무를 개시하지 아니하거나 계속하여 2년 이상 해역이용협의 등의 업무실적이 없는 때
- 최근 1년 이내에 2회의 업무정지처분을 받고 다시 업무정지처분에 해당하는 행위를 한 때
- 업무정지처분 기간 중 해역이용협의 등의 업무(계약 체결을 포함한다)를 한 때
- 제88조(해역이용사업자 등의 준수사항)의 규정을 위반한 때
- 해역이용협의서 등을 거짓으로 작성하거나 고의 또는 중대한 과실로 해역이용협의

서 등을 부실하게 작성한 때

② 제1항의 규정에 따른 행정처분의 세부기준은 그 위반행위의 유형과 정도 등을 참작하여 해양수산부령으로 정한다.

7. 등록취소 또는 업무정지된 평가대행자의 업무계속

① 제89조에 따라 등록취소 또는 업무정지의 처분을 받은 평가대행자는 그 처분 전에 체결한 해역이용협의서 등의 작성에 관련한 업무에 한정하여 계속할 수 있다(법 제90조 제1항).

② 제1항에 따라 해역이용협의서 등의 작성대행 업무를 계속하는 평가대행자는 그 업무를 완료(完了)하는 때까지 이 법에 따른 평가대행자로 본다.

8. 의견통보 및 이의신청

① 해양수산부장관은 처분기관으로부터 해역이용협의 등의 요청을 받은 때에는 제출받은 해역이용협의서 등을 검토한 후 대통령령으로 정하는 바에 따라 그 의견(意見)을 통보하여야 한다(법 제91조 제1항).

② 해양수산부장관은 제1항의 규정에 따라 해역이용협의 등의 의견을 통보하기 전에 대통령령이 정하는 해역이용협의 등에 따른 영향검토기관(이하 "해역이용영향검토기관"이라 한다)의 의견을 들어야 한다. 다만, 해역이용협의 등의 대상사업 중 해양환경에 미치는 영향이 적은 사업으로서 대통령령으로 정하는 사업은 그러하지 아니하다.

③ 해양수산부장관은 제1항의 규정에 따라 제84조 제1항 제4호 및 제6호에 해당하는 분야에 대한 해역이용협의의 의견을 통보하기 전에 해당 바다골재채취예정지 및 바다골재채취단지가 해안(해안선을 기준으로 육지 쪽으로 1킬로미터 이내의 지역과 바다 쪽으로 10킬로미터 이내의 구역을 말한다)을 포함하는 경우에는 환경부장관의 의견을 미리 들어야 한다.

④ 해역이용협의 등의 의견을 통보받은 처분기관이 면허 등을 한 때에는 이를 해양수산부장관에게 통보하여야 한다.

⑤ 해역이용사업자 등 또는 처분기관은 제91조에 따라 해양수산부장관으로부터 통보받은 의견에 대하여 이의가 있는 때에는 대통령령으로 정하는 바에 따라 90일 이내에 해양수산부장관에게 이의신청(異議申請)을 할 수 있다. 이 경우 해역이용사업자 등은 처분기관을 거쳐 이의신청을 하여야 한다(법 제92조 제1항).

⑥ 제1항의 규정에 따라 이의신청을 받은 해양수산부장관은 이의신청 내용의 타당성 여부를 검토하여 그 결과를 대통령령이 정하는 바에 따라 60일 이내에 이의신청을 한 자에게 통보하여야 한다. 다만, 부득이한 사정이 있는 때에는 30일의 범위 이내에서 통보시한을 연장할 수 있다.

9. 사후관리

① 해양수산부장관은 처분기관이 해역이용협의(海域利用協議) 등을 거치지 아니하고 면허 등을 하거나 해역이용협의 등의 의견을 반영하지 아니하고 면허 등을 한 때에는 그 면허 등의 취소, 사업의 중지, 공작물의 철거·운영정지 및 원상회복 등 필요한 조치를 할 것을 해당 처분기관에게 요청할 수 있다. 이 경우 당해 처분기관은 특별한 사유가 없는 한 그 요청에 따라야 한다(법 제93조).

② 처분기관은 해역이용사업자 등이 제84조 제1항의 규정에 따른 해양수산부장관의 해역이용협의 등에 대한 의견을 이행하고 있는지 여부를 확인하여야 하며, 해역이용사업자 등이 이를 이행하지 아니하는 때에는 대통령령이 정하는 바에 따라 그 이행에 필요한 조치를 명령하여야 한다(제2항).

③ 해양수산부장관은 처분기관이 정당한 사유없이 해역이용협의 등에 대한 의견을 이행하고 있는지를 확인하지 아니하거나 현저히 지연할 때에는 제2항에도 불구하고 이를 직접 확인할 수 있으며, 해역이용협의 등에 대한 의견의 이행을 위하여 필요하다고 인정하는 경우 처분기관에게 공사중지 명령이나 그 밖에 필요한 조치를 할 것을 요청할 수 있다(제3항).

④ 제3항에 따른 해양수산부장관의 요청이 있는 경우 처분기관은 특별한 사유가 없으면 그 요청에 따라야 한다.

10. 사업계획 변경에 따른 해역이용협의 및 해양환경영향조사 등

① 해역이용사업자 등이 처분기관으로부터 면허 등을 받은 후 사업계획을 변경하는 때에는 해역이용협의 등의 절차를 다시 거쳐야 한다. 다만, 변경되는 사업규모가 해양환경에 미치는 영향이 경미(輕微)한 경우로서 대통령령으로 정하는 경우에는 해역이용협의 등의 절차를 다시 거치지 아니한다(법 제94조 제1항).

② 제1항 본문에 따른 해역이용협의 등의 내용과 절차에 대하여는 제84조·제85조 및 제91조부터 제93조까지의 규정을 준용한다.

③ 해역이용사업자 등은 면허 등을 받은 후 행하는 사업으로 인하여 발생될 수 있는 해양환경에 대한 영향의 조사(이하 "해양환경영향조사"라 한다)를 실시하고 그 결과를 처분기관 및 해양수산부장관에게 통보하여야 한다. 이 경우 해역이용사업자 등은 평가대행자(評價代行者)에게 해양환경영향조사의 업무를 대행하게 할 수 있다(법 제95조 제1항).

④ 해양수산부장관은 제1항에 따라 통보된 해양환경영향조사 결과 해양환경에 피해가 발생하는 것으로 인정되는 때에는 처분기관으로 하여금 공법변경(工法變更), 사업규모 축소 등 해양수산부령으로 정하는 바에 따라 해양환경의 피해를 저감하기 위한 조치를 하도록 하여야 한다. 이 경우 처분기관은 조치결과를 해양수산부장관에게 통보

하여야 한다.

⑤ 제1항에 따라 해양환경영향조사를 하여야 하는 대상사업 · 조사항목 및 기간 등에 필요한 사항은 대통령령으로 정한다.

제10장 해양환경관리공단

1. 공단의 설립

① 해양환경의 보전 · 관리 · 개선을 위한 사업, 해양오염방제사업, 해양환경 · 해양오염 관련 기술개발 및 교육훈련을 위한 사업 등을 행하게 하기 위하여 해양환경관리공단(이하 "공단"이라 한다)을 설립한다(법 제96조).

② 공단(公團, public corporation)은 법인으로 한다.

③ 공단은 정관이 정하는 바에 따라 지사 · 사업소 · 연구기관 · 교육기관 등을 둘 수 있다.

2. 공단의 사업

① 공단은 다음의 사업을 수행한다(법 제97조 제1항).

- 해양환경의 보전 · 관리에 관한 사업(제1호)
- 해양환경개선을 위한 다음의 사업
  가. 오염물질(汚染物質)의 수거 · 처리를 위한 사업
  나. 오염물질 저장시설의 설치 · 운영 및 수탁관리
  다. 오염물질의 배출방지를 위한 선박의 인양 · 예인
  라. 해양환경 관련 시험 · 조사 · 연구설계 · 개발 및 공사감리
- 해양오염방제에 필요한 다음의 사업(제3호)
  가. 해양오염방제업무 및 방제선등의 배치 · 설치(위탁 · 대행받은 경우를 포함한다)
  나. 해양오염방제에 필요한 자재(資材) · 약제(藥劑)의 비치 및 보관시설의 설치 등(위탁 · 대행받은 경우를 포함한다)
  다. 그 밖에 해양오염방제와 관련한 것으로서 대통령령으로 정하는 사업
- 제1호 내지 제3호의 사업에 부대되는 사업 중 정관으로 정하는 사업
- 해양환경 관련 국제협력 및 기술용역사업
- 해양환경에 대한 교육 · 훈련 및 홍보(제6호)
- 제1호 내지 제6호와 관련하여 국가 또는 지방자치단체로부터 위탁받은 사업
- 그밖에 공단의 설립목적을 달성하기 위하여 필요한 사업으로서 대통령령이 정하는 사업

② 공단은 제1항의 규정에 따른 사업을 수행함에 있어 해양환경의 보전 · 관리를 위하여 필요한 경우에는 대통령령이 정하는 시설을 설치하거나 설치된 시설을 타인(他人)에

게 양도할 수 있다.

3. 공단의 정관

① 공단의 정관(定款, bylaw)에는 다음 사항을 기재하여야 한다(법 제98조).

- 목적
- 명칭
- 주된 사무소・지사・사업소 또는 연구기관에 관한 사항
- 임원의 자격 및 직원에 관한 사항
- 이사회에 관한 사항
- 업무 및 그 집행에 관한 사항
- 재산 및 회계에 관한 사항
- 정관의 변경 및 공고의 방법에 관한 사항
- 내부규약・규정의 제정 및 개정에 관한 사항

② 공단의 정관은 해양수산부장관의 인가(認可, authorization)를 받아야 한다. 공단의 정관을 변경하고자 하는 때에도 또한 같다.

4. 공단의 임원와 그 직무 및 결격사유

1) 공단의 임원

① 공단의 임원(任員, executive member)은 이사장 1인을 포함한 5인 이상 9인 이내의 이사 및 감사 1인으로 한다. 이 경우 이사의 정수는 정관으로 정한다(법 제99조 제1항).

② 제1항의 규정에 따른 이사 중 4인은 상임으로, 나머지는 비상임으로 한다.

③ 해양수산부장관은 이사장(理事長) 및 감사(監事, supervisor)를 임명한다. 이 경우 해양수산부장관은 이사장 또는 감사가 그 직무를 담당하기 곤란하다고 인정되는 때에는 그 임기 중이라도 각각 해임(解任, dismissal)할 수 있다.

④ 이사장은 해양수산부장관의 승인을 얻어 이사를 임명한다. 이 경우 이사장은 이사가 그 직무를 담당하기 곤란하다고 인정되는 때에는 그 임기 중이라도 해임할 수 있다.

⑤ 임원의 임기는 3년으로 하되, 연임(連任, consecutive appointment)할 수 있다.

2) 공단 임원의 직무

① 이사장은 공단(公團)을 대표하고 그 업무를 총괄한다(법 제100조).

② 이사는 이사장을 보좌하고 정관이 정하는 바에 따라 공단의 업무를 분장하며, 이사장이 불가피한 사유로 인하여 직무를 수행할 수 없는 때에는 정관이 정하는 순위에 따라 그 직무를 대행한다.

③ 감사는 공단의 업무 및 회계(會計, accounting)를 감사한다.

3) 공단 임원의 결격사유

① 다음의 하나에 해당하는 자는 임원이 될 수 없다(법 제101조 제1항).
- 대한민국 국민이 아닌 자
- 피성년후견인(被成年後見人) 및 피한정후견인(被限定後見人)
- 파산선고를 받고 복권되지 아니한 자
- 금고 이상의 형의 선고를 받고 그 집행이 종료(집행이 종료된 것으로 보는 경우를 포함한다)되거나 집행을 받지 아니하기로 확정된 후 2년이 경과되지 아니한 자
- 금고(禁錮) 이상의 형의 선고유예를 받은 경우에 그 선고유예기간 중에 있는 자
- 법원의 판결 또는 다른 법률에 따라 자격이 상실 또는 정지된 자

② 임원이 제1항의 규정에 해당하게 되거나 임명 당시 그에 해당하는 자이었음이 판명된 때에는 당연 퇴직한다(제2항).

③ 제2항의 규정에 따라 퇴직한 임원이 퇴직 전에 행한 행위는 그 효력을 잃지 아니한다.

5. 이사회

① 공단의 업무에 관한 중요 사항을 의결하기 위하여 공단에 이사회를 둔다(법 제102조).

② 이사회는 이사장과 이사로 구성하고, 이사장은 이사회를 소집하고 그 의장이 된다.

③ 이사회는 재적구성원 과반수의 출석과 출석구성원 과반수의 찬성으로 의결한다.

④ 감사(監事, supervisor)는 이사회(理事會)에 출석하여 의견을 진술할 수 있다.

⑤ 이사회의 운영에 관하여 필요한 사항은 대통령령으로 정한다.

6. 재원 및 출자 등

1) 공단의 재원

공단의 운영 및 사업에 소요되는 자금은 다음의 재원(財源)으로 조성한다(법 제103조).
- 제69조의 규정에 따른 방제분담금
- 제97조의 규정에 따른 사업에서 발생하는 수익금(收益金)
- 제104조 제3항의 규정에 따른 외부로부터의 차입금(借入金, loan)
- 제106조의 규정에 따른 채권(債權)의 발행으로 조성되는 자금
- 제122조 제2항의 규정에 따른 수수료
- 자산운용수익금
- 정부로부터의 지원금
- 관계 법령에 따른 기부금
- 그 밖에 정관으로 정하는 수입금

2) 출자 등

① 공단은 공단의 사업을 효율적으로 수행하기 위하여 필요한 경우에는 이사회의 의결을 거쳐 제97조의 규정에 따른 사업과 관련된 분야에 출자(出資, contribution)하거나 출연(出捐, investment)할 수 있다(법 제104조 제1항).

② 제1항의 규정에 따른 출자 또는 출연에 필요한 사항은 대통령령으로 정한다.

③ 공단은 제97조의 규정에 따른 사업의 수행을 위여 필요하다고 인정되는 경우에는 자금을 차입(국제기구・외국정부 또는 외국인으로부터의 차입을 포함한다)할 수 있다. 이 경우 해양수산부장관의 승인을 얻어야 한다.

7. 국・공유재산의 무상대부 및 채권의 발행

1) 국・공유재산의 무상대부

국가 또는 자방자치단체는 공단의 사업을 위하여 필요하다고 인정되는 경우에는 「국유재산법」・「물품관리법」・「지방재정법」 및 「공유재산 및 물품관리법」에 불구하고 공단에 국・공유재산을 무상(無償)으로 대부하거나 사용・수익하게 할 수 있다(법 제105조).

2) 채권의 발행

① 공단은 이사회의 의결을 거쳐 채권(債權, claim)을 발행할 수 있다. 이 경우 해양수산부장관의 승인을 얻어야 한다(법 제106조 제1항).

② 해양수산부장관은 제1항의 규정에 따른 채권발행을 승인하는 경우에는 미리 기획재정부장관과 협의하여야 한다.

③ 국가는 공단이 발행하는 채권의 원리금의 상환(償還)을 보증할 수 있다.

④ 채권의 소멸시효는 상환일부터 기산하여 원금은 5년, 이자는 2년으로 완성한다.

⑤ 그 밖에 채권발행에 관하여 필요한 사항은 대통령령으로 정한다.

8. 예산 및 결산 등

① 공단의 회계연도는 정부의 회계연도에 따른다.

② 공단은 대통령령이 정하는 바에 따라 매 회계연도의 사업운영계획과 예산에 관하여 해양수산부장관의 승인을 얻어야 한다. 승인을 얻은 사항을 변경하고자 하는 때에도 또한 같다(법 제107조).

③ 공단은 매 회계연도 경과 후 3개월 이내에 결산서를 작성하여 해양수산부장관에게 제출하여 승인을 얻어야 한다.

9. 업무의 지도・감독과 위임행정규칙(민법의 준용)

① 해양수산부장관은 공단의 업무를 지도・감독하며, 필요하다고 인정되는 때에는 공단

에 대하여 그 사업에 관한 지시 또는 명령을 할 수 있다. 다만, 제97조 제1항 제3호에 따른 사업 중 긴급방제조치에 필요한 업무에 대하여는 총리령 또는 해양수산부령으로 정하는 바에 따라 국민안전처장관이 지도·감독할 수 있다(법 제108조).

② 해양수산부장관은 필요하다고 인정하는 때에는 공단에 대하여 그 업무·회계 및 재산에 관한 사항을 보고하게 하거나 소속 공무원으로 하여금 공단의 장부·서류 그 밖의 물건을 검사하게 할 수 있다.

③ 공단에 관하여 이 법에 규정된 사항을 제외하고는 「민법」 중 재단법인에 관한 규정을 준용한다(법 제109조).

제11장 보 칙

1. 해양환경측정기기 등의 형식승인 등

① 제12조 제1항에 따른 해양환경상태의 측정·분석·검사에 필요한 장비·기기(이하 "해양환경측정기기"라 한다)를 제작·수입하려는 자는 해양수산부령으로 정하는 바에 따라 해양수산부장관의 형식승인을 받아야 한다. 다만, 시험·연구 또는 개발을 목적으로 제작·수입하는 해양환경측정기기(海洋還境測定器機)에 대하여 해양수산부령으로 정하는 바에 따라 해양수산부장관의 확인을 받은 경우에는 그러하지 아니하다(법 제110조 제1항).

② 해양환경측정기기를 사용하고자 하는 때에는 해양수산부령이 정하는 바에 따라 해양수산부장관의 정도검사(精度檢査)를 받아야 하고, 이에 사용되는 표준용액·표준가스 등 표준물질(이하 "교정용품"이라 한다)을 공급·사용하고자 하는 때에는 해양수산부령이 정하는 바에 따라 해양수산부장관의 검정을 받아야 한다.

③ 해양수산부령으로 정하는 해양오염방지설비(유해액체물질오염방지설비를 제외한다), 방오시스템 및 선박소각설비(이하 "형식승인대상설비"라 한다)를 제작·제조하거나 수입하려는 자는 해양수산부령으로 정하는 바에 따라 해양수산부장관의 형식승인을 받아야 한다. 다만, 시험·연구 또는 개발을 목적으로 제작·제조하거나 수입하는 형식승인대상설비에 대하여 해양수산부령으로 정하는 바에 따라 해양수산부장관의 확인을 받은 경우에는 그러하지 아니하다.

④ 제66조 제1항에 따라 오염물질의 방제·방지에 사용하는 자재·약제를 제작·제조하거나 수입하려는 자는 총리령으로 정하는 바에 따라 국민안전처장관의 형식승인을 받아야 한다. 다만, 시험·연구 또는 개발을 목적으로 제작·제조하거나 수입하는 오염물질의 방제·방지에 사용하는 자재·약제에 대하여 총리령으로 정하는 바에 따라 국민안전처장관의 확인을 받은 경우에는 그러하지 아니하다(제4항).

⑤ 총리령 또는 해양수산부령이 정하는 바에 따라 제1항·제3항 및 제4항의 규정에 따른

형식승인을 받고자 하는 자는 미리 해양수산부장관 또는 국민안전처장관으로부터 해양환경측정기기, 형식승인대상설비 또는 자재·약제에 대한 성능시험(性能試驗)을 받아야 한다.

⑥ 제1항·제3항 및 제4항의 규정에 따른 형식승인을 얻은 자가 해양환경측정기기, 형식승인대상설비 또는 자재·약제를 제작·제조하거나 수입한 때에는 해당 물품에 대하여 각각 해양수산부장관 또는 국민안전처장관의 검정을 받아야 한다. 이 경우 검정에 합격한 형식승인대상설비 또는 자재·약제에 대하여는 해양오염방지선박검사 중 최초로 실시하는 검사에 합격한 것으로 본다.

⑦ 협약당사국에서 선박에 형식승인대상설비를 설치하거나 자재·약제를 비치·보관한 자는 총리령 또는 해양수산부령으로 정하는 바에 따라 해양수산부장관 또는 국민안전처장관의 인정을 받아야 한다. 이 경우 인정을 받은 물품에 대하여는 제3항부터 제5항까지의 규정에 따른 형식승인·성능시험 및 검정을 받은 것으로 본다.

⑧ 제60조는 제6항에 따른 형식승인대상설비 또는 자재·약제의 검정에 대한 불복에 대하여 이를 준용한다. 이 경우 제60조 중 “검사”는 “검정”으로, “재검사”는 “재검정”으로 본다.

⑨ 해양수산부장관 또는 국민안전처장관은 제1항·제3항 및 제4항의 규정에 따라 형식승인을 받은 자가 다음의 하나에 해당하는 때에는 총리령 또는 해양수산부령이 정하는 바에 따라 그 승인을 취소하거나 6개월 이내의 기간을 정하여 업무정지를 명할 수 있다. 다만, 제1호에 해당하는 때에는 그 승인을 취소하여야 한다.

- 거짓 그 밖의 부정한 방법으로 형식승인을 얻은 경우(제1호)
- 거짓 그 밖의 부정한 방법으로 검정을 받은 경우
- 기준에 미달하는 해양환경측정기기, 형식승인대상설비 또는 자재·약제를 판매한 때
- 정당한 사유 없이 2년 이상 계속하여 사업실적이 없는 때

2. 성능인증

① 제110조 제3항 및 제4항에 따른 형식승인대상설비나 자재·약제를 제외한 오염방지설비 및 자재·약제(이하 “형식승인대상외설비 등”이라 한다)를 제작·제조하거나 수입하려는 자는 총리령 또는 해양수산부령으로 정하는 절차와 방법에 따라 해양수산부장관 또는 국민안전처장관으로부터 성능인증(性能認證)을 받을 수 있다(법 제110조의 2 제1항).

② 제1항의 성능인증을 받으려는 자는 미리 해양수산부장관 또는 국민안전처장관으로부터 형식승인대상외설비 등에 대하여 총리령 또는 해양수산부령으로 정하는 바에 따라 성능시험을 받아야 한다.

③ 제1항에 따라 성능인증을 받은 자가 인증받은 형식승인대상외설비 등을 제작·제조 및 수입하는 때에는 총리령 또는 해양수산부령으로 정하는 바에 따라 해양수산부장

관 또는 국민안전처장관의 검정을 받아야 한다.

④ 해양수산부장관 또는 국민안전처장관은 제1항에 따라 성능인증을 받은 자가 다음의 하나에 해당하는 경우에는 총리령 또는 해양수산부령으로 정하는 바에 따라 그 인증을 취소할 수 있다.

- 거짓이나 그 밖의 부정한 방법으로 성능인증을 받은 경우
- 거짓이나 그 밖의 부정한 방법으로 검정을 받은 경우
- 정당한 사유 없이 2년 이상 계속하여 사업실적이 없는 경우

3. 선박해체의 신고 등

① 선박을 해체(解體)하고자 하는 자는 선박의 해체작업과정에서 오염물질이 배출되지 아니하도록 총리령이 정하는 바에 따라 작업계획을 수립하여 작업개시 7일 전까지 국민안전처장관에게 신고하여야 한다. 다만, 육지에서 선박을 해체하는 등 총리령이 정하는 방법에 따라 선박을 해체하는 경우에는 그러하지 아니하다(법 제111조 제1항).

② 국민안전처장관은 제1항의 규정에 따라 신고된 작업계획이 미흡하거나 동 계획을 이행하지 아니하는 것으로 인정되는 경우에는 필요한 시정명령을 할 수 있다.

③ 해역관리청은 방치된 선박의 해체 및 이의 원활한 처리를 위하여 해양수산부령이 정하는 시설기준·장비 등을 갖춘 선박처리장을 설치·운영할 수 있다.

4. 업무의 대행 등

① 해양수산부장관은 다음의 업무를 「선박안전법」 제45조의 규정에 따른 선박안전기술공단(이하 "선박안전기술공단"이라 한다) 또는 동법 제60조 제2항의 규정에 따른 선급법인(이하 "선급법인"이라 한다)에게 대행하게 할 수 있다. 이 경우 해양수산부장관은 대통령령이 정하는 바에 따라 협정을 체결하여야 한다(법 제112조).

- 제27조 제3항의 규정에 따른 유해액체물질의 배출방법 및 설비에 관한 지침서의 검인
- 제32조의 2 제1항에 따른 선박대선박 기름화물이송계획서의 검인
- 제47조 제3항의 규정에 따른 유증기 배출제어장치의 검사(제3호)
- 제47조의 2 제1항에 따른 휘발성유기화합물관리계획서의 검인
- 해양오염방지선박검사, 예비검사 및 에너지효율검사. 다만, 대기오염방지설비 중 디젤기관의 질소산화물 배출방지설비에 대한 검사대행자 지정의 경우에는 환경부장관과 미리 협의를 하여야 한다.
- 제49조 제2항의 규정에 따른 해양오염방지검사증서, 제52조 제2항의 규정에 따른 임시해양오염방지검사증서, 제53조 제2항의 규정에 따른 방오시스템검사증서, 제54조 제2항의 규정에 따른 예비검사증서, 제54조의 2 제2항에 따른 에너지효율검사증서 및 제55조 제1항의 규정에 따른 협약검사증서의 교부

- 제56조 제2항의 규정에 따른 해양오염방지검사증서 및 협약검사증서의 유효기간 연장

② 국민안전처장관은 선박해양오염비상계획서의 검인에 관한 업무를 선박안전기술공단 또는 선급법인에게 대행하게 할 수 있다. 이 경우 국민안전처장관은 대통령령이 정하는 바에 따라 협정을 체결하여야 한다.

③ 해양수산부장관 또는 국민안전처장관은 제110조 제1항 · 제2항 및 제4항부터 제7항까지의 규정에 따른 형식승인 · 정도검사 · 성능시험 · 검정 및 인정, 제110조의 2 제2항 및 제3항에 따른 성능시험 및 검정 등에 관한 업무를 총리령 또는 해양수산부령이 정하는 지정기준에 적합한 자로서 해양수산부장관 또는 국민안전처장관이 정하여 고시하는 대행기관으로 하여금 대행하게 할 수 있다(제3항).

④ 제3항의 규정에 따른 업무대행자의 지정요건 및 지도 · 감독에 관하여 필요한 사항은 총리령 또는 해양수산부령으로 정한다.

5. 업무대행 등의 취소

① 해양수산부장관 또는 국민안전처장관은 제112조 제1항 내지 제3항의 규정에 따른 업무대행자가 다음의 하나에 해당하는 때에는 업무대행의 협정 또는 지정을 취소할 수 있다. 다만, 제1호에 해당하는 경우에는 그 협정 또는 지정을 취소하여야 한다(법 제113조 제1항).

- 거짓 그 밖의 부정한 방법으로 업무대행의 협정이 체결되거나 지정된 때(제1호)
- 제112조 제4항의 규정에 따른 지정요건에 미달하게 되는 때(업무대행의 지정의 경우에 한한다)
- 정당한 사유없이 3월 이상 대행업무를 수행하지 아니하는 때(제3호)
- 대행업무를 수행하는 자가 그 업무와 관련하여 체결된 협정에 위반한 때

② 제1항의 규정에 불구하고 환경부장관은 제112조 제1항 제3호 단서의 규정에 따른 협의를 거쳐 검사대행자로 지정된 자가 제112조 제1항의 규정에 따른 협정(協定)을 위반하게 되는 경우에는 그 협정의 취소를 해양수산부장관에게 요청할 수 있다. 이 경우 해양수산부장관은 특별한 사유가 없는 한 이에 따라야 한다(제2항).

③ 제1항 및 제2항의 규정에 따른 업무대행의 협정 또는 지정의 취소에 관하여 필요한 사항은 총리령 또는 해양수산부령으로 정한다.

6. 관계 행정기관의 협조 및 출입검사 · 보고 등

① 국민안전처장관 또는 해역관리청은 이 법의 목적을 달성하기 위하여 필요하다고 인정되는 경우에는 관계 행정기관의 장에 대하여 해양환경관리 또는 해양오염방지를 위하여 필요한 자료 및 정보의 제공, 긴급한 해양오염방제를 위한 인력(人力) 및 장비(裝備)의 동원을 각각 요청할 수 있다(법 제114조 제1항).

② 공단은 제97조의 규정에 따른 사업을 수행하기 위하여 필요한 때에는 관계 행정기관

에 대하여 자료 또는 정보의 열람(閱覽, reading)·복사(複寫) 등 필요한 협조를 요청할 수 있다.

③ 제1항 및 제2항의 규정에 따라 국민안전처장관·해역관리청 또는 공단으로부터 협조 요청을 받은 관계 행정기관의 장은 특별한 사유가 없는 한 이에 협조하여야 한다.

④ 해양수산부장관은 대통령령으로 정하는 바에 따라 소속 공무원으로 하여금 선박에 출입하여 관계 서류나 시설·장비 및 연료유를 확인·점검하게 할 수 있다(법 115조 제1항).

⑤ 해양수산부장관은 대통령령으로 정하는 바에 따라 소속 공무원으로 하여금 해양시설의 소유자(제34조부터 제36조까지 및 제67조에 따른 업무는 제외한다), 선박급유업자, 제47조 제2항에 따라 유증기(油蒸氣) 배출제어장치를 설치한 자 및 제70조 제1항 제4호·제5호에 따른 폐기물해양수거업·퇴적오염물질수거업을 하는 자에 대하여 필요한 자료를 제출하게 하거나 보고하게 할 수 있으며, 그 시설(사업장 및 사무실을 포함한다. 이하 이 조에서 같다)에 출입하여 확인·점검하거나 관계 서류나 시설·장비를 검사하게 할 수 있다.

⑥ 국민안전처장관은 대통령령으로 정하는 바에 따라 소속 공무원(제116조에 따라 해양환경감시원으로 지정된 공무원만 해당한다. 이하 이 조에서 같다)으로 하여금 해양시설의 소유자(제34조부터 제36조까지 및 제67조에 따른 업무만 해당한다), 제70조 제1항 제1호부터 제3호까지의 규정에 따른 폐기물해양배출업·해양오염방제업·유창청소업을 영위하는 자 및 제76조에 따른 폐기물위탁자에 대하여 필요한 자료를 제출하거나 보고하게 할 수 있으며, 그 시설에 출입하여 확인·점검하거나 관계 서류나 시설·장비를 검사하게 할 수 있다.

⑦ 국민안전처장관은 제1항의 규정에 불구하고 선박에서 해양오염과 관련하여 대통령령이 정하는 긴급한 상황이 발생한 경우에는 소속 공무원으로 하여금 그 선박에 출입하여 확인·점검하거나 관계 서류나 시설·장비를 검사하게 할 수 있다(제4항).

⑧ 제1항부터 제4항까지의 규정에 따라 출입검사 등을 하는 공무원은 그 권한을 표시하는 증표를 지니고 이를 관계인에게 내보여야 하며, 출입목적·성명 등을 구체적으로 알려야 한다.

⑨ 선박의 소유자 등 관계인은 제1항부터 제4항까지의 규정에 따른 공무원의 출입검사 및 자료제출·보고 요구 등에 대하여 정당한 사유없이 이를 거부·방해하거나 기피하여서는 아니 된다.

⑩ 해양수산부장관 또는 국민안전처장관은 출입검사 및 보고와 관련하여 총리령 또는 해양수산부령이 정하는 바에 따라 지도점검사항·검사예고 및 점검결과회신 등의 업무를 전산망을 구성하여 이용하게 할 수 있다.

7. 해양환경감시원 및 정선 · 검색 · 나포 · 입출항금지 등

① 해양수산부장관 또는 국민안전처장관은 제115조(출입검사 · 보고 등) 제1항부터 제4항까지의 규정에 따른 직무를 수행하게 하기 위하여 소속 공무원을 해양환경감시원(海洋還境監視員)으로 지정할 수 있다(법 제116조 제1항).

② 제1항에 따른 해양환경감시원의 임명 · 자격 · 직무 등에 필요한 사항은 대통령령으로 정한다.

③ 선박이 이 법의 규정을 위반한 혐의가 있다고 인정되는 경우에는 국민안전처장관 또는 해역관리청은 정선(停船) · 검색(檢索, search) · 나포(拿捕, arrest)·입출항(入出港)금지 그 밖에 필요한 명령이나 조치를 할 수 있다(법 제117조).

8. 비밀누설금지 등

① 평가대행자 및 해역이용영향검토기관의 임원이나 직원 또는 그 직에 있었던 자는 해역이용협의서 등의 작성 및 해역이용영향검토업무와 관련하여 직무상 알게 된 비밀을 누설하거나 도용(盜用)하여서는 아니 된다(법 제118조).

② 공단의 임원 또는 직원이나 그 직에 있었던 자는 그 직무상 알게 된 비밀을 누설하거나 도용하여서는 아니 된다.

③ 제112조의 규정에 따라 대행업무를 수행하는 기관 또는 단체의 임원 또는 직원이나 그 직에 있었던 자는 그 직무상 알게 된 비밀을 누설하거나 도용하여서는 아니 된다.

9. 국고보조 등과 신고포상금

① 국가는 지방자치단체가 다음의 하나에 해당하는 조치를 하는 경우에는 그 비용의 전부 또는 일부를 국고(國庫, National Treasury)에서 보조할 수 있다(법 제119조).

- 제18조의 규정에 따른 해양환경개선조치
- 제24조 제3항의 규정에 따른 폐기물의 수거 · 처리를 위한 선박 또는 처리시설의 운영
- 제38조 제1항의 규정에 따른 오염물질저장시설의 설치 · 운영

② 국가는 해양오염방지설비, 오염물질저장시설 그 밖의 해양오염방지에 관한 시설의 설치 또는 개선에 소요되는 비용에 대한 재정적인 지원을 할 수 있다.

③ 국가 또는 지방자치단체는 대통령령이 정하는 바에 따라 해양환경의 보전 · 관리 및 해양오염방지를 위한 활동을 하는 민간단체를 지원할 수 있다.

④ 해양수산부장관, 국민안전처장관, 시 · 도지사 또는 시장 · 군수 · 구청장은 다음의 하나에 해당하는 자를 관계 행정기관 또는 수사기관에 신고(申告) 또는 고발(告發, information)한 자에 대하여 예산의 범위에서 신고포상금(申告褒賞金)을 지급할 수 있다(법 제119조의 2 제1항).

- 제22조 제1항 및 제2항을 위반하여 선박 또는 해양시설 등에서 발생하는 오염물질을 배출한 자
- 제23조 제1항을 위반하여 해양수산부령으로 정하는 해역 외에서 폐기물을 해양에 배출한 자

⑤ 제1항에 따른 신고포상금의 지급의 기준·방법과 절차, 구체적인 지급액 등에 필요한 사항은 대통령령으로 정한다.

10. 청 문

해양수산부장관 또는 국민안전처장관은 다음의 하나에 해당하는 처분을 하려는 때에는 「행정절차법(行政節次法)」 이 정하는 바에 따라 청문을 실시하여야 한다(법 제120조).

- 제13조 제3항의 규정에 따른 측정·분석능력인증의 취소
- 제75조의 규정에 따른 등록의 취소
- 제82조의 규정에 따른 지정의 취소
- 제89조의 규정에 따른 등록의 취소
- 제110조 제9항의 규정에 따른 형식승인(形式承認)의 취소(取消)
- 제110조의 2 제4항에 따른 성능인증(性能認證)의 취소

11. 해양오염방지관리인 등에 대한 교육·훈련

제32조 및 제36조의 규정에 따른 해양오염방지관리인을 임명한 자 및 제70조 제2항의 규정에 따라 해양환경관리업에 종사하는 기술요원(技術要員)을 채용한 자는 소속 관계직원에 대하여 대통령령이 정하는 바에 따라 5년마다 1회 이상 해양오염방지 및 방제에 관한 교육·훈련을 받게 하여야 한다. 다만, 그 관계 직원이 승선 중인 경우에는 해양수산부령이 정하는 바에 따라 1년의 범위 이내에서 교육·훈련을 연기(延期)할 수 있다. (법 제12조)

12. 수수료

① 이 법에 따른 형식승인(形式承認)·정도검사(精度檢査)·인증(認證)·검인(檢認)·검사(檢査)·성능시험(性能試驗)·검정(檢定)·인정(認定) 및 성능인증(性能認證)을 받으려는 자는 총리령 또는 해양수산부령이 정하는 바에 따라 수수료를 납부하여야 한다(법 제122조).

② 공단은 제97조의 규정에 따른 사업을 수행하기 위하여 정관이 정하는 바에 따라 자재·약제의 비치 또는 방제 및 방제선등의 배치·설치에 따른 수수료를 징수할 수 있다.

③ 제112조에 따른 업무대행자가 형식승인·정도검사·검인·검사·성능시험·검정 및 인정을 행하는 경우에는 수수료를 징수할 수 있다. 이 경우 해양수산부장관 또는 국민안전처장관으로부터 미리 승인을 얻어야 한다.

13. 위임과 위탁 및 벌칙 적용에서의 공무원 의제

① 이 법에 따른 해양수산부장관 또는 국민안전처장관의 권한은 대통령령으로 정하는 바에 따라 그 일부를 소속 기관의 장 또는 다른 행정기관·지방자치단체의 장에게 위임하거나 위탁할 수 있다.

② 이 법에 따른 시·도지사의 권한은 대통령령이 정하는 바에 따라 그 일부를 시장·군수·구청장에게 위임할 수 있다.

③ 해양수산부장관 및 해역관리청은 다음의 업무를 공단의 이사장에게 위탁할 수 있다.

- 제9조 제1항에 따른 해양환경측정망의 구성 및 정기적인 해양환경의 측정
- 제11조에 따른 해양환경정보망의 구축, 해양환경정보의 제공 및 관련 자료 제출의 요구
- 제12조 제1항에 따른 측정·분석 기관에 대한 정도관리
- 제18조 제1항의 규정에 따른 해양환경개선조치의 관리
- 제24조 제3항의 규정에 따른 선박 또는 처리시설의 운영
- 제38조 제1항의 규정에 따른 오염물질저장시설의 설치·운영
- 제66조 제1항의 규정에 따른 보관시설의 설치·운영
- 제111조 제3항의 규정에 따른 선박처리장의 설치·운영
- 제121조의 규정에 따른 해양오염방지관리인 등에 대한 교육·훈련

④ 제91조 제2항에 따른 해역이용영향검토기관, 공단의 임·직원, 제112조에 따른 형식승인·검사·성능시험·검정 등과 관련한 업무대행기관의 임원 및 직원은 「형법(刑法, criminal law)」 제129조부터 제132조까지의 규정에 따른 벌칙의 적용에서는 공무원으로 본다(법 제124조).

14. 해양환경보전협회

① 해양환경(海洋還境) 및 생태계(生態系, ecosystem)의 보전·관리를 위한 조사연구 및 교육·홍보 등을 위하여 해양환경보전협회(이하 "협회"라 한다)를 둔다(법 제125조).

② 협회(協會, association)는 법인으로 한다.

③ 협회의 조직·운영 그 밖에 필요한 사항은 해양수산부령으로 정한다.

④ 협회에 관하여 이 법에 규정하지 아니한 사항은 「민법」 중 사단법인에 관한 규정을 준용한다.

제12장 벌 칙

1. 다음의 하나에 해당하는 자는 5년 이하의 징역 또는 5천만원 이하의 벌금(罰金, fine)에 처한다(법 제126조).

- 제22조 제1항 및 제2항의 규정을 위반하여 선박 또는 해양시설로부터 기름을 배출한 자
- 제93조 제2항의 규정에 따른 명령에 위반한 자

2. 다음의 하나에 해당하는 자는 3년 이하의 징역 또는 3천 만원 이하의 벌금에 처한다.

- 제22조 제1항 및 제2항의 규정을 위반하여 선박 및 해양시설로부터 폐기물·유해액체 물질·포장유해물질을 배출한 자
- 과실(過失)로 제22조 제1항 및 제2항의 규정을 위반하여 선박 또는 해양시설로부터 기름을 배출한 자
- 제57조 제1항 내지 제3항의 규정을 위반하여 선박을 항해에 사용한 자
- 제64조 제1항 또는 제3항의 규정에 따른 방제조치를 하지 아니하거나 조치명령을 위반한 자
- 제65조의 규정에 따른 오염물질의 배출방지를 위한 조치를 하지 아니하거나 조치명령을 위반한 자

3. 다음의 하나에 해당하는 자는 2년 이하의 징역 또는 2천 만원 이하의 벌금에 처한다.

- 과실로 제22조 제1항 및 제2항의 규정을 위반하여 선박 또는 해양시설로부터 폐기물 · 유해액체물질·포장유해물질을 배출한 자
- 제25조제1항의 규정에 따른 폐기물오염방지설비를 설치하지 아니하고 선박을 항해에 사용한 자
- 제26조 제1항의 규정에 따른 기름오염방지설비를 설치하지 아니하고 선박을 항해에 사용한 자
- 제26조 제2항의 규정에 따른 선체구조 등을 설치하지 아니하고 선박을 항해에 사용한 자
- 제27조 제1항의 규정에 따른 유해액체물질오염방지설비를 설치하지 아니하고 선박을 항해에 사용한 자
- 제27조 제2항의 규정을 위반하여 선박의 화물창을 설치한 자

- 제40조 제1항 및 제2항의 규정을 위반하여 유해방오도료·유해방오시스템을 사용하거나 적법한 기준 및 방법에 따른 방오도료·방오시스템을 사용·설치하지 아니한 자
- 제67조 제1항의 규정을 위반하여 방제선등을 배치 또는 설치하지 아니한 자
- 제67조 제3항의 규정에 따른 선박입출항금지명령 또는 시설사용정지명령을 위반한 자
- 제70조 제1항의 규정에 따른 등록을 하지 아니하고 해양환경관리업을 한 자
- 제75조의 규정에 따라 등록이 취소된 자가 영업을 하거나 또는 영업정지명령을 받은 자가 영업정지기간 중 영업을 한 자
- 제77조 제1항의 규정에 따른 해양오염영향조사를 실시하지 아니한 자
- 제82조 제1항 및 제89조 제1항의 규정에 따라 지정이 취소된 자가 업무를 하거나 또는 업무정지명령을 받은 자가 업무정지기간 중 업무를 한 자
- 제84조 제4항에 따른 해역이용협의서 또는 제85조 제2항에 따른 해역이용영향평가서를 거짓으로 작성한 자
- 제86조 제1항에 따른 평가대행자의 등록을 하지 아니하고 해역이용협의서 등의 작성을 대행한 자
- 제95조 제1항의 규정에 따른 해양환경영향조사의 결과를 거짓으로 작성한 자
- 제110조 제1항 단서, 제3항 단서 및 제4항 단서에 따라 형식승인이 면제된 해양환경측정기기, 형식승인대상설비 또는 오염물질의 방제·방지에 사용하는 자재·약제를 판매한 자
- 제110조 제9항의 규정에 따라 형식승인 또는 검정이 취소되거나 업무정지명령을 받은 자가 업무정지기간 중 업무를 한 자
- 제110조의 2 제1항에 따라 형식승인대상외설비 등에 대한 성능인증을 받지 아니하거나 성능인증이 취소되었음에도 성능인증을 받은 것으로 표시하여 형식승인대상외설비 등을 제작·제조 및 수입하여 판매한 자
- 제117조의 규정에 따른 정선·검색·나포·입출항금지 그 밖에 필요한 명령이나 조치를 거부·방해 또는 기피한 자

4. 다음의 하나에 해당하는 자는 1년 이하의 징역 또는 1천 만원 이하의 벌금에 처한다(법 제19조).

- 제15조 제3항의 규정을 위반하여 특별관리해역 내에 시설을 설치하거나 오염물질의 총량 배출을 위반한 자
- 제23조 제1항을 위반하여 폐기물을 해양에 배출한 자(같은 항 단서에 따라 배출한 자는 제외한다)
- 제41조 제1항의 규정에 따른 대기오염방지설비를 설치하지 아니하고 선박을 항해

에 사용한 자
- 제42조 제1항의 규정을 위반하여 오존층파괴물질을 배출한 자
- 제43조 제1항의 규정을 위반하여 질소산화물의 배출허용기준을 초과하여 디젤기관을 작동한 자
- 제44조 제1항 또는 제2항의 규정을 위반하여 황함유량 기준을 초과하는 연료유를 사용한 자
- 제45조 제1항의 규정을 위반하여 품질기준에 미달하거나 황함유량 기준을 초과하는 연료유를 공급한 자
- 제47조 제2항의 규정을 위반하여 유증기 배출제어장치를 설치하지 아니하거나 작동시키지 아니한 자
- 제47조 제3항의 규정을 위반하여 검사를 받지 아니하고 유증기 배출제어장치를 설치한 자
- 제63조 제1항 제1호 또는 제2호에 해당하는 자로서 신고를 하지 아니하거나 거짓으로 신고한 자
- 제84조 및 제85조의 규정에 따른 협의절차 및 재협의 절차가 완료되기 전에 공사를 시행한 자
- 제88조 제1호부터 제3호까지의 규정을 위반하여 다른 해역이용협의서 등의 내용을 복제 또는 법령이 정하는 기간 동안 보관하지 아니하거나 이를 거짓으로 작성한 자
- 제118조 제1항의 규정을 위반하여 비밀을 누설하거나 도용한 자

5. 다음의 하나에 해당하는 자는 1년 이하의 징역 또는 500만원 이하의 벌금에 처한다.

- 제23조 제2항의 규정을 위반하여 신고하지 아니한 폐기물을 위탁받아 해양에 배출한 자
- 제25조 제2항의 규정에 따른 기준을 위반하여 폐기물오염방지설비를 설치하거나 이를 유지·작동한 자
- 제26조 제3항의 규정을 위반하여 기름오염방지설비를 설치하거나 이를 유지·작동한 자
- 제27조 제4항의 규정을 위반하여 유해액체물질오염방지설비를 설치하거나 이를 유지·작동한 자
- 제28조의 규정을 위반하여 밸러스트수 또는 기름을 적재한 자
- 제29조의 규정을 위반하여 포장유해물질을 운송한 자
- 제37조의 규정을 위반하여 선박 및 해양시설에서 오염물질을 수거·처리한 자
- 제49조 내지 제53조의 규정에 따른 해양오염방지선박검사를 받지 아니한 선박을

항해에 사용한 자
- 제54조의2를 위반하여 에너지효율검사를 받지 아니한 선박을 항해에 사용한 자
- 제58조 또는 제59조의 규정에 따른 명령 또는 처분을 이행하지 아니한 자
- 제64조 제6항을 위반하여 제110조 제4항·제6항 및 제7항에 따른 형식승인, 검정, 인정을 받지 아니하거나 제110조의 2 제3항에 따른 검정을 받지 아니한 자재·약제를 방제 조치에 사용한 자
- 제66조 제1항을 위반하여 자재·약제를 보관시설 또는 선박 및 해양시설에 비치·보관하지 아니한 자
- 제73조의 규정에 따른 처리명령을 위반한 자
- 제110조 제2항의 규정을 위반하여 정도검사를 받지 아니하고 해양환경측정기기를 사용하거나 교정용품을 공급·사용한 자
- 제110조 제1항 및 제3항부터 제7항까지의 규정에 따른 형식승인, 성능시험, 검정 또는 인정을 받지 아니하고 제작·제조하거나 수입한 자
- 제111조 제1항의 규정에 따른 신고를 하지 아니하고 선박을 해체한 자
- 제115조 제6항을 위반하여 출입검사·보고요구 등을 정당한 사유없이 거부·방해 또는 기피한 자
- 제118조 제2항 및 제3항의 규정을 위반하여 직무상 알게 된 비밀을 누설하거나 도용한 자

6. 벌 칙

① 다음의 하나에 해당하는 자는 1년 이하의 징역 또는 1천 만원 이하의 벌금에 처한다(법 제129조 제1항).

- 제15조 제3항의 규정을 위반하여 특별관리해역 내에 시설을 설치하거나 오염물질의 총량 배출을 위반한 자
- 제23조 제1항을 위반하여 폐기물을 해양에 배출한 자(같은 항 단서에 따라 배출한 자는 제외한다)
- 제41조 제1항의 규정에 따른 대기오염방지설비를 설치하지 아니하고 선박을 항해에 사용한 자
- 제42조 제1항의 규정을 위반하여 오존층파괴물질을 배출한 자
- 제43조 제1항의 규정을 위반하여 질소산화물의 배출허용기준을 초과하여 디젤기관을 작동한 자
- 제44조 제1항 또는 제2항의 규정을 위반하여 황함유량 기준을 초과하는 연료유를 사용한 자
- 제45조 제1항의 규정을 위반하여 품질기준에 미달하거나 황함유량 기준을 초과하는 연료유를 공급한 자

- 제47조 제2항의 규정을 위반하여 유증기 배출제어장치를 설치하지 아니하거나 작동시키지 아니한 자
- 제47조 제3항의 규정을 위반하여 검사를 받지 아니하고 유증기 배출제어장치를 설치한 자
- 제63조 제1항 제1호 또는 제2호에 해당하는 자로서 신고를 하지 아니하거나 거짓으로 신고한 자
- 제84조 및 제85조의 규정에 따른 협의절차 및 재협의 절차가 완료되기 전에 공사를 시 행한 자
- 제88조 제1호부터 제3호까지의 규정을 위반하여 다른 해역이용협의서등의 내용을 복제 또는 법령이 정하는 기간 동안 보관하지 아니하거나 이를 거짓으로 작성한 자
- 제118조 제1항의 규정을 위반하여 비밀을 누설하거나 도용한 자

② 다음의 하나에 해당하는 자는 1년 이하의 징역 또는 500만원 이하의 벌금에 처한다.
- 제23조 제2항의 규정을 위반하여 신고하지 아니한 폐기물을 위탁받아 해양에 배출한 자
- 제25조 제2항의 규정에 따른 기준을 위반하여 폐기물오염방지설비를 설치하거나 이를 유지·작동한 자
- 제26조 제3항의 규정을 위반하여 기름오염방지설비를 설치하거나 이를 유지·작동한 자
- 제27조 제4항의 규정을 위반하여 유해액체물질오염방지설비를 설치하거나 이를 유지·작동한 자
- 제28조의 규정을 위반하여 선박평형수 또는 기름을 적재한 자
- 제29조의 규정을 위반하여 포장유해물질을 운송한 자
- 제37조의 규정을 위반하여 선박 및 해양시설에서 오염물질을 수거·처리한 자
- 제49조 내지 제53조의 규정에 따른 해양오염방지선박검사를 받지 아니한 선박을 항해에 사용한 자
- 제54조의 2를 위반하여 에너지효율검사를 받지 아니한 선박을 항해에 사용한 자
- 제58조 또는 제59조의 규정에 따른 명령 또는 처분을 이행하지 아니한 자
- 제64조 제6항을 위반하여 제110조 제4항·제6항 및 제7항에 따른 형식승인, 검정, 인정을 받지 아니하거나 제110조의 2 제3항에 따른 검정을 받지 아니한 자재·약제를 방제조치에 사용한 자
- 제66조 제1항을 위반하여 자재·약제를 보관시설 또는 선박 및 해양시설에 비치·보관하지 아니한 자
- 제73조의 규정에 따른 처리명령을 위반한 자
- 제110조 제2항의 규정을 위반하여 정도검사를 받지 아니하고 해양환경측정기기를 사용하거나 교정용품을 공급·사용한 자

- 제110조 제1항 및 제3항부터 제7항까지의 규정에 따른 형식승인, 성능시험, 검정 또는 인정을 받지 아니하고 제작·제조하거나 수입한 자
- 제111조 제1항의 규정에 따른 신고를 하지 아니하고 선박을 해체한 자
- 제115조 제6항을 위반하여 출입검사·보고요구 등을 정당한 사유 없이 거부·방해 또는 기피한 자
- 제118조 제2항 및 제3항의 규정을 위반하여 직무상 알게 된 비밀을 누설하거나 도용한 자

7. 양벌규정

법인의 대표자나 법인 또는 개인의 대리인, 사용인, 그 밖의 종업원이 그 법인 또는 개인의 업무에 관하여 제126조부터 제129조까지의 어느 하나에 해당하는 위반행위를 하면 그 행위자를 벌하는 외에 그 법인 또는 개인에게도 해당 조문의 벌금형(罰金刑, fine punishment)을 과(科)한다. 다만, 법인 또는 개인이 그 위반행위를 방지하기 위하여 해당 업무에 관하여 상당한 주의와 감독을 게을리하지 아니한 경우에는 그러하지 아니하다(법 제130조).

8. 외국인에 대한 벌칙적용의 특례

① 외국인에 대하여 제127조 및 제128조의 규정을 적용함에 있어서 고의로 우리 나라의 영해(領海) 안에서 위반행위를 한 경우를 제외하고는 각 해당 조의 벌금형에 처한다(법 제131조 제1항).

② 제1항의 규정에 따른 외국인의 범위에 관하여는 「배타적 경제수역에서의 외국인어업 등에 대한 주권적 권리의 행사에 관한 법률」 제2조의 규정을 적용하고, 외국인에 대한 사법절차에 관하여는 동법 제23조 내지 제25조의 규정을 준용한다.

9. 과태료 및 그 부과·징수

① 다음에 해당하는 자는 1천 만원 이하의 과태료(過怠料, fine for negligence)에 처한다(법 제132조).
   - 제77조 제1항의 규정에 따른 해양오염영향조사의 결과를 거짓으로 통보한 자

② 다음의 하나에 해당하는 자는 500만원 이하의 과태료에 처한다.
   - 제22조 제2항의 규정을 위반하여 해양공간으로부터 대통령령이 정하는 오염물질을 배출한 자
   - 제33조 제1항의 규정을 위반하여 해양시설의 신고를 하지 아니한 자
   - 제36조의 2 제1항에 따른 안전점검을 실시하지 아니한 자
   - 제36조의 2 제2항에 따른 보고를 하지 아니하거나 거짓으로 보고한 자
   - 제42조 제2항의 규정을 위반하여 오존층파괴물질이 포함된 설비를 선박에 설치한 자

- 제45조 제2항의 규정을 위반하여 연료유 공급서의 사본 및 연료유 견본을 제공하지 아니하거나 거짓으로 연료유공급서 사본 및 연료유견본을 제공한 자
- 제64조 제2항의 규정을 위반하여 방제조치의 협조를 하지 아니한 자
- 제70조 제3항의 규정에 따른 변경등록을 하지 아니한 자
- 제72조 제3항의 규정을 위반하여 폐기물을 보관·관리한 자 및 폐기물 인계·인수서를 작성하지 아니하거나 거짓으로 작성한 자
- 제74조 제3항의 규정을 위반하여 해양환경관리업자의 권리·의무 승계에 대한 신고를 하지 아니하거나 거짓으로 신고한 자
- 제76조 제1항의 규정을 위반하여 신고하지 아니한 폐기물의 처리를 위탁한 자
- 제88조 제4호 및 제5호에 따른 준수사항을 위반한 자
- 제95조 제1항의 규정에 따른 해양환경영향조사를 실시하지 아니한 자 또는 그 조사 결과를 통보하지 아니하거나 거짓으로 통보한 자
- 제95조 제2항의 규정에 따른 필요한 조치를 하지 아니한 자

③ 다음의 하나에 해당하는 자는 200만원 이하의 과태료에 처한다.
- 제41조 제2항의 규정을 위반하여 기준에 적합하지 아니하게 대기오염방지설비를 유지·작동한 자
- 제42조 제3항의 규정을 위반하여 오존층파괴물질이 포함된 설비를 해양수산부장관이 지정·고시하는 업체 또는 단체 외의 자에게 인도한 자
- 제46조 제1항의 규정을 위반하여 소각이 금지된 물질을 선박 안에서 소각한 자
- 제46조 제2항 및 제4항의 규정을 위반하여 소각설비를 설치하거나 이를 유지·작동한 자
- 제46조 제3항의 규정을 위반하여 소각이 금지된 해역에서 주기관·보조기관 또는 보일러를 사용하여 물질을 소각한 자

④ 다음의 하나에 해당하는 자는 100만원 이하의 과태료에 처한다.
- 제26조 제1항의 규정에 따른 폐유저장을 위한 용기를 비치하지 아니한 자
- 제27조 제3항의 규정에 따라 검인받은 유해액체물질의 배출방법 및 설비에 관한 지침서를 제공하지 아니한 자
- 제30조 및 제34조의 규정에 따른 오염물질기록부를 비치하지 아니하거나 기록·보존하지 아니한 자 또는 거짓으로 기재한 자
- 제31조 및 제35조의 규정에 따른 검인받은 선박해양오염비상계획서 및 해양시설오염비상 계획서를 비치하지 아니한 자
- 제32조 제1항 및 제36조 제1항의 규정에 따른 해양오염방지관리인을 임명하지 아니한 자
- 제32조 제2항 및 제36조 제2항의 규정에 따른 해양오염방지관리인의 임명증빙서류를 비치하지 아니한 자

- 제32조의 2 제1항에 따른 검인받은 선박대선박 기름화물이송계획서를 비치하지 아니하거나 준수하지 아니한 자
- 제32조의 2 제2항에 따른 선박대선박 기름화물이송작업에 관하여 기록하지 아니하거나 거짓으로 기록한 자 또는 기록을 보관하지 아니한 자
- 제32조의 2 제3항에 따른 작업계획을 보고하지 아니하거나 거짓으로 보고한 자
- 제42조 제4항에 따른 오존층파괴물질을 포함하고 있는 설비의 목록을 작성하지 아니하거나 거짓으로 작성한 자 또는 관리하지 아니한 자
- 제42조 제5항에 따른 오존층파괴물질기록부를 작성하지 아니하거나 거짓으로 작성한 자 또는 비치하지 아니한 자
- 제44조 제3항의 규정을 위반하여 기관일지를 기재하지 아니한 자
- 제44조 제4항의 규정을 위반하여 기관일지를 1년간 보관하지 아니한 자
- 제44조 제5항에 따른 연료유전환절차서를 비치하지 아니한 자
- 제45조 제3항의 규정을 위반하여 연료유공급서 또는 그 사본을 3년간 보관하지 아니한 자
- 제45조 제4항의 규정을 위반하여 연료유견본을 보관하지 아니한 자
- 제47조 제4항의 규정을 위반하여 유증기 배출제어장치의 작동에 관한 기록을 3년간 보관하지 아니한 자
- 제47조의 2 제1항에 따른 검인 받은 휘발성유기화합물관리계획서를 비치하지 아니하거나 준수하지 아니한 자
- 제57조 제4항의 규정을 위반하여 해양오염방지검사증서 등을 선박에 비치하지 아니한 자
- 제72조 제1항의 규정을 위반하여 처리실적서를 작성하여 제출하지 아니하거나 처리대장을 작성·비치하지 아니한 자
- 제72조 제2항의 규정을 위반하여 오염물질수거확인증을 작성하지 아니하거나 사실과 다르게 작성한 자
- 제72조 제3항의 규정을 위반하여 폐기물인계·인수서를 작성하여 제출하지 아니한 자
- 제76조 제1항 후단의 규정에 따른 변경신고를 하지 아니한 자
- 제76조 제2항을 위반하여 폐기물을 위탁·처리한 자
- 제111조 제2항의 규정에 따른 시정명령을 이행하지 아니한 자
- 제121조의 규정에 따른 교육·훈련을 정당한 사유 없이 받게 하지 아니한 자

⑤ 제132조에 따른 과태료(過怠料, fine for negligence)는 대통령령으로 정하는 바에 따라 해양수산부장관 또는 국민안전처장관이 부과·징수한다(법 제132조).

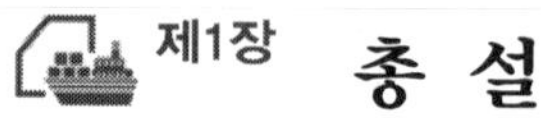

제12편　선박평형수관리법

제1장 총 설

제1절　법 제정 배경, 목적 및 주요 골자

1) 선박으로부터 배출(排出, discharging)되는 선박평형수(船舶平衡水, ballast water)에 포함되어 있는 외래 수중생물(水中生物) 또는 미생물(微生物) 등으로 인한 수중생태계의 파괴 및 교란을 방지하기 위하여 국제연합(UN) 산하 국제해사기구(IMO)가 「선박평형수관리협약」을 채택함에 따라 이를 국내 수용하고자 「선박평형수관리법, Ballast Water Management Act」을 제정하였는바, 법률에 반영되지 않은 평형수 처리설비의 형식승인 절차 및 방법 등을 수용하고, 형식승인제도를 개선하여 국내에서 생산되는 평형수 처리설비의 품질향상 및 국제적 신뢰성을 제고하며, 동 제도의 우선 시행을 통하여 관련 업체의 세계시장 선점을 지원하고자 한다.
2) 전문(全文) 8장 46조의 본문과 부칙으로 구성된 선박평형수관리법은 선박평형수 및 그 침전물을 효과적으로 처리·교환·주입·배출하도록 관리함으로써 유해 수중생물의 국내 유입을 통제하고 해양 생태계의 보존에 이바지하는 것을 목적으로 한다(법 제1조).
3) 선박평형수관리법의 주요 골자로는 용어에 관한 정의와 적용범위, 선박평형수의 배출 금지 및 특별수역의 지정, 선박평형수 관리를 위한 선박의 검사, 형식승인 및 검정(檢定) 등, 선박평형수 처리업, 부적합 선박에 대한 조치 등에 관하여 규정하고 있다.

제2절　용어의 정의 및 적용범위 등

1. 법상 용어의 정의

① “선박”이란 「선박안전법」 제2조 제1호에 따른 선박을 말한다(법 제2조 제1호).
② “총톤수”란 「선박법」 제3조 제1항 제1호에 따른 국제총톤수를 말한다(법 제2조 제1호의 2).
③ “선박평형수(船舶平衡水)”란 선박의 중심을 잡기 위하여 선박에 실려 있는 물(그 물에 녹아 있는 물질 또는 그 물속에 서식하는 수중생물체·병원균을 포함)을 말한다(법 제2조 제2호).
④ “심전물(沈澱物)”이란 선박평형수를 선박에 싣는 과정에서 선박에 들어와 선박평형수

에 침전(沈澱)된 물질 또는 선박평형수를 배출한 후 선박에 남는 물질을 말한다(법 제2조 제3호).

⑤ “처리”란 유해수중생물을 기계적·물리적·화학적 또는 생물학적 방법을 사용하여 제거하거나 또는 무해(無害)하게 하는 것을 말한다(제4호).

⑥ “교환”이란 선박에 실려 있는 선박평형수를 선박의 밖에 있는 물로 바꾸는 것을 말한다.

⑦ “주입(注入)”이란 선박의 밖으로부터 선박의 안으로 선박평형수를 싣는 것을 말한다(제6호).

⑧ “배출(排出)”이란 선박의 안에서부터 선박의 밖으로 선박평형수 또는 침전물을 내보내는 것을 말한다. 다만, 학술 목적의 조사·연구와 관련한 것을 제외한다(제7호).

⑨ “유해수중생물(有害水中生物)”이란 강·호소(湖沼)·바다 등의 수역에 유입될 경우 자연환경·사람·재화 또는 수중생물의 다양성에 해로운 결과를 미치거나 해당 수역을 이용·개발하는 데에 장애가 되는 수중생물체 또는 병원균을 말한다.

⑩ “선박평형수관리(船舶平衡水管理)”란 선박평형수 또는 침전물을 처리, 교환, 주입 또는 배출하는 등 선박평형수를 통한 유해 수중생물의 유입을 통제하는 것을 말한다(제9호).

⑪ “처리물질(處理物質)”이란 유해수중생물을 처리하는 데에 사용되는 물질이나 생물체(바이러스 및 균류를 포함한다)를 말한다(법 제2조 제10호).

⑫ “관할수역(管轄水域)”이란 다음의 수역을 말한다(제11호).

- 「영해(領海) 및 접속수역법(接續水域法)」 제1조에 따른 영해
- 「영해 및 접속수역법」 제3조에 따른 내수(內水, internal water)
- 「배타적경제수역법」 제2조에 따른 배타적경제수역

2. 시행규칙상 용어의 정의

① “검사기준일(檢査基準日)”이란 「선박평형수관리법(船舶平衡水管理法)」(이하 “법”이라 한다) 제12조 제2항에 따른 선박평형수 관리설비 검사증서(이하 “검사증서”라 한다)의 유효기간 시작일[법 제13조에 따른 중간검사(이하 “중간검사“라 한다)를 받아야 할 시기보다 3개월 이상 앞당겨 중간검사를 받은 경우에는 해당 중간검사의 완료일로부터 3개월이 지난 날을 말한다]부터 해마다 1년이 되는 날을 말한다(규칙 제2조 제1호).

② “적합성시험(適合性試驗)”이란 법 제8조에 따른 선박평형수의 처리를 위한 설비(이하 “선박평형수 처리설비”라 한다)에 대한 환경시험, 육상시험 및 선상시험을 하기 전에 제조자가 제출한 형식승인 시험계획서를 평가하고 선박평형수 처리설비의 설계 및 구조 등이 적합한지를 확인하는 시험을 말한다.

③ “환경시험(環境試驗)”이란 선박평형수 처리설비의 전기·전자장비가 선박이 운항할 때에 발생할 수 있는 진동, 온도 및 습도 등의 외부 조건에서 적합하게 유지·작동하는지를 확인하기 위한 시험을 말한다.

④ “육상시험(陸上試驗)”이란 선박평형수 처리설비가 제13조의 선박평형수 처리기준에

맞는지를 확인하기 위하여 육상시험시설에서 실시하는 선박평형수 처리설비에 대한 시험을 말한다.

⑤ "선상시험(船上試驗)"이란 선박평형수 처리설비가 제13조의 선박평형수 처리기준에 맞는지를 확인하기 위하여 운항하는 선박에 실제 규모로 선박평형수 처리설비를 설치한 후 실시하는 시험을 말한다.

⑥ "선상검증시험(船上檢證試驗)"이란 법 제17조 제1항에 따른 형식승인(이하 "형식승인"이라 한다)을 받은 선박평형수 처리설비의 정격처리 용량을 변경하여 새로운 형식승인을 받으려는 경우(처리물질을 사용하여 선박평형수 처리설비를 직렬로 연결하는 경우는 제외한다)에 해당 선박평형수 처리설비(이하 "동형처리설비"라 한다)의 운전상태 및 처리 성능을 선박에 설치된 상태로 확인하는 시험을 말한다.

⑦ "기본승인(基本承認)"이란 처리물질(처리물질을 포함하는 조제물을 포함한다)을 사용하는 선박평형수 처리설비에 대하여 실험실 규모(lab-scale)로 선박평형수 처리설비를 갖추고 해당 선박평형수 처리설비를 거쳐 배출되는 물에 대한 독성시험 및 화학분석을 실시한 결과 해양환경 및 사람의 건강에 영향이 없는 것으로 평가하는 국제기구의 예비승인을 말한다.

⑧ "최종승인(最終承認)"이란 처리물질(처리물질을 포함하는 조제물을 포함한다)을 사용하는 선박평형수 처리설비에 대하여 육상 시험 규모로 선박평형수 처리설비를 갖추고 해당 선박평형수 처리설비를 거쳐 배출되는 물에 대한 독성시험 및 화학분석 결과 해양환경 및 사람의 건강에 영향이 없는 것으로 평가하는 국제기구의 승인을 말한다.

⑨ "독성시험(毒性試驗)"이란 선박평형수 처리설비로 처리된 물이 수중생물에 미치는 독성영향을 평가하는 시험을 말한다.

⑩ "화학분석(化學分析)"이란 선박평형수 처리설비로 처리된 물에 생성될 수 있는 화학물질의 양을 분석하는 것을 말한다.

3. 적용범위 및 국제협약과의 관계

① 이 법은 「선박법」 제2조에 따른 대한민국선박(이하 "대한민국선박"이라 한다)으로서 국제항해에 취항(就航)하는 선박(「선박안전법」 제2조 제1호에 따른 선박 중 부유식 해상구조물을 포함)에 대하여 적용한다(법 제3조 제1항).

② 대한민국선박 외의 선박으로서 국제항해에 취항하는 선박(이하 "외국선박"이라 한다)이 관할수역에서 항해하거나 정박하고 있는 경우에는 이 법을 적용한다. 다만, 제9조 제1항, 제11조부터 제16조까지, 제27조, 제29조, 제30조 및 제32조는 외국선박에 대하여 적용하지 아니한다(제2항).

③ 제1항 및 제2항에도 불구하고 다음의 하나에 해당하는 선박에 대하여는 대통령령으로 정하는 바에 따라 이 법의 전부 또는 일부를 적용하지 아니하거나 완화하여 적용할 수 있다(제3항).

- 선박평형수를 실을 수 없도록 건조된 선박(제1호)
- 군함 및 경찰용 선박
- 다음에 모두 해당하는 소형 선박(제3호)
  가. 선박의 길이가 50미터 미만으로서 해양수산부령으로 정하는 규모의 선박
  나. 수색, 경주 등 해양수산부령으로 정하는 용도의 선박으로, 수색 및 구조 활동을 위한 선박과 경주 또는 레크리에이션을 위한 선박을 말한다(시행규칙 제3조 제2항).
- 대한민국정부와 외국정부 사이에 이 법의 적용 범위에 관한 협정을 체결한 경우의 해당 선박
- 조난자(遭難者)의 구조 등 해양수산부령으로 정하는 긴급한 사정이 발생한 경우의 해당 선박으로, 다음에 해당하는 경우이다(시행규칙 제6조).
  가. 조난자의 구조 또는 선박의 안전을 보장하기 위하여 선박평형수의 주입 또는 배출이 필요한 경우
  나. 선박으로부터의 오염사고를 피하거나 최소화하기 위하여 선박평형수의 주입 또는 배출이 필요한 경우
  다. 선박 또는 설비의 손상으로 선박평형수 및 침전물이 우발적으로 배출된 경우. 이 경우 손상 또는 배출 사실의 발견 전후에 배출을 방지하거나 최소화하기 위하여 합리적인 모든 조치를 한 경우로 한정한다.
- 선박평형수 관리에 관한 새로운 기술을 개발・시험 또는 평가하기 위하여 제8조의2에 따라 선박평형수 관리를 위한 설비를 설치한 경우의 해당 선박

④ 선박평형수의 관리 및 유해수중생물의 유입과 관련하여 국제적으로 발효된 국제협약의 기준과 이 법에서 규정하는 내용이 다른 경우에는 해당 국제협약의 기준을 우선하여 적용한다. 다만, 이 법에서 규정하는 내용이 국제협약의 기준보다 강화된 기준을 포함하는 경우에는 이 법의 규정을 우선하여 적용한다(법 제4조).

제2장 선박평형수의 배출 금지 및 특별수역의 지정 등

제1절 선박평형수의 배출 금지

1. 입항보고

관할수역(管轄水域) 외의 수역에서 선박평형수를 주입한 후 관할수역에 들어오는 선박은 해양수산부령으로 정하는 바에 따라 해양수산부장관에게 입항 보고를 하여야 한다(법 제5조).

법 제5조에 따라 입항 보고를 하려는 선박의 선장은 입항 24시간 전(항해 예정시간이

24시간 미만인 경우에는 이전 항만에서 출항하기 전)까지 입항하려는 항만을 관할하는 지방해양수산청장(지방해양수산청장 소속 해양사무소의 장을 포함한다. 이하 같다)에게 별지 제4호 서식에 따른 선박평형수 입항보고서(入港報告書)를 제출하여야 한다. 다만, 기상악화 등 급박한 위험을 피하기 위하여 긴급히 입항하는 경우에는 입항과 동시에 입항보고를 할 수 있다(시행규칙 제10조).

2. 선박평형수의 배출 금지

선박의 소유자(선박을 임차한 경우에는 선박임차인을 말한다. 이하 같다)는 관할수역에서 선박평형수 또는 침전물을 배출하여서는 아니 된다. 다만, 다음의 하나에 해당하는 경우에는 그러하지 아니하다(법 제6조).

① 제8조 제1항에 따라 선박평형수의 교환을 위한 설비를 설치한 선박이 해양수산부령으로 정하는 수역에서 해양수산부령으로 정하는 방법으로 선박평형수를 교환 또는 주입한 후 이를 배출하는 경우(제1호)로, 선박평형수 교환 및 주입수역은 다음에 해당하는 수역을 말한다(시행규칙 제11조).

- 「해양법에 관한 국제연합 협약」에 따른 국가의 영해를 설정하기 위한 기선(이하 "기선"이라 한다)으로부터의 거리가 200해리 이상이고 수심이 200미터 이상인 수역. 다만, 지형적인 여건 등으로 인하여 이러한 수역에서 선박평형수를 교환 및 주입하는 것이 불가능한 경우에는 기선으로부터의 거리가 50해리 이상이고 수심이 200미터 이상인 수역을 말한다.
- 그 밖에 해양수산부장관이 정하여 고시하는 수역

② 선박평형수 또는 침전물에 포함된 유해 수중생물을 해양수산부령으로 정하는 기준에 맞게 처리한 경우(제2호)로, 여기서 해양수산부령으로 정하는 선박평형수 처리기준이란 다음과 같다(시행규칙 제13조).

- 생존생물(완전하게 살아있거나 일부 손상을 받았더라도 신진대사가 가능한 생물체를 말한다. 이하 이 조에서 같다) : 다음에서 정한 개체수(個體數) 미만일 것
  - 가. 최소크기(여러 개체가 모여 군체를 형성하는 생물의 경우에는 단위 개체의 길이를 말하며, 그 외의 생물은 생물의 척추, 편모 또는 더듬이 등의 크기를 제외하고 몸통의 표면 사이 중 가장 작은 길이를 말한다. 이하 이 호 및 제2호에서 같다)가 50마이크로 미터 이상의 생존생물: 배출되는 선박평형수 1세제곱 미터당 10개체
  - 나. 최소크기가 10마이크로미터 이상이고 50마이크로미터 미만인 생존생물 : 배출되는 선박평형 수 1밀리 리터당 10개체
- 지표미생물(指標微生物) : 다음에서 정한 개체수 미만일 것
  - 가. 독성 비브리오 콜레라(O1, O139) : 배출되는 선박평형수 100밀리 미터당 군체

형성단위(cfu) 1개 또는 동물 플랑크톤 표본 1그램(습중량)당 군체형성단위(cfu) 1개

나. 대장균: 배출되는 선박평형수 100밀리 리터당 군체형성단위 250개

다. 장구균: 배출되는 선박평형수 100밀리 리터당 군체형성단위 100개

③ 선박평형수 또는 침전물을 제21조에 따른 선박평형수 처리업자의 처리시설 또는 선박평형수 관리에 관한 국제협약 당사국인 외국정부가 지정한 처리시설에 배출하는 경우

④ 선박의 선장이 거친 날씨, 설비의 고장 등의 부득이한 사유로 선박평형수를 교환하는 것이 선박의 안전에 위협이 된다고 판단하여 교환하지 아니한 선박평형수를 해양수산부장관이 고시하는 방법으로 배출하는 경우

⑤ 제1호 및 제2호의 경우 외에 관련 국제기구가 승인한 방법으로 배출하는 경우

3. 특별수역의 지정 등

① 해양수산부장관은 유해 수중생물의 유입(流入) 등으로 인한 수중 생태계의 교란(攪亂) 또는 파괴(破壞)를 예방하기 위하여 관할수역 중 일부를 해양수산부령으로 정하는 바에 따라 선박평형수의 특별한 관리를 위한 수역(이하 “특별수역”이라 한다)으로 지정·고시할 수 있다. 이 경우 특별수역을 항해하거나 특별수역에 정박하는 선박에 대하여 선박평형수의 교환·주입·배출의 금지, 그 밖에 필요한 조치(이하 “특별조치”라 한다)를 명하여야 한다(법 제7조 제1항).

해양수산부장관은 이에 따라 선박평형수의 특별한 관리를 위한 수역(이하 “특별수역”이라 한다)을 지정·고시하려는 경우에는 다음의 사항을 평가하여야 한다(시행규칙 제14조 제1항).

- 특별수역의 지정 및 법 제7조제1항에 따른 특별조치(이하 “특별조치”라 한다)의 필요성
- 유해수중생물이 유입될 가능성 및 그로 인한 수중생태계의 교란 또는 파괴 가능성

또한 해양수산부장관은 제1항에 따른 평가가 끝난 때에는 법 제7조 제2항에 따라 특별조치로 인하여 해양생태계가 영향을 받을 수 있는 국가의 정부에게 그 평가 결과를 제공하고, 특별수역의 지정 여부 및 지정 기간 등에 대하여 협의하여야 한다(규칙 제2항).

해양수산부장관은 특별수역 지정일 6개월 전까지 국제해사기구(IMO)에 특별수역 지정 계획을 통보하고 국제해사기구와의 승인이 필요한 사항에 대하여 국제해사기구의 승인(承認, approval)을 받아야 한다(규칙 제3항).

② 해양수산부장관은 제1항에 따라 특별수역을 지정·고시하려면 해양수산부령으로 정하는 바에 따라 그 특별조치로 인하여 해양생태계(海洋生態系)가 영향을 받을 수 있는 국가의 정부와 미리 협의하여야 한다(제2항).

③ 해양수산부장관은 특별수역을 지정·고시한 경우에는 해양수산부령으로 정하는 바에

따라 다음의 선박 등에게 그 내용을 통보하여야 한다(법 제7조 제3항).

- 특별수역(特別水域)을 정기적으로 항해하는 선박
- 특별조치로 인하여 해양생태계가 영향을 받을 수 있는 국가의 정부
- 관련 국제기구

제2절 선박평형수 관리를 위한 설비의 설치 등

1. 선박평형수 관리를 위한 설비의 설치 등

① 선박소유자는 해양수산부령으로 정하는 바에 따라 선박평형수의 처리를 위한 설비(이하 "선박평형수 처리설비"라 한다) 또는 선박평형수의 교환을 위한 설비(이하 "선박평형수 교환설비"라 한다)를 선박에 설치하여야 한다. 다만, 제6조 제3호 또는 제5호의 경우에는 그러하지 아니하다(법 제8조 제1항).

② 제1항에 따라 선박에 설치된 선박평형수 처리설비 및 선박평형수 교환설비에 필요한 제어장치 등의 기술기준은 해양수산부령으로 정한다(제2항).

2. 시험용 선박평형수 처리설비의 설치 등

① 제8조 제1항에 따른 선박평형수 처리설비를 설치하여야 하는 선박에 새로운 기술을 개발·시험 또는 평가하기 위한 시험용 선박평형수 처리설비를 설치하려는 자는 해양수산부장관으로부터 다음의 승인·확인검사 및 점검을 받아야 한다(법 제8조의 2 제1항).

- 새로운 기술을 개발·시험 또는 평가하기 위한 시험계획의 승인(제1호)
- 승인된 시험계획에 따라 선박에 시험용 선박평형수 처리설비를 설치한 후의 확인검사
- 승인된 시험계획의 이행에 관한 점검(제3호)

법 제8조의 2 제1항에 따라 새로운 기술을 개발·시험 또는 평가하기 위한 선박평형수 처리설비(이하 "시험용 선박평형수 처리설비"라 한다)를 선박에 설치하려는 자는 별지 제4호의 2 서식의 시험용 선박평형수 처리설비 시험계획 승인신청서에 시험용 선박평형수 처리설비 시험계획서 3부를 첨부하여 해양수산부장관에게 제출하여야 한다(규칙 제16조의 2 제1항).

규칙 제1항에 따른 시험용(試驗用) 선박평형수 처리설비 시험계획서에는 다음의 사항을 포함하여야 한다(규칙 제2항).

- 시험 참여자에 관한 사항
- 시험용 선박평형수 처리설비 및 처리 기술에 관한 사항
- 시험용 선박평형수 처리설비를 설치하는 선박의 명세
- 법 제8조의 2 제1항 제2호에 따른 확인검사(이하 "확인검사"라 한다) 시 점검사항

- 시험용 선박평형수 처리설비의 성능시험 및 평가에 관한 사항
- 시험 일정 및 보고에 관한 사항

또한 규칙 제1항에 따른 신청을 받은 해양수산부장관은 시험용 선박평형수 처리설비 시험계획이 해양수산부장관이 정하여 고시하는 시험용 선박평형수 처리설비 시험계획 승인 절차 및 신청 요건을 충족하였다고 인정되면 제출받은 시험용 선박평형수 처리설비 시험계획서에 별표 6의 2에 따른 승인표시를 하여 2부를 신청인에게 내주어야 한다(규칙 제3항).

② 해양수산부장관은 시험용 선박평형수 처리설비가 승인된 시험계획에 따라 적합하게 설치된 것으로 확인되는 경우 선박평형수 처리설비 적합증서(適合證書)를 발급하여야 한다(제2항).

③ 해양수산부장관은 제1항 제3호에 따른 점검 결과 시험계획의 이행을 위하여 필요한 경우에는 선박평형수 처리설비 적합증서의 효력정지나 시정·보완을 명할 수 있다(제3항).

④ 제1항에 따른 승인·확인검사·점검의 절차, 제2항에 따른 적합증서의 발급 절차 및 제3항에 따른 효력정지 등의 명령에 필요한 사항은 해양수산부령으로 정한다(제4항).

3. 선박평형수 관리계획서의 작성 및 검인 등

① 선박소유자는 선박평형수(船舶平衡水) 관리와 관련하여 선박평형수의 처리·교환·주입·배출 등에 관한 절차와 방법을 기술한 계획서(이하 "선박평형수 관리계획서"라 한다)를 작성하여 해양수산부장관의 검인을 받아야 한다(법 제9조 제1항).

이에 따라 선박평형수 관리계획서의 검인을 받으려는 선박소유자는 별지 제5호 서식의 선박평형수 관리계획서 검인신청서에 선박의 선박평형수 관리계획서 2부를 첨부하여 지방해양수산청장에게 제출하여야 한다(규칙 제17조 제1항).

지방해양수산청장은 제1항에 따른 신청을 검토하고 적합하다고 인정되면 선박평형수 관리계획서에 별표 7에 따른 검인 표시를 하여 신청인에게 내주어야 한다.

또한 선박소유자는 검인받은 선박평형수 관리계획서를 잃어버리거나 헐어 못 쓰게 되었을 때에는 별지 제5호 서식의 신청서 비고란에 그 사유를 적고 새로 작성한 선박평형수 관리계획서 2부를 첨부하여 지방해양수산청장에게 재발급 신청을 할 수 있다. 재발급 신청에 따른 검인 표시에 관하여는 제2항을 준용한다.

② 선박소유자는 선박평형수 관리계획서에 따라 선박평형수를 처리·교환·주입·배출하거나 침전물을 제거 또는 배출하여야 한다(법 제9조 제2항).

③ 선박소유자는 해양수산부령으로 정하는 바에 따라 선박평형수 관리의 업무를 담당하는 자가 선박평형수 관리계획서를 숙지하고 그에 따라 임무를 수행할 수 있도록 교육을 실시하여야 한다(제3항).

선박소유자는 이에 따라 선박평형수 관리의 업무를 담당하는 선박직원(「선박직원법」

第2조 제3호에 따른 선박직원을 말한다. 이하 같다)에 대하여 다음의 사항에 대한 교육을 5년마다 1회 이상 실시하여야 한다(규칙 제18조).

- 선박평형수 관리에 관한 국제협약(國際協約)의 내용
- 선박평형수 및 침전물 관리절차
- 선박평형수 관리계획서 운용에 관한 사항
- 선박평형수 관리기록부 작성에 관한 사항

또한 선박소유자는 법 제36조의 2 제1항에 따른 지정교육기관으로 하여금 제1항에 따른 교육을 실시하게 할 수 있다.

④ 선박소유자는 선박평형수 관리계획서를 선박에 비치하고, 해양수산부장관이 요청하면 선박평형수 관리계획서를 즉시 제시하여야 한다(제4항).

⑤ 선박평형수 관리계획서의 기재 사항 및 작성 방법 등에 필요한 사항은 해양수산부령으로 정한다(제5항).

⑥ 선박평형수 관리계획서 기재사항 등으로 선박평형수관리계획서에는 다음의 사항이 포함되어야 한다(규칙 제19조 제1항).

- 선박평형수 관리와 관련된 선원과 선박의 안전에 관한 사항(제1호).
- 선박평형수 관리의 요건 및 절차
- 침전물 배출 절차
- 항만당국(港灣當國)과의 선박평형수 배출 협의 절차
- 책임 선박직원의 지정
- 선박평형수관리에 관한 국제협약에 따른 보고사항
- 선박평형수 관리에 필요한 훈련 및 교육에 관한 사항

또한 선박소유자는 선박평형수 관리계획서를 다음의 방법에 따라 작성하되, 선박의 선장 및 직원이 일반적으로 사용하는 언어로 작성하고 영어로 된 번역문을 포함하여야 한다(규칙 제2항).

- 선박의 명세(明細, particulars)를 상세히 포함할 것(제1호).
- 해당 선박에 적합하게 작성할 것
- 선박평형수 관리와 관련된 사람이 이해할 수 있도록 작성할 것
- 선박의 구조 등에 관한 정보 등 다른 서류에서 얻을 수 있는 정보는 포함할 필요는 없으며, 필요할 경우 부록으로 첨부하거나 해당 정보의 위치를 포함할 것
- 그 밖에 해양수산부장관이 정하여 고시하는 바에 따를 것

4. 선박평형수 관리기록부의 기록 등

① 선박소유자는 그 선박에서 처리·교환·주입 및 배출한 선박평형수를 기록하기 위한 장부(이하 “선박평형수 관리기록부”라 한다)를 선박에 비치하고 선박평형수의 처리량·교환량·주입량·배출량 등 해양수산부령으로 정하는 사항을 기록하여야 한다(법

제10조 제1항).

이에 따라 선박평형수 관리기록부에는 다음의 구분에 따른 사항을 적어야 한다(규칙 제20조 제1항).

- 선박평형수를 주입할 때
  가. 일시, 장소 및 수심(水深)
  나. 주입량(注入量)
  다. 책임 선박직원의 서명(署名)
- 선박평형수 관리를 위하여 순환시키거나 처리할 때
  가. 작업 일시
  나. 순환 또는 처리된 양
  다. 선박평형수 관리계획서에 따른 이행 여부
  라. 책임 선박직원의 서명
- 선박평형수를 해양에 배출할 때
  가. 일시 및 장소
  나. 배출량 및 잔량(殘量)
  다. 선박평형수 관리계획서에 따른 이행 여부
  라. 책임 선박직원의 서명
- 선박평형수를 처리시설로 배출할 때
  가. 주입 일시 및 장소
  나. 배출 일시 및 장소
  다. 배출량 또는 주입량
  라. 항구 또는 처리시설
  마. 선박평형수 관리계획서에 따른 이행 여부
  바. 책임 선박직원의 서명
- 사고나 그 밖의 사유로 인한 예외적으로 선박평형수를 주입하거나 배출할 때
  가. 일시 및 장소
  나. 배출량
  다. 주입, 배출 또는 누출의 발생 배경 등
  라. 선박평형수 관리계획서에 따른 이행 여부
  마. 책임 선박직원의 서명
- 추가적인 작동 절차 및 비고

② 법 제10조 제2항에 따라 선박소유자는 선박평형수 관리기록부를 마지막으로 기록한 날부터 2년간 해당 선박(자력항해능력이 없어 예인선에 끌리거나 밀려서 항해되는 무인부선은 그 예인선을 말한다)에 비치하여 보존하고, 그 이후 3년간 그의 주된 사무소

또는 해당 선박에 보존하여야 한다(규칙 제20조 제2항).

③ 선장은 선박평형수 관리와 관련된 모든 작업을 별지 제6호 서식의 선박평형수 관리기록부(선박의 전자기록시스템, 다른 기록문서시스템이나 그 밖의 전자문서시스템에 선박평형수 관리와 관련된 모든 작업을 기록하는 경우에는 그 전자기록시스템 등을 말한다)에 기록하여야 하며, 한글에 영어를 함께 적거나 영어로만 기록하여야 한다(규칙 제3항).

④ 선박평형수 관리기록부의 보존 기간은 그 기록부를 마지막으로 기록한 날부터 5년으로 하고, 그 보존 방법은 해양수산부령으로 정한다(법 제10조 제2항).

⑤ 선박소유자는 해양수산부장관이 요청하면 선박평형수 관리기록부를 즉시 제시하여야 한다.

선박평형수 관리기록부의 서식과 기록 방법 등에 필요한 사항은 해양수산부령으로 정한다(법 제10조 제3항 · 제4항).

제3장 선박평형수 관리를 위한 선박의 검사

제1절 도면의 승인

1) 선박을 건조(建造)하고자 하는 자 또는 선박에 최초로 선박평형수 처리설비 또는 선박평형수 교환설비(이하 "선박평형수 관리설비"라 한다)를 설치하고자 하는 선박소유자는 해당 선박의 도면에 대하여 해양수산부령으로 정하는 바에 따라 해양수산부장관의 승인을 받아야 하며, 승인을 받은 사항을 변경하려는 경우에도 또한 같다. 다만, 해양수산부령으로 정하는 도면의 경우에는 그러하지 아니하다(법 제11조 제1항).

이에 따라 선박의 도면에 대하여 승인 또는 변경승인을 받으려는 자는 별지 제7호 서식의 도면 승인(변경승인) 신청서에 다음의 도면(圖面)을 첨부하여 해양수산부장관에게 제출하여야 한다(규칙 제21조 제1항).

① 선박평형수 탱크 배치도(配置圖)

② 선박평형수 용적도(容積圖)

③ 선박평형수 배관 및 펌프 배치도(공기관 및 측심관의 배치를 포함한다)

④ 선박평형수 펌프 용량(容量)

⑤ 운전 및 정비 관련 도면(圖面)

⑥ 선박평형수 관리설비 도면

⑦ 선박의 평면도 및 종단면도(縱斷面圖)

또한 법 제11조 제1항 단서에서 "해양수산부령으로 정하는 도면"이란 법 제11조 제1항 본문에 따라 이미 승인받은 선박의 도면과 같은 내용의 도면에 따라 같은 형태의 선박을 같은 조선소(造船所)에서 건조하는 경우 해당 선박의 도면을 말한다.

2) 해양수산부장관은 제1항에 따라 승인요청을 받은 도면이 이 법에 따른 선박평형수 관리기준에 맞으면 이를 승인하고 해당 도면에 승인되었다는 표시를 하여야 한다(제2항)
3) 제1항에 따른 승인을 받은 자는 승인을 받은 도면과 동일하게 선박을 건조하거나 개조하여야 한다(제3항).
4) 선박소유자는 제1항에 따른 승인을 받은 도면을 선박에 비치하여야 한다(제4항).

제2절 선박평형수 관리를 위한 선박의 검사 등

1. 정기검사

① 선박소유자는 선박평형수 관리설비를 선박에 최초로 설치하여 항해에 사용하거나 제15조에 따른 유효기간이 끝난 경우에는 해양수산부령으로 정하는 바에 따라 해양수산부장관의 검사(이하 "정기검사"라 한다)를 받아야 한다(법 제12조 제1항).
② 해양수산부장관은 정기검사에 합격한 선박에 대하여 해양수산부령으로 정하는 선박평형수 관리설비검사증서(이하 "검사증서"라 한다)를 발급하여야 한다(제2항).
③ 선박소유자가 검사증서를 받은 경우에는 그 선박에 비치하여야 한다(법 제12조 제2항).

2. 중간검사

① 선박소유자는 정기검사와 정기검사의 사이에 선박평형수 관리설비의 유지・관리 상태에 대하여 해양수산부장관의 검사(이하 "중간검사"라 한다)를 받아야 한다(법 제13조 제1항).
② 중간검사의 종류는 제1종과 제2종으로 구분하고, 그 시기와 절차・검사사항은 해양수산부령으로 정한다(제2항).
③ 해양수산부장관은 제2항에 따른 중간검사에 합격한 선박에 대하여 제12조 제2항에 따른 검사증서에 그 검사 결과를 표기하여야 한다(제3항).

3. 임시검사

① 선박소유자는 선박평형수 관리설비를 교체・개조 또는 수리하려는 경우에는 해양수산부장관의 검사(이하 "임시검사"라 한다)를 받아야 한다. 다만, 해양수산부령으로 정하는 경미한 사항의 경우에는 그러하지 아니하다(법 제14조 제1항).
② 해양수산부장관은 임시검사에 합격한 선박에 대하여 제12조 제2항에 따른 검사증서에 그 검사 결과를 표기하여야 한다(제2항).
③ 임시검사의 절차 및 검사 사항은 해양수산부령으로 정한다(제3항).

4. 검사증서의 유효기간 및 유효기간 기산

① 검사증서의 유효기간은 5년 이내의 범위에서 해양수산부령으로 정한다(법 제15조 제1항). 법 제15조 제1항에 따른 검사증서의 유효기간(有效期間)은 5년으로 한다(규칙 제26조).

② 해양수산부장관은 제1항에 따른 검사증서의 유효기간을 5개월 이내의 범위에서 해양수산부령으로 정하는 바에 따라 연장할 수 있다(법 제15조 제2항).

해양수산부장관은 법 제15조 제2항에 따라 검사증서의 유효기간을 연장하려는 경우에 다음의 구분에 따라 연장하여야 한다. 다만, 제1호에 해당하여 검사증서의 유효기간을 연장받은 선박소유자는 그 연장기간 내에 해당 선박이 정기검사를 받을 장소에 도착하면 지체 없이 정기검사를 받아야 한다(규칙 제27조 제1항).

- 해당 선박이 정기검사를 받을 수 없는 장소에 있는 경우 : 3개월(제1호)
- 해당 선박이 외국에서 정기검사를 받는 등의 사유로 새로운 검사증서를 선박에 갖추어 둘 수 없다고 인정되는 경우 : 5개월
- 해당 선박이 짧은 거리의 항해(항해를 시작하는 항구로부터 최종 목적지의 항구까지의 거리 또는 항해를 시작하는 항구로 회항 시 거리가 1,000해리를 넘지 아니하는 항해를 말한다)에 사용되는 경우 : 1개월

③ 규칙 제1항에 따른 유효기간 연장을 받으려는 자는 별지 제10호 서식의 검사증서 유효기간 연장신청서에 다음의 구분에 따라 해당 서류를 첨부하여 해양수산부장관에게 제출하여야 한다(규칙 제2항).

- 규칙 제1항 제1호에 해당하는 경우 : 해당 선박의 현재 위치를 나타내는 서류 및 현재 갖추어 두고 있는 검사증서
- 제1항 제2호에 해당하는 경우 : 현재 갖추어 두고 있는 검사증서
- 제1항 제3호에 해당하는 경우 : 운항계획서 및 현재 갖추어 두고 있는 검사증서

④ 해양수산부장관은 유효기간을 연장하였을 때에는 검사증서에 그 내용을 적어야 한다.

중간검사 또는 임시검사에 불합격한 경우에는 해당 검사에 합격할 때까지 검사증서의 효력이 정지된다(법 제15조 제3항).

⑤ 유효기간을 기산(起算)하는 기준 및 방법은 해양수산부령으로 정한다. 즉, 검사증서의 유효기간에 대한 기산으로 검사증서의 유효기간이 시작되는 날은 다음의 구분에 따른다(규칙 제28조).

- 최초로 정기검사를 받은 경우 : 해당 검사증서를 발급받은 날
- 검사증서 유효기간이 끝나기 전 3개월이 되는 날 이후부터 유효기간 만료일까지의 기간에 정기검사가 끝난 경우 : 종전 검사증서의 유효기간 만료일 다음 날
- 검사증서 유효기간이 끝나기 전 3개월이 되는 날 전에 정기검사가 끝난 경우 : 검사증서를 발급받은 날

- 검사증서 유효기간이 끝난 후에 정기검사가 완료된 경우 : 종전 검사증서의 유효기간 만료일 다음 날. 다만, 선박이 다음에 해당하는 경우로서 유효기간이 끝난 후 3개월이 지난 후에 정기검사가 끝난 경우에는 검사증서를 발급받은 날로 한다.
  가. 선박이 계선(繫船)(「선박안전법 시행령」 제2조 제1항 제1호에 따라 계선한 경우를 말한다)한 경우
  나. 다음 중 하나에 해당하는 사유로 유효기간 만료일의 다음 날부터 기산하는 것이 부당하다고 해양수산부장관이 인정하는 경우
    ⓐ 1년 이상 선박검사를 받지 아니한 선박을 상속하거나 매수한 경우
    ⓑ 선박소유자의 파산으로 1년 이상 선박검사를 받지 아니한 경우
- 법 제15조 제2항에 따라 검사증서의 유효기간을 연장받은 경우 : 연장되기 전 검사증서의 유효기간 만료일 다음날

5. 검사증서를 비치하지 아니한 선박의 항해 금지

① 누구든지 검사증서를 비치하지 아니하거나 효력이 정지된 검사증서를 비치하고 선박을 항해에 사용하여서는 아니 된다. 다만, 「선박안전법」에 따른 선박검사를 받기 위하여 항해에 사용하는 경우에는 그러하지 아니하다(법 제16조 제1항).

② 누구든지 검사증서에 적힌 조건에 맞지 아니한 방법으로 그 선박을 항해에 사용하여서는 아니 된다. 다만, 「선박안전법」에 따른 선박검사를 받기 위하여 항해에 사용하는 경우에는 그러하지 아니하다(제2항).

제4장 선박평형수 관리를 위한 형식승인 및 검정

제1절 형식승인 및 검정

1. 형식승인 및 검정

① 선박평형수 처리설비를 제조하거나 수입하려는 자는 해양수산부장관으로부터 그 형식에 관한 승인(이하 "형식승인"이라 한다)을 받아야 한다(법 제17조 제1항).

② 형식승인(形式承認)을 받으려는 자는 다음의 구분에 따른 형식승인 시험에 미리 합격하여야 한다. 이 경우 형식승인 시험에 필요한 시험기준은 해양수산부령으로 정한다(제2항).
- 적합성시험: 설계, 구조, 운전 및 기능이 이 법 및 선박의 운항에 적합한지를 확인하는 시험
- 환경시험: 전기 · 전자 구성품이 선박의 환경에서 적합하게 유지 · 작동되는지를 확인하기 위한 시험

- 육상시험: 제6조 제2호의 처리기준에 적합한지를 확인하기 위하여 해양수산부장관이 고시하는 육상시험시설에서 실시하는 시험
- 선상시험: 제6조 제2호의 처리기준에 적합한지를 확인하기 위하여 완성된 선박평형수 처리설비의 실제 크기로 선상에서 실시하는 시험

③ 제2항에도 불구하고 이미 형식승인을 받은 선박평형수 처리설비의 정격처리 용량을 변경하여 새로운 형식승인을 받으려는 경우(처리물질을 사용하는 선박평형수 처리설비를 직렬로 연결하는 경우는 제외한다)의 해당 선박평형수 처리설비(이하 "동형처리설비"라 한다)는 해양수산부령으로 정하는 형식승인시험으로 대신할 수 있다. 이 경우 형식승인시험에 필요한 시험기준은 해양수산부장관이 정하여 고시한다(제3항).

여기서 해양수산부령으로 정하는 동형처리설비의 형식승인시험이란 다음의 시험을 말한다(규칙 제29조의 2).

- 적합성시험
- 환경시험
- 다음의 하나에 해당하는 시험
  가. 육상시험과 화학분석
  나. 선상검증시험과 화학분석

④ 해양수산부장관은 제2항 및 제3항에 따른 형식승인 시험에 합격한 자에 대하여 해양수산부령으로 정하는 형식승인서를 발급하여야 한다. 다만, 동형처리설비의 경우에는 해양수산부령으로 정하는 바에 따라 일부 시험을 유예하고 형식승인서를 발급할 수 있다(제4항).

단서에 따라 유예할 수 있는 형식승인시험과 그 유예기간은 다음과 같다(규칙 제30조의 2).

- 제29조의 2 제2호에 따른 환경시험 : 형식승인서를 발급받은 날부터 1년
- 제29조의 2 제3호 나목에 따른 선상검증시험 및 화학분석 : 형식승인서를 발급받고 동형처리 설비를 선박에 설치한 날부터 6개월

⑤ 형식승인을 받은 자가 형식승인을 받은 사항을 변경하려면 해양수산부장관의 변경승인을 받아야 한다. 이 경우 변경 사항이 성능에 영향을 미치는 것으로서 해양수산부장관이 고시하는 변경 사항에 해당되면 그 변경 부분에 대하여 제2항에 따른 형식승인시험의 전부 또는 일부를 별도로 받아야 한다(제5항).

⑥ 제1항부터 제5항까지의 규정에 따른 형식승인 또는 변경승인을 받은 자는 해당 선박평형수 처리설비에 대하여 해양수산부장관이 정하여 고시하는 검정기준에 따라 해양수산부장관의 검정을 받아야 한다. 이 경우 해양수산부장관의 검정에 합격한 선박평형수 처리설비에 대하여는 제12조부터 제14조까지의 규정에 따라 실시하여야 하는 정기검사·중간검사 또는 임시검사 중 최초로 실시하는 검사에 합격한 것으로 본다

(법 제17조 제6항).

이에 따라 검정을 받으려는 자는 별지 제16호 서식의 선박평형수 처리설비 검정신청서에 다음의 서류를 첨부하여 해양수산부장관에게 제출하여야 한다(규칙 제33조 제1항).

- 선박평형수 처리설비의 구조도, 배치도, 전기회로도 및 배관도
- 선박평형수 처리설비 주요 구성품의 장치 설명서
- 선박평형수 처리설비의 기술적인 상세 설명서
- 운전 및 정비 설명서
- 설비 오작동에 대비한 보완 절차서

또한 해양수산부장관은 제1항에 따른 신청을 받은 경우에는 해양수산부장관이 정하는 검정기준에 적합한지 여부를 확인하고 검정에 합격한 경우 별지 제17호 서식의 검정합격증명서를 신청인에게 발급하고 해당 설비에 별표 11의 합격을 나타내는 표시를 하여야 한다.

⑦ 해양수산부장관은 제6항에 따른 검정에 합격한 자에게 검정합격증명서를 발급하고, 선박평형수 처리설비에 대하여는 검정에 합격하였음을 나타내는 표시를 하여야 한다(제7항).

⑧ 제1항부터 제7항까지의 규정에 따른 형식승인, 형식승인시험, 형식승인서의 발급, 변경승인, 검정, 검정합격증명서의 발급 및 검정합격의 표시 등에 필요한 사항은 해양수산부령으로 정한다(제8항).

2. 형식승인서의 유효기간 및 갱신

① 제17조 제4항에 따른 형식승인서의 유효기간은 5년으로 한다(법 제17조의 2 제1항).

② 제1항에 따른 유효기간이 만료된 후 형식승인을 계속 유지하려는 자는 형식승인서의 유효기간이 만료되기 전 30일까지 해양수산부장관에게 형식승인서의 갱신을 신청하여야 한다(제2항).

형식승인서 갱신의 절차, 그 밖에 형식승인서 갱신에 필요한 사항은 해양수산부령으로 정한다.

이에 따라 형식승인서의 유효기간이 만료된 후 형식승인을 계속 유지하려는 자는 형식승인서의 유효기간이 만료되기 90일 전부터 30일 전까지의 기간에 별지 제17호의 2 서식의 형식승인서 갱신신청서에 다음의 서류를 첨부하여 해양수산부장관에게 신청하여야 한다(규칙 제33조의 2 제1항).

- 형식승인서
- 별표 10 제1호(가목은 제외한다)에 따른 서류

한편, 해양수산부장관은 형식승인서의 갱신 신청을 검토하고, 형식승인서의 갱신이 적합하다고 인정되면 새로운 형식승인서를 신청인에게 내주어야 한다. 이 경우 해양수산부

장관은 형식승인서의 갱신을 신청한 자의 사업장을 방문하여 형식승인서의 갱신에 필요한 사항을 확인할 수 있다.

③ 갱신된 형식승인서의 유효기간은 기존 형식승인서의 유효기간 만료일의 다음 날부터 기산한다.

3. 형식승인시험에 대한 품질관리 등

① 해양수산부장관은 제17조 제2항에 따른 육상시험 및 선상시험과 관련하여 다음에 대한 품질관리를 하여야 한다(법 제17조의 3 제1항).
  - 형식승인을 위한 시험계획
  - 형식승인 시험기관의 시험 절차・방법 및 인력
  - 시험결과

② 해양수산부장관은 제1항에 따른 품질관리를 위하여 인증(이하 "품질관리체제인증"이라 한다)을 실시할 수 있다(제2항).

③ 품질관리체제인증의 기준・방법 및 절차, 그 밖에 필요한 사항은 해양수산부령으로 정한다(제3항).

4. 형식승인의 취소

해양수산부장관은 제17조 제1항에 따른 형식승인을 받은 자가 다음의 하나에 해당하면 그 형식승인을 취소하거나 6개월 이내의 기간을 정하여 그 효력을 정지시킬 수 있다. 다만, 제1호, 제2호, 제4호 또는 제5호에 해당하는 경우에는 그 형식승인을 취소하여야 한다(법 제18조).

① 거짓이나 그 밖의 부정한 방법으로 형식승인・변경승인 또는 검정을 받은 경우

② 제조하거나 수입한 선박평형수 처리설비가 제17조 제2항에 따른 형식승인에 필요한 시험기준에 맞지 아니하게 된 경우

③ 정당한 사유없이 2년 이상 계속하여 선박평형수 처리설비를 제조하지 아니하거나 수입하지 아니한 경우

④ 해당 형식승인서를 반납하는 경우

⑤ 제17조 제4항 단서에 따라 유예된 형식승인 시험에 대한 시험결과를 해양수산부령으로 정하는 기한 내에 제출하지 아니한 경우(해당 증서로 한정한다)

5. 검사증서의 유효기간

① 해양수산부장관은 제17조 제2항에 따른 형식승인시험을 실시하는 시험기관(이하 "형식승인 시험기관"이라 한다)을 해양수산부령으로 정하는 시험장비의 보유, 품질관리체제의 인증유지 등 지정기준에 맞는 자 중에서 지정하여야 한다(법 제19조 제1항).

② 제1항에 따라 형식승인 시험기관으로 지정받으려는 자는 해양수산부령으로 정하는

바에 따라 해양수산부장관에게 신청하여야 한다(제2항).

③ 해양수산부장관은 형식승인 시험기관이 다음의 하나에 해당하면 그 지정을 취소하거나 6개월 이내의 기간을 정하여 업무의 정지를 명할 수 있다. 다만, 제1호에 해당하는 경우에는 그 지정을 취소하여야 한다(법 제19조 제3항).
- 거짓이나 그 밖의 부정한 방법으로 지정을 받은 경우(제1호)
- 제1항에 따른 지정기준에 미달하게 된 경우
- 실수·누락 등으로 인하여 형식승인시험의 공신력을 상실하였다고 인정되는 경우
- 정당한 사유없이 시험신청을 거부한 경우
- 시험과 관련하여 부정한 행위를 하거나 수수료를 부당하게 받은 경우

④ 해양수산부장관은 제1항에 따른 지정 또는 제3항에 따른 취소·정지를 한 경우 그 내용을 고시하여야 한다(제4항).

⑤ 형식승인 시험기관의 지정 절차, 해양수산부장관의 형식승인 시험기관에 대한 지도·감독 등에 필요한 사항은 해양수산부령으로 정한다(제5항).

6. 외국 도입선박의 선박평형수 처리설비의 인정

해양수산부장관은 선박평형수 관리에 관한 국제협약 당사국이 형식승인을 한 선박평형수 처리설비로서 외국에서 도입된 선박에 설치된 해당 설비에 대하여 제17조 제1항·제2항 또는 제6항에 따른 형식승인·형식승인 시험 또는 검정을 받은 것으로 인정할 수 있다(법 제19조의 2).

제2절 처리물질의 승인 등

1. 처리물질의 승인

① 선박평형수 관리를 위하여 처리물질(처리물질을 포함하는 조제물을 포함한다. 이하 같다)을 사용하는 선박평형수 처리설비를 개발하여 형식승인을 받으려는 자는 처리물질과 선박평형수 처리설비에 대하여 국제기구의 승인을 받아야 한다. 이 경우 승인을 받아야 하는 국제기구 승인의 종류 및 시기는 해양수산부령으로 정한다(법 제20조 제1항).

처리물질의 승인 신청 등에 있어, 국제기구 승인의 종류 및 시기는 다음과 같다(규칙 제37조의 2).
- 기본승인 : 육상시험 시작 전까지
- 최종승인 : 형식승인서를 발급받기 전까지

② 법 제20조 제1항에 따라 기본승인 또는 최종승인을 받으려는 자는 기본승인 또는 최종승인을 위한 시험을 실시하기 전에 시험계획서를 해양수산부장관에게 제출하여야

한다(규칙 제37조의 2 제2항).

해양수산부장관은 제2항에 따라 제출된 시험계획서를 심사하여 기본승인 또는 최종승인을 위한 시험의 실시 계획이 적정한지 여부를 판단하고, 그 심사 결과를 시험계획서를 제출받은 날부터 14일 이내에 시험계획서를 제출한 자에게 통보하여야 한다.

③ 기본승인 또는 최종승인을 받으려는 자는 제3항에 따른 해양수산부장관의 통보 내용에 따라 시험을 실시하고, 국제기구가 정하는 기본승인 또는 최종승인 신청 마감일 45일 전까지 별표 14의2에 따른 서류를 해양수산부장관에게 제출하여야 한다. 이 경우 독성시험, 화학분석 및 그 밖의 시험결과는 형식승인시험기관이 수행한 것이어야 한다(규칙 제4항).

해양수산부장관은 제4항에 따라 제출된 신청서류를 검토하고 기본승인 또는 최종승인을 신청하는데 적합하다고 인정되면 지체 없이 신청서류를 국제기구에 제출하여야 한다(규칙 제5항).

④ 선박소유자는 국제기구의 승인을 받지 아니하거나 승인이 취소된 처리물질을 사용하여서는 아니 된다. 다만, 제1항에 따라 승인을 받은 처리물질을 그 승인이 취소되기 전부터 사용하던 선박은 다음 정기검사 또는 중간검사 전까지 한시적으로 승인이 취소된 처리물질을 사용할 수 있다(법 제20조 제3항).

⑤ 처리물질을 사용하지 아니하는 선박평형수 처리설비를 개발하여 형식승인을 받으려는 자는 처리물질을 사용하지 아니함을 해양수산부장관에게 증명하여야 한다(제4항).

처리물질을 사용하지 아니하는 경우의 증명절차 등으로, 법에 따라 처리물질을 사용하지 아니하는 선박평형수 처리설비를 개발하여 형식승인을 받으려는 자는 해당 선박평형수 처리설비에서 처리물질을 사용하지 아니한다는 것을 증명하는 서류를 해양수산부장관에게 제출하여야 한다. 이 경우 해당 서류에는 다음의 사항이 포함되어야 한다(규칙 제37조의 3).

- 배출되는 선박평형수에 대하여 기본승인을 위하여 실시하는 독성시험 및 화학분석 기준 및 방법에 준하여 형식승인시험기관이 수행한 시험 결과
- 선박평형수 처리설비의 운전 및 유지·보수에 사용되는 세척액 등 물질이 처리물질이 아님을 증명하는 자료

또한 해양수산부장관은 제출된 서류를 검토한 결과 필요하다고 인정하는 경우에는 보완을 요구할 수 있다.

⑥ 처리물질을 사용하는 선박평형수 처리설비에 대한 국제기구 승인 신청 절차와 처리물질을 사용하지 아니하는 선박평형수 처리설비의 증명 절차, 그 밖에 필요한 사항은 해양수산부령으로 정한다(제5항).

2. 독립시험기관의 지정 등

① 해양수산부장관은 필요한 경우에는 다음의 업무를 해양수산부장관이 지정하는 해양

관련 전문시험기관(이하 "독립시험기관"이라 한다)으로 하여금 대행하게 할 수 있다. 이 경우 해양수산부장관은 독립시험기관과 협정을 체결하여야 한다(법 제20조의 2 제1항).

- 제17조의 3에 따른 육상시험 및 선상시험에 대한 품질관리
- 제20조 제1항에 따른 처리물질에 대한 국제기구 승인 신청 서류의 심사
- 제20조 제4항에 따른 증명 서류의 심사
- 그 밖에 형식승인시험 및 처리물질의 승인과 관련하여 해양수산부장관이 정하는 업무

또한 해양수산부장관이 독립시험기관과 체결하는 협정에는 다음의 사항이 포함되어야 한다(시행령 제2조의 2).

- 독립시험기관이 대행하는 업무의 범위
- 협정의 기간 및 기간 연장에 관한 사항
- 협정의 변경 및 해지에 관한 사항
- 독립시험기관의 업무와 관련한 비밀유지에 관한 사항
- 독립시험기관의 업무 수행과 관련한 보고 및 자료제출 등에 관한 사항

② 해양수산부장관은 독립시험기관이 다음의 하나에 해당하면 그 지정을 취소하거나 6개월 이내의 기간을 정하여 업무의 정지를 명할 수 있다. 다만, 제1호 및 제2호에 해당하는 경우에는 지정을 취소하여야 한다(법 제20조의 2 제2항).

- 거짓이나 그 밖의 부정한 방법으로 지정을 받은 경우(제1호)
- 독립시험기관으로부터의 지정 취소 요청이 있는 경우(제2호)
- 독립시험기관의 지정기준에 미달하게 된 경우
- 업무상 고의 또는 중대한 과실로 인하여 독립시험기관의 공신력을 상실하였다고 인정되는 경우
- 정당한 사유 없이 업무를 거부하거나 형식승인시험을 지연시키는 경우
- 제33조 제1항에 따른 보고 또는 자료 제출을 거부한 경우
- 제33조 제2항에 따른 출입 또는 조사를 거부하거나 방해 또는 기피하는 경우
- 제33조 제5항에 따른 보완 등의 처분을 이행하지 아니하는 경우

③ 독립시험기관의 지정기준 및 협정의 내용, 그 밖에 필요한 사항은 대통령령으로 정하고, 독립시험기관의 지정절차 및 지도·감독, 그 밖에 필요한 사항은 해양수산부령으로 정한다(법 제20조의 2 제3항).

④ 해양수산부장관은 독립시험기관의 임직원이 독립시험기관의 업무와 관련하여 다음의 하나에 해당하는 행위를 한 때에는 독립시험기관의 장에게 그 임직원의 해임을 요구하거나 1년 이내의 기간을 정하여 직무를 정지하도록 요구할 수 있다(제4항).

- 업무와 관련하여 부정한 행위를 한 경우
- 부당하게 수수료를 징수한 경우

- 제36조의 3을 위반하여 직무상 알게 된 비밀을 누설하거나 도용한 경우
- 그 밖에 이 법에 따른 명령을 위반한 때

⑤ 독립시험기관의 장은 제4항에 따른 해임 또는 직무정지의 요구를 받은 때에는 지체 없이 해당 직원에 대하여 조치를 하고 그 결과를 해양수산부장관에게 보고하여야 한다(법 제20조의 2 제5항).

3. 전산망의 구축 · 운영

① 해양수산부장관은 제17조 제1항 및 제5항에 따라 형식승인 또는 변경승인을 받은 선박평형수 처리설비에 대한 형식승인 내용 및 형식승인 시험결과의 전부 또는 일부를 누구나 열람이 가능하도록 전산망을 구축 · 운영할 수 있다(법 제20조의 3 제1항).

② 해양수산부장관은 제1항에 따른 전산망의 구축 · 운영을 독립시험기관에 위탁할 수 있다(제2항).

제5장 선박평형수 처리업

1. 선박평형수 처리업

① 선박평형수 및 침전물의 수거 · 처리에 필요한 설비 및 시설을 갖추고 선박평형수를 담을 수 있는 선박의 탱크(이하 "선박평형수탱크"라 한다)를 청소하거나 선박평형수 탱크로부터 선박평형수 또는 침전물을 수거하여 처리하는 사업(이하 "선박평형수 처리업"이라 한다)을 영위하려는 자는 해양수산부령으로 정하는 바에 따라 해양수산부장관에게 등록(登錄)하여야 한다(법 제21조 제1항).

② 선박평형수 처리업의 등록에 있어, 선박평형수 처리업을 경영하려는 자는 별지 제20호 서식의 선박평형수 처리업 등록신청서(전자문서로 된 신청서를 포함한다)에 다음 각 호의 서류(전자문서를 포함한다)를 첨부하여 지방해양수산청장에게 제출하여야 한다(규칙 제38조 제1항).

- 정관(법인인 경우에만 첨부한다)
- 사업계획서
- 선박평형수 및 침전물 저장 · 처리 설비 및 시설의 명세서와 그 도면
- 선박평형수 및 침전물의 수집 · 운반 · 저장 및 처리 방법에 관한 사항

제1항에 따른 신청서를 받은 지방해양수산청장은 「전자정부법」 제36조 제1항에 따른 행정정보의 공동이용을 통하여 법인 등기사항증명서를 확인하여야 한다.

지방해양수산청장은 제1항에 따른 등록 신청을 받았을 때에는 선박평형수 및 침전물 저장 · 처리 설비 및 시설 등을 검토하여 그 등록 여부를 결정하여야 한다.

또한 지방해양수산청장은 선박평형수 처리업의 등록을 하였을 때에는 별지 제21호

서식의 선박평형수 처리업 등록증을 내주고 그 내용을 공고하여야 한다.

③ 법 제21조 제3항에서 “해양수산부령으로 정하는 중요한 사항”이란 다음의 사항을 말한다(규칙 제38조 제5항).

- 사업장의 소재지(所在地)
- 사업장의 대표자
- 상호(商號)
- 선박평형수 및 침전물 저장·처리 설비 및 시설

또한 법 제21조 제3항에 따라 선박평형수 처리업자가 제5항 각 호의 하나에 해당하는 사항을 변경한 경우에는 사유가 발생한 날부터 30일 이내에 별지 제22호 서식의 선박평형수 처리업 변경등록 신청서에 선박평형수 처리업 등록증과 변경 내용을 증명하는 서류를 첨부하여 지방해양수산청장에게 제출하여야 한다(규칙 제6항).

④ 제6항에 따른 변경등록 신청 절차에 대해서는 제3항을 준용한다. 이 경우 지방해양수산청장은 변경등록한 경우에는 제출된 선박평형수 처리업 등록증에 변경사항을 기재하고 신청인에게 내주어야 한다(규칙 제7항).

⑤ 선박평형수 처리업을 등록하려는 자가 갖추어야 할 설비 및 시설은 대통령령으로 정한다(법 제21조 제2항). 이 때 선박평형수 처리업을 등록하려는 자가 갖추어야 하는 설비와 시설은 다음과 같다(시행령 제3조).

- 별표 1의 2에 따른 선박평형수 저장시설 및 침전물 저장시설
- 선박평형수 처리설비
- 선박평형수 및 침전물의 운송에 필요한 수단

⑥ 법 제21조 제1항에 따른 등록을 한 자(이하 “선박평형수 처리업자”라 한다)가 등록한 사항 중 선박평형수 저장·처리 설비 및 시설 등 해양수산부령으로 정하는 중요한 사항을 변경하려는 경우에는 해양수산부령으로 정하는 바에 따라 변경등록을 하여야 한다.

2. 결격사유

다음의 하나에 해당하는 자는 선박평형수 처리업 등록을 할 수 없다(법 제22조).

① 금치산자 또는 한정치산자(제1호)

② 이 법을 위반하여 징역 이상의 형을 선고받고 그 형의 집행이 끝나거나(집행이 끝난 것으로 보는 경우를 포함한다) 집행을 받지 아니하기로 확정된 후 1년이 지나지 아니한 자

③ 선박평형수 처리업의 등록이 취소된 후 1년이 지나지 아니한 자(제3호)

④ 임원 중에 제1호 부터 제3호 까지의 규정 중 어느 하나에 해당하는 자가 있는 법인

3. 검사증서의 유효기간 등

① 선박평형수 처리업자는 해양수산부령으로 정하는 바에 따라 선박평형수 및 침전물을 처리하여야 하고, 선박평형수에 관한 처리실적서를 작성하여 해양수산부장관에게 제출하여야 하며, 그 처리대장을 해당 시설에 비치하여야 한다(법 제23조 제1항).

선박평형수 등의 처리에 있어, 선박평형수 및 침전물을 처리하려는 선박평형수 처리업자는 다음에 따라 처리하여야 한다(규칙 제39조).

- 규칙 제13조에 따른 처리기준에 맞을 것
- 환경, 인류보건, 재산 및 자원에 대한 위험이 없을 것

선박평형수 처리실적의 제출 등에 있어, 선박평형수 처리업자는 법 제23조 제1항에 따라 별지 제23호 서식에 따른 선박평형수 및 침전물 처리실적서를 2부 작성한 후 그 중 1부에 별지 제24호 서식에 따른 선박평형수 및 침전물 처리대장 사본을 첨부하여 매해 1월 15일 및 7월 15일까지 지방해양수산청장에게 제출하여야 한다(규칙 제40조 제1항). 선박평형수처리업자는 제1항에 따른 선박평형수 및 침전물 처리실적서 및 처리대장을 작성한 날부터 3년 동안 보관하여야 한다.

② 선박평형수 처리업자가 선박으로부터 선박평형수 또는 침전물을 수거하는 경우에는 해양수산부령으로 정하는 바에 따라 선박평형수 수거확인증을 작성하고 해당 선박평형수 또는 침전물의 수거를 위탁한 자에게 발급하여야 한다(제2항).

이에 따른 선박평형수 수거확인증은 별지 제25호 서식과 같다(규칙 제41조).

또한 선박평형수 또는 침전물의 수거를 위탁한 자는 교부받은 수거확인증을 작성한 날로부터 3년 동안 보관하여야 한다.

③ 제1항 및 제2항에 따른 처리실적서 · 처리대장 및 선박평형수 수거확인증의 작성 방법과 보존기간 등에 필요한 사항은 해양수산부령으로 정한다(제3항).

④ 선박평형수 처리업자와 선박평형수 및 침전물의 수거 · 처리와 관련된 업무를 담당하는 자는 해양수산부령으로 정하는 바에 따라 교육을 받아야 한다(제4항).

4. 선박평형수의 처리명령

해양수산부장관은 선박평형수 처리업자가 처리를 위탁받은 선박평형수 또는 침전물을 이 법에 따라 처리하지 아니하고 방치하는 경우에는 그 적절한 처리를 명할 수 있다(법 제24조).

5. 선박평형수 처리업의 승계 등

① 선박평형수 처리업자가 그 사업을 양도하거나 사망한 때 또는 법인이 합병한 경우에는 그 사업의 양수인 · 상속인 또는 합병 후 존속하는 법인이나 합병에 의하여 설립되는 법인이 그 권리 · 의무를 승계한다(법 제25조 제1항).

② 「민사집행법」에 따른 경매, 「채무자 회생 및 파산에 관한 법률」에 따른 환가(換價) 및 「국세징수법」·「관세법」 또는 「지방세법」에 따른 압류재산의 매각, 그 밖에 이에 준하는 절차에 따라 선박평형수 처리업자의 시설·설비의 전부를 인수한 자는 그 권리·의무를 승계한다(제2항).

③ 제1항 및 제2항에 따라 선박평형수 처리업자의 권리·의무를 승계한 자는 1개월 이내에 해양수산부령으로 정하는 바에 따라 해양수산부장관에게 신고하여야 한다(제3항).

④ 제1항 및 제2항에 따른 승계에 관하여는 제22조를 준용한다(제4항).

6. 등록의 취소 등

① 해양수산부장관은 선박평형수 처리업자가 다음의 하나에 해당하면 그 등록을 취소하거나 6개월 이내의 기간을 정하여 업무의 정지를 명할 수 있다. 다만, 제1호부터 제4호까지의 규정 중 어느 하나에 해당하는 경우에는 그 등록을 취소하여야 한다(법 제26조 제1항).

- 제22조 각 호의 하나에 해당하는 경우. 다만, 법인의 임원 중 같은 조 제1호부터 제3호 까지의 규정 중 하나에 해당하는 자가 있는 경우로서 6개월 이내에 그 임원을 바꾸어 임명하면 그러하지 아니하다(제1호).
- 거짓이나 그 밖의 부정한 방법으로 등록을 하거나 변경등록을 한 경우(제2호)
- 1년에 2회 이상 영업정지처분을 받은 경우(제3호)
- 영업정지 기간 중에 영업을 한 경우
- 정당한 사유 없이 등록한 사항을 이행하지 아니한 경우
- 제23조에 따른 의무를 위반한 경우
- 제24조에 따른 명령을 따르지 아니하거나 거부한 경우
- 등록 후 1년 이내에 영업을 하지 아니하거나 계속하여 1년 이상 영업 실적이 없는 경우

② 제1항에 따른 행정처분의 세부 기준은 그 위반행위의 유형과 정도 등을 고려하여 해양수산부령으로 정한다(법 제26조 제2항).

제6장 부적합 선박에 대한 조치 등

1. 부적합 선박에 대한 조치

① 해양수산부장관은 선박에 설치된 선박평형수 관리설비가 제8조 제2항에 따른 기술기준에 적합하지 아니하다고 인정되는 경우에는 해당 선박소유자에게 그 선박평형수 관리설비의 교체·개조·변경·수리, 그 밖의 필요한 조치를 명할 수 있다(법 제27조 제1항).

② 해양수산부장관은 선박소유자가 제1항에 따른 명령을 정당한 사유없이 이행하지 아니하고 그 선박을 계속하여 항해에 사용함으로써 유해 수중생물의 국내 유입의 우려가 있다고 인정되는 경우에는 그 선박에 대하여 유해 수중생물의 국내 유입의 우려가 해소될 때까지 항해정지처분(航海停止處分)을 할 수 있다(제2항)

2. 선박평형수관리를 위한 항만국통제 및 이의신청

① 해양수산부장관은 대한민국 관할수역에 있는 외국선박의 선박평형수 관리설비가 선박평형수 관리에 관한 국제협약에 따른 기준에 적합한지 여부를 확인・점검하고 그에 필요한 조치(이하 "항만국통제"라 한다)를 할 수 있다(법 제28조 제1항).

② 항만국통제를 위한 확인・점검의 절차는 다음에 한정되어야 한다. 다만, 해당 선박이 국제협약 등에서 정하는 기준에 적합하지 아니하다는 명백한 근거로서 해양수산부령으로 정하는 사유가 있을 때에는 그러하지 아니하다(제2항).

- 유효한 검사증서의 확인(제1호)
- 선박평형수 관리기록부에 대한 검사
- 제1항에 따라 국제협약에 따른 기준에 맞는지 판단하기 위하여 제34조에 따른 선박검사관으로 하여금 해양수산부령으로 정하는 바에 따라 선박평형수의 표본을 채취하게 하는 등의 필요한 조치(제3호). 한편, 선박검사관은 선박평형수 표본 채취 등을 하려는 때에는 다음의 절차에 따라야 한다(규칙 제45조).
  가. 선박평형수관리 방법 및 선박평형수 표본을 채취할 장소에 따른 선박평형수 표본 채취 방법의 결정
  나. 선박평형수 표본 채취 및 분석
  다. 선박평형수 표본 채취 및 분석 기록의 보관

한편, "해양수산부령으로 정하는 사유"란 다음의 하나에 해당하는 경우를 말한다(규칙 제44조).

- 선박이 유효한 증서를 갖추어 두고 있지 아니하는 경우
- 선박평형수 관리설비의 작동이 원활하지 아니한 경우
- 선장 또는 선원이 선박평형수 관리를 위한 절차에 익숙하지 못하거나 선박평형수 관리를 위한 절차를 이행하지 아니한 경우

③ 해양수산부장관은 제1항에 따른 확인・점검의 결과 제2항 단서에 따른 명백한 근거가 있거나 유효한 검사증서 등을 제시하지 못하는 선박에 대하여는 정밀한 점검을 이행할 수 있으며, 국제협약의 기준에 적합하게 선박평형수를 배출할 수 있을 때까지 선박평형수 배출을 금지할 수 있다(법 제28조 제3항).

④ 해양수산부장관은 선박이 국제협약의 규정을 위반한 것이 발견되었을 경우 해당 선박에 대하여 출항정지・이동제한・시정요구・추방 또는 그 밖에 이에 준하는 조치를 명

할 수 있다(제4항).

한편, 지방해양수산청장은 법 제28조 제3항 및 제4항에 따른 시정명령 등의 조치를 하려는 때에는 해당 선박의 선장에게 항만국통제 점검보고서를 발급하여야 한다. 이 경우 항만국통제 점검보고서 서식은 「선박안전법 시행규칙」 별지 제79호 서식을 준용한다(규칙 제44조 제2항).

⑤ 해양수산부장관은 제1항부터 제4항까지의 규정에 따라 시행한 항만국통제의 결과 국제협약의 위반이 발견된 경우 해당 선박에 이러한 사실을 통지하여야 하고, 제3항에 따른 배출금지 및 제4항에 따른 조치를 취한 때에는 해당 선박에 대하여 검사증서 등을 발급한 국가의 정부에 그 사실을 통보하여야 한다(법 제28조 제5항).

⑥ 외국 국적의 국제항해 선박소유자 또는 선장은 제3항 또는 제4항에 따른 선박평형수의 배출금지 · 선박의 출항정지 · 이동제한 · 시정요구 · 추방 등의 명령(이하 "시정명령 등"이라 한다)이 위법하거나 부당하다고 생각되는 경우에는 해양수산부령으로 정하는 바에 따라 시정명령 등을 받은 날부터 90일 이내에 그 불복사유를 기재하여 해양수산부장관에게 이의신청을 할 수 있다(법 제28조 제6항).

이에 따라 이의신청을 하려는 자는 그 사유와 이를 증명하는 서류를 갖추어 항만국통제를 시행한 지방해양수산청장에게 제출하여야 한다(규칙 제46조 제1항).

지방해양수산청장은 제1항에 따른 이의신청을 받은 경우 해당 선박의 선장 · 선박소유자 · 선급법인 또는 선박이 등록된 국가 등에 필요한 자료를 요청하거나 관계 전문가의 의견을 들을 수 있다(제2항).

또한 지방해양수산청장은 제2항에 따른 이의신청이 타당하다고 인정되는 경우 지체 없이 해당 선박평형수의 배출금지 · 선박의 출항정지 · 이동제한 · 시정요구 · 추방 등의 명령을 철회하여야 한다.

⑦ 제6항에 따라 이의신청을 받은 해양수산부장관은 소속 공무원으로 하여금 그 시정명령 등의 위법 · 부당 여부를 직접 조사하게 하고 그 결과를 신청자에게 60일 이내에 통보하여야 한다. 다만, 부득이한 사정이 있는 때에는 30일의 범위에서 통보시한을 연장할 수 있다(법 제28조 제7항).

⑧ 시정명령 등에 대하여 불복하는 자는 제6항 및 제7항에 따른 이의신청의 절차를 거치지 아니하고는 행정소송을 제기할 수 없다. 다만, 「행정소송법」 제18조 제2항 및 제3항에 해당되는 경우에는 그러하지 아니하다(법 제28조 제8항).

3. 외국의 항만국통제 등

① 선박소유자는 외국 항만당국(港灣當國)의 항만국통제시 선박의 결함이 지적되지 아니하도록 관련되는 국제협약의 규정을 준수하여야 한다(법 제29조 제1항).

② 해양수산부장관은 외국 항만당국의 항만국통제로 인하여 출항정지의 명령을 받은 대한민국 선박에 대하여 해양수산부령으로 정하는 바에 따라 해당 선박의 선박명 · 총

톤수, 출항정지 사실 등을 공표할 수 있다(제2항).

해양수산부장관은 법 제29조에 따라 외국의 항만당국으로부터 출항정지의 명령을 받은 사실을 통보받은 경우 해당 선박의 명세를 해양수산부의 게시판(인터넷 홈페이지를 포함한다) 또는 일간신문 등에 3개월의 범위에서 공표하거나 다음의 단체에 배포할 수 있다(규칙 제47조 제1항).

- 「선박안전법」 제45조에 따른 선박안전기술공단(이하 "공단"이라 한다) 또는 같은 법 제60조 제2항에 따른 선급법인(이하 "선급법인"이라 한다)
- 「민법」 제32조에 따라 설립된 한국선주협회 또는 「한국해운조합법」에 따른 한국해운조합
- 「선주상호보험조합법(船主相互保險組合法)」에 따른 한국선주상호보험조합 또는 「민법」 제32조에 따라 설립된 손해보험협회

또한 제1항에 따라 공표(公表, publication)하여야 할 선박의 명세는 다음과 같다.

- 선박명(한글 또는 영어로 표기)
- 총톤수(「선박법」 제3조 제1항 제1호에 따른 국제총톤수를 말한다. 이하 같다)
- 선박번호 및 국제해사기구번호(IMO Number)
- 선박소유자의 성명(법인의 경우에는 법인명을, 용선의 경우에는 선박운항자의 명칭을 말한다)
- 외국 항만당국의 점검일, 항만명, 출항정지 기간 및 출항정지 원인

제7장 보칙 및 벌칙

제1절 보 칙

1. 검사 등의 대행

① 해양수산부장관은 다음의 업무를 「선박안전법」 제45조에 따른 선박안전기술공단(이하 "공단"이라 한다) 또는 같은 법 제60조 제2항에 따른 선급법인으로 하여금 대행하게 할 수 있다. 이 경우 해양수산부장관은 대통령령으로 정하는 바에 따라 협정(協定)을 체결하여야 한다(법 제30조 제1항).

- 제8조의 2 제1항 제2호 및 제3호에 따른 확인검사 및 점검과 같은 조 제2항에 따른 발급
- 제9조 제1항에 따른 선박평형수 관리계획서의 검인
- 제11조 제1항에 따른 도면의 승인 및 제2항에 따른 승인의 표시
- 제12조부터 제14조까지의 규정에 따른 검사, 검사증서의 발급 및 검사결과의 표기
- 제15조 제2항에 따른 검사증서의 유효기간의 연장

- 제17조 제6항 및 제7항에 따른 검정, 검정합격증명서의 발급 및 검정합격의 표시

② 제1항에 따른 협정 기간은 5년 이내로 하고, 해양수산부령으로 정하는 바에 따라 이를 연장할 수 있다(제2항).

③ 해양수산부장관은 제1항에 따른 공단 또는 선급법인(이하 "대행기관"이라 한다)에 업무를 대행하게 한 경우 그 내용을 고시하여야 한다(법 제30조 제3항).

④ 대행기관의 대행업무 차질에 따른 조치 및 대행업무의 대행취소 등 그 감독에 관하여는 「선박안전법」 제61조 및 제62조를 준용한다(제4항).

2. 외국정부 등이 행한 검사 등의 인정 및 재검사

① 해양수산부장관은 외국선박의 해당 소속 국가에서 시행 중인 선박평형수 관리에 관한 법령이 이 법의 내용과 동등하거나 그 이상에 해당한다고 인정되는 경우에는 해당 외국정부 또는 외국정부가 지정한 대행기관(이하 이 조에서 "외국정부 등"이라 한다)이 해당 외국선박에 대하여 행한 선박의 검사 또는 설비의 형식승인·검정은 이 법에 따른 검사·형식승인·검정으로 본다(법 제31조 제1항).

② 제1항에 따라 외국정부 등이 검사 등 업무를 행하고 발급하거나 표시한 증서 또는 합격표시는 이 법에 따라 발급하거나 표시한 것과 동일한 효력을 가진 것으로 본다. 다만, 이 법에 따른 증서 또는 합격표시의 효력을 인정하지 아니하는 외국정부 등이 발급하거나 표시한 증서 또는 합격표시에 대하여는 그러하지 아니한다(제2항).

④ 제12조부터 제14조까지 및 제17조 제1항·제5항·제6항에 따른 검사·형식승인·변경승인 및 검정을 받은 자가 그 결과에 대하여 불복하는 경우에는 그 결과에 관한 통지를 받은 날부터 90일 이내에 그 사유를 갖추어 해양수산부장관에게 재검사·재형식승인·재변경승인 및 재검정(이하 "재검사 등"이라 한다)을 신청할 수 있다(법 제32조 제1항).

⑤ 재검사 등의 방법과 절차에 관하여는 「선박안전법」 제72조 제2항 및 제3항을 준용한다(제2항).

3. 보고·자료제출 명령 등

① 해양수산부장관은 선박평형수 또는 침전물로 인한 유해 수중생물의 유입을 방지하기 위하여 필요하다고 인정되는 경우 선박소유자, 제17조 제1항에 따른 형식승인을 받은 자, 제19조 제1항에 따른 형식승인 시험기관, 제20조 제1항에 따른 처리물질의 승인을 받은 자, 제20조의 2 제1항에 따른 독립시험기관, 제21조 제3항에 따른 선박평형수 처리업자, 제30조 제3항에 따른 대행기관 및 제36조의 2 제1항에 따른 지정교육기관(이하 "선박소유자 등"이라 한다)에 대하여 필요한 보고를 명하거나 자료를 제출하게 할 수 있다(법 제33조 제1항).

② 해양수산부장관은 제1항에 따른 보고 내용 및 제출된 자료를 검토한 결과 선박평형수

관리가 적정하지 아니한 경우 등 해양수산부령으로 정하는 경우에는 소속 공무원으로 하여금 직접 해당 선박 또는 사업장에 출입하여 장부·서류·설비 및 시설 등을 조사하게 할 수 있다(제2항).

③ 해양수산부장관은 제2항에 따른 조사를 하는 경우에는 조사 7일 전까지 조사자·조사일시·이유 및 내용 등이 포함된 조사계획을 선박소유자 등에게 통보하여야 한다. 다만, 선박의 항해 일정 등에 따라 긴급히 처리할 필요가 있거나 사전에 통보하면 증거인멸이 우려되는 경우에는 그러하지 아니하다.

④ 제2항에 따른 조사를 하는 공무원은 그 권한을 표시하는 증표(證票)를 지니고 이를 관계인에게 내보여야 한다(제4항).

⑤ 해양수산부장관은 제2항에 따라 선박 또는 사업장을 조사한 결과 이 법 또는 이 법에 따른 명령을 위반한 사실이 있다고 인정되는 경우에는 해당 선박 또는 사업장에 대하여 대통령령으로 정하는 바에 따라 항해정지명령 또는 수리·보완과 관련된 처분을 할 수 있다(제5항).

⑥ 제5항에 따른 명령 또는 처분을 한 경우에는 그 사유가 해소되는 즉시 이를 해제하여야 한다.

4. 선박검사관과 선박검사원

① 해양수산부장관은 「선박안전법」 제76조에 따른 선박검사관으로 하여금 다음에 해당하는 업무를 수행하게 할 수 있다(법 제32조).

- 제9조 제1항에 따른 선박평형수 관리계획서의 검인에 관한 업무
- 제11조 제1항에 따른 도면의 승인에 관한 업무
- 제12조부터 제14조까지의 규정에 따른 정기검사·중간검사 및 임시검사에 관한 업무
- 제17조 제6항에 따른 검정에 관한 업무
- 제28조에 따른 항만국통제에 관한 업무
- 제32조에 따른 재검사 등에 관한 업무
- 제33조 제2항에 따른 선박 또는 사업장의 출입·조사에 관한 업무

② 제30조 제1항에 따른 검사 등의 대행업무(代行業務)를 수행하는 대행기관은 해당 대행업무를 직접 수행하는 선박검사원을 둘 수 있다. 이 경우 선박검사원의 자격은 「선박안전법」 제76조에 따른 선박검사관의 자격을 갖추어야 한다(법 제35조 제1항).

③ 해양수산부장관은 선박검사원이 그 직무를 할 때 이 법 또는 이 법에 따른 명령을 위반한 경우에는 대행기관에 선박검사원의 해임을 요구하거나 1년 이내의 기간을 정하여 직무를 정지하도록 요구할 수 있다(제2항).

④ 대행기관은 제2항에 따른 해임 또는 직무정지 요구를 받은 경우에는 지체 없이 해당 선박검사원에 대하여 조치를 하고 그 결과를 해양수산부장관에게 보고하여야 한다(제3항).

5. 조사 · 연구 등과 교육기관의 지정

① 해양수산부장관은 선박평형수 또는 침전물에 의한 유해 수중생물(有害水中生物)의 유입을 통제하기 위하여 다음에 관한 조사・연구를 할 수 있다(법 제36조 제1항).

- 우리나라 항만 및 주변수역의 수중생물의 현황에 관한 사항
- 선박평형수의 특별수역 지정에 관한 사항
- 선박평형수에 의한 유해 수중생물의 유입 방지에 관한 사항
- 선박평형수 관리를 위한 기술의 개발에 관한 사항
- 이 법의 적용과 관련된 국제협약에 관한 사항

② 해양수산부장관은 제1항에 따른 조사・연구의 업무를 대통령령으로 정하는 전문연구기관으로 하여금 수행하게 할 수 있다(제2항).

여기서 "대통령령으로 정하는 전문연구기관"이란 다음의 연구기관으로서 법 제36조 제1항 각 호에 따른 조사・연구 업무의 전부 또는 일부를 수행할 수 있는 장비 및 인력을 보유하고 있는 기관을 말한다(시행령 제6조).

- 국공립(國公立) 연구기관
- 「과학기술분야 정부출연연구기관 등의 설립・운영 및 육성에 관한 법률」 제8조에 따라 설립된 한국해양연구원
- 법 제19조 제1항에 따른 형식승인 시험기관

③ 제2항에 따른 전문연구기관의 장은 조사・연구 결과를 해양수산부령으로 정하는 바에 따라 해양수산부장관에게 보고하여야 한다(제3항).

④ 해양수산부장관은 각 항만에 출입하는 선박의 선박평형수 관리 실태 등 해양수산부령으로 정하는 정보를 제2항에 따른 전문연구기관에 제공할 수 있다(제4항).

해양수산부장관은 법 제36조 제4항에 따라 다음에 해당하는 정보를 전문연구기관에 제공할 수 있다. 이 경우 해양수산부장관은 제3호에 해당하는 정보를 제공하기 위하여 보건복지부장관에게 협조를 요청할 수 있다(규칙 제53조).

- 각 항만에 출입하는 선박 현황
- 각 항만에 출입하는 선박의 선박평형수 관련 입항 보고 자료
- 「검역법」에 따라 국립검역소장이 수행하는 다음에 해당하는 검역 결과(제3호)
  가. 검역구역 안 검역감염병 병원체의 분포상태 조사
  나. 선박평형수에 대한 선박 가검물검사(可檢物檢査)

⑤ 해양수산부장관은 제9조 제3항 및 제23조 제4항에 따른 교육을 위하여 선박평형수 관리에 관한 전문교육기관(이하 "지정교육기관"이라 한다)을 지정할 수 있다(제36조의 2 제1항).

⑥ 해양수산부장관은 지정교육기관이 다음의 하나에 해당하는 경우에는 그 지정을 취소하거나 6개월 이내의 기간을 정하여 그 업무를 정지할 수 있다. 다만, 제1호에 해당하

는 경우에는 그 지정을 취소하여야 한다(제2항).
- 거짓이나 그 밖의 부정한 방법으로 지정받은 경우
- 제3항에 따른 지정요건에 미달하게 된 경우
- 제33조 제1항에 따른 보고 또는 자료 제출을 거부한 경우
- 제33조 제2항에 따른 출입 또는 조사를 거부하거나 방해 또는 기피하는 경우
- 제33조 제5항에 따른 보완 등의 처분을 이행하지 아니한 경우

⑦ 지정교육기관의 시설기준 및 교수 인원 등 지정요건에 관한 사항은 대통령령으로 정하고, 제1항에 따른 지정의 절차 및 제2항에 따른 행정처분의 세부기준 및 지도・감독, 그 밖에 필요한 사항은 해양수산부령으로 정한다(제3항).

6. 비밀누설금지 및 청문

① 형식승인 시험기관, 독립 시험기관, 제30조에 따라 대행업무를 수행하는 선급법인의 임직원 또는 그 직에 있었던 자는 그 직무상 알게 된 비밀을 누설하거나 도용하여서는 아니 된다(법 제36조의 3).

② 해양수산부장관은 다음의 하나에 해당하는 경우에는 해양수산부령으로 정하는 바에 따라 청문(聽聞, hearing)을 실시하여야 한다(법 제37조).
- 제18조에 따른 형식승인의 취소처분을 하려는 경우
- 제19조 제3항에 따른 형식승인 시험기관의 지정취소를 하려는 경우
- 제20조의 2 제2항에 따라 독립 시험기관의 지정을 취소하려는 경우
- 제26조에 따른 선박평형수 처리업의 등록취소를 하려는 경우
- 제30조 제4항에 따른 대행기관의 지정취소를 하려는 경우
- 제35조 제2항에 따른 선박검사원의 해임을 요구하려는 경우
- 제36조의 2 제2항에 따라 지정교육기관의 지정을 취소하려는 경우

7. 수수료

① 다음의 하나에 해당하는 자는 해양수산부령으로 정하는 바에 따라 해양수산부장관에게 수수료(手數料, fee)를 내야 한다. 다만, 대행기관이 이 법에 따른 업무를 대행하는 경우에는 대행기관 이 정하는 수수료를 해당 기관에 내야 한다(법 제38조 제1항).
- 제8조의 2 제1항 제2호 및 제3호에 따른 확인검사 및 점검과 같은 조 제2항에 따른 발급을 신청하는 자
- 제9조 제1항에 따른 선박평형수 관리계획서의 검인을 신청하는 자
- 제11조 제1항에 따른 도면의 승인을 신청하는 자
- 제12조 제2항에 따른 검사증서의 발급 또는 재발급을 신청하는 자
- 제12조부터 제14조까지의 규정에 따른 검사를 신청하는 자
- 제17조 제1항 및 제5항에 따른 형식승인 및 변경승인을 신청하는 자

- 제17조 제6항에 따른 검정을 신청하는 자
- 제17조 제7항에 따른 검정합격증명서의 발급 또는 재발급을 신청하는 자

② 대행기관이 제1항 단서에 따라 수수료를 징수하는 경우에는 그 기준을 정하여 해양수산부장관의 승인을 받아야 한다. 승인을 받은 사항을 변경하고자 하는 때에도 또한 같다(법 제38조 제2항).

③ 대행기관이 제1항 단서에 따라 수수료를 징수하는 경우 그 수입은 대행기관의 수입으로 한다(제3항).

④ 해양수산부장관은 제28조에 따른 항만국통제를 실시한 결과 결함이 발견되어 시정명령 등을 받은 선박에 대하여는 해양수산부령으로 정하는 바에 따라 그 시정명령 등을 확인하는 등에 필요한 수수료를 받을 수 있다(제4항).

8. 선박의 검사 등을 위한 협조 및 위임 · 위탁

① 이 법에 따른 선박의 검사 또는 검정(이하 이 조에서 "검사 등"이라 한다)을 받으려는 자 또는 그의 대리인은 검사 등을 하는 현장에 참여하고, 검사 등에 필요한 협조를 하여야 한다(법 제39조 제1항).

② 해양수산부장관은 제1항에 따라 검사 등에 참여하여야 하는 자가 참여하지 아니하거나 필요한 협조를 하지 아니하는 경우에는 해당 검사 등을 중지시킬 수 있다(제2항).

③ 이 법에 따른 해양수산부장관의 권한은 그 일부를 대통령령으로 정하는 바에 따라 지방해양수산청장(지방해양수산청장 소속의 해양사무소의 장을 포함한다)에게 위임할 수 있다(법 제40조 제1항).

④ 해양수산부장관은 이 법에 따른 업무의 일부를 대통령령으로 정하는 바에 따라 해양관련 전문기관이나 단체에 위탁할 수 있다(제2항)

9. 벌칙 적용에서의 공무원 의제(擬制, legal fiction)

이 법에 따른 대행기관의 임직원은 「형법」 제129조(수뢰, 사전수뢰)부터 제132조(알선수뢰)까지의 규정을 적용할 때에는 공무원으로 본다(법 제41조).

제2절 벌 칙

1. 벌 칙

① 다음의 하나에 해당하는 자는 1년 이하의 징역 또는 1천 만원 이하의 벌금에 처한다(법 제42조).

- 제6조를 위반하여 선박평형수(船舶平衡水) 또는 침전물(沈澱物)을 배출한 자
- 제7조 제1항에 따른 명령을 이행하지 아니한 자

- 제8조 제1항에 따른 선박평형수 관리설비를 설치하지 아니하고 선박을 항해에 사용한 자
- 제9조 제1항을 위반하여 선박평형수 관리계획서를 작성하지 아니하거나 검인을 받지 아니한 자
- 제12조부터 제14조까지의 규정을 위반하여 검사를 받지 아니한 자
- 제16조 제1항 또는 제2항을 위반하여 선박을 항해에 사용한 자
- 제17조 제1항 또는 제6항을 위반하여 형식승인·검정을 받지 아니하거나 거짓이나 그 밖의 부정한 방법으로 형식승인·검정을 받은 자 또는 같은 조 제2항 전단 또는 제5항 후단을 위반하여 거짓이나 그 밖의 부정한 방법으로 형식승인시험에 합격한 자
- 제20조 제3항을 위반하여 국제기구의 승인을 받지 아니하고 처리물질을 사용하거나 승인이 취소된 처리물질을 사용한 자
- 제21조 제1항에 따른 등록을 하지 아니하거나 거짓으로 등록하여 선박평형수 처리업을 한 자
- 제26조 제1항에 따라 등록이 취소된 자가 영업을 하거나 영업정지명령을 받은 자가 영업정지기간 중에 영업을 한 자
- 제27조 제2항에 따른 항해 정지처분을 위반하여 선박을 항해에 사용한 자
- 제33조 제1항에 따른 보고를 하지 아니하거나 자료를 제출하지 아니한 자 또는 거짓 보고를 하거나 거짓 자료를 제출한 자
- 정당한 사유 없이 제33조 제2항에 따른 공무원의 출입 또는 조사를 거부·방해하거나 기피한 자
- 제33조 제5항에 따른 명령 또는 처분을 이행하지 아니한 자
- 제36조의 3을 위반하여 비밀을 누설하거나 도용한 자

② 다음의 하나에 해당하는 자는 500만원 이하의 벌금에 처한다(법 제43조).
- 제9조 제2항을 위반하여 선박평형수 관리계획서와 달리 선박평형수를 교환·주입 또는 배출하거나 침전물을 제거 또는 배출한 자
- 제17조 제5항 전단을 위반하여 변경승인을 받지 아니하거나 거짓이나 그 밖의 부정한 방법으로 변경승인을 받은 자
- 제23조 제1항에 따른 선박평형수 및 침전물의 처리방법을 위반한 자
- 제24조에 따른 처리명령을 이행하지 아니한 자
- 제27조 제1항에 따른 선박평형수 관리설비의 교체 등의 명령을 이행하지 아니한 자

2. 양벌규정 및 외국인에 대한 벌칙 적용의 특례

① 법인의 대표자나 법인 또는 개인의 대리인, 사용인, 그 밖의 종업원이 그 법인 또는 개인의 업무에 관하여 제42조 또는 제43조의 위반행위를 하면 그 행위자를 벌하는 외에 그 법인 또는 개인에게도 해당 조문의 벌금형을 과한다. 다만, 법인 또는 개인이

그 위반행위를 방지하기 위하여 해당 업무에 관하여 상당한 주의와 감독을 게을리하지 아니한 경우에는 그러하지 아니하다(법 제44조).

② 외국인에 대하여 제42조를 적용할 때에는 고의로 관할수역에서 위반행위를 한 경우를 제외하고는 해당 조문의 벌금형(罰金刑, punishment with a fine)을 과한다(법 제45조 제1항).

③ 제1항에 따른 외국인의 범위에 관하여는 「배타적 경제수역에서의 외국인어업 등에 대한 주권적 권리의 행사에 관한 법률」 제2조를 적용하고, 외국인에 대한 사법 절차에 관하여는 같은 법 제23조부터 제25조까지의 규정을 준용한다(제2항).

3. 과태료

① 다음의 하나에 해당하는 자에게는 200만원 이하의 과태료를 부과한다(법 제46조).

- 제5조를 위반하여 입항 보고를 하지 아니한 자
- 제9조 제3항에 따른 교육실시 의무를 위반한 자
- 제9조 제4항에 따른 선박평형수 관리계획서의 비치 또는 제시 의무를 위반한 자
- 제10조 제1항부터 제3항까지의 규정에 따른 선박평형수 관리기록부의 비치 · 기록 · 보존 또는 제시 의무를 위반한 자
- 제11조 제4항을 위반하여 승인된 도면을 선박에 비치하지 아니한 자
- 제12조 제3항을 위반하여 검사증서를 선박에 비치하지 아니한 자
- 제21조 제3항에 따른 변경등록을 하지 아니한 자
- 제23조 제1항을 위반하여 처리실적서(處理實績書)를 작성하여 제출하지 아니하거나 처리대장을 비치하지 아니한 자
- 제23조 제2항을 위반하여 선박평형수(船舶平衡水) 수거확인증을 발급하지 아니하거나 사실과 다르게 작성한 자
- 제23조 제4항에 따른 교육의무를 위반한 자
- 제25조 제3항을 위반하여 선박평형수 처리업자의 권리 · 의무 승계에 대한 신고를 하지 아니하거나 거짓으로 신고한 자
- 제29조 제1항에 따른 국제협약을 지키지 아니하여 외국 항에서 출항정지를 받은 자

② 제1항에 따른 과태료(過怠料, fine for negligence)는 대통령령으로 정하는 바에 따라 해양수산부장관이 부과 · 징수한다(법 제46조 제2항).

저자 약력

■ 박성일(Seong-il Park)

- 목포해양대학교 국제해사수송과학부 교수
- 목포해양대학교 학생처장 · 대학평의원회 의장 · 학부장 · 실습감 · 승선생활관장 · 실습선 및 승선생활관 지도교수 역임
- 국가위기관리학회 광주전남지회장, 한국해법학회 및 한국직업교육학회 이사
- 한국해사법학회 부회장
- 중앙해양안전심판원 청렴 옴부즈만 · 재결평석위원
- 심판변론인
- 감정사
- 대한상사 중재인
- 광주지방법원 목포지원 조정위원
- 서해해양경비안전본부 광역해상수난구호대책위원
- 서해지방해양경찰청 징계위원 · 정보공개심의위원회 위원 · 국가대테러 협상 전문위원, 시민인권보호단 단장, 목포지역검찰실무연구회위원 역임
- 서해해양경비안전본부 청렴옴부즈만
- 대한민국아카데미미술협회 초대작가
- 해기사 · 감정사 · 검량사 · 도선사 · 국가고시 시험출제 및 면접위원
- 교과용도서심의회 심의위원
- 국가청렴위원회 자문위원, 해양경찰청 자체평가위원 · 수상레저정책자문위원 역임
- 선원노동위원회 목포선원노동위원회 위원장 역임
- 美예일대 The Advance Eng.-Law Co.이수 및 美브리지포트대 등 연구교수
- 한국해양대학교 대학원 법학과 졸업(법학석사 · 법학박사)

해사법규

초 판 1쇄 발행── 2016년 7월 10일
초 판 2쇄 발행── 2017년 2월 20일
초 판 3쇄 발행── 2018년 8월 30일
초 판 4쇄 발행── 2020년 1월 25일
지은이── 박 성 일
펴낸이── 전 두 표
펴낸곳── 도서출판 두남
서울시 강동구 성내로6길 34-16 두남빌딩
신 고 : 제25100-1988-9호
TEL : 02) 478-2065~7, 2311
FAX : 02) 478-2068
E-mail : dunam1@unitel.co.kr
http://www.dunam.co.kr

정가 36,000원

ISBN 978-89-6414-685-9 93320